普通高等学校"十二五"规划教材

工程力学及机械设计基础

（第2版）

主　编　王世刚　郭润兰

副主编　郭　怡　张　珂　张红霞

参　编　李　明　徐　成　卫　静

　　　　林景凡　蔡有杰

国防工业出版社

·北京·

内容简介

本书根据"高等工科学校机械基础课程教学基本要求"编写而成,书中将工程力学、工程材料、机械原理及机械设计等多门与机械工程设计有关的机械基础课程的内容,经统筹安排、有机结合而成一门综合性的技术基础课程。它是新世纪机械基础系列课程教学改革的成果,并具有整合课程的显著特色。全书共分五篇,第一篇为设计材料,内容包括材料的性能与热处理、常用设计材料与选材,共2章;第二篇为静力学,内容包括静力学基础、平面简单力系、平面任意力系、空间力系,共4章;第三篇为材料力学,内容包括材料力学基础、拉伸与压缩、剪切与扭转、弯曲内力与强度计算、弯曲变形与刚度计算、应力状态与强度理论、组合变形及其强度计算,共7章;第四篇为机构原理及其设计,内容包括机构与机械设计概论、平面连杆机构、凸轮机构、间歇运动机构,共4章;第五篇为机械传动及其设计,内容包括带传动与链传动、齿轮传动、蜗杆传动、轮系、螺纹连接与螺旋传动、轴及轴毂连接、轴承、联轴器离合器和制动器,共8章。

本书为普通高等学校本、专科近机类和非机类各专业学生的机械基础课程教材,也可供工厂、科研、设计等部门的工程技术人员参考。

图书在版编目(CIP)数据

工程力学及机械设计基础/王世刚,郭润兰主编.—2版.—北京:国防工业出版社,2024.2重印
普通高等学校"十二五"规划教材
ISBN 978-7-118-09151-9

Ⅰ.①工… Ⅱ.①王…②郭… Ⅲ.①工程力学-高等学校-教材②机械设计-高等学校-教材 Ⅳ.①TB12②TH122

中国版本图书馆CIP数据核字(2013)第285788号

※

国防工业出版社出版发行
(北京市海淀区紫竹院南路23号 邮政编码100048)
北京虎彩文化传播有限公司印刷
新华书店经售

*

开本 787×1092 1/16 **印张** 21 **字数** 531千字
2024年2月第2版第5次印刷 **印数** 10001—10500册 **定价** 39.80元

(本书如有印装错误,我社负责调换)

国防书店:(010)88540777　　发行邮购:(010)88540776
发行传真:(010)88540755　　发行业务:(010)88540717

前　言

当前普通高等院校近机类和非机类专业使用的“机械设计基础”教材主要包括机械原理和机械设计两部分内容。但对那些不单独开设工程力学、工程材料等课程的专业如电气、高分子、无机、通信、电子、轻工、化工、食品、生工等，在学习“机械设计基础”课程时就缺少了必要的先修课程知识。这给教师授课和学生学习都带来了不便。所以，我们在总结多年教学经验的基础上，根据国家教育部制定的机械基础课程教学基本要求，编写了本教材。

本书内容涵盖了工程材料、理论力学、材料力学、机械原理及机械设计课程中的主要内容，将机械工程中与设计相关的知识简洁明了又完整系统地呈现给读者，符合普通高等院校中近机类和非机类各专业课程教学的特点。

在编写中作者进一步对机械基础课程的教学内容、课程体系加以分析和研究，尽可能在教材中做到吸收其他教材的优点，并结合近机类和非机类各专业特点，力求做到基本概念、基本理论论述严谨，内容精炼。用有限的学时使学生既掌握最基本的经典内容，又能了解相关知识在工程中的应用。本书采用最新颁布的国家技术标准和行业标准，力求在新颖性、实用性、可读性三个方面有所突破。在内容安排、例题和习题的选取等方面，工程概念有所加强，引入了涉及广泛领域的大量工程实例以及与工程有关的例题和习题，符合当前学生的认知特点和教学规律。本书的出版得到黑龙江省教育科学“十二五”规划重点课题(GBB1211062)及黑龙江省高等教育综合改革试点专项项目(GJZ201301036)资助。

全书由王世刚、郭润兰担任主编，并负责全书统稿；由郭怡、张珂、张红霞担任副主编。

参加本书编写的有齐齐哈尔大学王世刚(第0章、第3~5章)，李明(第6~9章)，张红霞(第14章、第17章、第24~25章)，徐成(第22~23章)，林景凡(第1~2章、第10章)，蔡有杰(第20~21章)；兰州理工大学郭润兰(第15~16章)；河南工程学院郭怡(第19章)；上海应用技术学院张珂(第11~13章)；公安海警学院卫静(第18章)。

由于编者水平有限，书中难免出现这样或那样的缺点和错误，诚望广大同行和读者批评指正。

编　者

目　录

第0章　绪论……1

0.1　机械的组成及本课程研究的对象……1

0.1.1　机械的组成……1

0.1.2　机器、机构和机械……2

0.1.3　构件、零件和部件……2

0.2　本课程的性质和任务……3

0.3　本课程的特点及学习方法……3

第一篇　设计材料

第1章　材料的性能与热处理……4

1.1　材料的力学性能……4

1.1.1　弹性与刚度……4

1.1.2　强度……4

1.1.3　塑性……5

1.1.4　硬度……5

1.1.5　韧性……7

1.1.6　疲劳……8

1.2　材料的物理和化学性能……9

1.2.1　物理性能……9

1.2.2　化学性能……10

1.3　材料的工艺性能……10

1.3.1　铸造性能……10

1.3.2　锻造性能……11

1.3.3　焊接性能……11

1.3.4　热处理性能……11

1.3.5　切削加工性能……11

1.4　钢的热处理工艺……11

1.5　热处理新技术……13

第2章　常用设计材料与选材……15

2.1　工业用钢……15

2.1.1　碳钢……15

2.1.2　合金钢……16

2.2　铸铁……16

2.3　有色金属……17

2.3.1 铜及铜合金 …… 17
2.3.2 铝及铝合金 …… 17
2.4 非金属材料 …… 18
2.4.1 塑料 …… 18
2.4.2 陶瓷材料 …… 19
2.4.3 复合材料 …… 20
2.5 选材原则 …… 20
2.6 典型零件选材与应用示例 …… 21
2.6.1 齿轮零件的选材 …… 21
2.6.2 轴类零件的选材 …… 23

第二篇 静力学

第3章 静力学基础 …… 25
3.1 力和刚体 …… 25
3.1.1 力的概念 …… 25
3.1.2 刚体的概念 …… 25
3.2 静力学公理 …… 26
3.3 约束与约束反力 …… 27
3.3.1 柔性约束 …… 28
3.3.2 光滑接触面约束 …… 28
3.3.3 圆柱铰链约束与固定铰支座约束 …… 29
3.3.4 辊轴支座约束 …… 30
3.3.5 球形铰链约束 …… 30
3.3.6 轴承约束 …… 30
3.4 受力分析与受力图 …… 31
第4章 平面简单力系 …… 36
4.1 平面汇交力系的简化与平衡的几何法 …… 36
4.1.1 平面汇交力系简化的几何法 …… 36
4.1.2 平面汇交力系平衡的几何条件 …… 37
4.2 平面汇交力系的简化与平衡的解析法 …… 38
4.2.1 力在正交坐标轴系的投影与力的解析表达式 …… 38
4.2.2 平面汇交力系的简化解析法 …… 39
4.2.3 平面汇交力系平衡的解析条件 …… 40
4.3 平面力对点之矩 …… 42
4.3.1 力对点之矩 …… 42
4.3.2 合力矩定理及力矩的解析表达式 …… 42
4.3.3 力矩与合力矩的解析表达式 …… 43
4.4 平面力偶及其性质 …… 43
4.4.1 力偶与力偶矩 …… 43
4.4.2 力偶的性质 …… 44
4.5 平面力偶系的简化与平衡条件 …… 46

4.5.1　平面力偶系的简化 …… 46
4.5.2　平面力偶系的平衡条件 …… 46
第5章　平面任意力系 …… 51
5.1　平面任意力系向作用面内任一点的简化 …… 51
5.1.1　力的平移定理 …… 52
5.1.2　主矢和主矩 …… 53
5.1.3　平面任意力系的简化结果分析 …… 55
5.2　平面任意力系的平衡条件与平衡方程 …… 56
5.3　静定与静不定问题 …… 59
第6章　空间力系 …… 66
6.1　力沿空间直角坐标轴的分解与投影 …… 66
6.2　空间力对点之矩与对轴之矩 …… 67
6.2.1　力对点之矩 …… 67
6.2.2　力对轴之矩 …… 67

第三篇　材 料 力 学

第7章　材料力学基础 …… 71
7.1　概述 …… 71
7.2　变形固体及其基本假设 …… 72
7.3　相关概念 …… 73
7.3.1　外力 …… 73
7.3.2　内力 …… 73
7.3.3　截面法 …… 74
7.3.4　应力与应变 …… 75
7.4　杆件变形的基本形式 …… 76
第8章　拉伸与压缩 …… 79
8.1　轴向拉压的概念与实例 …… 79
8.2　杆件轴向拉压时的受力 …… 80
8.2.1　杆件轴向拉压的内力 …… 80
8.2.2　横截面上的应力 …… 81
8.3　杆件轴向拉压的强度计算 …… 82
8.3.1　安全系数和许用应力 …… 82
8.3.2　杆件轴向拉、压时的强度条件 …… 83
8.4　应力集中 …… 85
第9章　剪切与扭转 …… 89
9.1　剪切和挤压的概念及其实用计算 …… 89
9.1.1　剪切和挤压的概念及实例 …… 89
9.1.2　剪切的实用计算 …… 90
9.1.3　挤压的实用计算 …… 92
9.2　扭转的概念与实例 …… 93
9.3　外力偶矩、扭矩与扭矩图 …… 94

9.4 圆轴扭转时的强度与刚度计算 …… 96
第10章 弯曲内力与强度计算 …… 100
10.1 弯曲的概念和实例 …… 100
10.2 梁的弯曲内力 …… 101
10.3 剪力图和弯矩图 …… 103
10.4 梁弯曲的正应力强度计算 …… 107
第11章 弯曲变形与刚度计算 …… 113
11.1 梁的挠度与转角 …… 113
11.2 梁的刚度计算及其提高梁刚度的主要措施 …… 114
第12章 应力状态与强度理论 …… 117
12.1 一点应力状态 …… 117
12.2 平面应力状态 …… 118
12.2.1 平面应力状态分析解析法 …… 118
12.2.2 平面应力状态分析图解法 …… 120
12.3 空间应力状态及广义胡克定律 …… 121
12.4 强度理论及其应用 …… 122
12.4.1 最大正应力理论(第一强度理论) …… 123
12.4.2 最大线应变理论(第二强度理论) …… 123
12.4.3 最大剪应力理论(第三强度理论) …… 124
12.4.4 形状改变能密度理论(第四强度理论) …… 124
第13章 组合变形及其强度计算 …… 127
13.1 组合变形的概念与实例 …… 127
13.2 弯曲与拉压的组合 …… 127
13.3 弯曲与扭转的组合 …… 131

第四篇 机构原理及其设计

第14章 机构与机械设计概论 …… 136
14.1 机械设计概述 …… 136
14.1.1 机械设计的基本要求 …… 136
14.1.2 机械设计的一般程序 …… 136
14.1.3 机械设计中的标准化 …… 137
14.1.4 机械零件的主要失效形式和设计准则 …… 137
14.2 机构运动简图及平面机构自由度 …… 138
14.2.1 运动副及其分类 …… 138
14.2.2 机构运动简图 …… 138
14.2.3 平面机构的自由度 …… 141
第15章 平面连杆机构 …… 146
15.1 连杆机构的应用和特点 …… 146
15.2 平面连杆机构的基本知识 …… 146
15.2.1 铰链四杆机构的基本形式 …… 146
15.2.2 铰链四杆机构的曲柄存在条件 …… 148

15.2.3 平面四杆机构的演化 …… 150
15.2.4 铰链四杆机构的几个基本概念 …… 153
15.3 平面连杆机构的设计 …… 155
15.3.1 按给定从动件的位置设计四杆机构 …… 155
15.3.2 按给定行程速比系数设计四杆机构 …… 156
15.3.3 按给定两连架杆间对应位置设计四杆机构 …… 157
15.4 速度瞬心法及在平面连杆机构运动中的应用 …… 158
第16章 凸轮机构 …… 162
16.1 凸轮机构的应用和类型 …… 162
16.1.1 凸轮机构的应用 …… 162
16.1.2 凸轮机构的类型 …… 162
16.2 推杆的运动规律 …… 164
16.2.1 凸轮机构的运动循环及术语 …… 164
16.2.2 几种常用的推杆运动规律 …… 165
16.3 凸轮轮廓曲线的设计 …… 167
16.3.1 凸轮廓线设计的基本原理 …… 167
16.3.2 作图法设计盘形凸轮廓线 …… 168
16.4 凸轮机构的压力角和基圆半径 …… 170
16.4.1 凸轮机构中的作用力与压力角 …… 170
16.4.2 凸轮机构压力角与基圆半径的关系 …… 171
16.4.3 滚子半径的选择 …… 171
第17章 间歇运动机构 …… 173
17.1 棘轮机构 …… 173
17.1.1 棘轮机构的类型和工作原理 …… 173
17.1.2 棘爪工作条件 …… 175
17.1.3 棘轮机构主要几何尺寸计算及棘轮齿形的画法 …… 175
17.1.4 棘轮机构的特点和应用 …… 176
17.2 槽轮机构 …… 176
17.2.1 槽轮机构的工作原理、特点及应用 …… 176
17.2.2 外啮合槽轮机构的槽数和拨盘圆销数 …… 177
17.2.3 外啮合槽轮机构的几何尺寸 …… 178
17.3 不完全齿轮机构 …… 178

第五篇 机械传动及其设计

第18章 带传动与链传动 …… 181
18.1 带传动概述 …… 181
18.2 带传动的工作原理和工作能力分析 …… 182
18.2.1 带传动的力分析 …… 182
18.2.2 带传动的应力分析 …… 183
18.2.3 弹性滑动和传动比 …… 184
18.2.4 带传动的失效形式和设计准则 …… 185

18.3 V带传动的设计计算 …… 185
18.3.1 V带的标准 …… 185
18.3.2 V带传动设计 …… 187
18.4 链传动 …… 193
18.4.1 链传动概述 …… 193
18.4.2 滚子链结构特点 …… 194
18.4.3 链轮的结构和材料 …… 195
18.4.4 滚子链传动的设计计算 …… 196
第19章 齿轮传动 …… 200
19.1 齿轮传动的特点和类型 …… 200
19.1.1 齿轮传动的特点 …… 200
19.1.2 齿轮传动的分类 …… 200
19.2 齿廓实现定角速比的条件 …… 201
19.3 渐开线齿廓 …… 201
19.3.1 渐开线的形成及性质 …… 201
19.3.2 渐开线齿廓满足定角速比要求 …… 202
19.3.3 渐开线齿廓传动的特点 …… 202
19.4 齿轮各部分名称及渐开线标准齿轮的基本尺寸 …… 203
19.4.1 直齿圆柱齿轮各部分的名称和基本参数 …… 203
19.4.2 渐开线标准直齿圆柱齿轮的几何尺寸计算 …… 205
19.5 渐开线直齿圆柱齿轮的啮合传动 …… 206
19.5.1 渐开线直齿圆柱齿轮的正确啮合条件 …… 206
19.5.2 渐开线直齿圆柱齿轮连续传动的条件 …… 206
19.6 渐开线齿轮的切齿原理及根切与变位 …… 207
19.6.1 齿轮加工的基本原理 …… 207
19.6.2 轮齿的根切现象 …… 209
19.6.3 变位齿轮的概念 …… 210
19.6.4 齿轮传动的精度简介 …… 210
19.7 齿轮的失效形式和齿轮材料 …… 211
19.7.1 齿轮的失效形式 …… 211
19.7.2 齿轮材料 …… 212
19.8 直齿圆柱齿轮的强度计算 …… 213
19.8.1 受力分析和计算载荷 …… 213
19.8.2 齿面接触强度计算 …… 215
19.8.3 齿根弯曲强度计算 …… 215
19.8.4 参数的选择 …… 216
19.9 斜齿圆柱齿轮传动 …… 218
19.9.1 斜齿圆柱齿轮的啮合特点 …… 218
19.9.2 斜齿圆柱齿轮的几何关系和几何尺寸计算 …… 219
19.9.3 斜齿轮传动正确啮合的条件 …… 219
19.9.4 当量齿轮和当量齿数 …… 220

19.9.5 斜齿圆柱齿轮的强度计算 …… 220
19.10 圆锥齿轮传动 …… 221
19.10.1 直齿圆锥齿轮的当量齿轮和当量齿数 …… 222
19.10.2 直齿圆锥齿轮的几何关系和几何尺寸计算 …… 222
19.10.3 直齿圆锥齿轮的强度计算 …… 223
19.11 齿轮的结构设计 …… 224
19.11.1 锻造齿轮 …… 225
19.11.2 铸造齿轮 …… 225
19.12 齿轮传动的润滑 …… 226
19.12.1 齿轮传动的效率 …… 226
19.12.2 齿轮传动的润滑 …… 226
第20章 蜗杆传动 …… 229
20.1 蜗杆传动的特点和类型 …… 229
20.1.1 蜗杆传动的特点 …… 229
20.1.2 蜗杆传动的类型 …… 229
20.2 普通圆柱蜗杆传动的主要参数和几何尺寸 …… 230
20.2.1 普通圆柱蜗杆传动的主要参数 …… 230
20.2.2 普通圆柱蜗杆传动的几何计算 …… 232
20.3 蜗杆传动的失效形式、设计准则和材料选择 …… 232
20.3.1 失效形式 …… 232
20.3.2 设计准则 …… 232
20.3.3 蜗杆和蜗轮的材料选择 …… 233
20.4 普通圆柱蜗杆的强度计算 …… 233
20.4.1 蜗杆传动的运动分析和受力分析 …… 233
20.4.2 蜗杆传动的齿面接触强度计算 …… 234
20.5 蜗杆传动的效率、润滑和热平衡计算 …… 235
20.5.1 蜗杆传动的效率计算 …… 235
20.5.2 蜗杆传动的润滑 …… 236
20.5.3 蜗杆传动热平衡计算 …… 236
20.6 蜗杆和蜗轮的结构 …… 237
20.6.1 蜗杆的结构 …… 237
20.6.2 蜗轮的结构 …… 237
第21章 轮系 …… 240
21.1 轮系的分类 …… 240
21.2 定轴轮系传动比 …… 241
21.3 周转轮系传动比 …… 242
21.3.1 周转轮系的组成 …… 242
21.3.2 周转轮系的传动比 …… 242
21.4 混合轮系传动比 …… 245
第22章 螺纹连接与螺旋传动 …… 247
22.1 螺纹 …… 247

22.1.1 螺纹的形成 …… 247
22.1.2 螺纹的主要参数 …… 248
22.1.3 螺纹副的受力分析、效率和自锁 …… 248
22.1.4 机械制造常用螺纹 …… 251
22.2 螺纹连接的基本类型和标准连接件 …… 252
22.2.1 螺纹连接的基本类型 …… 252
22.2.2 标准螺纹连接件 …… 253
22.3 螺纹连接的预紧和防松 …… 254
22.3.1 螺纹连接的预紧 …… 254
22.3.2 螺纹连接的防松 …… 255
22.4 螺纹连接的强度计算 …… 256
22.4.1 松螺栓连接 …… 256
22.4.2 紧螺栓连接 …… 257
22.4.3 螺栓连接件的材料及其许用应力 …… 261
22.5 螺栓组连接的结构设计 …… 263
22.6 螺旋传动 …… 265
22.6.1 螺旋传动的类型和应用 …… 265
22.6.2 滑动螺旋的设计计算 …… 266
第23章 轴及轴毂连接 …… 270
23.1 概述 …… 270
23.1.1 轴的分类 …… 270
23.1.2 轴的设计要求和设计步骤 …… 271
23.1.3 轴的材料 …… 271
23.2 轴的结构设计 …… 272
23.2.1 满足使用的要求 …… 273
23.2.2 良好的结构工艺性 …… 274
23.2.3 提高轴的疲劳强度 …… 275
23.3 轴的计算 …… 276
23.3.1 轴的强度计算 …… 276
23.3.2 轴的刚度计算 …… 281
23.4 轴毂连接 …… 282
23.4.1 平键连接 …… 282
23.4.2 半圆键连接 …… 282
23.4.3 楔键连接 …… 283
23.4.4 平键连接的尺寸选择和强度校核 …… 283
23.4.5 花键连接 …… 284
23.4.6 销连接 …… 285
23.4.7 成形连接 …… 285
第24章 轴承 …… 288
24.1 滚动轴承的结构、类型和代号 …… 288
24.1.1 滚动轴承的结构 …… 288

24.1.2 滚动轴承的类型 …… 289
24.1.3 滚动轴承的类型选择 …… 292
24.1.4 滚动轴承的代号 …… 293
24.2 滚动轴承的失效形式及其选择计算 …… 295
24.2.1 滚动轴承的受力 …… 295
24.2.2 滚动轴承的失效形式及计算准则 …… 296
24.2.3 轴承寿命的计算 …… 296
24.2.4 滚动轴承的静强度计算 …… 299
24.2.5 极限转速 …… 299
24.3 滚动轴承部件的组合设计 …… 301
24.3.1 滚动轴承部件的支承方式 …… 301
24.3.2 滚动轴承的配合 …… 303
24.3.3 滚动轴承的润滑 …… 303
24.3.4 滚动轴承的密封 …… 304
24.4 滑动轴承 …… 304
24.4.1 滑动轴承的类型、特点及应用 …… 304
24.4.2 滑动轴承的结构形式 …… 305
24.4.3 轴承材料和轴瓦结构 …… 306
24.4.4 非液体摩擦滑动轴承的设计计算 …… 309
第25章 联轴器、离合器和制动器 …… 311
25.1 联轴器 …… 311
25.1.1 刚性联轴器 …… 311
25.1.2 挠性联轴器 …… 312
25.1.3 联轴器的选用 …… 314
25.2 离合器 …… 315
25.3 制动器 …… 317
附录Ⅰ 常用截面的I_Z、W_Z、I_P、W_T …… 319
附录Ⅱ 简单载荷下梁的弯矩、剪力、挠度和转角 …… 320
附录Ⅲ 主要材料的力学性能表 …… 322
参考文献 …… 324

第0章　绪　　论

人类在生产劳动中，创造出了各种各样的机械设备，如机床、汽车、起重机、运输机、自动化生产线、机器人和航天器等。机械既能承担人力所不能或不便进行的工作，又能较人工生产大大提高劳动生产率和产品质量，同时还便于集中进行社会化大生产，因此生产的机械化和自动化已成为反映当今社会生产力发展水平的重要标志。改革开放以来，我国社会主义现代化建设在各个方面都取得了长足的发展，国民经济的各个生产部门正迫切要求实现机械化和自动化，特别是随着科学技术的飞速发展，对机械的自动化、智能化要求越来越迫切，越来越多，我国的机械产品正面临着更新换代的局面。这一切都对机械工业和机械设计工作者提出了更新、更高的要求，而本课程就是为培养机械工程技术人员而设置的。随着国民经济的进一步发展，本课程在现代化建设中的地位和作用将日益重要。

0.1　机械的组成及本课程研究的对象

0.1.1　机械的组成

生产和生活中各种各样的机械设备，尽管它们的构造、用途和性能千差万别，但它们的组成却有共同之处。下面以两个简单的机械为例，阐述机械的基本组成。

图 0-1 所示为单缸内燃机，由汽缸体 1、活塞 2、进气阀 3、排气阀 4、连杆 5、曲轴 6、凸轮 7、顶杆 8、齿轮 9 和齿轮 10 等组成。单缸内燃机作为一台机器，是由连杆机构、凸轮机构和齿轮机构组成的。

图 0-2 所示为捆钞机传动简图，工作原理如下：电动机 1 的转速和动力，通过 V 带传动 2、蜗杆减速器 3 和螺旋传动 4，传递给活动压头 5，压紧纸币 6。要求将 10 扎纸币(每扎 100 张)压实，然后用手工按规定形式捆结。

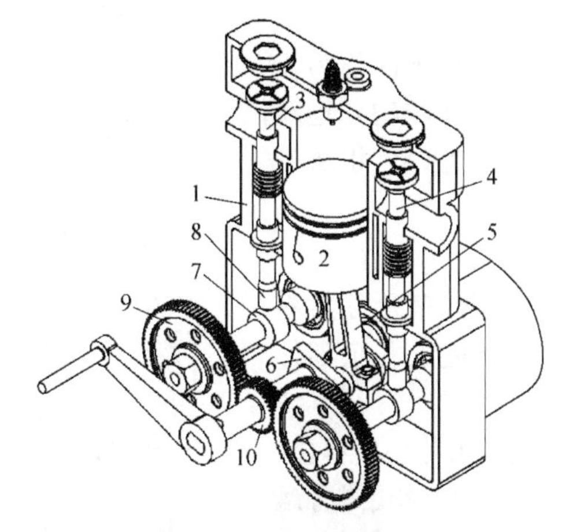

图 0-1　单缸内燃机

1—汽缸体；2—活塞；3—进气阀；4—排气阀；5—连杆；6—曲轴；7—凸轮；8—顶杆；9—齿轮；10—齿轮。

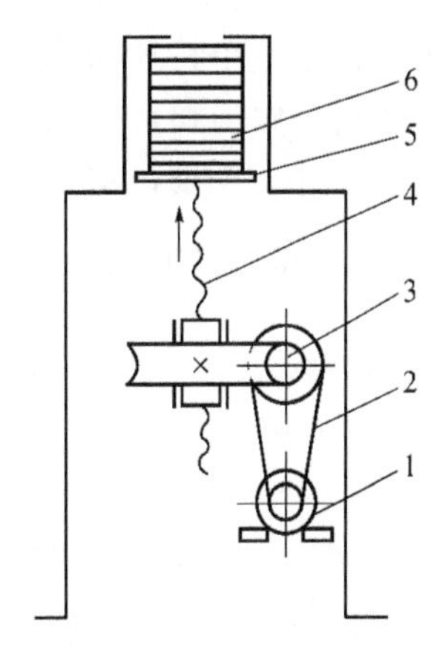

图 0-2　捆钞机传动简图

通过上述两个例子，可得出以下几点共识。

(1) 任何一台完整的机械系统通常都有原动机、传动装置和工作机三大基本组成部分。例如捆钞机和热处理加热炉工件运送机中的电动机就是原动机，原动机是机械设备完成其工作任务的动力来源，最常用的是各类电动机；捆钞机中的压头、加热炉工件运送机中的推块就是工作机，工作机是直接完成生产任务的执行装置，其结构形式取决于机械设备本身的用途，而捆钞机和加热炉工件运送机中的其他装置(如 V 带传动、蜗轮、蜗杆、螺旋、联轴器等)就是传动装置。传动装置的作用是将原动机的运动和动力转变为工作机所需要的运动和动力并传递之。传动装置是机械的主要组成部分，在很大程度上决定着整台机械的工作性能和成本，因此不断提高传动装置的设计和制造水平具有极其重大的意义。

(2) 任何机械设备都是由许多机械零、部件组成的。例如在捆钞机中就有 V 带、带轮、蜗杆、蜗轮、轴、螺旋、滚动轴承等机械零、部件。机械零件是机械制造过程中不可分拆的最小单元，而机械部件则是机械制造过程中为完成同一目的而由若干协同工作的零件组合在一起的组合体，如联轴器、滚动轴承等。凡是在各类机械中都用到的零、部件称为通用零、部件，例如螺栓、齿轮、轴、滚动轴承、联轴器、减速器等。而只在特定类型的机械中才能用到的零、部件称为专用零、部件，例如涡轮机上的叶片、往复式活塞内燃机的曲轴、飞机的起落架、机床的变速箱等。

(3) 在机械设备中，有些零件是作为一个独立的运动单元体而运动，而有些零件则刚性地连接在一起、共同组成了一个独立的运动单元体而运动，如加热炉工件运送机中的齿轮通过键连接与轴固联成一个独立的运动单元体。机械中的每一个独立的运动单元体称为构件。因此，从运动的观点看，任何机械都是由构件组成的。一个具有确定相对运动的构件组合体称为机构。任何机器中必包含一个或一个以上的机构。在各种机械中普遍使用的机构称为常用机构，如连杆机构、凸轮机构、齿轮机构、轮系和间歇运动机构等。

0.1.2 机器、机构和机械

机械是机器和机构的总称。机器有三个共同的特征：

(1) 都是一种人为的实物组合；

(2) 各部分形成运动单元，各运动单元之间具有确定的相对运动；

(3) 能实现能量转换或完成有用的机械功。

同时具备这三个特征的称为机器，仅具备前两个特征的称为机构。若抛开其在做功和转换能量方面所起的作用，仅从结构和运动观点来看两者并无差别，因此，工程上把机器和机构统称为“机械”。

0.1.3 构件、零件和部件

组成机器的运动单元称为构件；组成机器的制造单元称为零件。构件可以是单一的零件，也可以由刚性组合在一起的几个零件组成。

如图 0-1 所示中的齿轮既是零件又是构件；而连杆则是由连杆体、连杆盖、螺栓及螺母几个零件组成，这些零件形成一个整体而进行运动，所以称为一个构件，如图 0-3 所示。

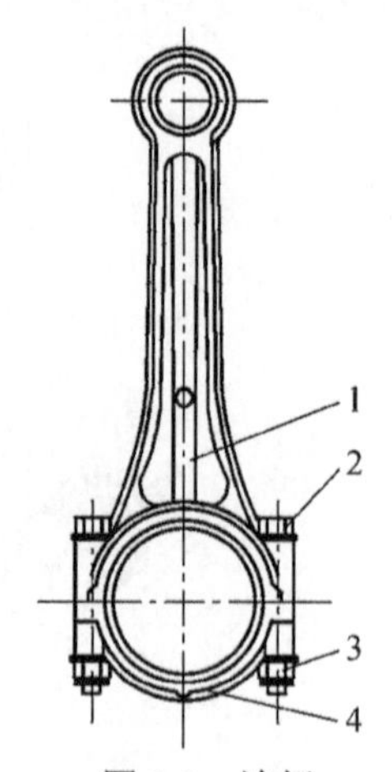

图 0-3 连杆

1—连杆体；2—螺栓；3—螺母；4—连杆盖。

在机械中还把为完成同一使命、彼此协同工作的一系列零件或构件所组成的组合体称为部件，如滚动轴承、联轴器、减速器等。

0.2 本课程的性质和任务

本课程是一门设计性的技术基础课。它综合运用机械制图、金属工艺学等先修课程的知识和生产实践经验，解决常用机构和通用零部件的计算和设计问题。通过本课程的学习和课程设计实践，使学生在设计一般机械传动装置或其他简单的机械方面得到初步训练，为学生进一步学习专业课程和今后从事机械设计工作打下基础。因此本课程在近机类或非机械类专业教学计划中具有承前启后的重要作用，是一门主干课程。

本课程的主要任务是培养学生：

(1) 了解材料基本性能及常用工程材料特点、热处理工艺，具备初步选材能力；

(2) 分析并确定构件及零件所受各种外力的大小和方向；

(3) 研究在外力作用下构件及零件的内部受力、变形和失效的规律；

(4) 提出保证构件及零件具有足够强度、刚度和稳定性的设计准则和方法；

(5) 初步树立正确的设计思想；

(6) 掌握常用机构和通用机械零、部件的设计或选用理论与方法，了解机械设计的一般规律，具有设计机械系统方案、机械传动装置和简单的机械的能力；

(7) 具有设计机械零件尺寸、几何和表面粗糙度精度的能力；

(8) 具有计算能力、绘图能力和运用标准、规范、手册、图册及查阅有关技术资料的能力。

0.3 本课程的特点及学习方法

本课程和基础理论课程相比较，是一门综合性、实践性很强的设计性课程，因此学生在学习时必须掌握本课程的特点，在学习方法中尽快完成由单科向综合、由抽象向具体、由理论到实践的思维方式的转变。通常在学习本课程时应注意以下几点。

(1) 要理论联系实际。本课程研究的对象是各种机械设备中的机构和机械零部件，与工程实际联系紧密，因此在学习时应利用各种机会深入生产现扬、实验室，注意观察实物和模型，增加对常用机构和通用机械零部件的感性认识。了解机械的工作条件和要求，然后从整台机械设备分析入手，确定出合理的设计方案、设计参数和结构。

(2) 要抓住设计这条主线，掌握常用机构及机械零部件的设计规律。本课程的内容看似杂乱无章，但是无论常用机构，还是通用机械零部件在设计时都遵循着共同的设计规律，只要抓住设计这条主线，就能把本课程的各章内容贯穿起来。

(3) 要努力培养解决工程实际问题的能力。多因素的分析、设计参数多方案的选择、经验公式或经验数据的选用及结构设计，是解决工程实际问题中经常遇到的问题，也是学生在学习本课程中的难点。因此在学习本课程时一定要尽快适应这种情况，按解决工程实际问题的思维方法，努力培养自己的机械设计能力，特别是机械系统方案设计能力和结构设计能力。

(4) 要综合运用先修课程的知识解决机械设计问题。本课程研究的各种机构和各种机械零部件的设计，从分析研究、设计计算，直至完成零部件工作图，要用到多门先修课的知识，因此在学习本课程时必须及时复习先修课的有关内容，做到融会贯通、综合运用。

第一篇　设计材料

第 1 章　材料的性能与热处理

1.1　材料的力学性能

力学性能是指材料抵抗各种外加载荷的能力，其中包括弹性与刚度、强度、塑性、硬度、韧性及疲劳强度等。

1.1.1　弹性与刚度

在拉伸试验机上对标准试样进行拉伸试验，可得到拉力与伸长的关系图，即拉伸图。图 1-1 是低碳钢的拉伸图，*oe* 段为弹性变形阶段，即卸载后试样恢复原状，这种变形称为弹性变形。*e* 点的应力 σ_e 称为弹性极限。

$$\sigma_e=F_e / A_0$$

式中：F_e 为产生弹性变形所受的最大外力；A_0 为试样原始横截面积。

材料在弹性范围内，应力与应变的比值 E 称为弹性模量，即

$$E=\sigma / \varepsilon$$

式中：σ 为外加的应力；ε 为相应的应变。

E 标志材料抵抗弹性变形的能力，用以表示材料的刚度。E 值主要取决于各种材料的本性，一些处理方法（如热处理、冷热加工、合金化等）对它影响很小。而零件的刚度（即材料的弹性模量）大小取决于零件的几何形状和材料的种类。

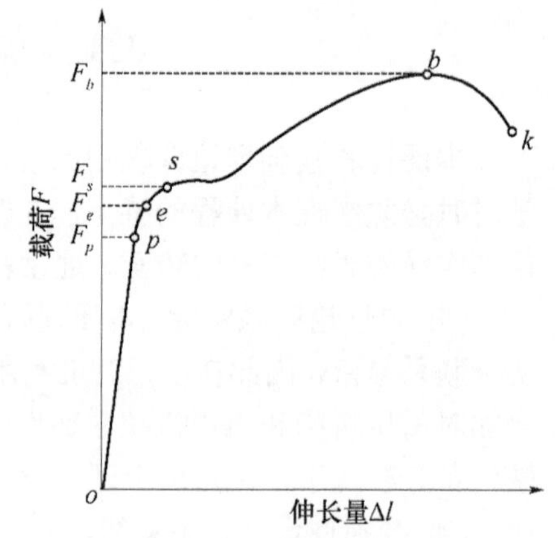

图 1-1　低碳钢的拉伸图

1.1.2　强度

材料在外力作用下抵抗变形与断裂的能力称为强度。根据外力作用方式的不同，强度有多种指标，如抗拉强度、抗压强度、抗弯强度、抗剪切强度和抗扭强度等。其中抗拉强度指标应用最为广泛。

如图 1-1 所示，当外力超过 F_e 时，卸载后试样的伸长只能部分恢复。这种不随外力去除而消失的变形称为塑性变形。当外力增加到 F_s 时，图上出现了平台。这种外力不增加而试样继续发生变形的现象称为屈服。材料开始产生屈服时的最低应力 σ_s 称为屈服强度，即

$$\sigma_s=F_s/ A_0$$

式中：F_s为试样开始屈服时所受外力。

工程上使用的材料多数没有明显的屈服现象。这类材料的屈服强度在国标中规定以试样的塑性变形量为试样标距的0.2%时的材料所承受的应力值来表示，并以符号$\sigma_{0.2}$表示。它是$F_{0.2}$与试样原始横截面积A_0之比，见图1-2。

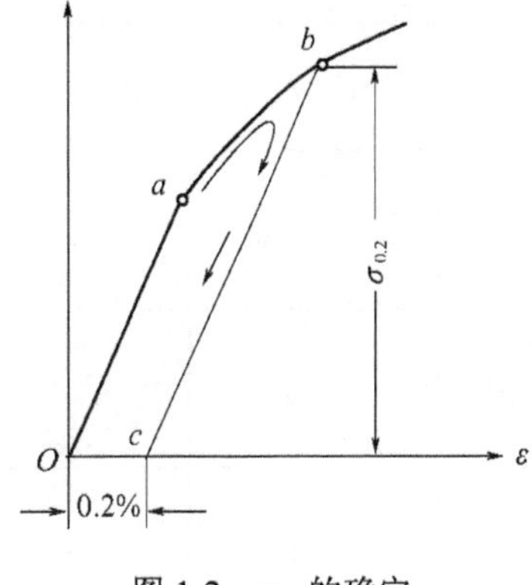

图1-2　$\sigma_{0.2}$的确定

材料发生屈服后，其应力与应变的关系曲线为如图1-1所示的sb段，到b点应力达最大值σ_b，b点以后，试样的截面产生局限"颈缩"，迅速伸长，这时试样的伸长主要集中在颈缩部位，直至拉断。最大应力值σ_b称为抗拉强度，它是零件设计和评定材料时的重要强度指标。

$$\sigma_b=F_b/A_0$$

式中：F_b为试样在断裂前所承受的最大外力。

1.1.3　塑性

材料在外力作用下，产生永久变形而不破坏的性能称为塑性。常用的塑性指标有延伸率(δ)和断面收缩率(ψ)。

$$\delta=(l_1-l_0)/l_0\times100\%$$

式中：l_0为试样原来的标距长度；l_1为试样拉断后的标距长度。

$$\psi=(A_0-A_1)/A_0\times100\%$$

式中：A_0为试样原始的横截面积；A_1为试样断裂处的横截面积。

1.1.4　硬度

硬度是指材料对局部塑性变形的抗力。通常，材料越硬，其耐磨性越好。同时通过硬度值可估计材料的近似σ_b值。硬度试验方法比较简单、迅速，可直接在原材料或零件表面上测试，因此被广泛应用。常用的硬度测量方法是压入法，主要有布氏硬度(HB)、洛氏硬度(HR)、维氏硬度(HV)等。陶瓷等材料还常用克努普氏显微硬度(HK)和莫氏硬度(划痕比较法)作为硬度指标。

1．布氏硬度

试验规范见表1-1，实验方法见图1-3。即用直径为D的硬质合金球，以相应的压力压入试样表面，保持规定的时间后去除外力，在试样表面留下球形压痕。布氏硬度值是外力除以压痕球冠表面积。在试验中，硬度值不需计算，是用刻度放大镜测出压坑直径d，然后对照有关附录查出相应的布氏硬度值。

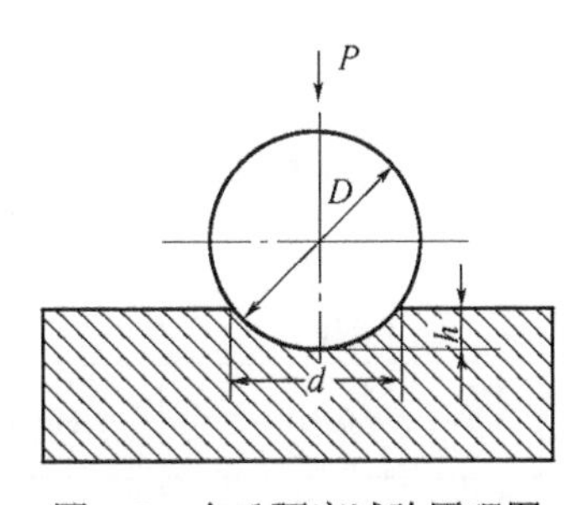

图1-3　布氏硬度试验原理图

表 1-1 布氏硬度试验规范

材料	布氏硬度	试样厚度/mm	压力 F 与硬质合金钢球直径 D 的相互关系	硬质合金钢球直径 D/mm	压力 F/N	压力保持时间/s
黑色金属	140～450	6～3 4～2 <2	$F=30D^2$	10 5 2.5	29420 7355 1838	10
	<140	>6 6～3 <3	$F=10D^2$	10 5 2.5	9807 2452 613	10
有色金属	>130	6～3 4～2 <2	$F=30D^2$	10 5 2.5	29420 7355 1838	30
	36～130	9～3 6～3 <2	$F=10D^2$	10 5 2.5	9807 2452 613	30
	8～35	>6 6～3 <3	$F=2.5D^2$	10 5 2.5	2452 613 153	60

用以测定硬度 HBW<650 的金属材料，如灰铸铁、有色金属，及经退火、正火和调质处理的钢材，其硬度值用 HBW 表示。

布氏硬度的优点是具有较高的测量精度，因其压坑面积大，能比较真实地反映出材料的平均性能。另外，由于布氏硬度与 σ_b 之间存在一定的经验关系，如热轧钢的 σ_b=(3.4～3.6)HBW，冷变形铜合金 σ_b≈4.0HBW，灰铸铁 σ_b≈1.7(HBW-40)，因此得到广泛的应用。但不能测定高硬度材料。

2．洛氏硬度

试验原理如图 1-4 所示。它是以一定尺寸的淬火钢球或以顶角为 120°的金刚石圆锥压入试样表面。试验时，先加初载荷，然后加主载荷。压入试样表面之后，去除主载荷。在保留初载荷的情况下，根据试样表面压痕深度($h=h_3-h_1$)确定被测材料的洛氏硬度。

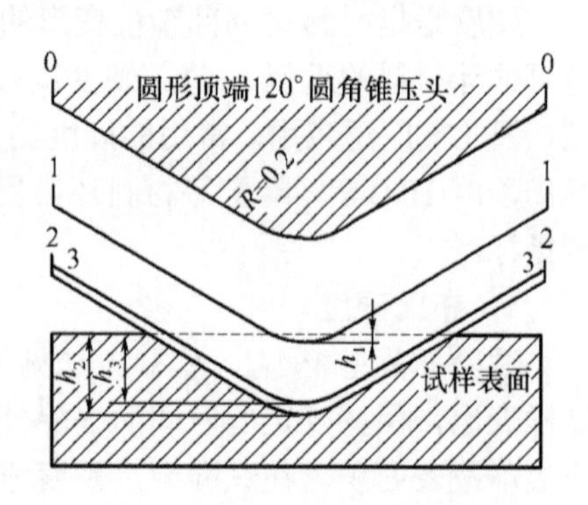

图 1-4 洛氏硬度试验原理图

为了能用一种硬度计测定较大范围的硬度，常用三种硬度标度，如表 1-2 所示。

洛氏硬度试验的优点是操作迅速、简便，可由表盘上直接读出硬度值。由于其压痕小，故可测量较薄工件的硬度。其缺点是精度较差，硬度值波动较大，通常应在试样不同部位测量数次，取平均值为该材料的硬度值。

表 1-2 常用洛氏硬度的试验条件及应用范围

硬度标尺	压头类型	总试验力/N	硬度值有效范围	应用举例
HRC	120°金刚石圆锥体	1471.0	HRC20～67	一般淬火钢件
HRB	$\phi\frac{1''}{16}$ 钢球	980.7	HRB25～100	软钢、退火钢、铜合金等
HRA	120°金刚石圆锥全	588.4	HRA60～85	硬质合金、表面淬火钢等

3. 维氏硬度

布氏硬度不适用检测较高硬度的材料。洛氏硬度虽可检测不同硬度的材料，但不同标尺的硬度值不能相互直接比较。而维氏硬度可用同一标尺来测定从极软到极硬的材料。维氏硬度试验原理与布氏法相似，也是以压坑单位表面积所承受压力大小来计算硬度值的。它是用对面夹角为136°的金刚石四棱锥体，在一定压力作用下，在试样试验面上压出一个正方形压痕，如图1-5所示。通过设在维氏硬度计上的显微镜来测量压坑两条对角线的长度，根据对角线的平均长度，从相应表中查出维氏硬度值。维氏硬度试验所用压力可根据试样的大小、厚薄等条件来选择。压力按标准规定有49N，98N，196N，294N，490N，980N等。压力保持时间：黑色金属10～15s，有色金属30±2s。

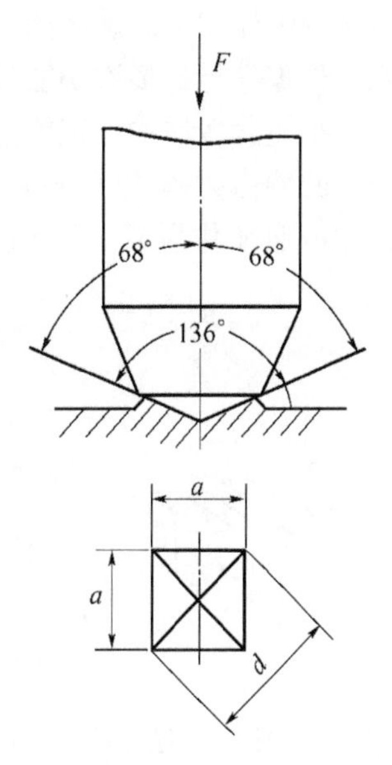

图1-5 维氏硬度试验原理图

维氏硬度可测定很软到很硬的各种材料。由于所加压力小，压入深度较浅，故可测定较薄材料和各种表面渗层，且准确度高。但维氏硬度试验时需测量压痕对角线的长度，测试手续较繁，不如洛氏硬度试验法那样简单、迅速。

1.1.5 韧性

许多机械零件在工件中往往受到冲击载荷的作用，如活塞销、锤杆、冲模和锻模等。制造这类零件所用的材料不能单用在静载荷的作用下的指标来衡量，而必须考虑材料抵抗冲击载荷的能力。材料抵抗冲击载荷而不破坏的能力称为冲击韧性。为了评定材料的冲击韧性，需进行冲击试验。

1. 摆锤式一次冲击试验

冲击试样的类型较多，常用的标准试样如图1-6所示。

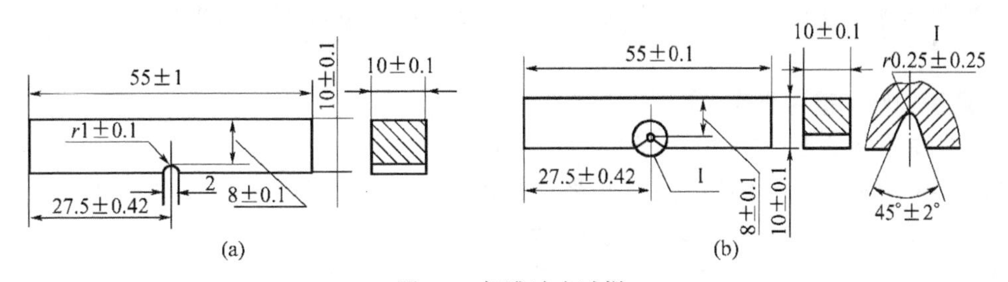

图1-6 标准冲击试样

(a) U形缺口试样；(b) V形缺口试样。

一次冲击试验通常是在摆锤式冲击试验机上进行的。试验时将带缺口的试样安放在试验机的机架上，使试样的缺口位于两支架中间，并背向摆锤的冲击方向，如图1-7所示。摆锤从一定的高度落下，将试样冲断。冲断时，在试样横截面的单位面积上所消耗的功称为冲击韧性值，即冲击韧度，用符号a_k表示。由于冲击试验采用的是标准试样，目前一般用冲击功A_k表示冲击韧性值。必须说明的是，使用不同类型的试样(U形缺口或V形缺口)进行试验时，其冲击吸收功分别为A_{kU}或A_{kV}，冲击韧度则分别为a_{kU}或a_{kV}。

2. 小能量多次冲击试验

实践表明，承受冲击载荷的机械零件很少用一次能量冲击而遭破坏，绝大多数是小能量多次冲击作用下而破坏的，如凿岩机风镐上的活塞、冲模的冲头等。所以上述的 a_k 值不能代表这种零件抵抗多次小能量冲击的能力。

小能量多次冲击试验是在落锤式试验机上进行的。如图 1-8 所示，带有双冲点的锤头以一定的冲击频率(400，600 周次 / min)冲击试样，直至冲断为止。多次冲击抗力指标一般是以某冲击功 A 作用下，开始出现裂纹和最后断裂的冲击次数来表示的。

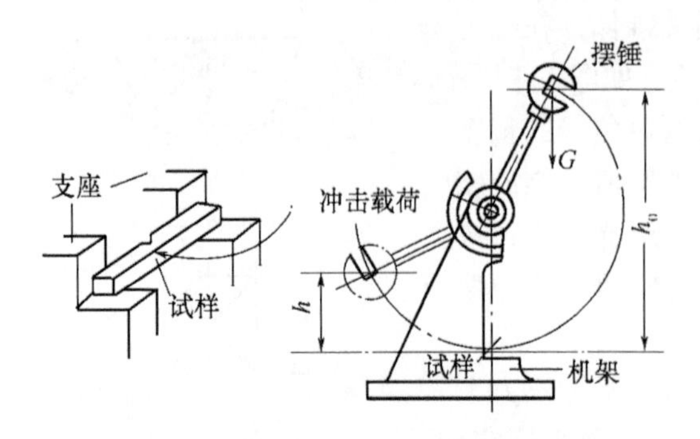

图 1-7　摆锤式一次冲击试验原理图

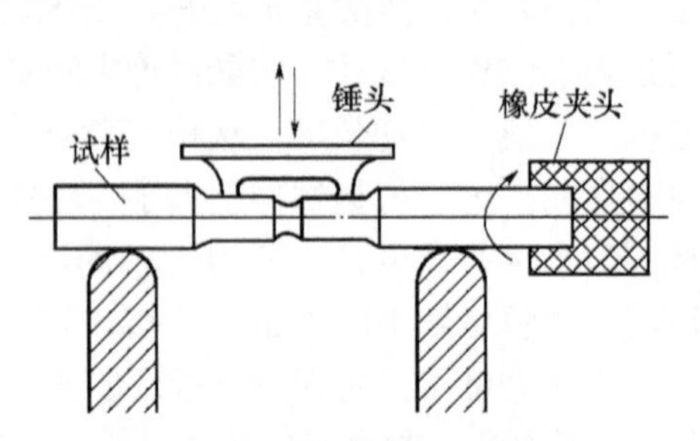

图 1-8　多次冲击弯曲试验示意图

1.1.6　疲劳

许多机械零件，如曲轴、齿轮、轴承、叶片和弹簧等，在工作中各点承受的应力随时间做周期性的变化，这种随时间做周期性变化的应力称为交变应力。在交变应力作用下，零件所承受的应力虽然低于其屈服强度，但经过较长时间的工作会产生裂纹或突然断裂，这种现象称为材料的疲劳。据统计，在机械零件失效中大约有 80%以上是属于疲劳破坏的。

机械零件之所以产生疲劳断裂，是由于材料表面或内部有缺陷(夹杂、划痕、尖角等)。这些地方的局部应力大于屈服强度，从而产生局部塑性变形而开裂。这些微裂纹随应力循环次数的增加而逐渐扩展，使承载的截面大大减小，以致不能承受所加载荷而突然断裂。

1．疲劳曲线和疲劳强度

疲劳曲线是指交变应力与循环次数的关系曲线，如图 1-9 所示。曲线表明，金属承受的交变应力越大，则断裂时应力循环次数(N)越少；反之，则 N 越大。同时看到，当应力低于一定值时，试样可经受无限个周期循环而不破坏，此应力值称为材料的疲劳强度，用 σ_r 表示。对于应力对称循环的疲劳强度用 σ_{-1} 表示。实际上，材料不可能做无限次交变应力试验。对于黑色金属，一般规定应力循环 10^7 周次而不断裂的最大应力称为疲劳极限，有色金属、不锈钢等取 10^8 周次。

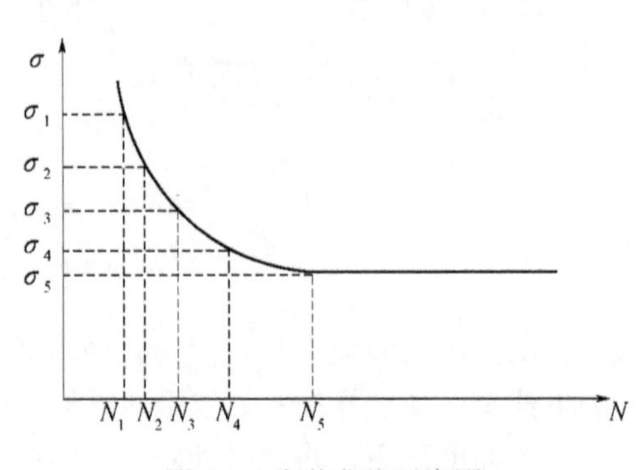

图 1-9　疲劳曲线示意图

2．提高零件疲劳抗力的方法

可通过合理选材，细化晶粒，减少材料和零件的缺陷；改善零件的结构设计，避免应力集中；提高零件的表面粗糙度；对零件表面进行强化处理(喷丸处理、表面淬火、渗与镀工艺等)，都可提高零件的疲劳强度。

1.2　材料的物理和化学性能

1.2.1　物理性能

1. 密度

单位体积的物质的质量称为该物质的密度。不同材料的密度不同，如钢为 7.8 左右，陶瓷为 2.2～2.5，各种塑料的密度更小。常用金属的密度见表 1-3。

表 1-3　常用金属的物理性能

金属名称	符号	密度(20℃)/(kg/m³)	熔点/℃	热导率/(W/(m·K))	线胀系数(0～100℃)/(10^{-6}/℃)	电阻率 ρ/(10^{-6} Ω•cm)
银	Ag	10.49×10^3	960.8	418.6	19.7	1.5
铜	Cu	8.96×10^3	1.083	393.5	17	1.67～1.68(20℃)
铝	Al	2.7×10^3	660	221.9	23.6	2.655
镁	Mg	1.74×10^3	650	153.7	24.3	4.47
钨	W	19.3×10^3	3380	166.2	4.6(20℃)	5.1
镍	Ni	4.5×10^3	1453	92.1	13.4	6.84
铁	Fe	7.87×10^3	1538	75.4	11.76	9.7
锡	Sn	7.3×10^3	231.9	62.8	2.3	11.5
铬	Cr	7.19×10^3	1903	67	6.2	12.9
钛	Ti	4.508×10^3	1677	15.1	8.2	42.1～47.8
锰	Mn	7.43×10^3	1244	4.98(−192℃)	37	185(20℃)

强度 σ_b 与密度 ρ 之比称为比强度，弹性模量 E 与密度 ρ 之比称为比弹性模量，这都是零件选材的重要指标。

2. 熔点

熔点是指材料的熔化温度。陶瓷的熔点一般都显著高于金属及合金的熔点，而高分子材料一般不是完全晶体，所以没有固定的熔点。工业上常用的防火安全阀及熔断器等零件，使用低熔点合金。而工业高温炉、火箭、导弹、燃气轮机、喷气飞机等某些零部件，却必须使用耐高温的难熔材料。

3. 导热性

材料传导热量的性能称为导热性，用导热系数 λ 表示，见表 1-3。导热性好的材料(如铜、铝及其合金)常用来制造热交换器等传热设备的零部件。导热性差的材料(陶瓷、木材、塑料等)可用来制造绝热材料。一般来说，金属及合金的导热系数远高于非金属材料。

在制定焊接、铸造、锻造和热处理工艺时，必须考虑材料的导热性，防止材料在加热和冷却过程中形成过大的内应力而造成变形与开裂。

4. 导电性

材料传导电流的能力称为导电性。常用其电导率表示，但用其倒数(电阻率)更方便。

通常金属的电阻率随温度的升高而增加。相反，非金属材料的电阻率随温度升高而降低。金属及其合金具有良好的导电性，银的导电性最好，铜、铝次之，故常用作导电材料。但电阻率大的金属可制造电热元件。

高分子材料都是绝缘体，但有的高分子复合材料也有良好的导电性。陶瓷材料虽是良好的绝缘体，但某些成分的陶瓷却是半导体。

5. 热膨胀性

材料随着温度变化而膨胀、收缩的特性称为热膨胀性。一般来说，材料受热时膨胀而使体积增大，冷却时收缩而使体积缩小。热膨胀性的大小用线膨胀系数 α_t 来表示。表 1-3 列出常见金属的线膨胀系数。体胀系数近似为线胀系数的 3 倍。一般地，陶瓷的热胀系数最低，金属次之，高分子材料的线胀系数最高。

6. 磁性

通常把材料能导磁的性能叫做磁性。磁性材料分软磁材料和永磁材料。软磁材料易磁化，导磁性良好，外磁场去除后，磁性基本消失，如电工纯铁、硅钢片等。永磁材料经磁化后，保持磁场，磁性不易消失，如铝镍钴系和稀土钴等。许多金属，如铁、镍、钴等有较高的磁性，但也有许多金属是无磁性的，如铝、铜、铅、不锈钢等。非金属材料一般无磁性，但最近也出现了磁性陶(铁氧体)等材料。

磁性材料当温度升高到一定值时，磁性消失，这个温度称为居里点，如铁的居里点为770℃。

1.2.2 化学性能

1. 耐腐蚀性

耐腐蚀性是指材料抵抗各种介质的侵蚀能力。非金属材料的耐蚀性远远高于金属材料。提高材料的耐蚀性，对于节约材料和延长构件使用寿命具有现实的经济意义。

2. 抗氧化性

材料在加热时抵抗氧化作用的能力称为抗氧化性。金属及合金的抗氧化的机理是材料在高温下迅速氧化后，能在表面形成一层连续而致密并与母体结合牢靠的膜阻止进一步氧化，而高分子材料抗氧化机制则不同。

3. 化学稳定性

化学稳定性是材料的耐腐蚀性和抗氧化性的总称。高温下的化学稳定性又称热稳定性。在高温条件下工作的设备(如锅炉、汽轮机、火箭等)上的部件需要选择热稳定性好的材料来制造。

1.3 材料的工艺性能

材料工艺性能的好坏，会直接影响制造零件的工艺方法、质量及成本。主要的工艺性能有以下几个方面。

1.3.1 铸造性能

材料铸造成型获得优良铸件的能力称为铸造性能。衡量铸造性能的指标有流动性、收缩性和偏析等。

1. 流动性

熔融材料的流动能力称为流动性。它主要受化学成分和浇注温度等影响。流动性好的材料容易充满铸腔，从而获得外形完整、尺寸精确和轮廓清晰的铸件。

2. 收缩性

铸件在凝固和冷却过程中，其体积和尺寸减小的现象称为收缩性。铸件收缩不仅影响尺寸，还会使铸件产生缩孔、疏松、内应力、变形和开裂等缺陷。因此，用于铸造的材料其收缩性越小越好。

3．偏析

铸件凝固后，内部化学成分和组织的不均匀现象称为偏析。偏析严重的铸件各部分的力学性能会有很大的差异，能降低产品的质量。一般来说，铸铁比钢的铸造性能好，金属材料比工程塑料的铸造性能好。

1.3.2 锻造性能

锻造性能是指材料是否易于进行压力加工的性能。它取决于材料的塑性和变形抗力。塑性越好，变形抗力越小，材料的锻造性能越好。例如纯铜在室温下就有良好的锻造性能，碳钢在加热状态锻造性能良好，铸铁则不能锻造。热塑性塑料可经挤压和压塑成形，这与金属挤压和模压成形相似。

1.3.3 焊接性能

两块材料在局部加热至熔融状态下能牢固地焊接在一起的能力称为该材料的焊接性能。碳钢的焊接性能主要由化学成分决定，其中碳含量的影响最大。例如，低碳钢具有良好的焊接性，而高碳钢、铸铁的焊接性不好。某些工程塑料也有良好的可焊性，但与金属的焊接机制及工艺方法不同。

1.3.4 热处理性能

所谓热处理就是通过加热、保温、冷却的方法使材料在固态下的组织结构发生改变，从而获得所要求的性能的一种加工工艺。在生产上，热处理既可用于提高材料的力学性能及某些特殊性能以进一步充分发挥材料的潜力，亦可用于改善材料的加工工艺性能，如改善切削加工、拉拔挤压加工和焊接性能等。常用的热处理方法有退火、正火、淬火、回火及表面热处理(表面淬火及化学热处理)等。

1.3.5 切削加工性能

材料接受切削加工的难易程度称为切削加工性能。切削加工性能主要用切削速度、加工表面光洁度和刀具使用寿命来衡量。影响切削加工性能的因素有工件的化学成分、组织、硬度、导热性和形变强化程度等。一般认为材料具有适当硬度(HBW170～230)和足够脆性时较易切削。所以灰铸铁比钢切削性能好，碳钢比高合金钢切削性好。改变钢的成分和适当热处理能改善切削性能。

1.4 钢的热处理工艺

热处理分为预先热处理和最终热处理两类。预先热处理的目的是清除铸造、锻造加工过程中所造成的缺陷和内应力，改善切削加工性能，为最终热处理做组织准备，如退火、正火。最终热处理是在使用条件下使钢满足性能要求的热处理，目的是改善零件的力学性能，延长零件的使用寿命，如淬火、回火、表面淬火、化学热处理等。图 1-10 所示为热处理工艺示意图。

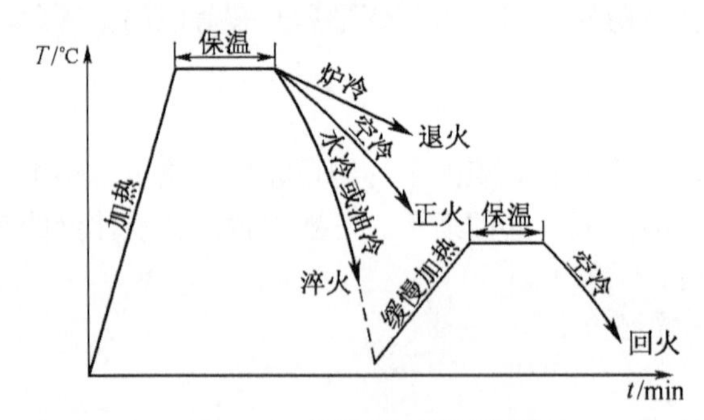

图 1-10 热处理工艺示意图

1．退火

退火是将钢加热到适当温度，保持一段时间后随炉缓慢冷却的热处理工艺。退火后的材料硬度较低，一般用布氏硬度试验法测定。退火目的是细化晶粒，改善材料的力学性能或为淬火做好组织准备；降低材料的硬度，以利于切削加工；消除铸件、锻件、焊件的内应力。

根据退火的目的和要求不同，钢的退火可分为完全退火、等温退火、球化退火、扩散退火和去应力退火等。一般亚共析钢加热到 A_{c3} 以上 30～50℃进行完全退火，过共析钢加热到 A_{c1} 以上 20～30℃进行球化退火。去应力退火的加热温度范围为 500～650℃。

2．正火

正火是将钢加热到适当温度，保持一段时间后在静止或轻微流动的空气中冷却的热处理工艺。正火是退火的一个特例，因此其目的与退火基本相同，但正火的冷却速度比退火快，因此，正火所获得的组织比退火细，正火件的强度、硬度比退火件高。但正火生产周期短，操作简便，在实际生产过程中，为提高生产效率及降低产品成本，应尽量采用正火工艺取代退火，一般低、中碳结构钢以正火作为预先热处理。亚共析钢和共析钢的正火加热温度为 A_{c3} 以上 30～50℃，过共析钢的正火加热温度为 A_{ccm} 以上 30～50℃。

3．淬火

淬火是将钢加热、保温，然后快速冷却的热处理方法。淬火的目的是获得高的硬度、强度、耐磨性；获得高强度、高韧性兼备的综合力学性能；改善某些特殊钢的物理性能、化学性能及力学性能。不同钢材及不同表面质量要求的淬火可以使用不同的加热介质，如空气、可控气氛、熔盐、真空等。其冷却介质可以是水、油、聚合物液体、熔盐及强烈流动的气体等。亚共析钢淬火加热温度为 A_{c3} 以上 30～50℃，共析钢和过共析钢的淬火加热温度为 A_{c1} 以上 30～50℃。

淬火后的工件硬度和耐磨性提高，但脆性大、内应力大，容易产生变形和开裂；且淬火组织不稳定，在工作中会缓慢发生分解，导致精密零件的尺寸变化。为改善淬火后工件的性能，消除内应力，防止零件变形开裂，必须进行回火。

4．回火

将淬火后的工件重新加热到 A_{c1} 以下某一温度，保温一定时间，然后冷却到室温的热处理工艺称为回火。回火的目的是为了消除或部分消除淬火应力，降低脆性，稳定组织，调整硬度，获得所需要的力学性能。在实际生产中，往往是根据工件所要求的硬度确定回火温度，有低温回火、中温回火和高温回火。一般来说，回火温度越高，硬度、强度越低，而塑性、韧性越高。淬火后进行高温回火称为调质处理。

5．表面淬火

表面淬火是将工件表面加热到淬火温度，然后迅速冷却，使在表面一定深层范围内达到淬火目的的热处理工艺。表面淬火后，工件表面层获得高硬度和高耐磨性，而心部仍为原来的组织状态，具有足够的塑性和韧性。表面淬火适用于承受冲击载荷并处于强烈摩擦条件下工作的工件，如齿轮、凸轮、传动轴等。

6. 化学热处理

化学热处理是将工件放在某些化学介质中，加热到一定温度并保温，使一种或几种元素渗入工件表面，以改变表层的化学成分和组织的热处理操作。它可以更大程度地提高工件表层的硬度、耐磨性、耐热性和耐蚀性，而心部仍保持原有性能。化学热处理方法是按渗入元素种类命名的，常见的有渗碳、渗氮、碳氮共渗、渗铝、渗铬、渗硼及氰化等。

1.5 热处理新技术

1. 真空热处理

在真空中进行的热处理称为真空热处理，包括真空淬火、真空退火、真空回火和真空化学热处理。

工件在真空中加热、升温速度很慢，截面温度梯度小，所以热处理时变形小。真空中氧的分压很低，金属的氧化可得到有效的抑制。在高真空条件下，工件表面的氧化物发生分解，可得到光亮的表面，同时可提高耐磨性、疲劳强度。另外，溶解在金属中的气体，在真空中长期加热时，会不断逸出，可由真空泵排出炉外，具有脱气作用，有利于改善钢的韧性，提高工件的使用寿命。真空热处理还可以减少或省去清洗和磨削加工工序，改善劳动条件，实现自动控制。

2. 激光热处理

激光热处理是利用高功率密度的激光束扫描工件表面，将其迅速加热到钢的淬火温度，然后依靠工件本身的传热，实现快速冷却淬火。

激光淬火的硬化层较浅，通常为0.3～0.5 mm，但其表面硬度比常规淬火的表面硬度提高达 15%～20%以上，能显著提高钢的耐磨性。另外由于激光能量密度大，激光淬火变形非常小，处理后的零件可直接装配。激光淬火对工件尺寸及表面平整度没有严格要求，可对形状复杂工件进行处理。热处理时，加热速度快，表面不需要保护，靠自激冷却，不需要冷却介质，因此工件表面清洁、无污染，操作简单便于实现自动化。

3. 可控气氛热处理

在炉气成分可以控制的炉内进行的热处理称为可控气氛热处理。炉气有渗碳性、还原性、中性气氛等几种。仅用于防止工件表面化学反应的可控气氛称为保护气氛。

可控气氛热处理能防止工件加热时的氧化和脱碳，提高工件表面质量和耐磨性、耐疲劳性等，实现光亮热处理；可进行渗碳、渗氮，碳氮共渗化学热处理，渗层效果好、质量高、劳动条件好，对于某些形状复杂而又要求高硬度的工件，可以减少加工工序；对于已经脱碳的工件可使表面复碳，提高零件性能；便于实现热处理过程的机械化、自动化。

习题与思考题

1-1 金属材料常用的力学性能指标有哪些?各代表什么意义?

1-2 什么是热处理?同其他机械制造工艺方法相比，热处理有何特点?

1-3 什么是正火?什么是退火?正火与退火有何异同?

1-4 什么是淬火?淬火的目的是什么?淬火后的工件为什么需要及时回火?

1-5 什么是回火?回火的目的是什么?

1-6 什么是调质处理?哪些零件需要进行调质处理?

1-7 热处理有哪些新技术?

第 2 章　常用设计材料与选材

2.1　工业用钢

工业用钢的种类很多，按化学成分可分为碳钢和合金钢。

2.1.1　碳钢

碳钢具有良好的力学性能和工艺性能．且价格低廉，一般能满足使用要求，应用非常广泛。碳钢的分类方法很多，按含碳量(质量分数)可分为：低碳钢，含碳量小于 0.25%；中碳钢，含碳量为 0.25%～0.6%；高碳钢，含碳量大于 0.6%。

碳钢中的杂质对钢的性能影响很大，特别是硫(S)、磷(P)。按钢中杂质的含量，碳钢又可分为：普通碳素结构钢，P 的含量小于 0.045%，S 的含量小于 0.050%；优质碳素结构钢，P 的含量小于 0.035%，S 的含量小于 0.035%；高级优质碳素结构钢，P 的含量小于 0.030%，S 的含量小于 0.030%。

按用途分，碳钢可分为碳素结构钢和碳素工具钢。碳素结构钢主要用来制造各类工程结构件和机器零件；碳素工具钢都是优质钢，主要用来制造工具、刀具、量具和模具等。

1．碳素结构钢

(1) 普通碳素结构钢。普通碳素结构钢属于低碳钢和含碳较少的中碳钢。这类钢尽管硫、磷等有害杂质的含量较高，但性能仍能满足一般工程结构、建筑结构及一些机件的使用要求，且价格低廉，因此在国民经济各个部门得到广泛应用。

普通碳素结构钢的牌号由代表屈服点“屈”字的汉语拼音首位字母 Q 和后面三位数字来表示，如 Q215、Q235 等，每个牌号中的数字均表示该钢种在厚度小于 16 mm 时的最低屈服点(MPa)。Q235 是用途最广的普通碳素结构钢，属于低碳钢，通常热轧成钢板、型钢、钢管、钢筋等。常用来制造建筑构件，不重要的轴类、螺钉、螺母，冲压件，锻件，焊接件等。

(2) 优质碳素结构钢。优质碳素结构钢的硫、磷含量较低，主要用来制造较为重要的机件。优质碳素结构钢的牌号用两位数字表示，这两位数字即是钢中平均含碳量的万分数。例如，20 钢表示平均含碳量为 0.20%的优质碳素结构钢。

08、10、15、20、25 等牌号属于低碳钢，其塑性好，易于拉拔、冲压、挤压、锻造和焊接。其中 20 钢用途最广，常用来制造螺钉、螺母、垫圈、小轴以及冲压件、焊接件，有时也用于制造渗碳件。

30、35、40、45、50、55 等牌号属于中碳钢，其强度和硬度有所提高，淬火后的硬度可显著增加。其中，以 45 钢最为典型，它不仅强度、硬度较高，且兼有较好的塑性和韧性，即综合性能优良。45 钢在机械结构中用途最广，常用来制造轴、丝杠、齿轮、连杆、套筒、键、重要螺钉和螺母等。

60、65、70、75 等牌号属于高碳钢。它们经过淬火、回火后，不仅强度、硬度提高，且弹性优良，常用来制造小弹簧、发条、钢丝绳、轧辊等。

2．碳素工具钢

碳素工具钢属优质钢。牌号以“T”起首，其后面的一位或两位数字表示钢中平均含碳量的千分数。例如，T8 表示平均含碳量为 0.8%的碳素工具钢。对于硫、磷含量更低的高级优质碳素工具钢，则在数字后面加“A”表示，如 T8A。淬火后，碳素工具钢的强度、硬度较高。为了便于加工，常以退火状态供应，使用时再进行热处理。

碳素工具钢随着含碳量的增加，硬度和耐磨性增加，而塑性、韧性逐渐降低。所以 T7、T8 钢常用来制造要求韧性较高、硬度中等的零件，如冲头、錾子等；T10 钢用来制造韧性中等、硬度较高的零件，如钢锯条、丝锥等；T12、T13 用来制造硬度高、耐磨性好、韧性较低的零件，如量具、锉刀、刮刀等。

2.1.2 合金钢

合金钢是为改善钢的某些性能，特意加入一种或几种合金元素所炼成的钢。合金钢都是优质钢，按用途可分为以下几种。

1．合金结构钢

合金结构钢比碳钢具有更好的力学性能，特别是热处理性能优良，因此便于制造尺寸较大、形状复杂或要求淬火变形小的零件。

合金结构钢的牌号通常是以“数字+元素符号+数字”的方法来表示。牌号中起首的两位数字表示钢的平均含碳量的万分数；元素符号及其后的数字表示所含合金元素及其平均含量的百分数；若合金元素含量小于 1.5%，则不标其含量；高级优质钢在牌号尾部增加符号“A”。如 16Mn、20Cr、40Mn2、30CrMnSi、38CrMoAlA 等。

2．合金工具钢

合金工具钢主要用来制造刃具、量具和模具。其牌号与合金结构钢相似，不同的是以一位数字表示平均含碳量的千分数，当含碳量超过 1%时，则不标出。如 9SiCr 的平均含碳量为 0.9%。常用的合金工具钢有用于制造刃具的 W18Cr4V、9SiCr、CrWMn 等；用于制造模具的 Cr12、5CrNiMo、3Cr2W8 等。

3．特殊性能钢

特殊性能钢包括不锈钢、耐热钢、导磁钢、耐磨钢等。其中不锈钢在食品、化工、石油、医药工业中得到了广泛的应用。常用不锈钢的牌号有 Cr13 系列、1Cr18Ni9Ti 等。

2.2 铸　铁

铸铁是含碳量在 2.11%～6.69%的铁碳合金。工业常用的铸铁其一般含碳量在 2.5%～4.0%之间。此外，铸铁中 Si、Mn、S、P 等杂质也比钢多。铸铁中碳一般以两种形态存在，一种是化合状态——渗碳体(Fe_3C)；另一种是自由游离状态——石墨(C)。按铸铁中碳的存在形式不同，铸铁可分为：白口铸铁(碳以化合状态存在为主)；灰口铸铁(碳以游离状态存在为主)。

按铸铁中石墨的分布形态，灰口铸铁又可分为灰铸铁、可锻铸铁、球墨铸铁等。

1．灰铸铁

灰铸铁中的碳主要以片状石墨形式存在，断口呈暗灰色，它是机械制造中应用最多的一种铸铁。

灰铸铁的牌号由“HT”(“灰”、“铁”两字的汉语拼音字首)和一组数字(表示最低抗拉强度，单位为 MPa)组成，如：HT100、HT150 等。

2. 可锻铸铁

可锻铸铁又称玛铁。由于其石墨呈团絮状，抗拉强度得到显著提高，特别是这种铸铁有着相当高的塑性和韧性，因此称为可锻铸铁，其实它并不能实际用于锻造。

可锻铸铁的牌号用“KT”表示，并在其后加注两组数字，分别表示最低抗拉强度和最低延伸率，例如：KT300-06 表示最低抗拉强度为 300MPa，最低延伸率为 6%的可锻铸铁。

3. 球墨铸铁

球墨铸铁中的石墨呈球状，由于球状石墨对金属基体的割裂作用进一步减轻，其基体强度利用率可达 70%～90%，而灰铸铁仅为 30%～50%。因而球墨铸铁强度得以大大提高，并具有一定的塑性和韧性，目前已成功地取代了一部分可锻铸铁件，并实现了“以铁代钢”，常用来制造受力复杂、力学性能要求高的零件，如曲轴、凸轮轴等。

球墨铸铁的牌号表示方法与可锻铸铁相似。如 QT600-02，“QT”表示球墨铸铁，后面第一组数字表示最低抗拉强度(MPa)，第二组数字表示最低伸长率(%)。

2.3 有色金属

工业上把除钢铁以外的金属及其合金统称为非铁金属。

2.3.1 铜及铜合金

铜及铜合金是人类应用最早的一种金属。它具有优良的导电性、导热性和抗大气腐蚀能力，有一定的力学性能和良好的加工工艺性能。

1. 纯铜

纯铜因呈紫红色又称为紫铜。我国工业纯铜根据所含杂质多少分为四级，用 T1，T2，T3，T4 表示，数字越大，纯度越低。

2. 黄铜

黄铜是以锌为主要合金元素的铜合金。按照化学成分，黄铜可分为普通黄铜和特殊黄铜两类。黄铜的牌号用字母“H”和一组数字表示，数字的大小表示平均含铜量的百分值，如 H62 表示含铜量为 62%左右的普通黄铜。如果是铸造黄铜，则在牌号前加上字母“Z”。

在普通黄铜中加入铝、铁、硅、锰、铅、锡等合金元素，即可制成性能得到进一步改善的特殊黄铜。特殊黄铜根据加入元素的名称命名，其编号方法是“H+主加元素符号+铜的百分含量+主加合金元素百分含量”。如 HSn62-1 表示平均含铜量为 62%、含锡量为 1%的锡黄铜。工业上常用的特殊黄铜有铝黄铜、锡黄铜和硅黄铜等。

黄铜不仅有良好的力学性能、耐腐蚀性能和工艺性能，而且价格也较纯铜便宜，因此广泛用于制造机械零件、电器元件和生活用品。

3. 青铜

青铜原指铜锡合金，但在工业上习惯称含铝、硅、铅、铍、锰等的铜合金为青铜，所以青铜实际上包括锡青铜、铝青铜、铍青铜、硅青铜、铅青铜等。

2.3.2 铝及铝合金

铝及铝合金是工业生产中用量最大的非铁金属材料，由于它在物理、机械和工艺等方面的优异性能，使得铝，特别是铝合金，广泛用作工程结构材料和功能材料。

1．纯铝

纯铝比重小，导电、导热性好，耐腐蚀性强，在电气、航空和机械工业中，不仅用作功能材料，而且也是一种应用广泛的工程结构材料。

纯铝按其纯度分为高纯铝和工业纯铝两种。高纯铝的牌号为L01～L04四种，编号越大，纯度越高。工业纯铝分为L1～L5五种，编号越大，纯度越低。

2．铝合金

铝中加入合金元素后就形成了铝合金。铝合金具有较高的强度和良好的加工性能。根据成分和加工特点，铝合金分为变形铝合金和铸造铝合金。

(1) 变形铝合金。变形铝合金包括防锈铝合金、硬铝合金、超硬铝合金、锻铝合金几种。除防锈铝合金外，其他三种都属于可以热处理强化的合金。常用来制造飞机大梁、桁架、起落架及发动机风扇叶片等高强度构件。

(2) 铸造铝合金。铸造铝合金是制造铝合金铸件的材料，按主要合金元素的不同，铸造铝合金分为铝硅合金、铝铜合金、铝镁合金、铝锌合金，其中使用最广泛的是铝硅合金，铸造铝合金主要用于制造形状复杂的零件，如仪表零件、各类壳体等。

2.4 非金属材料

金属材料具有强度高，热稳定性好，导电性、导热性好等优点，但也存在许多缺点，如难以满足在密度小、耐蚀、电绝缘等场合的使用要求。目前在机械工程中常采用非金属材料，如工程塑料、合成橡胶、工业陶瓷、复合材料等，克服单一材料的某些弱点，充分发挥材料的综合性能。

2.4.1 塑料

塑料是以高分子合成树脂为主要成分，在一定温度和压力下，制成一定形状，且在一定条件下保持不变的材料。塑料的特性是：重量轻、比强度高(比强度指按单位重量计算的强度)，有良好的耐腐蚀性、电绝缘性，良好的减振减摩性和加工成形性；但强度、硬度较低，耐热性差，易产生老化和蠕变等。

1．塑料的组成

常用的塑料一般由合成树脂和添加剂构成。合成树脂是其主要成分，树脂的性质决定了塑料的基本性能；加入添加剂的目的是改善塑料的成形工艺性能，提高使用性能、力学性能及降低成本。常加入的添加剂有：填充剂、增塑剂、着色剂、润滑剂、稳定剂、硬化剂、发泡剂等；有时为了改善特殊性能，还加入阻燃剂、防静电剂、防霉剂等。

2．塑料的分类

塑料的种类繁多，按其在受热加工后所表现出的性能可分为以下两种。

(1) 热塑性塑料。这类塑料是指受热时软化，可以加工成一定的形状，能多次重复加热塑制，其性能不发生显著变化的高分子材料。热塑性塑料的化学构造为线形高分子。

(2) 热固性塑料。这类塑料是指在加工成形后，加热不会再软化，或在溶剂中不再溶解的高分子材料。热固性树脂的初期构造是分子量不大的热塑性树脂，具有链状构造，在加热发生流动的同时，分子与分子间发生交联，形成三维网状立体构造，变成不溶、不熔的高聚物。这种高聚物不再具有可塑性。

塑料按其应用可分为通用塑料和工程塑料。通用塑料一般是指使用广泛、产量大、用途多、价格低廉的高分子材料，如聚乙烯、聚氯乙烯、聚苯乙烯、酚醛树脂及氨基树脂等。工程塑料是指具有较高的强度、刚性和韧性，用于制造结构件的塑料，如聚酰胺、聚碳酸酯、ABS、聚砜、聚苯醚等。

3. 常用塑料简介

(1) 聚乙烯(PE)。聚乙烯塑料是最常见的通用热塑性塑料之一，它是一种分子结构极为简单的高聚物。聚乙烯塑料为白色或浅白色蜡状半透明固体，薄膜状聚乙烯几乎是透明的，有柔顺性、热塑性和弹性，透气性很强、透水性差，适合作防湿用的包装材料。由于聚乙烯在低温下仍保持柔软性，所以耐冲击性好，不易破坏，耐化学腐蚀性优良，而且适用于用各种成形方法制造形状复杂的制品，因此用途十分广泛，可用来制造各种容器、餐具、厨房用品、玩具、日用杂货制品等。

(2) 聚酰胺(PA)。属于热塑性塑料，俗称尼龙或锦纶，它具有较高的强度、韧性和耐磨性，并同时具有好的吸振性和耐蚀性。PA 常用于制造减摩、耐磨性工件，绝缘、耐蚀件，化工容器以及仪表外壳表盘等。

(3) ABS 塑料。ABS 塑料中的 A 代表丙烯腈，B 代表丁二烯，S 代表苯乙烯，它是在聚苯乙烯改性的基础上发展起来的热塑性塑料。ABS 塑料具有良好的综合性能，强度、硬度高，耐磨性和加工工艺性能好，并具有良好的绝缘性和尺寸稳定性，广泛用于设备容器管道、外壳、叶轮、仪表等。

(4) 聚碳酸酯(PC)。聚碳酸酯作塑料的历史不长，但由于具有优良的力学性能，耐热、耐寒，电性能好，并具有自熄性、透明等特点，已逐步成为一种综合性能优良的热塑性塑料。聚碳酸酯用途广泛，可用作各种机械结构材料、电器材料、包装材料、各种开关、开关罩、电视机面板、电动工具外壳等。

(5) 聚四氟乙烯(F-4)。聚四氟乙烯化学稳定性极高，几乎不受任何化学药物的腐蚀，优于陶瓷、不锈钢以及金、铂等。其使用温度范围为-180～260℃，是热塑性塑料中使用温度范围最宽的塑料。此外，还具有极好的电绝缘性。F-4 适于制造耐蚀件、耐磨件、密封件以及高温绝缘件等。

(6) 酚醛塑料(PF)。它是由酚类和醛类经缩聚而成，又名电木，是热固性塑料。它具有优良的耐热、绝缘、化学稳定性及尺寸稳定性，缺点是较脆。用酚醛塑料粉模压成形后可制成电器零件，如开关、插座等。用布片、纸浸渍酚醛塑料，制成层压塑料，可用作轴承、齿轮垫圈及电工绝缘体等。

2.4.2 陶瓷材料

陶瓷是一种无机非金属材料，分为普通陶瓷和特种陶瓷两大类。前者是以黏土、长石和石英等天然原料，经过粉碎、成形和烧结而成，主要用于日用、建筑和卫生用品，以及工业上的低压电器、高压电器、耐酸器皿、过滤器皿等。后者是以人工化合物为原料(如氧化物、氮化物、碳化物、硅化物、硼化物及氟化物等)制成的陶瓷，其性能特点是：硬度和抗压强度高，耐磨损；但塑性和韧性差，不能经受冲击载荷，抗急冷性能较差，易碎裂。此外，陶瓷材料还具有耐高温、抗氧化、耐腐蚀等优良性能；大多数陶瓷是良好的绝缘体。

陶瓷的制造工艺，分为原料处理、成形和烧成三个阶段。成形的方法有干压、注浆、等静压、挤制、热压注等。烧成在煤窑、油窑、电炉、煤气炉等高温窑炉中进行。此外，还有将粉料同时加热加压制成瓷的热压法和高温等静压法。陶瓷在烧成后即可使用，尺寸要求精确的陶瓷，需要研磨加工。

2.4.3 复合材料

复合材料是由两种或多种物理和化学性质不同的物质人工制造的一种多相固体材料。

1．纤维增强复合材料

(1) 玻璃纤维增强复合材料。玻璃纤维增强复合材料俗称玻璃钢。它是以树脂为黏结材料，以玻璃纤维或其制品为增强材料制成的。常用的树脂有环氧树脂、酚醛树脂、有机硅树脂及聚酯树脂等热固性树脂和聚苯乙烯、聚乙烯、聚丙烯、聚酰胺等热塑性树脂。它们的特点是密度小、强度高、介电性和耐蚀性好，常用来制造汽车车身、船体、直升机旋翼、电器仪表、石油化工中的耐蚀压力容器等。

(2) 碳纤维增强复合材料。碳纤维增强复合材料是以碳纤维或其织物(布、带等)为增强材料，以树脂为基体材料结合而成。常用的基体材料有环氧树脂、酚醛树脂及聚四氟乙烯等。这类复合材料，密度比铝小，强度比钢高，弹性模量比铝合金和钢大，疲劳强度和冲击韧性高，化学稳定性高，摩擦系数小，导热性好。因此，可用作宇宙飞行器的外层材料，人造卫星和火箭的机架、壳体等，也可制造机器中的齿轮、轴承、活塞等零件及化工容器、管道等。

2．层合复合材料

层合复合材料是由两层或两层以上不同性质的材料结合而成，以达到增强的目的。常见的有三层复合材料和夹层复合材料等。例如，夹层复合材料由两层薄而强的面板与中间所夹的一层轻而柔的芯料构成，面板一般用强度高、弹性模量大的材料如金属板、塑料板、玻璃板等，而芯料结构有泡沫塑料和蜂窝格子两大类。

3．颗粒增强材料

常用的颗粒增强材料主要是一些具有高强度、高弹性模量、耐热、耐磨的陶瓷等非金属颗粒，如碳化硅、氧化铝、氮化硅、碳化钛、碳化硼、石墨、细金刚石等。颗粒增强材料以很细的粉末(一般在 10μm 以下)加入到金属基体或陶瓷基体中起提高强度、韧性、耐磨性和耐热性等作用。为了增加与基体的结合效果，常要对这些颗粒材料进行预处理。

颗粒增强材料的特点是选材方便，可根据复合材料不同的要求选用相应的增强颗粒，并且易于批量生产，成本较低。

2.5 选材原则

产品不仅要求质量好，还要求加工方便、成本低廉。为此，应遵循下列选材原则。

1．选材的使用性能原则

零件在使用过程中都要承受一定的载荷，有时还要受周围环境(如温度、接触介质等)的影响。这些都是导致零件发生失效的重要因素。材料的使用性能是指材料能保证零件正常工作所必须具备的性能。它包括力学性能、物理性能和化学性能等。

不同的零件对材料的使用性能要求是不同的。如机械零件大多在弹性范围内工作，常以强度指标为主要性能指标。而与腐蚀介质接触的材料，耐腐蚀性则是选材的主要依据。因此，对某个零件进行选材时，首先掌握其工作条件及失效形式，然后根据主要使用性能及其他因素选择合适的材料。必要时，还需进行实验室试验、台架试验来最后确定所用的材料。

2．选材的工艺性能原则

材料的选择也必须考虑材料加工的难易程度。如果一种材料能满足某零件的使用性能，但加工极为困难，这种材料则是不可取的。

材料的工艺性能主要是切削加工性能、材料的成型(铸造、锻压、焊接)性能和热处理性能(包括淬透性、变形大小、氧化、脱碳倾向等)。当工艺性能和力学性能相矛盾时，有时正是从工艺性能的考虑使得某些力学性能显然合格的材料不得不放弃，此点对大批量生产的零件尤为重要。因此大批量生产时，工艺周期的长短和加工费用高低，常常是生产的关键。

3．选材的经济性原则

经济性涉及材料成本的高低，供应是否充分，加工工艺过程是否复杂，成品率高低等。在我国目前情况下，以铁代钢、以铸代锻、以焊代锻是经济的。选材时尽量采用价格低廉、加工性能好的铸铁或碳钢，在必要时选用合金钢。对于一些只要求表面性能高的零件，可选用价廉的钢种，然后进行表面强化处理来达到性能要求。

另外，在考虑材料的经济性时，切忌单纯以单价比较材料的优劣，而应当以综合效益(如材料单价、加工费用、使用寿命、美观程度等)来评价材料的经济性高低。

2.6　典型零件选材与应用示例

2.6.1　齿轮零件的选材

1．齿轮的工作条件及损坏形式

齿轮工作时，通过齿面的接触传递动力，周期性地受弯曲应力和接触应力作用。在啮合的齿面上，还承受强烈的摩擦，有些齿轮还承受冲击。因此，齿轮的主要损坏形式有齿面接触疲劳、磨损及轮齿折断。

2．齿轮材料的性能要求

根据齿轮的工作条件和失效形式的分析，齿轮材料应具有高的弯曲疲劳强度和接触疲劳强度、高的耐磨性、足够的韧性以及良好的切削加工性能。另外，还要求有良好的热处理性能，如热处理变形量小等。

3．齿轮类零件的选材

齿轮材料主要是中碳结构钢和渗碳钢、塑料等。对于工作条件较好、转速中等、载荷不太大而工作平稳的机床类齿轮，一般采用中碳钢调质处理，而后采用高频淬火进行表面强化，在有些情况下也可采用塑料制造。对于齿轮受力较大、受冲击频繁的汽车、拖拉机齿轮采用渗碳钢并经渗碳、淬火与低温回火处理，有些情况下也可采用粉末冶金齿轮、塑料齿轮等。

表 2-1 给出了一些在不同条件下工作的齿轮选用的金属材料及热处理情况，表 2-2 给出了常用塑料齿轮的选材情况。

表 2-1　金属齿轮的选材、热处理及应用

类别	圆周速度	压力	冲击	钢号	热处理技术要求*	应用举例
I	高速(10～15) m/s	<700 MPa	大	18CrMnTi，20CrMnMoVB	20CrMnMoVB S-C-59	1．精密机床主轴传动齿轮
			中	18CrMnTi，20CrMnMoVB	18CrMnTi S-C-59	2．精密分度机械传动齿轮
			微	18CrMnTi，20Mn2B	20Mn2B S-C-59	3．精密机床最后一对齿轮
		<400 MPa	大	18CrMnTi	18CrMnTi S-C-59	4．变速箱的高速齿轮
			中	18CrMnTi，20Cr	20Cr S-C-59	5．精密机床走刀齿轮
			微	38CrMoAl，40Cr，42SiMn	40Cr G54	6．齿轮泵齿轮

(续)

类别	圆周速度	压力	冲击	钢号	热处理技术要求*	应用举例
Ⅱ	中速 (6～10) m/s	<1000 MPa	大 中 微	18CrMnTi，20Cr 20Cr,40Cr,42SiMn 40Cr	18CrMnTi S-C-59 20Cr S-C-59 40Cr G50	1．普通机床变速箱齿轮 2．普通机床走刀箱齿轮 3．切齿机床、铣床、螺纹机床的分度机的变速齿轮，车床、铣床、磨床、钻床中的齿轮 4．调整机构的变速齿轮
		<700 MPa	大 中 微	20Cr 40Cr,45 45	20Cr S-C-59 40Cr G50 45 G50	
		<400 MPa	大 中 微	40Cr,42SiMn 45 45	40Cr G48 45 G48 45 G45	
Ⅲ	低速 (1～6) m.s	<1000 MPa	大 中 微	40Cr,20Cr 45 45	40Cr G45 45 G42 45Cr G42	一切低速不重要齿轮，包括分度运动的所有齿轮，如大型、重型、中型机床（车床，牛头刨床、磨床）的大部分齿轮，一般大模数、大尺寸的齿轮
		<700 MPa	大 中 微	20Cr,45 45,40Cr 45	40 G42 40Gr T230-260 45 G42	
		<400 MPa	大 中 微	40Cr,45 45,50Mn2 45	40Gr T220-250 45 T220-250 45 Z	

注：*热处理符号 S-C-59 表示渗碳淬火，硬度为 HRC56～62；G 42 中 G 表示高频淬火，42 表示洛氏硬度值；T 230 - 260 中 T 表示调质，后面数字表示布氏硬度值；Z 表示正火

表 2-2 塑料齿轮的选材及应用

塑料品种	性能特点	适用范围
尼龙 6 尼龙 66	有较高的疲劳强度与耐振性，但吸湿性大	在中等或较低载荷、中等温度(80℃以下)和少无润滑条件下工作
尼龙 610，1010，9	强度与耐热性略差但吸湿性较小，尺寸稳定性较好	同上条件，可在湿度波动较大的情况下工作
MC 尼龙	强度、刚性均较前两种高，耐磨性也较好	适用于铸造大型齿轮及蜗轮等
玻纤增强尼龙	强度、刚度、耐热性均优于未增强者，尺寸稳定性也显著提高	在高载荷、高温下使用，传动效果好，速度较高时应用油润滑
聚甲醛	耐疲劳、刚性高于尼龙，吸湿性很小，耐磨性好，但成型收缩率大	在中等轻载荷，中等温度(100℃以下)无润滑条件下工作
聚碳酸酯	成型收缩率特小，精度高，但耐疲劳强度较差，并有应力开裂的倾向	可大量生产，一次加工。当速度高时，应用油润滑
玻纤增强 聚碳酸酯	强度、刚性、耐热性可与增强尼龙媲美，尺寸稳定性超过增强尼龙，但耐磨性较差	在较高载荷、较高温度下使用的精密齿轮。速度较高时用油润滑
聚苯撑氧(PPO)	较上述不增强者均优，成型精度高，耐蒸汽，但有应力开裂倾向	适用于在高温水或蒸汽中工作的精密齿轮
聚酰亚胺	强度、耐热性高，成本也高	在 260℃以下长期工作的齿轮

2.6.2 轴类零件的选材

轴是机械设备的基础零件之一，一切回转运动的零件都装在轴上。

1．轴的工作条件

轴传递扭矩，承受交变扭转载荷，同时也往往承受交变弯曲应力；轴颈处承受较大的摩擦作用；同时轴还承受一定的过载和冲击载荷。

2．轴的失效形式

轴类零件失效形式有疲劳断裂、过载断裂、磨损和过量变形等。

3．轴的性能要求

根据轴的工作条件和失效分析，轴的材料必须具有良好的综合力学性能，即强度、塑性和韧性的良好配合，以防止过载和冲击断裂；应有高的疲劳强度，防止疲劳断裂；同时有良好的耐磨性，防止轴颈磨损。

4．轴类零件的选材

轴类零件选材时主要考虑强度，同时兼顾材料的冲击韧性和表面耐磨性。所以轴类零件一般用中碳钢或中碳合金钢制造。

现以 C620 车床主轴为例，讨论其选材及其热处理工艺，该轴的简图如图 2-1 所示。

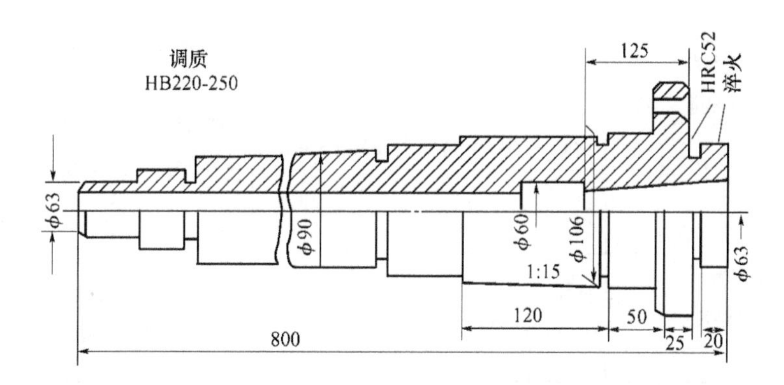

图 2-1　C620 车床主轴简图

该主轴受交变弯曲与扭转的复合应力，但载荷和转速均不高，冲击载荷也不大，所以有一般综合力学性能即可满足要求。但大端的轴颈、锥孔，与卡盘、顶尖之间有摩擦，这些部位要求有较高的硬度与耐磨性。

机床主轴的工作条件、用材及热处理见表 2 -3。

表 2-3　机床主轴工作条件、用材及热处理

序号	工作条件	材料	热处理	硬度	原因	使用实例
1	1．与滚动轴承配合 2．轻、中载荷，转速低 3．精度要求不高 4．稍有冲击，疲劳忽略不计	45	正火或调质	HB220～250	热处理后具有一定的机械强度；精度要求不高	一般简式机床
2	1．与滚动轴承配合 2．轻、中载荷，转速略高 3．精度要求不太高 4．冲击和疲劳可以忽略不计	45	整体淬火或局部淬火	HRC40～45	有足够的强度；轴颈及配件装拆处有一定硬度；不能承受冲击载荷	龙门铣床、摇臂钻床、组合机床等

(续)

序号	工作条件	材料	热处理	硬度	原因	使用实例
3	1．与滑动轴承配合 2．有冲击载荷	45	轴颈表面淬火	HRC52～58	毛坯经正火处理具有一定机械强度；轴颈具有高硬度	C620 车床主轴
4	1．与滚动轴承配合 2．受中等载荷，转速较高 3．精度要求较高 4．冲击和疲劳较小	40Cr	整体淬火或局部淬火	HRC42 或 HRC52	有足够的强度；轴颈和配件装拆处，有一定的硬度；冲击小，硬度取高值	摇臂钻床、组合机床等
5	1．与滑动轴承配合 2．受中等载荷，转速较高 3．有较高的疲劳和冲击载荷 4．精度要求较高	40Cr	轴颈及配件装拆处表面淬火	HR≥C52 HR≥C50	毛坯须预备热处理有一定机械强度；轴颈具有高耐磨性；配件装拆有一定硬度	车床主轴、磨床砂轮主轴
6	1．与滑动轴承配合 2．中等载荷，转速很高 3．精度要求很高	38Cr～MoAl	调质、氮化	HB250～280	有很高的心部强度；表面具有高硬度；有很高的疲劳强度；氮化处理变形小	高精度磨床及精密镗床主轴
7	1．与滑动轴承配合 2．中等载荷，心部强度不高，转速高 3．精度要求不高 4．有一定冲击和疲劳	20Cr	渗碳、淬火	HRC56～62	心部强度不高，但有较高的韧性；表面硬度高	齿轮铣床主轴
8	1．与滑动轴承配合 2．重载荷，转速高 3．较大冲击和疲劳载荷	20Cr～MnTi	渗碳、淬火	HRC56～62	有较高的心部强度和冲击韧性；表面硬度高	载荷较重的组合机床

习题与思考题

2-1 根据用途，下列钢属于哪类钢？其中的数字和符号各代表什么意义？

Q235 A　45　T10A　40Cr　60Si2Mn　W18Cr4V　5CrMnMo　1Cr18Ni9Ti

2-2 铸铁如何分类?工业上广泛应用的是哪类铸铁?

2-3 常用的有色金属都有哪些？各有何特点？

2-4 塑料的组成有哪些?塑料怎么分类?

2-5 陶瓷制造分哪三个基本工艺过程?

2-6 零件的选材原则是什么？

第二篇 静力学

第3章 静力学基础

3.1 力和刚体

3.1.1 力的概念

力的概念是人们从长期的劳动实践中抽象出来的，它是物体相互的机械作用，这种作用使物体的机械运动状态发生改变。由此可知，物体受力后产生的效应有两种：一种是机械运动状态的变化，称为力的运动效应或外部效应(理论力学的主要研究内容)；另一种是变形，称为力的变形效应或内部效应(材料力学的主要研究内容)。

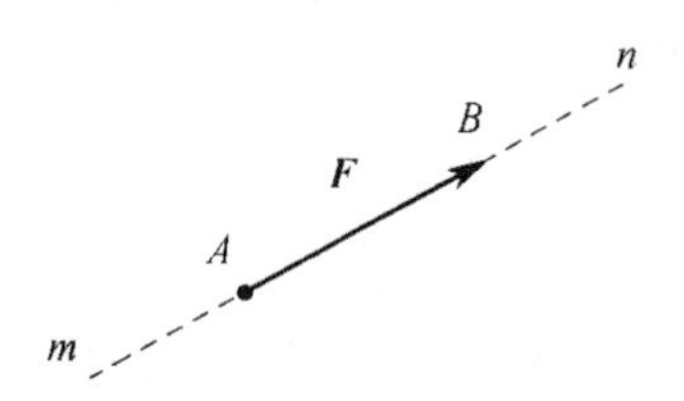

图 3-1 力的三要素矢量表示

实践表明，力对物体的作用效果应取决于三个要素，即力的大小、方向和作用点。因此，力是一个矢量，能按照矢量的运算规则进行运算。我们可以用一个矢量来表示力的三个要素，如图 3-1 所示。这个矢量的长度 AB 按一定的比例尺表示力的大小；矢量方向表示力的方向；矢量的起始端点 A 表示力的作用点，矢量所在的直线 mn 表示力的作用线。

3.1.2 刚体的概念

工程中常用的材料，如钢、铸铁、混凝土、木材等，在制成机器零件及设备部件后，通常都有足够的抵抗变形的能力。因此，在对它们进行受力分析时，变形是一个次要因素，可以忽略不计。为了简化研究的问题，就可以将原物体抽象为一个理想化的力学模型——刚体。所谓刚体，就是指在力的作用下不发生变形的物体(其内部任意两点之间的距离始终保持不变)。

实际上，物体受力后或多或少都要发生变形，纯粹的刚体是不存在的。之所以做这样的抽象，不仅是解决工程实际问题所允许的，也是认识力学规律所必需的。长期的实践证明，引用“刚体”这一概念在许多情况下得到的结果是足够精确的。但是应该指出，采用刚体这一模型时，要注意所研究问题的性质。随着问题性质的改变，那些原来是次要的因素，在新的情况下可能转变为主要因素，于是必须对计算模型作相应的改变。例如，一根梁如果由三个支座支承，在分析三个支座的支承力时，尽管梁的变形很小，三个支承力却与之有关，这时，梁的变形就成为主要因素，必须以另一模型——变形固体来代替。本篇研究的物体仅限于刚体，所以又称为刚体静力学，它是进一步研究变形体力学的基础。

3.2 静力学公理

所谓公理，是人们在生活和生产实践中长期积累的经验总结，又经过实践反复检验，为人们所公认的符合客观实际的最普遍、最一般的规律。

公理 1 力的平行四边形法则

作用在物体上同一点的两个力，可以合成为一个合力。这个合力的作用点也在该点，其大小和方向，由以这两个力为边构成的平行四边形的对角线所确定，如图 3-2(a)所示，即

$$\boldsymbol{F}_R = \boldsymbol{F}_1 + \boldsymbol{F}_2$$

该公理也可用一个力的矢量三角形来表示，如图 3-2(b)、(c)所示。力三角形的两个边分别为力矢 $\boldsymbol{F}_1$ 和 $\boldsymbol{F}_2$，第三边 $\boldsymbol{F}_R$ 即代表合力矢，且合力的作用点仍在汇交点 O。因此，该公理又称为力的三角形法则。它是复杂力系简化的基础。

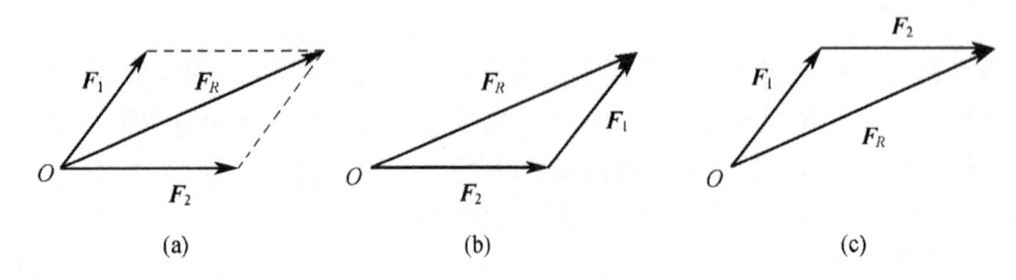

图 3-2 力的平行四边形法则

公理 2 二力平衡原理

如果作用在刚体上的两个力使其保持平衡，那么这两个力必满足以下条件：大小相等，方向相反，而且作用在同一直线上，如图 3-3 所示，即

$$\boldsymbol{F}_1 = -\boldsymbol{F}_2$$

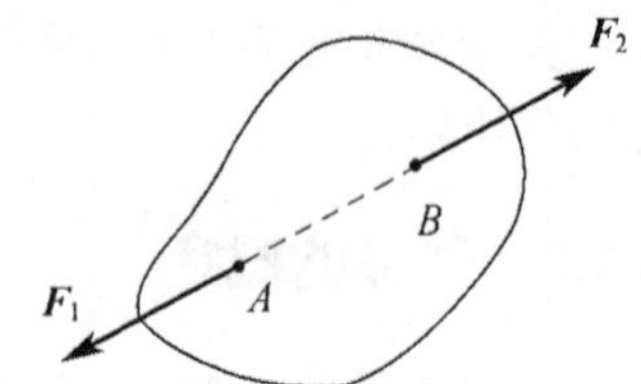

图 3-3 二力平衡原理

该公理表明了作用于刚体上的最简单力系平衡时所必须满足的条件。

工程中常用到的一类构件具有这样的特点：它们只受到两个力的作用而保持平衡，称这类构件为二力构件，简称二力杆。根据二力平衡原理可以断定，这两个力的方位必定沿着两个作用点的连线。

公理 3 加减平衡力系原理

在已知力系上加上或减去任意个平衡力系，并不改变原力系对刚体的作用效果。该公理是研究力系等效变换的重要依据。由此可以得到如下两个推论。

推论 1 力的可传性

作用于刚体上某点的力，可以沿着它的作用线移到刚体内任意一点，而不改变其刚体的作用效果。证明如图 3-4 所示。

由此可见，对刚体而言，力的作用点已不是决定力的作用效应的要素，它已为作用线所代替。因此，力的三要素对于刚体则成为：力的大小、方向和作用线。作用于刚体上的力矢可以沿其作用线移动，这样的矢量称为滑动矢量。

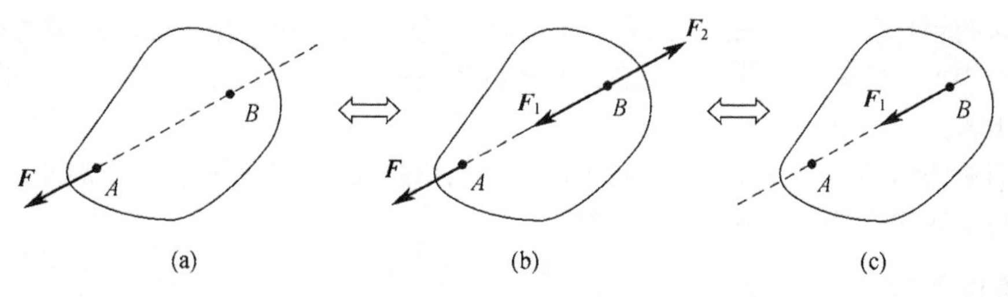

图 3-4　力的可传性

应当注意的是，力的可传性是不适用于变形体的。例如，一根柔性的绳索当受到一对等值、反向、共线的拉力作用时，它可以平衡；而当它受到一对等值、反向、共线的压力作用时，则不能保持平衡状态。因此，刚体的平衡条件，对于变形体而言只是必要的，而非充分的。但在静力学范畴内，如果变形体在某一力系作用下而处于平衡，也可以将其视为平衡刚体进行研究。

推论 2　三力平衡汇交原理

作用于同一平面内互不平行的三个力使刚体保持平衡，如果其中两个力的作用线汇交于一点，则第三个力的作用线必通过该汇交点。

如图 3-5 所示，设在刚体的同一平面内的 A、B、C 三个点上，分别作用三个互不平行的力 $\boldsymbol{F}_1$、$\boldsymbol{F}_2$、$\boldsymbol{F}_3$，使刚体处于平衡状态。根据力的可传性，将力 $\boldsymbol{F}_1$ 和 $\boldsymbol{F}_2$ 移到汇交点 O，然后根据力的平行四边形法则，得合力 $\boldsymbol{F}_{12}$。此时，相当于平衡刚体上只作用两个力 $\boldsymbol{F}_{12}$ 和 $\boldsymbol{F}_3$，根据二力平衡原理，这两个力必大小相等、方向相反且作用于同一直线。即力 $\boldsymbol{F}_3$ 的作用线也通过力 $\boldsymbol{F}_1$ 和 $\boldsymbol{F}_2$ 的汇交点 O。

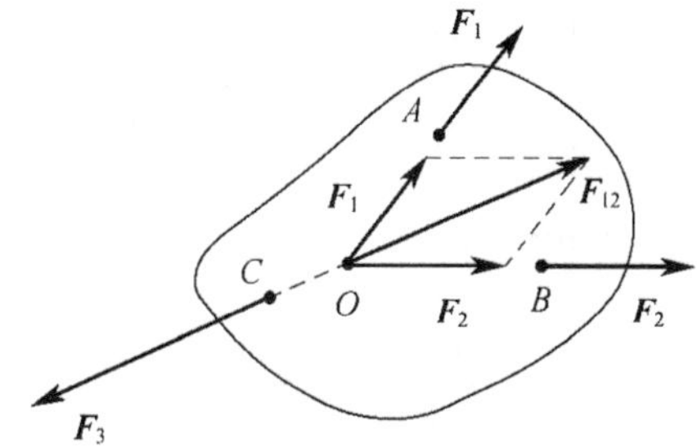

图 3-5　三力平衡汇交原理

公理 4　作用与反作用定律

作用力和反作用力总是同时存在的，两个力的大小相等、方向相反，沿着同一直线，分别作用于两个相互作用的物体上。

这个公理概括了物体间相互作用的关系，表明作用力和反作用力总是成对出现的。在研究由几个物体构成的系统——物系的受力关系时，常常用到这个定律。但需要强调指出的是，该公理绝不能与二力平衡原理相混淆。

3.3　约束与约束反力

在力学分析中通常把物体分为两类：一类称为自由体，它们在空间的位移不受任何限制，例如空中飞行的炮弹、飞机等；另一类称为非自由体，它们在空间的位移受到一定的限制，例如，机车受到铁轨的限制，只能沿轨道运动；曲柄轴受到轴承的限制，只能转动；重物由钢索吊住，不能下落等。

由以上分析可以引出一个重要的概念——约束。对非自由体的某些位移起限制作用的周围物体称为约束。前面的例子中，铁轨对于机车，轴承对于曲柄轴，钢索对于重物等，都是约束。由于约束阻碍着物体的位移，也就是它能够起到改变物体运动状态的作用，因此约束对物体的作用实际上就是力，这种力称为约束反力，简称反力。约束反力是通过约束与被约束物体之间的相互接触而产生的，其大小和方向，取决于物体受到的主动力(已知力)的作用情况和约束的类型。约束反力的方向，总是与该约束所能够阻碍的位移方向相反，可以通过平衡条件求出未知的约束反力。

实际约束的结构形式各种各样，但可以将它们归纳成几种典型约束。下面介绍几种工程中常见的简单的约束类型及确定约束反力的方法。

3.3.1 柔性约束

这种约束是由绳索、皮带或链条等柔性物体构成的。柔性约束的物理性质决定了约束本身只能承受拉力，所以它给物体的约束反力也只可能是拉力。因此，绳索对物体的约束反力作用在接触点，方向沿着绳索而背离物体。通常用 $\boldsymbol{F}$ 或 $\boldsymbol{F}_T$ 表示这类约束反力。如图3-6(a)为用细绳吊一重物，细绳可限制物体向下运动，因此，重物要受到细绳的拉力 $\boldsymbol{F}_T$ 作用(图 3-6(b))。

再如，链条或皮带也都只能承受拉力。当它们绕在轮子上时，对轮子的约束反力方向是沿着轮缘的切线方向的，如图 3-7 所示。

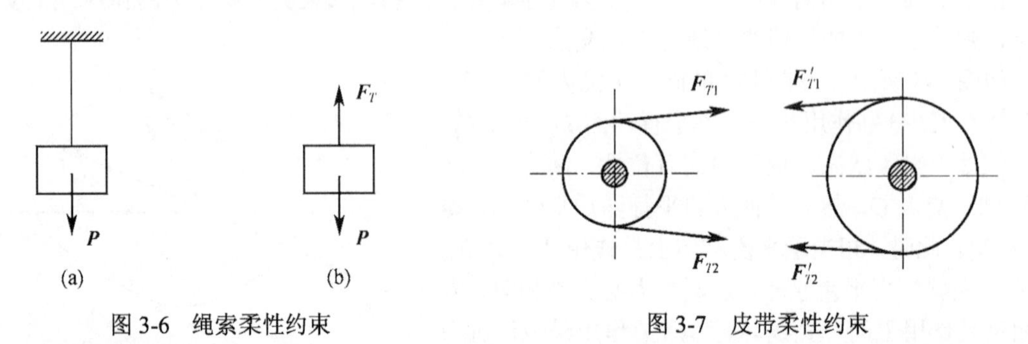

图 3-6 绳索柔性约束　　　　图 3-7 皮带柔性约束

3.3.2 光滑接触面约束

无论接触面是平面还是曲面，这种约束只能限制物体沿着接触面的公法线趋向约束内部的位移，而不能限制物体沿约束表面切线的位移。因此，光滑支承面对物体的约束反力作用在接触点，方向沿着公法线指向受力物体(被约束物体)。显然，当物体受这种光滑面约束且接触位置已知时，约束反力的方向及作用点即可确定。这种约束反力又称为法向反力，通常用 $\boldsymbol{F}_N$ 表示。如图 3-8(a)、(b)所示，轮与轨道接触时，若不计摩擦，则轨道可视为光滑接触面约束，约束反力沿公法线铅直向上(图 3-8(c))。

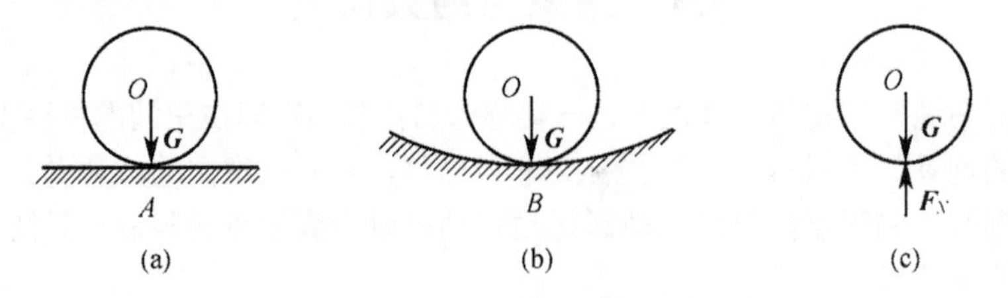

图 3-8 滚轮与轨道的光滑接触面约束

如果是尖点与光滑面接触，由于尖点处的切线是不确定的，所以这时公切线的方位还要根据接触点处的光滑面来判断，而约束反力的方向应垂直于该公切线指向受力物体，如图 3-9 所示。

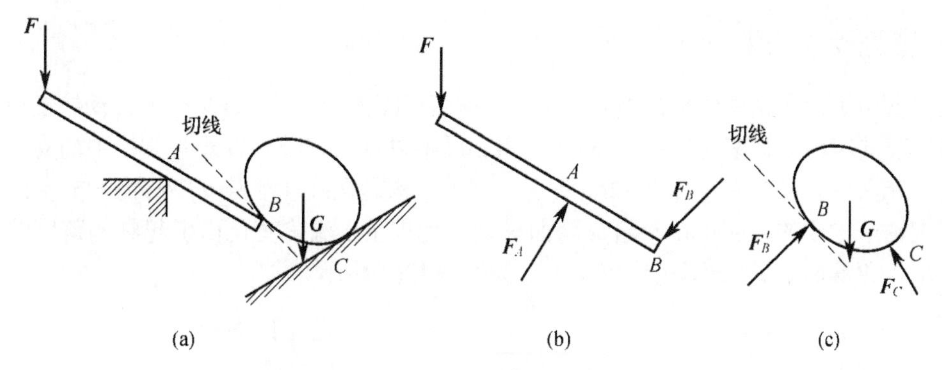

图 3-9　尖点的光滑接触面约束

3.3.3　圆柱铰链约束与固定铰支座约束

这也是一类很常见的约束，又称为平面铰链约束。圆柱铰链的典型结构是将两个构件上各钻一圆孔，再用一圆柱形销钉将二者连接起来，如图 3-10(a)所示，其简图如图 3-10(b)所示。销钉与圆孔的接触面，在一般情况下可以认为是光滑的，构件可以绕销钉的轴线任意转动。如果铰链连接的两个构件中有一个固定在地面或机架上作为支座(图 3-11(a)，其简图为图 3-11(b))，则这种约束称为固定铰链支座约束，简称固定铰支座。

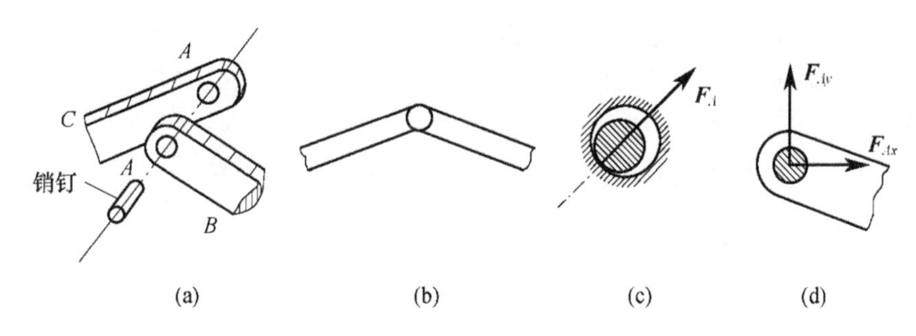

图 3-10　圆柱铰链的连接与受力

当销钉和构件的圆孔在某点光滑接触时，销钉对构件的约束反力 $\boldsymbol{F}_A$ 作用在接触点，且沿着公法线而指向销钉轴心(图 3-10(c))。但是，随着构件所受的主动力不同，销钉与构件圆孔的接触点位置也随之不同。所以，当主动力尚未确定时，约束反力的方向预先不能确定。然而，无论约束反力朝向哪里，其作用线必通过销钉与圆孔的中心。这样一个方向不能预先确定的约束反力，通常可以用通过铰链中心的两个正交分力 $\boldsymbol{F}_{Ax}$ 和 $\boldsymbol{F}_{Ay}$ 来表示，如图 3-10(d)和图 3-11(c)所示。它们的指向暂可任意假设。

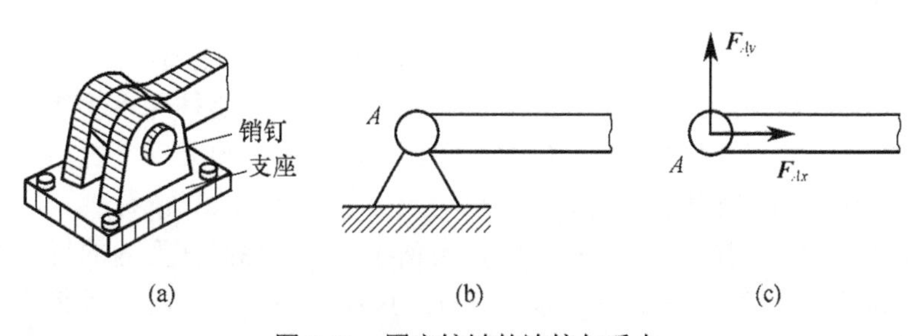

图 3-11　固定铰链的连接与受力

3.3.4　辊轴支座约束

工程上为了适应某些结构的变形需要，经常采用辊轴支座约束(又称为移动铰支座约束，简称移动铰支座，又称滚动支座)。例如桥梁、屋架以及大型卧式容器等结构中的支承，如图3-12(a)、(b)所示，其简图如图3-12(c)所示。这种结构是在圆柱铰链支座与光滑支持面之间安装一些辊轴而构成的，它可以沿着支承面移动，允许由于温度变化而引起结构跨度的自由伸长或缩短。通常也用 $\boldsymbol{F}_N$ 表示其约束反力，如图3-12(d)所示。

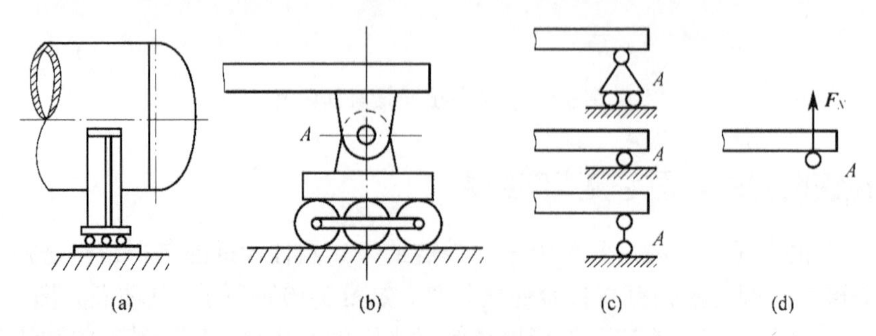

图3-12　滚动支座的连接与受力

3.3.5　球形铰链约束

这是一种空间约束，简称球铰，如图3-13(a)所示。杆件端部为球形，它被约束在一个固定的光滑球槽中，球和球槽半径近似相等，球心固定不动，杆只能绕此点转动，不能在空间任意方向移动。与圆柱铰链的约束类似，其约束反力应是通过球心但方向不能预先确定的一个空间力，可用三个正交分力 $\boldsymbol{F}_{Ox}$、$\boldsymbol{F}_{Oy}$、$\boldsymbol{F}_{Oz}$ 表示，如图3-13(b)所示。

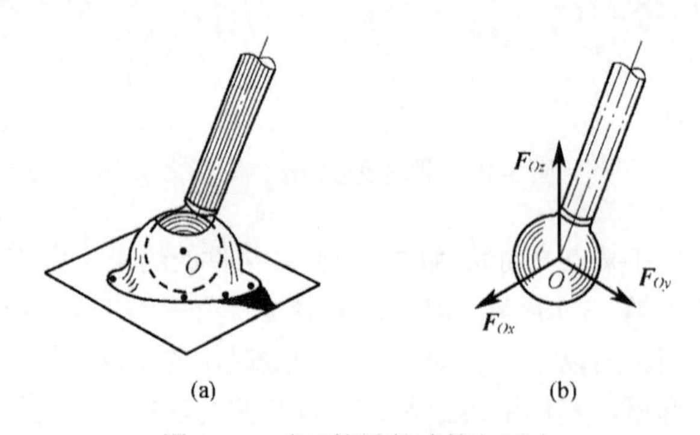

图3-13　球形铰链的连接与受力

3.3.6　轴承约束

轴承是机械中常见的一种约束，常用的有向心轴承和向心止推轴承。

向心轴承如图3-14(a)所示，它的性质与圆柱铰链相同，只是被约束物体为轴，轴承限制了轴在垂直于轴线平面内的径向位移。其约束反力与圆柱铰链约束反力的特点相同，故也可以用两个正交分力 $\boldsymbol{F}_x$、$\boldsymbol{F}_y$ 来表示，其简图及约束反力如图3-14(b)所示。

向心止推轴承如图3-15(a)所示，它不仅限制轴在垂直于轴线平面内的径向位移，而且还能限制单向的轴向位移。其约束反力与球形铰链约束反力的特点相同，即其约束反力也是由三个正交分力 $\boldsymbol{F}_x$、$\boldsymbol{F}_y$、$\boldsymbol{F}_z$ 来表示，如图3-15(b)所示。图3-15(c)为其受力简图。

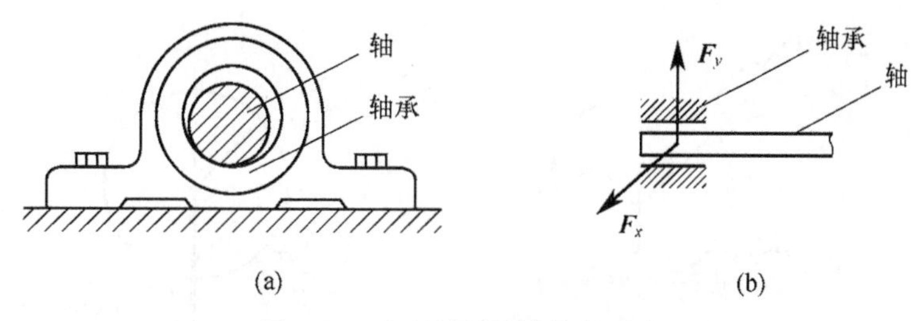

图 3-14　向心轴承的连接与受力

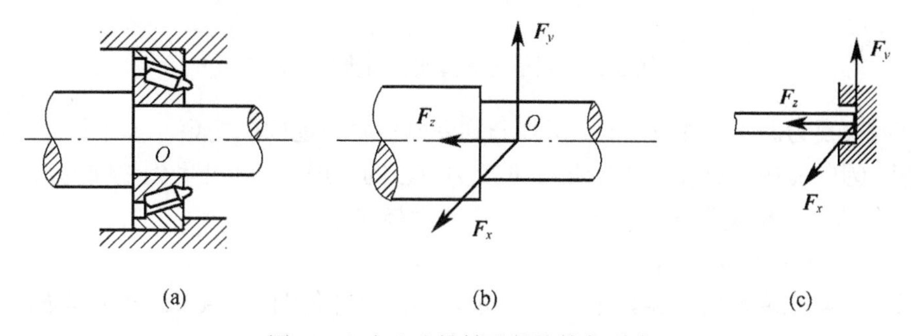

图 3-15　向心止推轴承的连接与受力

除上述约束类型以外，工程中还有一种常见的约束类型——固定端约束，将在第 5 章中介绍。

需要指出的是，上述约束都是所谓的“理想约束”。工程实际结构中，有些约束与理想约束极为接近，有些则不然。例如某些桁架结构的焊接与铆接处，严格地讲并不是铰链约束，但是更精确的计算结果表明，当连接处刚性不很大时，简化成铰链约束所造成的误差很小，可以略去不计。因此在实际分析中，应根据约束对约束构件运动的限制，作适当的简化，使之成为与之接近的那种理想约束。

3.4　受力分析与受力图

在工程实际中，为了求出结构或机器中某个构件所受的未知约束反力，需要根据已知力，应用平衡条件来求解。为此，首先要确定出构件受力的数目，每个力的作用位置以及力的作用方向。

为了清晰地表示物体的受力情况，把需要研究的物体(称为受力物体)从周围物体(称为施力物体)中分离出来，单独画出它的简图，这个步骤称为选取研究对象或分离体。然后将周围的施力物体对研究对象的作用，用相应的力(包括主动力和约束反力)代替，并全部画出来。这种表示物体受力的简明图形，称为受力图。画物体的受力图是解决静力学问题的一个重要步骤。

确定研究对象，取分离体，分析受力并画受力图，这一过程总称为物体的受力分析。其中关键在于分析研究对象的约束反力。下面举例说明。

例 3-1　重为 $\boldsymbol{P}$ 的碾子在路面上受到一石阶的阻碍，其受到的拉力为 $\boldsymbol{F}$，如图 3-16(a)所示。试画出碾子的受力图。

解：(1) 取碾子为研究对象(即取出分离体)，并单独画出其简图。

(2) 画主动力。有碾子自身的重力 $\boldsymbol{P}$ 和杆对碾子中心 O 的拉力 $\boldsymbol{F}$。

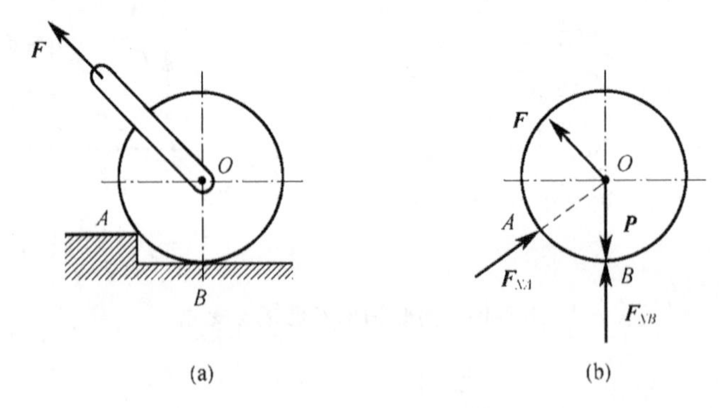

图 3-16　碾子与光滑接触面接触受力

(3) 画约束反力。碾子在 A 和 B 两处分别受到石阶与地面的约束，如不计摩擦，均为光滑表面接触，因此其在 A 处受到石阶的法向反力 $\boldsymbol{F}_{NA}$ 的作用，在 B 处受到地面的法向反力 $\boldsymbol{F}_{NB}$ 的作用，它们方向都沿着碾子上接触点的公法线而指向碾子中心 O。

碾子的受力图如图 3-16(b)所示。

例 3-2　一悬挂装置如图 3-17(a)所示，管子搁在等边角钢上，A、B 处用钢索悬挂，管重为 $\boldsymbol{P}$，角钢自重不计。试分析管子和角钢的受力并画出受力图。

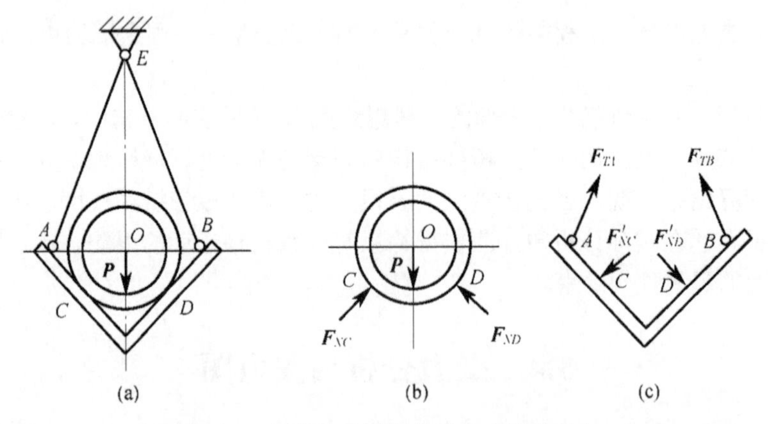

图 3-17　圆管在角钢起吊器上各部分受力

解：(1) 先取管子为研究对象，分析受力。首先画出主动力，即管子的重力 $\boldsymbol{P}$，其作用线通过管子中心 O 点；再画约束反力，管子与角钢在 C、D 两点接触，如果不计摩擦，均为光滑表面接触，角钢作用在管子 C、D 两点的约束力为 $\boldsymbol{F}_{NC}$ 和 $\boldsymbol{F}_{ND}$，根据光滑接触面约束的性质，两个力的作用线分别沿各自接触面的法线方向，并通过管子中心 O。管子的受力图如图 3-17(b)所示，显然，此力系满足三力平衡汇交原理。

(2) 再取角钢为研究对象，进行受力分析。由于角钢的自重不计，因此它在 C、D 两点受到管子给它的约束反力 $\boldsymbol{F}'_{NC}$ 和 $\boldsymbol{F}'_{ND}$ 的作用，根据作用与反作用定律，有 $\boldsymbol{F}'_{NC}=-\boldsymbol{F}_{NC}$，$\boldsymbol{F}'_{ND}=-\boldsymbol{F}_{ND}$。另外，它还在 A、B 两点受到钢索对它的拉力 $\boldsymbol{F}_{TA}$ 和 $\boldsymbol{F}_{TB}$ 的作用，根据柔性约束的性质，可以确定两拉力的方向均沿着钢索而背离角钢。角钢的受力图如图 3-17(c)所示。

例 3-3　如图 3-18(a)所示的三铰拱桥，由左、右两拱铰接而成。设拱的自重不计，在拱 AC 上的 D 点作用有载荷 $\boldsymbol{P}$。试分别画出拱 AC 和 BC 以及三铰拱桥整体的受力图。

解：(1) 先取拱 BC 为研究对象，分析受力。由于其自重不计，且只在 B、C 两处受到铰链约束，因此拱 BC 为二力构件。在铰链中心 B、C 两处分别受到 $\boldsymbol{F}_B$ 和 $\boldsymbol{F}_C$ 两力的作用，且

$\boldsymbol{F}_B=-\boldsymbol{F}_C$，它们的方向如图 3-18(b)所示。

(2) 再取拱 AC 为研究对象，分析受力。由于自重不计，因此主动力只有载荷 $\boldsymbol{P}$。其在铰链 C 处受到拱 BC 对它的约束反力 $\boldsymbol{F}'_C$ 的作用，根据作用和反作用定律，$\boldsymbol{F}'_C=-\boldsymbol{F}_C$，拱 AC 在 A 处受到固定铰支座对它的约束反力 $\boldsymbol{F}_A$ 的作用，由于方向未定，故可用两个正交分力 $\boldsymbol{F}_{Ax}$ 和 $\boldsymbol{F}_{Ay}$ 来代替。其受力图如图 3-18(c)所示。

进一步分析可知，由于拱 AC 仅在 A、C、D 三处受到三个力的作用而平衡，因此根据三力平衡汇交原理，可以确定出铰链 A 处约束反力 $\boldsymbol{F}_A$ 的方向点 E 为力 $\boldsymbol{P}$ 和 $\boldsymbol{F}'_C$ 作用线的交点，当拱 AC 平衡时，约束反力 $\boldsymbol{F}_A$ 的作用线必通过点 E，如图 3-18(d)所示；至于 $\boldsymbol{F}_A$ 的指向，暂且假定如图，以后可由平衡条件确定。

(3) 系统整体受力分析。当选整个系统为研究对象时，可把平衡的整个结构视为刚体。由于铰链 C 处所受的力互为作用力与反作用力，它们成对地作用在整个系统内，称为内力。内力对系统的作用效益相互抵消，因此可以除去，而并不影响整个系统的平衡。故内力在受力图上不必画出，而只需画出系统以外物体对系统的作用力，这种力称为外力。这里，载荷 $\boldsymbol{P}$ 和约束反力 $\boldsymbol{F}_A$、$\boldsymbol{F}_C$ 都是作用于整个系统的外力。整个系统的受力图如图 3-18(e)或(f)所示。

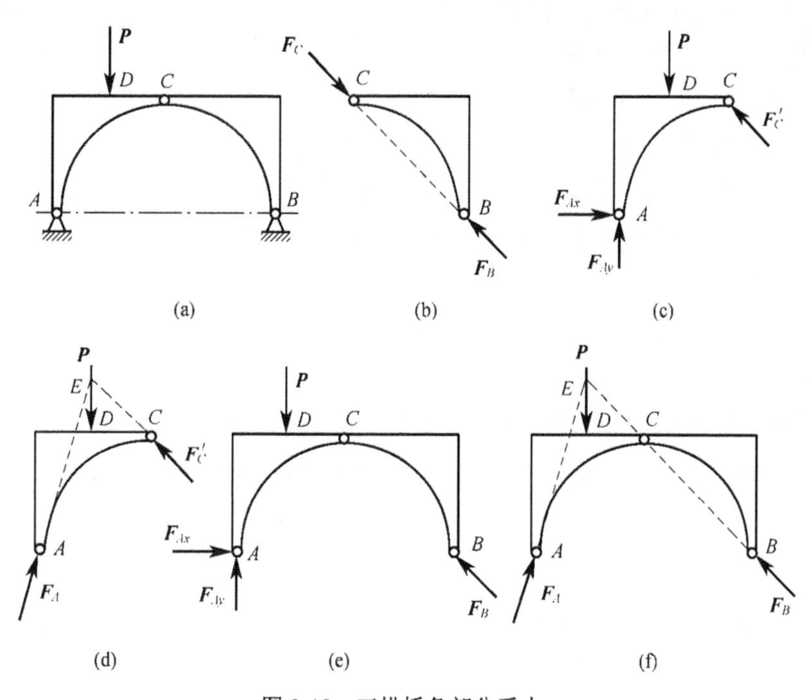

图 3-18　三拱桥各部分受力

在这里还应指出，内力与外力的区分并不是绝对的。例如，当把拱 AC 作为研究对象时，力 $\boldsymbol{F}'_C$ 为外力；可是，当把系统整体作为研究对象时，$\boldsymbol{F}'_C$ 就成为内力了。由此可见，内力与外力的区分，是相对某一确定的研究对象而言的，因此要注意二者的辩证关系。

正确地画出物体的受力图，是分析、解决力学问题的基础。下面将画受力图时的注意事项归纳如下：

(1) 必须明确研究对象。根据求解需要，可以取单个物体为研究对象，也可以取由若干物体组成的系统为研究对象。在取分离体时，要先解除周围物体的约束。

(2) 正确确定研究对象受力的数目。在对研究对象进行受力分析时，不能平白无故地多力，也不能随意丢力、漏力。通常先画出已知的主动力，再画约束反力，凡是研究对象与外界接触的地方，都一定存在约束反力。

(3) 画约束反力时要充分考虑约束的性质，绝不能主观臆断。例如，圆柱铰链约束通常可以画一对位于约束平面内的正交约束反力，但如果是二力构件，则应按二力构件的特点画出约束反力。

(4) 在分别分析两相邻物体的受力时，应遵循作用、反作用关系。当作用力的方向一经确定或假定，则其反作用力的方向亦随之而定。

(5) 在画整个系统的受力图时，由于内力成对出现，组成平衡力系，因此不必画出，只需画出全部外力。

习题与思考题

3–1 如图所示的两个大小相等的力矢 $\boldsymbol{F}_1$、$\boldsymbol{F}_2$，问这两个力对刚体的作用是否等效？

3–2 说明下列式子的意义和区别：

(1) $F_1=F_2$ $\qquad\qquad$ $\boldsymbol{F}_1=\boldsymbol{F}_2$

(2) $F_R=F_1+F_2$ $\qquad\qquad$ $\boldsymbol{F}_R=\boldsymbol{F}_1+\boldsymbol{F}_2$

并指出在什么情况下，$F_R=F_1+F_2$ 和 $\boldsymbol{F}_R=\boldsymbol{F}_1+\boldsymbol{F}_2$ 两式结果是相同的？

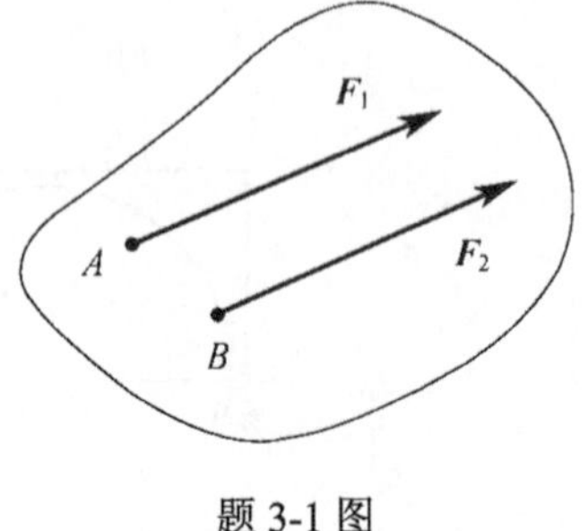

题 3-1 图

3–3 什么叫二力构件?凡是两端用光滑铰链连接的构件是否都是二力构件，分析平衡的二力构件的受力与构件的形状是否有关?

3–4 以什么原则确定约束力的方向?常见的约束类型有几种?并举例说明。

3–5 说明二力平衡原理与作用反作用定律的区别。

3–6 画出图中各指定物体的受力图，接触处可看作光滑，没有画出重力的物体都不考虑自重。

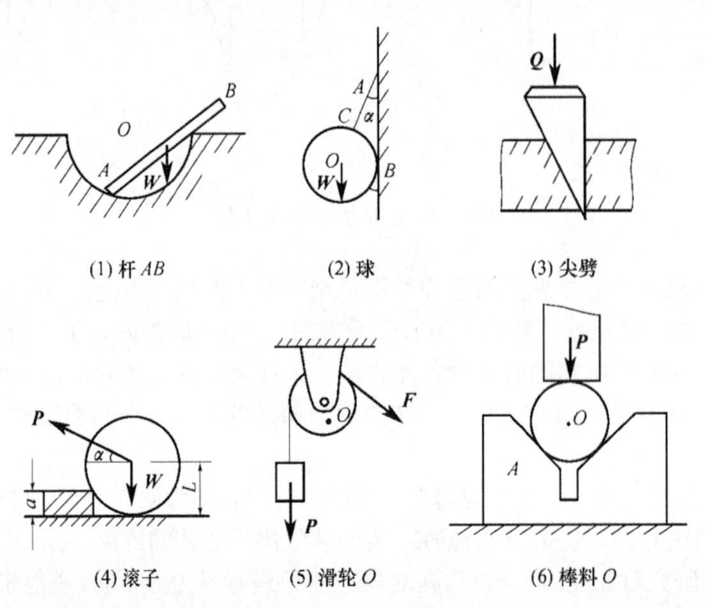

(1) 杆 AB $\quad$ (2) 球 $\quad$ (3) 尖劈

(4) 滚子 $\quad$ (5) 滑轮 O $\quad$ (6) 棒料 O

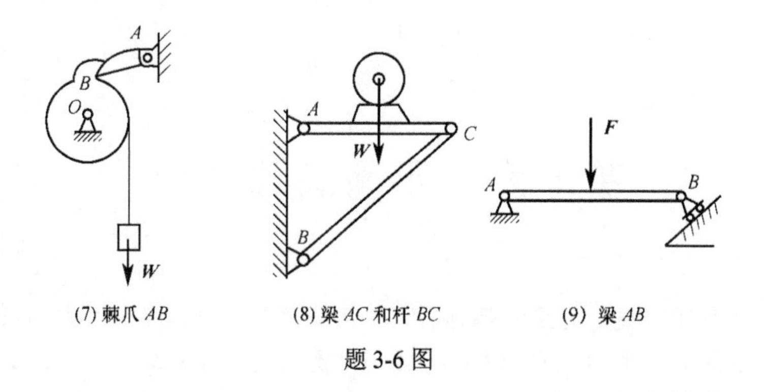

(7) 棘爪 AB　　(8) 梁 AC 和杆 BC　　(9) 梁 AB

题 3-6 图

3-7 试画出图中每个标注字符的物体(销钉与支座除外)的受力图及系统整体受力图。假定所有的接触面都是光滑的，其中没有画重力矢 $\boldsymbol{G}$ 的物体不用考虑重量。

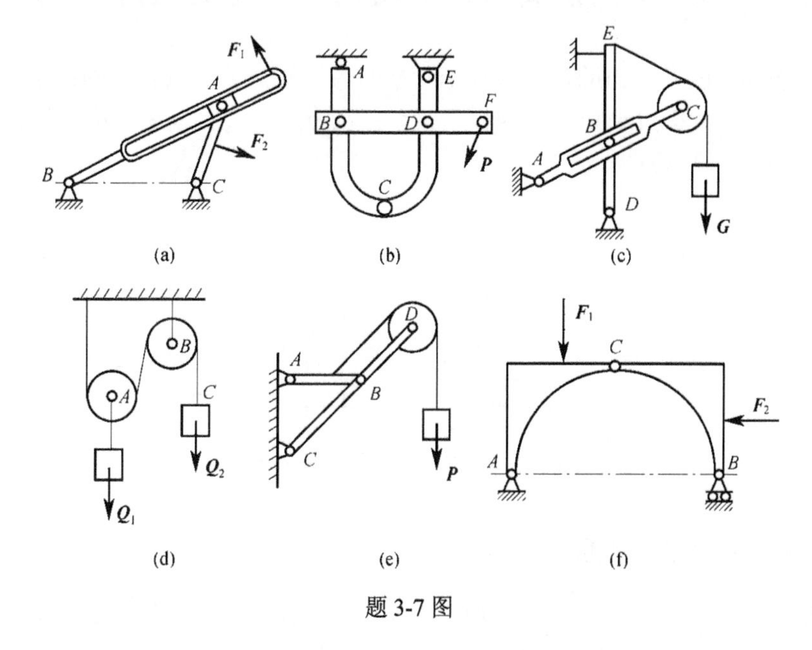

(a)　(b)　(c)

(d)　(e)　(f)

题 3-7 图

3-8 悬臂起重吊车受力平衡如图所示，已知起吊重力为 $\boldsymbol{Q}$，均质横梁 AB 自重为 $\boldsymbol{G}$，A、B、C 处均为光滑铰链，试分别画出拉杆 BC 和横梁 AB 的受力图。

3-9 摇臂起重机受力平衡如图所示，已知起吊重力为 $\boldsymbol{Q}$，起重机本身重力为 $\boldsymbol{G}$。试画出此起重机的受力图。

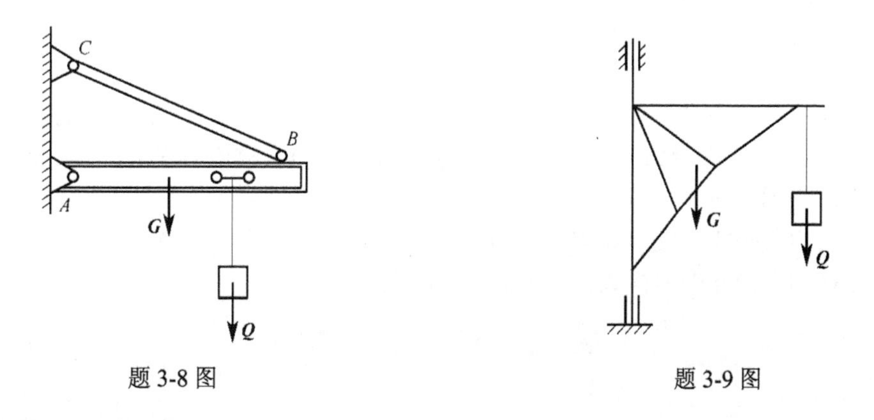

题 3-8 图　　题 3-9 图

第 4 章　平面简单力系

平面简单力系是研究复杂力系的基础，它包括平面汇交力系和平面力偶系。本章将分别用几何法与解析法来研究平面汇交力系的简化与平衡问题，并介绍平面力偶的基本特性与平面力偶系的简化与平衡问题。

4.1　平面汇交力系的简化与平衡的几何法

当作用在物体上的各个力的作用线在同一平面内且相交于一点时，则称这些力组成的力系为平面汇交力系。如图 4-1 所示的四根角钢铆接在桁架接头上，$\boldsymbol{F}_1$、$\boldsymbol{F}_2$、$\boldsymbol{F}_3$、$\boldsymbol{F}_4$ 四个力相交于 O 点，构成平面汇交力系。

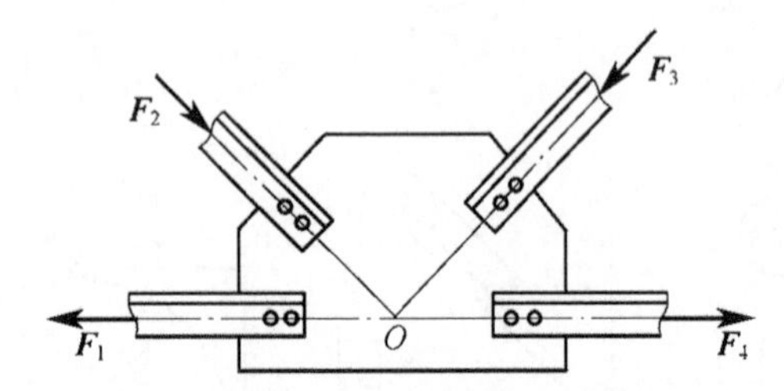

图 4-1　角钢与桁架铆接的平面汇交力系

4.1.1　平面汇交力系简化的几何法

设一刚体受平面汇交力系$\boldsymbol{F}_1$、$\boldsymbol{F}_2$、$\boldsymbol{F}_3$、$\boldsymbol{F}_4$的作用，各力作用线的汇交点为O，如图4-2(a)所示。根据刚体内部力的可传性，可将每个力沿各自的作用线移至汇交点O，再根据力的平行四边形法则，可以将这些力逐次两两合成，最后可求得一个通过汇交点O的合力$\boldsymbol{F}_R$ (图4-2(b))。另外一种求$\boldsymbol{F}_R$的较简便的方法是通过作一系列力的三角形，得到一个矢量多边形$abcde$，如图4-2(c)所示。显然，$\boldsymbol{F}_{R1}$为$\boldsymbol{F}_1$与$\boldsymbol{F}_2$的合力，$\boldsymbol{F}_{R2}$为$\boldsymbol{F}_{R1}$与$\boldsymbol{F}_3$的合力，而最终的合力$\boldsymbol{F}_R$是由$\boldsymbol{F}_{R2}$与$\boldsymbol{F}_4$合成的。该矢量多边形$abcde$称为此平面汇交力系的力多边形，矢量$\overrightarrow{ae}$称为此力多边形的封闭边。它即表示此平面汇交力系的合力$\boldsymbol{F}_R$，而合力的作用线仍应通过原汇交点O，如图4-2(d)所示。

值得注意的是，力多边形中各分力的矢量沿着环绕力多边形边界的同一方向首尾相接，在 ae 边形成一缺口，而合力矢则是沿相反方向连接此缺口，故该力多边形 $abcde$ 称为不封闭的力多边形。根据矢量相加的交换律，任意变换各分力矢的连接次序，可得不同形状的力多边形，但其合力矢始终不变，如图 4-2(e)所示。

如果平面汇交力系由 n 个力构成，则合力矢 $\boldsymbol{F}_R$ 可表示为

$$\boldsymbol{F}_R = \boldsymbol{F}_1 + \boldsymbol{F}_2 + \cdots + \boldsymbol{F}_n = \sum_{i=1}^{n} \boldsymbol{F}_i \tag{4-1}$$

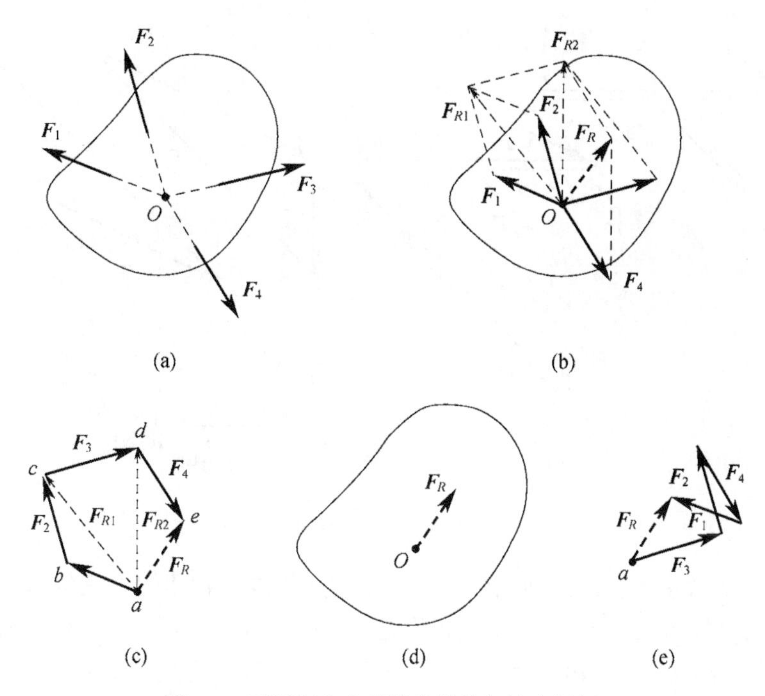

图 4-2　平面汇交力系简化的几何法力封闭

若力系中各力的作用线都沿同一直线，则该力系称为共线力系，它属于平面汇交力系的特殊情况，其力多边形也被“压缩”在同一直线上。如果设沿直线的某一指向为正，其反向为负，则力系合力的大小与方向取决于各分力的代数和，即

$$F_R = \sum_{i=1}^{n} F_i \tag{4-2}$$

上述结果表明：平面汇交力系的简化结果是一个合力，其大小与方向等于各分力的矢量和，且合力的作用线通过汇交点。显然，平面汇交力系的合力对刚体的作用与原力系对该刚体的作用等效。

4.1.2　平面汇交力系平衡的几何条件

由于平面汇交力系可用其合力来代替，因此，平面汇交力系平衡的充分必要条件为：该力系的合力等于零。用矢量式可表示为

$$\sum_{i=1}^{n} \boldsymbol{F}_i = 0 \tag{4-3}$$

在平衡状态下，力多边形中最后一个分力的终点与第一个力的起点重合，此时的力多边形称为封闭的力多边形。于是，可得平面汇交力系平衡的几何充要条件为：该力系的力多边形自行封闭。

例 4-1　支架的横梁 AB 与斜杆 DC 彼此以铰链 C 相连接，并各以铰链 A、D 连接于铅直墙上，如图 4-3(a)所示。已知 $AC=CB$；杆 DC 与水平线成 45°；载荷 P=10kN，作用于 B 处。设梁和杆的重量忽略不计，求铰链 A 的约束反力和杆 DC 所受的力。

解： 选取横梁 AB 为研究对象。横梁在 B 处受载荷 $\boldsymbol{P}$ 作用。DC 为二力杆，它对横梁 C 处的约束反力 $\boldsymbol{F}_C$ 的作用线必沿两铰链 D、C 中心的连线。铰链 A 的约束反力 $\boldsymbol{F}_A$ 作用线可根据三力平衡汇交原理确定，即通过另两力的交点 E，如图 4-3(b)所示。

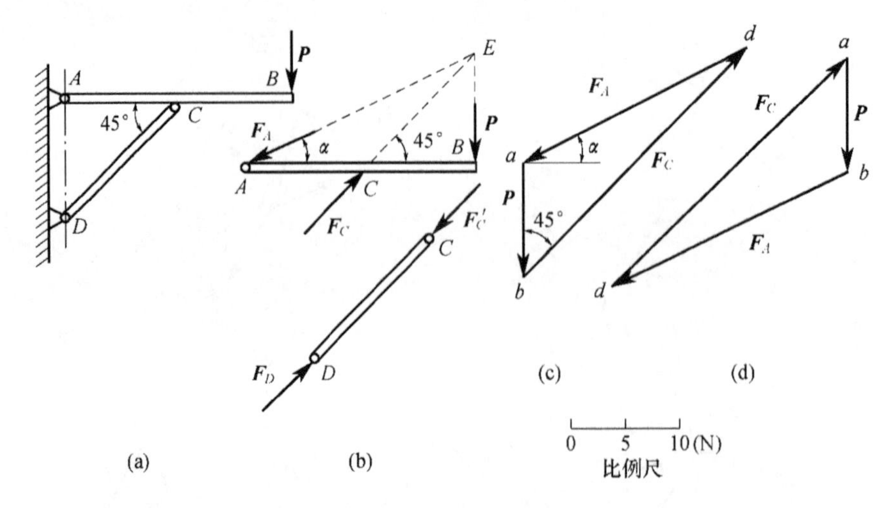

图 4-3 平面杆件的力封闭

根据平面汇交力系平衡的几何条件，这三个力应组成一封闭的力三角形。按照图中力的比例尺，先画出已知力矢 $\overrightarrow{ab}=\boldsymbol{P}$，再由点 a 作直线平行于 AE，由点 b 作直线平行于 CE，这两条直线相交于点 d，如图 4-3(c)所示。由力三角形 abd 封闭，可确定 $\boldsymbol{F}_C$ 和 $\boldsymbol{F}_A$ 的指向。

在力三角形中，线段 bd 和 da 分别表示力的方向和大小，量出它们的长度，按比例换算得

$$\boldsymbol{F}_C=28.3\text{kN}，\boldsymbol{F}_A=22.4\text{kN}$$

根据作用力与反作用力的关系，作用于杆 DC 的 C 端的力 $\boldsymbol{F'}_C$ 与 $\boldsymbol{F}_C$ 的大小相等，方向相反。由此可知杆 DC 受压力，如图 4-3(b)所示。另外，封闭的力三角形也可以如图 4-3(d)所示，同样可以求得力 $\boldsymbol{F}_C$ 和 $\boldsymbol{F}_A$，结果相同。

由此例题可以看出，用几何法解题时，各力之间的关系可以一目了然。

4.2 平面汇交力系的简化与平衡的解析法

解析法是通过力矢在坐标轴上的投影来分析力系的简化合成及其平衡条件。

4.2.1 力在正交坐标轴系的投影与力的解析表达式

如图 4-4 所示，已知力 $\boldsymbol{F}$ 与平面内正交轴 x、y 的夹角为 α、β，则力 $\boldsymbol{F}$ 在 x、y 轴上的投影分别为

$$\begin{cases} X = F\cos\alpha \\ Y = F\cos\beta = F\sin\alpha \end{cases} \tag{4-4}$$

即力在某轴上的投影，等于力的模乘以力与投影轴正向间夹角的余弦。力在轴上的投影为代数量，当力与轴间夹角为锐角时，其值为正；当夹角为钝角时，其值为负。

若 $\boldsymbol{i}$、$\boldsymbol{j}$ 分别为 x、y 轴的单位矢量，由图 4-4 可知，力 $\boldsymbol{F}$ 可沿正交轴 Ox、Oy 分解为两个力 $\boldsymbol{F}_x$ 和 $\boldsymbol{F}_y$，且其分力与力的投影之间有下列关系：

$$\boldsymbol{F}_x=X\boldsymbol{i}，\boldsymbol{F}_y=Y\boldsymbol{j}$$

由此，力的解析表达式为

$$F = Xi + Yj \tag{4-5}$$

显然，已知力 $\boldsymbol{F}$ 在平面内两个正交轴上的投影 X 和 Y 时，该力矢的大小和方向余弦分别为

$$\begin{cases} F = \sqrt{X^2 + Y^2} \\ \cos\alpha = \dfrac{X}{F}, \cos\beta = \dfrac{Y}{F} \end{cases} \tag{4-6}$$

必须注意，力在轴上的投影 X 和 Y 为代数量，而力沿轴的分量 $\boldsymbol{F}_x$ 和 $\boldsymbol{F}_y$ 为矢量，二者不能混淆。例如，当 Ox、Oy 两轴不相垂直时，力沿两轴的分力 $\boldsymbol{F}_x$、$\boldsymbol{F}_y$ 在数值上也不等于力在两轴上的投影 X、Y(图 4-5)。

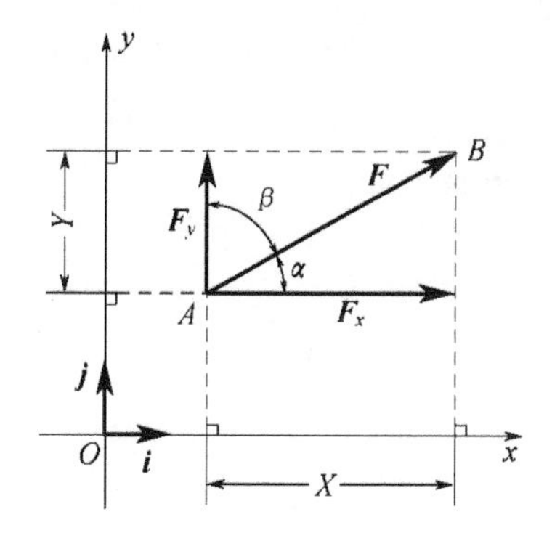

图 4-4　平面力的 x、y 轴分解

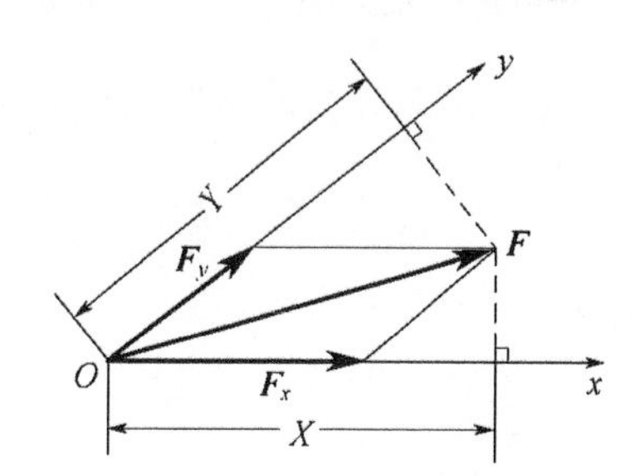

图 4-5　非平行 x、y 轴力分解

4.2.2　平面汇交力系的简化解析法

设刚体上作用着由 n 个力组成的平面汇交力系，以汇交点 O 为坐标原点，建立直角坐标系 Oxy，如图 4-6(a)所示。根据式(4-5)，此汇交力系的合力 $\boldsymbol{F}_R$ 的解析表达式为

$$\boldsymbol{F}_R = F_{Rx}\boldsymbol{i} + F_{Ry}\boldsymbol{j}$$

式中：F_{Rx}、F_{Ry} 为合力 $\boldsymbol{F}_R$ 在 x、y 轴上的投影(图 4-6(b))。

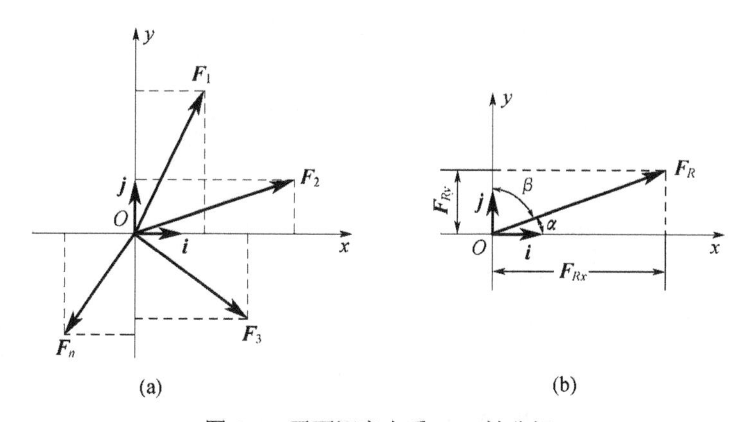

图 4-6　平面汇交力系 x、y 轴分解

根据合矢量投影定理：合矢量在某一轴上的投影等于各分矢量在同一轴上投影的代数和，将式(4-1)向 x、y 轴投影，可得

$$
\begin{cases}
F_{Rx} = X_1 + X_2 + \cdots + X_n = \sum_{i=1}^{n} X_i \\
F_{Ry} = Y_1 + Y_2 + \cdots + Y_n = \sum_{i=1}^{n} Y_i
\end{cases}
\tag{4-7}
$$

其中：X_1 和 Y_1，X_2 和 Y_2，…，X_n 和 Y_n 分别为各分力在 x 轴和 y 轴上的投影。

根据式(4-6)可求得合力矢的大小和方向余弦为

$$
\begin{cases}
F_R = \sqrt{F_{Rx}^2 + F_{Ry}^2} = \sqrt{(\Sigma X)^2 + (\Sigma Y)^2} \\
\cos\alpha = \dfrac{F_{Rx}}{F_R},\ \cos\beta = \dfrac{F_{Ry}}{F_R}
\end{cases}
\tag{4-8}
$$

4.2.3 平面汇交力系平衡的解析条件

平面汇交力系平衡的必要与充分条件是：该力系的合力等于零。即

$$
F_R = \sqrt{(\Sigma X)^2 + (\Sigma Y)^2} = 0
$$

若上式成立，必须同时满足：

$$
\begin{cases}
\sum X = 0 \\
\sum Y = 0
\end{cases}
\tag{4-9}
$$

于是，平面汇交力系平衡的必要和充分条件是：各力在两个坐标轴上投影的代数和分别为零。式(4-9)称为平面汇交力系的平衡方程。显然，平面汇交力系只有两个独立的平衡方程，最多可以求解两个未知量。

下面举例说明平面汇交力系平衡方程的实际应用。

例 4-2 如图 4-7(a)所示起吊化工高压反应塔时，为了不损坏栏杆，加水平拉力 $\boldsymbol{Q}$ 使反应塔与栏杆离开。若此时吊索与铅垂线的夹角为 30°，反应塔的重量 W=30kN，试求此时的水平拉力 $\boldsymbol{Q}$ 和吊索中的拉力 $\boldsymbol{F}_T$ 的大小。

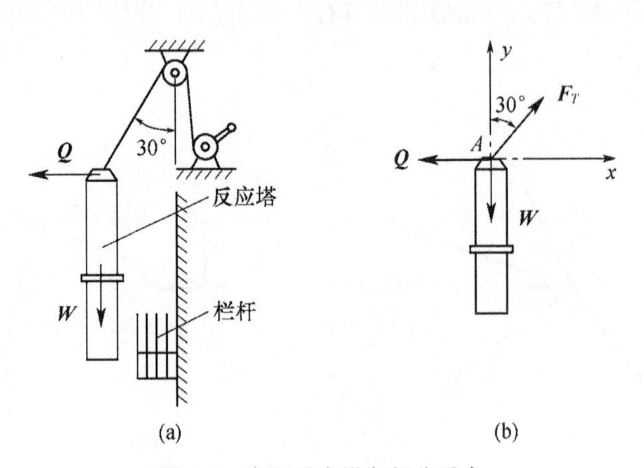

图 4-7 高压反应塔各部分受力

解：(1) 选取反应塔为研究对象。

(2) 画受力图。除主动力 $\boldsymbol{W}$ 和水平拉力 $\boldsymbol{Q}$ 外，还有吊索对反应塔的约束反力 $\boldsymbol{F}_T$，其作用线沿吊索方向，且为拉力，三力作用线的汇交点 A，如图 4-7(b)所示。

(3) 建立直角坐标系 Axy，列平衡方程，即

$$\sum X = 0, \quad T\sin 30° - Q = 0$$
$$\sum Y = 0, \quad T\cos 30° - W = 0$$

(4) 求解方程，得

$$F_T = 34.6\,\text{kN}, \quad Q = 17.3\,\text{kN}$$

例 4-3 如图 4-8(a)所示，重物 P=20kN，用钢丝绳挂在支架的滑轮 B 上，钢丝绳的另一端绕在铰车 D 上。杆 AB 与 BC 铰接，并以铰链 A、C 与墙连接。若忽略两杆与滑轮的自重和摩擦，并不计滑轮的几何尺寸，试求平衡时杆 AB 和 BC 所受的力。

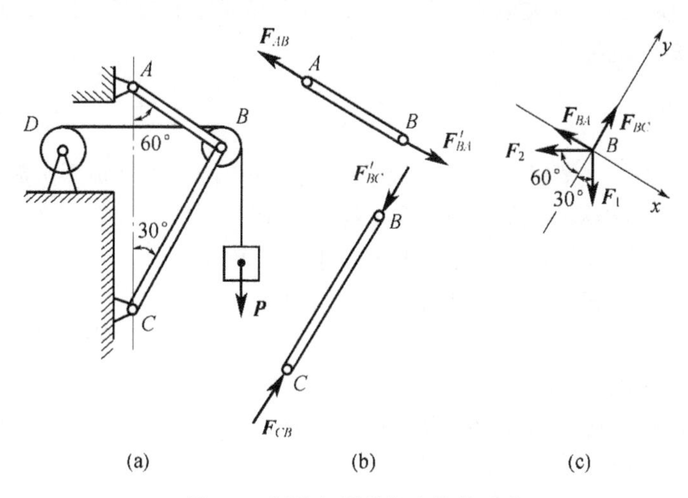

图 4-8　杆件与滑轮组合构件受力

解：(1) 选取研究对象。由于 AB 与 BC 两杆都是二力杆，假设杆 AB 受拉力，杆 BC 受压力，如图 4-8(b)所示。为求出这两个未知力，可选取滑轮 B 为研究对象。

(2) 画受力图。滑轮受到钢丝绳的拉力 $\boldsymbol{F}_1$ 和 $\boldsymbol{F}_2$ 作用，且 $F_1=F_2=P$。此外还受到杆 AB 和 BC 对它的约束反力 $\boldsymbol{F}_{BA}$ 和 $\boldsymbol{F}_{BC}$。由于不计滑轮的几何尺寸，故这四个力可以视为汇交力系，如图 4-8(c)所示。

(3) 建立直角坐标系 Bxy(图 4-8(c))，列平衡方程。应该指出，坐标轴应尽量取在与未知力作用线相垂直的方向，使一个平衡方程中只含有一个未知数，从而不必解联立方程，简化计算。即

$$\sum X = 0, \quad F_1\cos 60° - F_{BA} - F_2\cos 30° = 0$$
$$\sum Y = 0, \quad F_{BC} - F_1\sin 60° - F_2\sin 30° = 0$$

(4) 求解方程，得

$$F_{BA} = -7.32\,\text{kN}, \quad F_{BC} = 27.32\,\text{kN}$$

所求结果，F_{BC} 为正值，表示该力的假设方向与实际方向相同，即杆 BC 受压力；F_{BA} 为负值，表示该力的假设方向与实际方向相反，即杆 AB 也受压力。

通过以上例题，可以将平面汇交力系平衡问题的解题主要步骤归纳如下：

(1) 根据问题的性质和要求选取合适的研究对象。

(2) 取分离体，画受力图。在画受力图时应综合应用约束的性质、平衡的条件和作用力与

反作用力关系。

(3) 用几何法解题时，选择适当的比例尺作出力的封闭多边形。必须注意，作图时，首先从已知的主动力开始，根据失序规则和封闭的特点，就可以确定未知力的大小和方向。

(4) 用解析法解题时，为了便于求解方程，应选取适当的坐标轴，再根据平衡条件确定全部未知力的大小和方向。

4.3 平面力对点之矩

我国人民很早就懂得运用杠杆原理来称量物体的重量。长期实践使人们认识到杠杆的平衡，除了与杆上各力的大小有关以外，还与各力的位置到杆上的某一定点的距离有关。这样就逐渐产生了“力矩”的概念。

4.3.1 力对点之矩

为进一步说明力对点之矩的概念，以扳手拧紧螺母为例，当在扳手上施加一个力 $\boldsymbol{F}$ 来拧螺母(图 4-9)时，扳手绕螺母的轴线转动，即绕螺母的中心 O 转动。实践证明，作用在扳手上的力 $\boldsymbol{F}$ 使扳手绕 O 点的转动效应，不仅与力 $\boldsymbol{F}$ 的大小成正比，而且与点 O 到力作用线的垂直距离 h 正成比。因此，规定力 $\boldsymbol{F}$ 的大小与 h 的乘积作为力 $\boldsymbol{F}$ 使扳手绕点 O 转动的效应的度量，称为力 $\boldsymbol{F}$ 对 O 点之矩，简称力矩，用符号 $M_O(\boldsymbol{F})$表示，即

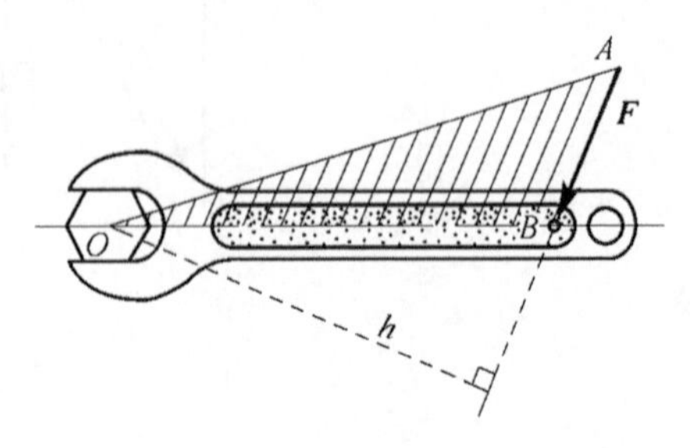

图 4-9　扳手工作力矩

$$M_O(\boldsymbol{F})=\pm Fh=\pm 2S_{\triangle ABO} \tag{4-10}$$

式中：点 O 称为矩心；点 O 到力作用线的垂直距离 h 称为力臂；$S_{\triangle ABO}$ 为三角形 ABO 的面积。

通常，对平面问题中力对点之矩有如下规定：平面力对点之矩是一个代数量，其绝对值等于力的大小与力臂的乘积，其正负是这样规定的：若力使物体绕矩心逆时针转动，则力矩为正；反之为负。力矩的常用单位是 N·m 或 kN·m。

显然，当力的作用线通过矩心，即力臂等于零时，它对矩心的力矩等于零。

4.3.2 合力矩定理及力矩的解析表达式

平面汇交力系的合力对平面内任意一点之矩等于所有各分力对于该点之矩的代数和。这就是平面汇交力系的合力矩定理。用公式可表达为

$$M_O(\boldsymbol{F}_R)= M_O(\boldsymbol{F}_1)+ M_O(\boldsymbol{F}_2)+\cdots+ M_O(\boldsymbol{F}_n)= \sum_{i=1}^{n} M_O(\boldsymbol{F}_i) \tag{4-11}$$

式(4-11)按力系等效的概念是不难理解的，而且该式不仅适用于平面汇交力系，还适用于任何有合力存在的力系。

需要指出的是，由于平面汇交力系平衡时，合力为零。即对于平面汇交力系而言下式自然满足

$$M_O(\boldsymbol{F}_R)=\sum_{i=1}^{n} M_O(\boldsymbol{F}_i)=0$$

因此，此等式不能作为平面汇交力系平衡的独立方程。

4.3.3 力矩与合力矩的解析表达式

如图 4-4 所示，设力 $\boldsymbol{F}$ 作用在点 $A(x、y)$，则力 $\boldsymbol{F}$ 对坐标原点 O 之矩可根据式(4-11)，通过其分力 $\boldsymbol{F}_x$ 和 $\boldsymbol{F}_y$ 对点 O 之矩而得到，即

$$M_O(\boldsymbol{F})= M_O(\boldsymbol{F}_x)+ M_O(\boldsymbol{F}_y)= xF\sin\alpha - yF\cos\alpha$$

或

$$M_O(\boldsymbol{F})= xY-yX \tag{4-12}$$

式(4-12)为平面内力矩的解析表达式。其中 x、y 为力 $\boldsymbol{F}$ 作用点 A 的坐标；X、Y 分别为力 $\boldsymbol{F}$ 在 x、y 轴上的投影。

若将式(4-12)代入式(4-11)，即可得到合力 $\boldsymbol{F}_R$ 对坐标原点之矩的解析表达式，即

$$M_O(\boldsymbol{F}_R)= \sum_{i=1}^{n}(x_iY_i - y_iX_i) \tag{4-13}$$

例 4-4 如图 4-10(a)所示的圆柱直齿轮，受到啮合力 $\boldsymbol{F}$ 的作用。压力角为 θ，齿轮节圆(啮合圆)的半径为 r，试求力 $\boldsymbol{F}$ 对齿轮轴心 O 的力矩。

解：方法一，按力矩的定义直接求解力 $\boldsymbol{F}$ 对点 O 的矩，即

$$M_O(\boldsymbol{F})= Fh= Fr\cos\theta$$

方法二，根据合力矩定理，将力分解为周向力 $\boldsymbol{F}_t$ 与径向力 $\boldsymbol{F}_r$(图 4-10(b))，显然，径向力 $\boldsymbol{F}_r$ 通过矩心 O，其对点 O 的力矩为零，于是

$$M_O(\boldsymbol{F})= M_O(\boldsymbol{F}_t)+ M_O(\boldsymbol{F}_r)= M_O(\boldsymbol{F}_t)= Fr\cos\theta$$

可见，两种方法的计算结果相同。

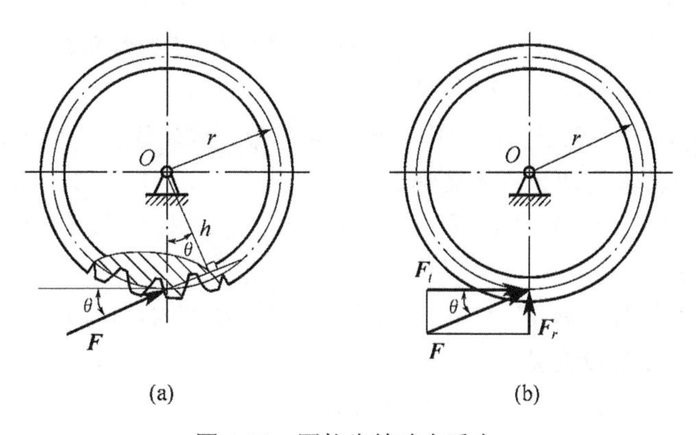

图 4-10 圆柱齿轮啮合受力

4.4 平面力偶及其性质

4.4.1 力偶与力偶矩

在工程实际中，常常会遇到承受力偶作用的物体。所谓力偶，是指由大小相等、方向相反且不共线的两个平行力组成的力系，通常用($\boldsymbol{F}$，$\boldsymbol{F}'$)表示。例如，钳工用绞杠丝锥攻制螺纹；司机用双手转动的方向盘等操作，在丝锥、方向盘等物体上均作用了一对力偶，如图 4-11 所示。

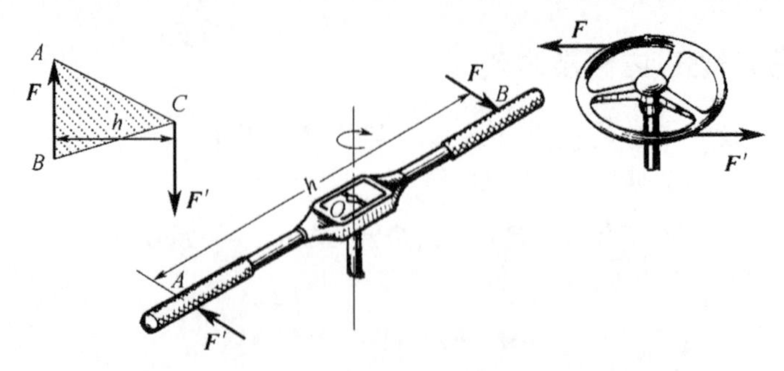

图 4-11　承受力偶作用的实例

力偶的两个力之间的垂直距离 h 称为力偶臂，力偶所在的平面称为力偶的作用面。等值反向平行力的矢量和显然等于零，因此不会引起物体的移动，但是由于它们不共线，所以不能相互平衡，而使物体产生转动效应。力偶对物体的转动效应，可以用力偶矩来度量，即用力偶的两个力对其作用面内某点的代数和来度量。力偶中任一力的大小与力偶臂的乘积 Fh 或 $F'h$，称为力偶矩，记作 $M_O(\boldsymbol{F}, \boldsymbol{F}')$，简记为 M。同力矩一样，在平面问题中力偶矩为代数量。于是有

$$M=\pm Fh=\pm 2S_{\triangle ABC}$$

其正负是这样规定的：若力偶的转向为逆时针，则力偶矩为正；反之为负。力偶矩的单位与力矩的相同，也是 N·m 或 kN·m。

力偶在平面内的转向不同，其作用效应也不同。因此，平面力偶对物体的作用效应，是由力偶矩的大小和力偶在作用面内的转向两个要素决定的。在物体的受力图中，力偶常用如图 4-12 所示的符号表示。

4.4.2　力偶的性质

力偶是两个具有特殊关系的力的结合，虽然力偶中的每个力具有一般力的性质，但力偶作为一种特殊力系，它也具有一些特殊的性质。

(1) 力偶不能简化为一个合力，或用一个力来等效。或者说，力偶不能用一个力来平衡。因此，力偶与力是静力学的两个基本要素。

(2) 力偶对任一点之矩与矩心位置无关，且恒等于力偶矩矢量。因此，力偶对物体的转动效应用力偶矩来度量。

如图 4-13 所示，若有力偶$(\boldsymbol{F}, \boldsymbol{F}')$，其力偶臂为 h，力 $\boldsymbol{F}'$的作用线到任意点 O 的距离为 x，则构成力偶的两个力对点 O 之矩为

$$M_O(\boldsymbol{F})+M_O(\boldsymbol{F}')=Fx-F'(x-h)=F'h=Fh=M$$

由此可知，力偶的两个力对其作用面内任意一点之矩的代数和恒等于该力偶矩。这还说明，力偶的作用效应取决于力的大小和力偶臂的长短，而与矩心位置无关。

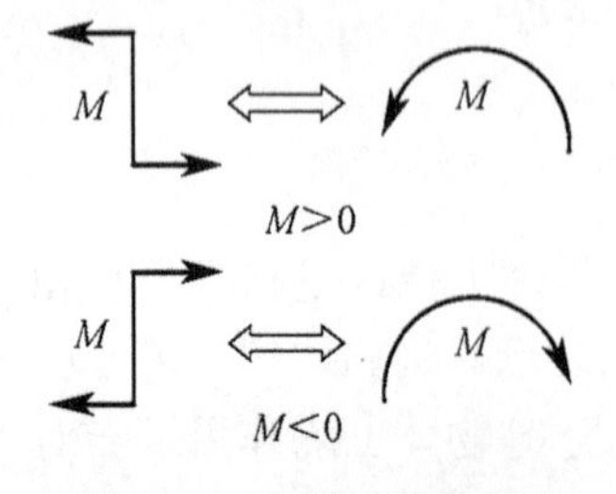

图 4-12　力偶的符号表达

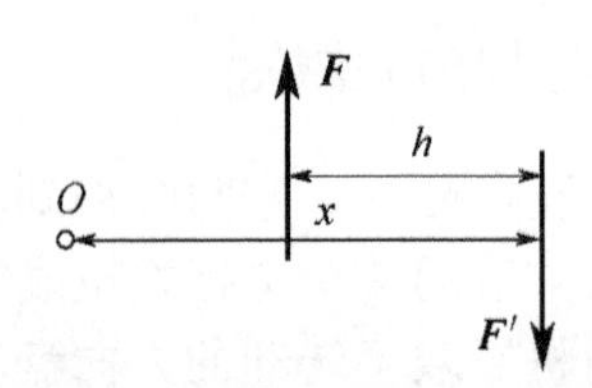

图 4-13　力偶大小与矩心无关原理

(3) 只要保持力偶矩不变，力偶可在其作用平面内任意移动，而不改变对刚体的作用效应。

设刚体上某平面内作用一力偶(***P***，***P***′)，如图 4-14(a)所示，其力偶矩为 M。现证明只要保持力偶矩的大小及转向不变，它可由在平面内的另一力偶(***Q***，***Q***′)所代替，而不改变它对刚体的作用效应。

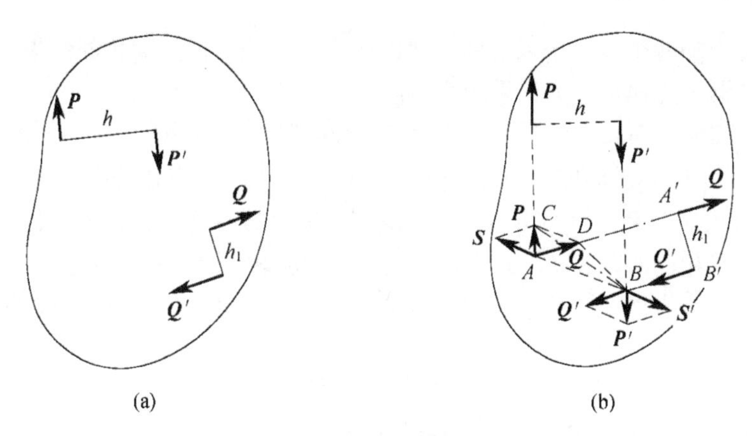

图 4-14　刚体的力偶平面移动原理

将两力偶中力的作用线延长，分别交于 A 和 B 两点，如图 4-14(b)所示。根据力的可传性原理，将力 ***P*** 移至 A 点，***P***′移至 B 点。并将力 ***P*** 沿 AB 及 AA'分解，得 ***S*** 和 ***Q***；将 ***P***′沿 AB 及 BB'分解，得 ***S***′和 ***Q***′。显然力 ***S*** 和 ***S***′为一平衡力系，将其从力系中减去，不会改变原力系对刚体的作用效应。于是剩下力 ***Q*** 及 ***Q***′，将其移至 A'及 B'点，即为力偶(***Q***，***Q***′)，此力偶的转向显然与原力偶(***P***，***P***′)的转向相同。现考察其力偶矩的大小。设 $Ph = M$，$Qh_1 = M_1$，则 $M=2S_{\triangle ABC}$，$M_1=2S_{\triangle ABD}$。由于 $CD /\!/ AB$，即两三角形同底等高，所以 $S_{\triangle ABC}=S_{\triangle ABD}$，亦即 $M= M_1$。

应该指出，上述结论只适用于刚体，而不适用于变形体。例如图 4-15(a)所示的 AB 梁，A 端固定，在 B 端作用一力偶，全梁将产生弯曲变形。如果将力偶在平面内移动到 C 处，则 BC 段梁将不发生弯曲变形。显然，两种情形下力偶的变形效应是不相同的。又如图 4-15(b)中的弹簧片，若上端受到力偶作用，弹簧片将沿全高度发生扭曲变形；若将力偶平行移至高度一半处的另一平面内，则上半段弹簧片不再发生扭曲变形。显然，两种情形下的变形效应也是不同的。

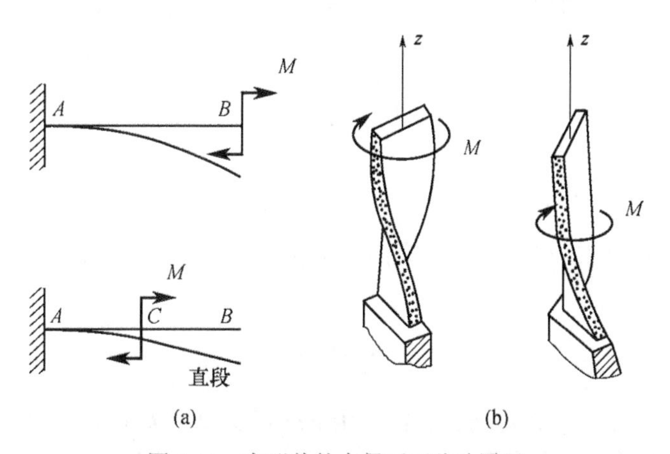

图 4-15　变形体的力偶不可移动原理

4.5 平面力偶系的简化与平衡条件

4.5.1 平面力偶系的简化

作用在刚体上的两个或两个以上的力偶组成力偶系。力偶系简化的结果仍然是一个力偶而不是一个力，这一力偶称为力偶系的合力偶。

先研究两个力偶的简化。设有一由两个力偶构成的平面力偶系($\boldsymbol{F}_1$, $\boldsymbol{F}_1'$)和($\boldsymbol{F}_2$, $\boldsymbol{F}_2'$)，它们的力偶臂分别为 h_1 和 h_2，如图 4-16(a)所示。这两个力偶的力偶矩分别为 M_1 和 M_2，求它们的简化结果。为此，在保持力偶矩不变的情况下，同时改变两个力偶的力的大小和力偶臂的长短，使它们具有相同的臂长 h，并将它们在平面内移转，使力的作用线重合，如图 4-16(b)所示。于是得到与原力偶系等效的两个新力偶($\boldsymbol{F}_3$, $\boldsymbol{F}_3'$)和($\boldsymbol{F}_4$, $\boldsymbol{F}_4'$)。$\boldsymbol{F}_3$，$\boldsymbol{F}_4$ 的大小为

$$F_3 = \frac{M_1}{h},\ F_4 = \frac{M_2}{h}$$

分别将作用在点 A 和 B 的力合成(假设 $F_3 > F_4$)，得

$$F = F_3 - F_4$$
$$F' = F_3' - F_4'$$

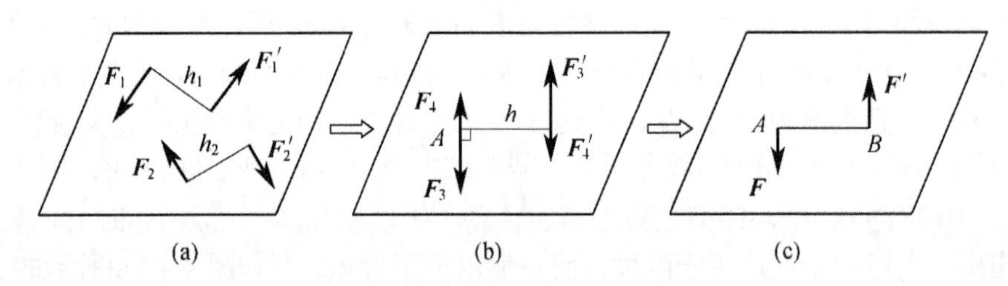

图 4-16 平面力偶的简化

由于 F 与 F'是相等的，所以构成了与原力偶系等效的合力偶($\boldsymbol{F}$, $\boldsymbol{F}'$)，如图 4-16(c)所示，以 M 表示合力偶的矩，得

$$M = Fh = (F_3 - F_4)\,h = F_3 h - F_4 h = M_1 - M_2$$

如果是由两个以上的力偶构成的力偶系，可以按上述方法进行简化。就是说，在同一平面内的任意个力偶最终可以简化成一个合力偶，合力偶的矩等于各力偶矩的代数和，即

$$M = \sum_{i=1}^{n} M_i$$

4.5.2 平面力偶系的平衡条件

根据力偶系的简化结果可知，平面力偶系平衡的必要和充分条件是：力偶系中各力偶矩的代数和等于零，即

$$\sum_{i=1}^{n} M_i = 0$$

例 4-5 结构横梁 A 长 l，A 端通过铰链由 AD 杆支撑，B 端为铰支座，组成平面结构。在结构平面内，梁上受到一力偶作用，其力偶矩为 M，如图 4-17(a)所示。不计梁和支杆的自重，求 A 和 B 端的约束反力。

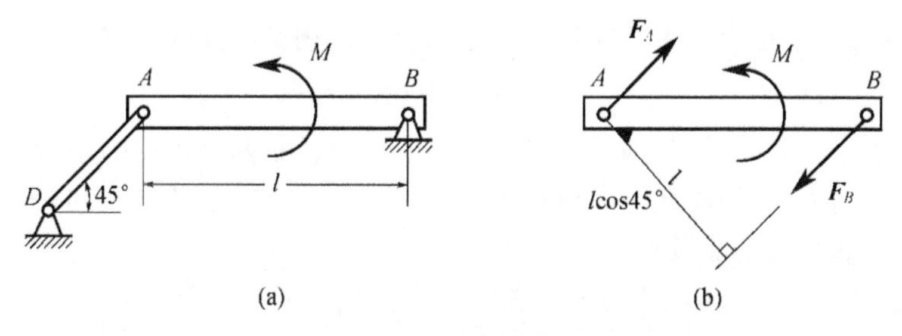

图 4-17　平面横梁的受力

解： 以梁 AB 为研究对象。梁所受到的主动力为力偶 M，在 A 和 B 端分别受到约束反力的作用。注意到 AD 是二力杆，因此 A 端的约束力必沿杆 AD 的轴线方向。B 端为铰链，根据约束的性质只知约束反力通过铰的中心，方向暂时不能确定。但考虑到梁的平衡条件后，根据力偶只能与力偶平衡的性质，可以判断 A 与 B 端的约束反力必构成一力偶，因此 B 端的约束力方向必与 A 端的约束力作用线平行、指向相反、大小相等。于是，梁 AB 的受力图如图 4-17(b)所示。根据平面力偶系的平衡条件，$\boldsymbol{F}_A$ 和 $\boldsymbol{F}_B$ 构成一个转向与主动力偶 M 相反的力偶，由此可以定出约束反力 $\boldsymbol{F}_A$ 和 $\boldsymbol{F}_B$ 的指向。其大小由下式确定：

$$\Sigma M = 0,\ M - F_A l \cos 45° = 0$$

解方程得

$$F_A = F_B = \frac{M}{l \cos 45°} = \frac{\sqrt{2}M}{l}$$

例 4-6　硫酸钠的过滤器如图 4-18(a)所示。旋松顶部的手轮可以将顶盖提起，然后可旋转摆杆，将顶盖移开。摆杆的 A 端置于向心止推轴承中，在 B 处装有径向轴承，摆杆的尺寸如图 4-18(a)所示，单位为 mm。已知顶盖的重量 G=800N，试求顶盖被提起后摆杆在 A、B 两处收到的约束反力。

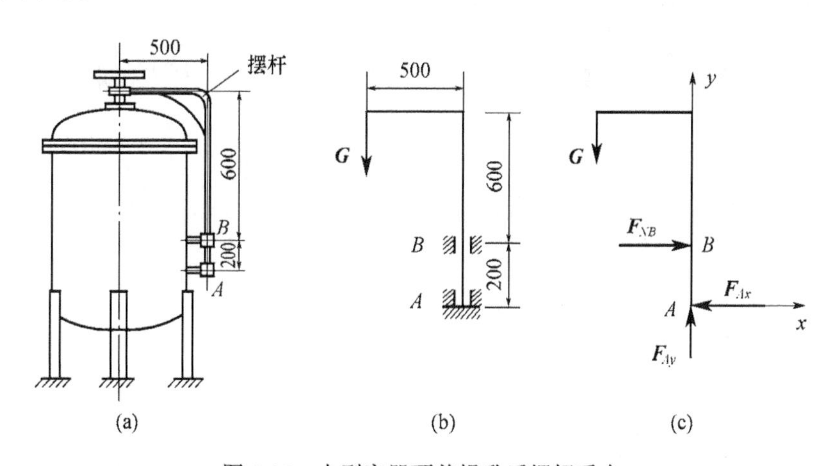

图 4-18　大型容器顶盖提升后摆杆受力

解： 选取摆杆为研究对象，其简图如图 4-18(b)所示。支承 A 处既能限制摆杆沿铅垂向下的位移，又能限制其水平位移，故该处有一个竖直向上的反力 $\boldsymbol{F}_{Ay}$ 和一个水平反力 $\boldsymbol{F}_{Ax}$，但 $\boldsymbol{F}_{Ax}$ 的方向暂时不能确定；支承 B 处只能限制摆杆沿水平方向的位移，故该处只有一个水平方向的反力 $\boldsymbol{F}_{NB}$，其方向暂时也不能确定。但是，作用在摆杆上一共有四个力，其中重力 $\boldsymbol{G}$ 和

$\boldsymbol{F}_{Ay}$是两个铅垂反向的平行力，由于摆杆处于平衡状态，由 $\Sigma Y=0$ 知

$$G = F_{Ay}=800\text{N}$$

即力 $\boldsymbol{G}$ 和 $\boldsymbol{F}_{Ay}$ 形成了一对逆时针转向的力偶；而 $\boldsymbol{F}_{Ax}$ 与 $\boldsymbol{F}_{NB}$ 是两个水平的平行力，它们必须形成一对顺时针转向的力偶，与前述的力偶平衡，于是力 $\boldsymbol{F}_{Ax}$ 与 $\boldsymbol{F}_{NB}$ 的方向便可确定，如图 4-18(c)所示。根据平面力偶系的平衡条件：

$$\Sigma M=0，500G-200F_{Ax}=0$$

解方程得

$$F_{Ax}=F_{NB}=2000\text{N}=2\text{kN}$$

习题与思考题

4–1 如图所示的两个力三角形中，$\boldsymbol{F}_1$、$\boldsymbol{F}_2$、$\boldsymbol{F}_3$ 三个力的关系是否相同？

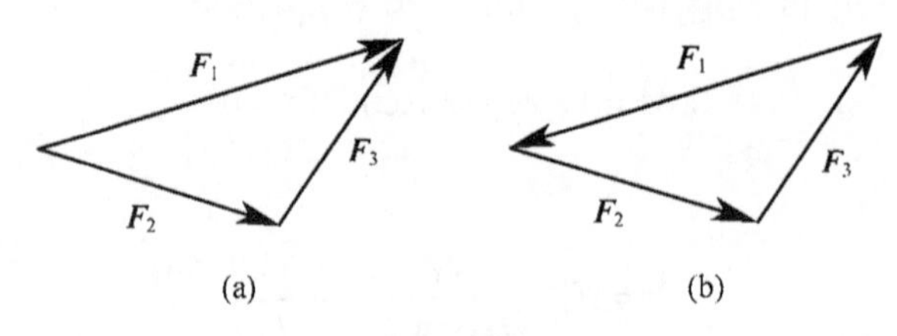

题 4-1 图

4–2 用解析法求平面汇交力系的合力时，若取不同的直角坐标轴，所得的合力是否相同？

4–3 力偶中的两个力，作用与反作用的两个力，二力平衡条件中的两个力，三者之间有何区别？

4-4 由力偶理论可知，力偶不能用单独一个力来平衡，但为什么图中的轮 O 却能平衡呢？

4–5 四个力作用在同一刚体的 A、B、C、D 四点，设 $\boldsymbol{F}_1$ 与 $\boldsymbol{F}_3$、$\boldsymbol{F}_2$ 与 $\boldsymbol{F}_4$ 大小相等，方向相反，且作用线互相平行，由该四个力所作的力多边形封闭，如图所示。试问物体是否平衡？为什么？

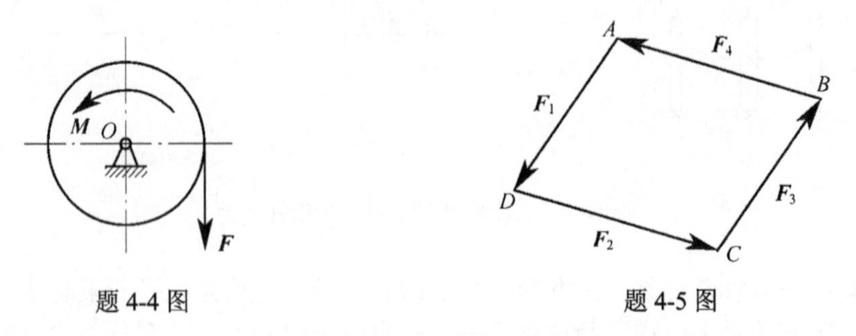

题 4-4 图　　　　题 4-5 图

4–6 在图示的各图中，力 $\boldsymbol{F}$ 或力偶 $M=Fl$ 对点 A 的矩都相等，它们所引起的支座约束力是否相同？

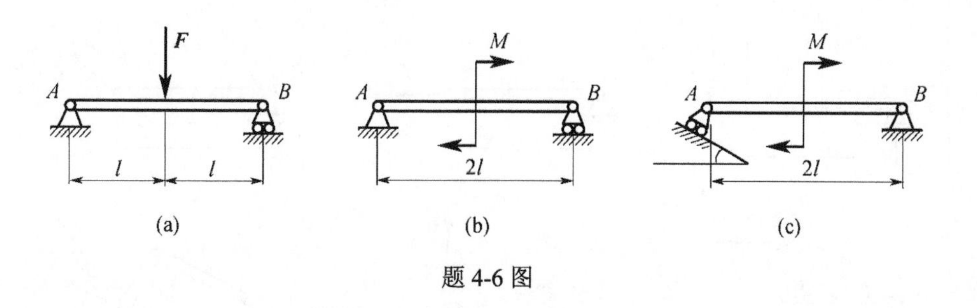

题 4-6 图

4-7 试用解析法求图示平面汇交力系的合力。
已知图(a)中：F_1=100N，F_2=700N，F_3=500N;
图(b)中：F_1=400N，F_2=250N，F_3=500N，F_4=200N。

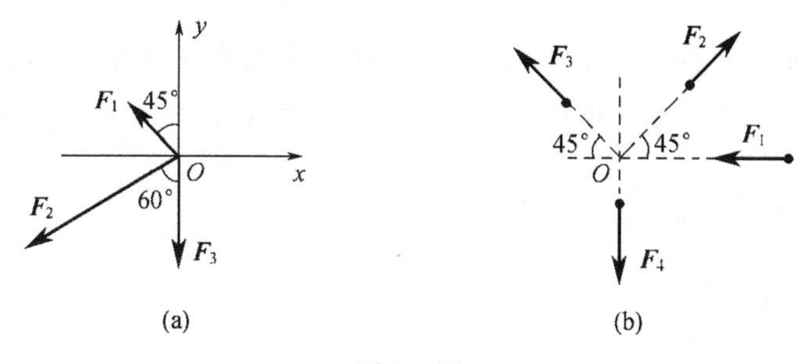

题 4-7 图

4-8 如图所示，均质杆 AB 重为 $\boldsymbol{W}$，长为 l，在 A 点用铰链支承，A、C 两点在同一铅垂线上，且 $AB=AC$，绳的一端在杆的 B 点，另一端经过滑轮 C 与重物 $\boldsymbol{Q}$ 相连。不计滑轮几何尺寸，试求杆的平衡位置 θ。

4-9 铰接四连杆机构 O_2ABO_1，在图示位置平衡，已知 O_2A=400mm，BO_1=600mm，作用在 O_2A 上的力偶矩 M_1=1N·m，试求力偶矩 M_2 的大小，及 AB 杆所受力 $\boldsymbol{F}$，各杆重量不计。

4-10 锻锤在工作时，如果锤头所受工件的作用力有偏心，就会使锤头发生偏斜，这样在导轨上将产生很大的压力，会加速导轨的磨损，影响工件的精度，如已知打击力 P=1000kN，偏心距 e=20mm，锤头高度 h=200mm，试求锤头给两侧导轨的压力。

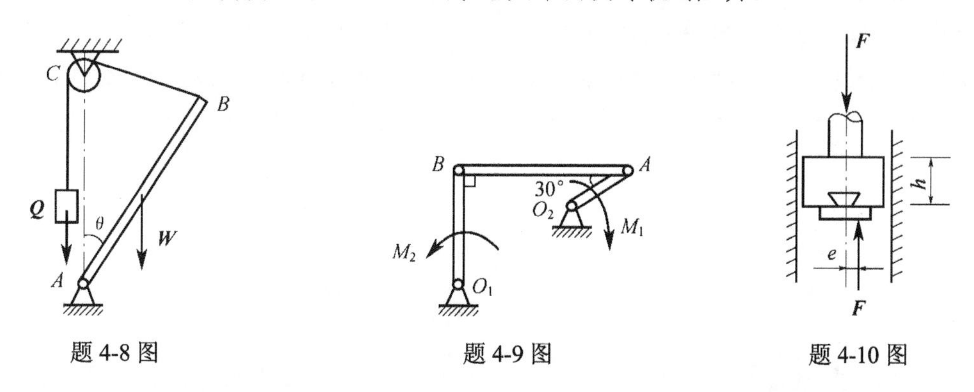

题 4-8 图　　题 4-9 图　　题 4-10 图

4-11 试计算下列各图中力 $\boldsymbol{F}$ 对点 O 之矩。

4-12 卷扬机结构如图所示，重物放在小台车 C 上，小台车装有 A、B 轮，可沿垂直导轨 ED 上下运动，已知重物 Q=2000N，试求导轨加给 A、B 两轮的约束力。

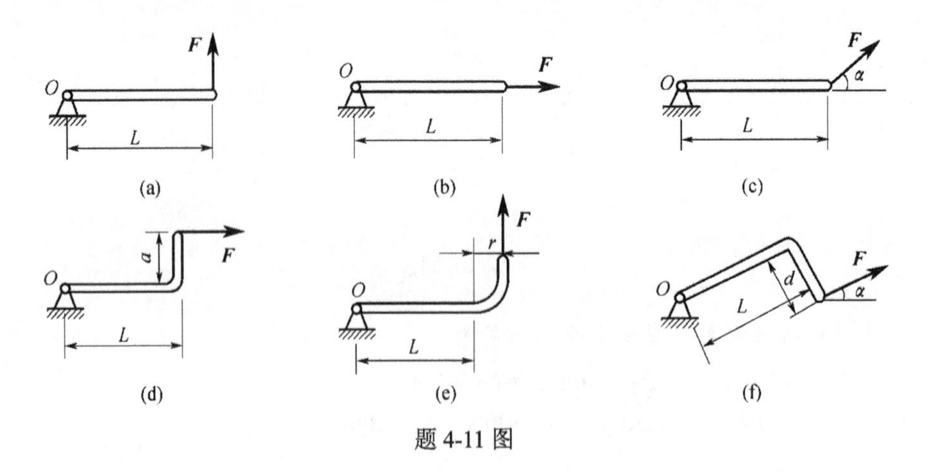

题 4-11 图

4–13 剪切钢筋的机构，由杠杆 AB 和杠杆 DEO 用连杆 CD 连接而成，图上长度尺寸单位是 mm，如在 A 处作用一大小为 10kN 的水平力 $\boldsymbol{F}$，试求 E 处的臂力 Q 为多大？

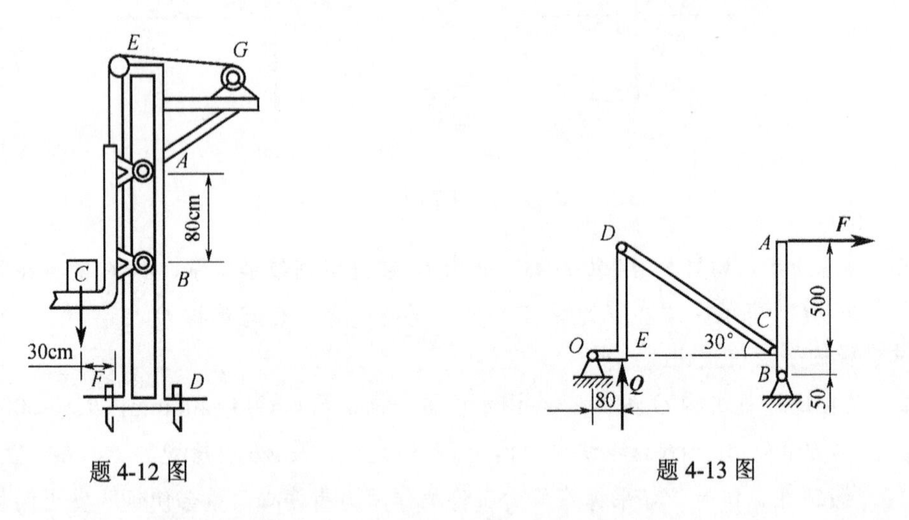

题 4-12 图

题 4-13 图

4–14 曲柄 OA 长 R=230mm，当 $\alpha=20^{\circ}$，$\beta=3.2^{\circ}$ 时达到最大冲击压力 P=2088kN。因转速较低，故可近似地按静平衡问题计算。如略去摩擦，求在最大冲击压力 $\boldsymbol{P}$ 的作用情况下，导轨给滑块的侧压力 $\boldsymbol{F}$ 和曲柄上所加的转矩 M，并求这时轴承 O 的约束力。

4–15 电动机重 P=1500kg，放在水平梁 AC 的中间，如图所示。已知梁 AC 长为 l,梁的 A 端以铰链固定，C 端用杆 BC 支持，BC 与梁的交角为30°，如忽略梁和杆的重量，求杆 BC 的受力。

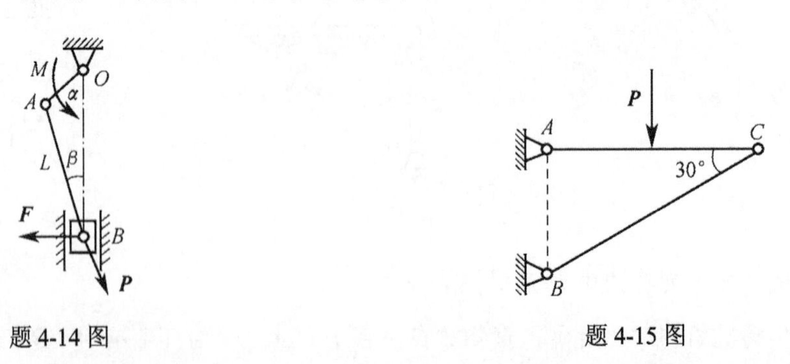

题 4-14 图

题 4-15 图

第5章 平面任意力系

工程实际中，经常遇到的是涉及平面任意力系的力学问题，有些问题虽然不属于平面任意力系，但经过适当简化，仍然可以归结为平面任意力系的问题来处理。所谓平面任意力系，是指作用于物体的各力的作用线分布在同一平面内，但既不汇交于一点，也不全互相平行的力系。由于它是物体受力最普遍的情形，因此，研究平面任意力系对解决工程实际问题具有重要意义。例如，图 5-1(a)所示的屋架，它是一个平面结构，除受到自身重力 $\boldsymbol{P}$ 和均匀分布的风载q作用外，还受到固定铰支座A及辊轴支座B的约束反力$\boldsymbol{F}_{Ax}$、$\boldsymbol{F}_{Ay}$和$\boldsymbol{F}_{NB}$的作用(图5-1(b))，由于重力、风载及约束反力均可以简化到屋架结构的对称平面内，而这些力既不汇交于一点，也不全部互相平行，因此构成平面任意力系。再如图 5-2(a)所示的悬臂吊车梁，水平梁AB 重为$\boldsymbol{P}$，梁上的小车连同所吊的重物重为 $\boldsymbol{Q}$。梁 AB 的分离体受力图如图 5-2(b)所示，可以看到主动力 $\boldsymbol{P}$、$\boldsymbol{Q}$ 与二力杆 AC 的约束反力 $\boldsymbol{F}_N$ 以及铰链 B 的约束反力 $\boldsymbol{F}_{Bx}$、$\boldsymbol{F}_{By}$ 的作用线均位于同一平面内，但它们既不汇交于一点又不全部互相平行，因此，这些力也构成平面任意力系。

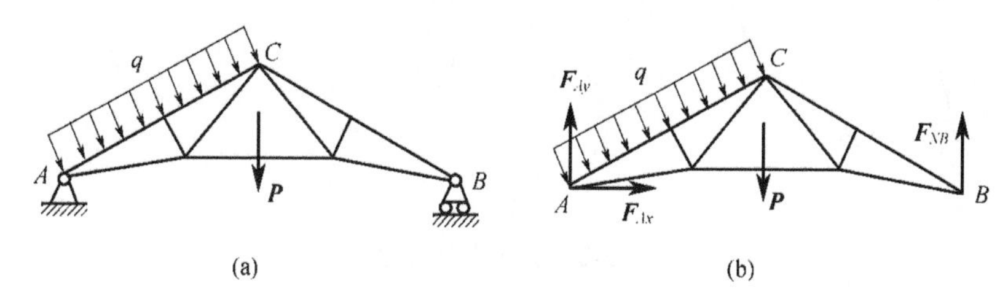

图 5-1 屋架结构风载作用下受力

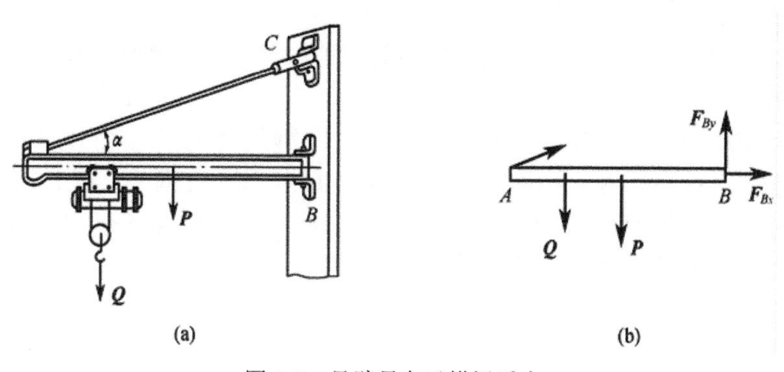

图 5-2 悬臂吊车及横梁受力

本章将在前面两章内容的基础上，着重研究平面任意力系的简化与平衡问题。

5.1 平面任意力系向作用面内任一点的简化

力系向一点简化是一种较为简便并具有普遍性的力系简化方法。作用在刚体上的力可以沿其作用线移动至任意点，而不改变力对刚体的作用效应。但是，如果力离开其作用线而平行移至任意点，则会改变它对刚体的作用效应，这就要用到力的平移定理，它是力系简化方法的理论基础。

5.1.1 力的平移定理

作用在刚体上的力可以向任意点平移，但必须同时附加一个力偶，这个附加力偶的力偶矩等于原作用力对新的作用点的矩。这就是力的平移定理，可以对其作如下证明：

如图 5-3(a)所示，设有一力 $\boldsymbol{F}_A$ 用在刚体上的 A 点，现在要将其平行移至刚体上的另一点 B。为此，在 B 点加两个互相平衡的力 $\boldsymbol{F}_B$、$\boldsymbol{F}'_B$，并且使 $\boldsymbol{F}_B=\boldsymbol{F}_A=-\boldsymbol{F}'_B$，如图 5-3(b)所示。显然，增加一个平衡力系并不改变原力系对刚体的作用效应，即 $\boldsymbol{F}_A$、$\boldsymbol{F}_B$、$\boldsymbol{F}'_B$ 对刚体的作用与原力 $\boldsymbol{F}_A$ 对刚体的作用等效，而这三个力又可以看作是一个作用在 B 点的力 $\boldsymbol{F}_B$ 和一个力偶($\boldsymbol{F}_A$，$\boldsymbol{F}'_B$)。因此，可以认为把作用于 A 点的力 $\boldsymbol{F}_A$ 平行移至另一点 B，同时要附加一个相应的力偶($\boldsymbol{F}_A$，$\boldsymbol{F}'_B$)，这个力偶称为附加力偶(图 5-3(c))。其力偶矩为

$$M=M_B(\boldsymbol{F}_A)=F_A h$$

其中：h 为附加力偶的力臂，同时，它也是力 $\boldsymbol{F}_A$ 对点 B 的矩的力臂。

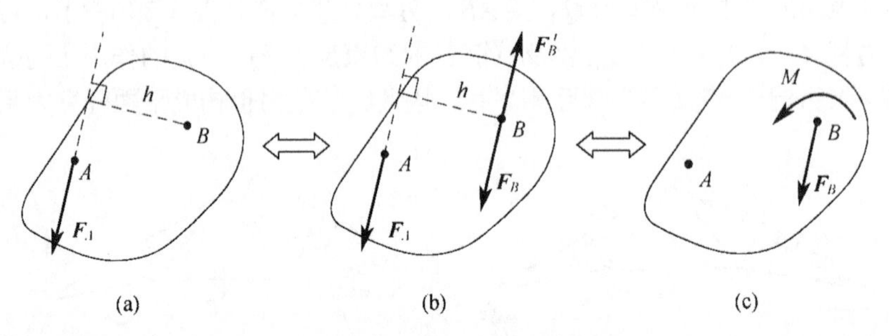

图 5-3 力的平移定理

反过来，根据力的平移定理，也可以将平面内的一个力和一个力偶用作用在平面内另一点的一个力来等效代替。

力向一点平移的结果揭示了力对刚体作用的两种运动效应。例如，作用在静止的自由刚体某点上的一个力向质量中心平移后，力使物体平动，附加力偶则使物体绕质量中心作相对转动。再例如，钳工在使用丝锥攻丝时，必须用两手同时握住扳手，而且用力也要相等，才能攻出合格的螺纹。如果只用一只手扳动扳手(图 5-4(a))，作用在扳手一端 B 的力 $\boldsymbol{F}$ 与作用在中心点 O 的一个力 $\boldsymbol{F}'$和一个矩为 $M=h/2$ 的顺时针转向力偶等效(图 5-4(b))。这个力偶使丝锥转动，而这个力却会使攻丝不正，甚至折断丝锥。

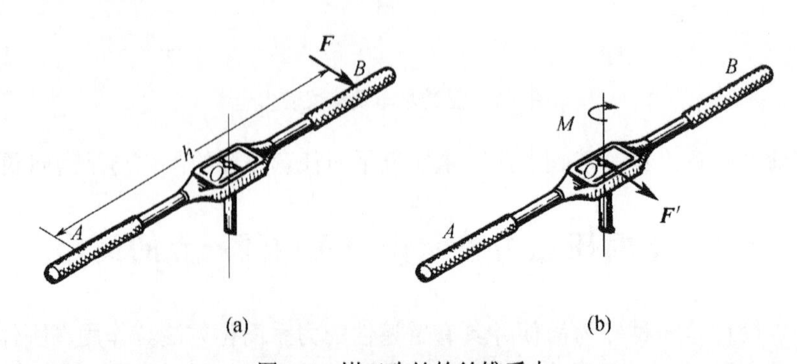

图 5-4 钳工攻丝的丝锥受力

应用上述结论读者可以解释一些常见的力学现象。例如，打乒乓球时，球拍分别击打球的什么部位，才能打出旋转球和不旋转球；扔飞盘的时候，给飞盘怎样一个抛出力，才能使飞盘飞得平稳；等等。

5.1.2 主矢和主矩

应用力的平移定理，可以将平面任意力系的各个力平移到作用面内任意一点 O，从而将原力系化为一个平面汇交力系和一个力偶系。这种做法，称为平面力系向作用面内一点的简化，点 O 称为简化中心。

为具体阐明平面力系向作用面内一点的简化，不妨设刚体上作用一由 $\boldsymbol{F}_1$、$\boldsymbol{F}_2$、$\boldsymbol{F}_3$ 三个力构成的平面任意力系，如图 5-5(a)所示。在该力系的作用面内任选一点 O 作为简化中心，将各力分别平移到点 O，可以得到三个作用于点 O 的力 $\boldsymbol{F}'_1$、$\boldsymbol{F}'_2$、$\boldsymbol{F}'_3$ 和对应的三个附加力偶，设其力偶矩分别为 M_1、M_2、M_3，如图 5-5(b)所示。这些力偶也作用在同一平面内，它们的矩分别等于力 $\boldsymbol{F}_1$、$\boldsymbol{F}_2$、$\boldsymbol{F}_3$ 对点 O 的矩，即

$$M_1=M_O(\boldsymbol{F}_1)$$
$$M_2=M_O(\boldsymbol{F}_2)$$
$$M_3=M_O(\boldsymbol{F}_3)$$

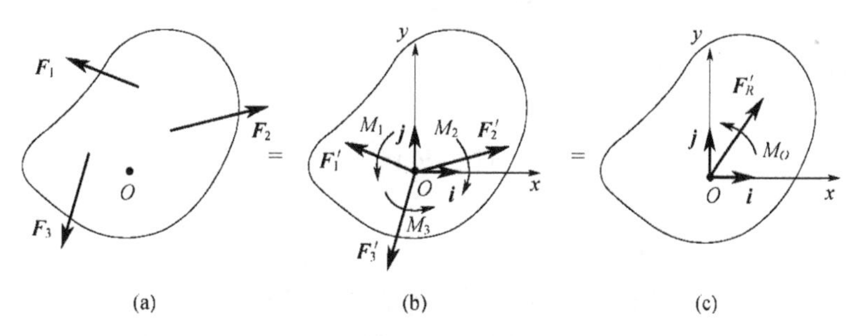

图 5-5 平面力系的一点简化

于是，平面任意力系简化为两个简单力系：平面汇交力系与平面力偶系。平面汇交力系 $\boldsymbol{F}'_1$、$\boldsymbol{F}'_2$、$\boldsymbol{F}'_3$ 可以合成为作用线通过点 O 的一个力 $\boldsymbol{F}'_R$，如图 5-5(c)所示。因为各力矢 $\boldsymbol{F}'_1$、$\boldsymbol{F}'_2$、$\boldsymbol{F}'_3$ 分别与原力矢 $\boldsymbol{F}_1$、$\boldsymbol{F}_2$、$\boldsymbol{F}_3$ 相等，所以

$$\boldsymbol{F}'_R=\boldsymbol{F}'_1+\boldsymbol{F}'_2+\boldsymbol{F}'_3=\boldsymbol{F}_1+\boldsymbol{F}_2+\boldsymbol{F}_3$$

即力矢 $\boldsymbol{F}'_R$ 等于原力系各力的矢量和。

矩为 M_1、M_2、M_3 的平面力偶系可以合成为一个力偶，该力偶的矩 M_O 等于各附加力偶矩的代数和。由于附加力偶矩等于力对简化中心 O 的矩，所以

$$M_O=M_1+M_2+M_3=M_O(\boldsymbol{F}_1)+M_O(\boldsymbol{F}_2)+M_O(\boldsymbol{F}_3)$$

即力偶矩 M_O 等于原力系各力对点 O 的矩的代数和。

对于由 n 个力构成的平面任意力系，不难推广为

$$\boldsymbol{F}'_R=\sum_{i=1}^{n}\boldsymbol{F}_i \tag{5-1}$$

$$M_O=\sum_{i=1}^{n}M_O(\boldsymbol{F}_i) \tag{5-2}$$

其中：$\boldsymbol{F}'_R$ 称为原力系 $\boldsymbol{F}_1$、$\boldsymbol{F}_2$、…、$\boldsymbol{F}_n$ 的主矢；M_O 称为原力系 $\boldsymbol{F}_1$、$\boldsymbol{F}_2$、…、$\boldsymbol{F}_n$ 对简化中心 O

的主矩。

可见，在一般情况下，平面任意力系向作用面内任意一点简化，可以得到一个作用线通过简化中心 O 的力和一个力偶，这个力等于该力系的主矢，这个力偶的矩等于该力系对点 O 的主矩。不难看出，力系的主矢 $\boldsymbol{F}'_R$ 完全取决于力系中各力的大小和方向，因此它与简化中心的位置无关；而力系对简化中心 O 的主矩 M_O 则与简化中心的位置有关。这是因为，随着简化中心位置的改变，各力对简化中心的矩也因力臂及转向的改变均发生相应改变，亦即主矩也随之变化。符号 M_O 的下标就是指明简化中心的位置。

取坐标系 Oxy 如图 5-5(c)所示，$\boldsymbol{i}$、$\boldsymbol{j}$ 分别为沿 x、y 轴的单位矢量，则力系主矢的解析表达式为

$$\boldsymbol{F}'_R=\boldsymbol{F}'_{Rx}+\boldsymbol{F}'_{Ry}=\sum X\boldsymbol{i}+\sum Y\boldsymbol{j} \tag{5-3}$$

确定主矢的大小和方向与确定平面汇交力系的大小和方向相同，即

$$F'_R=\sqrt{F'^2_{Rx}+F'^2_{Ry}}=\sqrt{(\Sigma X)^2+(\Sigma Y)^2}$$

$$\cos(\boldsymbol{F}'_R,\boldsymbol{i})=\frac{\sum X}{F'_R} \tag{5-4}$$

$$\cos(\boldsymbol{F}'_R,\boldsymbol{j})=\frac{\sum Y}{F'_R}$$

力系对点的主矩的解析表达式为

$$M_O=\sum_{i=1}^{n}M_O(\boldsymbol{F}_i)=\sum_{i=1}^{n}(x_iY_i-y_iX_i) \tag{5-5}$$

其中：x_i、y_i 为力 $\boldsymbol{F}_i$ 作用点的坐标。

下面利用力系向一点简化的方法，分析另一种工程结构中常见约束类型——固定端约束的约束反力。如图 5-6(a)中支柱对悬臂梁的约束、图 5-6(b)中车床卡盘对工件的约束等均属于固定端约束。这类约束的结构形式虽然各式各样，但其约束力却有共同特点，它们的简图均可表示为图 5-6(c)的形式。固定端约束对物体的嵌入部分作用了一群约束力，在平面问题中，这些力为一分布比较复杂的平面任意力系，如图 5-7(a)所示。但不管它们如何分布，应用平面任意力系的简化理论，这些力可向固定端 A 点简化得到一个力和一个力偶，如图 5-7(b)所示。通常，这个力的大小和方向是未知的，故可用两个正交分力来表示。因此，在平面力系情况下，固定端处的约束反力可以简化为三个分量，即两个约束反力 $\boldsymbol{F}_{Ax}$、$\boldsymbol{F}_{Ay}$ 和一个矩为 M_A 的约束力偶，如图 5-7(c)所示。

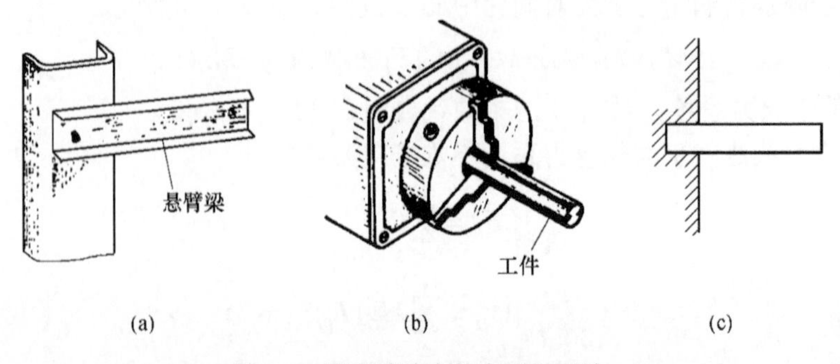

图 5-6 固定端约束的实例及画法

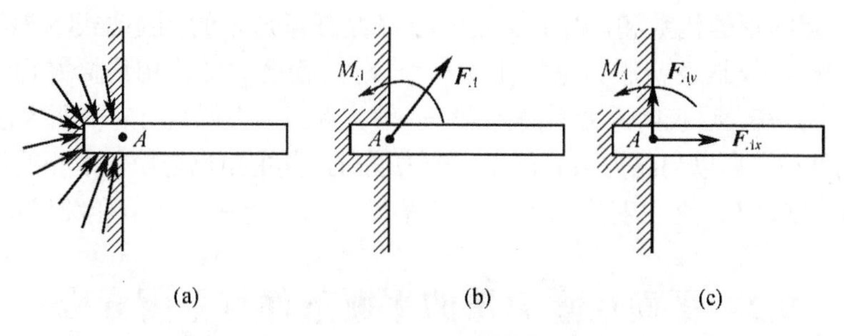

图 5-7　固定端约束的约束反力

与铰链约束相比较，固定端约束不仅限制了构件在任意方向的位移，还限制了构件在平面内的转动。因此它比铰链约束的约束反力多了一个约束力偶。

5.1.3　平面任意力系的简化结果分析

平面任意力系向作用面内一点的简化结果，可能有四种情况。

(1) $F'_R \neq 0$，$M_O \neq 0$，这还不是力系简化的最终结果。为进一步简化，可将主矩 M_O 用力偶(F_R，F''_R)表示，并使 $F_R = -F''_R = F'_R$，其力偶臂即为

$$h = \frac{|M_O|}{F_R} \tag{5-6}$$

如图 5-8(a)、(b)所示。再减掉力 F'_R 与 F''_R 构成的平衡力系，便将作用于点 O 的力 F'_R 和矩为 M_O 的力偶进一步简化为一个作用在点 O' 的力 F_R，如图 5-8(c)所示。力 F_R 与原力系对刚体的作用等效，就是原力系的合力，其大小和方向与主矢相同；力 F_R 的作用线到点 O 的距离，可按式(5-6)计算得到；力 F_R 的作用线具体在点 O 的哪一侧，可根据“合力对点 O 之矩与主矩具有相同的转向”这一原则来确定。

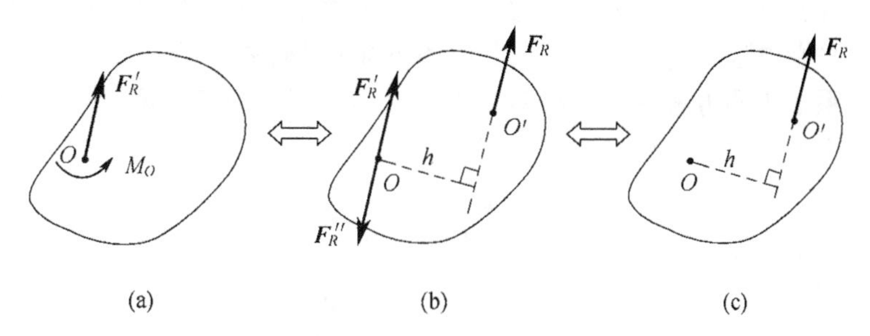

图 5-8　平面任意力系向作用面内一点的简化结果

根据上述简化关系，由图 5-8 不难得到，合力 F_R 对点 O 的矩为

$$M_O(F_R) = F_R h = M_O$$

由式(5-2)有

$$M_O = \sum M_O(F_i)$$

所以有

$$M_O(F_R) = \sum M_O(F_i) \tag{5-7}$$

这就是平面任意力系的合力矩定理。即平面任意力系的合力对作用面内任意一点的矩等于力

系中各力对同一点的矩的代数和。由于简化中心 O 是任意选取的，因此式(5-7)具有普遍意义。

(2) $\boldsymbol{F}'_R \neq 0$，$M_O=0$，这表明原力系简化为一个合力，而合力的作用线恰好通过简化中心 O。

(3) $\boldsymbol{F}'_R=0$，$M_O \neq 0$，这表明原力系简化为一个合力偶。因力偶具有对平面内任意一点的矩与矩心位置无关的性质，所以当原力系简化为一个力偶时，其主矩也与简化中心的位置无关。

(4) $\boldsymbol{F}'_R=0$，$M_O=0$，这表明原力系是一个平衡力系，将在下一节详细讨论。

5.2 平面任意力系的平衡条件与平衡方程

平面任意力系的平衡问题是静力学中最重要的内容，由平面任意力系向任意一点简化的结果可知，如果力系主矢与主矩都等于零，即 $\boldsymbol{F}'_R=0$，$M_O=0$，则原力系必平衡，这是平面任意力系平衡的充分条件；如果平面任意力系平衡，则其向作用面内任意一点简化所得的合力与合力偶必须同时为零，亦即力系的主矢和主矩分别等于零。因此，$\boldsymbol{F}'_R=0$，$M_O=0$ 又是平面任意力系平衡的必要条件。

由此可以得到，平面任意力系平衡的必要和充分条件是：力系的主矢与对任一点的主矩同时等于零。即

$$\boldsymbol{F}'_R=0，M_O=0 \tag{5-8}$$

将式(5-2)与式(5-3)代入式(5-8)，可以得到平面任意力系的解析表达式，即

$$\begin{cases}\sum X_i=0\\ \sum Y_i=0\\ \sum M_O(\boldsymbol{F}_i)=0\end{cases} \tag{5-9}$$

这表明，平面任意力系平衡的解析条件是：力系中所有力在 x、y 两个坐标轴上的投影的代数和以及各力对任意一点力之矩的代数和分别等于零。对于受平面任意力系作用的单个刚体，只能列出三个相互独立的平衡方程，因此，也只能求解出三个未知量，式(5-9)称为平面任意力系一般形式的平衡方程。为便于书写，其中的下标 i 可略去。

平面任意力系的平衡方程还有另外两种形式——二矩式和三矩式。二矩式是指三个平衡方程中有两个力矩方程和一个投影方程，即

$$\sum M_A(\boldsymbol{F})=0 \tag{5-10(a)}$$

$$\sum M_B(\boldsymbol{F})=0 \tag{5-10(b)}$$

$$\sum X=0 \tag{5-10(c)}$$

其中：A、B 两点的连线不能与 x 轴垂直。满足上述条件，对于平面任意力系的平衡也是充分必要的。这是因为，如果力系满足式(5-10(a))，则表示该力系向点 A 简化的主矩为零，于是该力系就不可能简化为一个力偶，而只可能是作用线通过点 A 的一个力或者平衡；同理，如果力系再满足式(5-10(b))，则可以断定，该力系的简化结果只可能是作用线通过 A、B 两点的一个力或者平衡，如图 5-9 所示，如果力系同时满足式(5-10(c))，则表示力系若有合力，则此合力必与 x 轴垂直，那么，最后加上 A、B 两点的连线不能与 x 轴垂直的限制条件，就完全排除了力系简化为一个合力的可能性，因此该力系只能平衡。

三矩式是指三个平衡方程都是力矩方程，即

$$\begin{cases}\sum M_A(\boldsymbol{F})=0\\ \sum M_B(\boldsymbol{F})=0\\ \sum MC(\boldsymbol{F})=0\end{cases}\tag{5-11}$$

其限制条件是 A、B、C 三点在作用面内不能共线。读者可以参考二矩式方法自行证明。

在研究平面任意力系的平衡问题时，上述三组方程式(5-9)、式(5-10)和式(5-11)，究竟选用哪一组，要根据具体条件来确定。另外，平面任意力系还包括几种特殊情形：

(1) 平面汇交力系，由于它不可能简化为一个力偶，若取各力的汇交点为简化中心，则式(5-9)中的第三个方程自然满足，而前两个力的投影方程即为平面汇交力系的平衡方程。因此，平面汇交力系只有两个独立的平衡方程。

(2) 平面力偶系，由于它不可能简化为一个力，则式(5-9)中的前两个方程自然满足，而第三个方程即为平面力偶系的平衡方程。因此，平面力偶系只有一个独立平衡方程。

前面两种情况在上一章中已经讨论过，还有一种特殊情形是平面平行力系，即力系中各力的作用线互相平行，若选 x 轴与各力垂直，如图 5-10 所示，则不论力系是否平衡，各力在 x 轴上的投影恒等于零，即 $\sum X\equiv 0$。于是，平行力系的独立平衡方程个数也只有两个，即

$$\sum Y=0$$
$$\sum M_O(\boldsymbol{F})=0$$

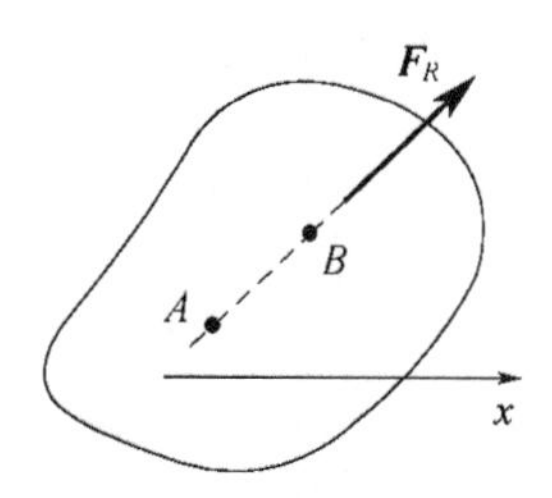

图 5-9　满足二矩式前两条的受力情况

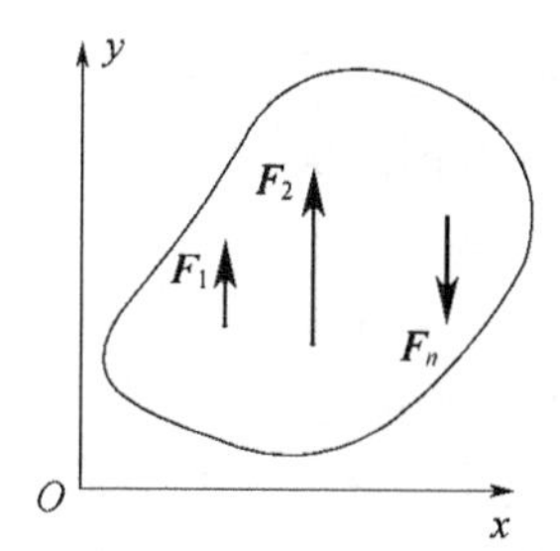

图 5-10　X 轴力投影为零刚体示意图

平面平行力系的平衡方程也可以用两个力矩方程来表示，即

$$\sum M_A(\boldsymbol{F})=0$$
$$\sum M_B(\boldsymbol{F})=0$$

例 5-1　化工厂反应塔的简图如图 5-11(a)所示，其高为 h，自重为 $\boldsymbol{W}$，受到均匀分布在塔体上的水平方向风载 q 作用，底部用螺栓与地基紧固。求反应塔底部的约束反力。

解：以反应塔的塔体为研究对象，其底部为固定端约束。塔体上受到的主动力有自重 $\boldsymbol{W}$ 和沿塔体均匀分布的风载 q，均匀分布的风载可视为一组平行力系，将其简化为一作用在距离固定端 A 点 $h/2$ 处，大小为 qh 的水平向右的集中力(提示：其作用线位置可利用合力矩定理确定)；固定端 A 处的约束反力为 $\boldsymbol{F}_{Ax}$、$\boldsymbol{F}_{Ay}$ 及约束力偶 M_A。塔体的受力图如图 5-11(b)所示。

列平面任意力系的平衡方程：

$$\sum X=0,\ qh+F_{Ax}=0$$
$$\sum Y=0,\ F_{Ay}-W=0$$
$$\sum M_A(\boldsymbol{F})=0,\ M_A-qh\cdot h/2=0$$

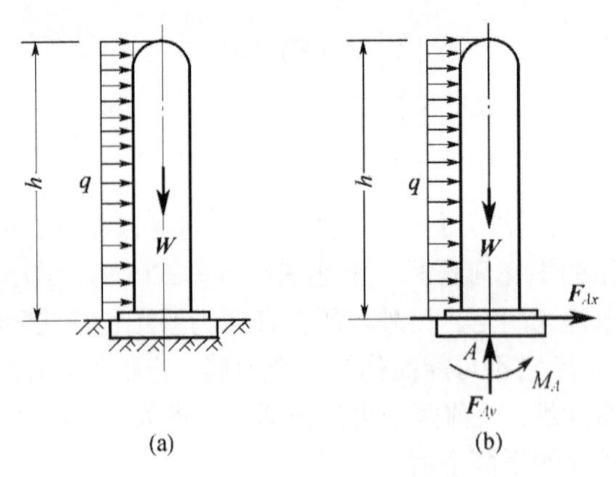

图 5-11　化工反应塔风载下的受力

解方程，得

$$F_{Ax} = -qh$$
$$F_{Ay} = W$$
$$M_A = \frac{qh^2}{2}$$

例 5-2　塔式起重机简图如图 5-12 所示。已知机架重量 W=500kN,重心 C 至右轨 B 的距离 e=1.5m；起吊重量 P=250kN，其作用线至右轨 B 的最远距离 l=10m；两轨间距 b=3m。为使起重机在空载和满载时都不致翻倒，试确定平衡配重的重量 Q(其重心至左轨 A 的距离 a=6m)。

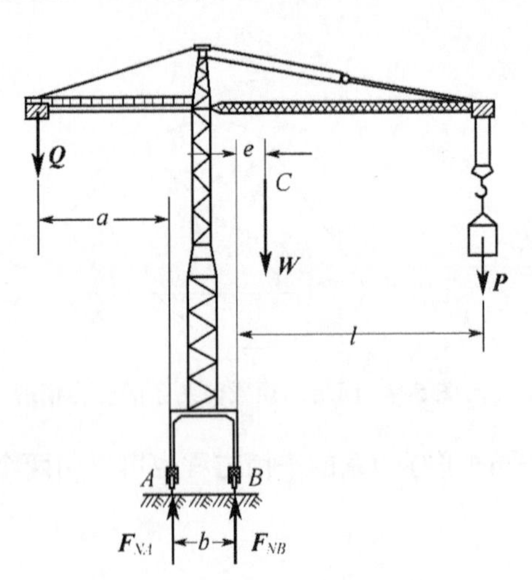

图 5-12　塔式起重机受力

解：以塔式起重机为研究对象。其受到的主动力为 $\boldsymbol{W}$、$\boldsymbol{P}$、$\boldsymbol{Q}$，方向均铅直向下，约束反力 $\boldsymbol{F}_{NA}$ 和 $\boldsymbol{F}_{NB}$ 方向均铅直向上。这五个力构成一平面平行力系，为了保证起重机不翻倒，平衡配重 $\boldsymbol{Q}$ 必须在一定的范围内满足平衡条件。

当起重机满载时，如果平衡配重过轻，起重机可能绕 B 点向右翻倒。在即将翻倒的瞬间，起重机的左轮与轨道 A 脱离接触，即 F_{NA}=0，这种情形称为临界状态。此时满足临界状态平衡条件的平衡配重为所必需的最小值。于是

$$\sum M_B(\boldsymbol{F}) = 0,\ Q_{\min}(a+b) - We - Pl = 0$$

解得

$$Q_{\min} = 361\text{kN}$$

当起重机空载时，P =0，如果平衡配重过重，起重机可能绕 A 点向左翻倒。在临界状态下，F_{NB}=0。此时满足临界状态平衡条件的平衡配重为所允许的最大值。于是

$$\sum M_A(\boldsymbol{F}) = 0,\ Q_{\max}a - W(e+b) = 0$$

解得

$$Q_{\max} = 375\text{kN}$$

综上所述，为保证起重机在空载和满载时都不翻倒，平衡配重的重量应满足

$$361\text{kN} \leqslant Q \leqslant 375\text{kN}$$

例 5-3 如图 5-13(a)所示，自重为 $\boldsymbol{P}$，长为 $2l$ 的水平梁 AB 上作用一矩为 M 的力偶和集度为 q 的均布载荷。已知 $P=ql$，$M=ql^2$，求支座 A、B 两处的约束反力。

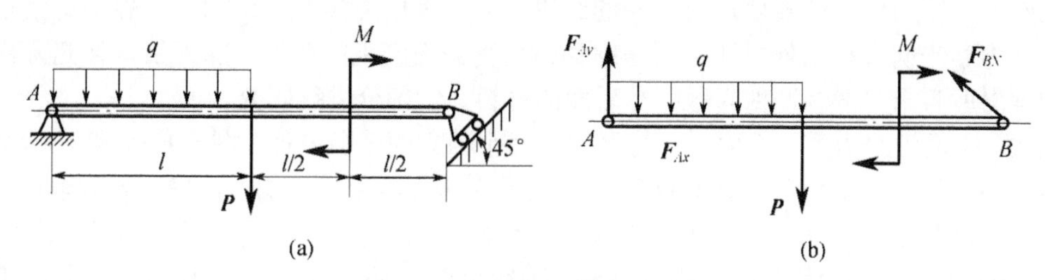

图 5-13　横梁复杂载荷下受力

解：以梁 AB 为研究对象。其所受的主动力为自重 $\boldsymbol{P}$、均布载荷 q 和力偶 M；其所受的约束反力为固定铰支座 A 处的 $\boldsymbol{F}_{Ax}$ 和 $\boldsymbol{F}_{Ay}$，以及辊轴支座 B 处的 $\boldsymbol{F}_{BN}$，其方向垂直于倾斜支承面。梁 AB 的受力图如图 5-13(b)所示。

列平衡方程：

$$\sum X=0,\ F_{Ax}-F_{BN}\cos 45^\circ=0$$

$$\sum Y=0,\ F_{Ay}+F_{BN}\sin 45^\circ-ql-P=0$$

$$\sum M_A(\boldsymbol{F})=0,\ F_{BN}\cos 45^\circ\cdot 2l-M-Pl-ql\cdot {l}/{2}=0$$

求解以上方程组，得

$$F_{Ax}=\frac{5qh}{4}$$

$$F_{Ay}=\frac{3qh}{4}$$

$$F_{BN}=\frac{5\sqrt{2}qh}{4}$$

本例中，建立力矩平衡方程时，对力偶 M 应用了力偶对任意点之矩恒等于力偶矩，而与矩心的位置无关这一性质。若以另一力矩方程 $\sum M_B(\boldsymbol{F})=0$ 取代方程 $\sum Y=0$，可以不用联立求解方程组而直接求得 $\boldsymbol{F}_{Ay}$。而且这样也可以避免联立求解方程组所产生的连带错误。因此，在计算某些问题时，采用二矩式或三矩式方程组往往比列投影方程简便。读者可以自己体会用二矩式求解本例的好处。

5.3　静定与静不定问题

所谓物系，是指由两个或两个以上的物体通过适当的约束方式连接起来所构成的系统。这样的系统在工程中很常见，比如图 5-1 所示的屋架、图 5-2 所示的吊车梁，以及图 3-18 所示三铰拱桥等结构。当物系平衡时，组成该系统的每一个物体也都处于平衡状态，因此对于每一个受平面任意力系作用的物体，均可写出三个独立的平衡方程。若物系由 n 个物体组成，则独立的平衡方程个数为 $3n$。如果系统中的物体受平面汇交力系、平面力偶系或平面平行力

系作用，则系统的平衡方程数目将相应减少。当系统中的未知量个数不超过独立平衡方程的个数时，所有的未知量都能由平衡方程求出，这类问题称为静定问题。显然，前面所讲解的内容都是静定问题。当系统中未知量个数多于独立平衡方程的个数时，所有的未知量则不能由平衡方程全部求出，这类问题称为静不定问题或超静定问题。工程实际中，有时为了提高结构的刚度和坚固性，常常增加对结构的约束，而使其成为静不定结构。对静不定问题，除了列出静力学平衡方程以外，还必须考虑物体因受力而产生的变形，加列某些补充方程后，才能求解出所有未知量。这种问题会在后面的材料力学部分进行研究。

例如：平面汇交力系与平面平行力系都有两个独立的平衡方程，图 5-14(a)和(b)所示吊重物的结构均为平面汇交力系，图(a)中杆 1、2 的两个未知约束反力均可由平衡方程求出，故为静定问题；而图(b)中杆 1、2、3 的三个未知约束反力则不能全部由平衡方程求出，故为静不定问题。图 5-14(c)和(d)所示的结构均为平面平行力系，图(c)中杆 1、2 的两个未知约束反力均可由平衡方程求出，故为静定问题；而图(d)中杆 1、2、3 的三个未知约束反力则不能全部由平衡方程求出，故为静不定问题。

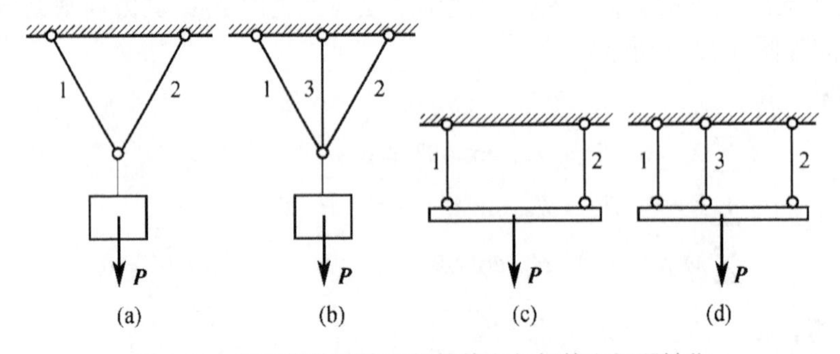

图 5-14　改变杆件结构引起的静定与超静定问题转化

再如，图 5-15(a)和(b)所示的平面任意力系均有三个独立的平衡方程。图(a)中梁固定端 A 处的三个未知约束反力(一对正交的约束力和一个约束力偶)均可由平衡方程求出，故为静定问题；而图(b)中除了 A 处的三个未知约束反力，还有辊轴支座 B 处的一个未知约束反力，它们不能全部由平衡方程求出，故为静不定问题。

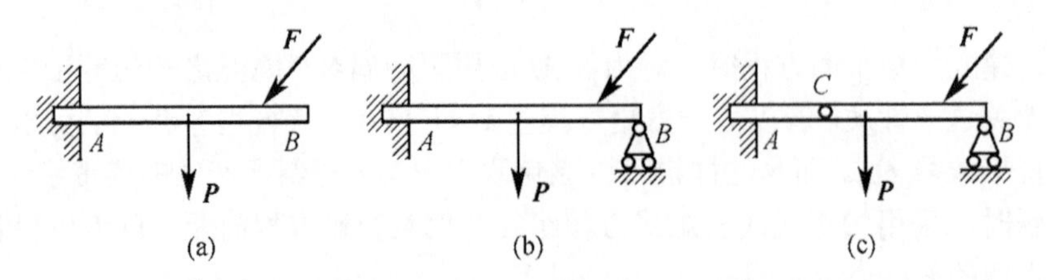

图 5-15　改变杆件结构引起的静定与超静定问题转化

如果将图 5-15(b)所示结构的一根梁 AB，换成由铰链 C 连接的两根梁 AC 和 CB(图 5-15(c))，则独立平衡方程的个数共有六个，未知约束反力的个数也由于增加了一个圆柱铰链约束而由四个变成六个。因此，图 5-15(c)所示的结构是静定的。若再将 B 处的辊轴支座改为固定铰支座，则系统未知约束反力变为七个，又成了静不定问题。

在静定物系的受力分析过程中，必须严格根据约束的性质确定约束反力的方向，使作用在平衡系统整体上的力系与作用在每个物体上的力系都满足平衡条件。求解静定物系的平衡问题时，可以分别选取每个构件为研究对象，列出全部的平衡方程求解；也可以先取整个系统为研究对象，列出平衡方程，这样的方程由于不包含系统内力，未知量较少，再从系统中选取某些物体作为研究对象，列出另外的平衡方程，来求出所有的未知量。在选取研究对象和列平衡方程时，应尽量避免求解联立方程，即应尽量使每个方程中只包含一个未知量。

例 5-4 图 5-16(a)所示的连续梁由杆 *AB* 和杆 *BC* 在 *B* 处用铰链连接而成，其中 *A* 处为固定端约束，*C* 处为辊轴支座。已知 M=10kN·m，q=2kN/m，a=1m。求支座 *A*、*C* 处的约束反力。

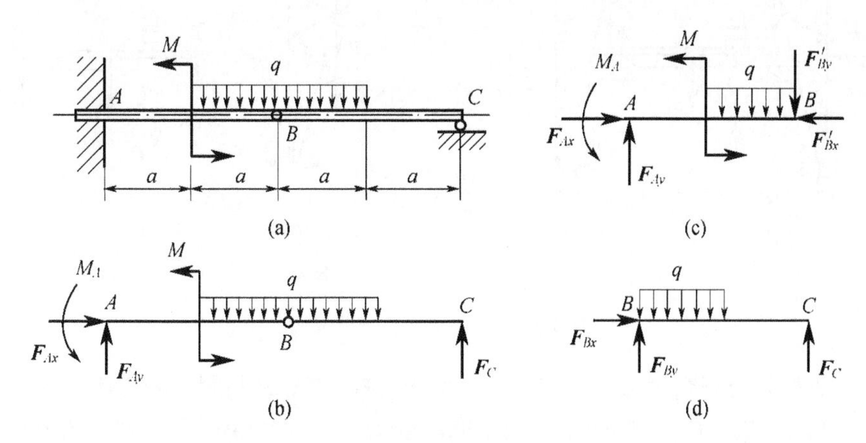

图 5-16 多个杆件各部分及整体受力

分析：该系统由杆 *AB* 和杆 *BC* 两个构件组成，共有六个未知约束反力，每个构件可以列出三个独立的平衡方程，因此这是一个静定结构。

如果先以整体为研究对象，铰链 *B* 处的约束反力 $\boldsymbol{F}_{Bx}$、$\boldsymbol{F}_{By}$ 和 $\boldsymbol{F}'_{Bx}$、$\boldsymbol{F}'_{By}$ 均为内力，而 *A* 处的 $\boldsymbol{F}_{Ax}$、$\boldsymbol{F}_{Ay}$、M_A 与 *C* 处的 $\boldsymbol{F}_C$ 四个约束反力为未知的外力(图 5-16(b))，独立的平衡方程只有三个，需列出补充方程联立求解；若先以杆 *AB* 为研究对象，则有五个未知约束反力(图 5-16(c))，也需列出补充方程联立求解；而如果先以杆 *BC* 为研究对象，则只有三个未知约束反力(图 5-16(d))，它们可由平面任意力系的三个独立平衡方程求出。求出 $\boldsymbol{F}_C$ 后，再以整体为研究对象，此时 $\boldsymbol{F}_C$ 成为已知力，再列三个独立平衡方程，便可求出固定端 *A* 处的约束反力。

解：(1) 先以杆 *BC* 为研究对象，受力如图 5-16(d)所示。列平衡方程：

$$\sum M_B(\boldsymbol{F})=0，\ 2aF_C-qa\frac{a}{2}=0$$

解得

$$F_C=0.5\ \text{kN}$$

(2) 再以整体为研究对象，受力如图 5-16(b)所示。列平衡方程：

$$\sum X=0，\ F_{Ax}=0$$

$$\sum Y=0，\ F_{Ay}+F_C-2qa=0$$

$$\sum M_A(\boldsymbol{F})=0，\ M_A+M-2qa\cdot 2a-4a\,F_C=0$$

解得

$$F_{Ax}=0，\ F_{Ay}=3.5\text{kN}，\ M_A=-4\text{kN}\cdot\text{m}$$

其中：M_A 为负值，表示约束力偶的实际转向与受力图中假设方向相反，即约束力偶实际转向为顺时针。

例 5-5 图 5-17(a)所示的钢结构拱架，由两个相同的钢架 *AC* 和 *BC* 铰接。吊车梁 *DE* 支承在钢架上。已知两钢架各重 P=60kN，其作用线分别通过 D、E 两点；吊车梁重 P_1=20kN，其作用线通过点 C；P_2=10kN，F=10kN。求固定铰支座 A 和 B 的约束反力。

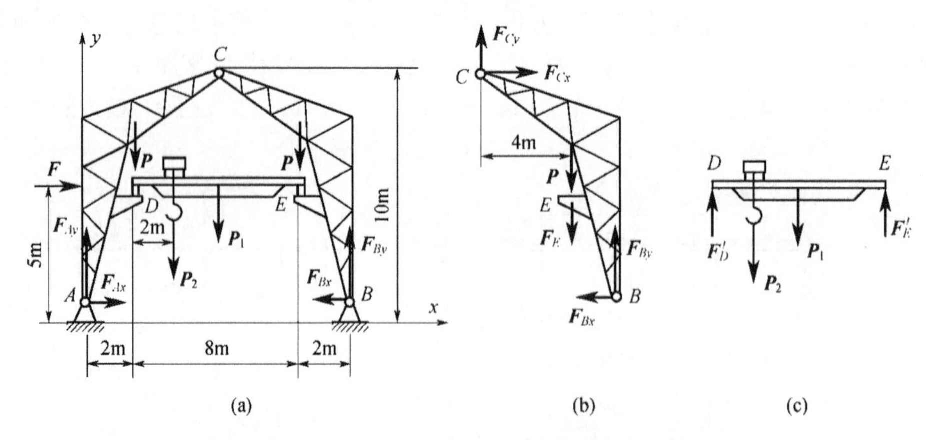

图 5-17　拱架结构各部分受力

解：(1) 取整体为研究对象。拱架在主动力 $\boldsymbol{P}$、$\boldsymbol{P}_1$、$\boldsymbol{P}_2$、$\boldsymbol{F}$ 与固定铰支座 A 和 B 两处的约束反力 $\boldsymbol{F}_{Ax}$、$\boldsymbol{F}_{Ay}$、$\boldsymbol{F}_{Bx}$、$\boldsymbol{F}_{By}$ 共同作用下而平衡，受力如图 5-17(a)所示。列平衡方程：

$$\sum X = 0，F+F_{Ax}-F_{Bx}=0$$

$$\sum Y = 0，F_{Ay}+F_{By}-2P-P_1-P_2=0$$

$$\sum M_A(\boldsymbol{F})= 0，12F_{By}-5F-2P-10P-6P_1-4P_2=0$$

以上方程包含四个未知量，需列补充方程。

(2) 取右钢架为研究对象，其受力如图 5-17(b)所示。图中又多出了支承 E 处的反力 $\boldsymbol{F}_E$ 和铰链 C 的一对未知反力 $\boldsymbol{F}_{Cx}$、$\boldsymbol{F}_{Cy}$，由于它们不是所求的，为避开过多的未知量，可对点 C 列力矩方程，即

$$\sum M_C(\boldsymbol{F})= 0，6F_{By}-10F_{Bx}-4(P+F_E)=0$$

对多出的一个未知量 $\boldsymbol{F}_E$，还要考虑吊车梁的平衡，再列一个方程。

(3) 取吊车梁为研究对象，其受力如图 5-17(c)所示。于是，对点 D 列力矩方程，得

$$\sum M_D(\boldsymbol{F})= 0，8F'_E-4P_1-2P_2=0$$

以上五个方程共含有五个未知量，是可解的。联立以上方程解得

$$F'_E=12.5\text{kN}$$

$$F_{Ax}=7.5\text{kN}，F_{Ay}=72.5\text{kN}，F_{Bx}=77.5\text{kN}，F_{By}=17.5\text{kN}$$

习题与思考题

5-1　力系的合力与主矢有何区别？

5-2　力系平衡时合力为零，非平衡力系是否一定有合力？

5-3　某平面力系向 A、B 两点简化的主矩皆为零，此力系简化的最终结果可能是一个力吗？可能是一个力偶吗？可能平衡吗？

5-4 如图所示三铰拱，在构件 BC 上作用一力偶 M 或一力 $\boldsymbol{F}$，当求铰链 A、B、C 处的约束力时，能否将它们分别移至构件 AC 上？为什么？

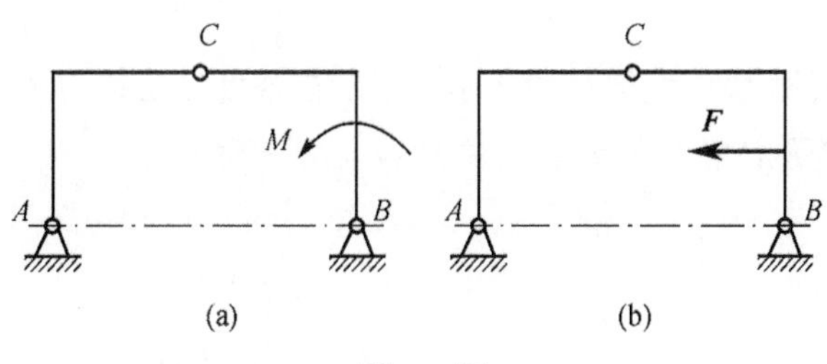

题 5-4 图

5-5 试判断在图中，哪些结构是静定的，哪些结构是超静定的？

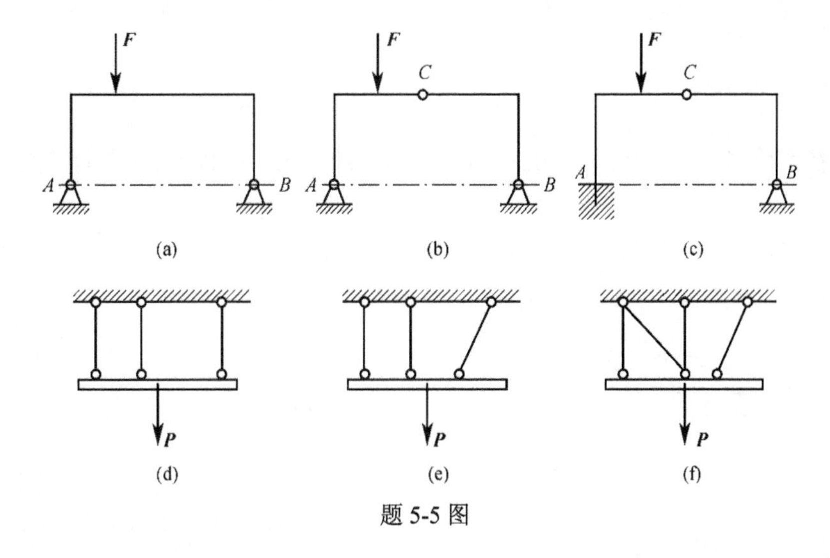

题 5-5 图

5-6 某桥墩顶部受两边桥梁传来的铅直力 F_1=1940kN，F_2=800kN，F_3=193kN 作用，桥墩重量 P=5280kN，风力的合力 F=140kN。各力作用线位置如图所示。求将这些力向基底截面中心 O 的简化结果；如果能简化为一合力，试求出合力作用线的位置。

5-7 如图所示的刚架，在其 A、B 两点分别作用两力 $\boldsymbol{F}_1$ 和 $\boldsymbol{F}_2$，已知 $F_1=F_2=10$kN。欲用过 C 点的一个力 $\boldsymbol{F}$ 代替 $\boldsymbol{F}_1$ 与 $\boldsymbol{F}_2$，求 $\boldsymbol{F}$ 的大小、方向及 BC 间的距离。

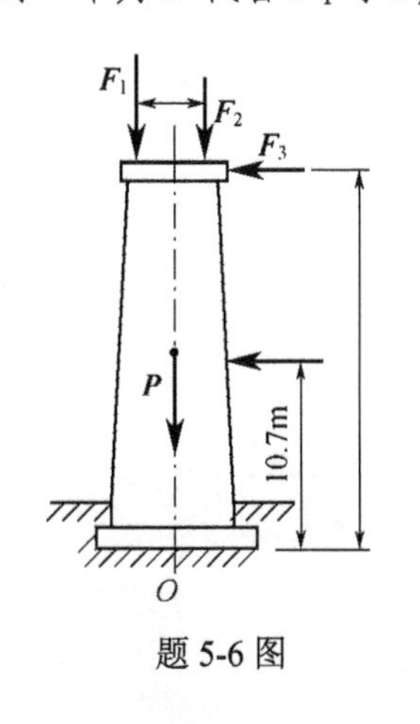

题 5-6 图

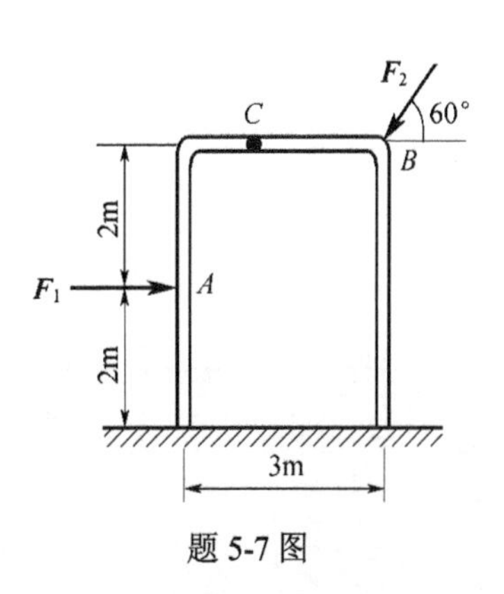

题 5-7 图

5-8 在水平的外伸梁上作用有力偶(**F**, **F**)在左边外伸臂上作用有均布载荷 q,在右边外伸臂的端点作用有铅垂载荷 $\boldsymbol{F}_1$,已知 F=10kN,F_1=20kN,q=20kN/m,a=0.8m,求支座 A、B 处的约束力。

5-9 拖拉机制动器的操作机构如图所示,作用在踏板 A 上的力 $\boldsymbol{P}$ 通过弯杠杆 AOB 和拉杆 BC 传给摇臂 CD。若不计各杆的重量,求力 $\boldsymbol{Q}$ 与力 $\boldsymbol{P}$ 的比值。

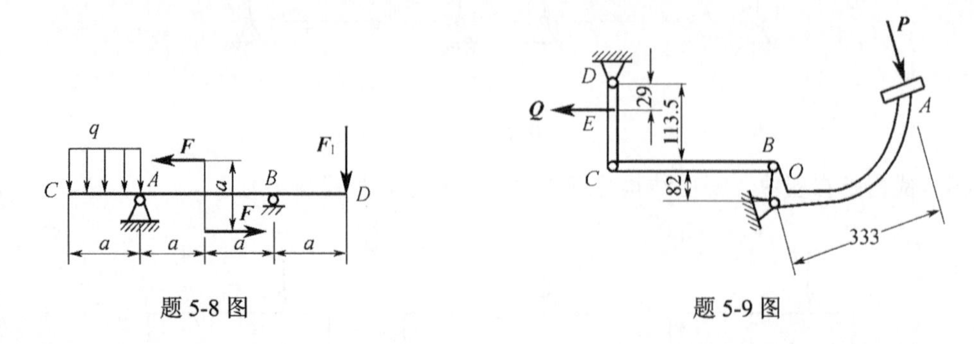

题 5-8 图

题 5-9 图

5-10 在图示刚架中,已知 q=3kN/m,$F=6\sqrt{2}$ kN,M=10kN·m,不计自重。求固定端 A 处的约束力。

5-11 如图所示,支持窗外凉台的水平梁承受强度为 q 的均布荷载。在水平梁的外端从柱上传下载荷 $\boldsymbol{F}$,柱的轴线到墙的距离为 l,求梁根部的约束力。

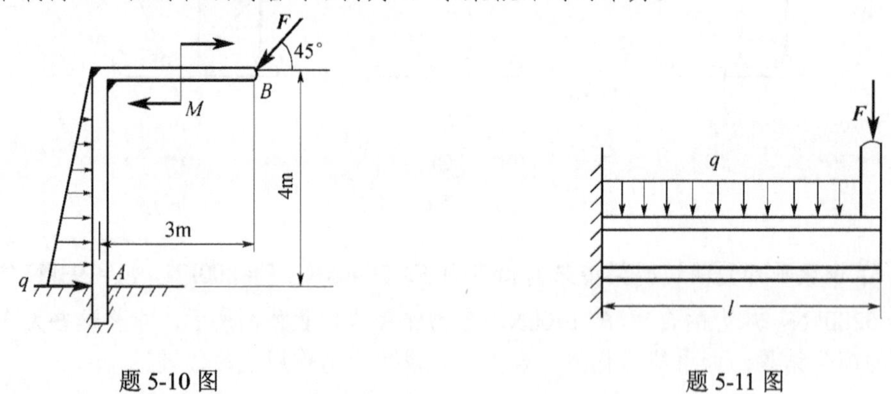

题 5-10 图

题 5-11 图

5-12 在图示(a)、(b)、(c)、(d)各连续梁中,已知 q,M,a 及 α,不计梁自重,求各连续梁在 A、B、C 三处的约束力。

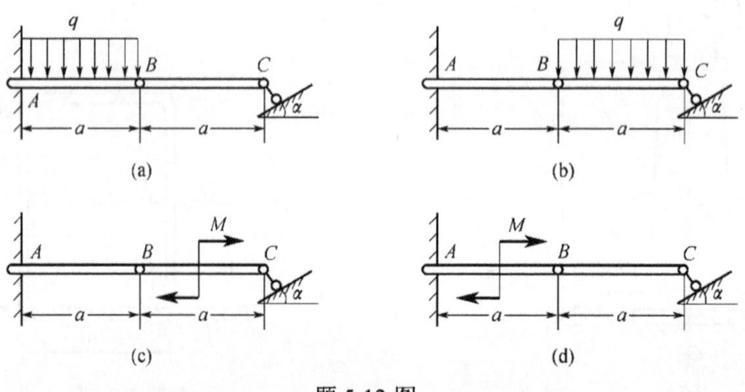

题 5-12 图

5-13 三铰拱由两半拱和三个铰链 A、B、C 构成，如图所示。已知每半拱重 $Q=300\text{kN}$，$L=32\text{m}$，$h=10\text{m}$，求支座 A、B 处的约束力。

5-14 由 AC 和 CD 构成的组合梁通过铰链 C 连接，它的支承和受力如图所示，已知均布载荷集度 $q=10\text{kN/m}$，力偶矩 $M=40\text{kN·m}$，不计梁重，试求支座 A、B、D 的约束力和铰链 C 处所受的力。

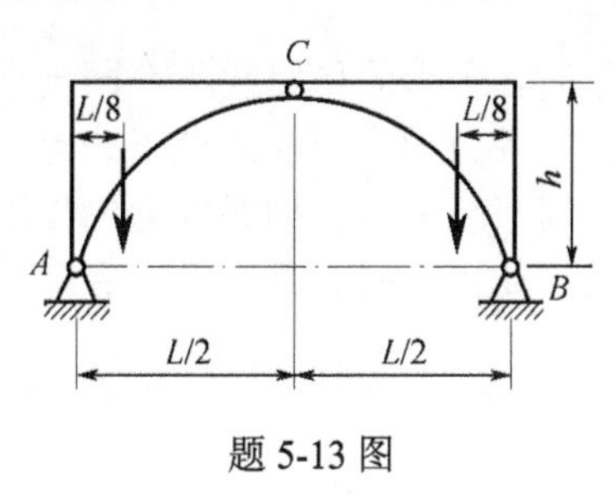

题 5-13 图

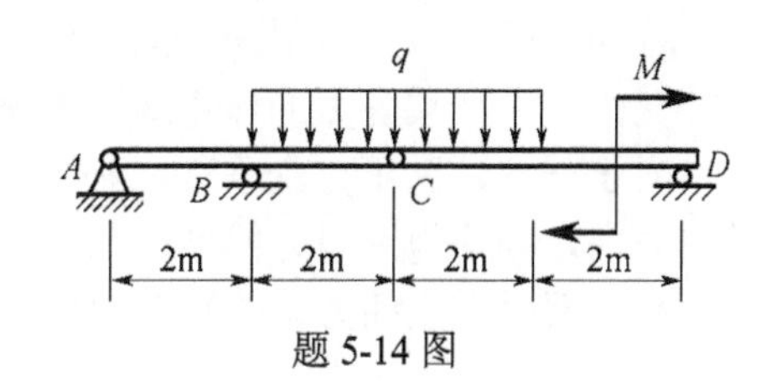

题 5-14 图

5-15 构架由杆 AB、AC 和 DF 铰接而成，如图所示，在 DEF 杆上作用一力偶矩为 M 的力偶。不计各杆的重量，求 AB 杆上铰链 A、D 和 B 所受的力。

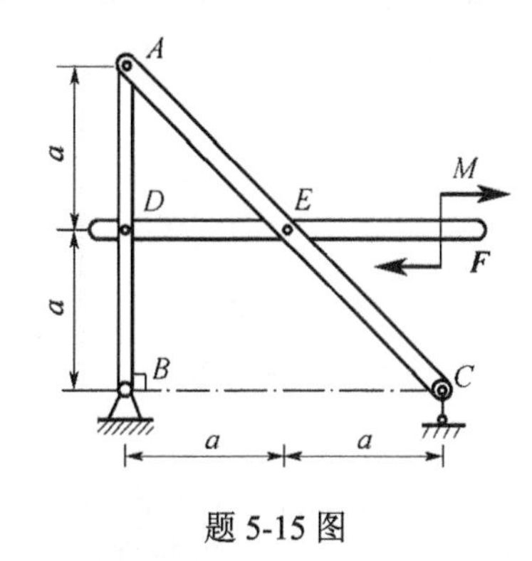

题 5-15 图

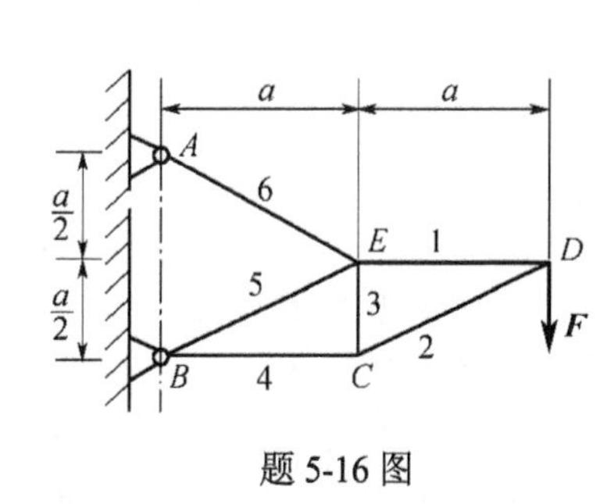

题 5-16 图

5-16 平面桁架结构如图所示，在节点 D 上作用一荷载 $\boldsymbol{F}$，求各杆内力。

5-17 平面桁架的支座和载荷如图所示。$\triangle ABC$ 为等边三角形，E、F 为两腰中点，又 $AD=DB$。求杆 CD 的内力 F。

5-18 桁架受力如图所示，已知 $F_1=10\text{kN}$，$F_2=F_3=20\text{kN}$，试求桁架 6、7、8 杆的内力。

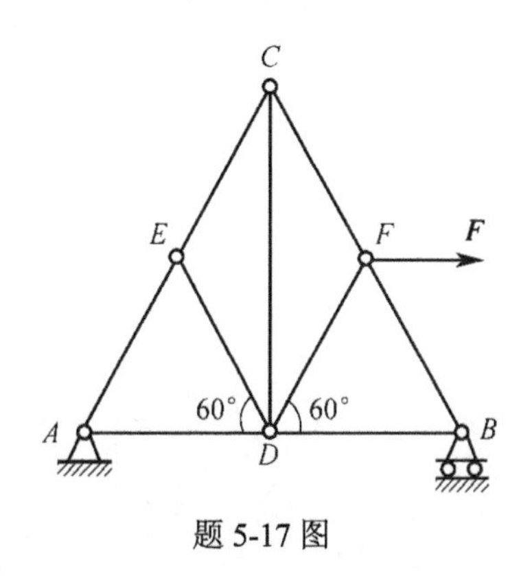

题 5-17 图

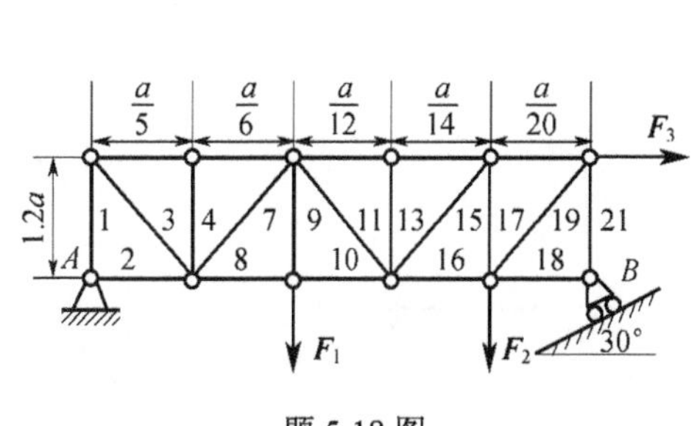

题 5-18 图

第6章 空间力系

工程中常见物体所受的各力的作用线通常是空间分布的。各力的作用线不在同一平面内的力系，称为空间力系。与平面力系相似，如果空间力系中各力的作用线汇交于一点，则称为空间汇交力系；如果各力的作用线互相平行，则称为空间平行力系；如果各力的作用线既不完全汇交于一点，又不完全平行，则称为空间任意力系；如果空间力系中只含有若干作用面不同的力偶，则称为空间力偶系。

本章将主要研究空间力系的平衡问题。

6.1 力沿空间直角坐标轴的分解与投影

求空间力在直角坐标轴上的投影有两种方法——直接投影法和二次投影法。如图 6-1 所示，力 $\boldsymbol{F}$ 与空间直角坐标系 $Oxyz$ 三个坐标轴的夹角分别为α、β、γ，则力 $\boldsymbol{F}$ 在三个轴上的投影等于 $\boldsymbol{F}$ 的大小分别与三个夹角余弦的乘积，即

$$\begin{cases} X = F\cos\alpha \\ Y = F\cos\beta \\ Z = F\cos\gamma \end{cases} \tag{6-1}$$

这种将力直接投影到三个坐标轴上的方法称为直接投影法或一次投影法。

当力 $\boldsymbol{F}$ 与 Ox、Oy 两轴间的夹角不易确定，而已知其与坐标平面 Oxy 的夹角φ时，可以先把力 $\boldsymbol{F}$ 分解到坐标平面 Oxy 上，得到在 Oxy 面上的分力 $\boldsymbol{F}_{xy}$，然后再把力 $\boldsymbol{F}_{xy}$ 分别投影到 x、y 两轴上，这种力的投影方法称为二次投影法。如图 6-2 所示，若还已知夹角θ，则力在三个坐标轴上的投影分别为

$$\begin{cases} X = F\cos\varphi\cos\theta \\ Y = F\cos\varphi\sin\theta \\ Z = F\sin\varphi \end{cases} \tag{6-2}$$

如果力 $\boldsymbol{F}$ 沿坐标轴 x、y、z 的分力为 $\boldsymbol{F}_x$、$\boldsymbol{F}_y$、$\boldsymbol{F}_z$，并设坐标轴 x、y、z 的单位矢量分别为 $\boldsymbol{i}$、$\boldsymbol{j}$、$\boldsymbol{k}$，如图 6-3 所示，则

$$\boldsymbol{F}=\boldsymbol{F}_x+\boldsymbol{F}_y+\boldsymbol{F}_z=X\boldsymbol{i}+Y\boldsymbol{j}+Z\boldsymbol{k} \tag{6-3}$$

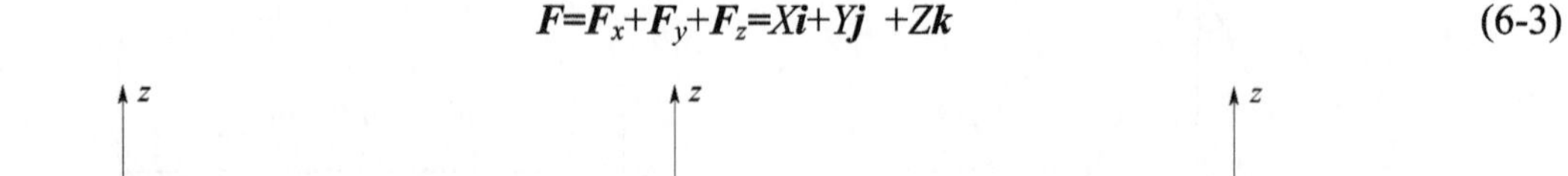

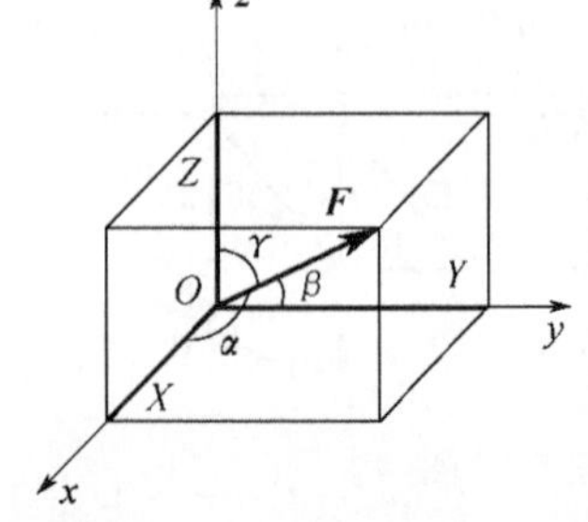

图 6-1 一次投影法

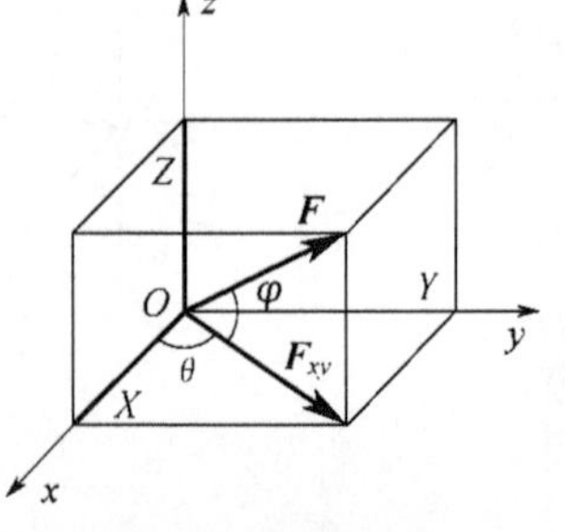

图 6-2 二次投影法

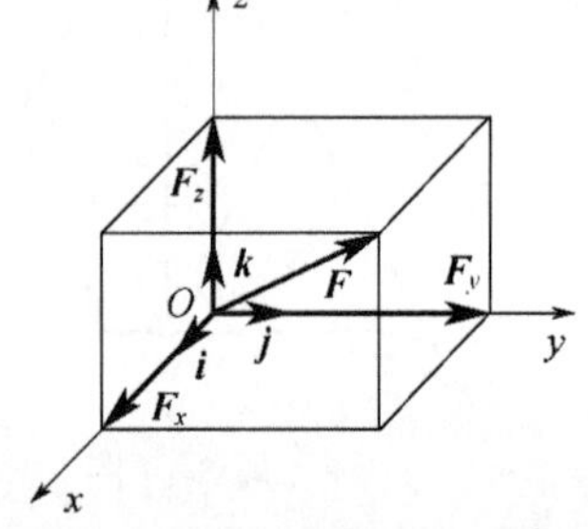

图 6-3 空间力三维单位向量表示

由此，可以得到力在坐标轴上的投影与力沿坐标轴的正交分矢量之间的关系，即

$$\boldsymbol{F}_x=X\boldsymbol{i},\ \boldsymbol{F}_y=Y\boldsymbol{j},\ \boldsymbol{F}_z=Z\boldsymbol{k} \tag{6-4}$$

如果已知力 $\boldsymbol{F}$ 在直角坐标系 $Oxyz$ 的三个投影，则力 $\boldsymbol{F}$ 的大小和方向余弦为

$$\begin{cases} F=\sqrt{X^2+Y^2+Z^2} \\ \cos\alpha=\dfrac{X}{F} \\ \cos\beta=\dfrac{Y}{F} \\ \cos\gamma=\dfrac{Z}{F} \end{cases} \tag{6-5}$$

6.2　空间力对点之矩与对轴之矩

6.2.1　力对点之矩

对于平面力系，用代数量表示力对点之矩足以概括它的全部要素，但是对空间力系，不仅要考虑力矩的大小和转向，还要考虑力与矩心所构成的平面的方位。方位不同，即使力矩大小一样，作用效果也将完全不同。因此，空间力对点之矩的要素除了包括力矩的大小和转向以外，还包括力的作用线与矩心所构成的平面的方位。这三个要素可以用一个矢量——力矩矢来描述：它的模等于力的大小与力臂的乘积；它的方位和该力与矩心组成平面的法线的方位相同；它的指向可按右手螺旋法则来确定，即右手(除大拇指外的)四指并拢沿力矩的旋向，垂直于四指的大拇指的指向就是力矩矢的方向，如图 6-4 所示。

由图 6-4 不难看出，若将力 $\boldsymbol{F}$ 对点 O 的力矩矢记为 $\boldsymbol{M}_O(\boldsymbol{F})$，以 $\boldsymbol{r}$ 表示力 $\boldsymbol{F}$ 的作用点 A 的矢径，θ 为矢径 $\boldsymbol{r}$ 与力 $\boldsymbol{F}$ 的夹角，则力矩矢 $\boldsymbol{M}_O(\boldsymbol{F})$可表示为

$$\boldsymbol{M}_O(\boldsymbol{F})=\boldsymbol{r}\times\boldsymbol{F} \tag{6-6}$$

即力对点之矩矢等于矩心到该力作用点的矢径与该力的矢量积。力矩矢 $\boldsymbol{M}_O(\boldsymbol{F})$的大小为

$$|\boldsymbol{M}_O(\boldsymbol{F})|=Fh=Fr\sin\theta=2S_{\triangle ABO}$$

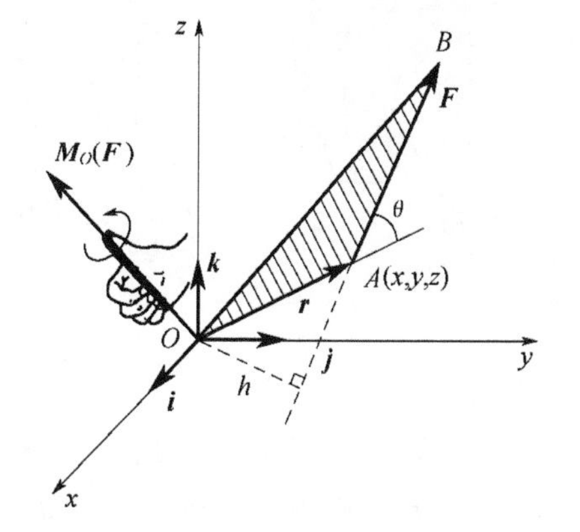

图 6-4　空间力对点之矩

式中：$S_{\triangle ABO}$ 为$\triangle ABO$ 的面积。即力矩矢 $\boldsymbol{M}_O(\boldsymbol{F})$的大小在数值上等于$\triangle ABO$ 面积的两倍。

6.2.2　力对轴之矩

工程中常遇到刚体绕定轴转动的情形，为了度量力对绕定轴转动刚体的转动效应，必须了解力对轴之矩的概念。实践证明，力对刚体的转动效应，不仅取决于力的大小和方向，而且还与力作用线的位置有关。例如，推门时，如果力的作用线与门的转轴共面(垂直或相交)，则无论该力有多大，都不能使门绕 z 轴发生转动(图 6-5(a))；当力垂直于门板或有垂直于门板的分力且不通过门轴时，就能使门绕 z 轴转动(图 6-5(b))。为了度量力对刚体绕定轴的转动效应，便产生了力对轴之矩的概念。在图 6-5(a)中，力 $\boldsymbol{F}_1$、$\boldsymbol{F}_2$ 对 z 轴的矩为零；在图 6-5(b)中，力 $\boldsymbol{F}$ 的分力 $\boldsymbol{F}_z$ 对 z 轴的

矩为零，因此，只有分力 $\boldsymbol{F}_{xy}$ 对轴有矩。若用符号 $\boldsymbol{M}_z(\boldsymbol{F})$ 表示力 $\boldsymbol{F}$ 对 z 轴之矩，点 O 为平面 Oxy 与 z 轴的交点，h 为点 O 到力 $\boldsymbol{F}_{xy}$ 作用线的垂直距离。于是，力 $\boldsymbol{F}$ 对 z 轴之矩为

$$\boldsymbol{M}_z(\boldsymbol{F})=\boldsymbol{M}_O(\boldsymbol{F}_{xy})=\pm F_{xy}h=\pm 2S_{\triangle ABO} \tag{6-7}$$

即力对轴之矩是一个代数量，其绝对值等于该力在垂直于该轴的平面上的投影对这个平面与该轴的交点的矩的大小。其正负规定如下：从 z 轴正向看去，若力的这个投影使物体绕该轴逆时针转动，则力矩为正；反之为负。用右手螺旋法则同样也可以确定其正负。力对轴之矩的单位也是 N·m 或 kN·m。

一般情况下，力对轴之矩可用解析式来表达。如图 6-6 所示，力 $\boldsymbol{F}$ 在三个坐标轴上的投影分别为 X、Y、Z，力作用点 A 的坐标为 x、y、z，根据合力矩定理，得

$$\boldsymbol{M}_z(\boldsymbol{F})=\boldsymbol{M}_O(\boldsymbol{F}_{xy})=\boldsymbol{M}_O(\boldsymbol{F}_x)+\boldsymbol{M}_O(\boldsymbol{F}_y)=xY-yX$$

即，力 $\boldsymbol{F}$ 对三个坐标轴的矩分别为

$$\begin{cases} M_x(\boldsymbol{F})=yZ-zY \\ M_y(\boldsymbol{F})=zX-xZ \\ M_z(\boldsymbol{F})=xY-yX \end{cases} \tag{6-8}$$

式(6-8)为力对轴之矩的解析计算式。

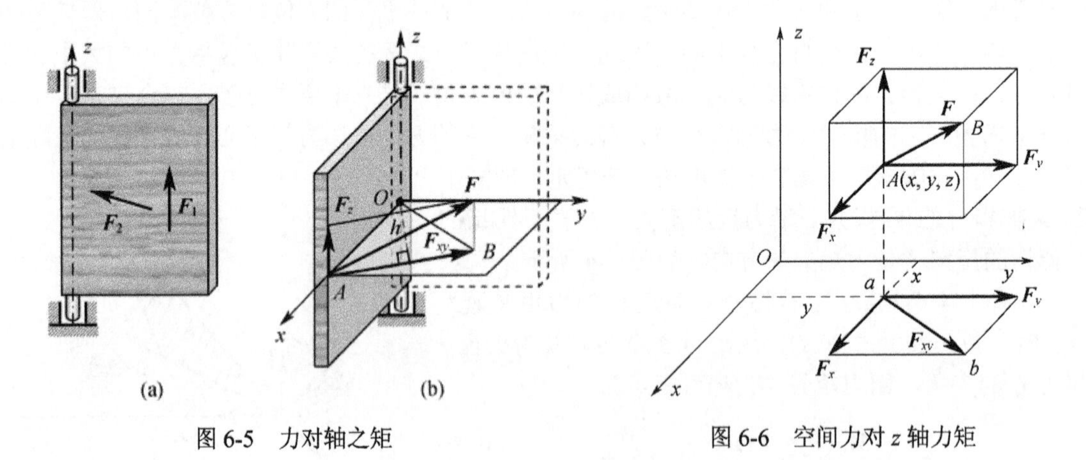

图 6-5　力对轴之矩　　　　图 6-6　空间力对 z 轴力矩

我们已经学习了静力学部分，在这里总结下各各量的量纲：平面、空间力为矢量，平面力对点之矩为标量，平面力偶矩为标量，空间力偶矩为矢量，空间力对点之矩为矢量，空间力对轴之矩为标量。

习题与思考题

6-1　边长为 a 的正方体上有三个力 $\boldsymbol{F}_1=F\boldsymbol{i}$、$\boldsymbol{F}_2=-F\boldsymbol{j}$、$\boldsymbol{F}_3=F\boldsymbol{k}$，分别作用在点 $A_1(a, 0, 0)$、点 $A_2(a, a, a)$ 和点 $A_3(0, a, 0)$，如图所示。试计算此力系向原点 O 简化的结果。

6-2　空间平行力系简化结果能否出现力螺旋？

6-3　当空间力系中各力的作用线平行于某一固定平面时，该力系最多有几个平衡方程？

6-4　当空间力系中各力的作用线汇交于两个固定点时，该力系最多有几个平衡方程？

6-5 为什么空间任意力系总可以用两个力来平衡?

6-6 如图所示，长方体的顶角 A 和 B 处分别有 $\boldsymbol{P}$ 和 $\boldsymbol{Q}$ 作用，P =500 N，Q =700N。求两力在 x、y、z 轴上的投影及对 x、y、z 轴之矩。

6-7 图示三轮车连同上面的货物共重 G = 3000N，重力作用线通过 C 点，求车子静止时各轮对水平地面的压力。

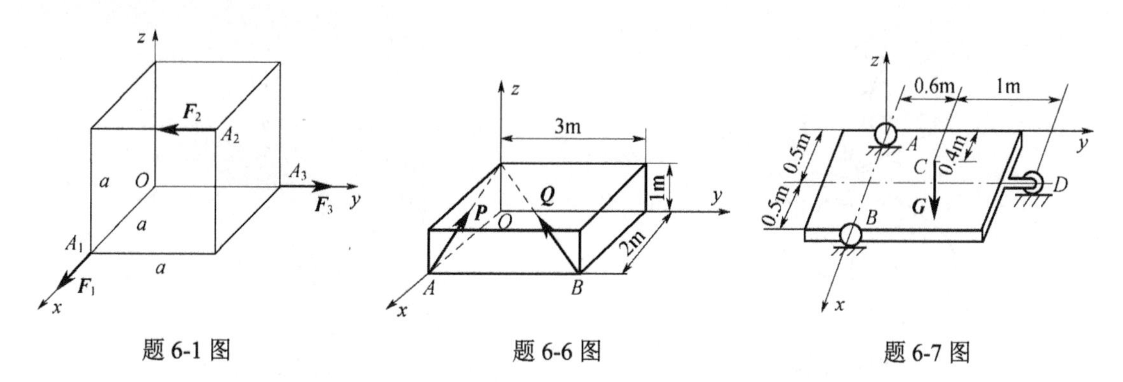

题 6-1 图　　题 6-6 图　　题 6-7 图

6-8 挂物架如图所示，三杆的重量不计，用铰链连接于 O 点，平面 BOC 是水平的，且 $BO=OC$，角度如图所示。若在 O 点挂一重物，其重为 P=1kN，求三杆所受的力。

6-9 图示空间构架由三根无重直杆组成，在 D 端用球铰链接，A、B 和 C 端则用球铰链固定在水平地板上，如果在 D 端的物重 P =10kN，$\angle DAB=\angle DBA=45°$，$\angle DOy=30°$，$\angle DCy=15°$。试求铰链 A、B 和 C 三处的约束力。

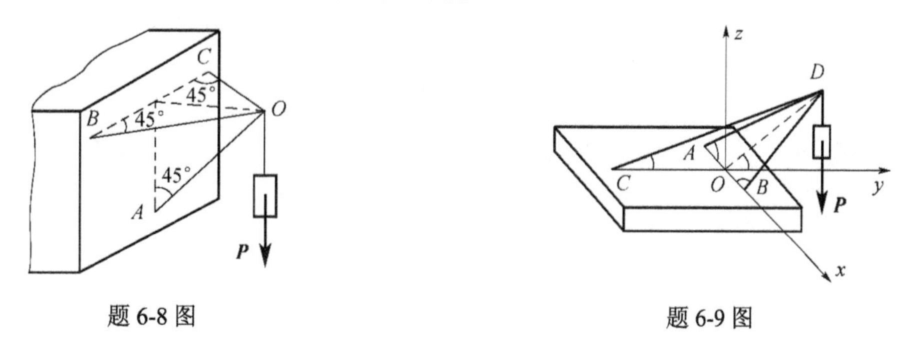

题 6-8 图　　题 6-9 图

6-10 某车床的传动轴装在 A、B 两向心轴承上,大齿轮 C 的节圆直径 d_1 = 21cm,在 E 点承受力 $\boldsymbol{F}_1$ 的作用,小齿轮 D 的节圆直径 d_2 =10.8cm,在 H 点受力 F_2=22kN，两圆柱直齿轮的压力角 α=20°,当传动轴匀速转动时,求力 F_1 的大小和轴承 A、B 两处的约束力。

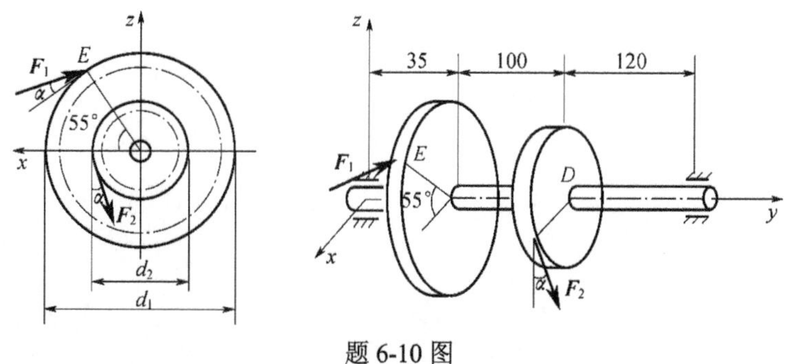

题 6-10 图

6–11 在简易汽车变速箱的第二轴上安装了一个斜齿轮，如图所示。已知其螺旋角 β，啮合角 α，节圆直径为 d，传递的扭矩为 M，试求此斜齿轮所受的圆周力 $\boldsymbol{F}_t$，轴向力 $\boldsymbol{F}_a$，径向力 $\boldsymbol{F}_r$ 与总法向啮合力 $\boldsymbol{F}_n$ 的大小。

6–12 图示矩形板支撑系统中，在板角处作用一铅直力 $\boldsymbol{F}$，板重不计。试求承杆 1、2、3、4、5、6 的内力。

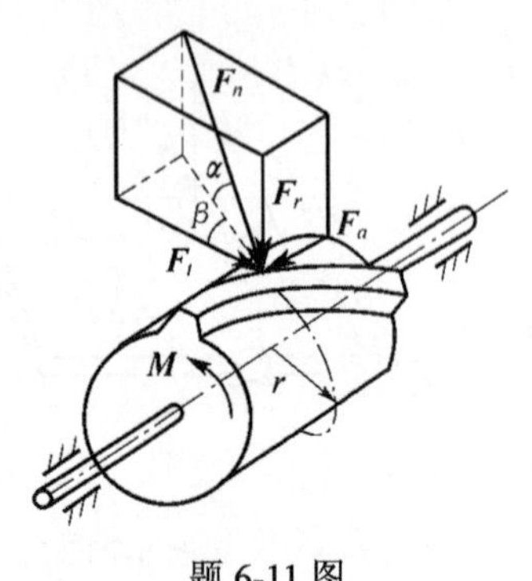

题 6-11 图

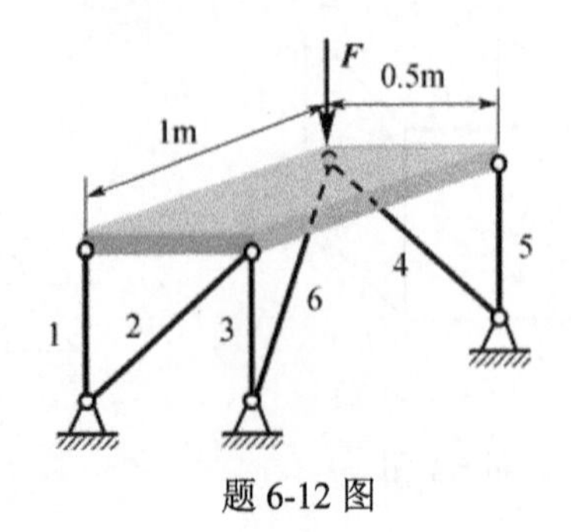

题 6-12 图

第三篇 材料力学

第7章 材料力学基础

7.1 概 述

材料力学研究的主要对象是杆。其几何形状的主要特征是，轴线(横截面形心的连线)的长度远大于横截面(与轴线垂直的截面)的几何尺寸(如宽、高或直径等)。轴线为直线的杆称为直杆。横截面大小和形状不变的直杆称为等直杆。轴线为曲线的杆称为曲杆。

当工程结构、设备或机器工作时，构件将受到载荷的作用。例如，建筑物的梁受自身重力和其他物体重力的作用，车床主轴受齿轮啮合力和切削力的作用等。尽管构件的材料是各式各样的，但一般都为固体。任何固体在载荷作用下，其尺寸和形状发生的变化，称为变形。实验表明，当外力增大到某一限度时，构件将发生断裂破坏。

为保证工程结构、设备或机器的正常工作，要求每个构件都应有足够的承受载荷作用的能力，简称为承载能力。构件的承载能力，通常由以下三个方面来衡量。

(1) 足够的强度。即在构件在正常工作时不会发生断裂破坏。例如，冲床曲轴不可折断，储气罐在规定的压力下不应爆破等。因此，强度是指构件在载荷作用下抵抗破坏的能力。

(2) 足够的刚度。在载荷作用下，构件虽然有足够的强度，但如果变形过大，超过了正常工作允许的限度，仍不能正常工作。例如，机床主轴变形过大时，将影响工件的加工精度；又如，当齿轮轴变形过大，将造成齿轮和轴承的不均匀磨损，引起噪声。因此，刚度是指构件在载荷作用下抵抗变形的能力。

(3) 足够的稳定性。工程上有些受轴向压力作用的细长杆，如千斤顶的螺杆、液压装置的活塞杆等，在轴向压力作用下，有可能被压弯而丧失工作能力。为了保证其正常工作，要求这类杆件始终保持其原有的直线平衡形式。因此，稳定性是指构件保持其原有平衡形态的能力。

为了保证构件具有足够的强度、刚度和稳定性，在设计构件时必须选用适宜的材料、合理的截面形状和尺寸。若构件材料选用不当，或横截面形状不合理，将造成结构笨重、材料浪费，或者难以满足，从而影响工程结构或机器设备的安全工作。因此，在材料力学中将研究构件在外力作用下变形和破坏的规律，在满足强度、刚度和稳定性要求的前提下，兼顾构件截面形状、尺寸确定的合理性和材料选择的经济性，为设计既经济又安全的构件，提供必要的理论基础和计算方法，这就是材料力学这部分内容的基本任务。

在实际的工程问题中，一般说，构件都应有足够的强度、刚度和稳定性，但就具体构件而言，上述三项要求往往有所侧重，或只需满足其中的一两项要求即可。例如，储气罐以满足强度要求为主，车床主轴以满足一定的刚度要求为主，而千斤顶中的螺杆则以稳定性要求为主。此外，对某些特殊构件，还往往有相反的要求。例如，为防止机器超载而造成重大事故，当载荷达到某一极限时，要求安全销立即破坏。又如车辆中的缓冲弹簧，在保证强度要求的同时，还要力求有较大的变形，以发挥其缓冲作用。

构件的强度、刚度和稳定性与材料的力学性能有关。所谓材料的力学性能，是指材料在外力作用下表现出的变形和破坏等方面的性能。通常材料的力学性能要由实验来测定。材料力学中的一些理论方法，大多是在某些假设条件下，经过简化分析得出的，也要通过实验来验证其可靠性。此外，还有一些尚无理论结果的问题，也需借助实验方法来解决。因此，这是一门理论研究与实验分析紧密结合的学科。

7.2 变形固体及其基本假设

在理论力学中，研究物体受力的平衡与运动时，把物体的微小变形作为次要因素，物体可以视为刚体。而材料力学在研究构件的强度、刚度和稳定性时，物体因外力作用而变形是主要因素，因此必须把一切构件都视为可变形的固体，称为变形固体或可变形固体。为简化计算，忽略材料的一些次要性质，对变形固体作下列假设。

1. 连续性假设

认为构件的整个体积内，不留空隙地充满了物质。实际上，从物质的结构组织来看，组成固体的粒子之间并不连续，而是存在空隙的，但这种空隙与构件的尺寸相比极其微小，可以忽略不计。基于这种连续性假设，当把某些力学量看作是固体的点的坐标的函数时，对这些量的坐标增量就可以采用无穷小的极限分析方法。

2. 均匀性假设

认为在构件的这个体积内，各处的力学性能完全相同。实际上，就工程中使用最多的金属来说，其各个晶粒的力学性能并不完全相同。但由于构件的几何尺寸远远大于组成它的晶粒的尺寸，其包含的晶粒数量极多，而且排列无序，构件的力学性能是各晶粒的力学性能的统计平均值，所以可以认为构件内各部分的力学性能是均匀的。

3. 各向同性假设

认为固体沿各个方向上的力学性能是完全相同的。具备这种属性的材料称为各向同性材料。工程中常用的金属材料，就其单个晶粒来说，沿不同的方向，其力学性能并不一样。但由于金属构件中包含的晶粒数量极多，而且又杂乱无章地排列着，就使得沿各个方向的力学性能的统计平均值接近相同了。因此可以将金属材料视为各向同性材料，如铸钢、铸铜等。还有些材料，它们的力学性能沿不同方向明显不同，称为各向异性材料，如木材、胶合板及复合材料等。

4. 小变形假设

即材料力学所研究的问题，仅限于变形大小远远小于构件原尺寸的情况，这类问题称为小变形问题。事实上，物体在外力作用下产生的变形，可以分为大变形和小变形两类问题，而对于小变形问题，在研究构件的平衡与运动时，可以不计其变形，而按照变形前的原几何尺寸进行分析计算。例如，图 7-1(a)所示的三角形支架，在节点 A 受铅垂力 $\boldsymbol{F}$ 作用。杆 AB 和杆 AC 因受力而发生变形，使支架的几何形状和外力的作用位置均发生变化，节点 A 位移至 A'，两杆夹角 θ 变为 θ'。但是，由于节点 A 的位置变化量 δ_1 和 δ_2 都远小于杆的长度，所以在计算各杆受力时，仍按照支架变形前的几何形状和尺寸进行计算。即在对节点 A 进行受力分析与列静力学平衡方程时，角度仍用 θ，而不用 θ'，如图 7-1(b)所示。

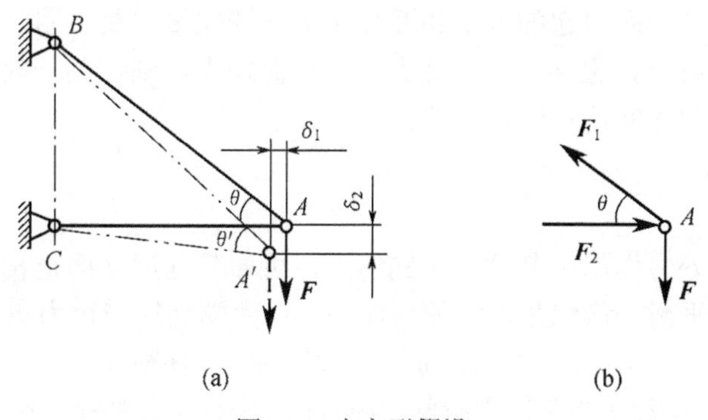

图 7-1　小变形假设

在材料力学中，主要研究材料在弹性范围内(即小变形条件下)的受力性质。今后将经常使用小变形的概念以简化分析与计算。如果构件变形过大，超出小变形条件，则不是材料力学讨论的范畴。

7.3　相关概念

7.3.1　外力

在静力学中，对某一构件进行受力分析时，要把这一构件从周围物体中单独取出，除受到已知的载荷(主动力)外，还受到周围物体对构件的约束力。这些已知载荷与约束力都是来自构件外部的作用力，称为外力。外力按其作用的方式可分为表面力和体积力。表面力即作用于物体表面的力，又分为分布力与集中力。分布力是连续作用于物体表面或杆件的轴线上的力，如作用于油缸内壁的油压力、作用于船体的水压力及作用于屋梁上的压力等。集中力是作用于一点的力，但如果外力分布面积远小于物体的表面尺寸，或沿杆件轴线分布范围远小于轴线长度，也可以视为集中力，如火车车轮对钢轨的压力、滚动球轴承对轴的反作用力等。体积力是连续分布于物体内各点的力，如物体的重力、惯性力等。

按随时间变化的情况，载荷又可分成静载荷和动载荷。如果载荷缓慢地由零增加到某一恒定值，或变动不很明显，即为静载荷。例如，把机器缓慢地置放在基础上时，机器的重量对基础的作用便是静载荷。如果载荷随时间而变化，则为动载荷。按其随时间变化的方式，动载荷又分为交变载荷和冲击载荷。交变载荷是随时间作周期性变化的载荷，例如，当齿轮转动时，作用于每个轮齿上的力都是随时间作周期性变化的。冲击载荷则是物体的运动在极短时间内发生突然变化所引起的载荷，例如，急刹车时飞轮的轮轴、锻造时汽锤的锤杆等都受到冲击载荷的作用。

由于材料在静载荷下的问题比在动载荷下的简单、易分析，因此在工程力学中，主要研究静载荷问题。

7.3.2　内力

在讨论构件的强度和刚度等问题时，要判断构件是否安全或确定构件的几何尺寸和选择适当的材料，因此，仅知道构件上的外力是不够的，还必须研究构件的内力。

构件受外力作用而变形，其内部各部分之间因相对位置的改变而引起的作用力就是内力。实际上，构件即使不受外力作用，其内部各质点之间也存在相互的作用力。而这里所说的内力，是指构件由外力作用而引起的内部相互作用力的变化量，是“附加”的相互作用力，严格来讲，应称为附加内力。这种内力随外力的增加而增大，到达某一限度时就会引起构件的破坏，因而它与构件的强度是密切相关的。

7.3.3 截面法

为显示出构件在外力作用下某截面上的内力，可假想地用平面把构件分成两部分，来研究其中任意一部分的平衡，这就是所谓的截面法。以两端受轴向拉力 $\boldsymbol{F}$ 作用的直杆为例，欲求其任一横截面上的内力，可用一个截面 m—m 假想地将杆件截开成Ⅰ、Ⅱ两部分，如图 7-2(a)所示，取出其中一部分例如Ⅰ作为研究对象。在部分Ⅰ上作用有沿轴线水平向左的外力 $\boldsymbol{F}$，欲使Ⅰ保持平衡，则部分Ⅱ必然对Ⅰ有力的作用，如图 7-2(b)所示。根据作用与反作用定律可知，Ⅰ必然也以大小相等、方向相反的力作用于Ⅱ上，如图 7-2(c)所示。按照连续性假设，在横截面上各处都有内力作用，即内力在构件整个截面上连续分布，形成一个分布力系，今后把这个分布内力系向截面内某一点简化得到的主矢和主矩，称为截面上的内力。此例中，图 7-2(b)所示的力 F_N 就是分布内力系向 m—m 截面的对称中心简化的结果。列出部分Ⅰ的平衡方程：

$$\sum F_x = 0, \quad F_N - F = 0$$

解得

$$F_N = F$$

截面法是材料力学中研究构件内力的基本方法。截面法可归纳为以下四个步骤。

(1) 截开：欲求某一截面上的内力，就假想地沿该截面把构件分成两部分。

(2) 保留：保留任意一部分作为研究对象。

(3) 代替：将弃去部分对保留部分的作用，用截面上的内力代替。

(4) 平衡：建立保留部分的平衡方程，确定该截面上的内力。

例 7-1 如图 7-3(a)所示的钻床，工作时，钻头受到的压力为 $\boldsymbol{F}$，力 $\boldsymbol{F}$ 的作用线到立柱的距离为 a，试确定钻床立柱横截面 m—m 上的内力。

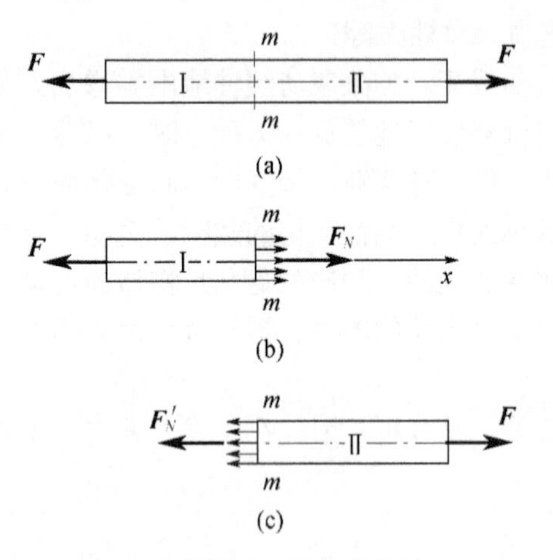

图 7-2 截面法杆件内力分析

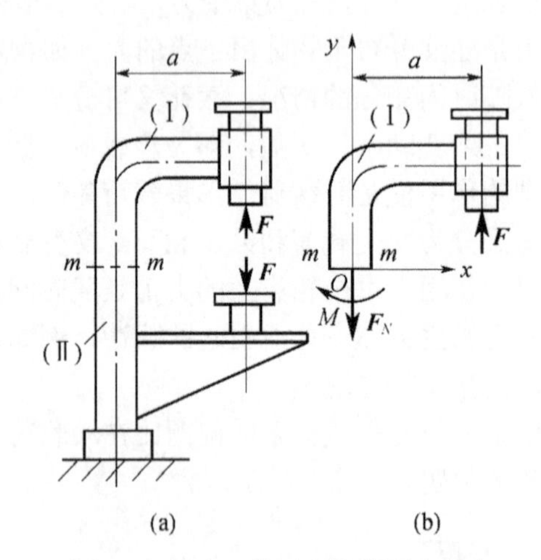

图 7-3 钻床工作时立柱截面上内力

解：(1) 沿 m—m 截面假想地将钻床分成两部分。保留 m—m 截面以上部分作为研究对象，并以 m—m 截面的形心 O 为原点，选取坐标系如图 7-3(b)所示。

(2) 外力 $\boldsymbol{F}$ 将使 m—m 截面以上部分沿 y 轴方向移动，并绕 O 点转动，m—m 截面以下部分必然以内力 $\boldsymbol{F}_N$ 及 M 作用于截面上，以保持上部的平衡。这里 $\boldsymbol{F}_N$ 为通过 O 点的力，M 为对

O 点的力矩。

(3) 由平衡方程

$$\sum F_y = 0，F - F_N = 0$$
$$\sum M_O = 0，Fa - M = 0$$

解得

$$F_N = F，M = Fa$$

必须指出，在采用截面法之前，不允许对外力任意使用力的可传性原理，也不能任意移动力偶。因为它们只适用于刚体，而材料力学研究的是变形固体，当外力移动后，内力及变形也将随之改变。

7.3.4 应力与应变

在确定了杆件内力的大小和方向以后，还不能立即解决杆件的强度问题。根据实践经验，虽然两个构件材料相同、内力也相同，但由于横截面面积不相等，横截面面积小的构件必然先被破坏。这说明构件的强度，不仅与内力的大小有关，还与构件横截面的几何尺寸有关。

例 7-1 中的内力 $\boldsymbol{F}_N$ 和 M 是 m—m 截面上分布内力系向 O 点简化的结果，这只能说明 m—m 截面以上部分的内力和外力的平衡关系，但不能说明分布内力系在截面内某一点处的强弱程度。为此，引入内力集度的概念。

设在图 7-4(a)所示受力构件的 m—m 截面上，围绕 C 点取微小面积 ΔA，ΔA 上分布内力的合力为 $\Delta \boldsymbol{F}$(图 7-4(b))。$\Delta \boldsymbol{F}$ 的大小和方向与 C 点的位置和 ΔA 的大小有关，则在 ΔA 上的内力平均集度为

$$p_m = \frac{\Delta F}{\Delta A}$$

称 $\boldsymbol{p}_m$ 为 ΔA 上的平均应力，它是一个矢量。一般情况下，构件某截面的内力并不是均匀分布的，但随着所取微面积的 ΔA 逐渐缩小直至趋于零时，$\boldsymbol{p}_m$ 的大小和方向将趋于某一极限值，该极限值定义为 C 点的全应力，即

$$p = \lim_{\Delta A \to 0} \frac{\Delta F}{\Delta A} = \frac{\mathrm{d}F}{\mathrm{d}A} \tag{7-1}$$

$\boldsymbol{p}$ 是一个矢量，一般说既不与截面垂直，也不与截面相切。通常可将全应力 $\boldsymbol{p}$ 分解成垂直于截面的分量 σ 与相切于截面的分量 $\boldsymbol{\tau}$，如图 7-4(c)所示。称分量为正应力，称分量 $\boldsymbol{\tau}$ 为剪应力。

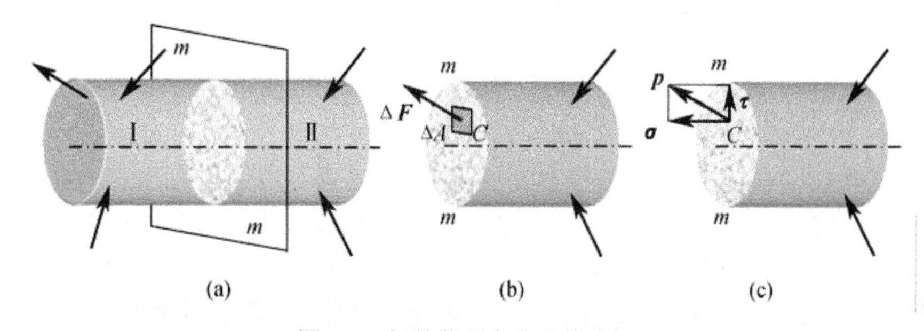

图 7-4 杆件截面内力及其分解

在国际制单位中，应力的单位是牛/米^2(N/m^2)，称为帕斯卡或简称为帕(Pa)。由于这个单位太小，工程中通常使用兆帕(MPa)或吉帕(GPa)。它们的换算关系如下：

$$1\ \text{MPa} = 10^6\text{Pa}，1\text{GPa} = 10^9\text{Pa}$$

为了研究构件截面上内力的分布规律，还必须对构件内一点处的变形作深入研究。设想将构件分割成无限个微小正六面体，在外力作用下，这些微小的正六面体的边长必将发生变化。例如图 7-5(a)表示从受力构件的某一点 C 的周围取出的一个微小正六面体，其与 x 轴平行的棱边 ab 的原长为 Δx，变形后 ab 的长度为 $\Delta x+\Delta u$，Δu 称为 ab 的绝对变形，如图 7-5(b)所示。为度量一点处变形程度的强弱，引入应变的概念。如果 ab 长度内各点处的变形程度相同，则比值

$$\varepsilon_m = \frac{\Delta u}{\Delta x} \tag{7-2}$$

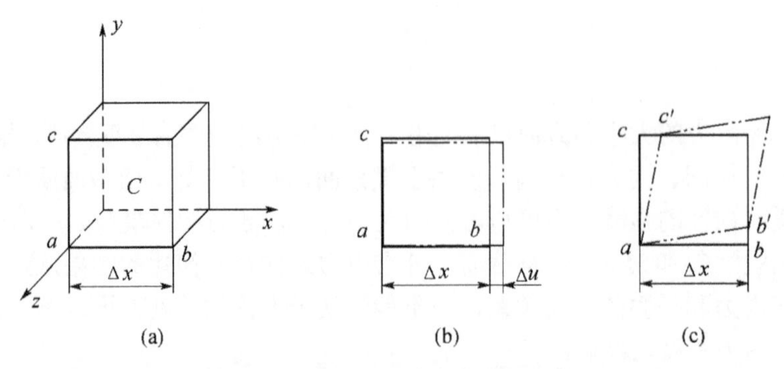

图 7-5　单元体、线应变及角应变

表示每单位长度的平均伸长或缩短，称 ε_m 为平均线应变。如果逐渐缩小 ab 的长度，使 ab 的长度趋于零，则 ε_m 的极限为

$$\varepsilon = \lim_{\Delta x \to 0} \frac{\Delta u}{\Delta x} \tag{7-3}$$

称 ε 为点 C 沿方向的线应变，简称为应变。它是一个无量纲的量。

在变形过程中，微小六面体除棱边长度变化以外，相互垂直 σ 棱边的夹角也会发生变化，如图 7-5(c)所示。变形前、后角度的变化量为 $\left(\frac{\pi}{2} - \angle c'ab'\right)$，当微小六面体的棱长趋于零时，其极限用 γ 表示，称 γ 为剪应变或角应变。它也是一个无量纲的量。

上述微小正六面体各棱的边长趋于无限小时，称为单元体。

综上所述，线应变 ε 和剪应变 γ 是度量构件内一点处变形程度的两个基本物理量，它们分别与正应力 $\boldsymbol{\sigma}$ 和剪应力 $\boldsymbol{\tau}$ 密切相关，是材料力学中最基本、最重要的两个物理量。

7.4　杆件变形的基本形式

杆件是工程中最基本的构件，工程中很多常见的构件都可以简化为杆件，如发动机活塞的连杆、传动轴、立柱、丝杠、吊钩等。杆件在不同形式的外力的作用下，其变形的形式也各不相同。就杆件一点周围的一个微分单元体来说，其变形可由线应变 ε 和剪应变 γ 来描述，而杆件的整体变形，就是所有单元体变形的累积。归纳起来，杆件的变形有以下四种基本形式。

1．轴向拉伸或压缩

图 7-6(a)所示的三角形支架在载荷 $\boldsymbol{F}$ 的作用下，AB 杆受到沿轴线的拉力作用，产生拉伸变形，如图 7-6(b)所示；而 AC 杆受到沿轴线的压力作用，产生压缩变形，如图 7-6(c)所示。

这类变形的形式是由大小相等、方向相反、作用线与杆件轴线重合的一对力引起的。桁架中的杆件、液压油缸的活塞杆等的变形，都属于轴向拉伸或压缩变形。

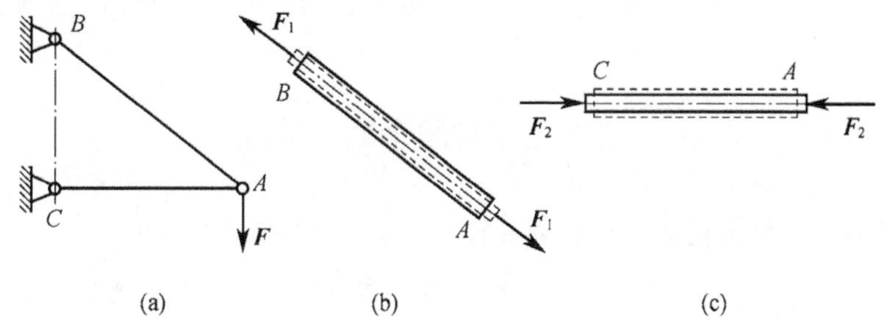

图 7-6 杆件轴向拉压

2. 剪切

如图 7-7(a)所示的起连接作用的铆钉，在载荷 $\boldsymbol{F}$ 的作用下即受到剪切作用，其上下两部分沿外力的作用方向发生相对错动，便产生剪切变形，如图 7-7(b)所示。这类变形的形式是由大小相等、方向相反、作用线相互平行且距离很近的一对力引起的。工程中常用的连接件，如销钉、螺栓、键等都产生剪切变形。

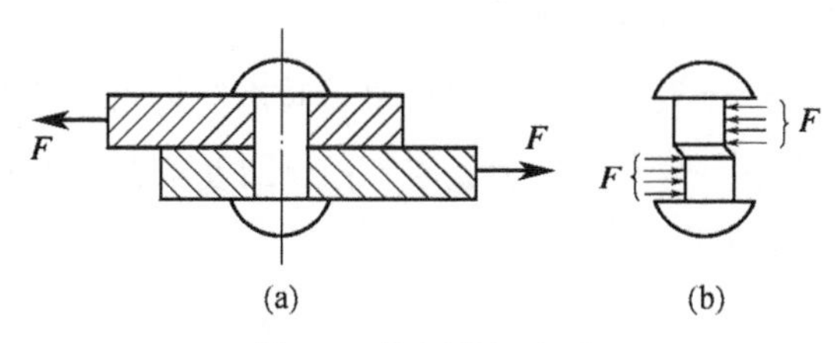

图 7-7 铆钉剪切变形

3. 扭转

汽车方向盘的转向杆在受到如图 7-8(a)所示的力偶作用时，使转向杆的任意两个横截面发生绕轴线的相对转动，便产生扭转变形，如图 7-8(b)所示。这类变形的形式是由大小相等、方向相反、作用面都垂直于杆轴的两个力偶引起的。例如，搅拌机中的搅拌轴、电机和水轮机的主轴等，工作时都产生扭转变形。

4. 弯曲

图 7-9(a)所示的机车轮轴，在受到如图 7-9(b)所示的纵向平面内的一对力偶作用时，其轴

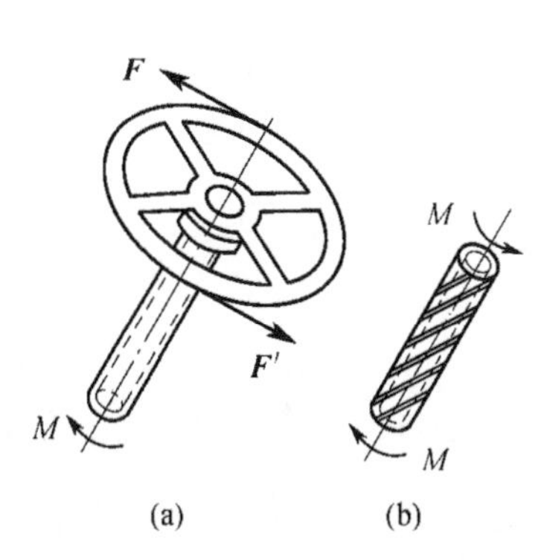

图 7-8 方向盘转向杆扭转变形

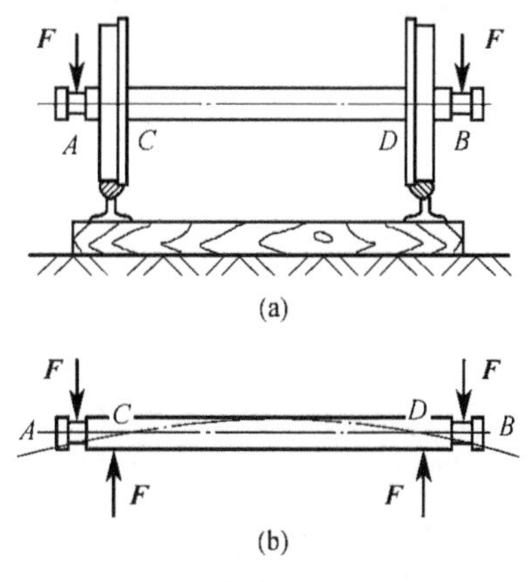

图 7-9 机车轮轴弯曲变形

线由直线变为曲线，便产生弯曲变形。这类变形的形式是由作用于包含杆轴的纵向平面内的一对大小相等、方向相反的力偶，或垂直于杆件轴线的横向力引起的。弯曲变形是工程中最常见的变形之一，机器中的各种轴、建筑物以及起重机的大梁等的变形，都属于弯曲变形。

习题与思考题

7-1 简述材料力学的任务。什么是材料的强度、刚度和稳定性?

7-2 在材料力学中,对变形固体作了哪些基本假设？其中均匀性假设与各向同性假设的区别是什么？

7-3 什么是截面法？应用截面法能否求出截面上内力的分布状况？为什么？

7-4 内力与应力有何区别与联系？为什么研究构件的强度必须引入应力的概念？

7-5 弹性变形与塑性变形有何区别？

7-6 试说明何谓正应力？何谓剪应力？

7-7 试说明何谓线应变？何谓剪应变？

7-8 杆件有几种形式的基本变形？它们各有何特点？试举例说明。

7-9 为什么材料力学中，静力等效力系在应用上要受到限制？试举例说明。

第 8 章　拉伸与压缩

8.1　轴向拉压的概念与实例

在工程实际中，由于外力作用而产生轴向拉伸或压缩的杆件十分常见。例如，如图 8-1 所示的旋臂式吊车中的杆 *AB* 和杆 *AC* 就分别受到轴向拉伸与轴向压缩。又如图 8-2 所示的紧固法兰的螺栓，起重吊物的起重机钢索等都是受拉伸的构件；图 8-3 所示的工作中的内燃机连杆，图 8-4 所示的容器支架的立柱等都是受压缩的构件。至于桁架中的杆件，则不是受轴向拉伸便是受轴向压缩。

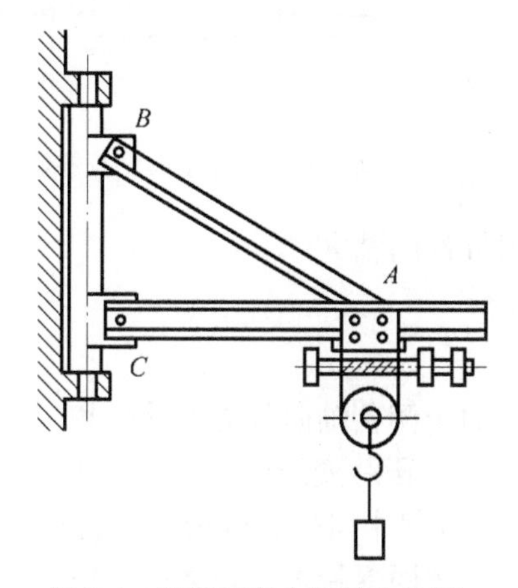

图 8-1　悬臂吊车中杆轴向拉压

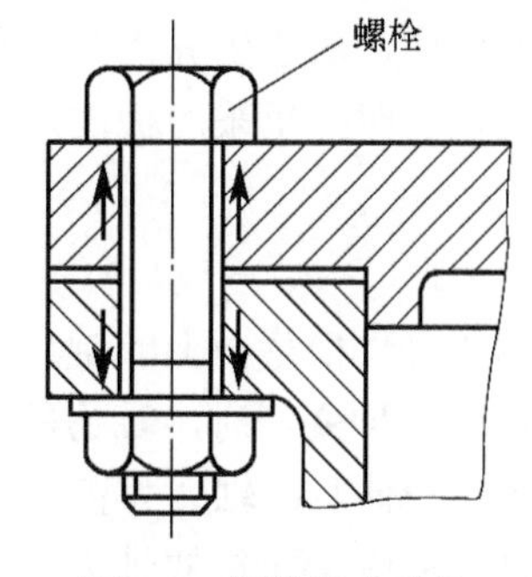

图 8-2　螺栓轴向受拉

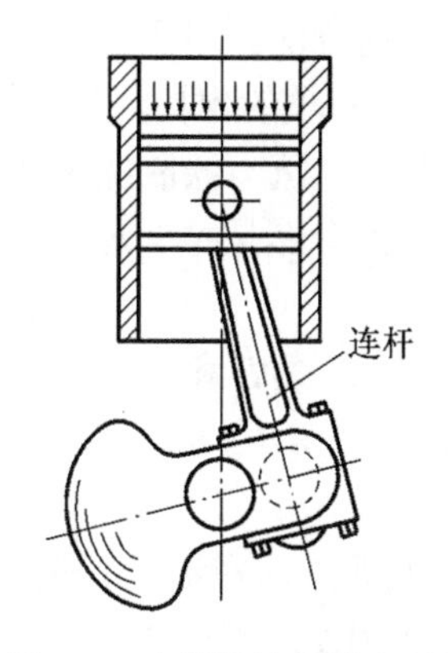

图 8-3　内燃机连杆轴向受压

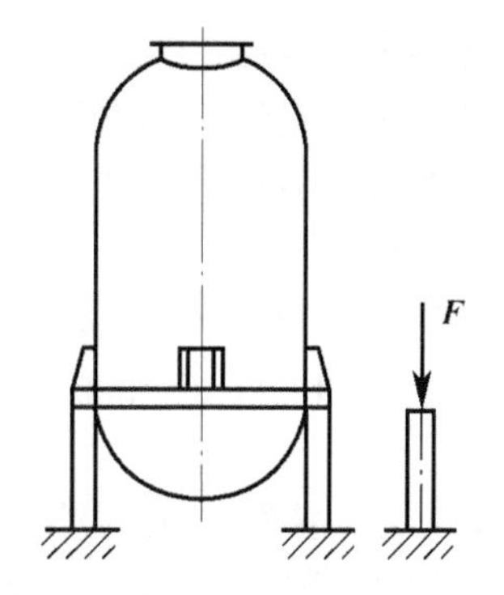

图 8-4　大型容器立柱轴向受压

这些受拉或受压的杆件虽外形各有差异，加载方式也并不相同，但它们的共同特点是：作用于杆件上外力合力的作用线与杆件轴线重合，杆件变形是沿轴线方向的伸长或缩短。因此，这些杆件的受力图与变形形式都可以简化为图 8-5(a)和(b)所示的情形。

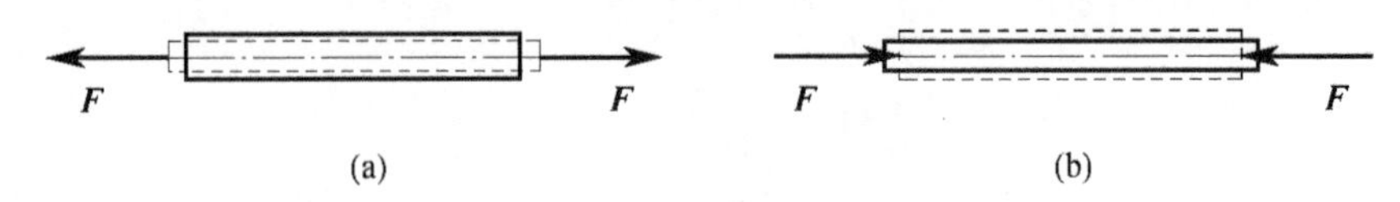

图 8-5　杆件轴向拉压变形

8.2　杆件轴向拉压时的受力

8.2.1　杆件轴向拉压的内力

以图 8-6(a)所示的两端受拉的等直杆为例，应用截面法，保留左半部分作为研究对象，求 $m—m$ 截面的内力 $\boldsymbol{F}_N$(图 8-6(b))。根据保留部分的平衡方程：

$$\sum F_x = 0，F_N + F_3 - F_1 - F_2 = 0$$

得

$$F_N = F_1 + F_2 - F_3$$

因外力的作用线与杆件轴线重合，内力 $\boldsymbol{F}_N$ 的作用线也必然与杆件的轴线重合，故称 $\boldsymbol{F}_N$ 为杆件的轴力。

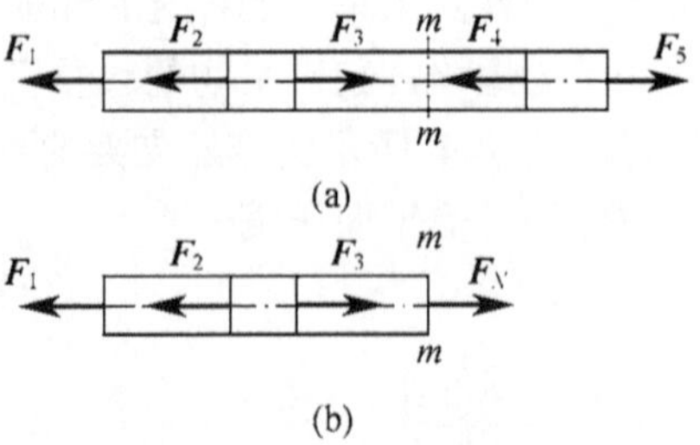

图 8-6　杆件轴向受拉各截面内力

实际问题中，对于受 n 个轴向外力作用的杆件，求任一截面的轴力时，仍采用截面法。由平衡条件可得杆件的轴力：

$$F_N = \sum_{i=1}^{n} F_i \tag{8-1}$$

式(8-1)说明，杆件横截面上的轴力，在数值上等于截面一侧各轴向外力的代数和。

杆件产生拉伸变形时，轴力的方向背离横截面；产生压缩变形时，轴力的方向指向横截面。通常规定拉伸时的轴力为正，压缩时的轴力为负。计算中可假设轴力 $\boldsymbol{F}_N$ 为拉力，作为代数值，这样由式(8-1)求得的轴力符号若为正，则表明该截面受拉力；反之则受压力。

如果沿杆件轴线作用的外力多于两个，则在杆件各部分的横截面上，轴力也不尽相同。为直观地表示出内力沿杆件轴线的变化规律，通常利用作图的方法。对于拉伸与压缩问题，以平行于杆件轴线的 x 坐标，表示各横截面的位置，以垂直于杆轴的坐标，表示轴力的数值，这种图形称为轴力图。在轴力图中，将拉力绘制在 x 轴的上方，压力绘制在 x 轴的下方，这样不但可以显示出杆件各段轴力的大小，还可以表示出各段的变形是拉伸还是压缩。下面以例题来说明轴力图的绘制。

例 8-1　如图 8-7(a)所示一端固定的阶梯状杆件在端面 A、截面 B 和 C 处分别受到轴向外力的作用。已知 F_1=100kN，F_2=220kN，F_3=260kN，试求出杆件 AB、BC 及 CD 三段的轴力，并绘制出轴力图。

解：(1) 求轴力。首先求 AB 段横截面上的轴力。应用截面法，在沿 AB 段内任一横截面 1—1 截开，并以左段为研究对象，设轴力为 $\boldsymbol{F}_{N1}$ 为拉力，受力图如图 8-7(b)所示。列出此段的平衡方程：

$$\sum F_x = 0，F_1 - F_{N1} = 0$$

得

$$F_{N1} = F_1 = 100\text{kN}$$

F_{N1}为正值，说明假设拉力是正确的。

同理，在 BC 段内任取一横截面 2—2，在 CD 段内任取一横截面 3—3，截开各段，仍以左段为研究对象，如图 8-7(c)、(d)所示。列出各段的平衡方程，可得轴力分别为

$$F_{N2}=-120\text{ kN},\ F_{N3}=140\text{kN}$$

(2) 绘制轴力图。由各横截面上轴力的数值，在 F_N—x 坐标系中，作出轴力图，如图 8-7(e)所示。

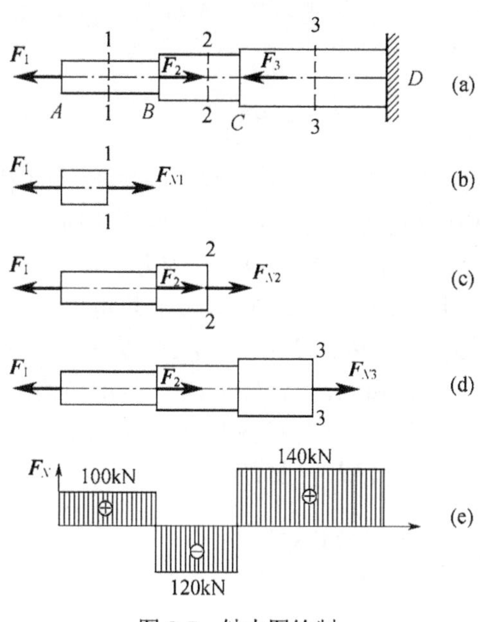

图 8-7　轴力图绘制

8.2.2　横截面上的应力

由于只根据轴力并不能判断杆件是否具有足够的强度，因此，还必须知道杆件横截面上各点处应力的大小和方向。单凭静力学原理和方法是不能解决这个问题的，为此，可先从研究杆件的变形入手。

取一等直杆，如图 8-8(a)所示，拉伸前在杆的侧面画上垂直于杆轴线的直线 ab 和 cd，拉伸后发现，ab 和 cd 仍为直线，且垂直于杆轴，只是分别平行地移至 $a'b'$和 $c'd'$。根据实验现象可以作出如下假设：直杆发生变形前为平面的横截面，变形后仍保持为平面。该假设称为平面假设。

从几何方面考虑，由平面假设可以推想，直杆发生轴向拉伸变形时，在距外力作用位置稍远处，任意两个相邻截面之间的一段，自表面到杆内，所有原来平行于杆轴的纵向纤维仍平行于杆轴，且伸长相等，亦即变形相同。

再从物理方面考虑，根据材料的均匀性假设，既然所有纵向纤维的变形都相同，因此可以推断横截面上各点的应力完全相同，亦即横截面上各点处只有正应力 σ，而且是均匀分布的，如图 8-8(b)所示。

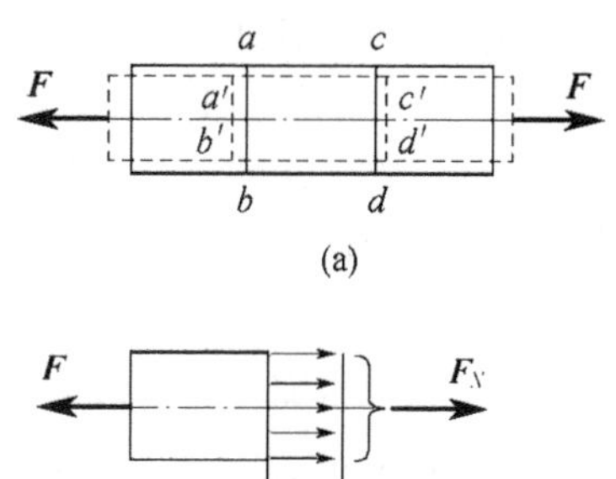

图 8-8　杆件拉压的平面假设及应力均布假设

最后从静力学方面考虑，根据连续性假设，可以假想把杆件的整个横截面面积 A 分为彼此连续的无限多个微面

积 dA，作用于任意微面积上的微内力

$$dF_N=\sigma dA$$

可见，作用于各位面积上的微内力组成一个空间平行力系。由静力学知，该平行力系的合力 $\boldsymbol{F}_N$ 等于上述无限多个微内力 dF_N 之和，即

$$F_N=\int_A \sigma dA=\sigma\int_A dA=\sigma A$$

由此可得

$$\sigma=\frac{F_N}{A} \tag{8-2}$$

以上讨论的是杆件轴向拉伸的应力问题，轴向压缩的应力计算也是同样的。今后将拉伸中的应力称为拉应力，压缩中的应力称为压应力。计算应力时，只要将轴力 $\boldsymbol{F}_N$ 的代数值代入式(8-2)，所得 $\boldsymbol{\sigma}$ 的正负，就表示它是拉应力或是压应力了。

根据单轴应力状态下的胡克定律：$\sigma=\varepsilon$ 与式(8-2)，可得出：ε=F /EA，该式即为胡克定律，在同样的力的作用下，EA 越大，杆件的变形越小，EA 称为杆的拉伸(压缩)刚度。

例 8-2 在例 8-1 中，若已知 AB、BC、CD 三段的横截面面积分别为 A_1=600mm^2，A_2=800mm^2，A_3=1200mm^2，试求出各段杆横截面上的应力。

解：由式(8-2)，即可计算出各横截面上的正应力，即

AB 段：$\sigma_1=\dfrac{F_{N1}}{A_1}=\dfrac{100\times10^3}{600}=167\text{MPa}$

BC 段：$\sigma_2=\dfrac{F_{N2}}{A_2}=\dfrac{-120\times10^3}{800}=-150\text{MPa}$

CD 段：$\sigma_3=\dfrac{F_{N3}}{A_3}=\dfrac{140\times10^3}{1200}=117\text{MPa}$

由此例可以看出，杆件某段的轴力虽然最大，但其横截面上正应力却不一定是最大的。本例中最大的正应力在 AB 段内。

8.3 杆件轴向拉压的强度计算

由上一节内容知道，用某种材料制成的杆件所能承受的应力是有限度的，超过了这个限度就要破坏。因此，利用式(8-2)求出受拉、压杆件横截面上的正应力后，还不能判断杆件能否安全地工作。由脆性材料制成的构件，在拉力作用下，当变形很小时就会突然断裂；而由塑性材料制成的构件，在拉断之前已经出现塑性变形，由于不能保持原有的形状和尺寸，它已不能正常工作。为保证构件在外力作用下，能够安全可靠地工作，并考虑到必要的强度储备，应使其最大的工作应力不超过某一极限值。

8.3.1 安全系数和许用应力

塑性材料失效时的应力是屈服极限 σ_s，脆性材料断裂时的应力是强度极限 σ_b，它们都是构件失效时的极限应力。在强度计算中，将以大于 1 的系数来除极限应力而得到的结果称为许用应力，并用$[\sigma]$表示。对塑性材料：

$$[\sigma]=\frac{\sigma_s}{n_s} \tag{8-3}$$

对脆性材料：

$$[\sigma]=\frac{\sigma_b}{n_b} \tag{8-4}$$

其中：n_s与n_b均是大于1的系数，称为安全系数。

安全系数的确定与诸多因素有关。对某种材料规定一个不变的安全系数，并用它来设计各种不同工作条件下的构件，显然是不合理的。正确地选取安全系数，关系到构件的安全与经济。因此，选取安全系数时，通常考虑以下几方面因素：

(1) 材料方面，包括是塑性的还是脆性的、其均匀程度如何、质地的好坏等。

(2) 载荷方面，包括载荷的作用类型，以及对载荷估计的准确性等。

(3) 简化计算方面，包括实际构件简化过程与计算方法的精确度。

(4) 构件在设备中的作用，包括其作用是否重要、制造和修配的难易程度等。

此外，还要考虑到构件的工作条件。例如，在化工设备中，还应特别考虑腐蚀及其他意外因素的影响。通常在一般构件的设计中，取n_s=1.5～2.5，n_b=2～5。具体数值可查阅有关规范或设计手册。

对于许用应力，还应特别指出的是，对同一种脆性材料，因其拉伸与压缩时的强度极限不同，因而其许用拉应力与许用压应力的数值也不同。

8.3.2 杆件轴向拉、压时的强度条件

为保证轴向拉伸、压缩杆件的正常工作，必须使其最大工作应力不超过材料的许用应力，即

$$\sigma=\frac{F_N}{A}\leqslant[\sigma] \tag{8-5}$$

上式即为杆件在轴向拉伸、压缩时的强度条件。

工程上，根据上述强度条件，可以解决以下三类问题。

(1) 强度校核。已知杆件所受的载荷、横截面尺寸(即横截面面积A)及材料的许用应力$[\sigma]$，则可用式(8-5)来校核该杆件是否满足强度要求。

(2) 截面设计。已知杆件所受的载荷及材料的许用应力$[\sigma]$，则可按下式计算所需的横截面面积：

$$A\geqslant\frac{F_N}{[\sigma]} \tag{8-6}$$

然后按照杆件的用途和性质，选定横截面形状、设计横截面尺寸。

(3) 确定许用载荷。已知杆件的横截面尺寸(即横截面面积A)及材料的许用应力$[\sigma]$，则可按下式计算杆件的许用轴力：

$$[F_N]\leqslant A[\sigma] \tag{8-7}$$

然后根据杆件的受力情况，来确定许用载荷。

下面举例说明拉伸与压缩时杆件的强度计算。

例8-3 图8-1所示的旋臂式吊车，可以简化成自身重量不计的三角架，如图8-9(a)所示。已知其所吊重物P=40kN，横截面为圆形的钢质斜杆AB的直径d=30mm，长l=2000mm；水平横杆AC是一根横截面面积为1435mm^{2}的工字钢，$\angle BAC$=23°，若钢材的许用应力

$[\sigma]$=150MPa，当重物移到 A 点下方时：

(1) 试校核斜杆 AB 及横杆 AC 的强度。

(2) 试求此时吊车所允许起吊的最大重量。

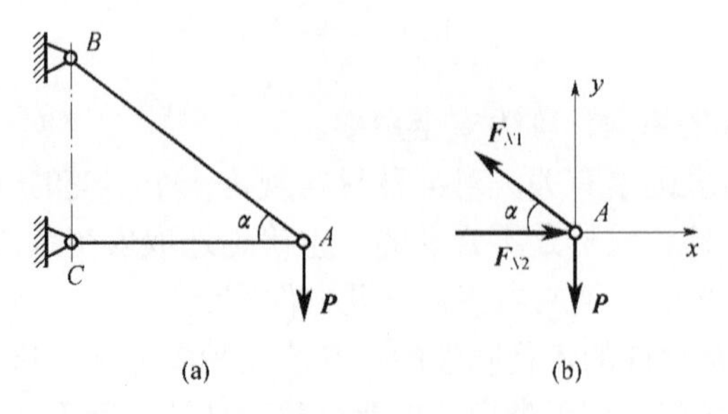

图 8-9　悬臂吊车外载及受力

解：(1) 强度校核。先求斜杆 AB 及横杆 AC 的轴力。取节点为研究对象，当重物移到 A 点下方时，斜杆 AB 的轴力(拉力)最大，设其为 $\boldsymbol{F}_{N1}$，横杆 AC 的轴力(压力)设为 $\boldsymbol{F}_{N2}$，受力图如图 8-9(b)所示。根据平面汇交力系的平衡方程：

$$\sum F_x=0，F_{N2}-F_{N1}\cos\alpha=0 \tag{a}$$

$$\sum F_y=0，F_{N1}\sin\alpha-P=0 \tag{b}$$

解得

$$F_{N1}=102.4\text{ kN}，F_{N2}=94.2\text{kN}$$

再由式(8-5)得斜杆 AB 的应力为

$$\sigma_1=\frac{F_{N1}}{A_1}=\frac{102.4\times10^3}{\dfrac{\pi}{4}\times30^2}=144.8\text{MPa}<[\sigma]$$

横杆 AC 的应力为

$$\sigma_2=\frac{F_{N2}}{A_2}=\frac{94.2\times10^3}{1435}=65.6\text{MPa}<[\sigma]$$

可见，斜杆与横杆均满足强度条件，故该结构是安全的。

(2) 确定允许起吊的最大重量。由(a)、(b)两式可得

$$F_{N1}=\frac{P}{\sin\alpha}，\ F_{N2}=F_{N1}\cos\alpha=P\cot\alpha$$

再由式(8-7)，得斜杆 AB 的许用轴力为

$$[F_{N1}]\leqslant A_1[\sigma]$$

由此得吊车允许的起吊重量为

$$[P_1]\leqslant[F_{N1}]\sin\alpha=A_1[\sigma]\sin\alpha=\frac{\pi}{4}\times30^2\times150\times10^{-3}\times\sin23^\circ=41.4\text{kN}$$

同理，横杆 AC 的许用轴力为

$$[F_{N2}]\leqslant A_2[\sigma]$$

所以

$$[P_2]\leqslant[F_{N2}]\tan\alpha = A_2[\sigma]\tan\alpha = 1435\times150\times10^{-3}\times\tan23^\circ = 91.4\text{kN}$$

综上，吊车允许起吊的最大重量应为$[P_1]$与$[P_2]$中的较小值，即取$[P]$=41.4kN。

例 8-4 起重机钢质链索受到的最大拉力为 P=30kN，图 8-10 给出了其中一个环节的受力情况，若材料的许用应力为$[\sigma]$=120MPa，试确定制成链环的圆钢的直径。

解：注意到链环的横截面积有两个圆面积，可得到所需的钢环的横截面面积，即

$$A\geqslant\frac{F_N}{[\sigma]}=\frac{\dfrac{30\times10^3}{2}}{120}=125\text{mm}^2$$

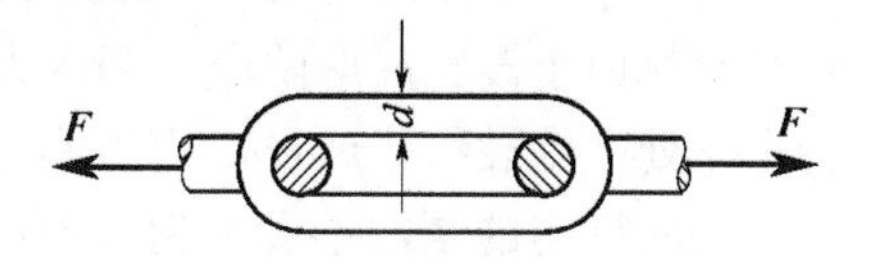

图 8-10 起重机钢质链索受力

于是，得链环的圆钢直径为

$$d\geqslant\sqrt{\frac{4A}{\pi}}=12.6\text{mm}$$

根据标准链环圆钢的直径系列①，取 d=13mm 的圆钢。

8.4 应力集中

对于等截面直杆受轴向拉伸或压缩时，在距离外力作用点较远的横截面上的正应力是均匀分布的。但工程中由于实际需要，一些构件常常要有开孔、切口、切槽及螺纹等情况，致使在这些部位上的截面尺寸发生急剧变化。研究表明，杆件在截面突变处的小范围内，应力并不是平均分布的，而是急剧地增加，离该区域较远处，应力又迅速降低并趋于均匀，这种现象称为应力集中。

例如，当拉伸如图 8-11(a)所示的具有小圆孔的杆件时，在离孔较远的 2—2 截面上，应力是均匀分布的，如图 8-11(b)所示。但在通过小孔的 1—1 截面上，靠近孔边的小范围内，应力就很大，而离孔边稍远处的应力则小得很多，且趋于均匀分布，如图 8-11(c)所示。

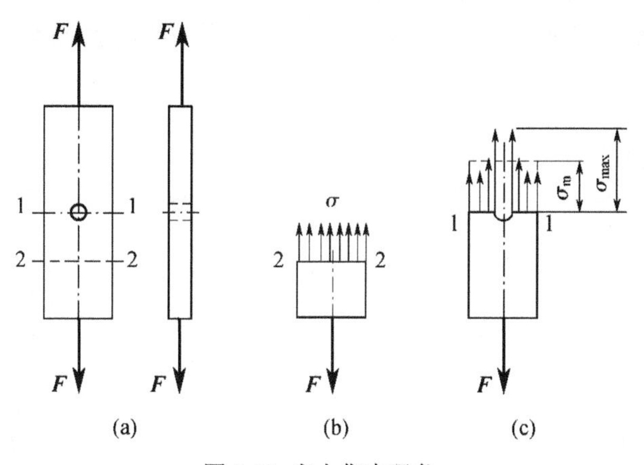

图 8-11 应力集中现象

应力集中的程度，常以最大局部应力 $\sigma_{\max}$ 与被削弱截面上的平均应力 σ_m 之比来衡量，称为理论应力集中系数。常以 α 表示，即

① 标准链环圆钢的直径有 5、7、8、9、11、13、16、18、20…，单位为 mm。

$$\alpha = \frac{\sigma_{max}}{\sigma_m} \tag{8-8}$$

对于各种典型的应力集中现象，如线槽、钻孔、螺纹等的 α 值，可查阅相关的机械设计手册。

不同的材料对应力集中的敏感程度也是不同的。塑性材料由于有屈服阶段，当局部应力达到最大应力 σ_{max} 时，该处材料将发生塑性变形，而应力却基本上不再增大。当外力继续增加时，处于弹性阶段的其他部分的应力将继续增加，直至整个截面上的应力都达到屈服极限时，构件才丧失承载能力。因此，应力集中对于承受静载荷的塑性材料并没有明显的影响。脆性材料由于没有屈服阶段，当应力集中处的最大应力 σ_{max} 首先达到强度极限 σ_b 时，杆件就会在该处产生裂纹。所以，应力集中对于脆性材料制成的杆件危害比较严重。

还应指出的是，不管是何种材料制成的构件，只要其内部产生的应力按周期性变化，应力集中对其强度的影响都是很大的。

习题与思考题

8-1 什么是平面假设？它的作用如何？

8-2 如何推导直杆受轴向拉伸或压缩时的应力公式？

8-3 胡克定律解决了材料力学中的什么问题？

8-4 应力集中发生在什么情况下？

8-6 已知等截面直杆的面积 A=500mm^2,受轴向力作用：F_1=1kN,F_2=2kN，F_3=2kN。试求杆中各段的内力及应力。

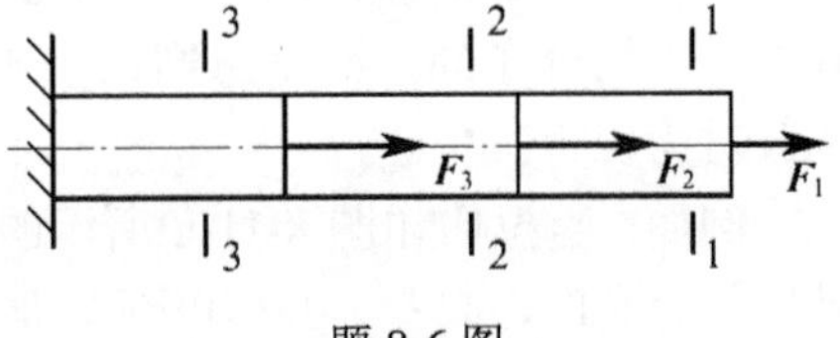

题 8-6 图

8-7 作用于图示零件上的拉力为 F =38kN，试问零件内最大拉应力发生于哪个截面上？并求其值。

8-8 一吊环螺钉，其大径 d =48mm,小径 d_1 =42.6mm,吊重 F=50kN,求其螺钉横截面上的应力。

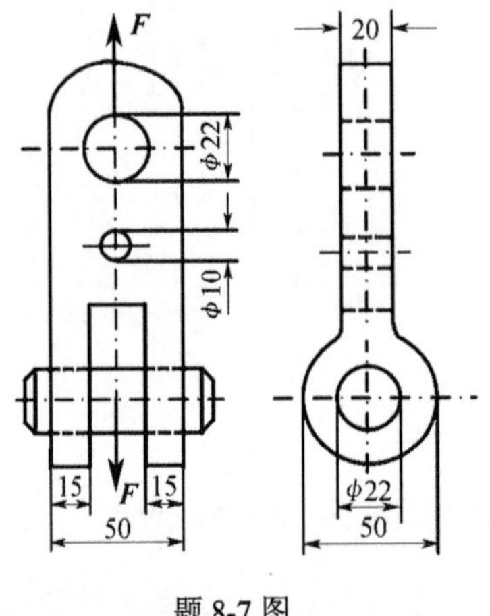

题 8-7 图

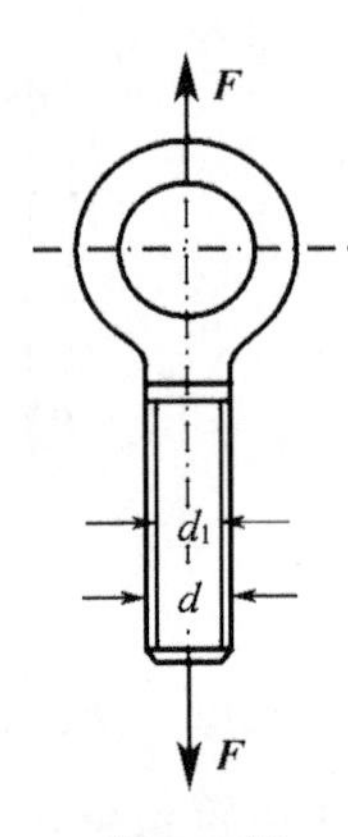

题 8-8 图

8-9 拉伸试件材料为 20 钢，直径 d=10mm，标距 l=50mm。拉伸试验测得：拉力增量 ΔF=9kN 时相应的伸长增量 Δl=0.028mm，对应于屈服时的拉力 F_s=32kN，试件拉断后标距增长到 l_1=62mm，颈缩断口处的直径 d_1=6.9mm，试计算其 E、σ_s、σ_b、δ、ψ 的数值。

8-10 汽车离合器踏板如图所示。已知踏板受到压力 Q=400N，拉杆1的直径 D =9mm，杠杆臂长 L=330mm，l=56mm，拉杆的许用应力 $[\sigma]$=50MPa，校核拉杆1的强度。

8-11 如图为某镗铣床工作台进给油缸，油压 p=2MPa，油缸内径 D=75mm，活塞杆直径 d=18mm，已知活塞杆材料的许用应力 $[\sigma]$=50MPa，试校核活塞杆强度(提示：应计入活塞杆对油压力作用面积的影响)。

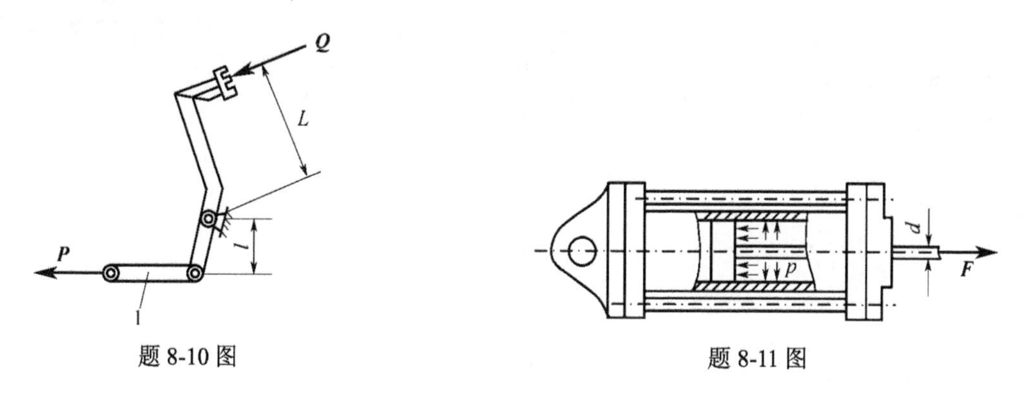

题 8-10 图　　　　题 8-11 图

8-12 某悬臂吊车结构如图，最大起重量 G=20kN，AB 杆的材料为 A_3 圆钢，$[\sigma]$=120MPa，试设计 AB 杆直径 d 。

8-13 在图示杆系中，BC 和 BD 两杆的材料相同，且抗拉和抗压许用应力相等，同为 $[\sigma]$。为使杆系使用的材料最省，试求夹角 θ 的值。

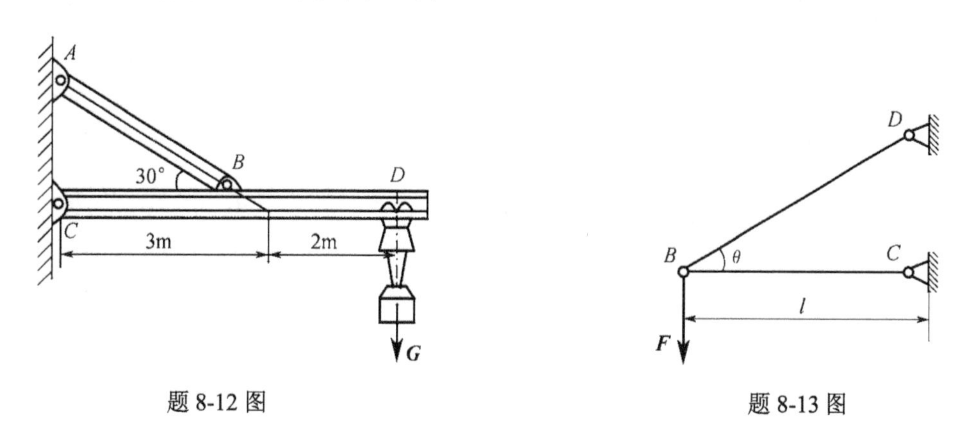

题 8-12 图　　　　题 8-13 图

8-14 图示双杠杆夹紧机构，需产生一对 20kN 的夹紧力，试求水平杆 AB 及二斜杆 BC 和 BD 的横截面直径。已知：该三杆的材料相同，$[\sigma]$=100MPa，α=30°。

8-15 图示由两种材料组成的圆杆，直径 d=40mm，杆的总伸长 Δl=0.12mm。钢和铜的弹性模量分别为 $E_{钢}$=210GPa，$E_{铜}$=100GPa。试求载荷 $\boldsymbol{F}$ 大小及在 $\boldsymbol{F}$ 力作用下杆内的 σ_{max}。

8-16 直径 d=25mm 的圆杆，受到正应力 σ=240MPa 的拉伸，若材料的弹性模量 E=210GPa，泊松比 μ=0.3，试求其直径改变量 Δd。

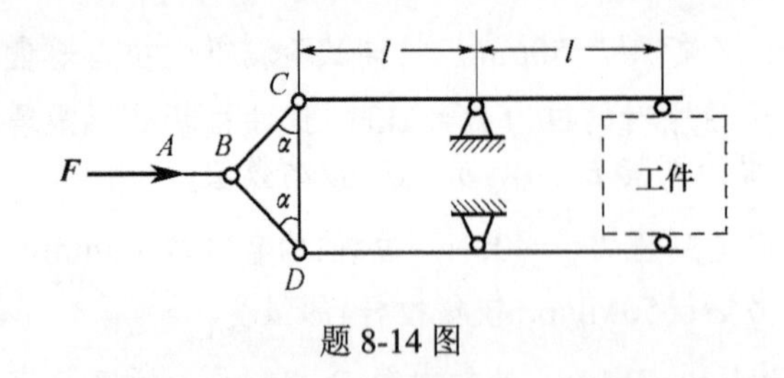

题 8-14 图

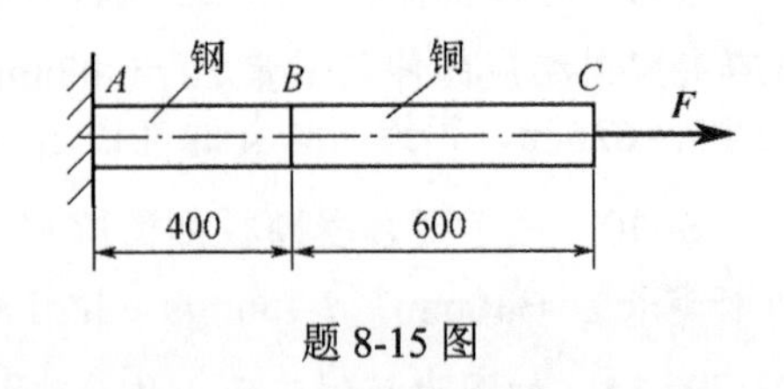

题 8-15 图

8–17 等截面钢杆 AB，在 C 截面处加力 F=100kN，截面面积 A=2000mm^2，求 A、B 两端约束力及杆内应力。

8–18 已知 1、2 杆为长度相等的钢杆，横截面面积均为 A=800mm^2，横梁可视为刚体。若 $[\sigma]$=150MPa, E=210GPa，F=100kN，试校核钢杆的强度。

第9章 剪切与扭转

事实上，剪切与扭转两种基本变形并无实质联系。之所以把两者合为一章，只是因为两种变形都产生剪应力，而两者剪应力的表达形式却大相径庭，读者在学习过程中应注意加以区别。

9.1 剪切和挤压的概念及其实用计算

9.1.1 剪切和挤压的概念及实例

在工程实际中，受到剪切的构件也是很常见的，特别是起连接作用的构件，如铆钉、销钉、键及螺栓等，主要产生剪切变形，如图9-1(a)、(b)、(c)所示。另外，在冲床和剪床上冲、剪钢板时，钢板都要发生剪切变形，图 9-2(a)、(b)所示为钢板受力及剪切变形情况。剪切的特点是：作用于构件两个侧面上且与构件轴线垂直的外力(包括分布力)，可以简化为大小相等、方向相反、作用线相距很近的一对平行力，这对力将使构件中间部分的相邻两截面产生相对错动。称这样的变形为剪切变形，产生相对错动的的平面称为剪切面。

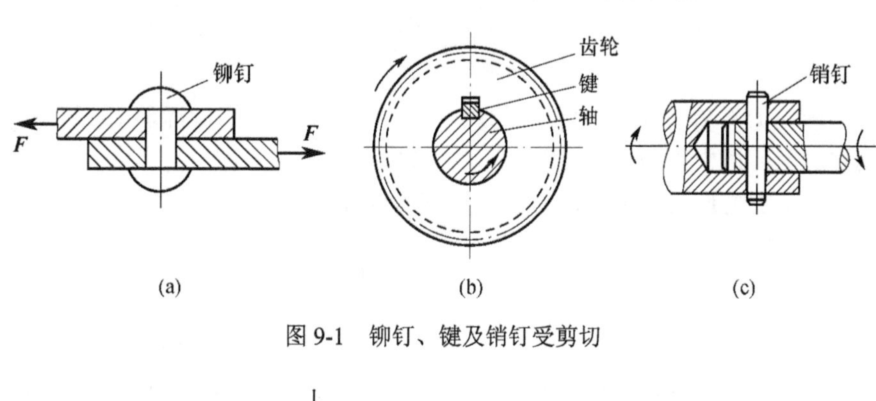

图9-1 铆钉、键及销钉受剪切

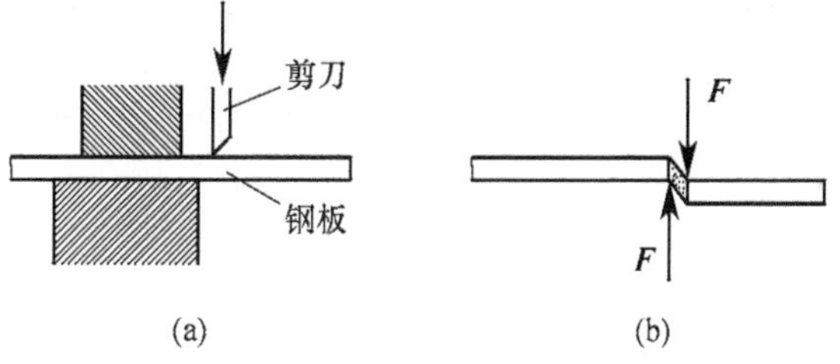

图9-2 剪板机工作原理及钢板受剪示意图

连接件在受到剪切变形的同时，常常还伴随着其他变形，主要为挤压变形。所谓挤压，是指在连接件与被连接件的接触面上发生的相互压紧的现象。由于挤压的作用，在连接件与被连接间的接触面上及邻近的局部区域内将产生很大的压应力，当外部载荷过大时，便在这些区域内产生塑性变形甚至破坏。图 9-3 给出了铆钉孔被挤压的变形情况，当然，铆钉也可能被挤压成扁圆柱。

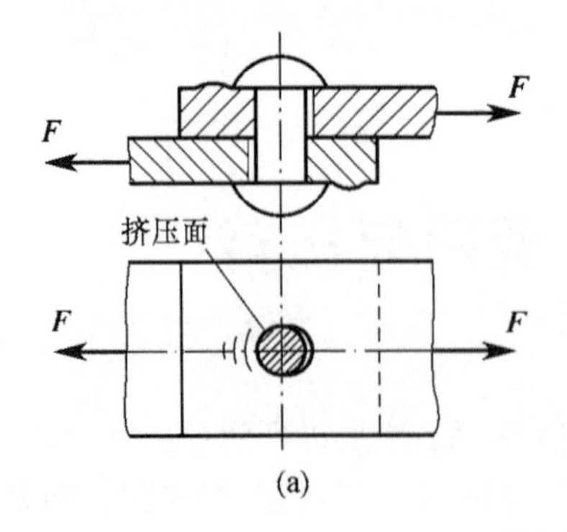

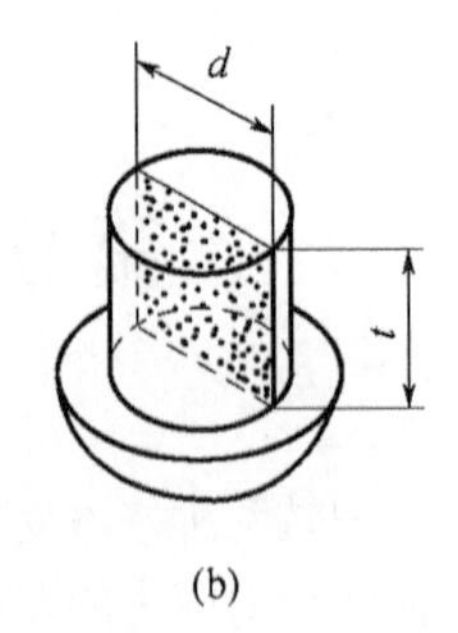

图 9-3 铆钉受挤压

9.1.2 剪切的实用计算

下面以铆钉的剪切为例，来讨论剪切的内力和应力。

在图 9-4(a)中，假想一平面 m—m 沿剪切面将铆钉切成上下两部分，保留上半部分作为研究对象，如图 9-4(b)所示。截面 m—m 上的内力 $\boldsymbol{F_Q}$ 与剪切面相切，称为剪力。由平衡方程 $\Sigma F_x=0$，不难得到

$$F_Q=F$$

在实用计算中，忽略拉伸与弯曲变形的影响，认为剪切面上主要作用有剪应力 $\boldsymbol{\tau}$，并假设剪切面上的剪应力是均匀分布的。若剪切面的面积为 A，则剪应力 $\boldsymbol{\tau}$ 为

$$\tau=\frac{F_Q}{A} \tag{9-1}$$

实际上，剪应力在剪切面上况并非是均匀分布的。这里由式(9-1)算得的剪应力并不是剪切面上的真实应力，通常称为“名义剪应力”，并以此作为工作剪应力。

得到了截面上的剪应力，便可以得出设计截面或校核已有截面的强度条件，即

$$\tau=\frac{F_Q}{A}\leqslant[\tau] \tag{9-2}$$

式中：$[\tau]$为材料的许用剪应力。它可用试验的方法，使试件的受力条件尽可能地接近实际构件的受力情况，以求得试件破坏时的极限载荷，然后用式(9-2)由极限载荷求出相应的名义极限剪应力，再除以安全系数 n 来得到。

一般工程规范中规定，许用剪应力$[\tau]$可由其拉伸许用应力$[\sigma]$按下列关系确定。对塑性材料，有

$$[\tau]=(0.6\sim0.8)[\sigma]$$

对脆性材料，有

$$[\tau]=(0.8\sim1.0)[\sigma]$$

由图 9-4 还可以看出，对受剪切的构件，剪力或剪应力与剪切面相切，而其外载荷与剪切面平行。

例 9-1 如图 9-5(a)所示的螺钉受拉力 F=50kN。已知其直径 d=20mm，顶头高度 h=12mm，材料的许用剪应力$[\tau]$ =60MPa，试校核螺钉的剪切强度。若螺钉强度不够，其许用拉力$[F]$应为多大？

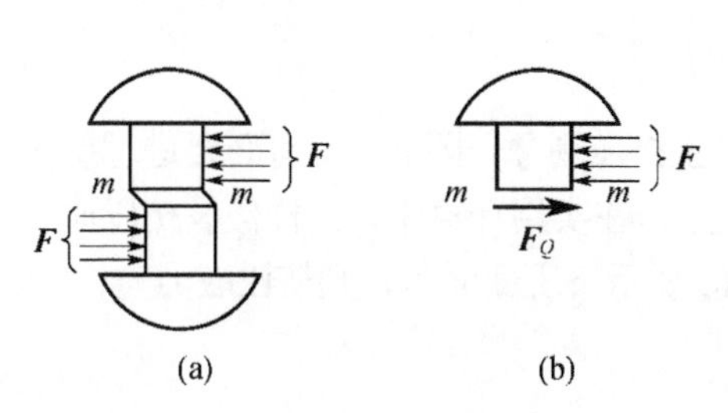

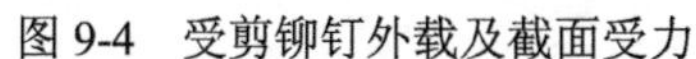

图 9-4　受剪铆钉外载及截面受力

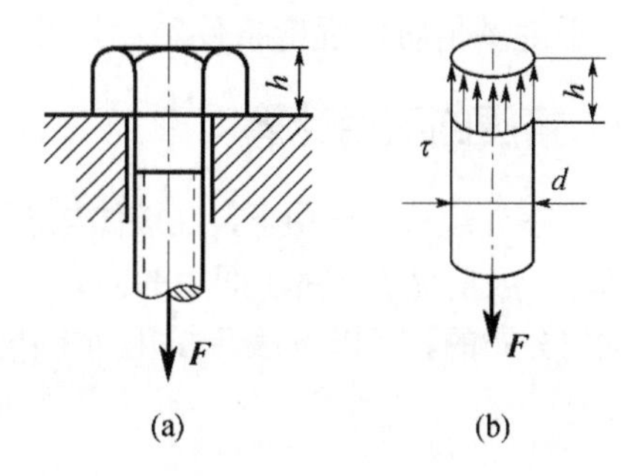

图 9-5　螺栓受剪工作原理及剪切面受力

解：剪切面应为直径为 d，高度为 h 的圆柱侧面，如图 9-5(b)所示。其面积为

$$A=\pi dh=754\text{mm}^2$$

不难看出，拉伸螺钉时的拉力 $\boldsymbol{F}$ 即为螺钉头剪切面上的剪力 $\boldsymbol{F}_Q$。根据式(9-2)，得

$$\tau=\frac{F_Q}{A}=\frac{F}{A}=\frac{50\times10^3}{754}=66.3\text{MPa}>[\tau]$$

即螺钉强度不够。若保证其尺寸不变，则许用拉力应为

$$[F]\leqslant A[\tau]=754\times60\times10^{-3}=45.2\text{MPa}$$

例 9-2　齿轮与轴用平键连接，如图 9-6(a)所示。已知轴的直径 d =40mm，键的尺寸 $b\times h\times l$=12×8×35，长度单位为 mm，传递的力偶矩 M=350N·m，键材料的许用剪应力$[\tau]$=60MPa，试校核键的剪切强度。

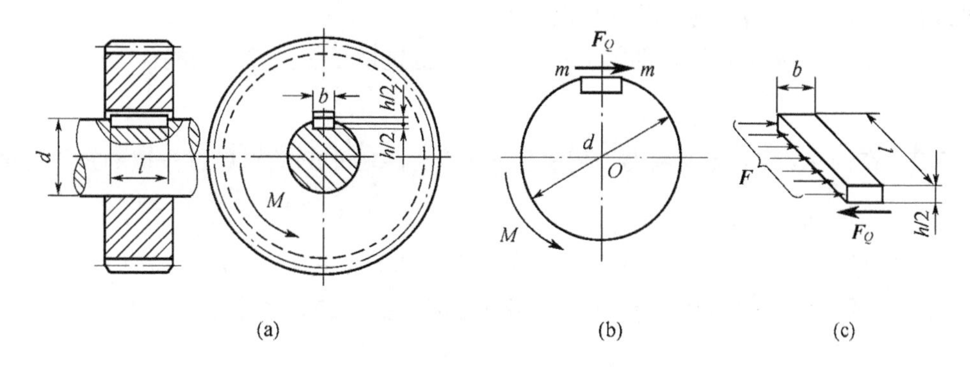

图 9-6　键受剪工作原理及剪切面受力

解：假想一平面将平键沿截面 m—m 截开，以其下半部分及轴作为研究对象，如图 9-6(b)所示。由于假设截面 m—m 上的剪应力均匀分布，且剪切面面积为 $A=bl$，故其上的剪力为

$$F_Q=A\tau=bl\tau$$

对轴心列力矩方程，得

$$\sum M_O(\boldsymbol{F})=0,\ M-F_Q\frac{d}{2}=0$$

故有

$$\tau=\frac{F_Q}{A}=\frac{2M}{bld}=\frac{2\times350\times10^3}{12\times35\times40}=41.7\text{MPa}<[\tau]$$

因此，平键满足剪切强度条件。

9.1.3 挤压的实用计算

由于在外载荷的作用下，连接件与被连接件必发生挤压现象。因此，也有必要进行挤压的强度计算。一般情况下，挤压面上的应力分布也比较复杂，在实用计算中，同样假设挤压面上的应力是均匀分布的。仍以 $\boldsymbol{F}$ 表示挤压面上传递的力，A_{bs} 表示挤压面面积，则挤压应力为

$$\sigma_{bs}=\frac{F}{A_{bs}} \tag{9-3}$$

上式求得的挤压应力也是名义应力，并以此作为工作挤压应力。相应的挤压强度条件为

$$\sigma_{bs}=\frac{F}{A_{bs}}\leqslant[\sigma_{bs}] \tag{9-4}$$

式中：$[\sigma_{bs}]$为材料的许用挤压应力，其值可从有关规范中查到。对于钢材，许用挤压应力$[\sigma_{bs}]$与拉伸许用应力$[\sigma]$一般可按如下关系确定。即

$$[\sigma_{bs}]=(1.7\sim2.0)[\sigma]$$

在实用计算中，挤压面面积 A_{bs}，要由连接件与被连接件接触面的具体情况而定。对于图 9-1(b)所示的连接齿轮与轮轴的键、木榫接头等构件，它们的接触面均为平面，所以挤压面就是接触平面的实际面积。而对于图 9-1(a)、(c)所示的铆钉、销钉及螺栓等构件，其实际接触面为半圆柱面，挤压面面积 A_{bs} 通常取挤压面的正投影，即圆孔或圆钉的直径平面面积 td，如图 9-3(b)所示。以该面积除挤压力 $\boldsymbol{F}$ 所得的应力，与接触面上的实际最大应力大致相同。可见，外载荷、挤压力或挤压应力与挤压面垂直。

还应指出，如果两接触构件的材料不同，应以抵抗挤压能力较差的构件为准进行挤压强度计算。

例 9-3 在例 9-2 中，键材料的许用挤压应力$[\sigma_{bs}]$=100MPa，试校核平键的挤压强度。若强度不满足，请重新设计平键的长度 l。

解：以截面 m—m 以上部分的平键为研究对象，其受到截面 m—m 上的剪力 $\boldsymbol{F}_Q$ 及左侧面上的挤压力 $\boldsymbol{F}$ 而平衡，如图 9-6(c)所示。挤压面面积 $A_{bs}=lh/2$，由水平方向平衡方程，得

$$F=F_Q=\frac{M}{\frac{d}{2}}$$

根据式(9-4)，得

$$\sigma_{bs}=\frac{F}{A_{bs}}=\frac{4M}{lhd}=\frac{4\times350\times10^3}{35\times8\times40}=125\text{MPa}>[\sigma_{bs}]$$

可见，平键的挤压强度不够。需重新设计平键的长度，仍由式(9-4)，得

$$l\geqslant\frac{4M}{hd[\sigma_{bs}]}=\frac{4\times350\times10^3}{8\times40\times100}=43.75\text{mm}$$

最后，取 $l=44$mm。

例 9-4 如图 9-7 所示的截面为正方形的木榫接头，承受轴向拉力 F=10kN。已知木材的

顺纹许用挤压应力$[\sigma_{bs}]$=8MPa，顺纹许用剪应力$[\tau]$=1MPa，顺纹许用拉应力$[\sigma]$=10MPa。试根据剪切、挤压及拉伸强度要求设计尺寸 a、b 和 l。

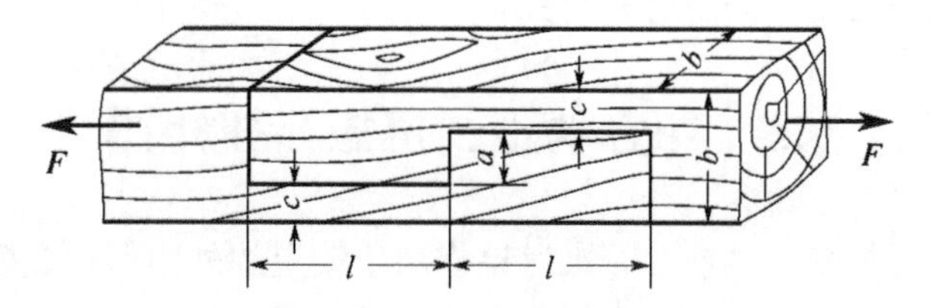

图 9-7　木榫接头受拉挤压原理及挤压面

解：(1) 由图知，木榫接头的剪切面面积为 $A=bl$，且 $F_Q=F$。由剪切强度条件，得

$$A=bl\geqslant\frac{F_Q}{[\tau]}=\frac{10\times10^3}{1}=10^4\,\text{mm}^2 \tag{a}$$

(2) 木榫接头的挤压面面积为 $A_{bs}=ab$，由挤压强度条件，得

$$A_{bs}=ab\geqslant\frac{F}{[\sigma_{bs}]}=\frac{10\times10^3}{8}=1250\text{mm}^2 \tag{b}$$

(3) 从图 9-7 中可以看出，接头最小的拉伸面积为 $A_{\min}=bc=\frac{1}{2}b(b-a)$，由拉伸强度条件，得

$$A_{\min}=\frac{1}{2}b(b-a)\geqslant\frac{F_N}{[\sigma]}=\frac{10\times10^3}{10}=10^3\,\text{mm}^2 \tag{c}$$

联立式(a)、(b)、(c)，可解得

$$a\geqslant22\text{mm}，b\geqslant57\text{mm}，c\geqslant175\text{mm}$$

9.2　扭转的概念与实例

现在来研究杆件的另外一种基本变形——扭转，受扭转变形的杆件称为轴。工程实际中，有很多杆件的变形是扭转变形，如图 9-8 所示的攻丝时的丝锥和连接汽车方向盘的转向轴，以及其他一些轴类零件，如电动机、搅拌机的主轴、机床的传动轴等。扭转变形是由大小相等、方向相反、作用面与杆件轴线垂直的两个力偶引起的，表现为杆件的任意两个横截面都绕其轴线发生相对转动。

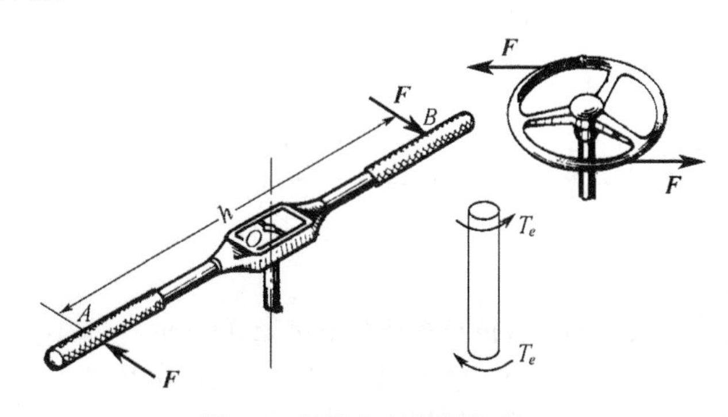

图 9-8　丝锥和方向盘轴受扭

事实上，大部分轴类零件除扭转变形外还有弯曲等其他形式的变形，属于组合变形。关于组合变形将在后面的章节进行具体讨论。本章只对工程中最常见的，而且也是扭转形式最简单的圆形截面等直杆的扭转问题进行研究。

9.3　外力偶矩、扭矩与扭矩图

在研究扭转的应力与变形之前，先来讨论作用于轴上的外力偶矩及横截面上的内力。

一般情况下，作用于轴上的外力偶矩不是直接给出的，通常是给出轴所传递的功率和轴的转速，或给出作用于轴上的载荷。对于后者，可以将外载荷向轴线简化来得到作用于轴上的外力偶矩；而对于前者，由功率的的定义可知，力偶矩在单位时间内所做的功，就是功率 P，其值可由外力偶矩 $\boldsymbol{T}_e$ 与轴转动的角速度 ω(单位时间内所转过的角度)的乘积得到，即

$$P = T_e\omega \tag{9-5}$$

令 n 为轴的转速，单位用 r/min，力偶矩 $\boldsymbol{T}_e$ 的单位用 N·m，功率 P 的单位用 kW，则由式(9-5)及 $\omega = 2\pi \times \frac{n}{60} = \frac{n\pi}{30}$，可得

$$T_e = 9549\frac{P}{n}\text{N}\cdot\text{m} \approx 9.55\frac{P}{n}\text{kN}\cdot\text{m} \tag{9-6(a)}$$

如果功率 P 的单位用马力(Ps)，根据单位换算关系：

$$1\text{Ps} = 735.5\text{W}$$

则式(9-6(a))又可表达为

$$T_e = 7024\frac{P}{n}\text{N}\cdot\text{m} \approx 7.02\frac{P}{n}\text{kN}\cdot\text{m} \tag{9-6(b)}$$

式(9-6(b))给出了功率、转速与外力偶矩三者之间的关系。它们在工程上经常用到，应用时要注意式中各个符号的含义及单位。

当作用在圆轴上的所有外力偶矩都求出以后，就可以用截面法确定出横截面上的内力。以图 9-9(a)所示的传动轴为例，在圆轴的两个端截面内作用一对大小相等、方向相反的外力偶矩。假想一平面 m—m 将圆轴分成两部分，并保留部分Ⅰ作为研究对象，如图 9-9(b)所示。由于整个圆轴是平衡的，所以部分Ⅰ也处于平衡状态，这就要求截面 m—m 上的内力系合成一个力偶矩 $\boldsymbol{T}_e$，由静力学平衡方程 $\Sigma M_x = 0$，不难得

$$T_e = T$$

$\boldsymbol{T}$称为截面 m—m 上的扭矩。它是Ⅰ、Ⅱ两部分在截面 m—m 上相互作用的分布内力系的合力偶矩。若取部分Ⅱ为研究对象，可得到相同的结果，只是扭矩 T 的方向相反，如图 9-9(c)所示。

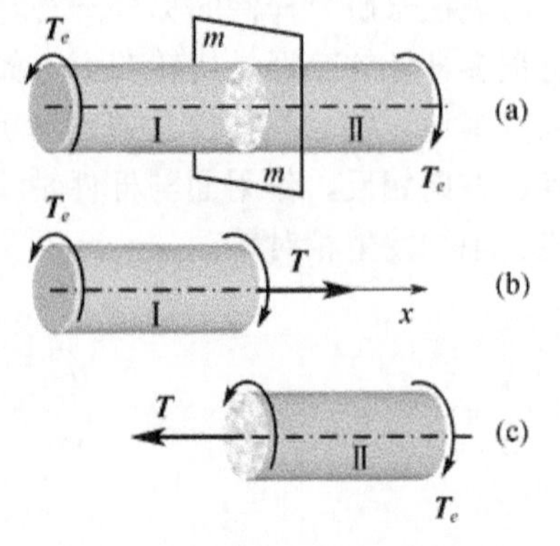

图 9-9　圆轴受扭截面法求解扭矩

扭矩的正、负是这样规定的：若按右手螺旋法则把 $\boldsymbol{T}$ 表示为矢量，当矢量方向与截面外法线方向相同时，则 $\boldsymbol{T}$ 为正；反之 $\boldsymbol{T}$ 为负。根据这一规则，图 9-9(b)、(c)中截面 m—m 上的扭矩都是正的。通常圆轴横截面上的未知扭矩都设为正。

与杆件的轴向拉、压问题相类似，当圆轴上受到多于两个以上的外力偶矩作用时，其各段截面上的扭矩一般也是不相等的。圆轴各横截面上扭矩沿轴线的变化规律，同样可以用图线来表示，这种图线称为扭矩图。其中，以横轴表示横截面的位置，纵轴表示相应截面上的扭矩。关于扭矩的计算和扭矩图的画法，以如下例题来说明。

例 9-5 如图 9-10(a)所示的传动轴，主动轮 A 的输入功率 P_A=36kW，从动轮 B、C、D 输出功率分别为 P_B=P_C=11kW，P_D=14kW，轴的转速为 n=300r/min。试作传动轴的扭矩图。

解：(1) 首先计算外力偶矩，由式(9-6(a))得

$$T_A = 9549\frac{P_A}{n} = 9549 \times \frac{36}{300} = 1146\text{N} \cdot \text{m}$$

$$T_B = T_C = 9549\frac{P_B}{n} = 9549 \times \frac{11}{300} = 350\text{N} \cdot \text{m}$$

$$T_D = 9549\frac{P_D}{n} = 9549 \times \frac{14}{300} = 446\text{N} \cdot \text{m}$$

(2) 再用截面法计算各段轴内的扭矩。四个外力偶矩 $\boldsymbol{T}_B$、$\boldsymbol{T}_C$、$\boldsymbol{T}_A$、$\boldsymbol{T}_D$ 将传动轴分为 BC、CA 和 AD 三段，先 BC 段内的扭矩。假想一平面将 BC 段沿横截面 1—1 切开，保留左半部分作为研究对象，并假设 1—1 截面上的扭矩 $\boldsymbol{T}_1$ 为正，如图 9-10(b)所示。列力偶矩的平衡方程：

$$\sum M_x = 0，\ T_1 + T_B = 0$$

得

$$T_1 = -T_B = -350\text{N} \cdot \text{m}$$

结果为负值，说明该截面上的扭矩转向与假设转向相反。

同理，可算得 CA 和 AD 两段内的扭矩，它们分别为

$$T_2 = -(T_B + T_C) = -700\text{N} \cdot \text{m}，\ T_3 = T_D = 446\text{N} \cdot \text{m}$$

根据以上求得的各段内的扭矩，就可作出整个传动轴的扭矩图，如图 9-10(c)所示。从扭矩图中可以看出，最大扭矩在 CA 段内，其值为 700N·m。

例 9-6 如图 9-11(a)所示的等截面圆轴左端固定，在 A、B 两截面上分别作用有矩为 T_A = 5kN·m，T_B=3kN·m 的外力偶。试作出该轴的扭矩图。

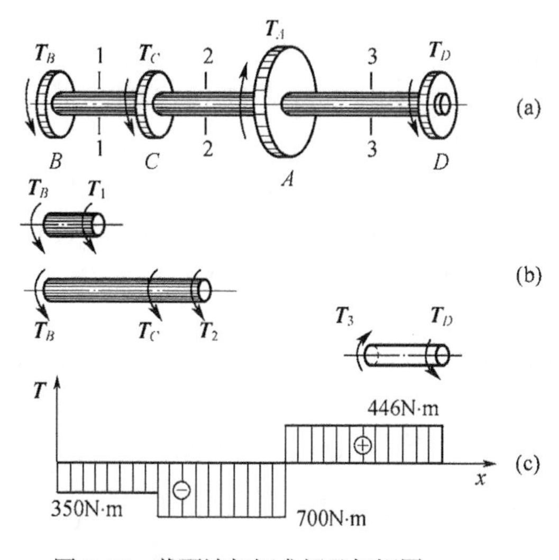

图 9-10 截面法扭矩求解及扭矩图

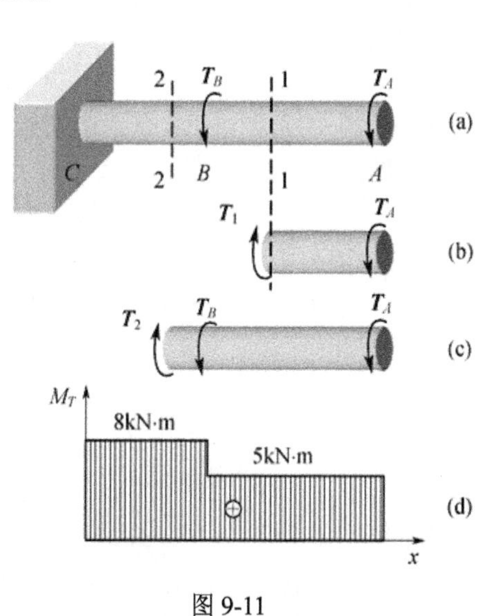

图 9-11

解：由于轴上作用有两个主动力偶 $\boldsymbol{T}_A$、$\boldsymbol{T}_B$ 和固定端 C 处的一个约束力偶，这三个力偶将整个轴分为 AB 和 BC 两段。首先假想一平面 1—1 沿 AB 段内任一横截面切开，保留右段作为研究对象，并假设 1—1 截面上的扭矩为 $\boldsymbol{T}_1$，如图 9-11(b)所示。列力偶矩的平衡方程：

$$\sum M_x=0，T_1-T_A=0$$

得

$$T_1=T_A=5\text{kN}\cdot\text{m}$$

同理，再假想一平面 2—2 沿 BC 段内任一横截面切开，仍保留右段作为研究对象，并假设 2—2 截面上的扭矩为 $\boldsymbol{T}_2$，如图 9-11(c)所示。列力偶矩的平衡方程，可得

$$T_2=T_A+T_B=8\text{kN}\cdot\text{m}$$

根据求得的 AB 和 BC 两段内的扭矩，便可作出该圆轴的扭矩图，如图 9-11(d)所示。

当然，本题也可以先利用静力平衡方程求出固定端 C 处的一个约束力偶 $\boldsymbol{T}_C$，然后取截面的左段作为研究对象进行分析，所得的结果与上面是一致的。读者可自行验证，这里不再赘述。

9.4　圆轴扭转时的强度与刚度计算

为了保证圆轴受扭转时能够正常工作，必须限制圆轴内横截面上的最大剪应力不超过材料的许用剪应力$[\tau]$，即

$$\tau_{\max}=\frac{T_{\max}}{W_p}\leqslant[\tau] \tag{9-7}$$

对于等截面圆轴，最大剪应力 $\tau_{\max}$ 发生在 $T_{\max}$ 所在的截面的边缘上，对于变截面圆轴(如阶梯轴)，由于 W_p 不是常量，则 $\tau_{\max}$ 不一定发生在 $T_{\max}$ 所在的截面上。因此，这时应综合考虑扭矩与抗扭截面模量 W_p 两者的变化情况来确定 $\tau_{\max}$。式中的$[\tau]$可以根据静载荷下薄壁圆筒扭转试验来确定。许用剪应力$[\tau]$与许用拉应力$[\sigma]$之间的关系如下。

对塑性材料：

$$[\tau]=(0.5\sim0.6)[\sigma]$$

对脆性材料：

$$[\tau]=(0.8\sim1.0)[\sigma]$$

对于轴类构件，由于考虑到动载荷及其他原因，所取许用剪应力一般比静载荷下的许用剪应力要低。

工程实际中，为了能正常工作，一些轴除了满足强度条件以外，还需要对其变形(即单位长度的扭转角 θ)加以限制，亦即还要满足刚度条件。为了确保轴的刚度，通常规定单位长度扭转角的最大值 $\theta_{\max}$ 也应不超过规定的许用扭转角$[\theta]$。因此，扭转变形的刚度条件为

$$\theta=\frac{T_{\max}}{GI_p}\leqslant[\theta]\ \ (\text{rad}/\text{m}) \tag{9-8(a)}$$

或

$$\theta=\frac{T_{\max}}{GI_p}\times\frac{180}{\pi}\leqslant[\theta]\ \ ((°)/\text{m}) \tag{9-8(b)}$$

式中：$[\theta]$的值按照对机器的要求和轴的工作环境来确定，可从相关手册中查到。例如，对精

密机器的轴，$[\theta]=(0.25\sim0.50)\,(^\circ)/\mathrm{m}$；对一般传动轴，$[\theta]=(0.5\sim1.0)\,(^\circ)/\mathrm{m}$；对精度要求稍低的传动轴，$[\theta]=(1.0\sim2.5)\,(^\circ)/\mathrm{m}$；$GI_P$ 称为等直圆杆的扭转刚度，相同的转矩，GI_P 越大，θ 越小，构件越抗扭。

实心轴的截面面积约为空心轴的三倍。也就是说，使用空心轴比使用实心轴可以节省 2/3 的材料。从图 9-11 所示的应力分布图可以看出：对于实心截面，当边缘处剪应力达到许可值时，靠近圆心处的剪应力值很小。这部分材料就没有充分发挥作用。若把圆心部分的材料向外移，作成空心轴，这部分材料就能承受较大的压力，也明显地增大了截面的极惯性矩 I_p。这样，自然也就提高了轴的刚度。反之，如保持轴的刚度不变，亦即保持横截面的极惯性矩 I_p 不变，空心轴则可以减轻轴的重量，节约材料。所以，飞机、轮船、汽车等运输机械的一些轴，常采用空心轴以减轻轴的重量。但对一些直径较小的长轴，如加工成空心轴，因加工工艺比较复杂，反而会增加成本，并不经济。另外，有些轴轴壁太薄时还会因扭转而丧失稳定性，所以，在设计时要综合考虑。

习题与思考题

9-1 何谓剪切？剪切变形的特征是什么？

9-2 挤压与压缩有何区别？

9-3 剪切变形的剪应力与扭转变形的剪应力有何区别？

9-4 说明扭转应力，变形公式 $\tau_\rho=\dfrac{T\rho}{I_p},\varphi=\int_0^l\dfrac{T}{GI_p}\mathrm{d}x$ 的应用条件。应用拉、压应力变形公式时是否也有这些条件限制？

9-5 扭转剪应力在圆轴横截面上是怎样分布的？指出在如图所示的应力分布图中哪些是正确的？

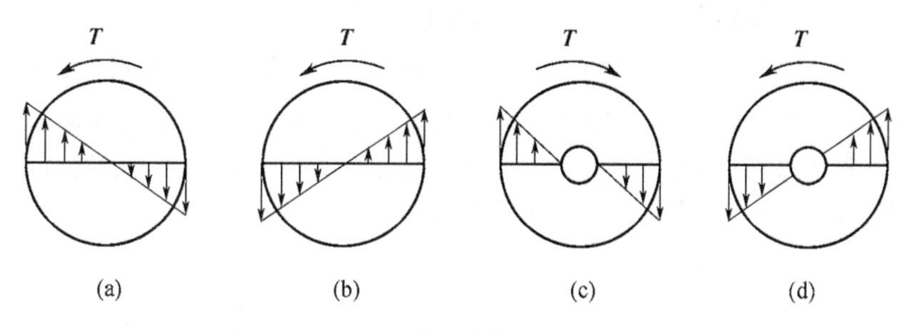

题 9-5 图

9-6 若将实心轴直径增大一倍，而其他条件不变，问最大剪应力，轴的扭转角将如何变化？

9-7 用夹剪剪断直径为 3mm 的铅丝。若铅丝的剪切极限应力为 100MPa，试问需要多大的力 $\boldsymbol{F}$？若销钉 B 的直径为 8mm，试求销钉内的剪应力。

9-8 冲床的最大冲压力为 400kN，冲头材料的 $[\sigma]=440\mathrm{MPa}$，被冲剪钢板的极限剪应力 $\tau^0=360\mathrm{MPa}$，求在最大冲压力作用下所能冲剪的圆孔的最小直径 $d_{\min}$，以及这时所能冲剪的钢板的最大厚度 $t_{\max}$。

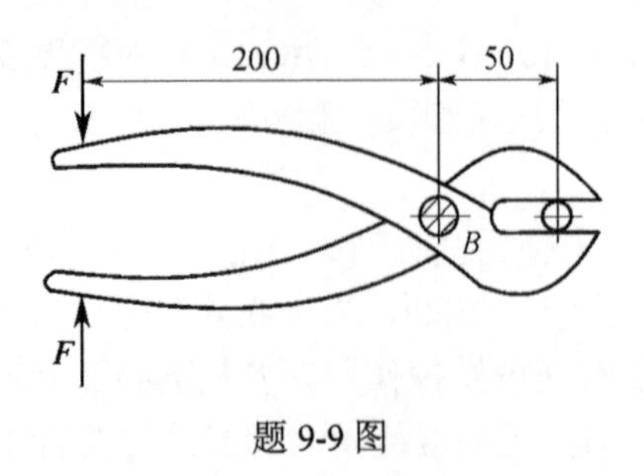

题 9-9 图

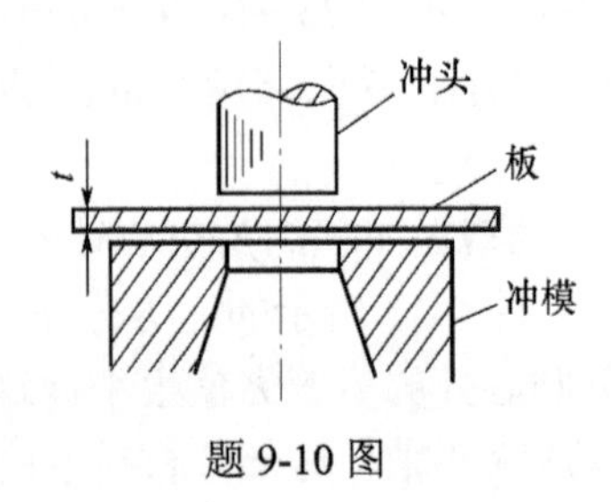

题 9-10 图

9-9 试绘制图示各杆的扭矩图。

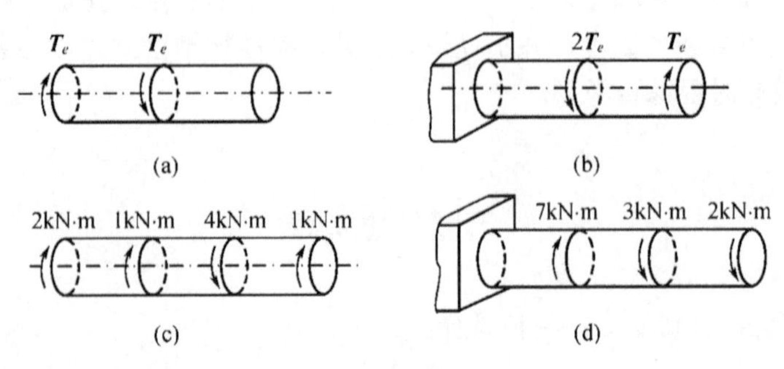

题 9-9 图

9-10 直径为 D=50mm 的圆轴，受到扭矩 T=2.15kN·m 的作用，试求在距离轴心 10mm 处的剪应力，并求轴截面上的最大剪应力。

9-11 已知圆轴的转速 n=300r/min，传递功率 330.75kW，材料的 $[\tau]$=60MPa，G=82GPa。要求在 2m 长度内的相对扭转角不超过 1°，试求该轴的直径。

9-12 如图所示，已知作用在变截面钢轴上的外力偶矩 T_{e1}=1.8kN·m，T_{e2}=1.2kN·m。试求最大剪应力和最大相对转角。材料的 G=80GPa。

9-13 图示一圆截面直径为 800mm 的传动轴，上面作用的外力偶矩为 T_{e1}=1000 N·m，T_{e2}=600N·m，T_{e3}=200N·m，T_{e4}=200N·m: (1)试作出此轴的扭矩图；(2)试计算各段轴内的最大剪应力及此轴的总扭转角(已知材料的剪切弹性模量 G=79GPa)；(3)若将外力偶矩 $\boldsymbol{T}_{e1}$ 和 $\boldsymbol{T}_{e2}$ 的作用位置互换一下，问圆轴的直径是否可以减少？

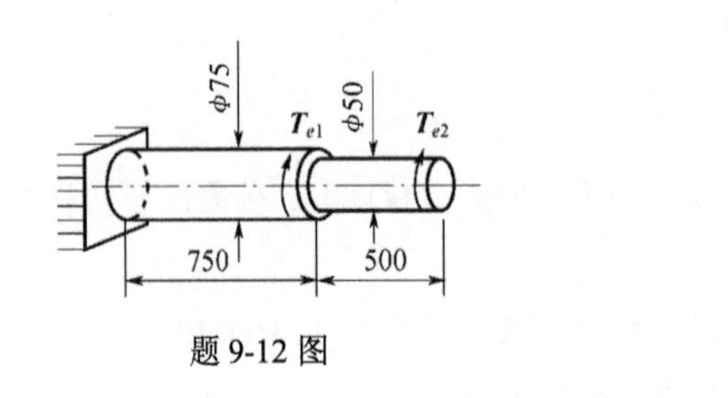

题 9-12 图

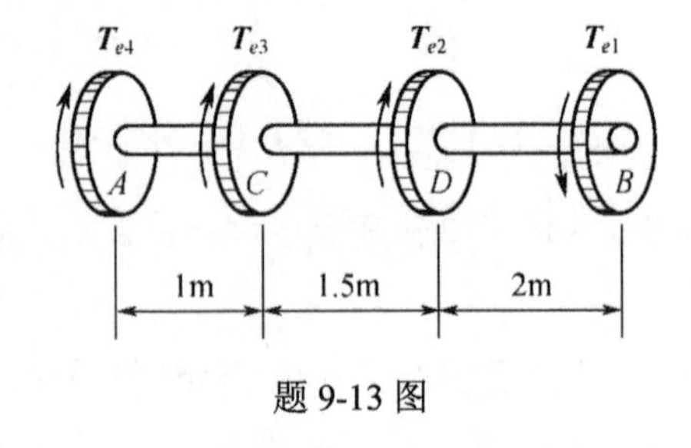

题 9-13 图

9-14 发电量为 15000kW 的水轮机主轴如图所示，D=550mm，d=300mm，正常转速 n=250r/min。材料的许用剪应力 $[\tau]$=50MPa。试校核水轮机主轴的强度。

9-15 图示 AB 轴的转速 n=120r/min，从 B 轮输入功率 P=44.15kW，此功率的一半通过

锥形齿轮传给垂直轴 C，另一半由水平轴 H 输出。已知 D_1=600mm，D_2=240mm，d_1=100mm，d_2=80mm，d_3=60mm，$[\tau]$=20MPa。试对各轴进行强度校核。

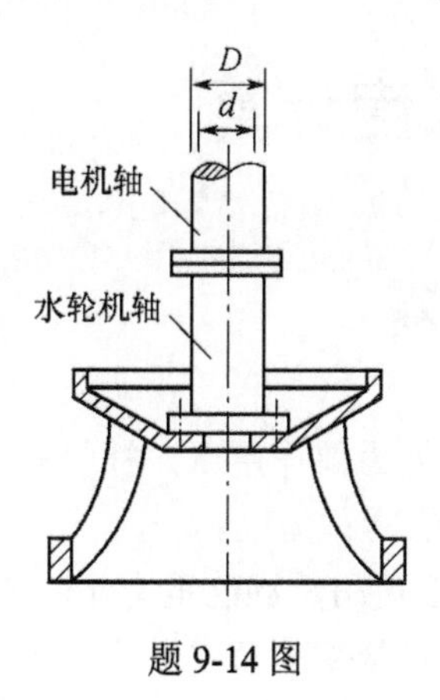

题 9-14 图

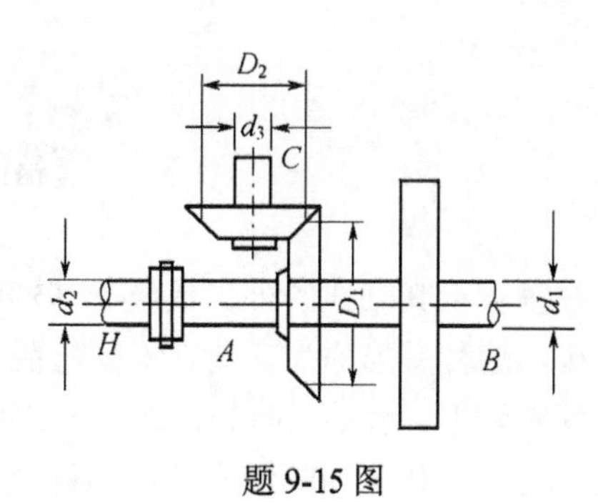

题 9-15 图

第 10 章　弯曲内力与强度计算

10.1　弯曲的概念和实例

直杆在垂直于其轴线的外力或位于其轴线所在平面内的外力偶作用下，杆的轴线将由直线变成曲线，这种变形称为弯曲。承受弯曲变形为主的杆件通常称为梁。

在工程实际中，承受弯曲的杆件很多。例如有自重并承受被吊重物的重力作用的吊车梁，(图 10-1(a))可以简化为两端铰支的简支梁(图 10-1(b))；高大的塔式容器受到水平方向风载荷的作用(图 10-2(a))，可以简化成一端固定的悬臂梁(图 10-2(b))；机车轴受到一对集中力作用(图 10-3(a))，可以简化为一个外伸梁(图 10-3(b))；夹在卡盘上的被车削工件(图 10-4(a))，也可以简化为一悬臂梁(图 10-4(b))等。

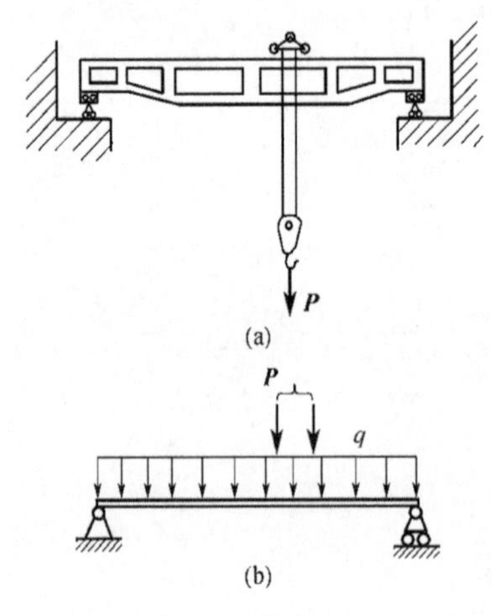

图 10-1　简支梁

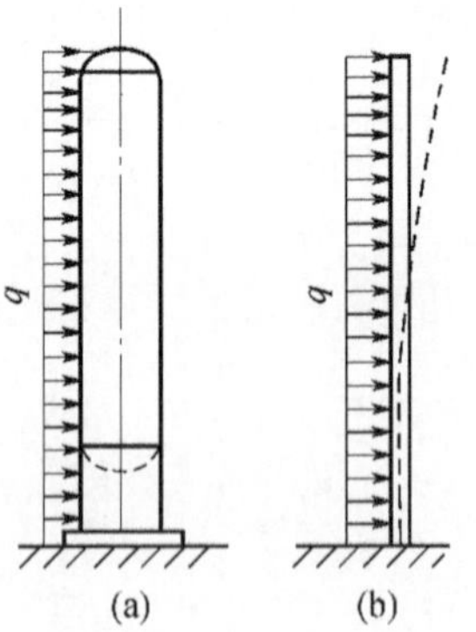

(a)　(b)

图 10-2　悬臂梁

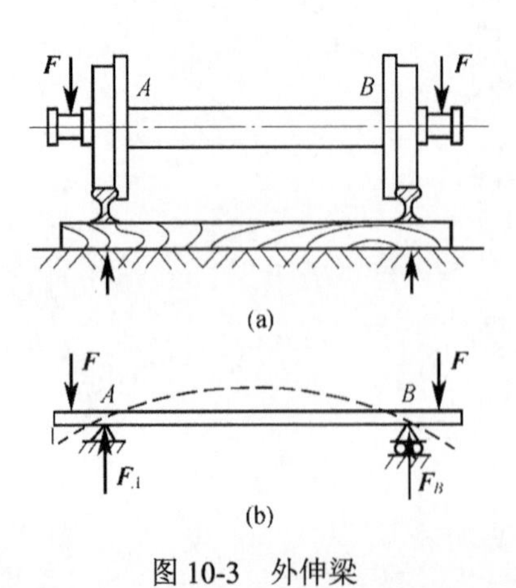

图 10-3　外伸梁

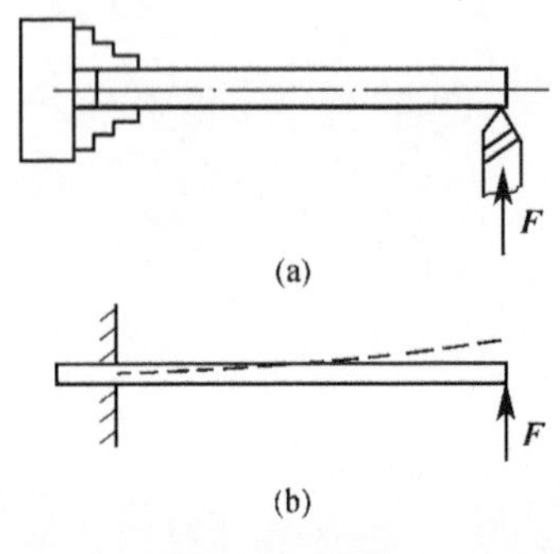

图 10-4　悬臂梁

上述简支梁、悬臂梁及外伸梁都可以用平面力系的三个平衡方程来求出其三个未知反力，因此又统称为静定梁。

此外，装有齿轮等的轴类零件，造纸机上的压榨辊以及许多结构、设备中的骨架、机床的床身、房梁、桥梁等也都是常见梁的实例，它们在工作时都要产生弯曲变形。当所有外力(包括力偶)都作用在梁的某一平面内时，梁弯曲后的轴线也与外力在同一平面内，这种弯曲称为平面弯曲。

通常梁的横截面往往都具有对称性(图 10-5(a))。各横截面的对称轴组成梁的纵向(沿其轴线方向)对称面，而外力亦作用于该纵向对称平面之内(图 10-5(b))。变形后梁的轴线仍为对称平面内的一条平面曲线，这样的弯曲称为对称弯曲。对称弯曲是一种平面弯曲，它是弯曲变形中最基本、最常见的情况。本章只研究直梁在平面弯曲时的内力、应力与强度计算。

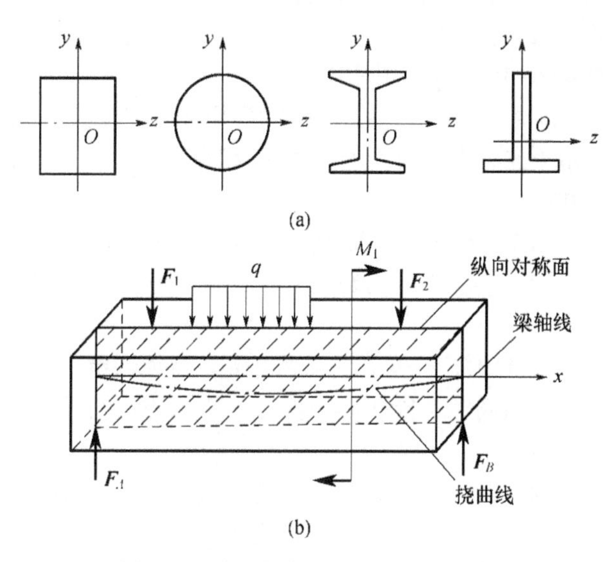

图 10-5　常用梁的截面形状及对称面

10.2　梁的弯曲内力

分析梁的应力及变形，首先需计算梁的内力。为此，仍然用截面法。现以图 10-6(a)所示简支梁为例，$\boldsymbol{F}_1$、$\boldsymbol{F}_2$ 和 $\boldsymbol{F}_3$ 为作用于梁上的载荷，先由静力平衡方程求出两端的支座反力 $\boldsymbol{F}_A$ 和 $\boldsymbol{F}_B$。按截面法可假想沿 m—m 截面把梁截开，分为左、右两部分。现保留左段(图 10-6(b))，研究其平衡。作用于左部分上的力，除外力 $\boldsymbol{F}_A$ 和 $\boldsymbol{F}_1$ 外，在截面 m—m 上还有右部分对其作用的内力。由于所讨论的是平面弯曲问题，且外力是与轴线相垂直的平行力系，所以作用于 m—m 截面上的内力只能简化为一个与横截面平行的力 $\boldsymbol{F}_S$ 及一个作用面与横截面相垂直的力偶 M (图 10-6(b))。

根据平衡方程 $\sum F_y = 0$，得

$$F_A - F_1 - F_S = 0$$

$$F_S = F_A - F_1$$

称 $\boldsymbol{F}_S$ 为横截面 m—m 上的剪力。它有使梁沿横截面 m—m 被剪断的趋势，它是与横截面相切

的分布内力系的合力。若把左段上的所有外力和内力对截面 $m—m$ 的形心 O 取矩，其力矩总和应等于零。

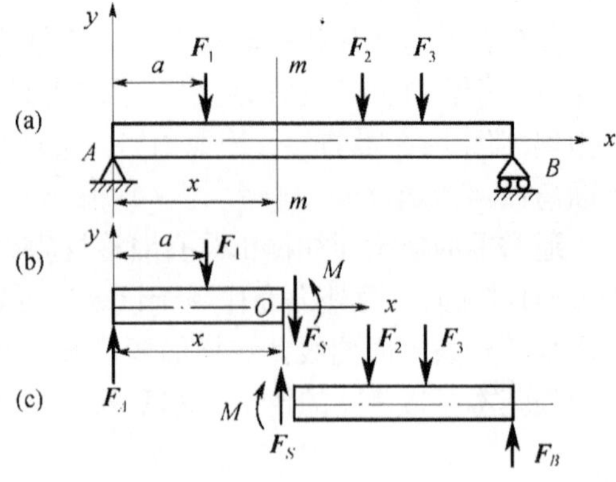

图 10-6　截面法求梁的剪力及弯矩

由 $\sum M_O = 0$，得

$$M + F_1(x-a) - F_A x = 0$$

$$M = F_A x - F_1(x-a)$$

M 称为横截面 $m—m$ 上的弯矩，它有使梁的横截面 $m—m$ 产生转动而使梁弯曲的趋势，它是与横截面垂直的分布内力系的合力偶矩。剪力 $\boldsymbol{F}_S$ 和弯矩 M 同为梁横截面上的内力。上面的讨论表明，它们都可由梁段的平衡方程来确定。

如以右段为研究对象(图 10-6(c))，用相同的方法也可求得截面上 $m—m$ 的 $\boldsymbol{F}_S$ 和 M。剪力 $\boldsymbol{F}_S$ 和弯矩 M 是左段与右段在截面 $m—m$ 上相互作用的内力。因此，作用于左、右两段上的剪力 $\boldsymbol{F}_S$ 和弯矩 M，大小相等，方向相反。

从以上计算过程可知：

(1) 梁的任一横截面上的剪力 $\boldsymbol{F}_S$，其数值等于该截面任一侧所有外力的代数和。

(2) 梁的任一横截面上的弯矩 M，其数值等于该截面任一侧所有外力对该截面形心取力矩的代数和。

(3) 计算剪力 $\boldsymbol{F}_S$ 和弯矩 M 时应注意其正负号规定。为使保留不同段进行内力计算所得剪力和弯矩不仅大小相等，而且符号也能相同，剪力、弯矩的正负号不能按其方向来规定，必须根据其相应的变形来确定。

剪力的正、负号规定为：凡使一段梁发生左侧截面向上、右侧截面向下相对错动的剪力为正(图 10-7(a))；反之为负(图 10-7(b))。亦可规定为：凡作用在截面左侧向上的外力或作用在截面右侧向下的外力，将使该截面产生正的剪力。简单概括为“左上或右下，剪力为正”；反之为负。

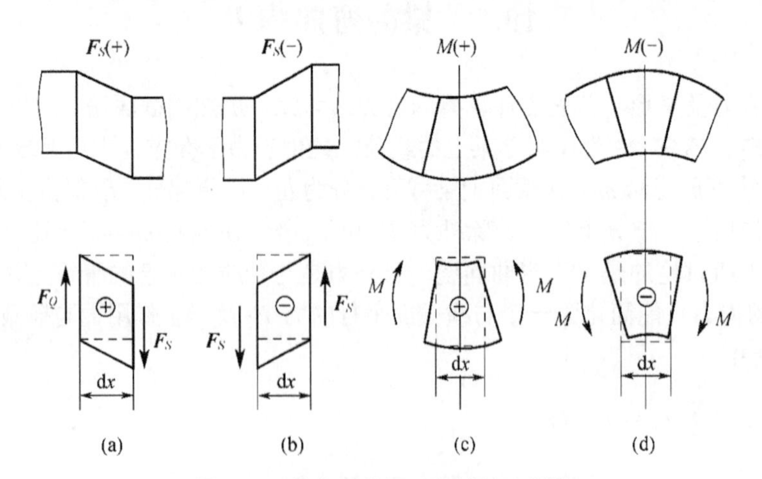

图 10-7　剪力和弯矩正负判断示意图

弯矩的正、负号规定为：当弯矩使微段凸下时为正(图 10-7(c))；反之为负(图 10-7(d))。但计算时为了方便也可规定为：凡作用在微段梁截面左侧的外力及外力偶对截面形心的矩为顺时针转向，或作用在截面右侧的外力及外力偶对截面形心的矩为逆时针转向，将使该截面产生正的弯矩。简单概括为“左顺或右逆，弯矩为正”；反之为负。

因此，可直接根据作用在截面任一侧的外力大小和方向，求出该截面的剪力和弯矩的数值和正负。

例 10-1 求图 10-8 所示简支梁 1—1 与 2—2 截面的剪力和弯矩。

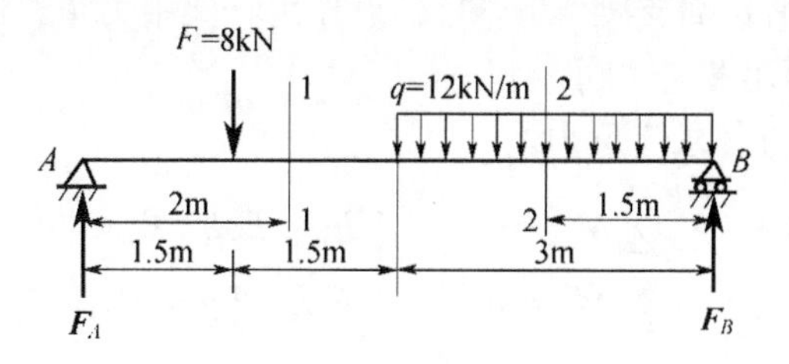

图 10-8 简支梁受力示意图

解：(1) 求支反力。由平衡方程

$$\sum M_B = 0, -F_A \times 6 + 8 \times 4.5 + (12 \times 3) \times 1.5 = 0$$

得

$$F_A = 15\text{kN}$$

$$\sum M_A = 0, F_B \times 6 - 8 \times 1.5 - (12 \times 3) \times 4.5 = 0$$

得

$$F_B = 29\text{kN}$$

(2) 求 1—1 截面上的剪力 $\boldsymbol{F}_{S1}$、弯矩 M_1，根据 1—1 截面左侧的外力来计算，可得

$$F_{S1} = F_A - P = 7\text{kN}$$

$$M_1 = F_A \times 2 - P(2 - 1.5) = 26\text{kN} \cdot \text{m}$$

同样也可以从 1—1 截面右侧的外力来计算，可得

$$F_{S1} = (q \times 3) - F_B = 7\text{kN}$$

$$M_1 = -(q \times 3) \times 2.5 + F_B \times 4 = 26\,\text{kN} \cdot \text{m}$$

可见，计算所得结果完全相同。

(3) 求 2—2 截面上的剪力 $\boldsymbol{F}_{S2}$、弯矩 M_2，根据 2—2 截面右侧的外力来计算，可得

$$F_{S2} = (q \times 1.5) - F_B = -11\text{kN}$$

$$M_2 = -(q \times 1.5) \times \frac{1.5}{2} + F_B \times 1.5 = 30\,\text{kN} \cdot \text{m}$$

10.3 剪力图和弯矩图

从上面的讨论看出，一般情况下，梁横截面上的剪力和弯矩随截面位置不同而变化。若以横坐标 x 表示横截面在梁轴线上的位置，则各横截面上的剪力和弯矩皆可表示为 x 的函数，即

$$F_S = F_S(x)$$

$$M = M(x)$$

上面的函数表达式，即为梁的剪力方程和弯矩方程。

与绘制轴力图或扭矩图一样，也用图线表示梁的各横截面上弯矩 M 和剪力 $\boldsymbol{F}_S$ 沿轴线变化的情况。绘图时以平行于梁轴的横坐标 x 表示横截面的位置，以纵坐标表示相应截面上的剪力 $\boldsymbol{F}_S$ 或弯矩 M。这种图线分别称为剪力图和弯矩图。下面用例题说明列出剪力方程和弯矩方程以及绘制剪力图和弯矩图的方法。

例 10-2 图 10-9(a)所示简支梁 AB，在 C 点作用一集中力 $\boldsymbol{F}$。试列出它的剪力方程和弯矩方程，并作剪力图和弯矩图。

解： (1) 由静力平衡方程求支反力

$$\sum M_B = 0 \qquad Fb - F_A L = 0$$

$$\sum M_A = 0 \qquad F_B L - Fa = 0$$

可得

$$F_A = \frac{Fb}{L}, \quad F_B = \frac{Fa}{L}$$

(2) 列剪力方程和弯矩方程。以梁的左端为坐标原点，选取坐标系如图 10-9(a)所示。集中力 $\boldsymbol{F}$ 作用于 C 点，梁在 AC 和 CB 两段内的剪力或弯矩不能用同一方程式来表示，应分段考虑。

AC 段：取距 A 点为 x_1 的任意截面(图 10-9(a))，由截面左侧的外力写出剪力与弯矩方程，即

$$F_S(x_1) = F_A = \frac{Fb}{L} \qquad (0 < x_1 < a)$$

$$M(x_1) = F_A x_1 = \frac{Fb}{L} x_1 \qquad (0 \leqslant x_1 \leqslant a)$$

CB 段：取坐标为 x_2 的任意截面(图 10-9(a))，由截面左侧的外力写出剪力与弯矩方程，即

$$F_S(x_2) = F_A - F = \frac{Fb}{L} - F = \frac{Fa}{L} \qquad (a < x_1 < L)$$

$$M(x_2) = F_A x_2 - F(x_2 - a) = \frac{Fb}{L} x_2 \qquad (a \leqslant x_2 \leqslant L)$$

(3) 绘 $\boldsymbol{F}_S$、M 图。根据(1)、(2)各式绘 $\boldsymbol{F}_S$、M 图，如图 10-9(b)、(c)所示。

在 AC 段内，$\boldsymbol{F}_S$ 图是在 x 轴上方且平行于 x 轴的直线；CB 段，$\boldsymbol{F}_S$ 图是在 x 轴下方且平行于 x 轴的直线，如图 10-9(b)所示。在集中力作用点，剪力图发生突变，其突变值即为集中力 $\boldsymbol{F}$ 的大小。

两段梁上的 M 图均为斜直线。因此可分别定出两点坐标后便可作出 M 图。

由图可见，如果 $b > a$，则最大剪力将发生在 AC 段梁的横截面上，最大弯矩发生在集中力 $\boldsymbol{F}$ 作用的 C 截面上。其值分别为 $|F_S|_{\max} = \frac{Fb}{L}$，$M = \frac{Fab}{L}$，如果 $a = b = L/2$，则 $M_{\max} = FL/4$。

例 10-3 某填料塔塔盘下的支承梁，在物料重量作用下，可以简化为一承受均布载荷的简支梁(图 10-10(a))。如果已知梁所受均布载荷的集度为 q，跨长为 L，求作梁的剪力图和弯矩图。

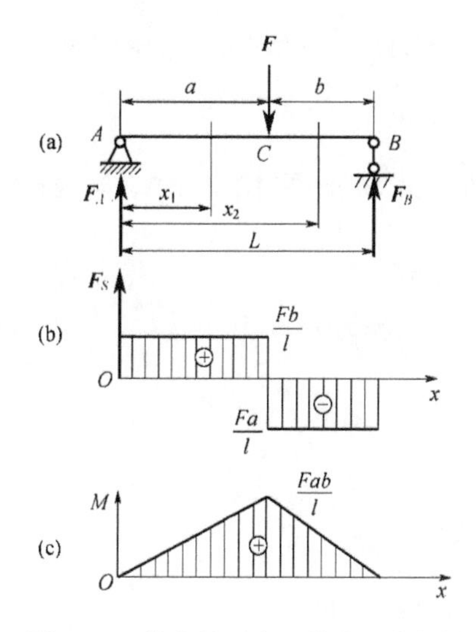

图 10-9　简支梁受力及剪力、弯矩图

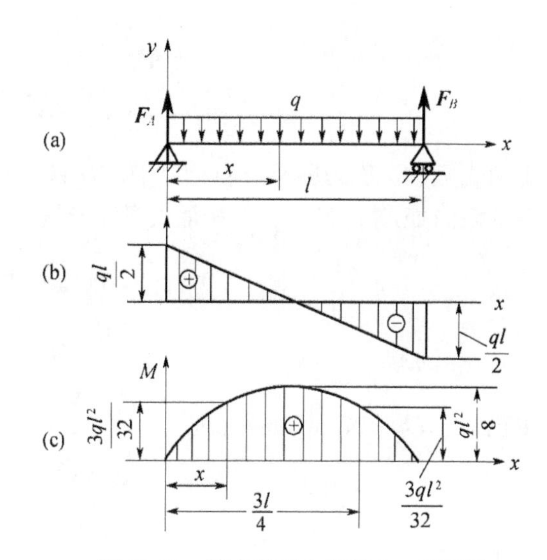

图 10-10　简支梁受力及剪力、弯矩图

解：(1) 求支反力。由平衡方程可求得支座反力为

$$F_A = F_B = \frac{qL}{2}$$

方向如图 10-10(a)所示。

(2) 列剪力方程和弯矩方程：

$$F_S(x) = \frac{qL}{2} - qx \qquad (0 < x < L)$$

$$M(x) = \frac{qL}{2}x - \frac{qx^2}{2} \qquad (0 \leqslant x \leqslant L)$$

(3) 绘 $\boldsymbol{F}_S$、M 图。剪力图为一斜直线，只需确定其两端点的坐标，即 $x = 0$ 处，$F_S = \frac{qL}{2}$；$x = L$ 处，$F_S = -\frac{qL}{2}$。

连接此两个坐标点便得 $\boldsymbol{F}_S$ 图(图 10-10(b))。弯矩图是一抛物线。

按方程作图时需确定曲线上的几个点，对应弯矩值：

$x = 0$：$M(0) = 0$

$x = L/4$或$3L/4$ ：$M(L/4) = M(3L/4) = \frac{3qL^2}{32}$

$x = L/2$：$M(L/2) = \frac{qL^2}{8}$

$x = L$：$M(L) = 0$

最后得弯矩图如图 10-10(c)所示。

例 10-4　试求塔在水平方向风载荷作用下的最大剪力和最大弯矩(图 10-11(a))。已知塔高为 h($h < 10\text{m}$)。假定风载荷沿塔高均匀分布，载荷集度为 q(N/m)。

解：已知塔可简化为一悬臂梁(图 10-11(b))，求悬臂梁的内力，可不必先求支反力。只要取梁的自由端为坐标原点，距自由端为 x 的任一横截面，列出剪力方程和弯矩方程为

$$F_S = qx \qquad (0 \leqslant x < h)$$

$$M = -qx \cdot \frac{x}{2} = -\frac{qx^2}{2} \qquad (0 \leqslant x < h)$$

由上两式可知，剪力图是一斜直线(图 10-11(c))，弯矩图是一抛物线(图 10-11(d))。当 $x=h$(在固定端截面处)时，最大剪力和最大弯矩分别为

$$F_{S\max} = qh$$

$$|M|_{\max} = \left|-\frac{1}{2}qh^2\right|$$

如果已知 $q = 480\,\text{N/m}$，h=8m,则

$$F_{S\max} = (480 \times 8)\text{N}=3.84\text{kN}$$

$$M_{\max} = \left(-\frac{1}{2} \times 480 \times 8\right)^2 \text{N} \cdot \text{m} = -15.36\,\text{kN} \cdot \text{m}$$

例 10-5 图 10-12(a)所示简支梁 AB，在 C 点作用一集中力偶 M，求作梁的剪力图与弯矩。

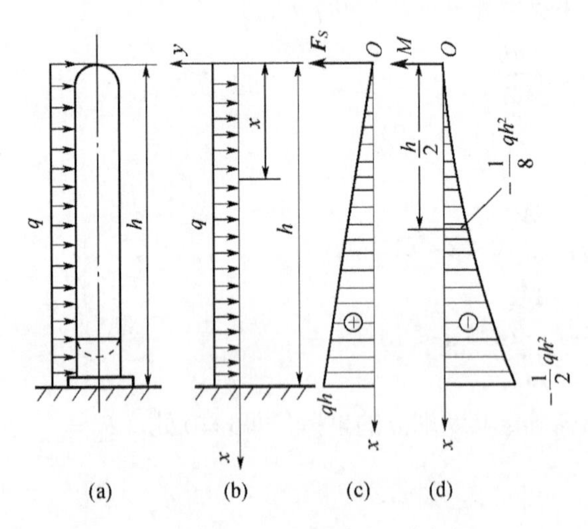

图 10-11 塔式容器受力及剪力、弯矩图

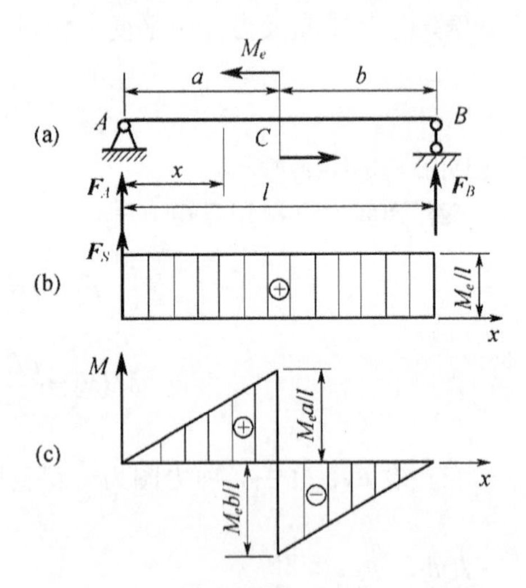

图 10-12 简支梁受力及剪力、弯矩图

解：(1) 由静力平衡方程求出支反力为

$$F_A = \frac{M_e}{L} \quad \text{(方向向上)}$$

$$F_B = \frac{M_e}{L} \quad \text{(方向向下)}$$

(2) 列剪力方程和弯矩方程：

$$F_S(x) = F_A = \frac{M_e}{L} \qquad (0 < x < L)$$

由于力偶在任何方向的投影皆等于零，所以无论在梁的哪一个横截面上，剪力总是等于支反力 $\boldsymbol{F}_A$(或 $\boldsymbol{F}_B$)。所以在梁的整个跨度内，只有一个剪力方程式。

弯矩方程：

$$AC\ \text{段：}M(x) = \frac{M_e}{L}x \qquad (0 \leqslant x < a)$$

$$CB 段：M(x)=\frac{M_e}{L}(x-L) \qquad (a<x\leqslant L)$$

图 10-12(b)和(c)即为所得剪力图和弯矩图。

若 $a>b$，则最大弯矩为

$$M_{\max}=\frac{M_e a}{L}$$

由以上几个例题看出：凡是集中力(包括支反力及集中载荷)作用的截面上，剪力似乎没有确定的数值。事实上，所谓集中力不可能“集中”作用于一点，它是分布于很短一段梁内的分布力，经简化后得出的结果(图 10-13(a))。若在 Δx 范围内把载荷看作是均布的，则剪力将连续地从 $\boldsymbol{F}_{S1}$ 变到 $\boldsymbol{F}_{S2}$ (图 10-13(b))。在集中力偶作用的截面上，如图 10-12 所示，弯矩图也有一突然变化，也可作同样的解释。

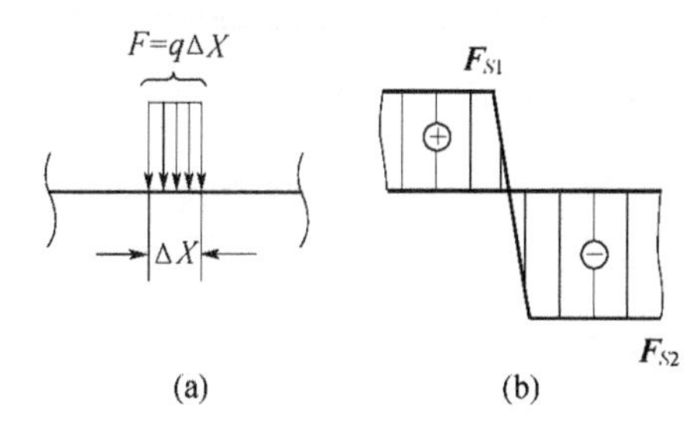

图 10-13　集中力引起剪力变化实际情况分析图

10.4　梁弯曲的正应力强度计算

一般等截面直梁在剪切弯曲时，弯矩最大(包括最大正弯矩和最大负弯矩)的横截面都是梁的危险截面。如梁的材料的拉伸和压缩许用应力相等，则选取绝对值最大的弯矩所在的横截面为危险截面，最大弯曲正应力 $\sigma_{\max}$ 就在危险截面上、下边缘处。为了保证梁能安全工作，最大工作应力 $\sigma_{\max}$ 就不得超过材料的许用弯曲应力 $[\sigma]$，于是梁弯曲正应力的强度条件为

$$\sigma_{\max}=\frac{M}{W_z}\leqslant[\sigma] \tag{10-1}$$

如果横截面不对称于中性轴，W_{z1} 和 W_{z2} 不相等，在此应取较小的抗弯截面模量。必须说明，在有些设计中就选取材料的许用拉(压)应力近似地作为许用弯曲应力，偏于安全。但事实上，材料在弯曲时的强度与在轴向拉伸(压缩)时的强度并不相等，所以在有些设计规范中所规定的许用弯曲应力，略高于同一材料的许用拉(压)应力。具体规定可参考有关设计规范。如果梁的材料是铸铁、陶瓷等脆性材料，其拉伸和压缩许用应力不相等，则应分别求出最大正弯矩和最大负弯矩所在横截面上的最大拉应力和最大压应力，并相应列出抗拉强度条件和抗压强度条件为

$$\sigma_{\max拉}=\frac{M}{W_{z1}}\leqslant[\sigma_{拉}] \tag{10-2(a)}$$

$$\sigma_{\max压}=\frac{M}{W_{z2}}\leqslant[\sigma_{压}] \tag{10-2(b)}$$

式中：W_{z1} 和 W_{z2} 分别是相应于最大拉应力 $\sigma_{\max拉}$ 和最大压应力 $\sigma_{\max压}$ 的抗弯截面模量，$[\sigma_{拉}]$ 为材料的许用拉应力，$[\sigma_{压}]$ 为材料的许用压应力；中性层曲率 $1/\rho=M/EI_Z$，EI_Z 称为梁的弯曲刚度，EI_Z 越大，在同样的载荷下梁的变形越小。

按梁的正应力强度条件，可对梁进行强度校核，或选择梁的截面，或确定梁的许可载荷等计算。

下面举例说明强度条件的应用。

例10-6 阶梯形圆截面轴，尺寸如图10-14所示。中点受力 $F=20\text{kN}$，已知 $[\sigma]=65\text{MPa}$，试校核轴的强度。

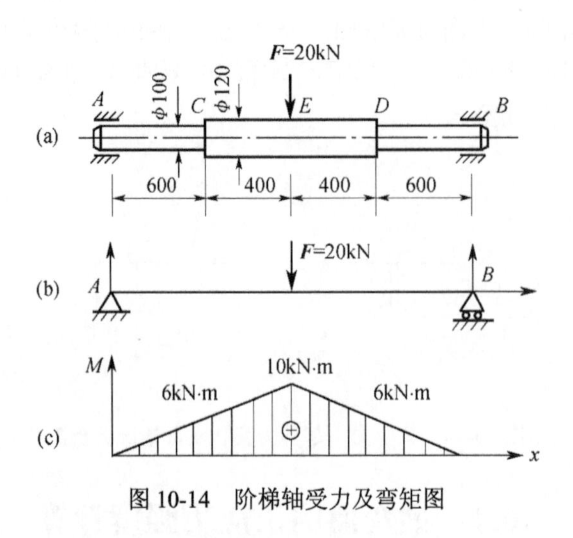

图 10-14 阶梯轴受力及弯矩图

解：由静力平衡方程求出梁的支座反力为

$$F_A=F_B=10\text{kN}$$

作弯矩图如图 10-14(c)所示，横截面上最大正应力可能在 E 或 C 截面，故需分别校核。

对于截面 E：

$$\sigma_{\max}=\frac{M}{(W_z)_E}=\frac{10\times10^3}{\frac{\pi\times120^3}{32}}=59\text{MPa}<[\sigma]$$

对于截面 C：

$$\sigma_{\max}=\frac{M}{(W_z)_C}=\frac{6\times10^3}{\frac{\pi\times100^3}{32}}=61.1\text{MPa}<[\sigma]$$

故轴的强度足够。

例 10-7 矩形梁如图 10-15 所示，已知 $l=4\text{m}$，$\frac{b}{h}=\frac{2}{3}, q=10\text{kN/m}, [\sigma]=10\text{MPa}$。试确定此梁横截面的尺寸。

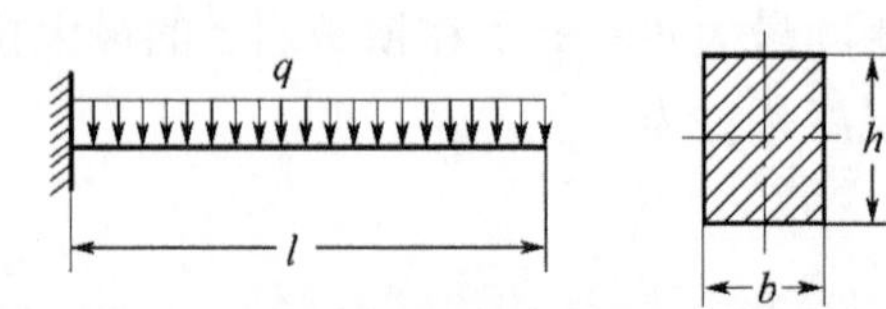

图 10-15 矩形梁的外载及截面示意图

解：显而易见，梁的最大弯矩发生在固定端截面上，有

$$M_{\max}=\frac{1}{2}ql^2=\left(\frac{1}{2}\times10\times4^2\right)\text{kN}\cdot\text{m}=80\text{kN}\cdot\text{m}$$

梁的强度条件为

$$\sigma=\frac{M}{W}=\frac{80\times10^6}{\frac{1}{6}bh^2}\leqslant[\sigma]$$

将$b=\dfrac{2}{3}h$代入上式得

$$\frac{6\times80\times10^6}{\frac{2}{3}h^3}\leqslant[\sigma],\quad h^3\geqslant\frac{3\times6\times80\times10^6}{2\times10}\text{mm}^3$$

所以

$$h=416\text{mm},\quad b=\frac{2}{3}h=277\text{mm}$$

例 10-8 长为l抗弯截面系数为W_1的简支梁受力如图 10-16(a)所示。已知$[\sigma]$，求许可载荷$[F]$。

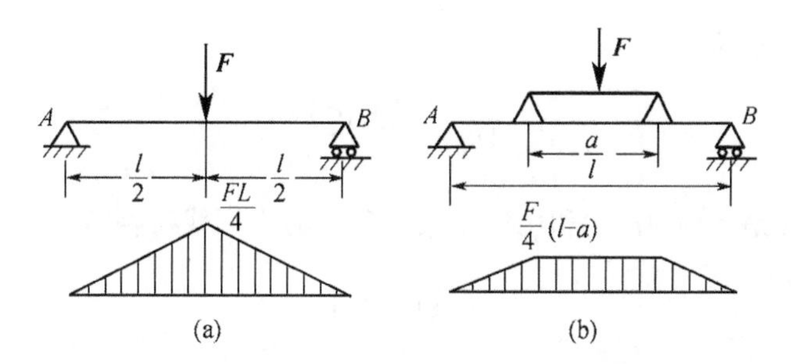

图 10-16 简支梁与外加辅助梁的弯矩大小对比图

(1) 若加一个长为a的辅助梁(图 10-16(b))，求许可载荷$[F_2]$。

(2) 若辅助梁抗弯截面系数为W_2，材料与主梁相同，辅助梁最合理的长度为多少?

解：(1) 集中力F直接作用于简支梁时，AB梁的最大弯矩为

$$M_{\max}=\frac{Fl}{4}$$

根据强度条件

$$\sigma_{\max}=\frac{M_{\max}}{W_1}=\frac{Fl}{4W_1}\leqslant[\sigma]$$

得

$$[F_1]=\frac{4W_1[\sigma]}{l}$$

(2) 集中力作用于辅助梁时，AB梁的最大弯矩为

$$M_{\max}=\frac{F}{4}(l-a)$$

根据AB梁的强度条件

$$\sigma_{\max}=\frac{F(l-a)}{4W_1}\leqslant[\sigma]$$

得

$$[F_2]=\frac{4W_1[\sigma]}{(l-a)}=\frac{4W_1[\sigma]}{l\left(1-\frac{a}{l}\right)}$$

故

$$\frac{[F_2]}{[F_1]}=\frac{1}{1-\frac{a}{l}}$$

(3) 辅助梁的最大弯矩为

$$M_{\max}=\frac{Fa}{4}$$

根据辅助梁的强度条件

$$\sigma_{\max}=\frac{Fa}{4W_2}\leqslant[\sigma]$$

得辅助梁的许可载荷为

$$[F_3]=\frac{4W_2[\sigma]}{a}$$

最合理的情况应是，由 AB 梁和由辅助梁所确定的许可载荷相等。即

$$[F_2]=[F_3]$$

则

$$\frac{4W_1[\sigma]}{(l-a)}=\frac{4W_2[\sigma]}{a}$$

解上式得辅助梁最合理的长度为

$$a=\frac{W_2}{W_1+W_2}l$$

若辅助梁与 AB 梁截面相同，即 $W_1=W_2$，则辅助梁最合理的长度为

$$a=\frac{l}{2}$$

习题与思考题

10-1 什么是平面弯曲？有纵向对称面的梁，外力怎样作用可以形成平面弯曲？

10-2 什么是梁横截面上的剪力和弯矩？如何计算？正负号怎样决定？

10-3 剪力、分布载荷集度、弯矩之间存在着什么关系？这些关系是怎样得出的？有什么用处？

10-4 梁的某一截面上的剪力如果等于零，这个截面上的弯矩有什么特点？

10-5 弯矩图有一段曲线，从对应的剪力图怎样判断这段曲线向上凸还是向下凸？

10-6 什么是中性层？怎样由纤维的拉伸、压缩变形得出横截面上正应力的分布规律？

10-7 什么是中性轴？如何证明中性轴必通过截面形心？

10-8 弯曲时正应力的计算公式是怎样导出的？

10-9 截面上有剪力(非纯弯曲)时，为什么由纯弯曲得出的正应力公式还可以适用？

10-10 试用截面法求梁的 C 及 D 截面上的剪力和弯矩。其中在集中载荷 $\boldsymbol{P}$，均布载荷 q 及集中力偶 M 作用点的 C、D 截面，应取在作用点的左边，并无限接近于作用点的截面。

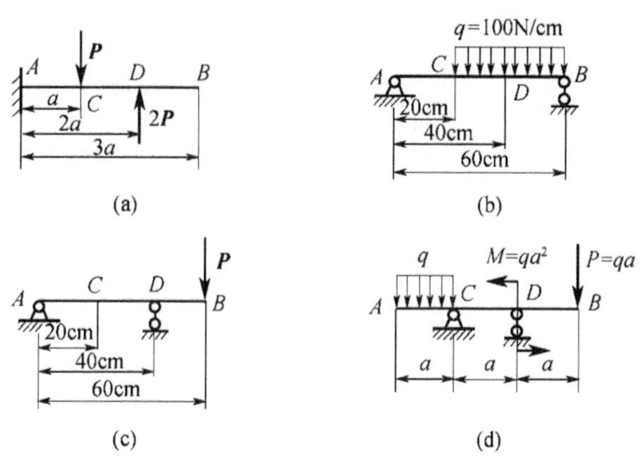

题 10-10 图

10-11 试列出梁中各段的剪力方程及弯矩方程，画出剪力图和弯矩图，并求出 $Q_{\max}$、$M_{\max}$ 值及其所在的截面位置。

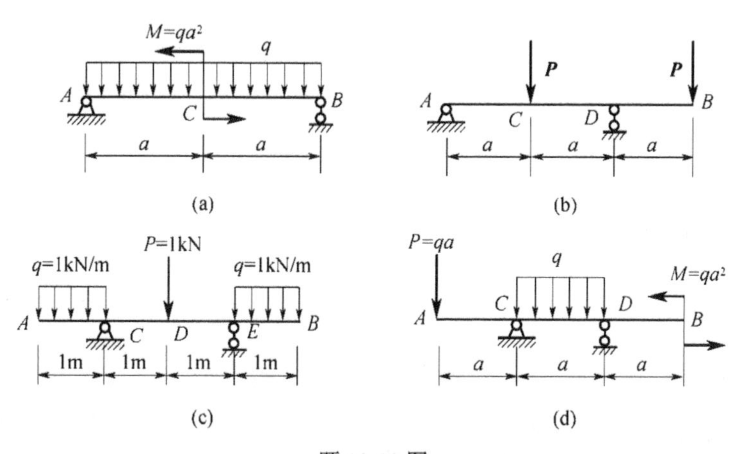

题 10-11 图

10–12 试利用 q、Q、M 间的微分关系绘制下列各梁的剪力图、弯矩图。

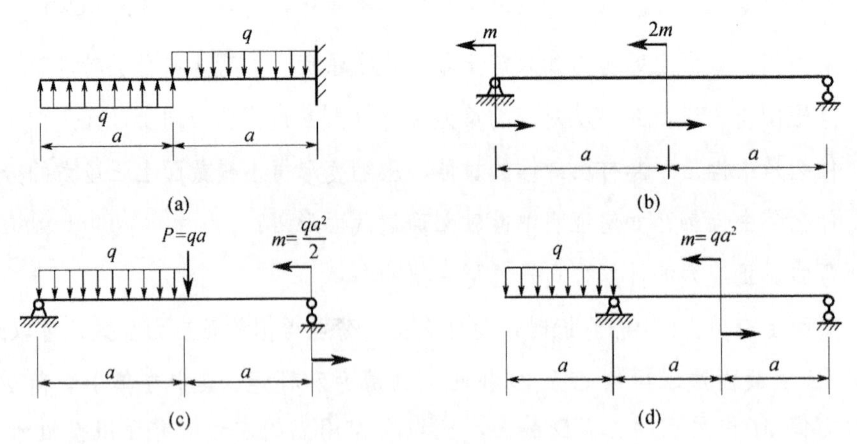

题 10-12 图

第 11 章　弯曲变形与刚度计算

上章研究了梁的强度计算，本章将研究梁的刚度计算，即研究直梁在平面弯曲时的变形，研究梁平面弯曲的变形主要有两个目的：①对梁作刚度校核；②解超静定梁。

梁的强度条件和刚度条件必须同时满足，否则会影响正常工作。

例如，在很多建筑规范中，梁的最大变形不得超过梁长的$1/300$；机床的主轴如果变形过大，将影响加工精度；细纱机的罗拉，如果变形过大，将直接影响细纱质量；传动轴变形过大，使齿轮不能正常啮合，加速齿轮的磨损，并产生噪声、振动；造纸机上的轧辊，如果变形过大，就生产不出合格的纸张。

解决超静定梁的问题，首先根据梁变形的几何条件、物理条件，列出补充方程。再同静力平衡方程一起使超静定梁得到唯一的解。

11.1　梁的挠度与转角

1．弹性曲线

平面弯曲时，梁轴线的弯曲为一平面曲线称为弹性曲线。它是连续而又光滑的平面曲线，又称挠曲线。

在图 11-1 中以 $AC'B$ 表示。选取直角坐标系，挠曲线的方程式可以写为

$$y = f(x) \tag{11-1}$$

2．挠度与转角

梁轴线上的点(即横截面形心)在垂直于 x 轴方向的线位移 y 称为该点的挠度。用 f 表示全梁的最大挠度。横截面绕其中性轴转动的角度 θ，称为该截面的转角。如图 11-1 所示，根据平面假设，梁变形后，各横截面仍垂直于梁的挠曲线，θ 同时也是挠曲线 $AC'B$ 在 C' 点的切线与 x 轴之间的夹角。x 方向的线位移分量，是二阶微量，可略去不计。

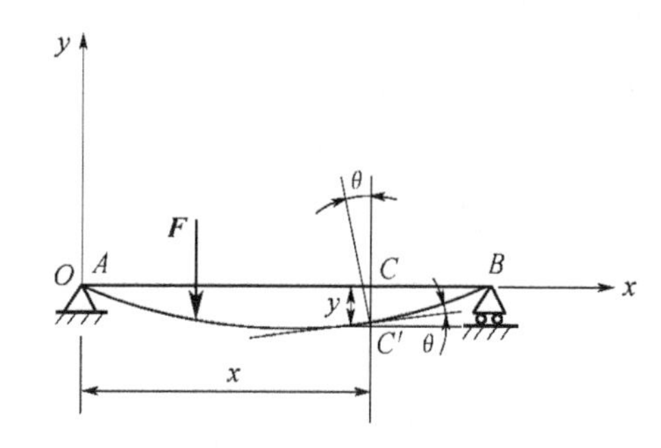

图 11-1　梁的外载弯曲变形及挠度、转角示意图

由式(11-1)可求转角 θ 的表达式。因为挠曲线是连续而光滑的平坦曲线，故有下述关系：

$$\theta \approx \tan\theta = \frac{\mathrm{d}y}{\mathrm{d}x} = f'(x) \tag{11-2}$$

挠曲线上任一点处切线的斜率 y' 都可以足够精确地代表该点处横截面的转角 θ。

由此可见，只要知道挠曲线方程式(11-1)，就能确定梁轴线上任一点处挠度的大小和方向，通过式(11-2)可确定任一横截面转角的大小和转向。如图 11-1 所示坐标系中，正值的挠度向上，负值的向下，正值的转角为逆时针转向(从 x 轴量起至切线的倾角)，反之为负。

确定梁的位移的方法很多，本书只介绍积分法和叠加法两种。

11.2 梁的刚度计算及其提高梁刚度的主要措施

1. 梁的刚度校核

为了保证机器的正常工作，以及梁的安全，在按强度条件选择了梁的截面后，往往还要对梁进行刚度校核。需要把梁的变形限制在一定的范围内，即满足刚度条件

$$|y_{\max}| \leqslant [y]$$

$$|\theta_{\max}| \leqslant [\theta]$$

式中 $[y]$——梁的许用挠度值；

$[\theta]$——梁的许用转角值(rad)。

$[y]$ 和 $[\theta]$ 的值，在各类工程设计中，根据梁的工作情况，有各种不同的规定。例如，一般的轴，$[y]=0.003l \sim 0.0005l$, l 为两轴承间距离；滑动轴承的 $[\theta]=0.001\text{rad} \sim 0.005\text{rad}$ ；吊车梁的 $[y]=0.0025l \sim 0.0013l$ ，细纱机的罗拉规定 $[y]=0.25\text{mm}$ 。对于没有特殊规定的梁，其 $[y]$ 和 $[\theta]$ 可参考有关手册。

例 11-1 某吊车梁，如图 11-2(a)所示，其跨度 l=10m，吊起的最大重量为 15kN，小车重 3 kN，如选用 32a 号工字钢，其自重为 q = 516N/m，E =200GN/m^2，吊车梁的许用挠度为跨度的 1/500，试校核吊车梁的刚度。

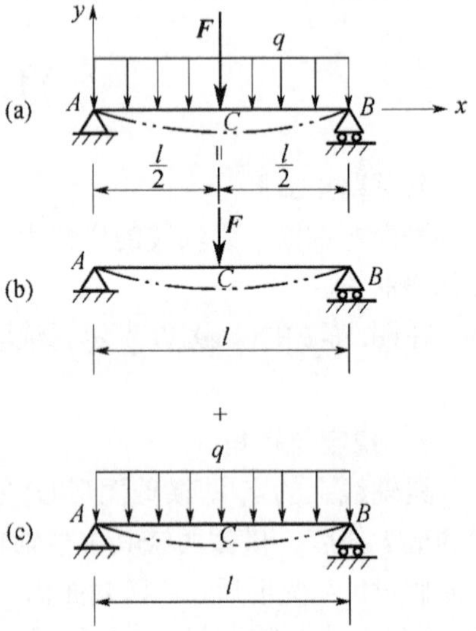

解：

(1) 吊车梁承受的载荷：

$$F=(15+3)\text{kN}$$

梁自重为均布载荷：

$$q=516\text{N/m}$$

(2) 计算吊车梁的最大挠度。最大挠度发生在中点 C，用叠加法求 y_C，即 $\boldsymbol{F}$ 作用下的最大挠度和 q 作用下的最大挠度的叠加。

图 11-2 吊车梁的外载及弯曲变形示意图

$$y_{\max}=y_C=y_{CF}+y_{Cq}$$

查相关资料，得

$$y_{CF}=-\frac{Fl^3}{48EI} \qquad y_{Cq}=-\frac{5ql^4}{384EI}$$

$$y_{\max}=-\frac{Fl^3}{48EI}-\frac{5ql^4}{384EI}=-\frac{l^3(8F+5ql)}{384EI}$$

查型钢表得 32a 工字钢 $I=11100\text{cm}^4$，有

$$y_{\max}=-\frac{10^3(8\times18\times10^3+5\times516\times10)}{384\times200\times10^9\times111\times10^{-6}}=-0.02\text{m=20mm}$$

(3) 刚度校核：

$$[y]=\frac{l}{500}=\frac{10\times10^3}{500}\text{mm}=20\text{mm}$$

$|y_{max}|=[y]$，满足刚度条件。

2．提高梁刚度的主要措施

从上一节的结果可以看出，梁的挠度与转角不仅与受力有关，而且与梁的抗弯刚度、长度以及约束条件有关。因此，采取以下措施提高梁的刚度。

(1) 提高梁的抗弯刚度。由于碳钢和合金钢的弹性模量 E 很接近，当梁的承载能力由刚度条件决定时，采用高强度优质钢来代替普通钢意义不大。所以，选择合理截面形状以加大惯性矩，如薄壁工字形和箱形以及空心轴等。

(2) 尽量减小梁的跨度。因为梁的挠度和转角值与梁的跨长的 n 次幂成正比，因此，如果能设法缩短梁的跨长，将能显著地减小其挠度和转角值。这是提高梁的刚度的一个很有效的措施。

(3) 增加支座。增加支座也是提高梁刚度的有效途径。例如：简支梁中间加一个或两个支座，悬臂梁在其自由端加上支座，也可以在中间某个位置加一个支座。当然，增加支座后，静定梁将变成静不定梁。

(4) 改善受力情况。改善受力情况可以使弯矩值减小，从而减小梁的挠度和转角。例如，悬臂梁在其自由端受集中力 F 作用，如果有可能，将集中力 F 变成均布载荷 q，这时自由端的位移明显减小。

(5) 在可能的条件下，让轴上的齿轮、皮带轮等尽可能地靠近支座，也能达到减小变形的目的。

习题与思考题

11–1 研究梁的变形，在工程上有什么实际意义？

11–2 什么是梁的挠曲线？什么是梁的挠度及截面转角？挠度及截面转角有什么关系？

11–3 本章所讲的求梁变形的积分法，在大变形情况下，能否应用？为什么？

11–4 用积分法求梁的变形时，x 轴向右为正与向左为正有何不同？对求得的结果有何影响？

11–5 简述叠加法求梁变形的一般步骤。

11–6 用积分法求各梁的挠曲线方程式及 A 点的挠度和 B 点的转角(EI 为常数)。

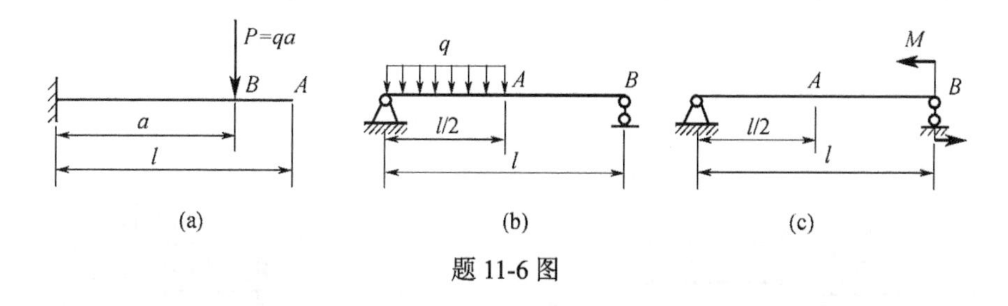

题 11-6 图

11–7 有一悬臂曲杆 AB，承受活动载荷 $\boldsymbol{P}$ 的作用，为了使载荷 $\boldsymbol{P}$ 沿杆移动时始终能保持在同一水平面内，试问在载荷作用之前该杆的轴线方程应该是怎样的(EI 为常数)？

11-8 试用叠加法计算梁上最大挠度及转角(EI 为常数)。

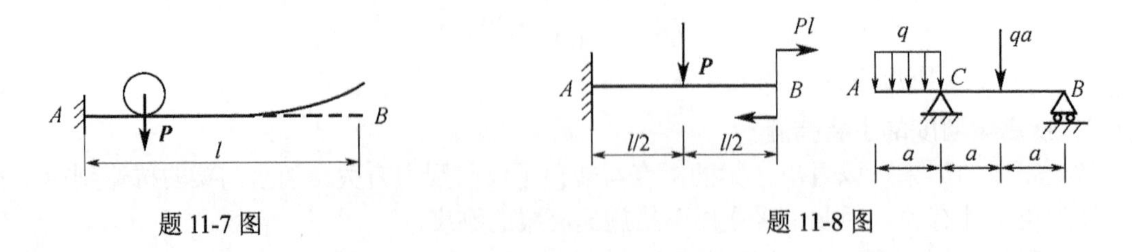

题 11-7 图

题 11-8 图

11-9 悬臂梁 AB 上有一弯架 BC 附于其自由端 B，有一集中力 $\boldsymbol{P}$ 作用于弯架的端点 C，试求使 B 点竖直挠度为零时尺寸 a 和 l 的比值 a/l。

11-10 有两个相距 $l/4$ 的轮轴载荷，缓慢地在长度为 l 的简支梁上移动，试确定梁中央处的最大挠度值。

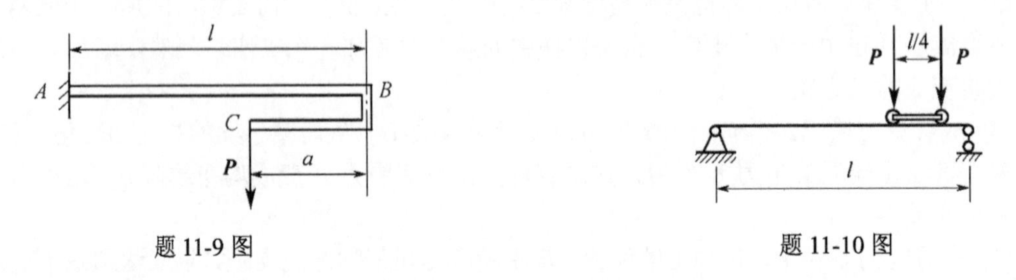

题 11-9 图

题 11-10 图

11-11 桥式吊车的最大载荷为 P=20kN，吊车大梁为 32a 工字钢，E=210GPa，l=8.76m，许可挠度$[y]=l/500$，试校核大梁的刚度。

11-12 悬臂梁 AB，长度 l=3m，所受的载荷如图所示。若许用应力$[\sigma]$=150MPa，许可挠度$[y]=l/300$，试选一适当工字钢(E=200GPa)。

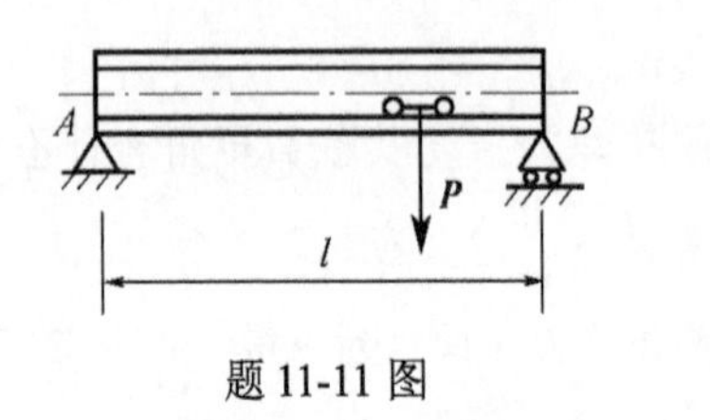

题 11-11 图

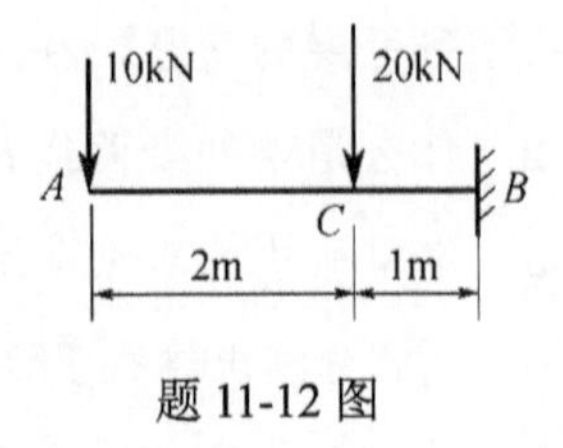

题 11-12 图

11-13 求图示变截面梁自由端的挠度和转角。

11-14 图示结构中，梁为 16 号工字钢，拉杆的截面为圆形，d=10mm。两者均为 A_3 钢，E=200GPa。试求梁及拉杆内的最大正应力。

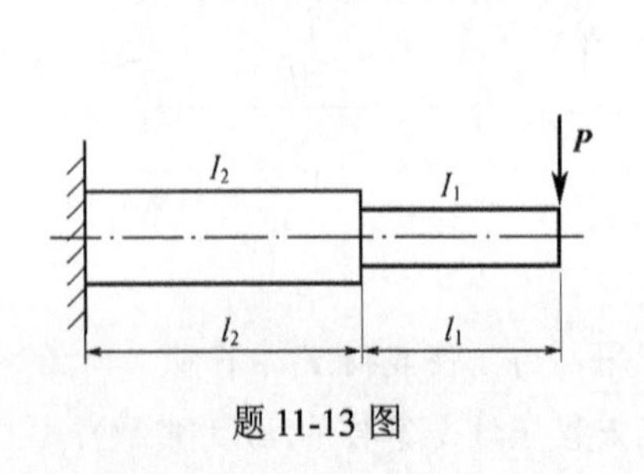

题 11-13 图

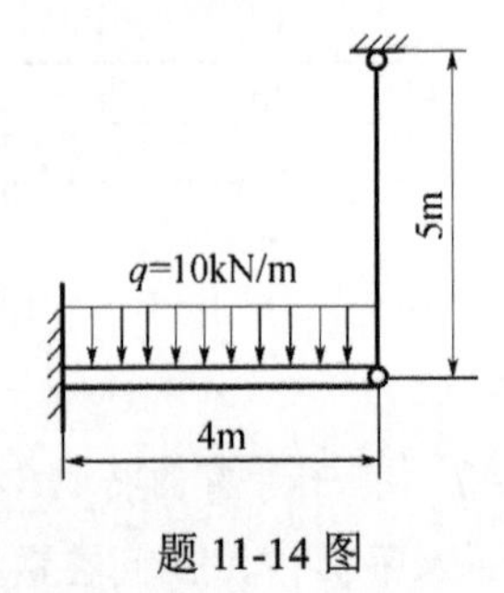

题 11-14 图

第 12 章　应力状态与强度理论

12.1　一点应力状态

由前面可知，直杆拉伸或压缩时，同截面上各点的应力都相同，而过同点方位不同的截面上应力各不相同，所以在说明应力时，必须指明是受力构件哪一点，是过该点哪一方位面的应力。知道哪一点哪一方位面的应力最大、最危险，以解决强度问题。为此，必须分析受力构件在一点处的应力状态，即通过该点各个方位面的应力情况。

在研究受力构件内某点应力时，可假想，以纵横六个截面围绕该点取出一个微小的正六面体——单元体。由于单元体各边长尺寸无穷小，可认为，在它各个面上的应力都是均匀分布的，相互平行截面上的应力大小相等、方向相反。这样，单元体上六个面的应力，就代表了过该点三个相互垂直截面上的应力，于是这点的应力状态便完全确定了。

如直杆受轴向拉伸时(图 12-1(*a*))，若分析其上 *A* 点的应力状态，就可围绕 *A* 点取出一个单元体，如图 12-1(*b*)所示。单元体左右两个面都是横截面，其余四个面都平行于杆件的轴线。作用在单元体各个面上的应力，就表示了 *A* 点的应力状态。

单元体只要有一对平行平面上无应力，即可用其投影图表示。上述单元体的投影图见图 12-1(c)。在图 12-1(b)中，单元体的三个相互垂直的面上均无剪应力，如此剪应力为零的面称为主平面。主平面上的正应力称为主应力。主应力的方向称为主方向。

一般来说，在受力构件内围绕着任意一点总可截出一个单元体，使它具有三个相互垂直的主平面，因而每一点都有三个主应力。其中有一个是通过该点所有截面上最大的正应力，还有一个是最小的正应力。三个主应力将用σ_1、σ_2和σ_3表示，并按代数值大小的顺序排列，$\sigma_1 > \sigma_2 > \sigma_3$。一点的应力状态常用该点处的三个主应力来表示，见图 12-2。在三个主应力中，若有一个不等于零，称为单向应力状态，若有两个不等于零，称为二向应力状态或平面应力状态；若三个全不等于零，便称三向应力状态或空间应力状态。单向应力状态又称简单应力状态，二向、三向应力状态统称为复杂应力状态。

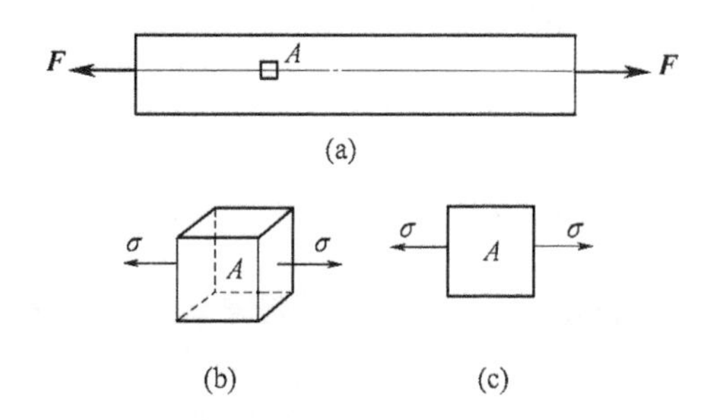

图 12-1　直杆轴向拉伸时单元体受力图

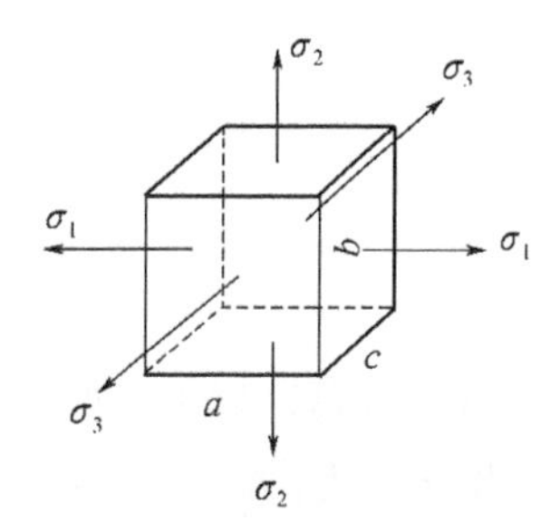

图 12-2　空间三向应力单元体

12.2 平面应力状态

平面应力状态分析通常有两种方法：解析法和图解法(应力圆)。

12.2.1 平面应力状态分析解析法

现在研究在平面应力状态下，已知通过一点的某些截面上的应力，来确定通过这点的其他截面上的应力，从而确定该点的主应力和主平面。

1．任意斜截面上的应力

如图 12-3 所示，在筒壁上 A 点处同样用纵横两截面截出的单元体，在单元体上建立一直角坐标系，已知应力分量 σ_x 和 τ_x 是法线与 x 轴平行的面上的正应力和剪应力；σ_y 和 τ_y 意义同上，如图 12-3(b)所示。现分析与应力为零的平面(纸平面)相垂直的任意斜截面的应力。

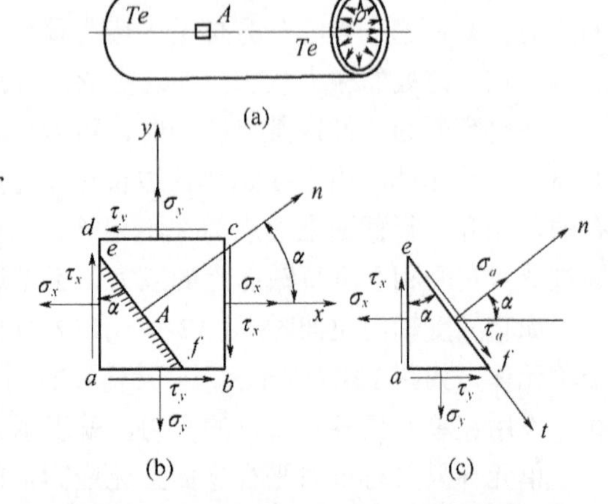

图 12-3 圆筒扭转单元体及其斜截面应力

应用截面法，假想将单元体沿所求斜截面 ef 一截为二，取分离体 aef(图 12-3(c))来研究。该截面的外法线 n 与 x 轴成角度为 α，并以 σ_α 及 τ_α 分别表示该斜截面上的正应力与剪应力。

应力正负号规定如下：正应力以拉应力为正，压应力为负，剪应力以对单元体内任意点的矩为顺时针转向者为正，反之为负；α 角是从 x 轴转到外法线 n 为逆时针转向者为正，反之为负。

设斜截面 ef 的面积为 $\mathrm{d}A$，则 ea 面和 af 面的面积分别为 $\mathrm{d}A\cos\alpha$ 和 $\mathrm{d}A\sin\alpha$。取 n 和 t 为参考轴，由棱柱体 aef 的平衡方程 $\sum F_n=0$，得

$$\sigma_\alpha \mathrm{d}A-(\sigma_x \mathrm{d}A\cos\alpha)\cos\alpha+(\tau_x \mathrm{d}A\cos\alpha)\sin\alpha-(\sigma_y \mathrm{d}A\sin\alpha)\sin\alpha+(\tau_x \mathrm{d}A\sin\alpha)\cos\alpha=0$$

由剪应力互等定理知，$\tau_x=-\tau_y$，化简后得

$$\sigma_\alpha=\sigma_x\cos^2\alpha+\sigma_y\sin^2\alpha-2\tau_x\sin\alpha\cos\alpha \tag{12-1(a)}$$

由三角函数关系可得

$$\sigma_\alpha=\frac{\sigma_x+\sigma_y}{2}+\frac{\sigma_x-\sigma_y}{2}\cos2\alpha-\tau_x\sin2\alpha \tag{12-1(b)}$$

同理，由 $\sum F_t=0$，化简后得

$$\tau_\alpha=\frac{\sigma_x-\sigma_y}{2}\sin2\alpha+\tau_x\cos2\alpha \tag{12-2}$$

由式(12-1(b))和式(12-2)，便可求出 α 角为任何值时斜截面上的应力。应注意式中 σ_x、σ_y、τ_x、τ_y 及 α 均为代数值。

2．主平面

式(12-1(b))和式(12-2)表明，任意斜截面上的应力 σ_α 及 τ_α 均为 α 角的函数。于是便可求

出应力的极值及其所在平面的位置。将式(12-1(b))对α取导数，并令其等于零，得到

$$\frac{\mathrm{d}\sigma_\alpha}{\mathrm{d}\alpha}=\frac{\sigma_x-\sigma_y}{2}(-2\sin 2\alpha)-\tau_x(2\cos 2\alpha)=0$$

将上式与式(12-2)相比较，看出最大及最小应力所在的平面恰是剪应力τ_α等于零的平面，即主平面。设该主平面的外法线n与x轴所成的角为α_0，由上式得

$$\tan 2\alpha_0=-\frac{2\tau_x}{\sigma_x-\sigma_y} \tag{12-3}$$

从式(12-3)能求出α_0和$\alpha_0+\frac{\pi}{2}$两个数值，可知两个主平面是互相垂直的。

主平面上的正应力就是主应力，所以主应力也就是最大或最小的正应力。由式(12-3)及式(12-1(b))联合求解，即得最大或最小的正应力为

$$\left.\begin{array}{l}\sigma_1=\sigma_{\max}\\ \sigma_2=\sigma_{\min}\end{array}\right\}=\frac{\sigma_x+\sigma_y}{2}\pm\sqrt{\left(\frac{\sigma_x-\sigma_y}{2}\right)^2+\tau_x^2} \tag{12-4}$$

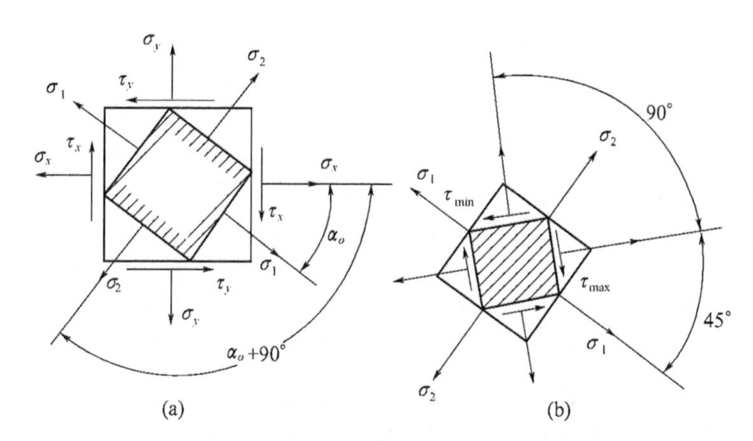

图 12-4　单元体主应力方位的确定

3. 最大剪应力

同法可确定最大及最小剪应力和其所在的平面。由公式(12-2)，并令$\frac{\mathrm{d}\tau_\alpha}{\mathrm{d}\alpha}=0$，得

$$\frac{\mathrm{d}\tau_\alpha}{\mathrm{d}\alpha}=(\sigma_x-\sigma_y)\cos 2\alpha-2\tau_x\sin 2\alpha=0$$

以α_1表示所求的平面外法线与x轴的夹角，得

$$\tan 2\alpha_1=\frac{\sigma_x-\sigma_y}{2\tau_x} \tag{12-5}$$

由式(12-5)，求出α_1及$\alpha_1+\frac{\pi}{2}$两个数值，可见最大及最小剪应力所在的平面亦相互垂直。由此式同样可算出$\sin 2\alpha_1$和$\cos 2\alpha_1$，将$\sin 2\alpha_1$和$\cos 2\alpha_1$代入式(12-2)中，便得最大及最小剪应力为

$$\left.\begin{array}{l}\tau_{\max}\\ \tau_{\min}\end{array}\right\}=\pm\sqrt{\left(\frac{\sigma_x-\sigma_y}{2}\right)^2+\tau_x^2} \tag{12-6(a)}$$

将式(12-6(a))与式(12-4)比较，可得

$$\left.\begin{matrix}\tau_{\max}\\ \tau_{\min}\end{matrix}\right\}=\pm\frac{1}{2}(\sigma_1-\sigma_2) \tag{12-6(b)}$$

又由式(12-3)及(12-5)，可得$\alpha_1=\alpha_0+45°$，说明α_1与α_0相差45°，即最大及最小剪应力所在的平面与主平面各成45°(图 12-4b)。

12.2.2 平面应力状态分析图解法

平面应力状态求任意斜截面上的应力，也可用简便而实用的图解法——应力圆。

用式(12-1(b))和式(12-2)求解σ_α和τ_α，可见二者都是以α为参数的变量，现将公式改写为

$$\sigma_\alpha-\frac{\sigma_x+\sigma_y}{2}=\frac{\sigma_x-\sigma_y}{2}\cos 2\alpha-\tau_x\sin 2\alpha$$

$$\tau_\alpha=\frac{\sigma_x-\sigma_y}{2}\sin 2\alpha+\tau_x\cos 2\alpha$$

对上二式等号两边各自平方后相加，便得

$$\left(\sigma_\alpha-\frac{\sigma_x+\sigma_y}{2}\right)^2+\tau_\alpha^2=\left(\frac{\sigma_x-\sigma_y}{2}\right)^2+\tau_x^2$$

因σ_x、σ_y、τ_x都是已知，则该式是以σ_α和τ_α为变量的圆周方程。若横坐标表示为σ，纵坐标表示为τ，圆心的坐标为$\left(\frac{\sigma_x+\sigma_y}{2},0\right)$，其半径为$\sqrt{\left(\frac{\sigma_x-\sigma_y}{2}\right)^2+\tau_x^2}$。

现说明应力圆的具体作法，如图 12-5 所示，建立$\sigma—\tau$坐标系。按一定比例，先确定$D_1(\sigma_x,\tau_x)$点，再确定$D_2(\sigma_y,\tau_y)$点，连接D_1D_2与横坐标交于C点，以C点为圆心，以D_1D_2为直径作圆，即是应力圆，又称莫尔圆。莫尔圆是德国工程师奥托•莫尔于 1882 年首先提出的。应力圆上任一点的坐标对应于单元体上相应某斜截面上的应力。

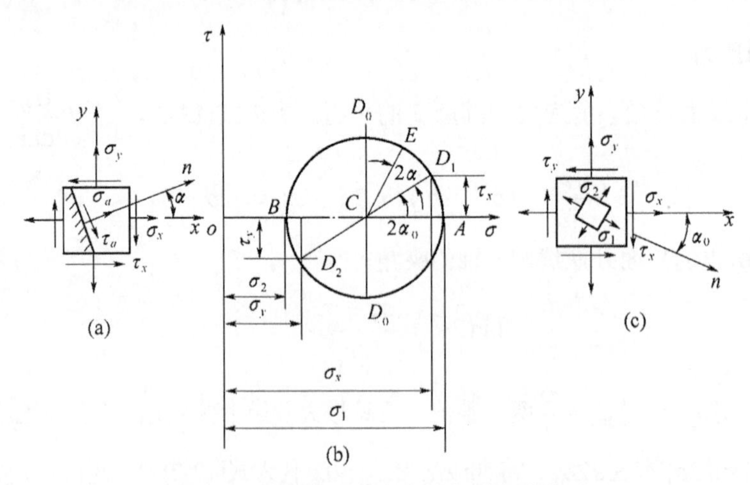

图 12-5 单元体及其应力圆作图方法表示

(1) 求某斜截面上的应力。若由x轴到某斜截面的法线n的夹角为逆时针的α角，在应力圆上从D_1点沿圆周亦逆时针量取$\overset{\frown}{D_1E}$弧，弧所对的圆心角为2α，则E点的横坐标和纵坐标

就是该截面上相应的正应力和剪应力。证明从略。

(2) 主应力和主平面主应力。应力圆上纵坐标为零的两点 A 、B，其横坐标最大和最小，代表了主平面上的主应力。主平面的位置，在应力圆上由 D_1 点沿圆周到 A 的弧，它所对的圆心角为顺时针 $2\alpha_0$，对应单元体上就由 x 轴按顺时针量取角 α_0,便确定了 σ_2 所在平面的法线。弧 $\widehat{AB}$ 所对圆心角为 $180°$，在单元体上 σ_1 和 σ_2 所在平面两法线间夹角为 $90°$。

(3) 最大最小剪应力。应力圆上的最高点 D_0 和最低点 D_0' ，它们的纵坐标分别为最大及最小剪应力，其绝对值就是应力圆的半径。由 A 点到 D_0 点所量弧对的圆心角为逆时针 $90°$，在单元体上 σ_1 和 τ_{max} 它们所在平面两法线间的夹角为 $45°$

12.3 空间应力状态及广义胡克定律

空间应力状态(三向应力状态)比较复杂，本节只对这种状态的最大应力作以介绍。设自受力构件内某点，按三个主平面方向取出一个单元体。已知 $\sigma_1 > \sigma_2 > \sigma_3$，见图 12-6(a)，现来研究各斜截面上的应力。

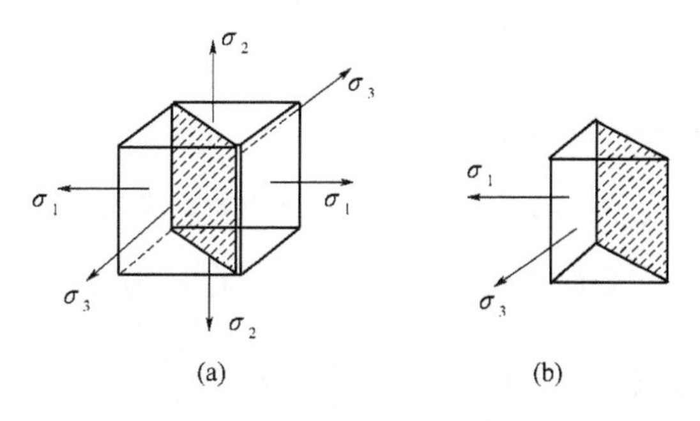

图 12-6 三向应力单元体及斜截面

先研究平行于任一个主应力的截面上的应力。设想以平行于主应力 σ_2 的平面来研究。它的顶和底的面积相等，应力都是 σ_2，故在 σ_2 方向的力自成平衡，对斜截面上的应力不发生影响。该应力只取决于 σ_3 和 σ_1。其中最大剪应力

$$\tau_{13} = \frac{\sigma_1 - \sigma_3}{2}$$

它所在的平面与 σ_1 和 σ_3 两个主平面各成 $45°$。同样，平行于 σ_1 斜截面上的应力问题，可当作 $\sigma_1 = 0$ 的二向应力状态来处理；平行于 σ_3 斜截面上的应力问题，可当作 $\sigma_3 = 0$ 的二向应力状态来处理。在这两种截面中，最大剪应力各为

$$\tau_{23} = \frac{1}{2}(\sigma_2 - \sigma_3)\text{，}\quad \tau_{12} = \frac{1}{2}(\sigma_1 - \sigma_2)$$

其所在的平面各与其他两个主平面成 $45°$ 角。

对于平行于 σ_1、σ_2 或 σ_3 的各斜截面上应力，亦可分别由 σ_2、σ_3 和 σ_1、σ_3 以及 σ_1、σ_2 所画的应力圆来求得。如图 12-7 所示，为在 $\sigma - \tau$ 坐标系内画在一起的三个应力圆，就是对应一点为三向应力状态的“三向应力圆”。应力圆上各点的坐标就代表这些特殊截面上的应力。至于一般斜截面上的应力，亦可用图 12-7 中阴影范围内一点的坐标表示。由图可见，阴影范围内任一点 G 的横坐标小于 A_1 点的横坐标，且大于 B_1 点的横坐标。而 G 点的纵坐标小于 G_1 点的纵坐标。显见，正应力和剪应力的极值分别是

$$\sigma_{\max}=\sigma_1, \quad \sigma_{\min}=\sigma_3, \quad \tau_{\max}=\frac{1}{2}(\sigma_1-\sigma_3)$$

下面来研究复杂应力状态下应力与应变的关系。从受力构件内，按三个主平面方向取一单元体，见图 12-8。在三个主应力的作用下，求沿三个主方向的线应变。在应力小于比例极限时，可根据胡克定律及横向变形的关系，分别求出每个主应力单独作用下所引起的变形，而后叠加即得。

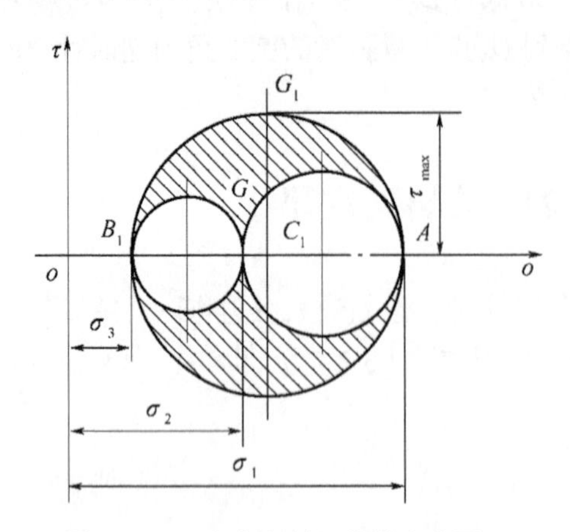

图 12-7 三向应力单元体的应力圆

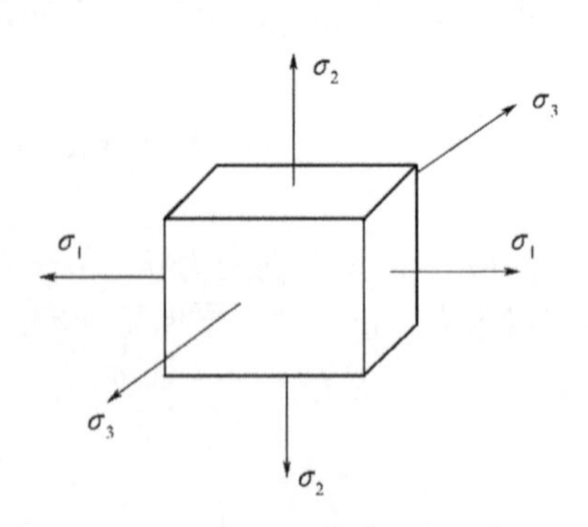

图 12-8 三向应力状态单元体

在三个主应力共同作用下，单元体沿 σ_1 方向棱边的总线应变计算如下：

在 σ_1 单独作用下，产生纵向线应变 $\varepsilon_1'=\dfrac{\sigma_1}{E}$；在 σ_2 单独作用下，产生横向线应变 $\varepsilon_1''=-\mu\dfrac{\sigma_2}{E}$；在 σ_3 单独作用下，产生横向线应变 $\varepsilon_1'''=-\mu\dfrac{\sigma_3}{E}$。叠加后为

$$\varepsilon_1=\varepsilon_1'+\varepsilon_1''+\varepsilon_1'''=\frac{\sigma_1}{E}-\mu\frac{\sigma_2}{E}-\mu\frac{\sigma_3}{E}=\frac{1}{E}[\sigma_1-\mu(\sigma_2+\sigma_3)]$$

同理，可得出沿 σ_2、σ_3 方向棱边各自的总线应变，于是有

$$\begin{cases}\varepsilon_1=\dfrac{1}{E}[\sigma_1-\mu(\sigma_2+\sigma_3)]\\ \varepsilon_2=\dfrac{1}{E}[\sigma_2-\mu(\sigma_1+\sigma_3)]\\ \varepsilon_3=\dfrac{1}{E}[\sigma_3-\mu(\sigma_2+\sigma_1)]\end{cases} \tag{12-7}$$

上式为广义胡克定律。它表示在三向应力状态下，主应力与主应变之间的关系。这个定律只适用于应力未超过比例极限和小变形的情况。公式中的主应力和主应变均为代数量。线应变为正值，表示相对伸长，负值则为相对缩短。计算结果按代数值的大小顺序排列成 $\varepsilon_1>\varepsilon_2>\varepsilon_3$，最大线应变就是 ε_1。

12.4 强度理论及其应用

在工程实际中，分析受力构件的强度问题时，需要确定它的危险截面上危险点的应力状态，而大多数的危险点都处于复杂应力状态。如果也仿照单向拉(压)用实验的方法来建立强度

条件，那么就得对材料在各种各样的复杂应力状态下，一一进行实验以确定相应的极限应力，然后建立强度条件，显然是难以实现的。因此，需寻他法。目前，在工程上是根据对材料破坏原因的考察，找出材料在各种应力状态下破坏的共同原因，再利用简单应力状态下的实验结果(破坏时的极限应力 σ_s 和 σ_b)来建立构件的强度条件。通过长期的实践，人们对在各种不同的应力状态下，材料破坏的共同原因所提出的假说，称为强度理论。

实验表明，各种材料发生破坏的现象是不相同的，但破坏的主要形式有两种，即屈服(流动)破坏和断裂破坏。形式不同原因各异，于是提出了各不相同的强度理论。

现将各向同性材料，在常温、静载条件下，常用的四种强度理论简介如下。

12.4.1 最大正应力理论(第一强度理论)

该理论是于 17 世纪伽利略提出的。这个理论假设材料的破坏是由绝对值最大的正应力引起的。也就是说材料在各种应力状态下，只要三个主应力中有一个主应力的数值达到单向拉伸或压缩破坏的极值应力时，材料就发生破坏。据此，材料的破坏条件为

$$\sigma_1 = \sigma_{拉}^0 \text{ 或 } |\sigma_3| = \sigma_{压}^0$$

考虑安全系数后，按最大正应力理论建立的强度条件为

$$\sigma_{r1} = \sigma_1 \leqslant [\sigma_{拉}] \text{ 或 } \sigma_{r1} = |\sigma_3| \leqslant [\sigma_{压}] \tag{12-8}$$

式中 σ_{r1} 表示按第一强度理论得出的计算应力或相当应力。

实验指出，对于脆性材料，如砖、石、铸铁等被拉断时，这个理论与试验结果大致相符，故此理论后被修正为最大拉应力理论。但对于塑性材料，如低碳钢等的屈服破坏；铸铁短试件受轴向压缩发生剪断破坏现象，该理论无法解释。

12.4.2 最大线应变理论(第二强度理论)

该理论是于 17 世纪后期马里奥特提出的。这个理论假设材料的破坏是由最大线应变(相对伸长或缩短)引起的。也就是说，材料在各种应力状态下，只要最大线应变的绝对值达到轴向拉伸或压缩破坏的极限值时，材料就发生破坏。据此，材料的破坏条件为

$$\varepsilon_1 = \varepsilon_{拉}^0 \text{ 或 } |\varepsilon_3| = \varepsilon_{压}^0$$

考虑安全系数后，按最大线应变理论建立的强度条件为

$$\varepsilon_1 \leqslant [\varepsilon_{拉}] \text{ 或 } |\varepsilon_3| \leqslant [\varepsilon_{压}]$$

在轴向拉伸或压缩时，有

$$[\varepsilon_{拉}] = \frac{[\sigma_{拉}]}{E} \text{ 和 } [\varepsilon_{压}] = \frac{[\sigma_{压}]}{E}$$

结合广义胡克定律，得按最大线应变理论建立的强度条件

$$\begin{cases} \sigma_{r2} = \sigma_1 - \mu(\sigma_2 + \sigma_3) \leqslant [\sigma_{拉}] \\ \text{或} \sigma_{r2} = |\sigma_3 - \mu(\sigma_1 + \sigma_2)| \leqslant [\sigma_{压}] \end{cases} \tag{12-9}$$

式中σ_{r2}表示按第二强度理论得出的计算应力或相当应力。

实验指出，对少数脆性材料受轴向拉伸时，该理论与实验结果大致相符，但对于塑性材料该理论不能为多数实验所证实。后因实验证实，在缩短方向材料不会断裂破坏，故该理论被修正为最大伸长线应变理论。这一理论还考虑了其他两个主应力的影响。

12.4.3 最大剪应力理论(第三强度理论)

该理论是于18世纪后期库仑提出的。这个理论假设材料的破坏是由最大剪应力引起的。也就是说，材料在各种应力状态下，只要最大剪应力的数值达到了轴向拉伸或压缩破坏的极限剪应力时，材料就发生破坏。据此，材料的破坏条件为

$$\tau_{\max} = \tau^0$$

在轴向拉伸时，亦即在单向应力状态下有$\tau^0 = \dfrac{\sigma^0}{2}$。故有$\sigma_1 - \sigma_3 = \sigma^0$。

考虑安全系数后，按最大剪应力理论建立的强度条件为

$$\sigma_{r3} = \sigma_1 - \sigma_3 \leqslant [\sigma] \tag{12-10}$$

式中σ_{r3}表示按第三强度理论得出的计算应力或相当应力。

该理论与实验结果相当符合，它不但能解释塑性材料的流动，而且还能说明脆性材料的剪断。但该理论没有考虑σ_2对材料破坏的影响，它不能解释在轴向拉伸或压缩时，脆性材料的极限应力不相同的原因。在三向等值拉伸时，按此理论材料将不会发生破坏，这与实验不符。

12.4.4 形状改变能密度理论(第四强度理论)

该理论是于20世纪初贝尔特拉姆提出的。这个理论假设材料的破坏是由形状改变的能密度所引起的。也就是说，材料在各种应力状态下，若形状改变能密度u_f达到在轴向拉伸或压缩破坏的极限值u_f^0时，材料就会发生破坏。据此，材料的破坏条件为

$$u_f = u_f^0$$

随着物体发生弹性变形而积蓄在其体内的能量，称为变形能。物体在每单位体积内积蓄的应变能，称为能密度。

在复杂应力状态下，单元体体积不变只形状改变所积蓄的能密度，即形状改变能密度为

$$u_f = \frac{1+\mu}{3E}(\sigma_1^2 + \sigma_2^2 + \sigma_3^2 - \sigma_1\sigma_2 - \sigma_2\sigma_3 - \sigma_3\sigma_1)$$

在轴向拉伸，即单向应力状态下，$\sigma_1 = \sigma^0, \sigma_2 = \sigma_3 = 0$时，化简后得

$$\sqrt{\sigma_1^2 + \sigma_2^2 + \sigma_3^2 - \sigma_1\sigma_2 - \sigma_2\sigma_3 - \sigma_3\sigma_1} = \sigma^0$$

考虑安全系数后，按形状改变能密度理论的强度条件为

$$\sigma_{r4} = \sqrt{\frac{1}{2}[(\sigma_1 - \sigma_2)^2 + (\sigma_2 - \sigma_3)^2 + (\sigma_3 - \sigma_1)^2]} \leqslant [\sigma] \tag{12-11(a)}$$

$$或\sigma_{r4}=\sqrt{\frac{1}{2}[(\sigma_1-\sigma_2)^2+(\sigma_2-\sigma_3)^2+(\sigma_3-\sigma_1)^2]}\leqslant[\sigma] \tag{12-11(b)}$$

式中 σ_{r4} 表示按第四强度理论得出的计算应力或相当应力。

若将

$$\tau_{12}=\frac{\sigma_1-\sigma_2}{2}，\ \tau_{23}=\frac{\sigma_2-\sigma_3}{2}，\ \tau_{13}=\frac{\sigma_1-\sigma_3}{2}$$

代入式(12-11(b))，即得

$$\sqrt{2(\tau_{12}^2+\tau_{23}^2+\tau_{13}^2)}\leqslant[\sigma] \tag{12-12}$$

因此，第四强度理论也可看作是一种剪应力强度理论。对于塑性材料，这个理论与实验结果很符合，也考虑到了中间的主应力 σ_2 对材料的影响。但也有其所不能解释的问题。

这四个强度理论的应用范围，大致如下：

(1) 不同的材料发生不同形式的破坏。脆性材料常因脆性断裂而破坏，采用第一、第二强度理论；塑性材料常因塑性流动而破坏，采用第三、第四强度理论。

(2) 同一种材料，在不同的应力状态下，也可能有不同形式的破坏。例如在三向拉伸应力状态下，塑性、脆性材料都将发生脆性断裂破坏，故采用第一强度理论；在三向压缩应力状态下，塑性、脆性材料都将发生塑性流动破坏，故采用第三、第四强度理论。

习题与思考题

12-1 何谓一点处的应力状态?何谓二向应力状态?如何研究一点处的应力状态?

12-2 何谓主平面?何谓主应力? 如何确定主应力的大小和方位?

12-3 何谓广义胡克定律?该定律是怎样建立的?应用条件是什么?

12-4 何谓强度理论? 金属材料破坏有几种主要形式?相应有几类强度理论?

12-5 单元体各面的应力如图所示(应力单位为 MPa)，试用解析法和图解法计算指定截面上的应力。

12-6 单元体各面的应力如图所示 (应力单位为 MPa)，试求主应力、最大正应力和最大剪应力。

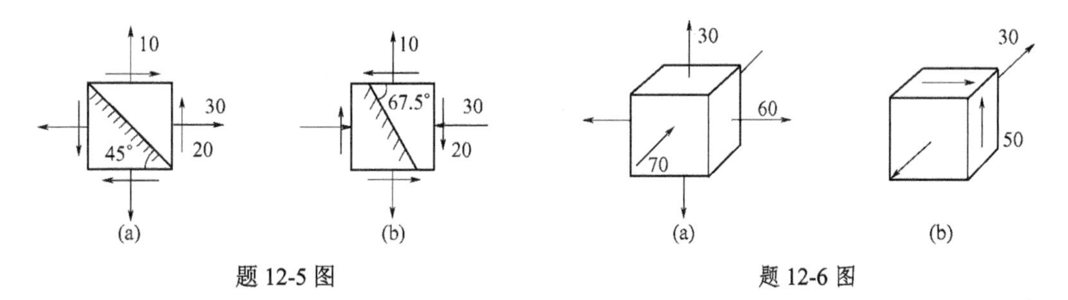

题 12-5 图　　题 12-6 图

12-7 已知某点 *A* 处截面 *AB* 和 *AC* 的应力如图所示(应力单位为 MPa)，试用图解法确定该点处的主应力及其所在截面的方位。

12-8 图示槽形刚体，在槽内放置一边长为 10mm 的立方钢块，钢块顶面受到合力为

P=8kN 的均布压力作用，试求钢块的三个主应力和最大剪应力。已知材料的弹性模量 $E=200\text{GPa}$，泊松比 $\mu=0.3$。

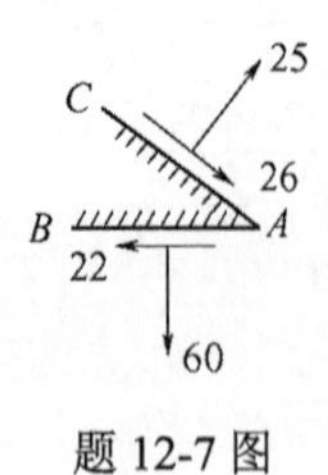

题 12-7 图

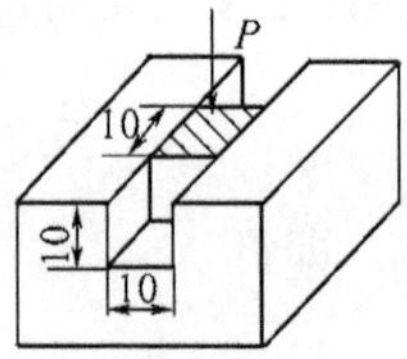

题 12-8 图

第 13 章　组合变形及其强度计算

13.1　组合变形的概念与实例

前几章研究了杆件在拉伸(压缩)、剪切、扭转和弯曲等基本变形时的强度和刚度计算。但工程实际中，有些杆件在外力作用下往往同时存在着两种或两种以上基本变形。这类变形形式称为组合变形。例如，图 13-1 所示反应釜搅拌轴，除了在搅拌物料时桨叶受到阻力的作用而发生扭转变形外，同时还受到搅拌轴和桨叶的自重作用，而发生拉伸变形。又如图 13-2 所示转轴，除扭转变形外，还有弯曲变形。可见，这些杆件都将产生组合变形。

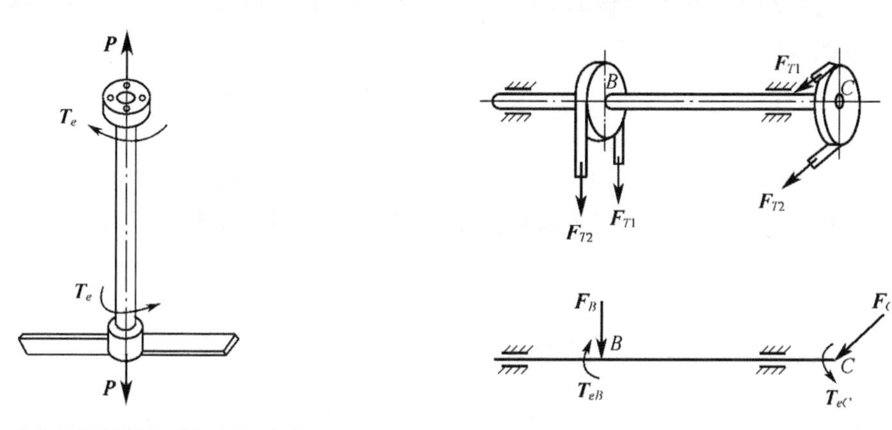

图 13-1　反应釜搅拌轴拉伸扭转组合变形　　　　图 13-2　圆轴弯曲扭转组合变形

在材料服从胡克定律且杆件变形很小的条件下，计算杆件在组合变形下的应力，可以应用叠加原理。即假定载荷的作用是独立的，每一载荷所引起的应力和变形都不受其他载荷的影响。因此，当杆件发生组合变形时，可将外载荷适当地分解和平移而分成几组，使每一组外力只产生一种基本变形。分别计算每一种基本变形下杆件的应力，然后将每一种基本变形下横截面的应力叠加起来，就得到原来载荷所引起的应力。进而分析危险点的应力状态，建立相应的强度条件，进行强度计算。

13.2　弯曲与拉压的组合

杆件在外力作用下发生弯曲与拉伸(压缩)的组合变形有下述两种情况。

1. 杆件同时受到轴向力和横向力的作用

设有一矩形截面悬臂梁，如图 13-3(a)所示。在自由端的截面形心上受到一集中力 $\boldsymbol{F}$ 的作用，其作用线位于梁的纵向对称平面内，与梁轴线的夹角为 θ 。因力 $\boldsymbol{F}$ 的作用线既不重合又不垂直于梁的轴线，故不符合引起基本变形的载荷情况。

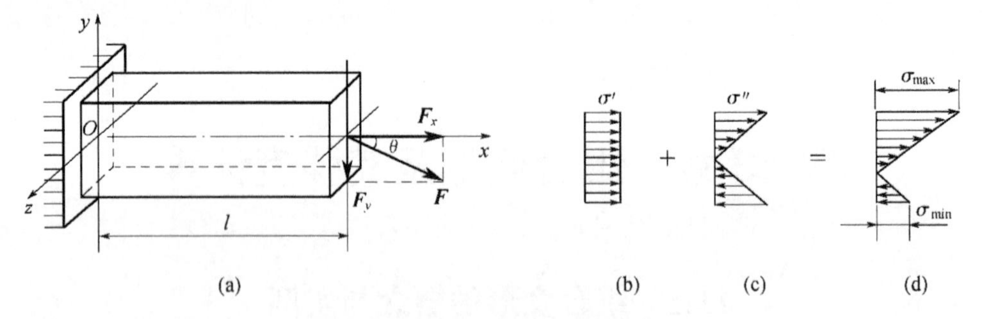

图 13-3　梁非轴线外载应力分布情况

将力 $\boldsymbol{F}$ 沿梁的轴线及与轴线垂直的方向分解为两个分量 $\boldsymbol{F}_x$ 和 $\boldsymbol{F}_y$，得

$$F_x = F\cos\theta\text{，}\quad F_y = F\sin\theta$$

轴向力 $\boldsymbol{F}_x$ 使梁发生拉伸变形，横向力 $\boldsymbol{F}_y$，使梁发生弯曲变形。故梁在力 $\boldsymbol{F}$ 的作用下，将产生拉伸与弯曲的组合变形。

在轴向力 $\boldsymbol{F}_x$ 作用下，梁各横截面上的内力 $F_N = F_x$，与 $\boldsymbol{F}_N$ 对应的正应力，在横截面上各点都相等，其值为

$$\sigma' = \frac{F_N}{A} = \frac{F\cos\theta}{A}$$

式中：A 为横截面的面积。拉应力沿截面高度的分布情况，如图 13-3(b)所示。

在横向力 $\boldsymbol{F}_y$ 作用下，梁在固定端截面有最大弯矩，为梁的危险截面。且

$$M_{\max} = F_y l = Fl\sin\theta$$

最大弯曲正应力为

$$\sigma'' = \pm\frac{M_{\max}}{W_z} = \pm\frac{Fl\sin\theta}{W_z}$$

式中：W_z 为横截面的抗弯截面系数。弯曲正应力沿截面高度的分布情况，如图 13-3(c)所示。

危险截面上总的正应力可由拉应力与弯曲正应力叠加而得。该截面的应力分布情况，如图 13-3(d)所示。截面的上边缘各点有最大正应力，且

$$\sigma_{\max} = \sigma' + \sigma'' = \frac{F_N}{A} + \frac{M_{\max}}{W_z}$$

截面的下边缘各点有最小正应力，且

$$\sigma_{\min} = \sigma' - \sigma'' = \frac{F_N}{A} - \frac{M_{\max}}{W_z}$$

按上式所得 $\sigma_{\min}$ 可为拉应力，也可为压应力，视等式右边两项的数值大小而定。图 13-3(d)是根据第一项小于第二项的情况画出的。

由上可见，危险截面上危险点处于单向应力状态。上边缘各点有最大拉应力，对于塑性材料，其强度条件为

$$\sigma_{\max} = \frac{F_N}{A} + \frac{M_{\max}}{W_z} \leqslant [\sigma] \tag{13-1}$$

对于脆性材料，如最小正应力为压应力，应分别建立强度条件：

$$
\begin{cases}
\sigma_{\max}=\dfrac{F_N}{A}+\dfrac{M_{\max}}{W_z}\leqslant[\sigma_l] \\
\left|\sigma_{\min}\right|=\left|\dfrac{F_N}{A}-\dfrac{M_{\max}}{W_z}\right|\leqslant[\sigma_y]
\end{cases}
\tag{13-2}
$$

上述计算方法，完全适用于压缩与弯曲的组合，区别仅在于轴向力引起压应力而已。

应指出，如梁的挠度与横截面尺寸相比不能忽略，则轴向力引起的附加弯矩也不能忽略。这时便不能应用叠加原理，应考虑横向力与轴向力间的相互影响。

2．偏心拉伸或压缩

作用于直杆上的外力沿着杆件轴线时，则产生轴向拉伸或压缩。如作用于直杆上的外力平行于杆的轴线，但不通过截面形心，则将引起偏心拉伸或压缩。例如，钻床的立柱和厂房立柱，如图 13-4 所示，即分别为偏心拉伸和偏心压缩的实例。

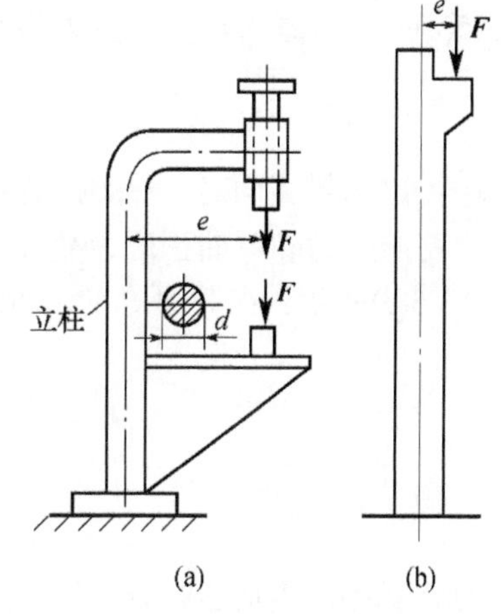

图 13-4　钻床立柱和厂房立柱的偏心压缩示意图

设有一矩形截面杆，如图 13-5(a)所示，在顶端作用一偏心压力 $\boldsymbol{F}$，其作用点 A 与横截面形心 C 的距离 AC，用 e 表示，称偏心距。

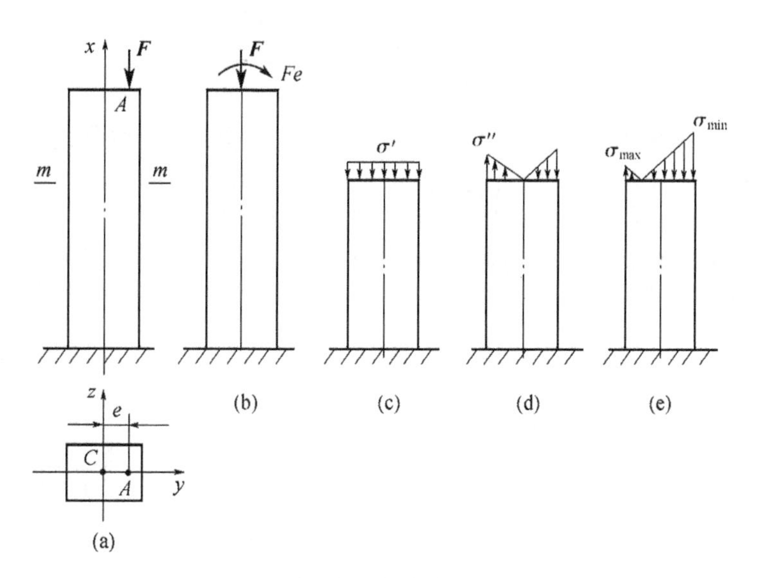

图 13-5　偏心拉压的应力分布示意图

将偏心压力 F 平移到截面形心 C，得到轴向压力 $\boldsymbol{F}$ 和矩为 Fe 的力偶，如图 13-5(b)所示。在轴向压力作用下，各横截面的轴向压力为 $F_N=-F$ 在力偶作用下，杆件在 xy 平面内发生纯弯曲，各横截面的弯矩为 $M=Fe$。可见，杆件在偏心压力 $\boldsymbol{F}$ 的作用下，将是压缩与弯曲的组合变形。

由轴向压力 $F_N=-F$ 所对应的压应力，沿截面宽度均匀分布，如图 13-5(c)所示。其值为

$$
\sigma'=-\frac{F}{A}
$$

式中：A 为横截面面积。由弯矩 $M=Fe$ 所对应的弯曲正应力沿截面宽度的分布规律，如图13-5(d)所示。最大弯曲正应力为

$$\sigma''=\pm\frac{M}{W}=\pm\frac{Fe}{W}$$

式中：W 为横截面对 z 轴的抗弯截面系数。

将压应力和弯曲正应力叠加，即得到截面上总的正应力，其沿截面宽度的分布规律，如图 13-5(e)所示。在截面的左、右边缘任意一点的最大与最小正应力分别为

$$\sigma_{\max}=-\frac{F}{A}+\frac{Fe}{W}$$

$$\sigma_{\min}=-\frac{F}{A}-\frac{Fe}{W}$$

可见，就绝对值而言，$\sigma_{\min}$ 比 $\sigma_{\max}$ 要大。如杆件为塑性材料，截面右边缘各点均为危险点，且处于单向应力状态，则强度条件为

$$\left|\sigma_{\min}\right|=\left|-\frac{F}{A}-\frac{Fe}{W}\right|\leqslant\left[\sigma\right] \tag{13-3}$$

如杆件为脆性材料，当杆件横截面上出现拉应力时，则应分别建立强度条件：

$$\begin{cases}\sigma_{\max}=-\dfrac{F}{A}+\dfrac{Fe}{W}\leqslant\left[\sigma_l\right]\\\left|\sigma_{\min}\right|=\left|-\dfrac{F}{A}-\dfrac{Fe}{W}\right|\leqslant\left[\sigma_y\right]\end{cases} \tag{13-4}$$

应该指出，对于偏心受压杆件，必须是短而粗的，才能应用上述公式进行强度计算。这是由于细长杆承受压力时，由于弯曲变形较大，故不能采用叠加原理。

例 13-1　图 13-6 所示为一钩头螺栓，承受偏心载荷 $\boldsymbol{F}$ 的作用，偏心距为 e。螺纹内径为 d_1。如 $e=d_1$，试求钩头螺栓的最大应力。并将其结果和轴向拉伸的应力进行比较。

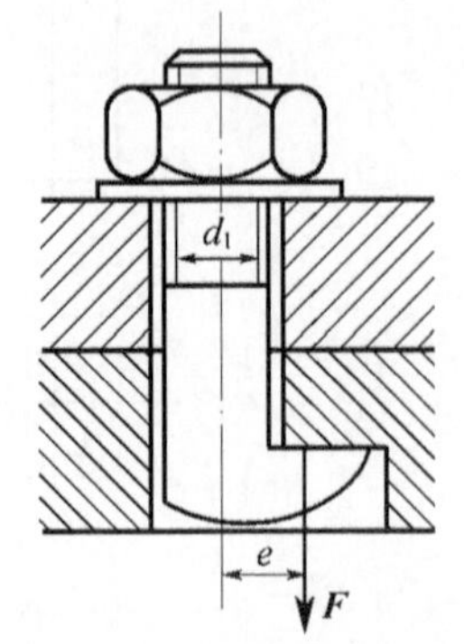

图 13-6　钩头螺栓受偏心外载示意图

解：(1) 受力简化。将载荷 $\boldsymbol{F}$ 向螺栓轴线平移，得轴向拉力 $\boldsymbol{F}$ 及力偶矩 Fe。

(2) 内力计算。用截面法将螺栓螺纹部分沿任一横截面截开，有内力：

轴向力　　　　　　　　$F_N=F$

弯矩　　　　　　　　　$M=Fe$

故螺栓的变形为拉伸与弯曲的组合。

(3) 应力计算。

与轴向力 F_{N} 对应的拉应力为

$$\sigma'=\frac{F_N}{A}=\frac{4F}{\pi d_1^2}$$

与弯矩 M 对应的弯曲正应力为

$$\sigma''=\frac{M}{W}=\frac{32Fe}{\pi d_1^3}$$

故螺栓的最大正应力为

$$\sigma_{\max}=\sigma'+\sigma''=\frac{4F}{\pi d_1^2}+\frac{32Fe}{\pi d_1^3}=\frac{4F}{\pi d_1^2}\left(1+\frac{8e}{d_1}\right)$$

按题给条件 $e=d_1$，则

$$\sigma_{\max}=\frac{4F}{\pi d_1^2}(1+8)=9\sigma'$$

即螺栓受偏心拉伸的最大应力比轴向拉伸的应力大 8 倍。对此应引起重视，并尽量避免偏心拉伸和压缩。

13.3 弯曲与扭转的组合

弯曲与扭转的组合变形是机器与设备中常见的情况。现以图 13-7 所示拐轴为例，来说明弯扭组合变形时强度计算的方法。

拐轴 *AB* 段为等直圆杆，直径为 *d*，*A* 端为固定端约束。现讨论在 **F** 力作用下，*AB* 轴的受力情况。

将 *F* 力向 *AB* 轴 *B* 端的形心简化，即得到一横向力 **F** 及作用在轴端平面内的力偶矩

$$T_e=Fa$$

AB 轴的受力简图，如图 13-8(a)所示。横向力 **F** 使轴发生弯曲变形，力偶矩 T_e 使轴发生扭转变形。一般情况下，横向力引起的剪力影响很小，可忽略不计。于是，圆轴 *AB* 即为弯曲与扭转的组合变形。

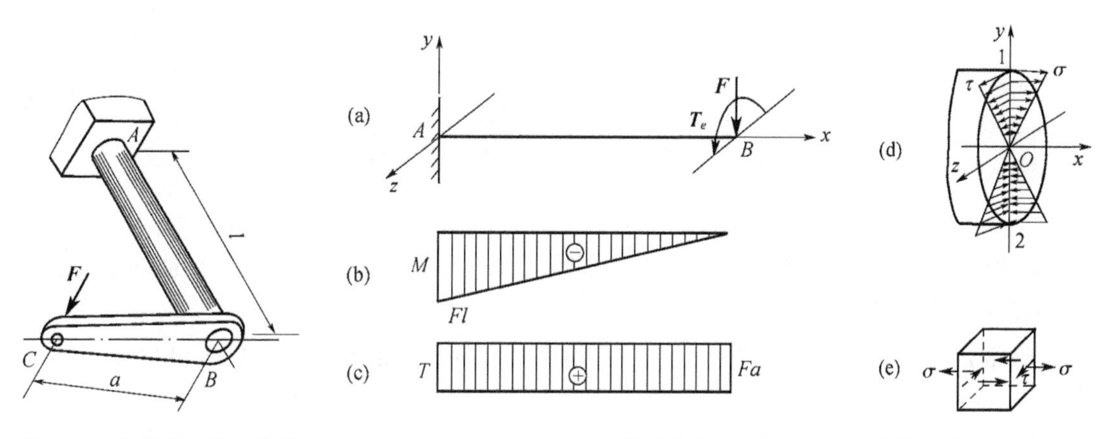

图 13-7　拐轴受外载示意图　　　　图 13-8　拐轴的弯扭矩图及应力分布图

分别绘制轴的弯矩图和扭矩图，如图 13-8(b)、(c)所示。由图可见，各横截面上的扭矩相同，其值为 $T=Fa$，各截面上的弯矩则不同。固定端截面有最大弯矩，其值为 $M=-Fl$。显然，圆轴的危险截面为固定端截面。

在危险截面上，与弯矩所对应的正应力，沿截面高度按线性规律变化，如图 13-8(d)所示。铅垂直径的两端点“1”和“2”点，正应力为最大，其值为

$$\sigma=\pm\frac{M}{W}$$

在危险截面上，与扭矩所对应的剪应力，沿半径按线性规律变化，如图 13-8(d)所示。该截面周边各点的剪应力为最大，其值为

$$\tau = \frac{T}{W_\rho}$$

由上可见，危险截面上铅垂直径的两端点，“1”和“2”两点的弯曲正应力和扭转剪应力均为最大，故“1”和“2”两点均为危险点。现取“1”点来研究。在“1”点附近切取一单元体，如图 13-8(e)所示。单元体左右两个侧面上，既有正应力又有剪应力，为一复杂应力状态，必须用强度理论进行强度校核。为此，求出“1”点的主应力为

$$\sigma_1 = \frac{1}{2}\left[\sigma + \sqrt{\sigma^2 + 4\tau^2}\right]$$
$$\sigma_2 = 0$$
$$\sigma_3 = \frac{1}{2}\left[\sigma - \sqrt{\sigma^2 + 4\tau^2}\right]$$

对于弯扭组合受力的圆轴，一般用塑性材料制成，应选用第三或第四强度理论建立强度条件。将上式求得的主应力，分别代入第三或第四强度理论的强度条件，化简后得

$$\begin{cases}\sigma_{r3} = \sqrt{\sigma^2 + 4\tau^2} \leqslant [\sigma] \\ \sigma_{r4} = \sqrt{\sigma^2 + 3\tau^2} \leqslant [\sigma]\end{cases} \tag{13-5}$$

如将 $\sigma = \dfrac{M}{W}$ 和 $\tau = \dfrac{T}{W_\rho}$ 代入上式，并考虑到对于圆截面有 $W_\rho = 2W$，则强度条件可改写为

$$\begin{cases}\sigma_{r3} = \dfrac{\sqrt{M^2 + T^2}}{W} \leqslant [\sigma] \\ \sigma_{r4} = \dfrac{\sqrt{M^2 + 0.75T^2}}{W} \leqslant [\sigma]\end{cases} \tag{13-6}$$

式中：M 和 T 分别代表圆轴危险截面上的弯矩和扭矩；W 代表圆形截面的抗弯截面系数。

应该指出，式(13-6)只适用于实心或空心圆轴。对于非圆截面轴在弯扭组合时的强度计算，应按式(13-5)进行。

例 13-2 一圆轴直径为 80mm，轴的右端装有重为 5kN 的皮带轮，如图 13-9(a)所示。皮带轮上侧受水平力 $F_T = 5\text{kN}$，下侧受水平力为 $2F_T$。轴的许用应力 $[\sigma] = 70\text{MPa}$。试按第三强度理论校核轴的强度。

解：轴的计算简图，如图 13-9(b)所示。作用于轴上的外力偶矩为

$$T_e = (10 - 5) \times 0.4\text{kN} \cdot \text{m} = 2\text{kN} \cdot \text{m}$$

于是各截面的扭矩为

$$T = T_e = 2\text{kN} \cdot \text{m}$$

扭矩图如图 13-9(c)所示。

根据铅垂力与水平力分别作出铅垂平面内的弯矩图 M_y 和水平平面内的弯矩图 M_z，如图 13-9(d)、(e)所示。由图可见，铅垂平面最大弯矩为 $0.75\text{kN} \cdot \text{m}$，水平平面最大弯矩为 $2.25\text{kN} \cdot \text{m}$，

均发生在 B 截面。由任一截面 M_y 和 M_z 的数值，按几何和可求得相应截面的合成弯矩 M，如图 13-9(f)所示。B 截面有合成弯矩的最大值，故为危险截面。该截面的合成弯矩为

$$M = \sqrt{0.75^2 + 2.25^2}\text{kN} \cdot \text{m} = 2.37\text{kN} \cdot \text{m}$$

此轴危险点的应力状态与图 13-9(e)同属一类，可应用式(13-6)计算相当应力。即

$$\sigma_{r3} = \frac{1}{W}\sqrt{M^2 + T^2} = \frac{32}{\pi \times 0.08^2}\sqrt{2.37^2 + 2^2}\text{MPa}=61.7\text{MPa}<[\sigma]$$

故圆轴满足强度条件。

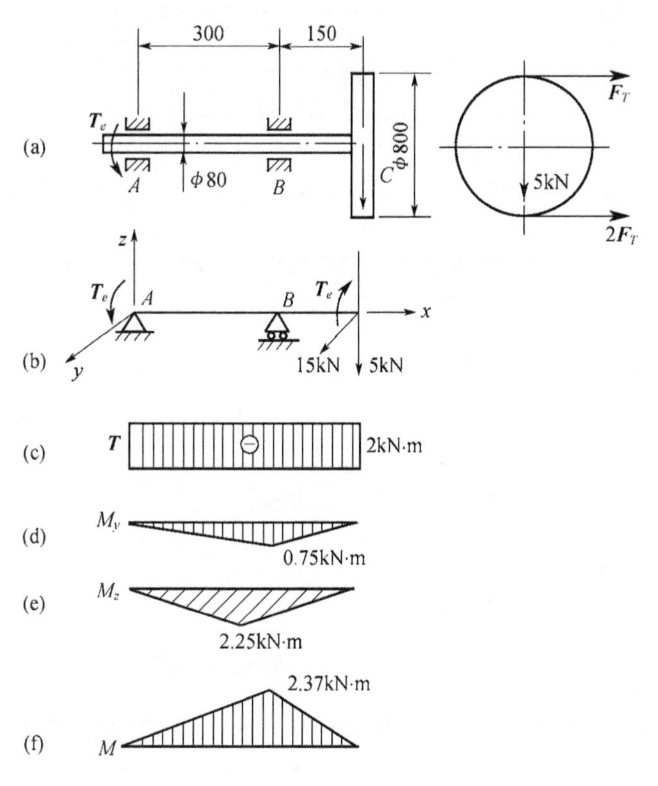

图 13-9　圆轴受力示意图及弯扭矩图

例 13-3　图 13-10(a)所示传动轴，其上装有两个皮带轮。A 轮皮带为水平的，B 轮皮带为铅直的。两轮皮带张力均为 $F_{T1} = 3\text{kN}$ ，$F_{T2} = 1.5\text{kN}$ 。如两轮的直径均为 $D = 600\text{mm}$ ，轴材料的许用应力$[\sigma]$=100MPa ，试按第三强度理论选择轴的直径。

解：将两轮皮带张力向各自的截面形心简化，得到轴的计算简图，如图 13-10(b)所示。其中

$$F_z = F_{T1} + F_{T2} = (3 + 1.5)\text{kN}=4.5\text{kN}$$

同理

$$F_y = 4.5\text{kN}$$

$$T_e = (F_{T1} - F_{T2})\frac{D}{2} = (3 - 1.5) \times \frac{0.6}{2}\text{kN} \cdot \text{m}=4.5\text{kN} \cdot \text{m}=450\text{N} \cdot \text{m}$$

由计算简图可见，在 $\boldsymbol{F}_z$、$\boldsymbol{F}_{Cz}$、$\boldsymbol{F}_{Dz}$ 的作用下，轴在水平面内弯曲，在 $\boldsymbol{F}_y$、$\boldsymbol{F}_{Cy}$、$\boldsymbol{F}_{Dy}$ 的作用下，轴在铅垂面内弯曲，在 T_e 的作用下，轴产生扭转。所以，该轴为弯扭组合变形。

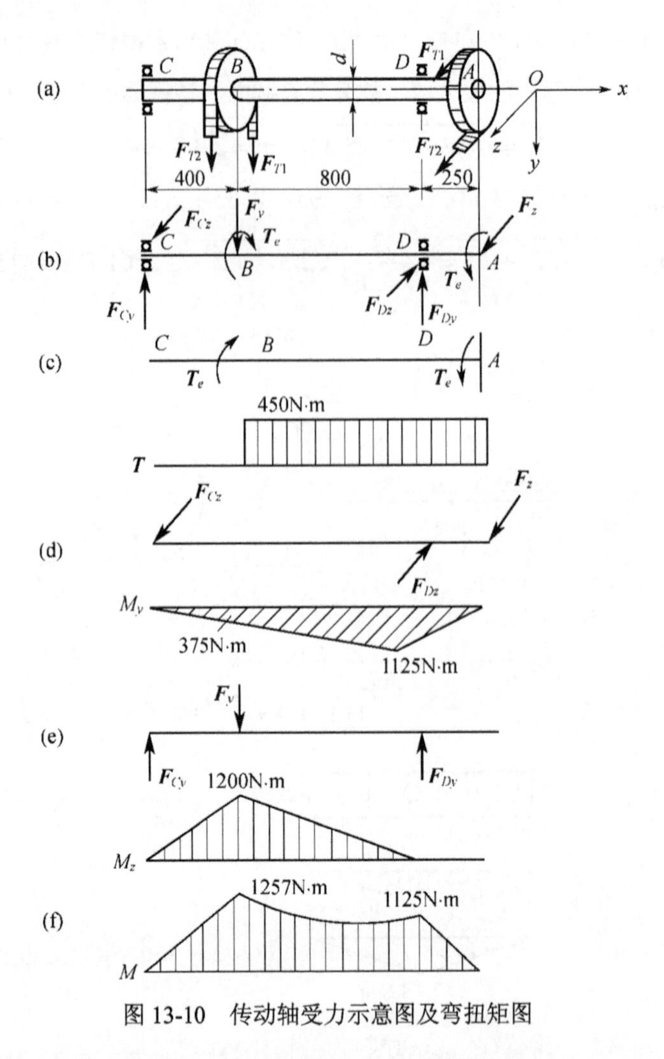

图 13-10　传动轴受力示意图及弯扭矩图

作出轴的扭矩图、水平平面内的弯矩图和铅垂平面内的弯矩图，如图 13-10(c)、(d)、(e)所示。根据任一截面的水平弯矩 M_y 和垂直弯矩 M_z，按几何和可以求得相应截面的合成弯矩 M。合成弯矩图，如图 13-10(f)所示。不难看出，B 截面有最大弯矩，故为危险截面。其弯矩值为

$$M_B=\sqrt{M_{yB}^2+M_{zB}^2}=\sqrt{375^2+1200^2}\,\text{N}\cdot\text{m}=1257\text{N}\cdot\text{m}$$

按第三强度理论选择轴径，采用式(13-6)。即

$$\sigma_{r3}=\frac{1}{W}\sqrt{M^2+T^2}\leqslant[\sigma]$$

其中抗弯截面系数 $W=\dfrac{\pi d^3}{32}$，并代入数据得

$$\frac{32}{\pi d^3}\sqrt{1257^2+450^2}\leqslant 100\times 10^6$$

解得

$$d\geqslant 51.4\text{mm}$$

习题与思考题

13–1 何谓组合变形?组合变形时计算强度的原理是什么?

13–2 直梁所受的作用力如果不与梁轴垂直，而是倾斜的，怎样计算梁内应力?

13–3 圆轴受到扭转与弯曲的组合时,强度的计算步骤是怎样的?为什么在这种组合变形中，计算强度要用到强度理论，而弯曲与拉伸(或压缩) 组合及斜弯曲时没有用到强度理论?

13–4 梁在两个互相垂直的纵向平面内受到弯曲，怎样根据这两个平面内的弯矩图作出合成弯矩图?这样合成的各个截面的弯矩是否都作用在同一纵向平面之内?

13–5 单臂吊车的横梁 AB 用 32a 工字钢制成，已知 a=2m，l=5m，P=20kN，材料的许用应力$[\sigma]$=120MPa，试校核横梁的强度。

13–6 旋转式起重机的立柱为一外径 D=130mm 及内径 d=116mm 的管子,试对危险截面 I—I 进行强度校核。起重机自重 Q_1=15kN，起吊重量 Q_2=20kN，许用应力$[\sigma]$=120MPa。

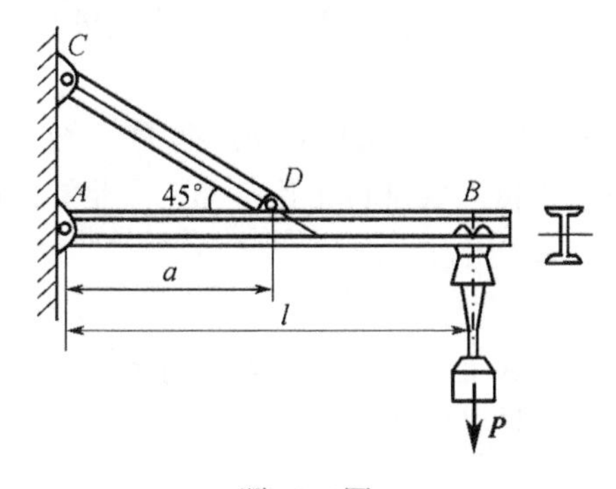

题 13-5 图

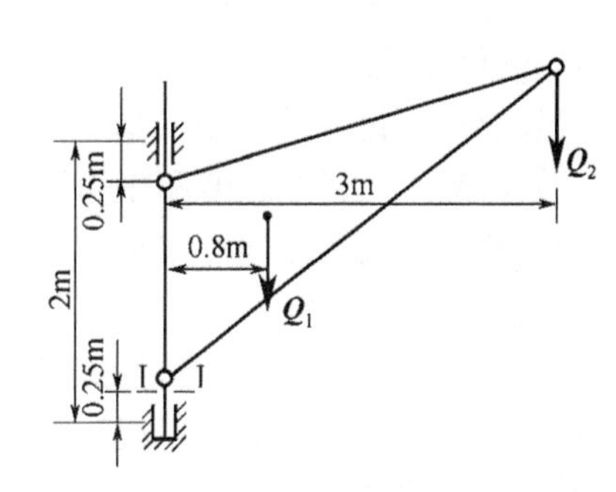

题 13-6 图

13–7 已知圆片铣刀切削力 $P_x = 2.2\text{kN}$，径向力 $P_r = 0.7\text{kN}$，试按第三强度理论计算刀杆直径 d，已知铣刀杆的$[\sigma] = 80\text{MPa}$。

13–8 试用第三强度理论校核 AB 轴的强度。已知 P=2kN，D=400mm，d=50mm，$[\sigma]$=140MPa。

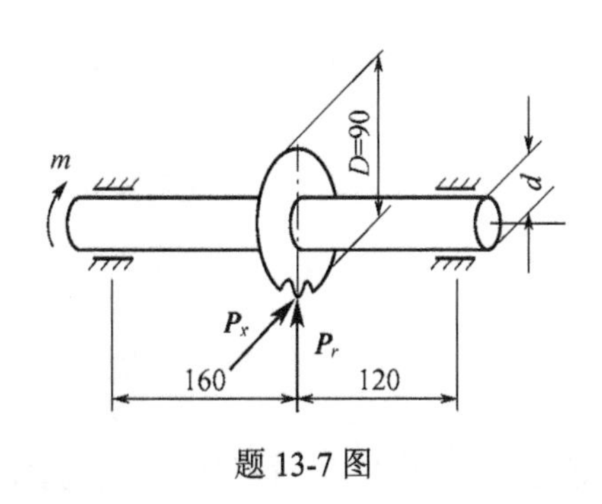

题 13-7 图

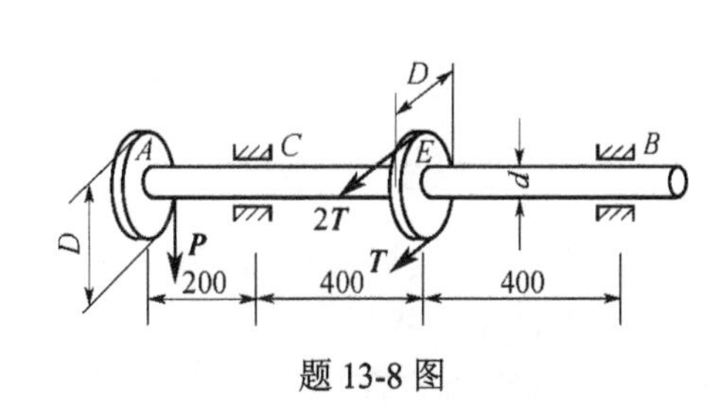

题 13-8 图

第四篇　机构原理及其设计

第 14 章　机构与机械设计概论

14.1　机械设计概述

14.1.1　机械设计的基本要求

机械设计就是根据生产及生活上的某种需要，规划和设计出能实现预期功能的新机械或对原有机械进行改进的创造性工作过程。机械设计是机械生产的第一步，是影响机械产品制造过程和产品性能的重要环节。因此，尽管设计的机械种类繁多，但设计时都应满足下列基本要求。

1．使用功能要求

就是要求所设计的机械应具有预期的使用功能，既能保证执行机构实现所需的运动(包括运动形式、速度、运动精度和平稳性等)，又能保证组成机械的零部件工作可靠，有足够的强度和使用寿命，而且使用、维护方便。这是机械设计的基本出发点。

2．工艺性要求

所设计的机械无论总体方案还是各部分结构方案，在满足使用功能要求的前提下，应尽量简单、实用，在毛坯制造、机械加工、装配与维修诸方面都具有良好的工艺性。

3. 经济性要求

设计机械时一定要反对单纯追求技术指标而不顾经济成本的倾向。经济性要求是一个综合指标，它体现于机械的设计、制造和使用的全过程中，因此设计机械时应全面综合地进行考虑。

提高设计、制造经济性的措施主要有：运用现代设计方法，使设计参数最优化；推广标准化、通用化和系列化；采用新工艺、新材料、新结构；改善零部件的结构工艺性；合理地规定制造精度和表面粗糙度等。

提高使用经济性的措施主要有：选用效率高的传动系统和支承装置，以降低能源消耗；提高机械的自动化程度，以提高生产率；采用适当的防护及润滑，以延长机械的使用寿命等。

4. 其他要求

例如劳动保护的要求，应使机械的操作方便、安全；还有便于装拆和运输的要求等。

14.1.2　机械设计的一般程序

设计机械时应按实际情况确定设计方法和步骤，但是通常都按下列一般程序进行。

1. 确定设计任务书

根据生产或市场的需求，在调查研究的基础上，确定设计任务书，对所设计机械的功能要求、性能指标、结构形式、主要技术参数、工作条件、生产批量等做出明确的规定。设计任务书是进行设计、调试和验收机械的主要依据。

2. 总体方案设计

根据设计任务书的规定，本着技术先进、使用可靠、经济合理的原则，拟定出一种能够实现机械功能要求的总体方案。其主要内容有：对机械功能进行设计研究，确定工作机的运动和阻力，拟定从原动机到工作机的传动系统，选择原动机，绘制整机的运动简图并判断其是否有确定的运动，初步进行运动学和动力学分析，确定各级传动比和各轴的运动和动力参数，合理安排各部件间的相互位置等。

总体方案设计是最能体现机械设计具有多个解(方案)的特点和创新精神的设计阶段，设计时常需作出几个方案，然后就功能、尺寸、寿命、工艺性、成本、使用与维护等方面进行分析比较，择优选定。

3. 技术设计

根据总体设计方案的要求，对其主要零部件进行工作能力计算，或与同类相近机械进行类比，并考虑结构设计上的需要，确定主要零部件的主要几何参数和基本尺寸。然后，根据已确定的结构方案和主要零部件的基本尺寸，绘制机械的装配图、部件装配图和零件工作图。

在这一阶段中，设计者既要重视理论设计计算，更要注重结构设计。

4. 编制技术文件

在完成技术设计后，应编制技术文件，主要有：设计计算说明书、使用说明书、标准件明细表等，这是对机械进行生产、检验、安装、调试、运行和维护的依据。

5. 技术审定和产品鉴定

组织专家和有关部门对设计资料进行审定，认可后即可进行样机试制，并对样机进行技术审定。技术审定通过后可投入小批量生产，经过一段时间的使用实践再做产品鉴定，鉴定通过后即可根据市场需求组织生产。到此机械设计工件才告完成。

14.1.3 机械设计中的标准化

标准化是组织现代化大生产的重要手段，也是实行科学管理的重要措施之一。标准化是指对机械零件的种类、尺寸、结构要素、材料性能、检验方法、设计方法、公差与配合、制图规范等制订出大家共同遵守的标准。它的基本特征是统一、简化。它的意义在于：

(1) 由专门化工厂大量生产标准件，能保证质量、节约材料、降低成本。

(2) 能统一材料和零部件的性能指标，使其能够进行比较，提高了零部件性能的可靠性。

(3) 采用了标准结构和标准零部件，可以简化设计工作，缩短设计周期，有利于设计者把主要精力用在关键零部件的设计上，从而提高设计质量。

(4) 零部件的标准化，便于互换，便于机械的维修。

由此可见，标准化是一项重要的设计指标和一项必须贯彻执行的技术经济法规。一个国家的标准化程度反映了这个国家的技术发展水平。在我国现行的标准中，有国家标准、行业标准(如 JB、YB 等)和企业标准。在进行机械设计时必须自觉地贯彻执行标准。

14.1.4 机械零件的主要失效形式和设计准则

当机械零件不能正常工作，失去所需的工作效能时，称该零件失效了。其主要失效形式有：断裂及塑性变形、过大的弹性变形、表面失效，如磨损、疲劳点蚀、胶合、塑性流动、压溃和腐蚀等，以及破坏正常条件引起的失效，如带传动中的打滑、受压杆件的失稳等。应该指出：同一种零件可能有多种失效形式，以轴为例，它可能发生疲劳断裂，也可能发生过大的弹性变形，也可能发生共振。在各种失效形式中，到底以哪一种为主要失效形式，这应该根据零件的材料、具体结构和工作条件等因素来确定。仍以轴为例，对于载荷稳定、一般用途的转轴，疲劳断裂是其主要失效形式；对于精密主轴，弹性变形量超过其许用值是其主要失效形式；而对于高速转动的轴，发生共振、丧失振动稳定性是其主要失效形式。

设计机械零件时，保证零件不产生失效时所依据的基本准则，称为设计计算准则。主要有：强度准则、刚度准则、寿命准则、振动稳定性准则和可靠性准则等。其中强度准则是设计机械零件首先要满足的一个基本要求。为了保证零件工作时有足够的强度，设计计算时应使其危险截面上或工作表面上的工作应力(或计算应力)σ(或τ)不超过零件的许用应力$[\sigma]$(或$[\tau]$)，其表达式为

$$\sigma \leqslant [\sigma] \tag{14-1}$$

$$\tau \leqslant [\tau]$$

亦可表达为危险截面上或工作表面上的安全系数S大于或等于其许用安全系数$[S]$，即

$$S \geqslant [S] \tag{14-2}$$

14.2 机构运动简图及平面机构自由度

14.2.1 运动副及其分类

从制造的角度讲，机器是由零件组成的，从运动的角度讲，机器是由构件组成的。机构的每一个构件都以一定的方式与其他的构件相连接，且彼此之间存在一定的相对运动。两个构件之间直接接触，又能作相对运动连接，称为运动副，如图 14-1 所示。两个构件之间的接触可分为点接触、线接触、面接触。所以，运动副按照构件的接触形式分为低副和高副两大类。

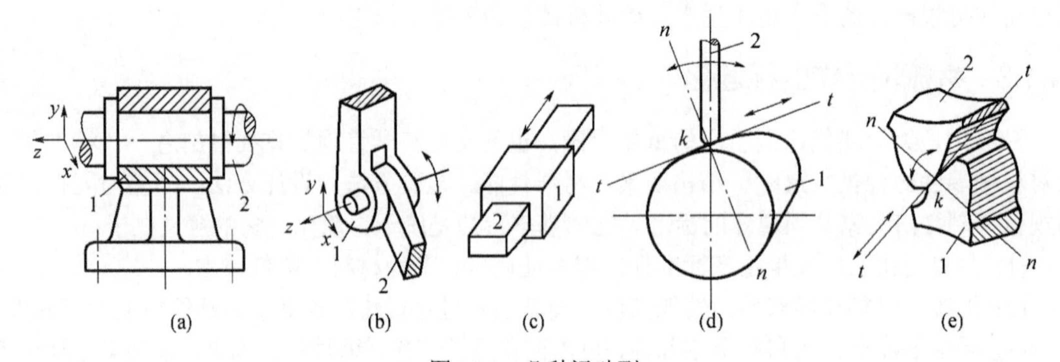

图 14-1 几种运动副

(1) 低副：两构件通过面接触构成的运动副，它又分为回转副和移动副两种。若构成运动副的两构件只能在一个平面内相对转动，则该运动副称为回转副，或称铰链，如图 14-1(a)、(b)所示；若组成运动副的两构件只能沿某一轴线相对移动，则该运动副称为移动副，如图 14-1(c)所示。

(2) 高副：两构件通过点或线接触构成的运动副，如图 14-1(d)、(e)所示。两构件可沿接触处公切线 t—t 相对移动和绕接触处作相对转动。

14.2.2 机构运动简图

在设计新机械或分析研究现有机械时，在研究其机构运动时，为了使问题简化，常用一些简单的线条和规定的符号来表示构件和运动副，并按比例定出各运动副的位置。这种说明机构各构件间相对运动关系的简单图形，称为机构运动简图。该简图具有与原机构相同的运动特性，所以，可根据该图对机构进行运动和动力分析。运动简图中的常用符号见表 14-1。

表 14-1　运动简图中的常用符号

名称	符　　号
活动构件	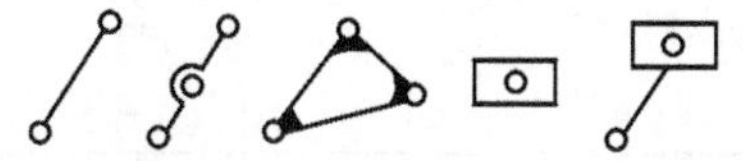
固定构件	
回转副	
移动副	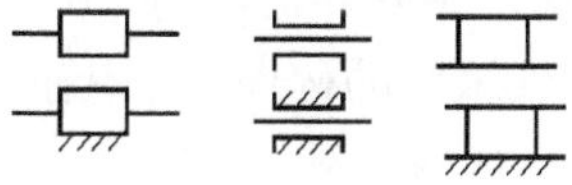
球面副	
螺旋副	
零件与轴连接	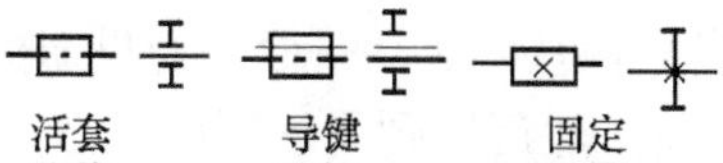 活套连接　导键连接　固定连接
凸轮与从动件	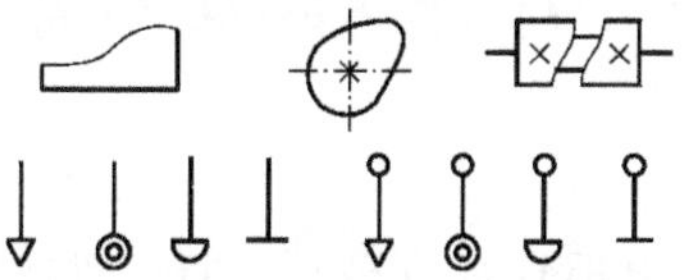
槽轮传动	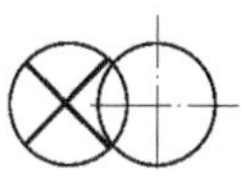
棘轮传动	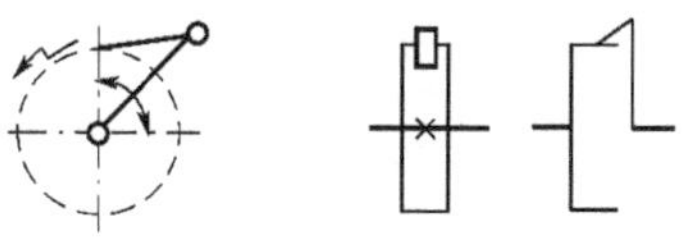
带传动	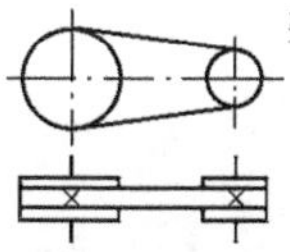 类型符号，标注在带的上方 V 带　同步带 平带　圆带

名称		符　　号
齿轮传动	圆柱齿轮	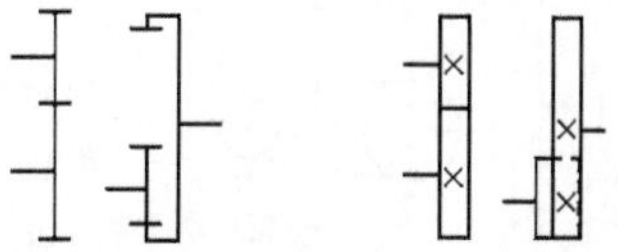
	锥齿轮	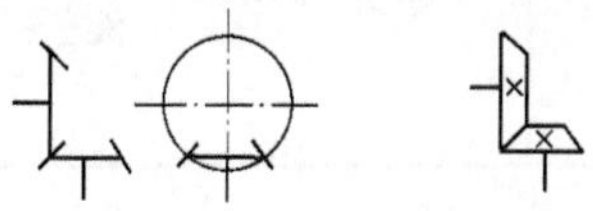
	齿轮齿条	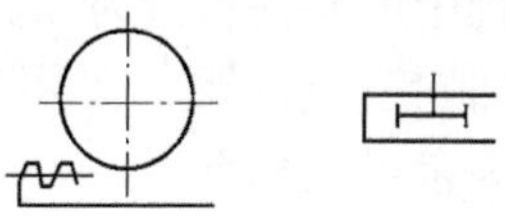
	蜗轮与圆柱蜗杆	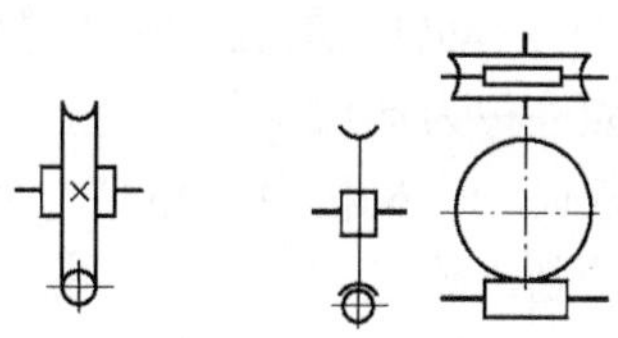
轴承	向心轴承	普通轴承　滚动轴承
	推力轴承	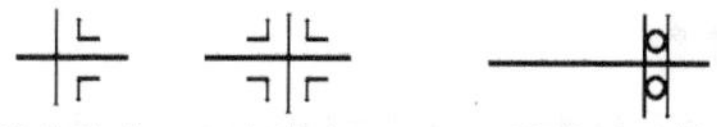 单向推力　双向推力　推力滚动轴承
	向心推力轴承	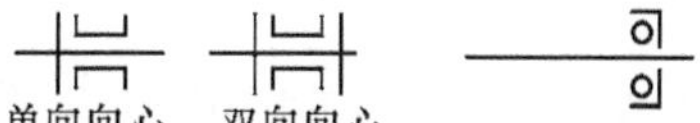 单向向心推力轴承　双向向心推力轴承　向心推力滚动轴承
弹簧		 压簧　拉簧
联轴器		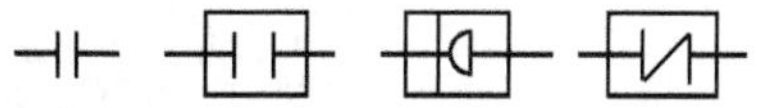 一般符号　固定式　可移式　弹性
离合器		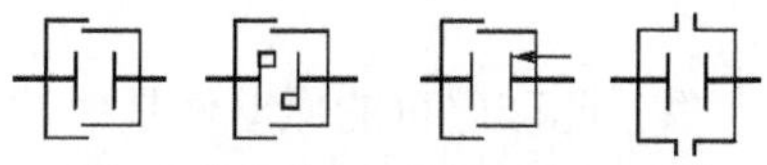 可控　单向啮合　单向摩擦　自动

(续)

名称	符　　号	名称	符　　号
链传动	类型符号，标注在轮轴连心线的上方 滚子链　齿形链　环形链	制动器	
		原动机	通用符号　电动机

机构中的构件可分为三类。

(1) 固定件(机架)：是用来支承活动构件的构件。研究机构中活动构件的运动时，常以固定件作为参考坐标系。

(2) 原动件：是运动规律已知的活动构件。它的运动是由外界输入的，故又称为输入构件。

(3) 从动件：是机构中随着原动件的运动而运动的其余活动构件，其中输出机构预期运动的从动件称为输出构件。

任何一个机构中，必有一个固定件，一个或几个原动件，其余的都是从动件。

绘制机构运动简图的方法和步骤如下：

(1) 定出原动件和输出构件，然后，搞清楚原动件和输出构件之间运动的传递路线，组成机构的构件数目及连接各构件的运动副的类型和数目，测量出各个构件上与运动有关的尺寸。

(2) 恰当地选择投影面，一般可以选择机构的多数构件的运动平面作为投影面。必要时也可以就机构的不同部分选择两个或两个以上的投影面，然后展到同一图面上，或者把主机构运动简图上难以表示清楚的部分另绘成局部简图。

(3) 选择适当的比例，定出各运动副的相对位置，以简单的线条和规定的符号给出机构运动简图。

下面举例说明机构运动简图的画法。

例 14-1　图 14-2(a)为一颚式破碎机。当曲轴 1 绕轴心 O 连续转动时，动颚板 5 绕轴心 F 往复摆动，从而把矿石轧碎。试绘制此破碎机构运动简图。

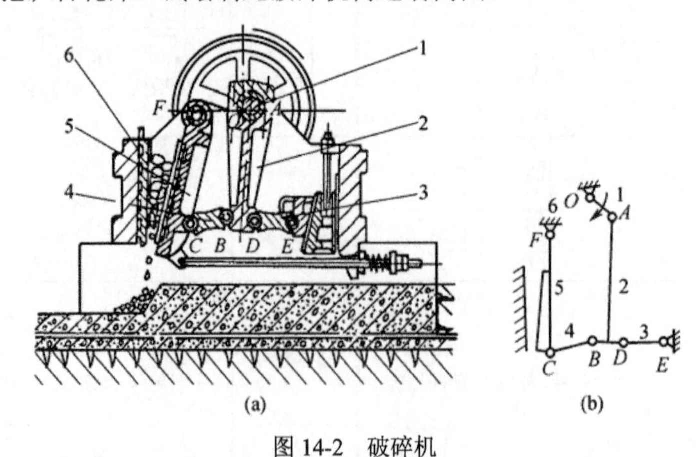

图 14-2　破碎机

解：此破碎机的原动件是曲轴 1，输出构件是动颚板。运动是由曲轴 1 传递给构件 2，再经构件 3、4 最终传递给动颚板 5。由此可知，该破碎机是由曲轴 1、构件 2、3、4 及动颚板 5 五个活动构件和机架 6 共六个构件组成。

其中曲轴 1 与机架 6 及构件 2 分别在 O 点及 A 点构成回转副，构件与构件 3、4 分别在 D 点及 B 点构成回转副 2，构件 3 与机架 6 在 E 点构成回转副，动颚板 5 与构件 4 及机架 6 分别在 C 点及 F 点构成回转副。由此可见，连接组成破碎机的六个构件共构成了七个回转副。

由于破碎机的五个活动构件的运动平面都平行于绘图的纸面，所以选择该纸面为投影面，选定合适的比例尺，在投影面上画出回转副在 O、A、B、C、D、E、F 点的位置，然后，分别用直线段连接属于同一构件上的运动副。这样就绘出了如图 14-2(b)所示的破碎机机构运动简图。

14.2.3 平面机构的自由度

1. 平面机构自由度的计算公式

各构件之间的相对运动是平面运动的机构称为平面机构。如图 14-3 所示，当做平面运动的构件 1 尚未与构件 2(与坐标系 xOy 固联)构成运动副时，构件 1 相对于构件 2 有三个自由度，即分别沿 x、y 轴的移动和在 xOy 平面内的转动。而当两个构件构成运动副之后，它们的相对运动就受到约束，构件自由度数目即随之减少。例如图 14-1(a)、(b)所示的回转副约束了两个移动的自由度，只保留了一个转动的自由度；图 14-1(c)所示的移动副约束了沿某一轴线方向的移动和在平面内转动的自由度；而图 14-1(d)、(e)所示的高副则只约束了沿接触处公法线 n—n 方向移动的自由度，保留了接触处公切线 t—t 方向移动和绕接触处转动的两个自由度。也就是说，运动副引入约束的数目就是构件自由度减少的数目。在平面机构中，每个低副引入两个约束，使构件失去两个自由度；每个高副引入一个约束，使构件失去一个自由度。

设平面机构共有 n 个活动构件，各构件间共构成了 P_L 个低副和 P_H 个高副。那么该机构的活动构件在未用运动副连接起来时共有 $3n$ 个自由度，运动副共引入了$(2P_L+P_H)$个约束，活动构件的自由度总数减去运动副引入的约束总数所剩余的自由度就是该机构的自由度，以 F 表示，即

$$F = 3n - 2P_{\rm L} - P_{\rm H} \tag{14-3}$$

式(14-3)就是平面机构自由度的计算公式。显然，机构自由度 F 取决于活动构件的数目及运动副的类型和数目。

2. 机构具有确定运动的条件

机构的自由度是指机构所具有的独立运动的个数，如果机构具有确定的相对运动，应使给定的独立运动的数目等于机构的自由度。而给定的独立运动规律是由原定件提供的，通常每个原动件只有一个运动规律(如电动机转子只有一个独立转动，内燃机活塞具有一个独立移动)，所以机构具有确定运动的条件是：

(1) 机构的自由度 $F>0$；

(2) 机构的原动件数等于机构的自由度 F。

例 14-2 试计算图 14-2(b)所示颚式破碎机主体机构的自由度。

解： 由机构运动简图可知，该机构共有 5 件活动构件，各构件间构成了七个回转副，没有高副，即 n=5，P_L=7，P_H=0，故该机构的自由度为

$$F = 3n - 2P_{\rm L} - P_{\rm H} = 3\times5 - 2\times7 = 1$$

该机构具有一个原动件(曲轴 1)，与机构的自由度相等，当原动件运动时，则从动件随之作确定的运动。

3. 计算平面机构自由度的注意事项

1) 复合铰链

三个或三个以上构件在同一轴线上用回转副相连接构成复合铰链，图 14-3 所示为三个构件的同一轴线上构成两个回转副的复合铰链。可以类推，若有 m 个构件构成同轴复合铰链，则应具有 $m-1$ 个回转副。在计算机构的自由度时应注意识别复合铰链，以免漏算运动副的数目。

例 14-3 计算图 14-4 所示摇杆机构自由度。

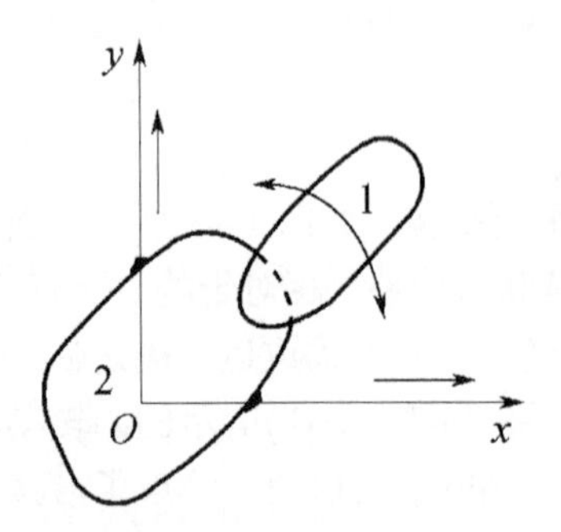

图 14-3 构件相对运动

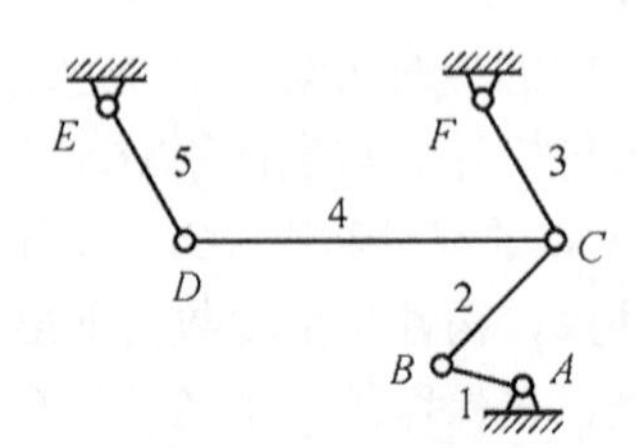

图 14-4 摇杆机构

解：粗看似乎是 5 个活动构件和 A、B、C、D、E、F 等铰链组成六个回转副，由式(14-3)得 $F=3n-2P_{\mathrm{L}}-P_{\mathrm{H}}=3\times5-2\times6-0=3$，如果真如此，则必须有三个原动件才能使机构有确定的运动，但这与实际情况显然不符，事实上，整个机构只要一个构件即构件 1 作为原动件即能使运动完全确定下来，这种计算错误是因为忽略了构件 2、3、4 在铰链 C 处构成复合铰链，组成两个同轴回转副而不是一个回转副之故，故总的回转副数 $P_{\mathrm{L}}=7$，而不是 $P_{\mathrm{L}}=6$，据此按式(14-3)计算得 $F=3\times5-2\times7-0=1$，这便与实际情况相符了。

2) 局部自由度

不影响机构中输出与输入运动关系的个别构件的独立运动称为局部自由度(或多余自由度)，在计算机构自由度时应予排除。

例 14-4 计算图 14-5 所示滚子从动件凸轮机构的自由度。

解：粗分析，图示凸轮 1、从动杆 2、滚子 4 三个活动构件，组成两个回转副、一个移动副和一个高副，得

$$F=3n-2P_{\mathrm{L}}-P_{\mathrm{H}}=3\times3-2\times3-1=2$$

表明该机构有两个自由度；这又与实际情况不符，因为实际上只要凸轮 1 一个原动件，从动杆 2 即可按一定规律作确定的运动。进一步分析可知，滚子 4 绕其轴线 B 的自由转动不论正转或反转甚至不转都不影响从动杆 2 的运动规律，因此滚子 4 的转动应看作是局部自由度，即多余自由度，在正确计算自由度时应予除去不计。这时可如图 14-5(b)所示，将滚子与从动杆固联作为一个构件看待，即按 n=2、P_{L}=2、P_{H}=1 来考虑，则由式(14-3)得 $F=3n-2P_{\mathrm{L}}-P_{\mathrm{H}}=3\times2-2\times2-1=1$，这便与实际情况相符了。

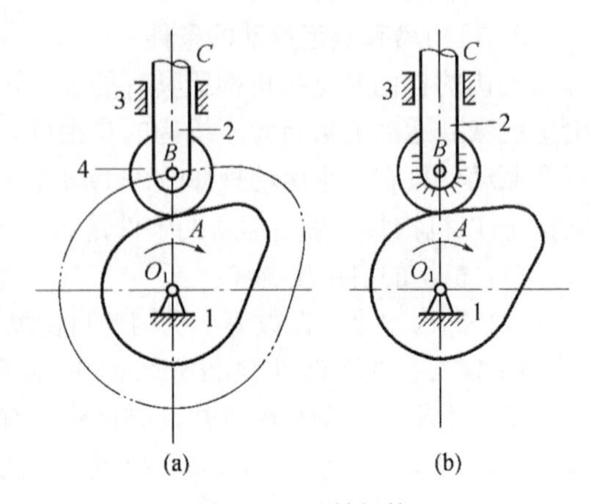

图 14-5 凸轮机构

局部自由度虽然不影响机构输入与输出运动关系，但上例中的滚子可使高副接触处的滑动摩擦变成滚动摩擦，从而提高效率、减少磨损。在实际机械中常有这类局部自由度出现。

3) 虚约束

在运动副引入的约束中，有些约束对机构自由度的影响与其他约束重复，这些重复的约束称为虚约束(或消极约束)，在计算机构自由度时也应除去不计。

例 14-5 图 14-6 所示机构，各构件的长度为 $l_{AB}=l_{CD}=l_{EF}$，$l_{BC}=l_{AD}, l_{CE}=l_{DF}$，试计算其自由度。

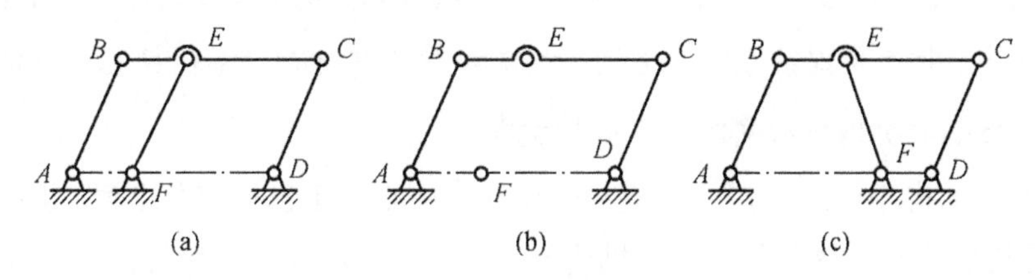

图 14-6 平面机构

解：粗分析，n=4，P_L=6，P_H=0，由式(14-3)得 $F=3n-2P_L-P_H=3\times4-2\times6-0=0$，显然这又与实际情况不符。若将构件 EF 除去，回转副 E、F 也就不复存在，则成为图 14-6(b)所示的平行四边形机构；此时，n=3，P_L=4，P_H=0，由式(14-3)得 $F=3n-2P_L-P_H=3\times3-2\times4-0=1$，$E$ 点的轨迹为以 F 点为圆心、以 $l_{CD}(l_{EF})$为半径的圆。这表明构件 EF 与回转副 E、F 存在与否对整个机构的运动并无影响，加入构件 EF 和两个回转副引入了三个自由由度和四个约束，增加的这个约束是虚约束，它是构件间几何尺寸满足某些特殊条件而产生的，计算机构自由度时，应将产生虚约束的构件连同带入的运动副一起除去不计，化为图 14-6(b)的形式计算。但若如图 14-6(c)所示，$l_{CE}\neq l_{DF}$，则构件 EF 并非虚约束，该传动链自由度为零，不能运动。

机构中经常会有消极约束存在，如两个构件之间组成多个导路平行的移动副(图 14-7(a)，只有一个移动副起约束作用，其余都是虚约束；如两个构件之间组成多个轴线重合的回转副(图 14-7(b)，只有一个回转副起约束作用，其余都是虚约束；再如图 14-7(c)所示行星架 H 上同时安装三个对称布置的行星轮 2、2′、2″，从运动学观点来看，它与采用一个行星轮的运动效果完全一样，即另外两个行星轮是对运动无影响的虚约束。机械中常设计有虚约束，对运动情况虽无影响，但往往能使受力情况得到改善。

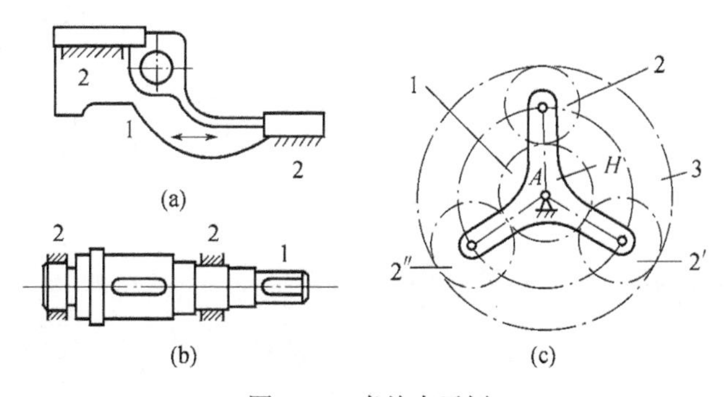

图 14-7 虚约束示例

习题与思考题

14–1 简述机械设计的一般步骤。

14–2 什么是零件的标准化？标准化的意义是什么？

14–3 机械零件的主要失效形式有哪些？防止机械零件发生失效的设计计算准则有哪些？

14–4 设计机械零件时应从哪几方面考虑其结构工艺性？试举例并画图说明。

14–5 说出绘制机构运动简图的方法和步骤。

14–6 满足机构的自由度 $F>0$，机构的原动件数目等于机构的自由度，机构具有确定的运动，如果机构的原动件数少于或多于机构的自由度时，机构的运动将发生何种情况？

14–7 绘出图示机构的机构运动简图。(a)刨床机构；(b)回转柱塞泵；(c)活塞泵；(d)缝纫机下针机构。

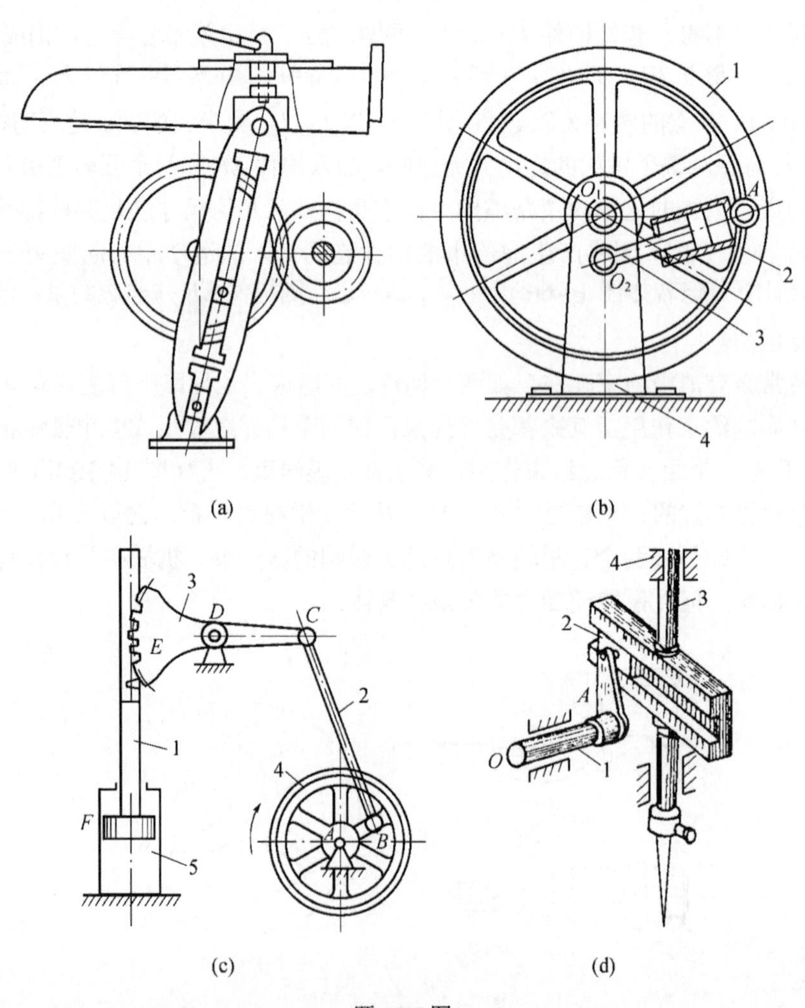

题 14-7 图

14–8 绘出图示机构的自由度，指出机构运动简图中的复合铰链、局部自由度和虚约束。(a)测量仪表机构；(b)圆锯盘机构；(c)压缩机机构；(d)平炉渣口堵塞机构；(e)精压机构；(f)冲压机构。

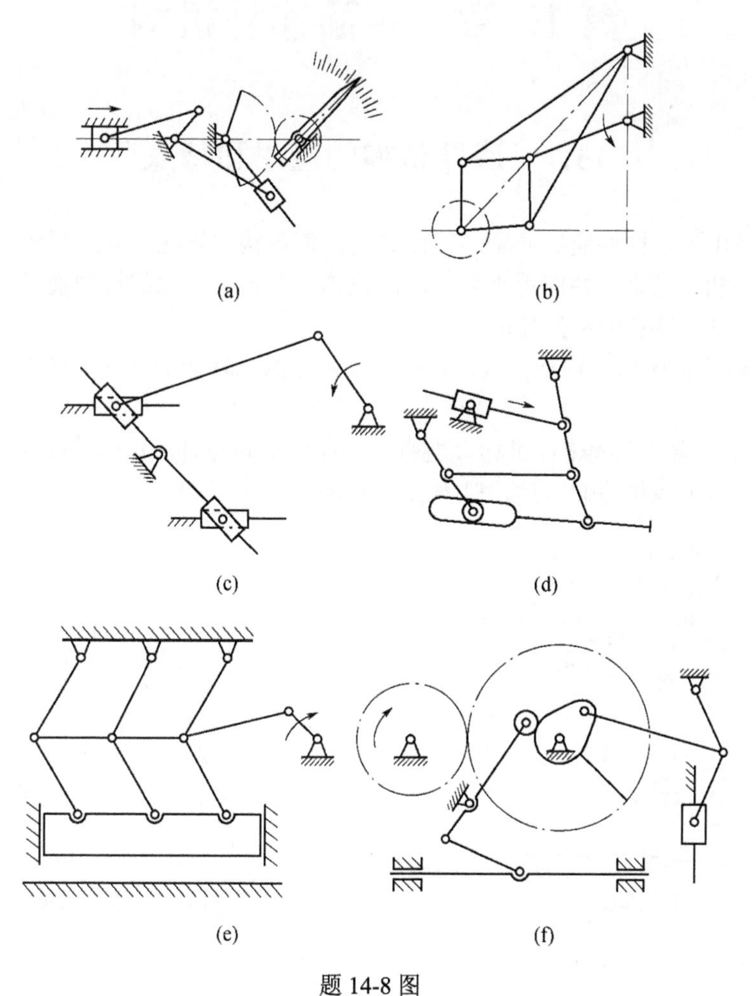

题 14-8 图

第 15 章　平面连杆机构

15.1　连杆机构的应用和特点

连杆机构是由若干构件通过低副连接而成的。若各构件均在相互平行的平面内运动，就称为平面连杆机构。它是一种应用极为广泛的机构，在各行各业的机械设备中，以及在人们日常生活所用的许多器械中都处处可见。

图 15-1 所示为插床的主传动机构，它将原动件 1 的回转运动转变为插刀头 5 的上下往复切削运动。

图 15-2 所示为雷达天线俯仰机构。当原动件曲柄 1 回转时，从动摇杆 3 作往复摆动，使固定于其上的雷达天线作俯仰运动，以便进行搜索。

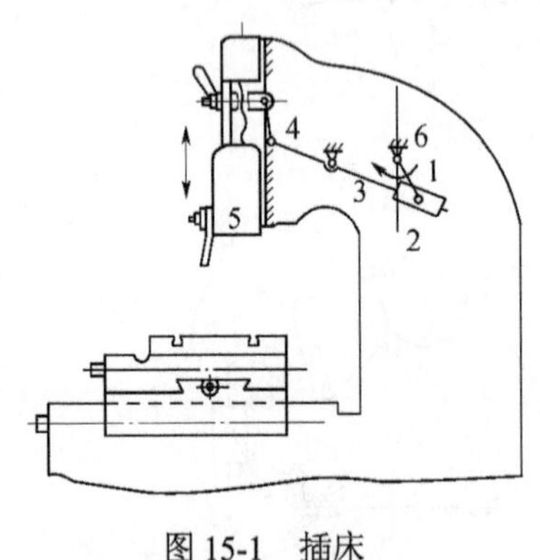

图 15-1　插床

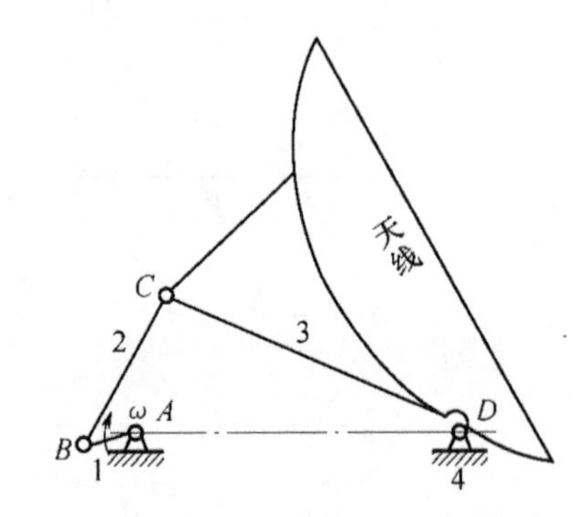

图 15-2　雷达天线俯仰机构

连杆机构相连处都是面接触，压强较小，磨损也小，因而能用于重载，使用寿命较长；其接触表面是平面或圆柱面，加工简单，可以获得较高的精度；但由于运动副内有间隙，当构件数目较多或精度较低时，运动积累误差较大，此外，如要精确实现任意运动规律，设计比较困难。由于四个构件组成的平面连杆机构在生产中应用很广，故本章将予以重点讨论。

15.2　平面连杆机构的基本知识

15.2.1　铰链四杆机构的基本形式

最基本的平面连杆机构是铰链四杆机构，如图 15-3 所示。其他形式的四杆机构可以看作是在它的基础上通过演化而成的。它不仅应用广泛，而且是组成多杆机构的基础。图中固定构件 4 称为机架；与机架相连的杆 1 和杆 3 称为连架杆；连接两连架杆的活动构件 2 称为连杆；能绕固定铰链中心作整周转动的连架杆称为曲柄，只能摆动的连架杆称为摇杆。通常，按两连架杆的运动形式可将铰链四杆机构分为三种基本形式：曲柄摇杆机构、双曲柄机构和双摇杆机构。

1. 曲柄摇杆机构

在铰链四杆机构的两个连架杆中，如果其中一个是曲柄，另一个是摇杆，则称为曲柄摇杆机构。通常曲柄为原动件，作匀速转动，而从动摇杆作变速往复摆动。连杆作平面复合运动。图 15-2 所示雷达天线俯仰机构即其一例。

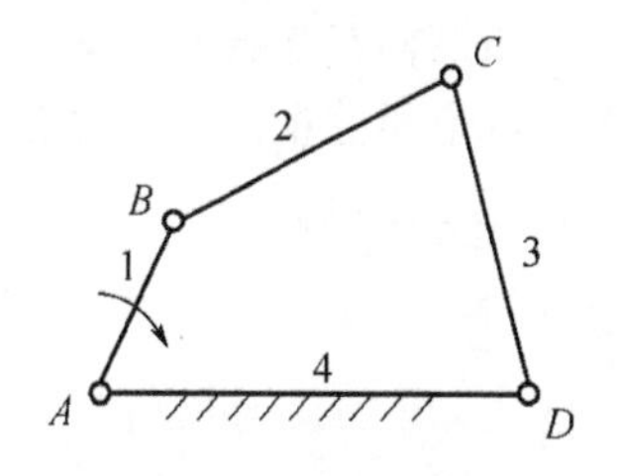

图 15-3　铰链四杆机构

2. 双曲柄机构

当两连架杆都可以相对于机架作整周转动时，称为双曲柄机构。如两曲柄长度不等，则称为不等双曲柄机构，这种机构当主动曲柄以等角速度连续旋转时，从动曲柄则以变角速度连续转动，且其变化幅度相当大，其最大值和最小值之比可达 2 倍～3 倍。图 15-4 所示的惯性筛就是利用了双曲柄机构的这个特性，从而使筛子(滑块)6 的往复运动具有较大的变动的加速度，使物料因惯性而达到筛分的目的。

在双曲柄机构中，若其相对的两杆平行且相等，如图 15-5 所示，则称为平行双曲柄机构(又称平行四边形机构)。其运动特点是两曲柄以相同的角速度沿相同的方向回转，而连杆作平移运动。

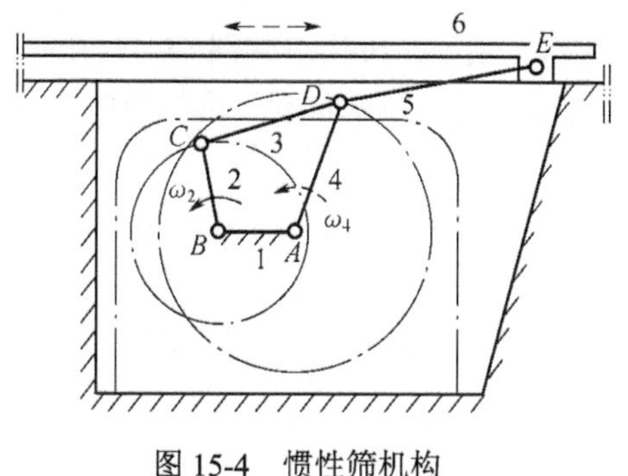

图 15-4　惯性筛机构

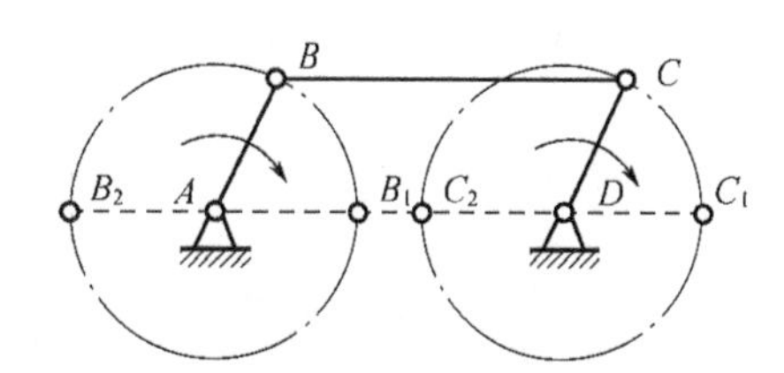

图 15-5　平行四边形机构

图 15-6 所示的机车车轮联动机构就是利用了其两曲柄等速同向转动的特性。图 15-7 所示载重汽车司机的摆动座椅机构，则是利用了连杆(与座垫固联)作平动的特性。

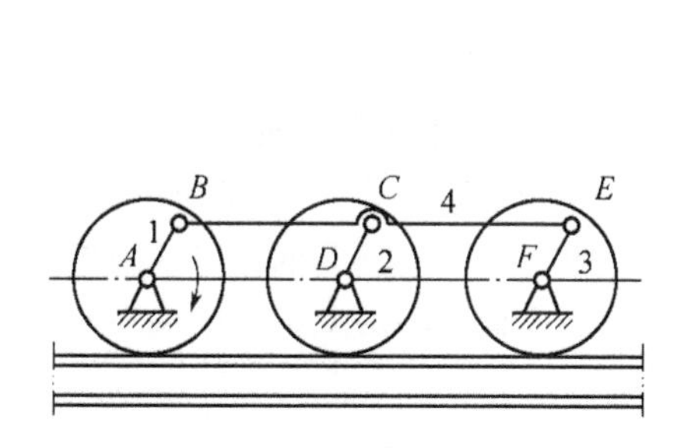

图 15-6　车轮联动机构

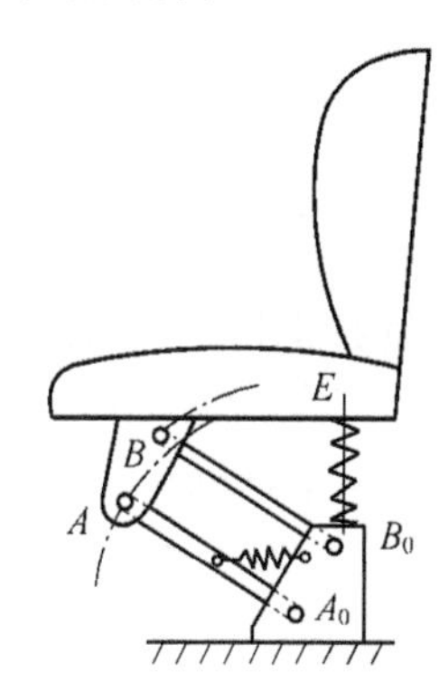

图 15-7　摆动座椅机构

在图 15-5 所示的平行四边形机构中，在主动曲柄 *AB* 转动一周中，从动曲柄 *CD* 将会出现两次与机架、连杆同时共线的位置，在这两个位置处会出现 *CD* 转向不确定现象(即 *CD* 的转向可能改变也可能不变)，此位置称为转折点。为了保证从动曲柄转向不变，工程上常采用如下一些方法：①在机构中安装一个大质量的飞轮，利用其惯性闯过转折点；②利用多组机构来消除运动不确定现象。图 15-6 所示机车车轮联动机构就是应用实例。

如果相对两杆长相等，但彼此不平行，则称为反向双曲柄机构，如图 15-8 所示。该机构的特点是两曲柄的转向相反，且角速度不相等。在图 15-9 所示的公共汽车双折车门启闭机构中的 *ABCD* 就是反向双曲柄机构，它可使两扇车门同时反向对开或关闭。

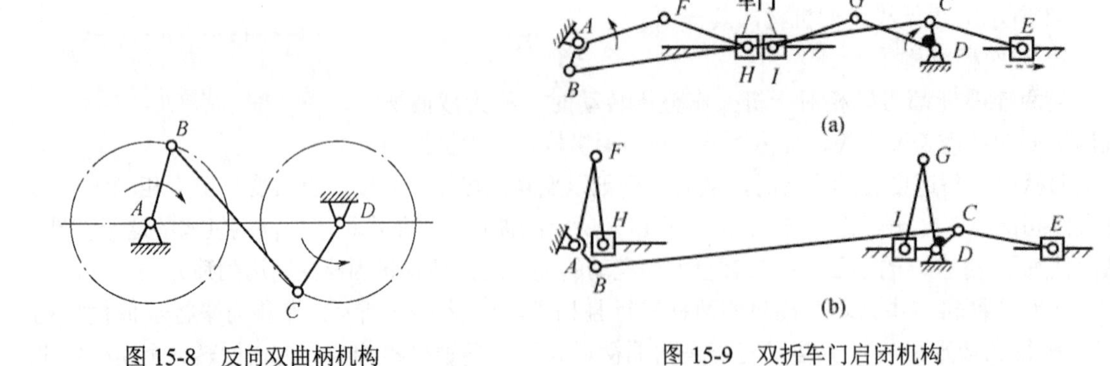

图 15-8　反向双曲柄机构　　图 15-9　双折车门启闭机构

3. 双摇杆机构

若铰链四杆机构的两连杆均为摇杆(图 15-10)，则称为双摇杆机构。在图 15-11 所示飞机起落架机构中，*ABCD* 即为一双摇杆机构。图中实线为起落架放下的位置，虚线为收起位置，此时整个起落架机构藏于机翼中。

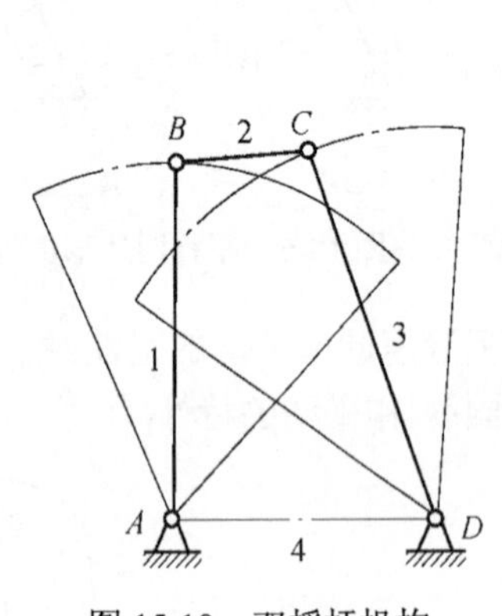

图 15-10　双摇杆机构

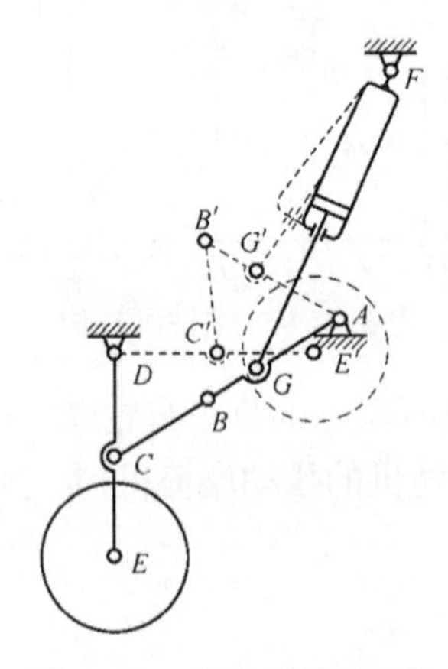

图 15-11　飞机起落架机构

在双摇杆机构中，两摇杆在同一时间内所摆过的角度在一般情况下是不相等的。这一特点被用于汽车的转向机构中。图 15-12 所示为汽车前轮的转向机构。它是两摇杆($\overline{AB}$ 与 $\overline{CD}$)长度相等的双摇杆机构(又称等腰梯形机构)。在该机构的作用下，在转弯时，可使两前轮轴线与后轮轴线似汇交于一点(图 15-12)，以保证各轮相对于路面的似为纯滚动，以便减小轮胎与路面之间的磨损。

15.2.2　铰链四杆机构的曲柄存在条件

如上所述，在铰链四杆机构中，有的机构有曲柄，有的机构没有曲柄，这是为什么呢？下面就来分析铰链四杆机构中存在曲柄的条件。如前所述，所谓曲柄就是相对机架能作 360° 整周回转的连架杆。在铰链四杆机构中，如果组成转动副的两构件能作整周相对转动，则该转动副称为整转副；而不能作整周相对转动的则称为摆转副。在图 15-13 所示的曲柄摇杆机构中，要使杆 *AB* 相对于杆 *AD* 能绕转动副 *A* 作整周转动，*AB* 必须能顺利通过与 *BC* 共线的

两个位置 AB_1 和 AB_2。因此，只要判断在该两个位置时，机构中各杆尺寸间的关系，就可求得转动副 A 成为整转副(即 AB 为曲柄)应满足的条件。

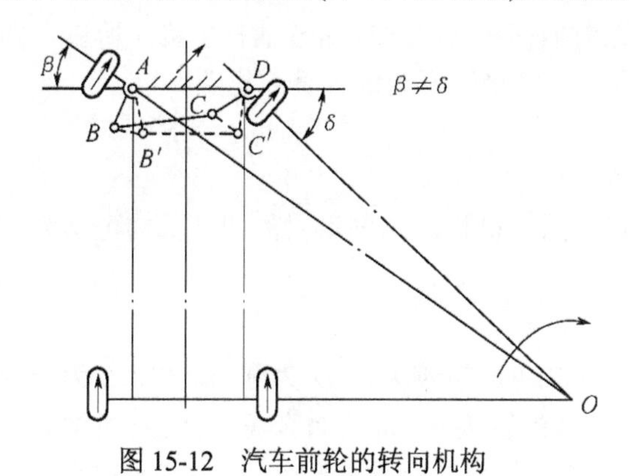

图 15-12　汽车前轮的转向机构

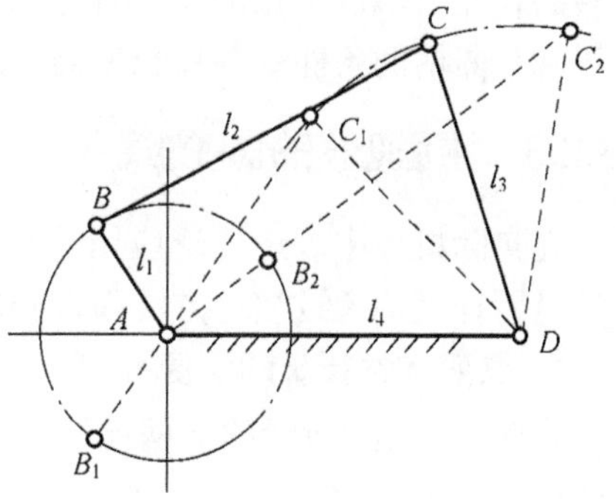

图 15-13　曲柄摇杆机构

设各杆长度分别为 l_1、l_2、l_3、l_4 并取 $l_1 < l_4$。当杆 1 处于 AB_1 位置时，形成$\triangle AC_1D$，显然，各杆的长度应满足以下关系：

$$l_3 \leqslant (l_2 - l_1) + l_4 \qquad 或 \qquad l_4 \leqslant (l_2 - l_1) + l_3$$

即

$$l_1 + l_3 \leqslant l_2 + l_4 \tag{15-1(a)}$$

$$l_1 + l_4 \leqslant l_2 + l_3 \tag{15-1(b)}$$

又当杆 1 处于 AB_2 位置时，形成$\triangle AC_2D$，则又有如下关系：

$$l_1 + l_2 \leqslant l_3 + l_4 \tag{15-1(c)}$$

将以上三式两两相加可得

$$l_1 \leqslant l_2、l_1 \leqslant l_3、l_1 \leqslant l_4 \tag{15-2}$$

分析以上诸式，即可得出铰链四杆机构中相邻两构件形成整转副的条件：

(1) 最短杆长度+最长杆长度≤其他两杆长度之和(此条件称为杆长条件)；

(2) 组成整转副的两杆中必有一个杆为四杆中的最短杆。

图 15-14 所示铰链四杆机构，满足杆长条件，杆 1 为最短杆，由 A、B 为整转副，C、D 为摆转副。当以杆 4(图 15-14(a))或杆 2((图 15-14(b))为机架时，杆 1 为曲柄，杆 3 为摇杆，得

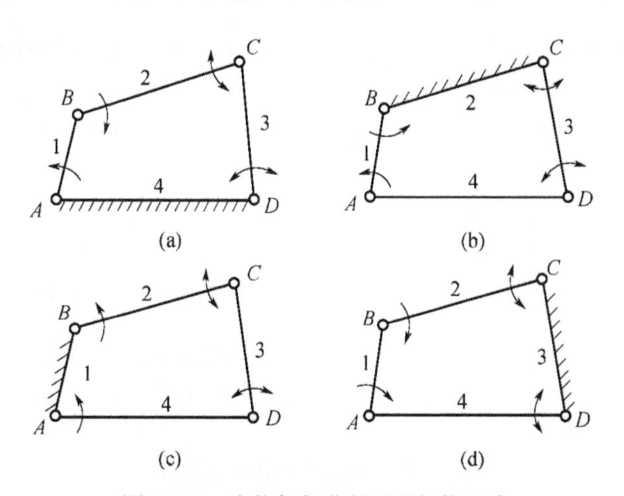

图 15-14　变换机架获得不同机构形式

曲柄摇杆机构。当以杆 1 为机架(图 15-14(c))时，杆 2、杆 4 均为曲柄，得双曲柄机构。当以杆 3 为机架(图 15-14(d))时，杆 2、杆 4 均为摇杆，得双摇杆机构。若不满足杆长条件，则无整转副存在，所以不论取哪一杆作为机架，均无曲柄存在，都只能是双摇杆机构。所以，四杆机构有曲柄的条件是各杆长度需满足杆长条件，且其最短杆为连架杆或机架。

15.2.3 平面四杆机构的演化

在实际机器中，还广泛应用着其他各种形式的四杆机构。这些形式的四杆机构可认为是由铰链四杆机构通过演化方法而得到的。

1. 改变构件杆长的演变

在图 15-15(a)所示的曲柄摇杆机构中，摇杆上 C 点的轨迹为以 D 为圆心，以 $\overline{CD}$ 为半径的圆弧 m—m。若 $\overline{CD}\to\infty$，如图 15-15(b)所示，C 点的轨迹 m—m 变为直线。于是摇杆演化成为作直线运动的滑块，转动副 D 演化为移动副，机构演化为曲柄滑块机构。图中 C 点的运动轨迹 m—m 的延长线与曲柄转动中心 A 之距离称为偏距 e。当 $e=0$ 时称为对心曲柄滑块机构(图 15-15(c))。当 $e\neq 0$ 时称为偏置曲柄滑块机构(图 15-15(d))。因此，可以认为曲柄滑块机构是从曲柄摇杆机构演化而来的。它广泛用在内燃机、空气压缩机、冲床以及许多其他机械中。

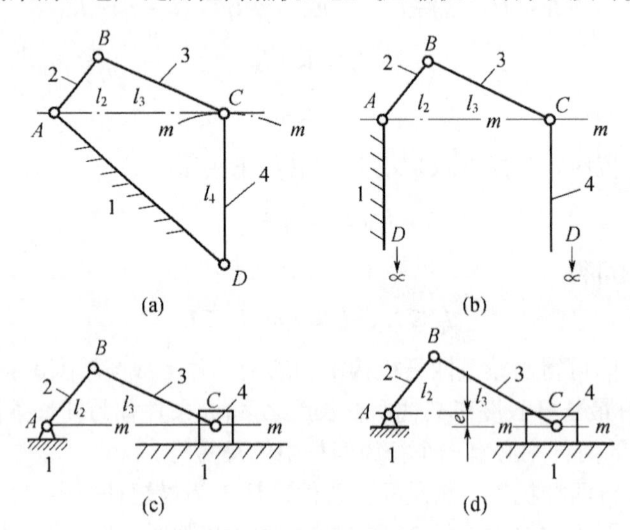

图 15-15　机构演化过程

图 15-16(a)所示为螺纹搓丝机构示意图。曲柄 1 绕 A 点转动，通过连杆 2 带动活动搓丝板 3 作往复移动，置于固定搓丝板 4 和活动搓板 3 之间的工件 5 的表面就被搓出螺纹。又如图 15-16(b)所示为自动送料机构的示意图。曲柄 2 每转一周，滑块 4 就从料槽中推出一个工件 5。

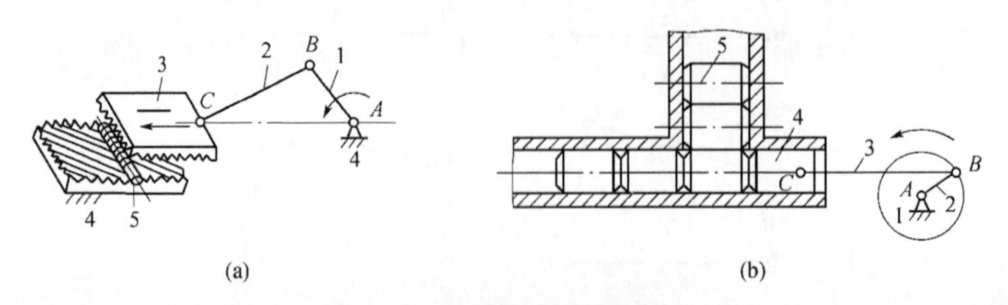

图 15-16　曲柄滑块机构应用实例

(a) 螺纹搓丝机构；(b) 自动送料机构。

2. 改变不同杆做机架的演变

在图 15-17 所示的曲柄滑块机构中，构件 4 为机架，它符合杆长条件，且杆 1 为最短杆，所以 A、B 两副为整转副，C 副为摆转副。若改换机架，以杆 2 为机架时(图 15-18(a))，杆 1 仍为曲柄，但滑块 3 变为摇块，即得曲柄摇块机构。图 15-18(b)所示的自卸卡车翻斗机构就是该机构的应用实例。当油缸 3 中压力油推动活塞 4 运动时，车箱 1 便绕 B 轴转动，达到自动卸车的目的。

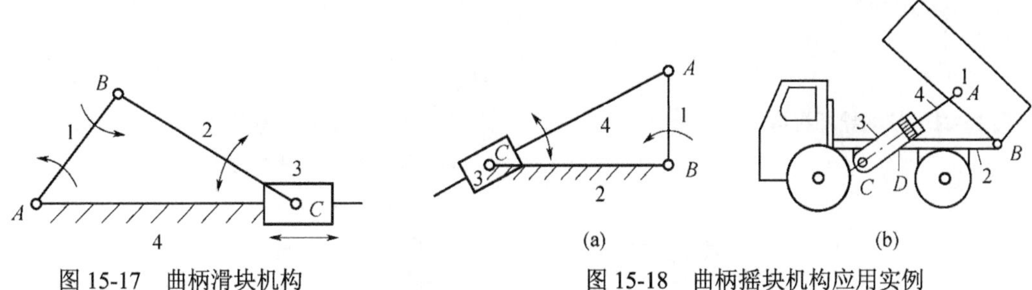

图 15-17　曲柄滑块机构

图 15-18　曲柄摇块机构应用实例

(a) 曲柄摇块机；(b) 自卸卡车翻斗机构。

若将图 15-17 所示机构中的滑块 3 作为机架，这时构件 4 称为导杆，该机构称为移动导杆机构(图 15-19(a))。图 15-19(b)所示的手摇唧筒即为该机构的应用实例。

当取短杆 1 为机架(图 15-20(a))，这时滑块 3 将以导杆 4 为导轨，沿此构件作相对移动。此时杆 2、4 均可作整周转动，得转动导杆机构。图 15-20(b)所示回转柱塞泵机构即为应用实例。若杆长 $l_1 > l_2$ (图 15-21)，此时 B、C 为整转副，而 A 为摆转副，因此杆 4 只能绕 A 点作往复摆动，即得摆动导杆机构。在图 15-1 所示的插床主传动机构中，构件 1、2、3、6 即为摆动导杆机构。

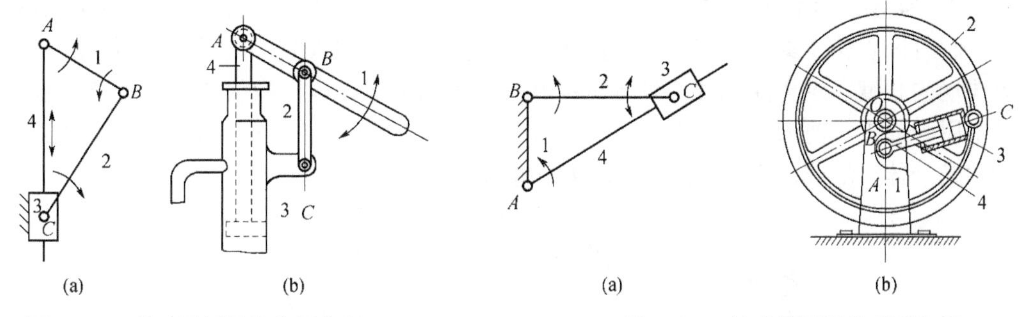

图 15-19　移动导杆机构应用实例

(a) 移动导杆机构；(b) 手摇唧筒机构。

图 15-20　转动导杆机构应用实例

(a) 转动导杆机构；(b) 回转柱塞泵。

3. 变运动副尺寸的演变

1) 含有两个移动副的四杆机构

将图 15-3 所示的铰链四杆机构中转动副 C 和 D 同时转化为移动副，然后再取不同构件为机架，即可得到不同形式含两个移动副的四杆机构。

当取杆 4 为架时(图 15-22(a))，可得正弦机构。该机构的移动导杆 3 的位移 $S = a\sin\varphi$ 。图 15-22(b)所示为其在缝纫机跳针机构中的应用。

当取构件 3 为机架时(图 15-23(a))所示，得双滑块机构。图 15-23(b)所示的椭圆绘画器是这种机构的应用实例。连杆 1 上各点可描绘出不同离心率的椭圆曲线。

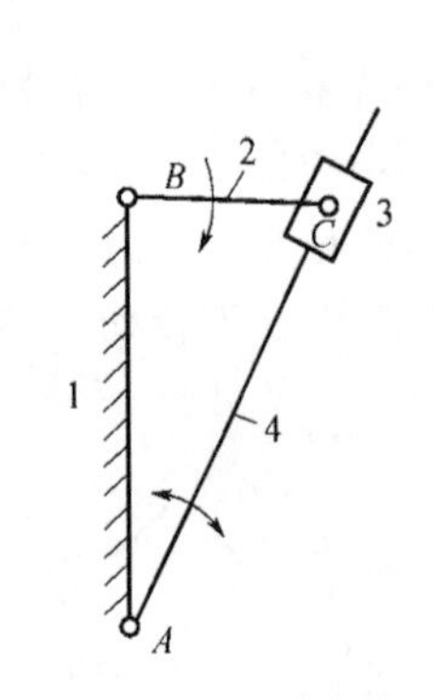

图 15-21　摆动导杆机构

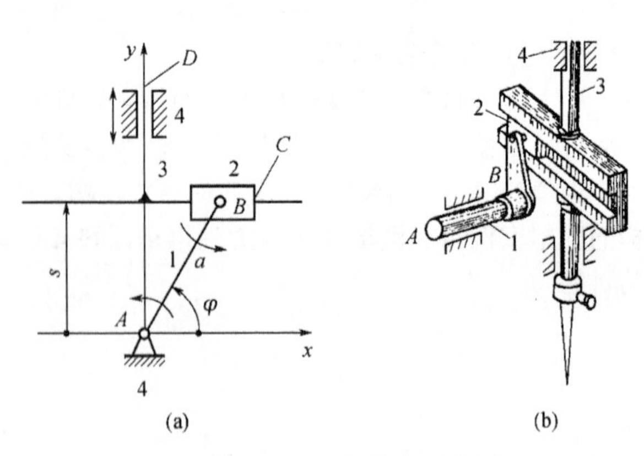

图 15-22　正弦机构应用实例

(a) 正弦机构；(b) 跳针机构。

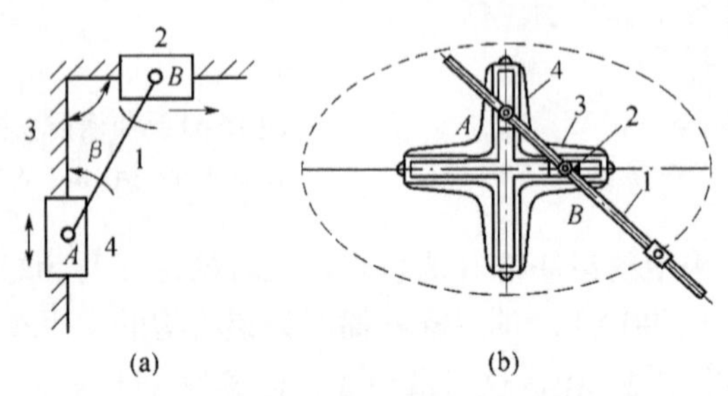

图 15-23　双滑块机构应用实例

(a) 双滑块机构；(b) 椭圆仪机构。

2) 偏心轮机构

在图 15-24(a)所示的曲柄摇杆机构中，如将转动副 B 的半径逐渐扩大到超过曲柄的长度，就得到图 15-24(b)的偏心轮机构。同理，可将图 15-17 的曲柄滑块机构演化为图 15-24(c)所示的机构。此时偏心轮 1 即为曲柄，转动副 B 中心位于偏心轮的几何中心处，而 A、B 间的距离即为曲柄的长度。这样演化并不影响机构原有的运动情况，但机构结构的承载能力大大提高。它常用于冲床、剪床等机器中。由于在这些机械中，偏心距 e 一般都很小，故常把偏心轮与轴做成一体，形成偏心轴，如图 15-24(d)所示。

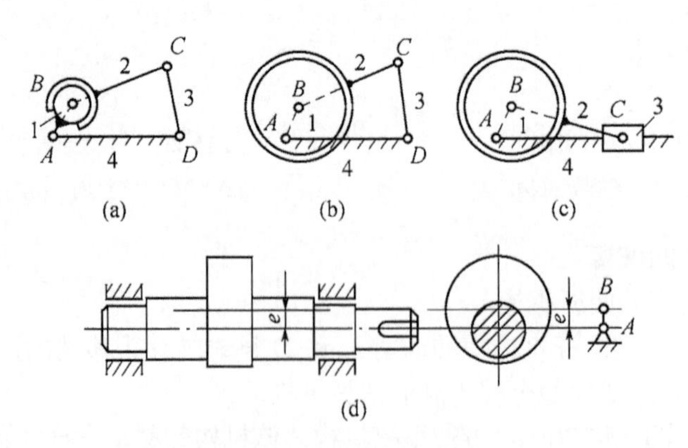

图 15-24　机构演化过程

由上述分析可见，铰链四杆机构可以通过改变构件的形状和长度，扩大转动副，选取不同构件作为机架等途径，演变成为其他形式的四杆机构，以满足各种工作需要。

15.2.4 铰链四杆机构的几个基本概念

1. 急回运动和行程速比系数

图 15-25 所示为一曲柄摇杆机构，取曲柄 AB 为原动件。曲柄在转动一周的过程中，有两次与连杆 BC 共线，即 B_1AC_1 和 AB_2C_2 位置。这时从动摇杆的两个位置 C_1D 和 C_2D 分别为其左、右极限位置。这两个极限位置间的夹角 ψ 就是摇杆的摆角。摇杆处在两极限位置时，曲柄所对应的两个位置之间的锐角 $\theta(=\varphi_1-180°)$ 称为极位夹角。

由图 15-25 可见，当曲柄以匀角速 ω 由位置 AB_1 顺时针方向转到位置 AB_2 时，曲柄的转角 $\varphi_1=180°+\theta$。这时摇杆由左极限位置 C_1D 摆到右极限位置 C_2D，设所需时间为 t_1，摆杆上 C 点的平均速度为 v_1。当曲柄再继续转过角度 $\varphi_2=180°-\theta$，即曲柄从位置 AB_2 转到 AB_1 时，摇杆由位置 C_2D 返回 C_1D，所需时间为 t_2，C 点的平均速度为 v_2。虽然摇杆往返的摆角相同，但由于对应的曲柄转角不相等，$\varphi_1>\varphi_2$，因而 $v_1<v_2$。它表明摇杆在摆回时具有较大的平均角速度。把这种运动特性称为急回运动特性。在工程实际中，常利用机构的急回运动特性来缩短非生产时间，以提高劳动生产率。例如牛头刨床、往复式运输机等都是如此。

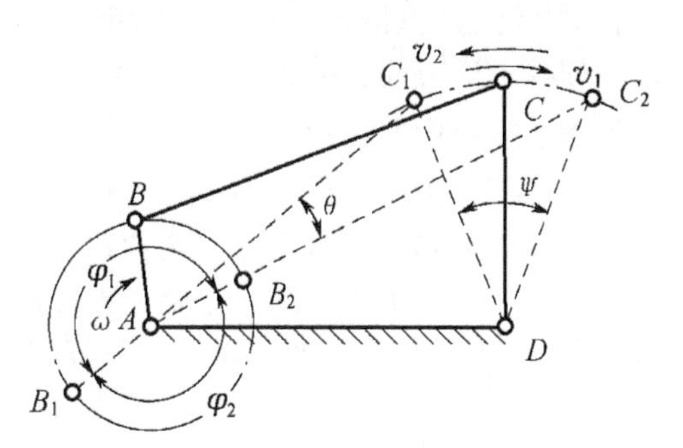

图 15-25 曲柄摇杆机构中的极位夹角

急回运动特性可以用行程速比系数 K 来表示，即

$$K=\frac{v_2}{v_1}=\frac{\overline{C_1C_2}/t_2}{\overline{C_1C_2}/t_1}=\frac{t_1}{t_2}=\frac{180°+\theta}{180°-\theta} \tag{15-3}$$

或

$$\theta=180°\frac{K-1}{K+1} \tag{15-4}$$

由上面分析可知，平面连杆机构有无急回作用取决于有无极位夹角 θ。若 $\theta\neq0°$，则该机构就必定具有急回作用。如图 15-26(a)所示的对心曲柄滑块机构，由于 $\theta=0°$，故无急回作用。而图 15-26(b)所示的偏置曲柄滑块机构，由于极位夹角 $\theta\neq0°$，故有急回作用。又如图 15-27 所示

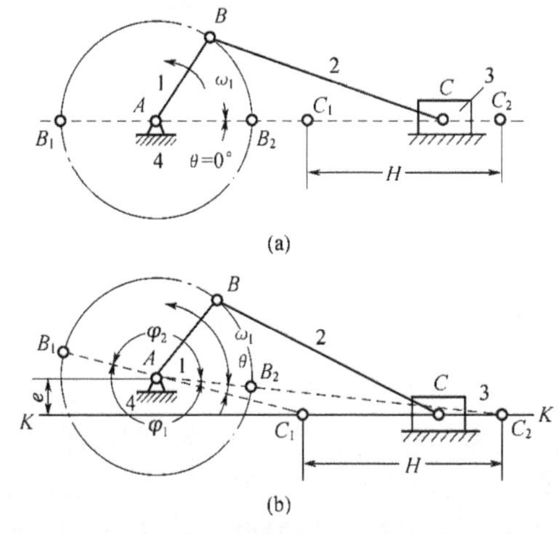

图 15-26 曲柄滑块机构中的极位夹角

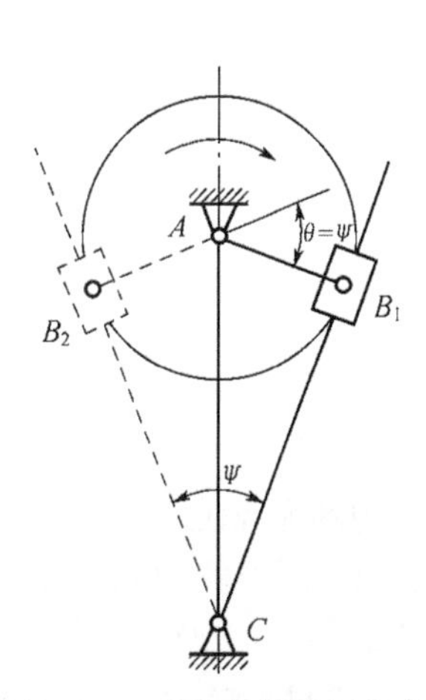

图 15-27 导杆机构的极位夹角

的摆动导杆机构，当曲柄 AB 两次转到与导杆垂直时，导杆处于两个极限位置，由于其极位夹角 $\theta \neq 0°$，所以也具有急回作用。

2. 压力角与传动角

在图 15-28 所示的曲柄摇杆机构中，曲柄 A 为原动件，若不计各构件的重力、惯性力和运动副中的摩擦力，则连杆 BC 为二力杆。通过连杆作用于从动摇杆上的力 $\boldsymbol{F}$ 的作用线是沿着 BC 方向，此力 $\boldsymbol{F}$ 的作用线与力的作用点的速度方向 v_C 之间所夹锐角 α 称为压力角。$\boldsymbol{F}$ 力在 v_C 方向上的分力 $F_t = F\cos\alpha$，是推动摇杆 CD 绕 D 点转动的有效分力，而 $\boldsymbol{F}$ 力沿从动摇杆 CD 方向上的分力 $F_t = F\sin\alpha$，它只能增加铰链中的约束反力，因此是有害分力。显然，压力角 α 越大，有效分力就越小，而有害分力就越大，机构传动越费劲，效率就越低。在设计中为了度量方便，连杆机构常用压力角的余角 γ 来衡量传力性能的好坏，γ 称为该机构的传动角。传动角又可定义为：连杆与从动件之间所夹的锐角。因 $\gamma = 90° - \alpha$，所以 α 越小，γ 越大，机构的传力性能越好。

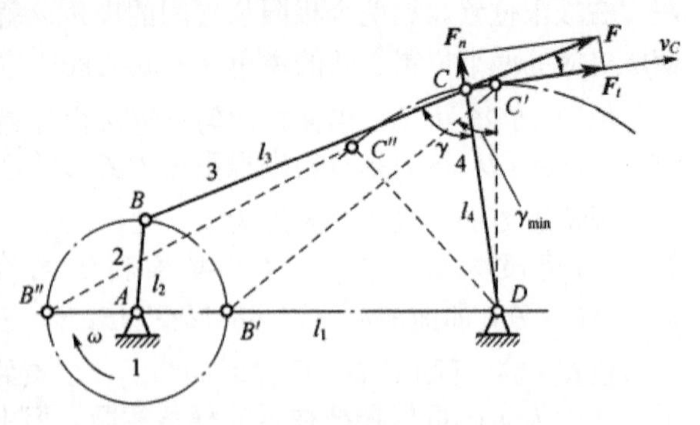

图 15-28　曲柄摇杆机构中压力角与传动角

一般机构在运转时，其传动角的大小是变化的，为了保证机构传动良好，设计时通常应使 $\gamma_{min} \geqslant [\gamma]$。对于一般机械，通常取 $[\gamma]$=40°；对于重载机械，如颚式破碎机、冲床、剪床等取 $[\gamma]$=50°。最小传动角 γ_{min} 出现的位置，可以由机构运动简图直观地判定。对于曲柄摇杆机构，如图 15-28 所示，最小传动角 γ_{min} 出现在机构处于曲柄 AB 与机架 AD 两次共线之一的位置。即不是 $\angle B'C'D$ 最小，就是 $\angle B''C''D$ 的补角最小(在图示机构中，显然 $\gamma_{min}=\angle B'C'D$)。在对心曲柄滑块机构中，如图 15-29 所示，最小传动角 γ_{min} 出现在机构处于曲柄与滑块导路相垂直的位置。在导杆机构中，如图 15-30 所示，在不计摩擦时，由于滑块 3 对从动导杆 4 的作用力 $\boldsymbol{F}$ 始终垂直于导杆，即力 $\boldsymbol{F}$ 与导杆在该点速度方向始终一致，因此传动角始终为 90°。从传力的观点看，导杆机构具有良好的传力性能。

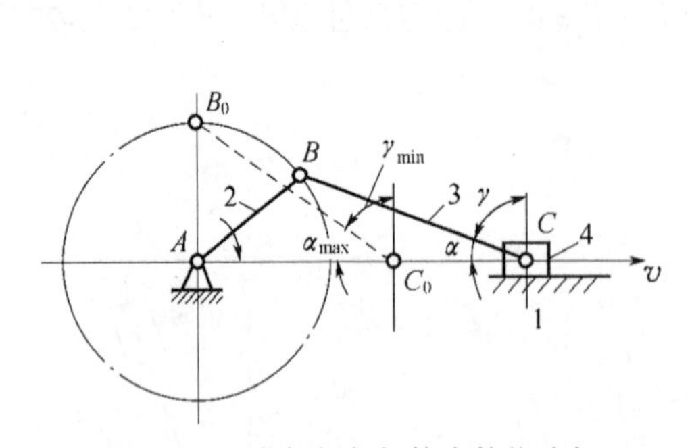

图 15-29　曲柄摇杆机构中的传动角

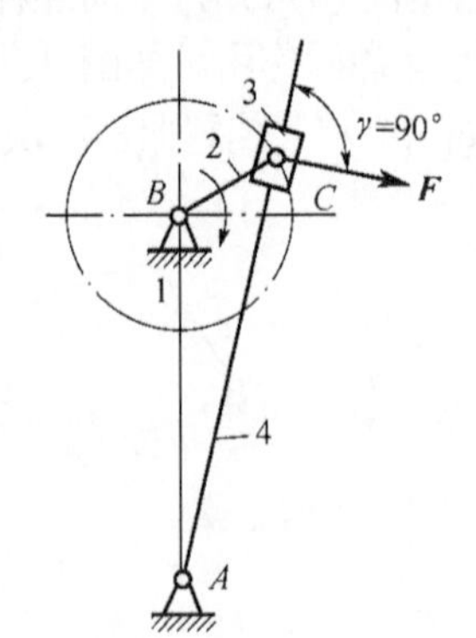

图 15-30　导杆机构的传动角

3. 机构的死点位置

图 15-31 所示的曲柄摇杆机构，若以摇杆为原动件，曲柄为从动件，则当摆杆摆到两极限位置 C_1D 和 C_2D 时，连杆与从动曲柄共线，出现传动角 γ=0°的情况，这时连杆作用于曲柄上的力将通过铰链中心 A，有效驱动力矩为零，因而不能使曲柄转动。机构的这种位置称

为死点位置。同样对于图 15-32 所示的曲柄滑块机构，当以滑块为主动件时，若连杆与从动曲柄共线，机构也处于死点位置。死点位置使机构处于“顶死”状态并使从动曲柄出现运动不确定现象。为了消除死点位置对机构传动的不利影响，使机构顺利通过死点位置的方法与机构通过转折点的方法相同。

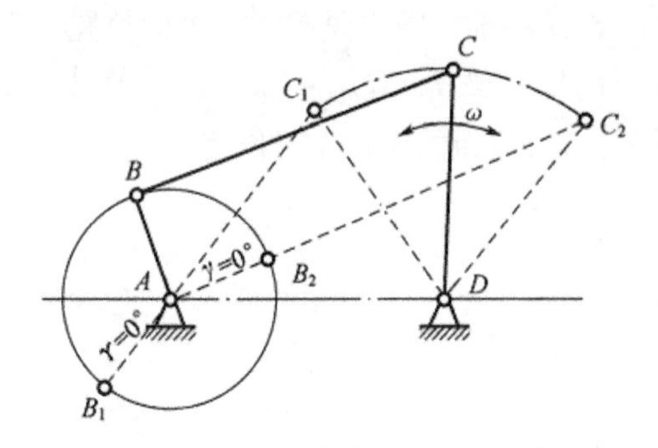

图 15-31　曲柄摇杆机构中的死点位置图

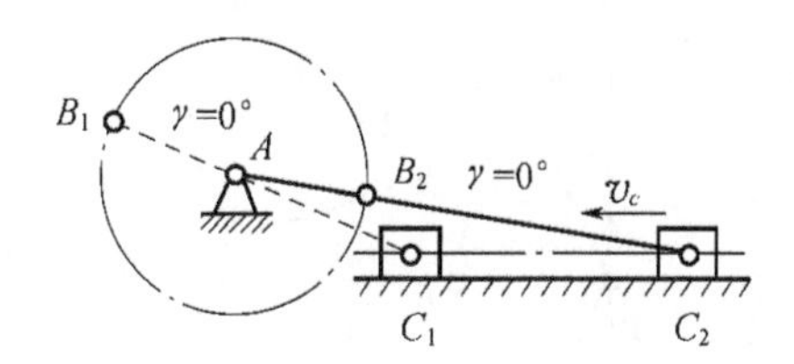

图 15-32　曲柄滑块机构中的死点位置

在工程实践中，也常利用机构的死点来实现特定的工作要求。例如图 15-33 所示电气设备上开关的分合闸机构，合闸时机构处于死点位置(图中实线所示)，虽然触点的接合反力 $\boldsymbol{F}_{\mathrm{Q}}$ 和弹簧拉力 $\boldsymbol{F}$ 对构件 CD 产生很大的力矩，但因 AB 和 BC 共线，所以机构不能运动。分闸时，只要在 AB 杆上略施以力，即可使机构离开死点位置，构件 CD 在弹簧力 $\boldsymbol{F}$ 的作用下迅速顺时针方向转动，从而减小分闸时的拉电弧现象。又如图 15-11 所示的飞机起落架机构，着陆时，机轮放下，杆 BC 和 AB 成一直线，机构处于死点位置，此时虽然机轮上可能受到巨大的冲力，但也不能使从动件 AB 摆动，从而保持着支撑状态。日常生活中利用机构死点位置的实例也很多，如折叠桌子、折叠椅子、折叠轮椅等。

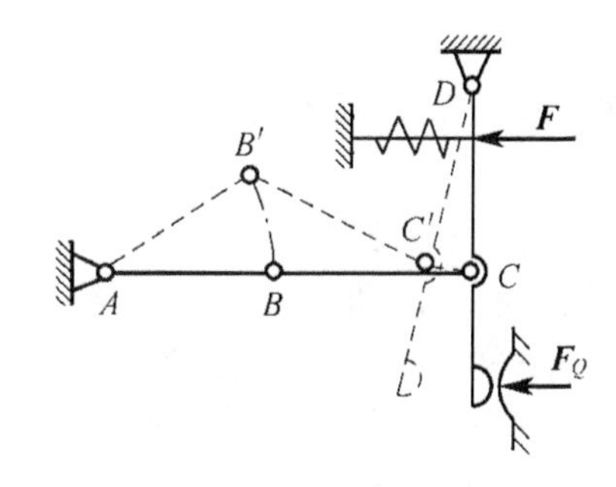

图 15-33　开关的分合闸机构

15.3　平面连杆机构的设计

生产实践中对平面连杆机构所提出的运动要求可分为实现从动件预期的运动规律和轨迹两类问题。因此，设计连杆机构时，首先要根据工作的需要选择合适的机构类型，再按照所给定的运动要求和其他附加要求(如传动角的限制等)确定机构运动简图的尺寸参数(如图 15-26 中曲柄、连杆长度及导路偏距 e 等)。

连杆机构运动设计的方法有解析法、几何作图法和实验法。作图法直观，解析法精确，实验法常需试凑。本节将通过举例阐述平面四杆机构的设计方法。

15.3.1　按给定从动件的位置设计四杆机构

(1) 已知滑块的两个极限位置(即行程 H)，设计对心曲柄滑块机构。如图 15-34 所示，设计的关键是找出曲柄长 l_1、连杆长 l_2，满足行程 H 的关系，H 是滑块两个极限位置 C_1C_2 的距离，C_1 C_2 应分别是在曲柄和连杆两次共线 AB_1、AB_2 时滑块的位置，由图得 $l_{AC_2}=l_1+l_2$，$l_{AC_1}=l_2-l_1$，$H=l_{AC_2}-l_{AC_1}=(l_1+l_2)-(l_2-l_1)=2l_1$,故 $l_1=H/2$。这表明曲柄长为 $H/2$ 的对心曲柄滑块机构均能实现这一运动要求，可有无穷多个解。这时应考虑其他辅助条件，设 $\lambda = l_2 / l_1$，$l_2 = \lambda l_1$，显然 λ 必须大于 1，一般取 $\lambda = 3 \sim 5$，要求结构尺寸紧凑时取小值，要求受力情况好(即传动角大)时取大值。

(2) 已知摇杆的长度 l_3 及其两个极限位置(即摆角 ψ)，设计曲柄摇杆机构如图 15-35 所示，摇杆在极限位置 C_1D 和 C_2D 时连杆和曲柄共线，考虑结构确定固定铰链中心 A 的位置。由图得 $l_{AC_2} = l_1 + l_2$，$l_{AC_1} = l_2 - l_1$，联立求解可得曲柄长度 $l_1 = (l_{AC_2} - l_{AC_1})/2$，连杆长度 $l_2 = (l_{AC_2} + l_{AC_1})/2$。式中：$l_{AC_1}$ 和 l_{AC_2} 可由图中量得；l_{AD} 即为固定杆 4 的长度 l_4。

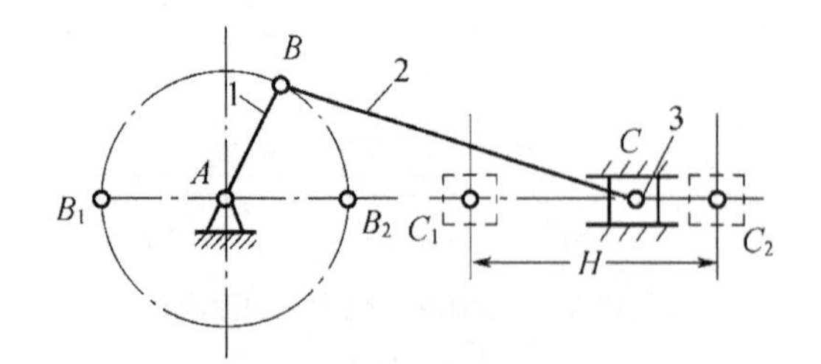

图 15-34　曲柄滑块机构的设计

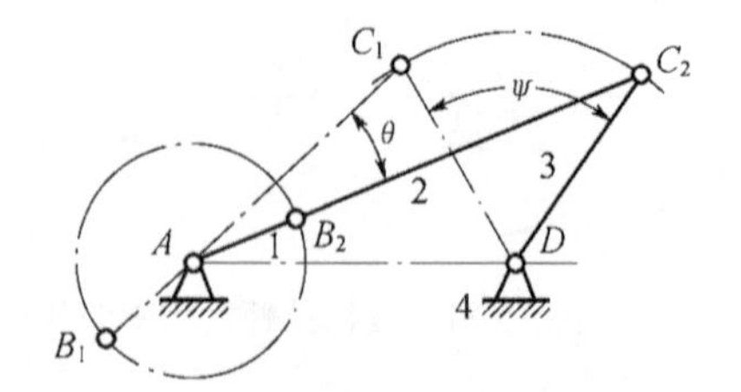

图 15-35　曲柄摇杆机构的设计

上述 A 点的选择可以有多种方案。显然，要检查各杆长度是否符合曲柄摇杆机构的尺寸关系，同时还需检查传动角是否符合要求等附加辅助条件。如不合适，就应调整 A 点的位置重新设计。

(3) 已知连杆长度及其两个位置，设计铰链四杆机构。如图 15-36 所示加热炉炉门启闭机构，连杆 BC 即为炉门。为便于加料，给定炉门关闭时 BC 在垂直位置 B_2C_2，炉门打开时 BC 在水平位置 B_1C_1。按此要求设计铰链四杆机构 $ABCD$，关键是确定机架上两个固定铰链中心 A、D 的合适位置。由于 B 点的轨迹是以 A 为圆心、AB 为半径的圆弧，现 B_1B_2 两点已知，故 A 点必在 B_1B_2 的中垂线 $m—m$ 上；同理，D 点必在 C_1C_2 的中垂线 $n—n$ 上。按此分析，在图上画出连杆两个位置 B_1C_1 和 B_2C_2，并分别在 B_1B_2、C_1C_2 联线的中垂线 $m—m$ 与 $n—n$ 上任取 A、D 两点，均能实现运动要求，可有无穷多解。这时应考虑实际结构尺寸以及传动角是否符合要求等附加条件加以分析选定。

15.3.2　按给定行程速比系数设计四杆机构

如图 15-37 所示，已知摇杆 CD 的长度 l_3 及其摆角 ψ 和行程速比系数 K，设计曲柄摇杆机构。确定中心 A，使机构的极位夹角 $\angle C_1AC_2 = \theta = 180^\circ \times \dfrac{K-1}{K+1}$。利用圆周角等于同弧所对圆心角之半的几何原理，可知满足 $\angle C_1AC_2 = \theta$ 的 A 点必在以 O 点为圆心，C_1、C_2 所成圆心角 $\angle C_1OC_2 = 2\theta$ 的圆周上。按以上分析，任选摇杆回转中心 D 的位置，连接点 C_1 和 C_2，并作与 $\overline{C_1C_2}$ 成 $90^\circ - \theta$ 的两直线，设交于 O 点，则 $\angle C_1OC_2 = 2\theta$，以 O 为圆心、$\overline{OC_2}$ 长度为半径画圆，在圆弧 $\widehat{C_1E_2}$ 或 $\widehat{C_2E_1}$ 上任取一点 A 作为曲柄回转中心，连接 AC_1、AC_2，则 $\angle C_1AC_2 = \theta$。A 点确定后，量出长度 l_{AC_1} 和 l_{AC_2}，再按前述实际摇杆两极限位置曲柄和连杆共线的条件求出曲柄长 l_1 和连杆长 l_2。由于 A 点的位置可以很多，仍为无穷多解，需按其他辅助条件来确定 A 点的位置。应该注意，A 点位置选在圆弧 $\widehat{C_1E_2}$ 还是 $\widehat{C_2E_1}$ 上应根据摇杆工作行程和回程的摆动方向以及曲柄 AB 的转向而定，如图示位置，曲柄 AB 顺时针旋转，则摇杆从位置 C_1D 摆到 C_2D 为工作行程，从位置 C_2D 摆到 C_1D 为急回行程。

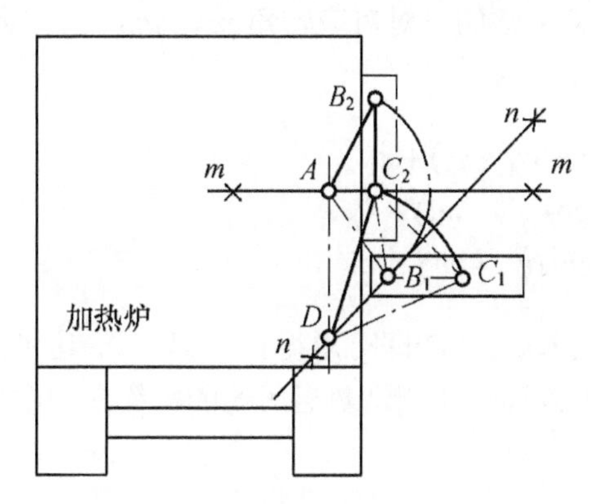

图 15-36 铰链四杆机构的设计

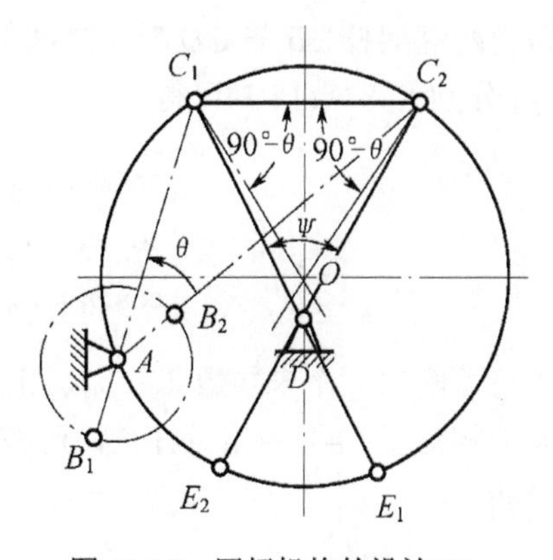

图 15-37 四杆机构的设计(1)

对具有急回特性的偏置曲柄滑块机构、摆动导杆机构等均可参照上例进行分析设计之。

15.3.3 按给定两连架杆间对应位置设计四杆机构

如图 15-38 所示铰链四杆机构中，已知连架杆 AB 和 CD 的三对对应角位置 φ_1、ψ_1，φ_2、ψ_2 和 φ_3、ψ_3，设计该机构。

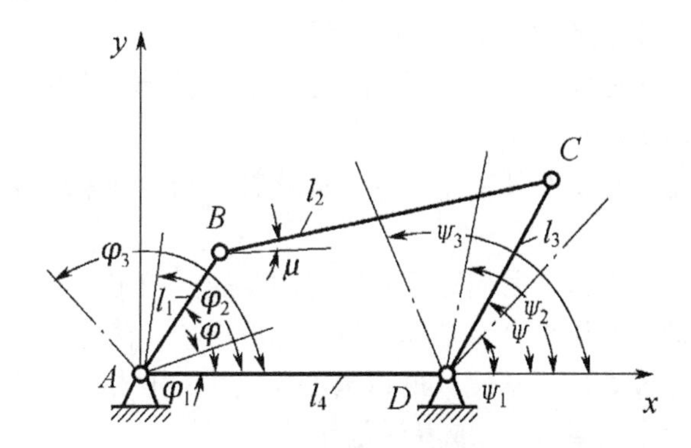

图 15-38 四杆机构的设计(2)

现以解析法来讨论本设计，设 l_1、l_2、l_3、l_4 分别代表各杆长度。此机构各杆长度按同一比例增减时，各杆转角间的关系将不变，故只需确定各杆的相对长度。因此可取 $l_1=1$，则该机构的待求参数就只有 l_2、l_3、l_4 三个了。

当该机构在任意位置时，取各杆在坐标轴 x、y 上的投影，可得以下关系式：

$$\begin{cases}\cos\varphi + l_2\cos\mu = l_4 + l_3\cos\psi \\ \sin\varphi + l_2\sin\mu = l_3\sin\psi\end{cases} \tag{15-5}$$

将上式移项、整理、消去 μ 后可得

$$\cos\varphi = \frac{l_4^2 + l_3^2 + 1 - l_2^2}{2l_4} + l_3\cos\psi - \frac{l_3}{l_4}\cos(\psi - \varphi) \tag{15-6}$$

为简化上式，令 $\lambda_0 = l_3$，$\lambda_1 = -l_3/l_4$，$\lambda_2 = (l_4^2 + l_3^2 + 1 - l_2^2)/2l_4$ (15-7)

则式(15-6)变为

$$\cos\varphi = \lambda_0\cos\psi + \lambda_1\cos(\psi - \varphi) + \lambda_2 \tag{15-8}$$

上式即为两连架杆 AB 与 CD 转角之间的关系式。将已知的三对对应转角 φ_1、ψ_1，φ_2、ψ_2 和 φ_3、ψ_3 分别代入式(15-8)可得

$$\begin{cases}\cos\varphi_1 = \lambda_0\cos\psi_1 + \lambda_1\cos(\psi_1 - \varphi_1) + \lambda_2 \\ \cos\varphi_2 = \lambda_0\cos\psi_2 + \lambda_1\cos(\psi_2 - \varphi_2) + \lambda_2 \\ \cos\varphi_3 = \lambda_0\cos\psi_3 + \lambda_1\cos(\psi_3 - \varphi_3) + \lambda_2\end{cases} \tag{15-9}$$

由方程组可解出三个未知数 λ_0、λ_1、λ_2。将它们代入式(15-7)即可求得 l_2、l_3、l_4。这里求出的杆长为相对于 $l_1=1$ 的相对杆长，可按结构情况乘以同一比例常数后所得的机构均能实现对应的转角。

15.4 速度瞬心法及在平面连杆机构运动中的应用

速度分析是机构运动分析的重要内容，是加速度分析及确定机器动能和功率的基础，通过速度分析还可了解从动件速度的变化能否满足工作要求。例如，要求的刨刀在切削行程中接近于等速运动，以保证加工表面质量和延长刀具寿命；而刨刀的空回行程则要求快速退回，以提高生产率。为了了解所设计的刨床是否满足这些要求，就需要对它进行速度分析。

运动分析的方法:可以分为图解法和解析法两种。

图解法，又包括速度瞬心法和矢量方程图解法等。对简单平面机构来讲，应用瞬心法分析速度，往往非常简便清晰。

下面介绍瞬心法的基本知识及其在本章的平面连杆机构运动中速度分析中的应用。

1. 速度瞬心

当两构件(即两刚体)1、2 作平面相对运动时(图 15-39)，在任一瞬时，都可以认为它们是绕某一重合点作相对转动，而该重合点则称为瞬时速度中心，简称瞬心，以 P_{12}(或 P_{21})表示。显然，两构件在其瞬心处没有相对速度。所以瞬心定义为：互相作平面相对运动的两构件上在任一瞬时其相对速度为零的重合点。或者说是作平面相对运动的两构件上在任一瞬时其速度相等的重合点(即等速重合点)。若该点的绝对速度为零，则为绝对瞬心；若不等于零，则为相对瞬心。用符号 P_{ij} 表示构件 i 和构件 j 的瞬心。

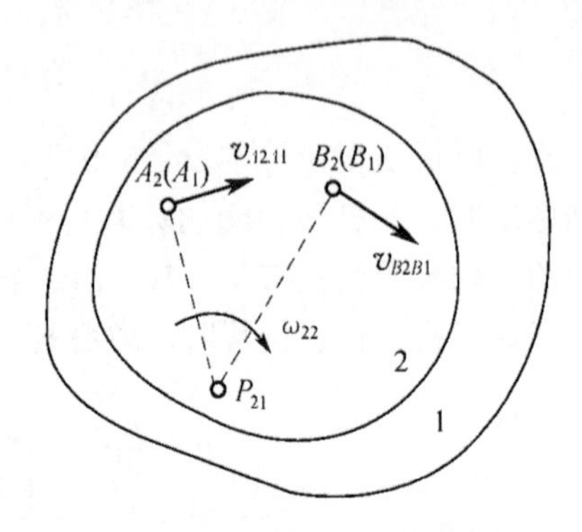

图 15-39　刚体运动速度瞬心

2. 机构中瞬心的数目

由于任何两个构件之间都存在有一个瞬心，由 n 个构件(包括机架)组成的机构，其总的瞬心数 N 为

$$N = n(n-1)/2 \tag{15-10}$$

3. 机构中瞬心位置的确定

如上所述，机构中每两个构件之间就有一个瞬心。

1) 通过运动副直接相连的两构件的瞬心

(1) 当两构件 1、2 以转动副连接时，如图 15-40(a)所示，则转动副中心即为其瞬心 P_{12}。

(2) 当两构件 1、2 以移动副连接时，如图 15-40(b)所示，构件 1 相对构件 2 移动的速度平行于导路方向，因此瞬心 P_{12} 应位于移动副导路方向之垂线上无穷远处。

(3) 当两构件以平面高副连接时，如图 15-40(c)、(d)所示，如果高副两元素之间为纯滚动

(图 15-40(c)，ω_{12}为相对滚动的角速度)，则两元素的接触点 M 即为两构件的瞬心 P_{12}，如果高副两元素之间既作相对滚动(15-40(c))，又有相对滑动(v_{M1M2}为两元素的接触点的相对滑动速度)，两构件的瞬心 P_{12} 必位于高副两元素在接触处的公法线 $n—n$ 上。

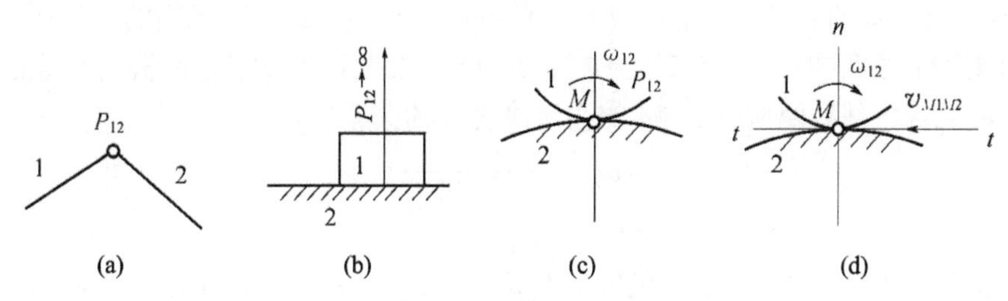

图 15-40　刚体运动速度瞬心

2) 不直接相联的两构件的瞬心

对于不直接组成运动副的两构件的瞬心，可应用三心定理来求。三心定理即：作平面运动的三个构件共有三个瞬心，它们位于同一直线上。

其中 P_{12}、P_{13} 分别处于构件 2 与构件 1 即构件 3 与构件 1 所构成的转动副的中心处，故可直接求出。现证明 P_{23} 必定位于 P_{12} 及 P_{13} 的连线上。

如图 15-41 所示，为方便起见，假定构件 1 是固定不动的。因瞬心为两构件上绝对速度(大小和方向)相等的重合点，如果 P_{23} 不在 P_{12} 和 P_{13} 的连线上，而在图示的 K 点，则其绝对速度 v_{K2} 和 v_{K3} 在方向上就不可能相同。显然，只有当 P_{23} 位于 P_{12} 和 P_{13} 的连线上时，构件 2 和 3 的重合点的绝对速度的方向才能一致，故知 P_{23} 必定位于 P_{12} 和 P_{13} 的连线上。

4. 瞬心在速度分析中的应用

利用瞬心法进行速度分析，可求出两构件的角速度比、构件的角速度及构件上某点的线速度。

在图 15-42 所示的平面四杆机构中，已知：各构件的尺寸，主动件 2 以角速度 ω_2 等速回转，求从动件 4 的角速度 ω_4、ω_3/ω_4 及 C 点速度的大小 v_C。

此问题应用瞬心法求解极为方便，下面分别求解。

由式(15-10)四杆机构有 6 个瞬心，确定 6 个瞬心的位置，如图 15-42 所示。因为 P_{24} 为构件 2 及构件 4 的等速重合点，故得

$$\omega_2 \overline{P_{12}P_{24}} \mu_l = \omega_4 \overline{P_{14}P_{24}} \mu_l$$

式中：μ_l 为机构的尺寸比例尺，它是构件的真实长度与图示长度之比(m/mm)。

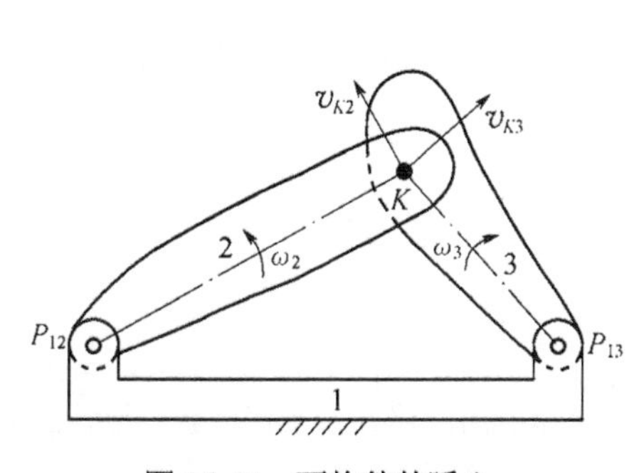

图 15-41　两构件的瞬心

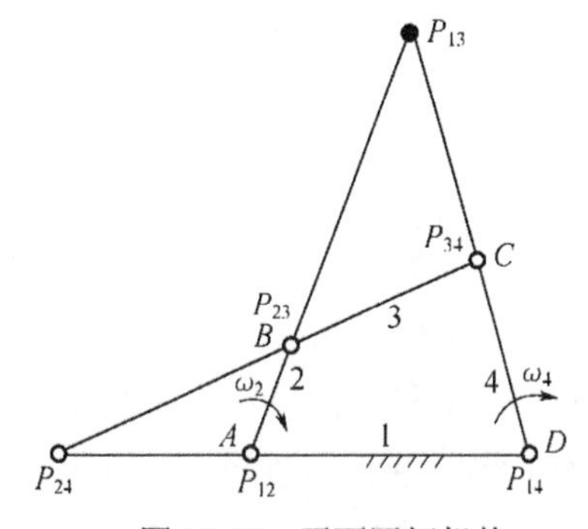

图 15-42　平面四杆机构

由上式可得

$$\frac{\omega_2}{\omega_4}=\overline{P_{14}P_{24}}/\overline{P_{12}P_{24}}$$

式中：ω_2/ω_4为该机构的主动件 2 与从动件 4 的瞬时角速度之比，即机构的传动比。由上式可见，此传动比等于该两构件的绝对瞬心(P_{12}，P_{14})至其相对瞬心(P_{24})之距离的反比。此关系可以推广到平面机构中任意两构件 i 与 j 的角速度之间的关系中，即

$$\frac{\omega_i}{\omega_j}=\overline{P_{1j}P_{i_j}}/\overline{P_{1i}P_{ij}}$$

式中：ω_i、ω_j分别为构件 i 与构件 j 的瞬时角速度；P_{1i}及 P_{1j}分别为构件 i 及构件 j 的绝对瞬心；而 P_{ij}则为该两机构的相对瞬心。因此，在已知 P_{1i}、P_{1j}及构件 i 的角速度 ω_i的条件下，只要定出 P_{ij}的位置，便可求得构件 j 的角速度 ω_j。由此可得

$$\frac{\omega_3}{\omega_4}=\overline{P_{14}P_{34}}/\overline{P_{13}P_{34}}$$

C 点的速度即为瞬心 P_{34}的速度，则有

$$v_C=\omega_3\cdot\overline{P_{13}P_{34}}\cdot\mu_l=\omega_4\cdot\overline{P_{14}P_{34}}\cdot\mu_l=\omega_2\cdot\frac{\overline{P_{12}P_{24}}}{\overline{P_{14}P_{24}}}\cdot\overline{P_{14}P_{34}}\cdot\mu_l$$

习题与思考题

15–1 什么叫连杆、连架杆、连杆机构？连杆机构适用于什么场合？不适用于什么场合？

15–2 平面四杆机构的基本形式是什么？它有哪几种演化方法？其演化的目的是什么？

15–3 何谓曲柄？铰链四杆机构在什么条件下存在曲柄？

15–4 什么叫连杆构的急回特性？有什么应用？

15–5 什么叫连杆机构的压力角、传动角？四杆机构的最大压力角发生在什么位置？研究传动角的意义是什么？

15–6 什么叫“死点”？它在什么情况下发生？如何利用和避免“死点”位置？

15–7 何谓速度瞬心？相对瞬心与绝对瞬心有何异同点？

15–8 何谓三心定理？何种情况下的瞬心用三心定理来确定？

15–9 图示四铰链运动链中，已知种构件长度$l_{AB}=55\,\text{mm}$，$l_{BC}=40\,\text{mm}$，$l_{CD}=50\,\text{mm}$，$l_{AD}=25\,\text{mm}$。

(1) 该运动链中是否具有双整转副构件？

(2) 如果具有双整转副构件，则固定哪个构件可得曲柄摇杆机构？

(3) 固定哪个构件可获得双曲柄机构？

(4) 固定哪个构件可获得双摇杆机构？

15–10 设计一曲柄滑块机构。已知滑块的行程 $s=40\text{mm}$，偏距 $e=15\text{mm}$，行程速比系数 $K=1.2$，试用图解法求曲柄与连杆的长度。

15-11 设计一个曲柄摇杆机构。已知摇杆长度 LCD=80mm，摆角 Ψ=40°，摇杆的行程速度变化系数 K=1.5，且要求摇杆 CD 的一个极限位置与机架间的夹角∠CDA=90°，试用图解法确定其余三杆的长度。

15-12 要使翻台实现如图所示的两个工作位置，应如何设计一铰链四杆机构？

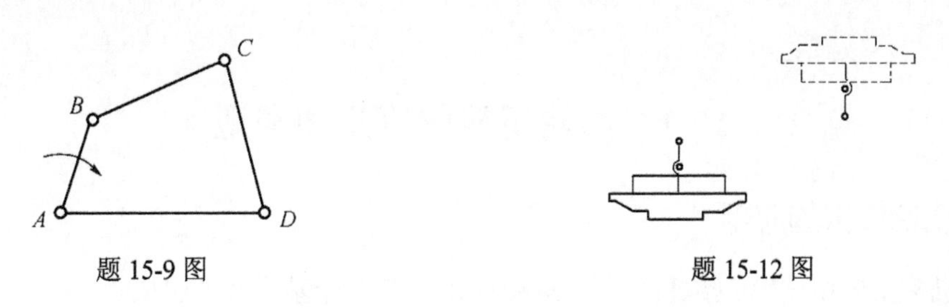

题 15-9 图　　　　题 15-12 图

第 16 章　凸 轮 机 构

16.1　凸轮机构的应用和类型

16.1.1　凸轮机构的应用

凸轮机构主要由凸轮、推杆(又常称从动件)、机架三个基本构件组成。其特点是凸轮具有曲线工作表面，利用不同的凸轮轮廓曲线可使推杆实现各种预定的运动规律，并且结构简单紧凑。因此，凸轮机构在机械化、自动化生产中得到了广泛的应用。但由于凸轮轮廓与推杆之间为点、线接触，属高副机构，易磨损，所以凸轮机构多用于传力不大的场合。

图 16-1 所示为铣削加工给定廓线的靠模凸轮机构。靠模凸轮 2 绕 O_1 作等角速度转动时，它的廓线推动与齿轮固接在一起的从动件 3 以一定运动规律绕轴 O_2 摆动，再通过齿轮与齿条传动，移动作转动的铣刀 5 的轴 4，这样便在绕轴 O_3 转动的工件 6 上铣出所给定的廓线。显然，给定廓线的形状与靠模凸轮的轮廓有关。

图 16-2 所示为冷镦自动机的送料机构。等速转动的凸轮 1 使从动件 2 摆动，从动件 2 通过连杆 3 使送料器 4 水平往复移动。凸轮每转一周，送料器推出一个毛坯到冷镦工位。

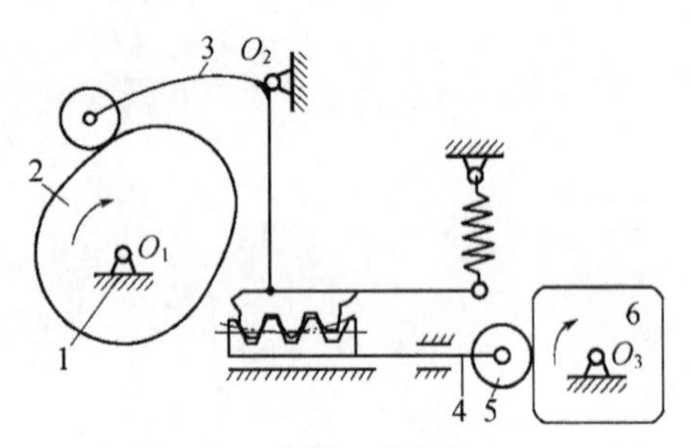

图 16-1　靠模凸轮机构

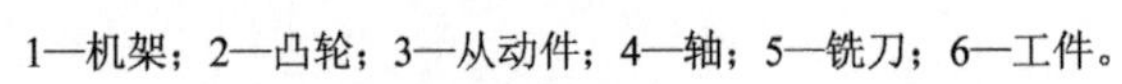
1—机架；2—凸轮；3—从动件；4—轴；5—铣刀；6—工件。

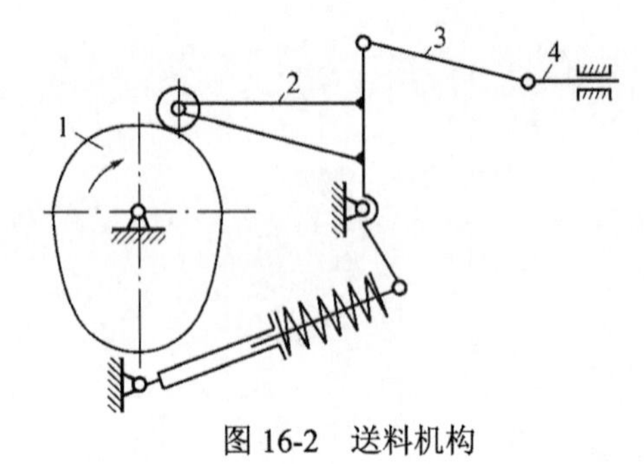

图 16-2　送料机构

16.1.2　凸轮机构的类型

凸轮机构的类型繁多，其分类方法如下：

1. 按凸轮几何形状分类

(1) 盘形凸轮。这种凸轮是绕固定轴线转动，具有变化向径的盘形构件，如图 16-3(a)所示。这是凸轮最基本的形式。

(2) 移动凸轮。这种凸轮相对于机架作往复直线运动，如图 16-3(b)所示。它可以看成是转轴的中心在无穷远的盘形凸轮。

(3) 圆柱凸轮。这是在圆柱表面上加工出曲线工作表面的凸轮，也可认为是将移动凸轮卷成圆柱体而构成的，如图 16-3(c)所示。

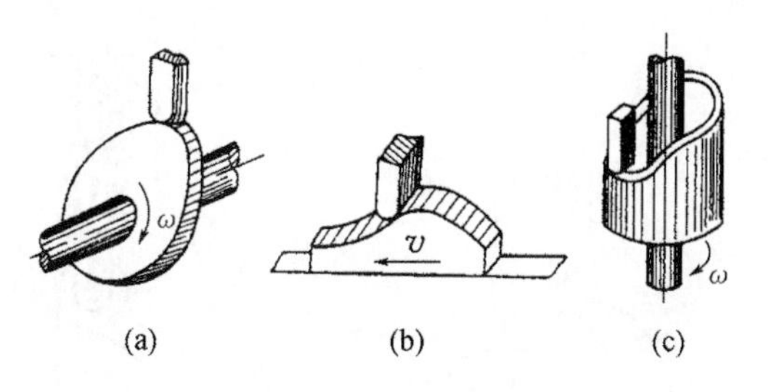

图 16-3　凸轮的类型

2. 按推杆端部形状分类

(1) 尖顶推杆。如图 16-4(a)、(d)所示，构造最简单，但易磨损，故只宜用于传力不大的低速凸轮机构中，如仪表机构等。

(2) 滚子推杆。如图 16-4(b)、(e)所示，推杆的端部装有可自由回转的滚子，以减小摩擦和磨损。它能传递较大的力，应用较广泛。

(3) 平底推杆。如图 16-4(c)、(f)所示，推杆的端部为平底，其平底与凸轮轮廓接触处构成楔形间隙，有利于润滑油膜的形成，故能减小摩擦、磨损，常用于高速凸轮机构中。

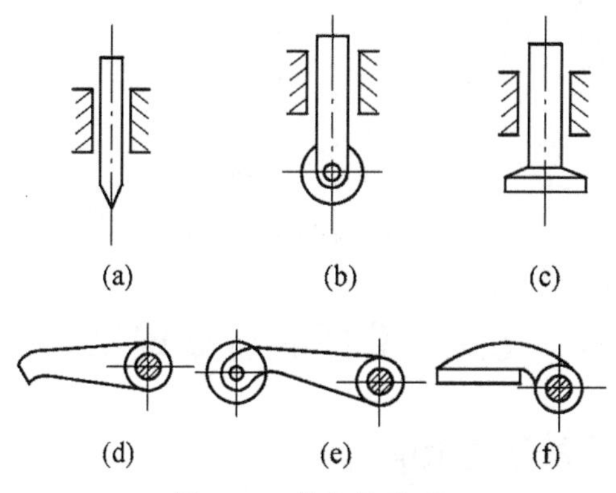

图 16-4　推杆的类型

3. 按推杆的运动形式分类

(1) 直动推杆。推杆相对于机架作往复直线移动，如图 16-4(a)、(b)、(c)所示。如推杆的导路轴线通过凸轮轴心，称为对心直动推杆盘形凸轮机构，如图 16-5(a)所示；否则称为偏置直动推杆盘形凸轮机构，如图 16-5(b)所示，e 为偏距。

(2) 摆动推杆。推杆相对于机架作往复摆动，如图 16-4(d)、(e)、(f)所示。

4. 按凸轮与推杆维持高副接触的封闭方式分类

(1) 力封闭。利用推杆的重力或弹簧力等使推杆与凸轮轮廓始终保持接触，如图 16-6(a)、(b)所示。

(2) 形封闭。依靠凸轮与推杆的特殊几何结构来保持两者始终接触。如图 16-7(a)、(b)所示，凸轮的工作廓线是两条等距的曲线槽，从动件的滚子直径等于槽宽，从而保持滚子与凸轮始终接触。图 16-7(c)与凸轮廓线相切的任意两条平行线间的宽度处处相等，且等于推杆内框上、下壁间的距离，所以凸轮和推杆可始终保持接触。

将上述各种分类方式组合起来，就可得到凸轮机构的分类。例如，图 16-6(a)所示为对心直动滚子推杆盘形凸轮机构，图 16-7(b)所示为摆动滚子推杆圆柱凸轮机构。

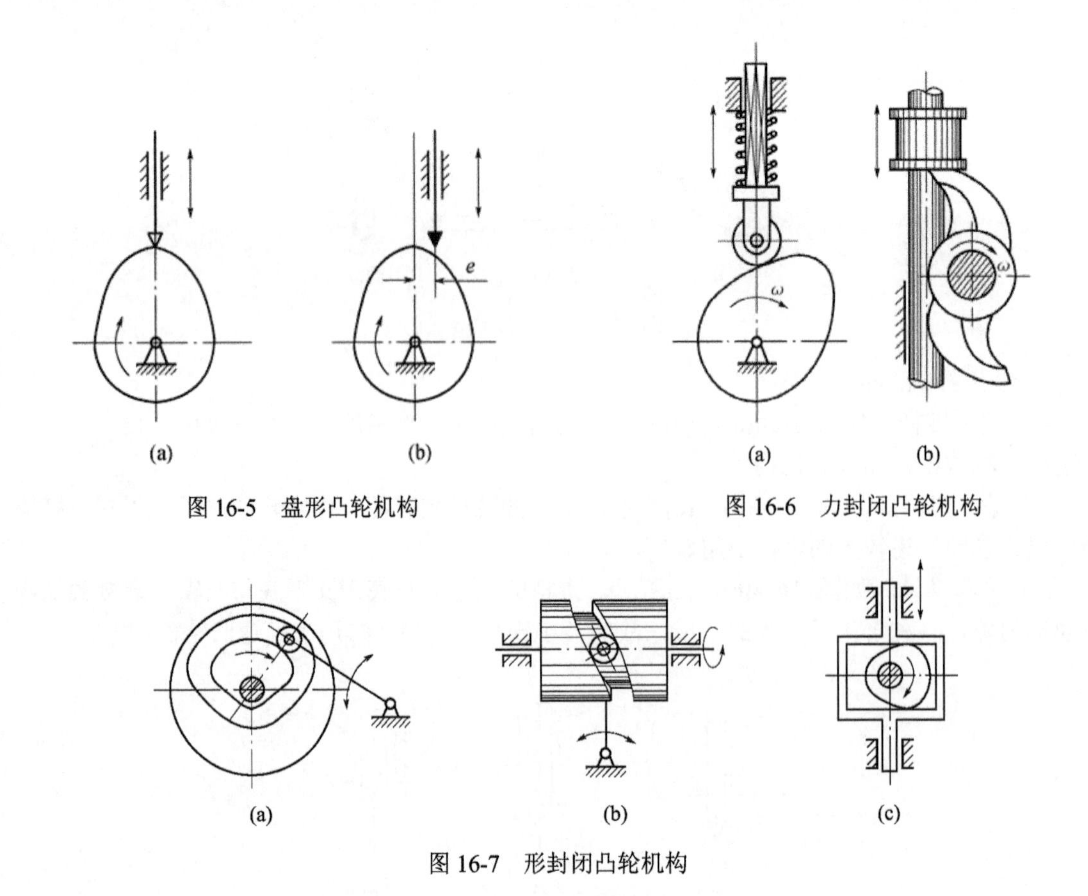

图 16-5　盘形凸轮机构

图 16-6　力封闭凸轮机构

图 16-7　形封闭凸轮机构

16.2　推杆的运动规律

16.2.1　凸轮机构的运动循环及术语

设计凸轮机构时，首先应根据工作要求确定推杆的运动规律，然后根据这一运动规律设计凸轮的轮廓曲线。以下以尖顶直动推杆盘形凸轮机构为例，说明推杆运动规律与凸轮轮廓曲线之间的关系。如图 16-8(a)所示，以凸轮轮廓最小向径 r_0 为半径、凸轮轴心为圆心所作的圆称为基圆，r_0 称为基圆半径。设推杆最初位于最低位置，它的尖顶与凸轮轮廓上 A 点接触。当凸轮按顺时针方向转动时，先是由凸轮轮廓曲线的 AB 段与推杆的尖顶接触。由于这一段

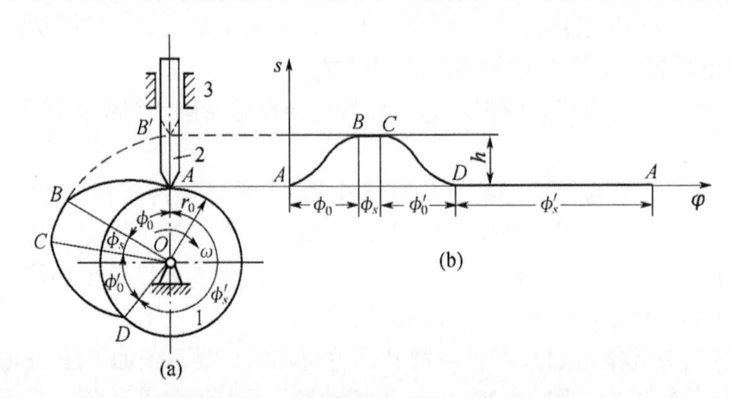

图 16-8　尖顶直动推杆盘形式凸轮机构

轮廓的向径是逐渐加大的，将推动推杆按一定的运动规律逐渐从近轴位 A 推向远轴位 B'，这个过程称为推程。距离 AB'即为推杆的最大位移，称为行程或升程，以 h 表示。对应的凸轮转角 ϕ_0，称为推程运动角。当凸轮继续回转，以 O 为圆心的圆弧 BC 段轮廓与推杆尖顶接触时，推杆将在最高位置 B' 处停留不动，这时对应的凸轮转角 ϕ_s，称为远休止角。

当凸轮连续回转，凸轮的轮廓 CD 部分与推杆接触时，推杆将按一定的运动规律下降到起始位置，这一运动过程称为回程，所对应的凸轮转角 ϕ_0' 称为回程运动角。同理，当基圆上的圆弧 DA 与推杆接触时，推杆将在最低位置停止不动，与此对应的凸轮转角 ϕ_s' 称为近休止角。凸轮再继续回转时，推杆将重复上述运动过程。

所谓推杆的运动规律，就是指推杆在运动过程中，其位移 s、速度 v、加速度 a 随时间 t 的变化规律。由于凸轮一般以等角速度 ω 转动，故其转角 φ 与时间 t 成正比，所以推杆的运动规律经常表示为与凸轮转角 φ 的关系，如图 16-8(b)所示。

16.2.2 几种常用的推杆运动规律

1. 等速运动规律

设凸轮以等角速度 ω_1 回转，当凸轮转过推程运动角 ϕ_0 时，推杆等速上升 h，其推程的运动方程为

$$\begin{cases} s = h\varphi / \phi_0 \\ v = h\omega_1 / \phi_0 \\ a = 0 \end{cases} \tag{16-1}$$

图 16-9 所示为其推程的运动线图。由图可知，推杆在运动开始和终了的瞬时，因速度有突变，所以这时推杆的加速度及其由此产生的惯性力在理论上将出现瞬时的无穷大值。实际上由于材料具有弹性，加速度和惯性力虽不会达到无穷大，但仍很大，从而产生强烈的冲击，这种冲击称为刚性冲击。因此，等速运动规律只适用于低速、轻载的场合。

2. 等加速等减速运动规律

这种运动规律通常取前半行程作等加速运动，后半行程作等减速运动，加速度和减速度的绝对值相等(根据工作需要也可以取得不等)。因此，推杆作加速运动和减速运动的位移各为 $h/2$，凸轮的转角各为 $\phi_0/2$，分别相等。

其推程时等加速段运动方程为

$$\begin{cases} s = 2h\varphi^2 / \phi_0^2 \\ v = 4h\omega_1\varphi / \phi_0^2 \\ a = 4h\omega_1^2 / \phi_0^2 \end{cases} \tag{16-2(a)}$$

推程时等减速段运动方程为

$$\begin{cases} s = h - 2h(\phi_0 - \varphi)^2 / \phi_0^2 \\ v = 4h\omega_1(\phi_0 - \varphi) / \phi_0^2 \\ a = -4h\omega_1^2 / \phi_0^2 \end{cases} \tag{16-2(b)}$$

推程时的等加速等减速运动线图如图 16-10 所示。由图可见，在行程的起始点 A、中点 B 及终点 C 处加速度有突变，因而推杆的惯性力也将有突变。不过这一突变为有限值，所以引起的冲击也较为平缓。这种由于加速度有突变产生的冲击称为柔性冲击。因此，这种运动规律只适用于中、低速的场合。

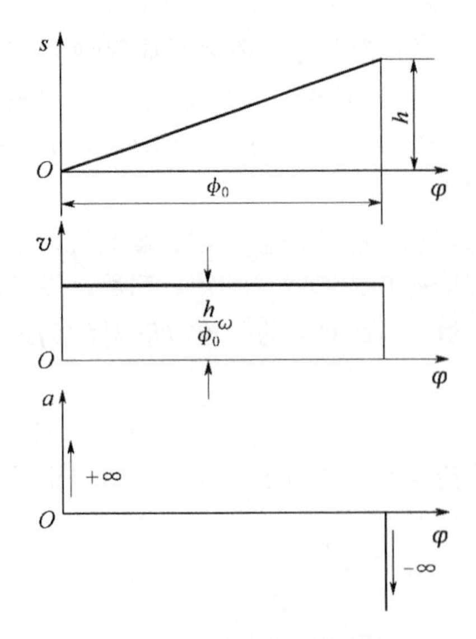

图 16-9　等速运动规律

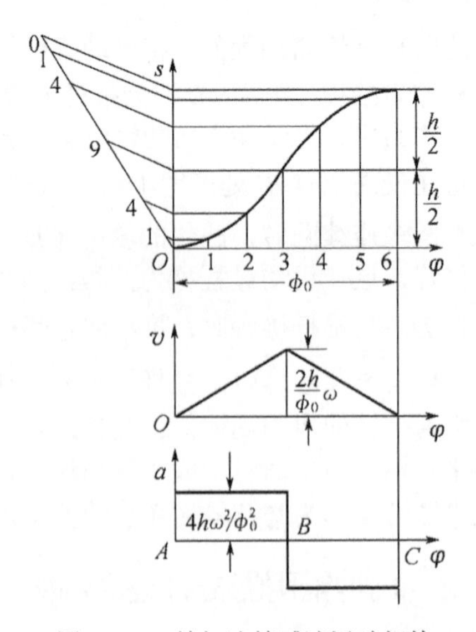

图 16-10　等加速等减速运动规律

3. 余弦加速度运动(简谐运动)规律

当推杆的加速度按余弦规律变化时，其推程的运动方程式为

$$\begin{cases} s = h[1-\cos(\pi\varphi/\phi_0)]/2 \\ v = \pi h\omega_1 \sin(\pi\varphi/\phi_0)/(2\phi_0) \\ a = \pi^2 h\omega_1^{\ 2}\cos(\pi\varphi/\phi_0)/(2\phi_0^2) \end{cases} \tag{16-3}$$

其推杆推程时运动线图如图 16-11 所示。由图可见，在首末两点推杆的加速度有突变，故也有柔性冲击，一般只适用于中速场合。

4. 正弦加速度(摆线运动)规律

当推杆的加速度按正弦规律变化时，其推程的运动方程式为

$$\begin{cases} s = h[\varphi/\phi_0 - \sin(2\pi\varphi/\phi_0)/(2\pi)] \\ v = h\omega_1[1-\cos(2\pi\varphi/\phi_0]/\phi_0 \\ a = 2\pi h\omega_1^{\ 2}\sin(2\pi\varphi/\phi_0)/\phi_0^{\ 2} \end{cases} \tag{16-4}$$

推程时推杆的运动线图如图 16-12 所示。由图可见，其加速度没有突变，可以避免柔性冲击及刚性冲击，故适于高速传动。

式(16-1)～式(16-4)为推程时推杆的运动方程，对于回程时的运动方程可以用下式得出，即

$$\begin{cases} s_{回} = h - s_{推} \\ v_{回} = -v_{推} \\ a_{回} = -a_{推} \end{cases} \tag{16-5}$$

式(16-5)中 $s_{推}$、$v_{推}$、$a_{推}$ 按相同运动规律推程时的方程式(16-1)～式(16-4)确定，但其中 ϕ_0 用回程运动角 ϕ'_0 代替，凸轮转角 φ 应从回程运动规律的起始位置计量起。

上述各项运动规律是凸轮机构的推杆运动规律的基本形式，它们各有其优点和缺点。为了扬长避短，可以某种基本运动规律为基础，用其他运动规律与其组合，构成组合型运动规律，以改善其运动特性，从而避免在运动始、末位置发生刚性冲击或柔性冲击。例如图 16-13

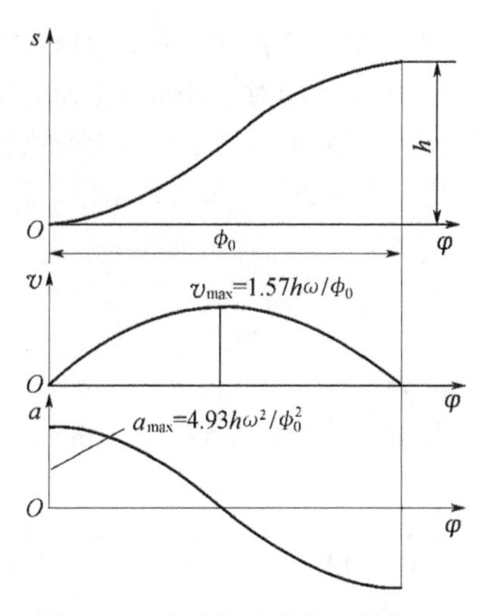

图 16-11 余弦加速度运动规律

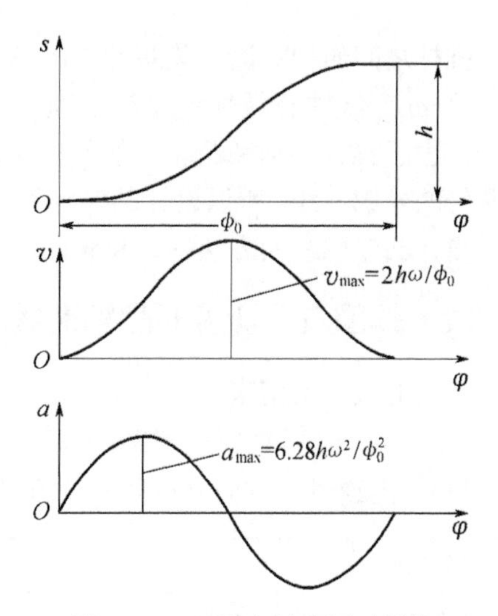

图 16-12 正弦加速度运动规律

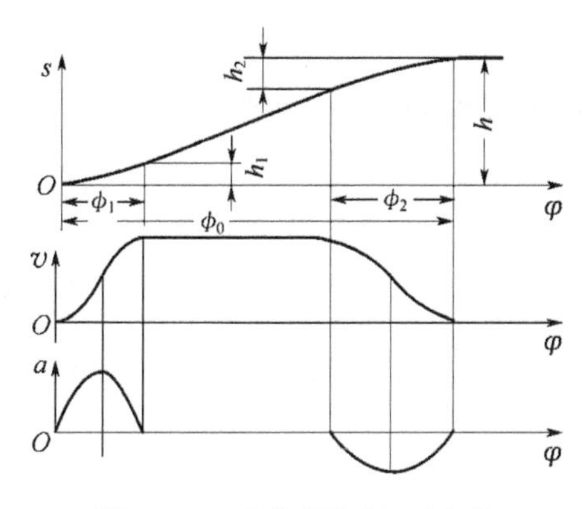

图 16-13 改进型等速运动规律

为用正弦加速度(也可选用其他合适的运动规律)与等速运动规律组合而成的改进型等速运动规律。它既可满足工作中等速运动的要求，又克服了其始末两点存在的刚性冲击，这种组合运动规律无刚性冲击和柔性冲击。

16.3 凸轮轮廓曲线的设计

根据工作要求，合理地选择推杆运动规律、凸轮机构的形式、凸轮的基圆半径等基本尺寸和凸轮的转向后，就可以进行凸轮廓线设计了。凸轮廓线的设计方法有图解法和解析法两种。图解法比较直观，概念清晰，但作图误差较大，适用于设计精度要求较低的凸轮和一些圆弧直线凸轮。通过图解法有助于理解凸轮廓线设计原理及一些基本概念。解析法是列出凸轮廓线方程，通过计算求得廓线上一系列点的坐标值，这种方法适宜在计算机上计算，并在数控机床上加工凸轮轮廓。这两种设计方法的基本原理是相同的。

16.3.1 凸轮廓线设计的基本原理

图 16-14 所示为尖顶对心直动推杆盘形凸轮机构。凸轮以等角速度 ω_1 绕轴心 O 逆时针方向转动，这时推杆沿导路(机架)作往复移动。为便于绘制凸轮廓线，需要凸轮相对固定，可假设给整个凸轮机构加上一个公共角速度“$-\omega_1$”绕凸轮轴心回转，根据相对运动原理，这时凸

轮与推杆之间的相对运动关系并未改变，但是凸轮已“固定不动”，而推杆一方面随导路以角速度“$-\omega_1$”绕轴心顺时针方向转动(即所谓反转运动)，另一方面还相对于导路作预期的往复移动。由于推杆尖顶和凸轮廓线始终接触，因此推杆尖顶在这种复合运动中所描绘的轨迹就是凸轮的轮廓曲线。所以设计凸轮廓线的关键就在于找出推杆尖顶在这种复合运动中的轨迹。这种设计凸轮廓线的方法称为反转法。

16.3.2 作图法设计盘形凸轮廓线

下面通过一实例来介绍用反转法绘制盘形凸轮廓线的方法。

图 16-15 所示为一对心直动尖顶推杆盘形凸轮机构。已知凸轮的基圆半径 $r_0=38\ \text{mm}$，凸轮以 ω_1 沿逆时针方向等速回转，推杆运动规律如下：

凸轮转角 φ	0°～150°	150°～180°	180°～300°	300°～360°
推杆位移 s	等速上升 h=15mm	上　　停	等加速等减速下降 h=15mm	下　　停

该凸轮廓线设计步骤如下：

(1) 取长度比例尺 μ_l。绘出凸轮基圆，如图 16-15 所示。

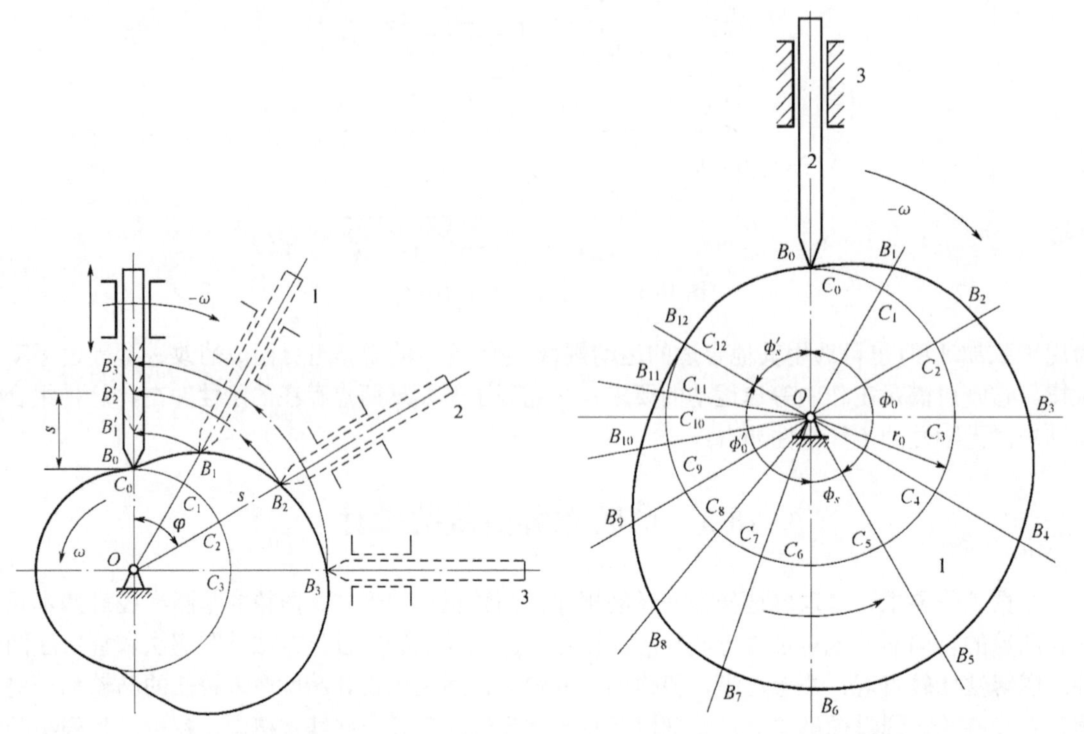

图 16-14　凸轮廓线设计的反转法原理

图 16-15　对心直动尖顶推杆盘形凸轮廓线作图法设计

(2) 作反转运动。在基圆上由起始点位置 C_0 出发，沿 $-\omega_1$ 回转方向依次量取 ϕ_0、ϕ_s、ϕ'_0、ϕ'_s。并将推程运动角 ϕ_0 和回程运动角 ϕ'_0 各细分为若干等分(例如 5 等分和 6 等分)。在基圆上得各分点 C_0、C_1、…、C_{10}、C_{12}。过凸轮回转中心 O 作这些等分点的射线，此即在反转运动中导路所占据的一系列位置。

(3) 计算推杆的预期位移。

① 等速推程时，由式(16-1)有

$$s = h\varphi / \phi_0 = 15\varphi / 150^\circ \qquad (\varphi=0^\circ \sim 150^\circ)$$

φ/(°)	0	30	60	90	120	150
s/mm	0	3	6	9	12	15

② 等加速回程时，由式(16-5)和式(16-2(a))有

$$s = h - 2h\varphi^2 / \phi_0'^2 = 15 - 30(\varphi / 120^\circ)^2 \quad (\varphi=0^\circ \sim 60^\circ)$$

等减速回程时，由式(16-5)和式(16-2(b))有

$$s = 2h(\phi_0' - \varphi)^2 / \phi_0'^2 = 30(120^\circ - \varphi)^2 / (120^\circ)^2 \quad (\varphi=60^\circ \sim 120^\circ)$$

φ/(°)	0	20	40	60	80	100	120
s/mm	15	14.17	11.67	7.50	3.33	0.83	0

(4) 作复合运动。在推杆反转运动中的各轴线上，从基圆开始量取推杆的相应位移，即取 $\overline{C_0B_0}=0$，$\overline{C_1B_1}=3/\mu_l$，…，$\overline{C_5B_5}=\overline{C_6B_6}=15/\mu_l$，$\overline{C_7B_7}=14.17/\mu_l$，$\overline{C_8B_8}=11.67/\mu_l$，…，$\overline{C_{12}B_{12}}=0$。得推杆尖顶在复合运动中的一系列位置 B_0、B_1、B_2…。

(5) 将 B_0、B_1、B_2…等点连成光滑曲线，即为所求的凸轮廓线。

对于滚子推杆，其凸轮轮廓设计方法如图 16-16 所示。首先把滚子中心看作尖顶推杆的尖顶，按照上述方法求出一条轮廓曲线 β，称为凸轮的理论廓线。再以 β 上一系列点为中心，以滚子半径为半径，画一系列小圆，最后作这些小圆的内包络线 β'，便是滚子推杆外凸轮的实际廓线。若为槽凸轮，则内、外包络线便是槽形凸轮两个工作侧面的轮廓曲线，如图 16-17 所示。由作图过程可知，滚子推杆盘形凸轮的基圆半径是指凸轮理论廓线上的最小向径。

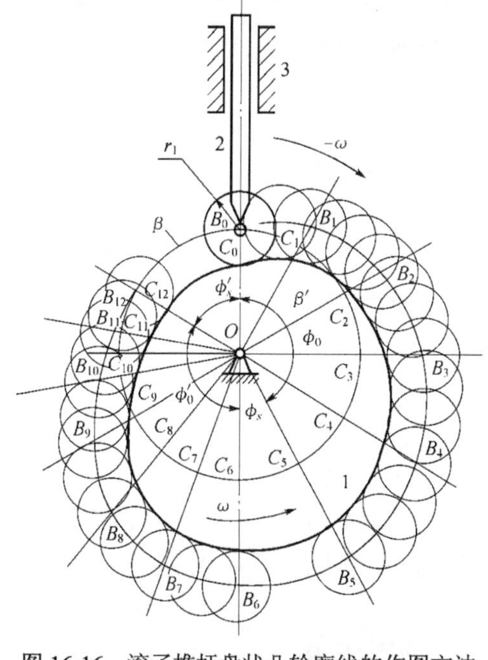

图 16-16　滚子推杆盘状凸轮廓线的作图方法

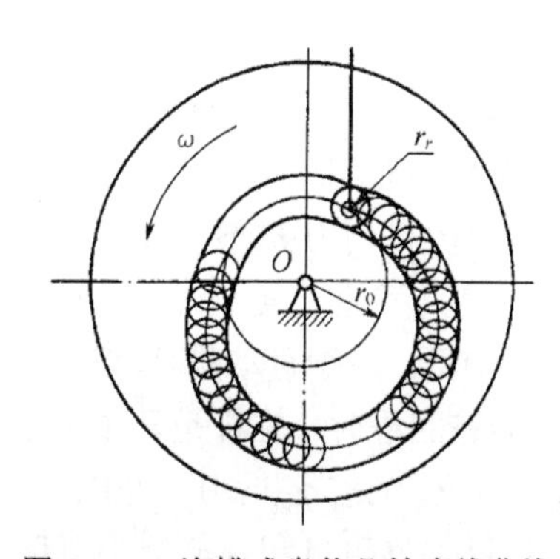

图 16-17　沟槽式盘状凸轮廓线曲线

平底推杆的凸轮廓线的画法，如图 16-18 所示。以导路中心和平底的交点作为推杆的尖顶，先绘制理论廓线，然后过理论廓线上一系列点 B_0、B_1、B_2…画出各个位置的平底直线，这些平底直线的包络线即为凸轮的实际廓线。

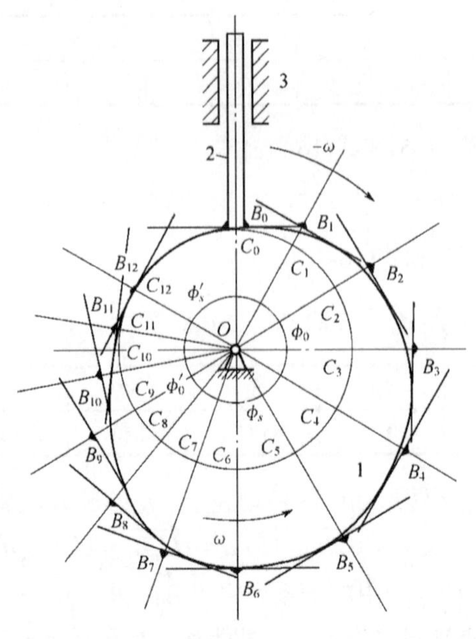

图 16-18　平顶推杆盘形凸轮廓线的作图方法

16.4　凸轮机构的压力角和基圆半径

16.4.1　凸轮机构中的作用力与压力角

图 16-19 所示为对心直动尖顶推杆盘形凸轮机构，推杆与凸轮在 B 点接触，$\boldsymbol{W}$ 为作用在推杆上的载荷，$\boldsymbol{F}$ 为凸轮作用在推杆上的推动力，当不计摩擦时，力 $\boldsymbol{F}$ 必须沿接触点处凸轮廓线的法线 $n-n$ 方向。将该力分别沿推杆运动方向和垂直于运动方向分解得有效分力 $F_y = F\cos\alpha$ 和有害分力 $F_x = F_y\tan\alpha$ 。式中 α 为推杆上所受法向力的方向与受力点速度方向之间所夹的锐角，称为凸轮机构的压力角。显然，当推动推杆运动的有效分力 $\boldsymbol{F}_y$ 一定时，压力角 α 越大，则有害分力 $\boldsymbol{F}_x$ 就越大，凸轮推动推杆就越费力，从而使凸轮机构运动不灵活，效率低。当 α 增大到某一数值时，机构将处于自锁状态。为了保证在载荷 $\boldsymbol{W}$ 一定的条件下，使凸轮机构中的作用力 $\boldsymbol{F}$ 不致过大，必须对压力角 α 的最大值给予限制，使其不超过某一许用值$[\alpha]$，一般推荐许用压力角$[\alpha]$的数值如下：对于直动推杆取$[\alpha]$=30°，摆动推杆取$[\alpha]$=35°～45°，若在回程时，推杆是靠重力或弹簧力的作用下返回，则回程的许用压力角$[\alpha]'$=70°～80°。

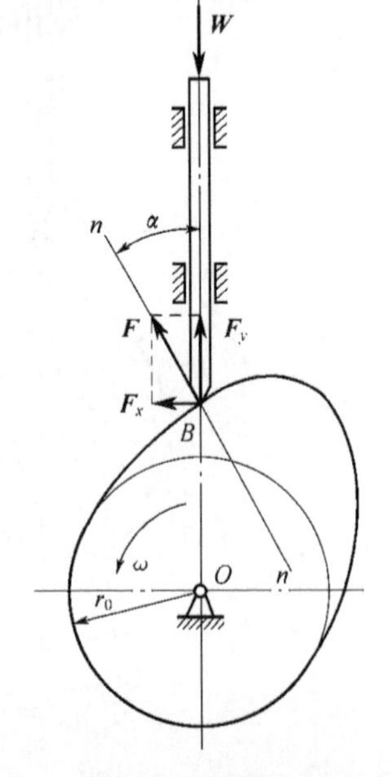

图 16-19　凸轮机构的受力分析

由以上分析可知，从减小机构受力方面考虑，希望压力角愈小愈好。

16.4.2 凸轮机构压力角与基圆半径的关系

下面介绍盘形凸轮基圆半径的确定过程。

图 16-20 所示为对心直动尖顶推杆盘形凸轮机构，由于推杆和凸轮在接触点处的相对运动速度只能沿接触点处的公切线 $t-t$ 方向，故

$$v_2 = v_1 \tan\alpha = \omega_1 (r_0 + s)\tan\alpha$$

即

$$r_0 = v_2 /(\omega_1 \tan\alpha) - s \tag{16-6}$$

式中：r_0 为凸轮的基圆半径；s 为推杆的位移量。

当推杆运动规律给定后，对应于凸轮的某一转角 φ 的 v_2、s 及 ω_1 均为已知常数。由式(16-6)可知，若要凸轮机构的压力角减小，势必要增大凸轮的基圆半径，也即要增大凸轮机构尺寸，对机构紧凑性不利；反之对凸轮机构的受力又不利。因此，在实际设计中，可在保证凸轮机构的最大压力角 $\alpha_{\max}$ 不超过许用压力角 $[\alpha]$的前提下，利用式(16-6)确定基圆半径。

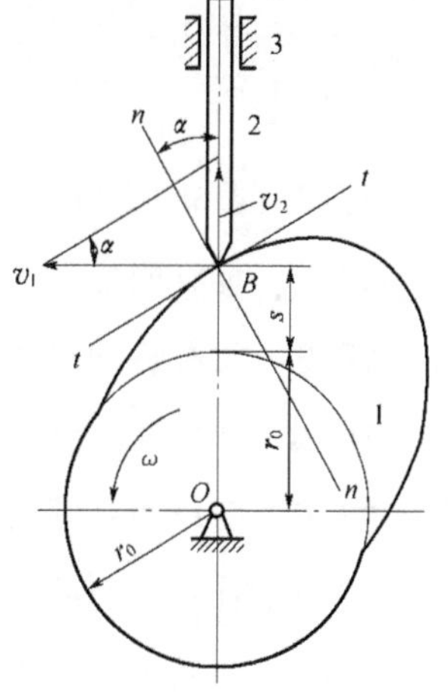

图 16-20 凸轮机构压力角与基圆半径的关系

同时，还要考虑凸轮的结构及强度要求，保证凸轮的基圆半径 $r_0 = (1.6 \sim 2)R$，式中：R 为安装凸轮的轴半径。

16.4.3 滚子半径的选择

当采用滚子推杆时，应注意滚子半径的选择，否则推杆有可能实现不了预期的运动规律。设滚子半径为 r_r，理论廓线曲率半径为 ρ，实际廓线曲率半径为 ρ_a。对于外凸的凸轮廓线(图 16-21(a))有 $\rho_a = \rho - r_r$。当 $\rho = r_r$ 时，则 $\rho_a = 0$ 在凸轮实际轮廓上出现尖点(图 16-21(b))，这种现象为变尖现象。尖点很容易被磨损。当 $\rho < r_r$ 时，则 $\rho_a < 0$，实际廓线发生相交(图 16-21(c))，交叉线的上一部分在实际加工中将被切掉(称为过切)，使得推杆在这一部分的运动规律无法实

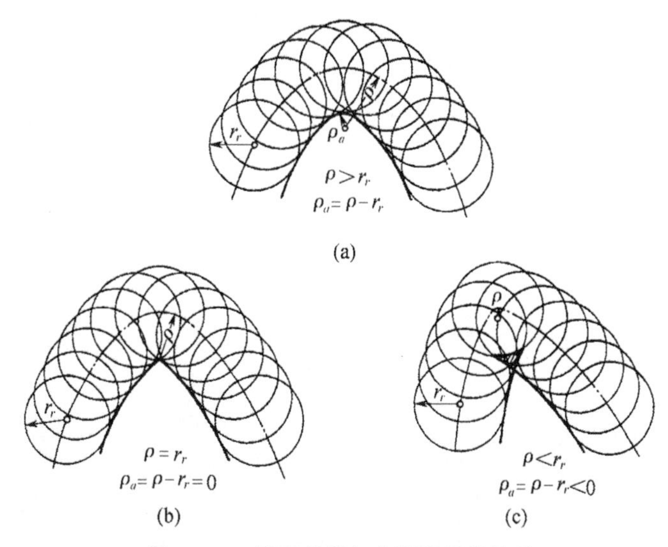

图 16-21 滚子半径与实际廓线的关系

现，这种现象称为运动失真。为了避免以上两种情况的产生，就必须保证 $\rho_{a\min} > 0$，亦即必须保证 $\rho_{\min} > r_r$，通常取 $r_r \leqslant 0.8\rho_{\min}$。但滚子半径也不宜过小，因过小的滚子将会使滚子与凸轮之间的接触应力增大，且滚子本身的强度不足。为了解决上述问题，一般可增大凸轮的基圆半径 r_0，以使 $\rho_{\min} > r_r$ 增大。

习题与思考题

16-1 凸轮机构的组成是什么？凸轮有哪几种形式？推杆有哪几种形式？

16-2 推杆的常用运动规律有哪几种？它们各有什么特点？各适用什么场合？

16-3 推杆运动规律选取的原则是什么？

16-4 凸轮廓线设计的反转法原理是什么？

16-5 凸轮的基圆指的是哪个圆？滚子推杆盘状凸轮的基圆在何处度量？

16-6 什么是凸轮机构的压力角？它对凸轮机构有何影响？

16-7 基圆半径大小对凸轮机构有何影响？如何确定凸轮的基圆半径？

16-8 试设计对心直动尖顶推杆盘形凸轮轮廓。已知凸轮按逆时针方向匀速转动，从动件行程 h=70mm,凸轮基圆半径 r_0=50mm，推程运动角 ϕ_0=120°，从动件推程作等速运动，远休止角 ϕ_s=30°，回程运动角 ϕ_0'=120°，从动件回程做等加速等减速运动，远休止角 ϕ'_s=90°。

16-9 设滚子直径 r_r=8 mm,试按题 16-8 已知条件设计对心直动滚子推杆盘状凸轮轮廓。

第 17 章　间歇运动机构

主动件连续运动时，从动件周期性地出现时动时停的间歇运动状态的机构称为间歇运动机构。间歇运动机构在自动生产线的转位机构、步进机构、计数装置和许多复杂的轻工机械中有着广泛的应用。间歇运动机构的类型很多，本章着重介绍棘轮机构、槽轮机构和不完全齿轮机构。

17.1　棘 轮 机 构

17.1.1　棘轮机构的类型和工作原理

按照结构特点，常用的棘轮机构可分为齿式和摩擦式两种类型。

1．齿式棘轮机构

图 17-1 所示为一种外啮合单动式棘轮机构。棘轮 2 通常呈锯齿形，并与轴 4 固联，棘爪 3 与摇杆 1 用转动副 A 相连接，摇杆 1 空套在轴 4 上。通常以摇杆为原动件，棘轮为从动件。当摇杆 1 连同棘爪 3 逆时针方向转动时，棘爪 3 插入棘轮的相应齿槽，推动棘轮转过某一角度；当摇杆 1 返回作顺时针方向转动时，棘爪 3 在棘轮齿背上滑过，这时，簧片 6 迫使止回棘爪 5 插入棘轮的相应齿槽，阻止棘轮顺时针方向返回，而使棘轮静止不动。由此可知，当原动件摇杆 1 连续往复摆动时，棘轮 2 只作单向的间歇运动。

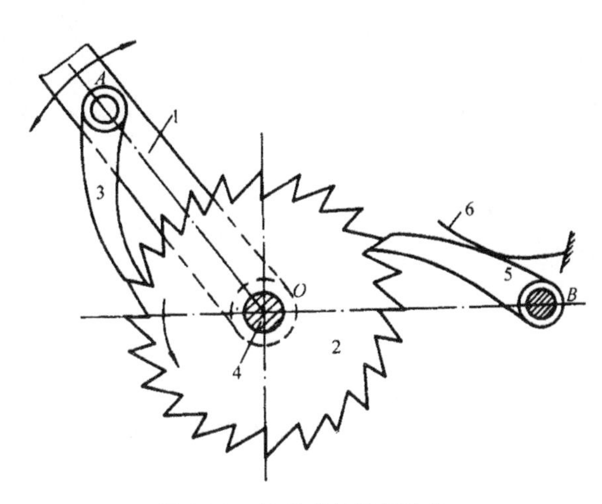

图 17-1　单动式棘轮机构构

如果改变摇杆的形状，摇杆上的棘爪由大小两个棘爪组成，如图 17-2(a)、(b)所示，可获得双动式棘轮机构，棘爪 3 可以制成直边的或带钩头的，棘轮为锯齿形。这种棘轮机构的摇杆 1 往复摆动均能使棘轮沿单一方向运动。

如果棘轮的回转方向需要经常改变而获得双向的间歇运动，则可如图 17-3(a)所示，棘轮轮齿制成矩形齿，摇杆上装一可翻转的双向棘爪 3。当棘爪 3 在实线位置时，摇杆 1 推动棘轮 3 作逆时针方向的间歇转动；当棘爪 3 翻转到假想位置时，摇杆 1 推动棘轮作顺时针方向的间歇转动。图 17-3(b)所示为另一种双向棘轮机构，当棘爪 3 在图示位置往复摆动时，棘轮 2 将沿逆时针方向作间歇运动；若将棘爪提起(拔出定位销 5)并绕本身轴线转 180° 再放下(定位销插入另一销孔中)，棘轮则可实现沿顺时针方向的间歇运动；若将棘爪提起并绕本身轴线转 90° 后放下(定位销不能落人销孔中)，使棘爪与棘轮脱开而不起作用，则当棘爪往复摆动时，棘轮静止不动。这种棘轮机构常应用在牛头刨床工作台的进给装置中。

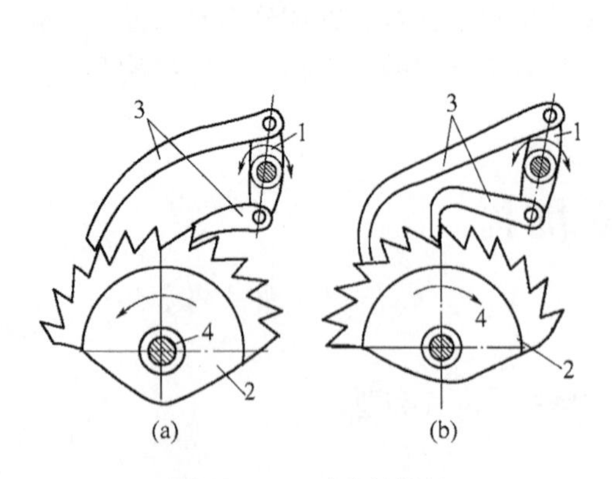

图 17-2　双动式棘轮机

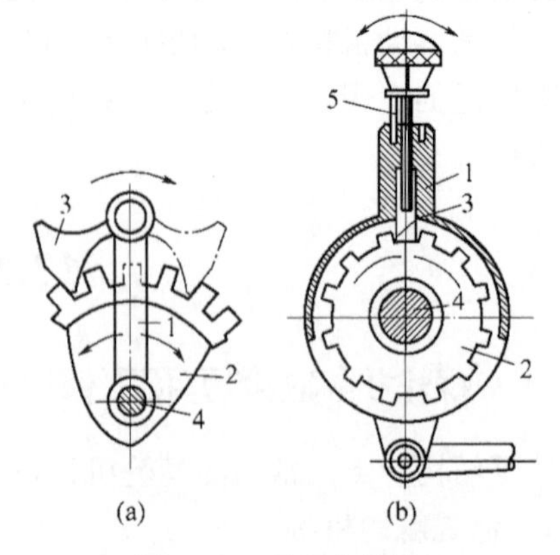

图 17-3　可变向棘轮机

除外啮合棘轮机构外，还有如图 17-4 所示的内啮合棘轮机构和如图 17-5 所示的棘条机构。

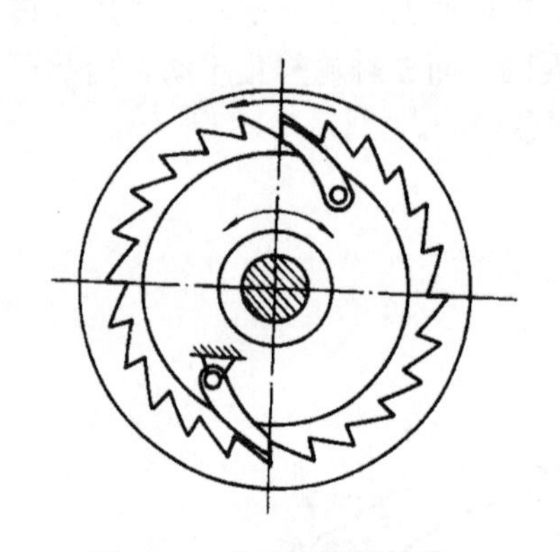

图 17-4　内啮合棘轮机构

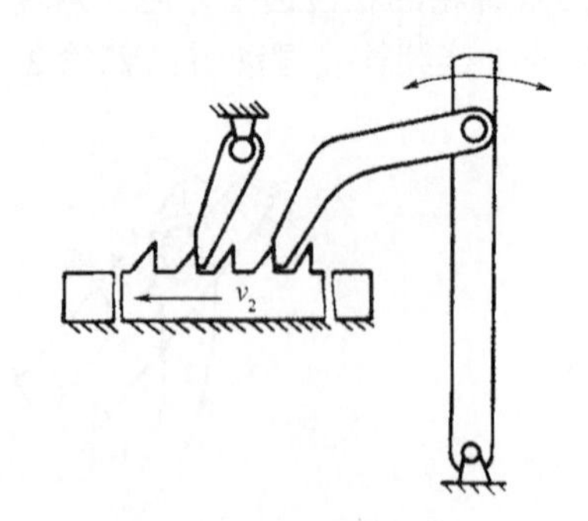

图 17-5　棘条机构

上述的齿式棘轮机构，在摇杆摆角一定条件下，棘轮每次的转动角是不能改变的。若改变棘轮的转角，可以采用如图 17-6 所示的，带遮板的棘轮机构，被遮板遮住的齿越多，则棘轮每次转动的角度就越小。

2．摩擦式棘轮机构

图 17-7 所示为摩擦式棘轮机构，它的工作原理与轮齿式棘轮机构相同，只是棘爪为一偏心扇形块，棘轮为一摩擦轮。当摇杆 1 作逆时针方向转动时，利用棘爪 3 与棘轮 2 之间产生的摩擦力，带动棘轮 2 和摇杆一起转动；当摇杆返回作顺时针方向转动时，棘爪 3 与棘轮 2 之间产生滑动，这时止回棘爪 5 与棘轮 2 楔紧，阻止棘轮反转。这样，摇杆作连续往复摆动时棘轮 2 便作单向的间歇运动。

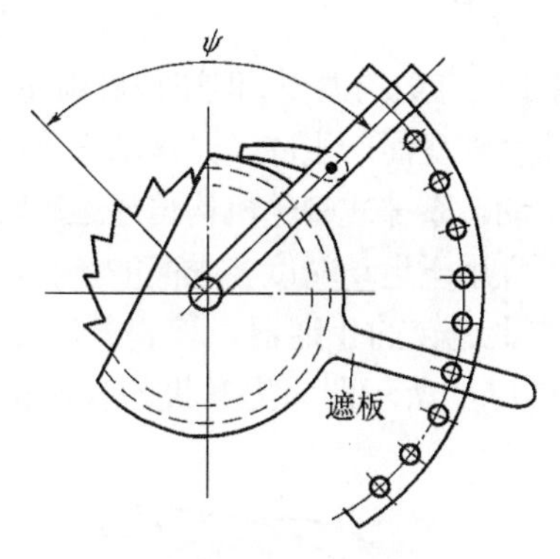

图 17-6　带遮板的棘轮机构

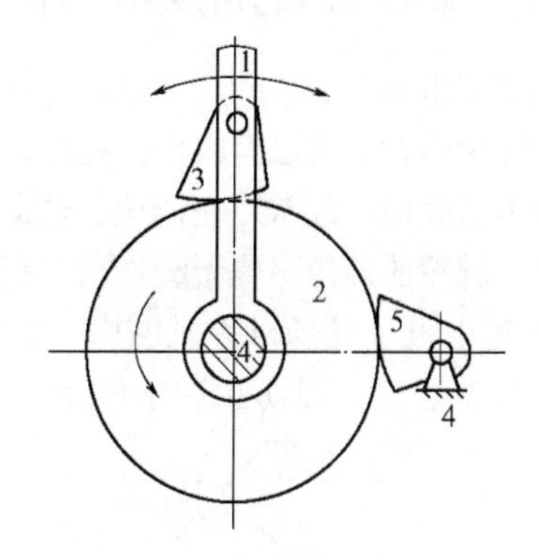

图 17-7　摩擦式棘轮机构

17.1.2　棘爪工作条件

如图 17-8 所示，当棘轮机构工作时，在一定载荷下，为使棘爪受力最小，应使$\angle O_1AO_2=90°$。为了保证棘爪能滑入齿槽并防止棘爪从棘轮齿槽中脱出，棘爪在与棘轮齿面接触的 A 点处所受压力 F_n(沿 $n—n$ 方向)对回转轴线 O_2 的力矩应大于棘爪所受摩擦力 F_f对 O_2 的力矩，即

$$F_n L\sin\varphi > F_f L\cos\varphi$$

而

$$F_f = F_n\mu = F_n\tan\rho$$

式中：φ 为棘轮齿面与棘轮轮齿尖顶径向线间的夹角；ρ 为摩擦角($\rho=\arctan\mu$)；μ 为摩擦系数。

将以上二式整理可得

$$\frac{\sin\varphi}{\cos\varphi} > \tan\rho \quad \text{即} \tan\varphi > \tan\rho$$

故应有

$$\varphi > \rho \tag{17-1}$$

17.1.3　棘轮机构主要几何尺寸计算及棘轮齿形的画法

当选定齿数 z 和按照强度要求确定模数 m 之后，棘轮和棘爪的主要几何尺寸可按以下经验公式计算：

顶圆直径　$D=mz$

齿　　高　$h=0.75m$

齿 顶 厚　$a=m$

齿槽夹角　$\theta=60°$或 $55°$

棘爪长度　$L=2\pi m$

其他结构尺寸可参看机械零件设计手册。

由以上公式算出棘轮的主要尺寸后，可按下述方法画出齿形：如图 17-8 所示，根据 D 和 h 先画出齿顶圆和齿根圆；按照齿数等分齿顶圆，得 A'、C…等点，并由任一等分点 A' 作弦 $A'B=a=m$；再由 B 到第二等分点 C 作弦 BC；然后自 B、C 点分别作角度 $\angle O'BC=\angle O'CB=90°-\theta$ 得 O' 点；以 O' 为圆心，$O'B$ 为半径画圆交齿根圆于 E 点，连 CE 得轮齿工作面，连 BE 得全部齿形。

17.1.4 棘轮机构的特点和应用

齿式棘轮机构结构简单，运动可靠，棘轮的转角容易实现有级的调节。但这种机构在回程时，棘爪在棘轮齿背上滑过有噪声；在运动开始和终了时，速度骤变而产生冲击，运动平稳性较差，且棘轮齿易磨损，故常用在低速、轻载等场合实现间歇运动。摩擦式棘轮机构传递运动较平稳、无噪声，棘轮的转角可作无级调节，但运动准确性差，不宜用于运动精度要求高的场合。

在起重机、卷扬机等机械中，常用棘轮机构作为防止逆转的止逆器，使提升的重物能停止在任何位置上，以防止由于停电等原因造成事故。图 17-9 所示即为提升机的棘轮止逆器。

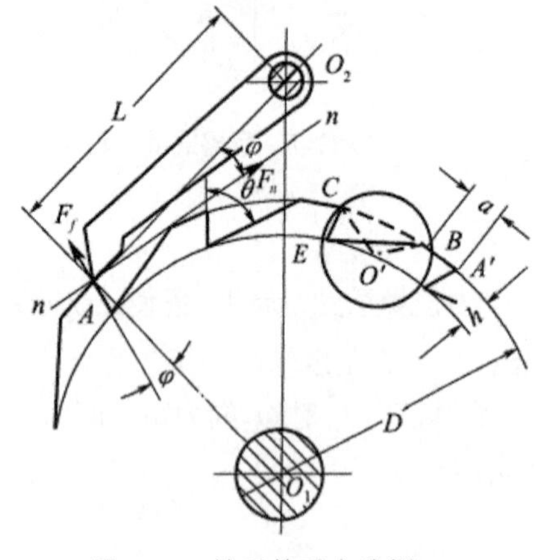

图 17-8 棘爪的受力分析

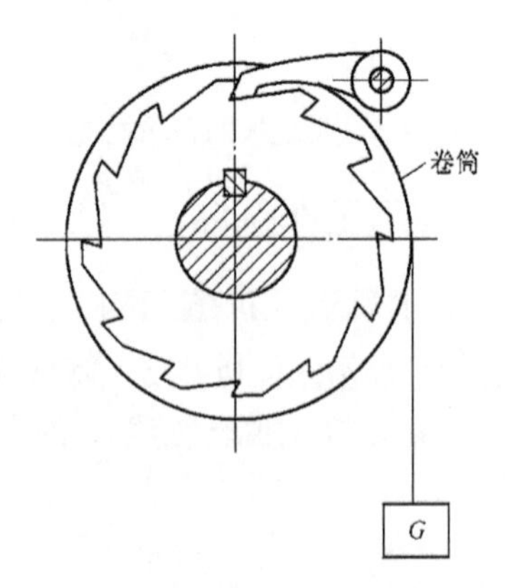

图 17-9 防止逆转的棘轮机构

17.2 槽轮机构

17.2.1 槽轮机构的工作原理、特点及应用

图 17-10 所示为槽轮机构。它主要由带有圆销 A 的主动拨盘 1、具有径向槽的从动槽轮 2 和机架所组成。拨盘 1 为主动件，一般作等速转动。槽轮 2 为从动件，作单向间歇转动。当拨盘 1 的圆销 A 未进入槽轮 2 的径向槽时，由于槽轮的内凹锁住弧 S_2 被拨盘的外凸圆弧 S_1 卡住，而使槽轮 2 静止不动。图 17-11 所示为圆销 A 开始进入槽轮径向槽的位置，这时锁住弧

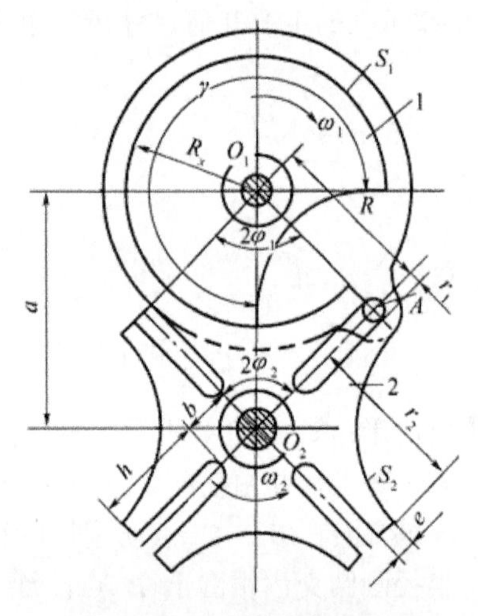

图 17-10 外啮合槽轮机构

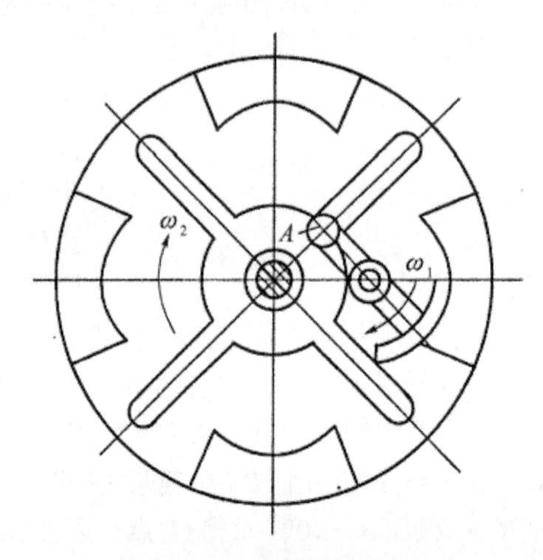

图 17-11 内啮合槽轮机构

S_2被松开，圆销 A 驱使槽轮 2 转动。当圆销 A 从槽轮的径向槽脱出时，槽轮 2 的另一内凹锁住弧又被拨盘的外凸圆弧卡住，槽轮 2 又静止不动，直至拨盘 1 的圆销 A 再次进入槽轮 2 的另一径向槽时，两者又重复上述的运动循环。这样，就把主动拨盘的连续转动变成槽轮的单向间歇运动了。

图 17-11 为内啮合槽轮机构。内啮合槽轮机构的工作原理与外啮合槽轮机构一样。内啮合槽轮机构较外啮合槽轮机构运动平稳，且结构紧凑，并能使主动拨盘与从动槽轮转动方向相同，但槽轮的停歇时间较短，槽轮尺寸也较大。

槽轮机构结构简单，工作可靠，效率较高，与棘轮机构相比，运转平稳，能准确控制转角的大小，应用较广，但槽轮的转角不能调节。图 17-12 为电影放映机中用以间歇走片的槽轮机构。

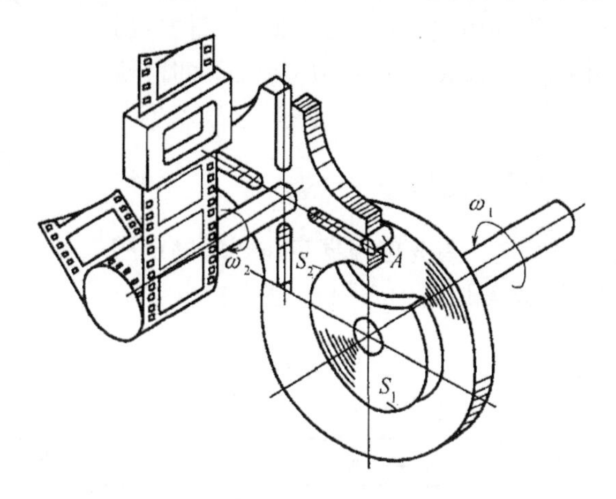

图 17-12　电影放映机中的槽轮机构

17.2.2　外啮合槽轮机构的槽数和拨盘圆销数

1. 槽数 z

如图 17-10 所示，圆销 A 进入径向槽时，径向槽的中心线应切于圆销中心的运动圆周。因此，设 z 为均匀分布的径向槽数目，则由图 17-10 可知，槽轮 2 转动时拨盘 1 的转角 $2\varphi_1$ 为

$$2\varphi_1 = \pi - 2\varphi_2 = \pi - \frac{2\pi}{z} \tag{17-2}$$

一个运动循环内槽轮 2 运动的时间 t_2 与拨盘 1 转动一周的时间 t_1 之比，称为运动系数 τ。由于拨盘 1 等速转动，时间与转角成正比，故运动系数 τ 可用转角比来表示。对于只有一个圆销的单圆销槽轮机构，t_2 和 t_1 各对应于拨盘 1 的回转角 $2\varphi_1$ 和 2π，因此

$$\tau = \frac{t_2}{t_1} = \frac{2\varphi_1}{2\pi} = \frac{\pi - \frac{2\pi}{z}}{2\pi} = \frac{z-2}{2z} = \frac{1}{2} - \frac{1}{z} \tag{17-3}$$

由上式可知：

(1) 因运动系数 τ 必须大于等于零($\tau=0$，槽轮静止不动)，故径向槽数 $z \geqslant 3$。

(2) 由于 $z \geqslant 3$，所以 $\tau < 0.5$，槽轮的运动时间总是小于静止时间。

2. 拨盘圆销数 K

如欲得到 $\tau > 0.5$ 槽轮机构，则需在拨盘 1 上装上若干圆销。设均匀分布的圆销数目为 K，则一个运动循环中，轮 2 的运动时间为只有一个圆销时的 K 倍，即

$$\tau=\frac{K(z-2)}{2z} \tag{17-4}$$

由于运动系数 τ 应小于 1，如若 $\tau=1$，槽轮将处于连续运动状态，而不再成为间歇运动机构。因此，由式(17-4)得

$$\frac{K(z-2)}{2z}<1$$

即

$$K<\frac{2z}{z-2} \tag{17-5}$$

由上式可知，当 $z=3$ 时，圆销的数目 K 可为 1～5；当 $z=4$ 或 5 时，K 可为 1～3；当 $z\geqslant6$ 时，K 可为 1 或 2。图 17-13 所示为 $z=4$，$K=2$ 时的槽轮机构，其运动系数 $\tau=0.5$，即槽轮的运动时间与停歇时间相等。一般情况下 $z=4$～8。

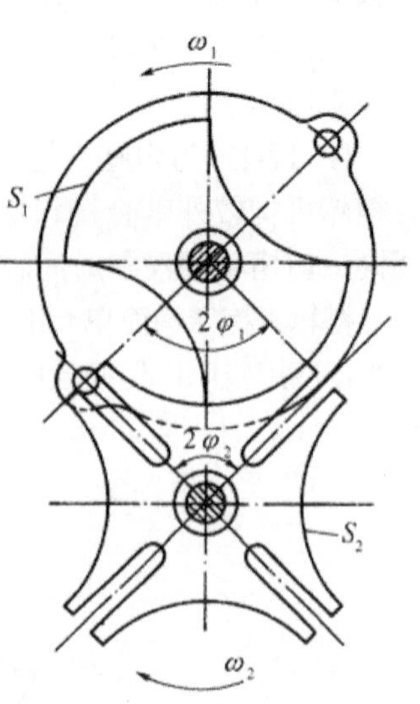

图 17-13　双圆柱销槽轮机构机构

17.2.3　外啮合槽轮机构的几何尺寸

在设计计算这种槽轮机构时，首先应根据工作要求确定槽轮的槽数 z、主动拨盘的圆销数 K 以及中心距 a。然后按表 17-1 计算其几何尺寸。

表 17-1　外啮合槽轮机构的几何尺寸计算(参见图 17-10)

名　称	符　号	单　位	计算公式及说明
圆销转动半径	R	mm	$R=a\sin\frac{\pi}{z}$ (a 为中心距，单位为 mm)
圆销半径	r_1	mm	$r_1\approx R/6$
槽顶高	r_2	mm	$r_2=a\cos\frac{\pi}{z}$
槽底高	b	mm	$b\leqslant a-(R+r_1)$
槽　深	h	mm	$h=r_2-b$
锁住弧半径	R_x	mm	$R_x=K_{x/r2}$ 其中 K_x z: 3, 4, 5, 6, 8 K_x: 1.4, 0.7, 0.48, 0.34, 0.2
槽顶口壁厚	e	mm	$e=R-(r_1+R_x)$，一般应使 e>3～5mm
锁住弧张开角	γ	(°)	$\gamma=\frac{2\pi}{K}-2\varphi_1=2\pi\left(\frac{1}{K}+\frac{1}{z}-\frac{1}{2}\right)$

17.3　不完全齿轮机构

不完全齿轮机构是由齿轮机构演变而得到的一种间歇机构，如图 17-14 所示。这种机构的主动轮上只作出一个齿或几个齿，并根据运动时间和停歇时间的要求，在从动轮上作出与主动轮轮齿相啮合的轮齿的数目。在从动轮停歇期间，两轮轮缘各有锁止弧，以防止从动轮游动，起定位作用。在图 17-14(a)、(b)所示的不完全齿轮机构中，当主动轮连续转动一周时，从动轮每次分别转过 1/8 周和 1/4 周。

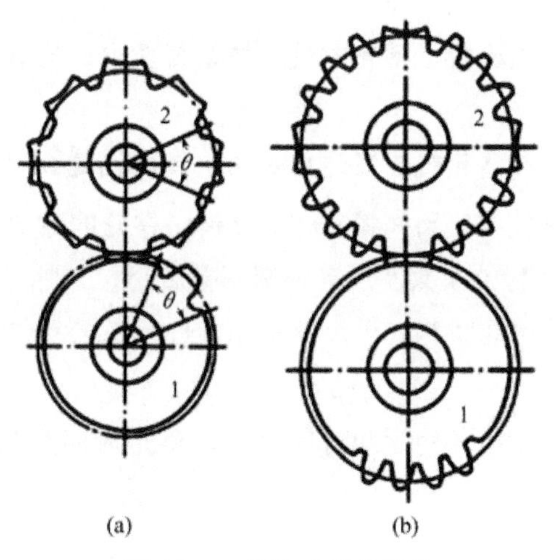

图 17-14　不完全齿轮机构

不完全齿轮机构结构简单，制造方便，从动轮的运动时间和停歇时间的比例不受机构结构的限制。但由于齿轮传动为定传比运动，所以从动轮从静止到转动或从转动到静止时，速度有突变，冲击较大，所以一般只用于低速或轻载的场合。

如用于高速可在两轮端面上分别装上瞬心线附加杆，如图 17-15 所示，使从动轮在起动时转速逐渐增大，在停止时又逐渐减小，从而避免发生过大的冲击。

不完全齿轮机构多用在一些有特殊运动要求的专用机械中，如图 17-16 为用于铣削乒乓球拍周缘的专用靠模铣床中的不完全齿轮机构。加工时，主动轴 1 带动铣刀轴 2 转动。而另一个主动轴 3 上的不完全齿轮 4 与 5 分别使工件轴得到正、反两个方向的回转。当工件轴转动时，在靠模凸轮 7 和弹簧作用下，使铣刀轴上的滚轮 8 紧靠在靠模凸轮 7 上，以保证加工出工件(乒乓球拍)的周缘。

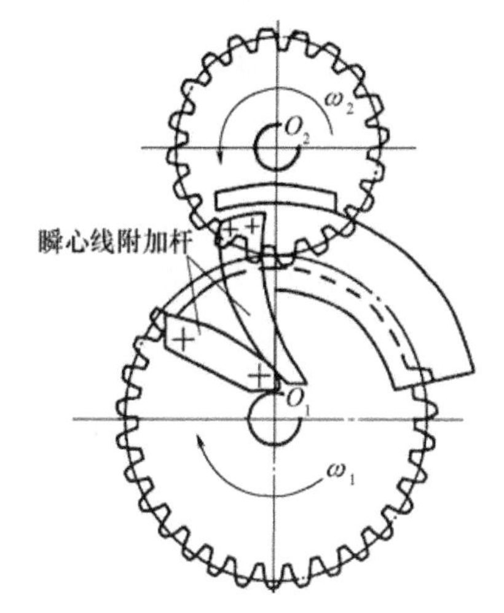

图 17-15　带瞬心线附加杆的不完全齿轮机构

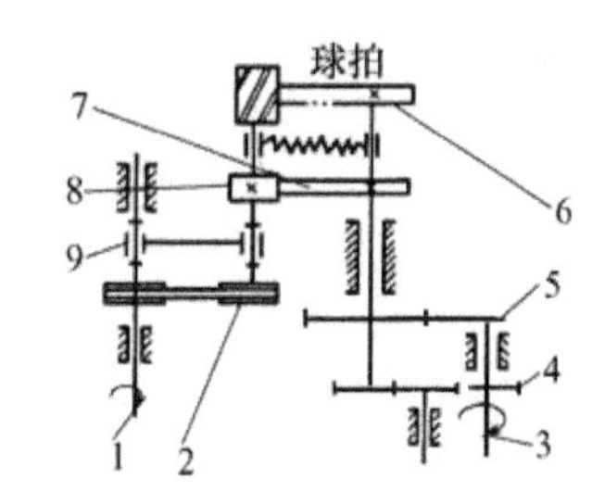

图 17-16　专用靠模铣床中的不完全齿轮机构

习题与思考题

17-1　当原动件作等速转动时，为了使从动件获得间歇的转动，则可以采用哪些机构？其中间歇时间可调的机构是哪种机构？

17-2 径向槽均布的槽轮机构，槽轮的最少槽数为多少？槽数 z=4 的外啮合槽轮机构，主动销数最多应为多少？

17-3 不完全齿轮机构和槽轮机构在运动过程中传动比是否变化？

17-4 有一外啮合槽轮机构，已知槽轮槽数 z=6，槽轮的停歇时间为 1s，槽轮的运动时间为 2s。求槽轮机构的运动特性系数及所需的圆销数目。

17-5 某一单销六槽外槽轮机构，已知槽轮停时进行工艺动作，所需时间为 20s，试确定主动轮的转速。

17-6 某单销槽轮机构，槽轮的运动时间为 1s，静止时间为 2s，它的运动特性系数是多少？槽数为多少？

第五篇　机械传动及其设计

第 18 章　带传动与链传动

在机械传动中，带传动和链传动都是通过中间挠性元件实现的传动。当主动轴与从动轴相距较远时，常采用这两种传动。带传动是利用带和带轮的摩擦(或啮合)进行工作的，它适于带速较高和圆周力较小时的工作条件；链传动是利用链轮轮齿和链条的啮合来实现传动，它适于链速较低和圆周力较大时的工作条件。

本章主要介绍 V 带传动和滚子链传动的类型、特点、工作原理及其传动设计。

18.1　带传动概述

带传动是两个或多个带轮之间用带作为挠性拉曳零件的传动，工作时借助带与带轮之间的摩擦(或啮合)来传递运动和动力。如图 18-1 所示，当原动机驱动主动轮 1 回转时，由于主动轮 1 与带 3 和带 3 与从动轮 2 之间的摩擦，拖动从动轮回转，并传递运动和动力。根据带的形状不同，可分为平带传动、V 带传动、圆形带传动、多楔带传动、同步带传动等，如图 18-2 所示。

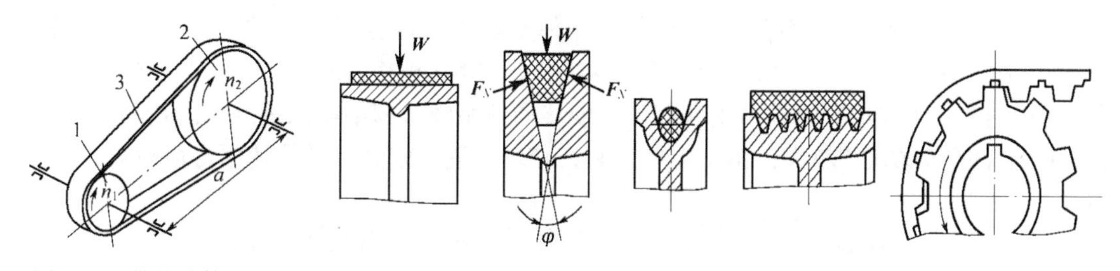

图 18-1　带传动简图　　　　图 18-2　带传动的几种类型

平带传动的结构简单，在传动中心距较大的情况下应用。平带截面为扁平矩形，由多层胶帆布带构成；带长可根据需要剪截后，用带接头接成封闭环行。带轮一般由铸铁铸造。

V 带传动在一般机械传动中应用最为广泛。V 带横截面呈等腰梯形，带轮上是相同形状的轮槽。传动时，V 带只与轮槽侧面接触。根据楔形增压原理，在同样张紧力下，V 带传动比平带传动能产生更大的摩擦力，承载能力更高，传递功率更大，除此以外 V 带传动还具有标准化程度高、传动比大、结构紧凑等优点，使 V 带传动比平带传动应用的领域更为广泛。

多楔带相当于平带和 V 带组合结构，其楔形部分嵌入带轮的楔形槽内，靠楔面摩擦工作。多楔带兼有平带和 V 带的优点，能承受变载荷和动载荷，运转时振动小，稳定性好，适用于传递功率较大而要求结构紧凑的场合。

同步带属啮合传动，所需张紧力小，轴和轴承上所受的载荷小；没有弹性滑动，传动比准确且传动比大(可达 10～20)；带的厚度薄，质量小，允许较高线速度(可达 50m/s)和较小的带轮直径；传动效率高(可达 98%)。但其制造和安装精度要求较高，成本也较高。

带传动多用于两轴平行，且主动轮、从动轴回转方向相同的场合。这种传动亦称开口传动，如图 18-3 所示。带与带轮接触弧所对的圆心角称为包角α，带基准长为L_d，小带轮、大带轮基准直径分别为d_{d1}、d_{d2}，中心距为a，则有如下计算公式：

$$\alpha_1 \approx 180° - \frac{d_{d2} - d_{d1}}{a} \times 57.3°$$
$$L_d \approx 2a + \frac{\pi}{2}(d_{d1} + d_{d2}) + \frac{(d_{d2} - d_{d1})^2}{4a} \tag{18-1}$$

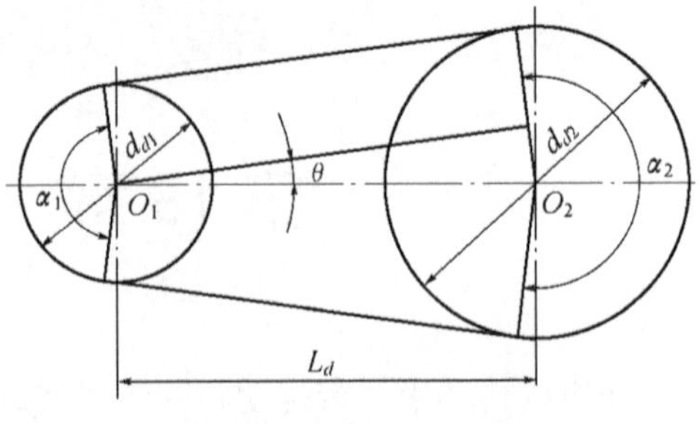

图 18-3　带传动的几何参数

由于带传动的材料不是完全的弹性体，带在工作一段时间后会发生塑性伸长而松弛，使张紧力降低。为保持持久的承载能力，带传动需要张紧装置。常用的控制和调整张紧力的方法是调节中心距张紧和设置张紧轮张紧，如图 18-4 所示。

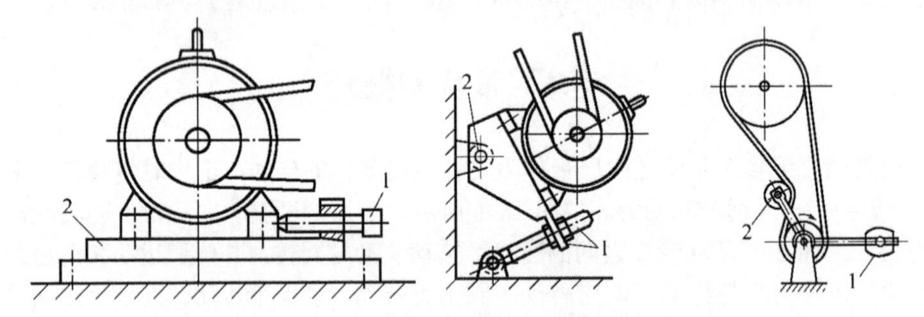

图 18-4　带传动的张紧

带传动的优点是：能缓和载荷冲击；运行平稳无噪声；过载时带在带轮上打滑(同步带除外)，可防止其他零件的损坏；制造和安装精度不像啮合传动那么严格；适于中心距较大的传动。

带传动的缺点是：有弹性滑动和打滑，使传动效率降低和不能保持准确的传动比(同步带除外)；传动的外廓尺寸较大；由于需要张紧，使轴上受力较大；带的使用寿命较短。

18.2　带传动的工作原理和工作能力分析

18.2.1　带传动的力分析

为使带传动具有承载能力，安装带传动时应使带以一定大小的初拉力$\boldsymbol{F}_0$紧套在两轮上，使带与带轮相互压紧。带传动不工作时，传动带两边的拉力相等，都等于$\boldsymbol{F}_0$(图 18-5)；工作时由于带与带轮之间的摩擦力使其一边的拉力加大到$\boldsymbol{F}_1$，称为紧边拉力，另一边减少到$\boldsymbol{F}_2$，称为松边拉力，如图 18-6 所示。两者之差$F=F_1-F_2$即为带的有效拉力，它等于带沿带轮接触弧上摩擦力的总和，因此亦称为圆周力。但紧边拉力和松边拉力数值的和仍然不变，即$F_1+F_2=2F_0$。有效拉力F(N)、带速v(m/s)和传递功率P(kW)之间的关系为

$$P = \frac{Fv}{1000} \tag{18-2}$$

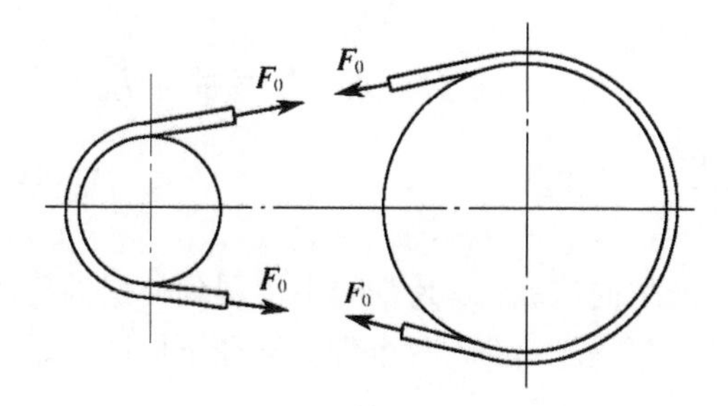

图 18-5　空载时带拉力图

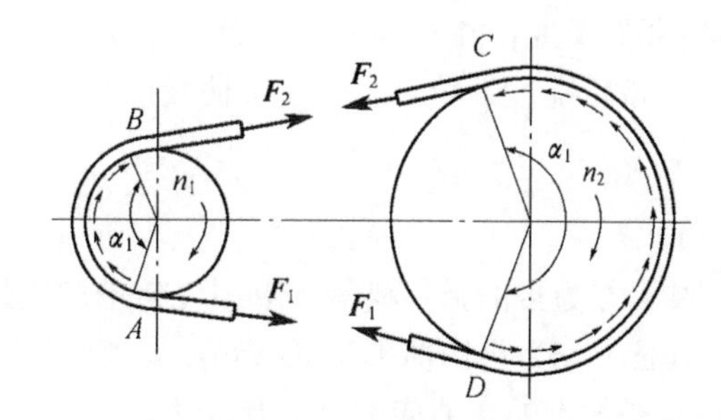

图 18-6　加载时带拉力图

如果带传动所需要的有效拉力超过带与带轮间接触弧上极限摩擦力的总和时，带与带轮将发生显著的滑动，这种现象称为打滑。为分析在打滑之前处于临界状态下的紧边拉力 $\boldsymbol{F}_1$ 与松边拉力 $\boldsymbol{F}_2$ 之间的关系，经理论推导可得出下列公式(即欧拉公式)

$$\frac{F_1}{F_2}=\mathrm{e}^{f\alpha} \tag{18-3}$$

式中：f 为带与轮面间的摩擦系数；α为带轮的包角，(rad)；e 为自然对数的底，e≈2.718。

式(18-3)是在摩擦临界状态，紧边拉力与松边拉力的关系式。此时，有效拉力 $\boldsymbol{F}$ 取得极大值。联解 $F=F_1-F_2$、$F_1+F_2=2F_0$ 和式(18-3)得

$$\begin{cases} F_1=F\dfrac{\mathrm{e}^{f\alpha}}{\mathrm{e}^{f\alpha}-1} \\ F_2=F\dfrac{1}{\mathrm{e}^{f\alpha}-1} \\ F_{\max}=2F_0\dfrac{\mathrm{e}^{f\alpha}-1}{\mathrm{e}^{f\alpha}+1} \end{cases} \tag{18-4}$$

由此可知：增大包角或(和)增大摩擦系数，都可以提高带传动所能传递的有效拉力。因小轮包角α_1小于大轮包角α_2，故计算带传动所能传递的有效拉力时，上式中包角应取α_1。

18.2.2　带传动的应力分析

传动时，带中的应力由以下三部分组成。

1. 紧边和松边拉力产生的拉应力

紧边拉应力：

$$\sigma_1=\frac{F_1}{A}\ \text{(MPa)} \tag{18-5}$$

松边拉应力：

$$\sigma_2=\frac{F_2}{A}\ \text{(MPa)} \tag{18-6}$$

式中：A 为带的横截面面积(mm^2)。

2. 离心力产生的拉应力

当带绕过带轮时，在带上产生离心力。离心力只发生在带作圆周运动的部分，但由此引起的拉力却作用于带的全长。如 F_C 表示离心力(N)；q 为带每米长的质量(kg/m)；v 为带速(m/s)，则

$$F_C=qv^2 \quad (18\text{-}7)$$

3. 弯曲应力

带轮绕过带轮时，引起弯曲变形并产生弯曲应力。由材料力学公式得带的弯曲应力为

$$\sigma_b = E\varepsilon = E\frac{y}{\rho} = E\frac{2y}{d_d} \quad \text{(MPa)} \quad (18\text{-}8)$$

式中：E 为带的弹性模量(MPa)；ε为带发生弹性变形产生的应变；y 为带的中性层到外层的距离(mm)；ρ为带的曲率半径(mm)；d_d 为 V 带带轮的基准直径(mm)。两个带轮直径不同时，带在小带轮上的弯曲应力比大带轮大。

图 18-7 表示带在工作时的应力分布情况。可以看出带处于变应力状态下工作，当应力循环次数达到一定数值后，带将发生疲劳破坏。图中小带轮为主动轮，最大应力发生在紧边进入小带轮处，最大值为

$$\sigma_{\max} = \sigma_1 + \sigma_{b1} + \sigma_c \quad (18\text{-}9)$$

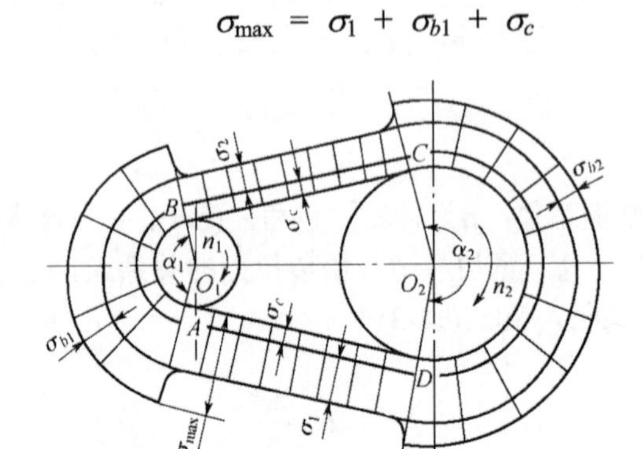

图 18-7　带的应力分布

18.2.3　弹性滑动和传动比

带传动中的变形是在弹性范围内，带的变形应与应力成正比，则紧边和松边的单位伸长量分别为 $\varepsilon_1 = \dfrac{F_1}{EA}$ 和 $\varepsilon_2 = \dfrac{F_2}{EA}$。因为 $F_1>F_2$，所以$\varepsilon_1>\varepsilon_2$。如图 18-6 所示，带绕过主动轮 1 时，将逐渐缩短并沿轮面滑动，而使带的速度落后于主动轮的圆周速度。绕过从动轮 2 时也发生类似的现象，带将逐渐伸长，亦将沿轮面滑动，不过在这里是带速超前于从动轮的圆周速度。这种由于带的弹性变形而产生的带与带轮之间的相对滑动称为弹性滑动。

弹性滑动和打滑是两个截然不同的概念。打滑是指由于过载引起的全面滑动，应当避免。弹性滑动是由带材料的弹性和紧边、松边的拉力差引起的。只要带传动具有承载能力，出现紧边和松边，就一定会发生弹性滑动，所以弹性滑动是不可以避免的。

设 d_{d1}、d_{d2} 分别为主、从动轮的基准直径(mm)；n_1、n_2 分别为主、从动轮的转速(r/min)，则两轮的圆周速度分别为

$$v_1 = \frac{\pi d_{d1} n_1}{60\times1000} \quad \text{(m/s)} \qquad v_2 = \frac{\pi d_{d2} n_2}{60\times1000} \quad \text{(m/s)} \quad (18\text{-}10)$$

由于弹性滑动是不可避免的，所以 $v_2<v_1$。传动中由于带的滑动引起的从动轮圆周速度的降低率称为滑动率ε，即

$$\varepsilon=\frac{v_1-v_2}{v_1}=\frac{d_{d1}n_1-d_{d2}n_2}{d_{d1}n_1} \tag{18-11}$$

由此得带传动比为

$$i=\frac{n_1}{n_2}=\frac{d_{d2}}{d_{d1}(1-\varepsilon)}$$

或从动轮的转速为

$$n_2=\frac{n_1d_{d1}(1-\varepsilon)}{d_{d2}} \tag{18-12}$$

V 带传动的滑动率ε=0.01～0.02，数值较小，在一般计算中可不计。

18.2.4 带传动的失效形式和设计准则

根据前面的分析可知，带传动的主要失效形式是打滑和疲劳破坏，因此带传动的设计准则应为：在保证带传动不打滑的前提下，带具有一定的疲劳强度和使用寿命。

18.3 V 带传动的设计计算

18.3.1 V 带的标准

V 带有普通 V 带、窄 V 带、联组 V 带、齿形 V 带、大楔角 V 带、宽 V 带等多种类型，其中普通 V 带应用最为广泛。本节主要讨论普通 V 带。

普通 V 带已标准化，按其截面形状大小可分为 Y、Z、A、B、C、D、E 七种，它们都被制造成无端的环行带。其结构由包布层、顶胶、抗拉体和底胶等部分组成。抗拉体的结构可分为制造较为容易的帘布芯和韧性较好、抗弯强度高的绳芯两种类型。

当 V 带受弯曲时，顶胶伸长，底胶缩短，只有两者之间的中性层长度不变，称为节面。带的节面宽度称为节宽 b_p，当带弯曲时，该宽度保持不变。在规定的张紧力下，V 带中性层的长度称为基准长度 L_d。V 带的公称长度以基准长度表示。在 V 带带轮上，与所配用 V 带的节宽 b_p 相对应的带轮称为带轮的基准直径 d_d。普通 V 带的截面尺寸及 V 带带轮轮缘尺寸见表 18-1，普通 V 带基准长度系列 L_d 及长度系数 K_L 见表 18-2。V 带轮的最小基准直径 $d_{d\min}$ 及基准直径系列见表 18-3。

表 18-1 普通 V 带的截面尺寸及 V 带带轮轮缘尺寸

型　号	Y	Z	A	B	C	D	E	
顶宽 b	6	10	13	17	22	32	38	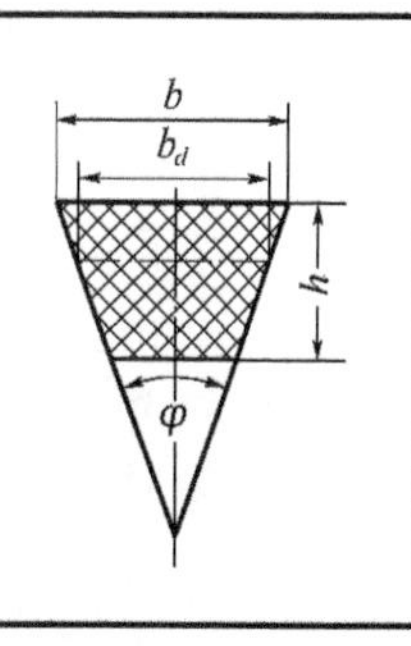
节宽 b_d	5.3	8.5	11	14	19	27	32	
高度 h	4.0	6.0	8.0	11	14	19	25	
楔角 φ	40°							
每米质量 q/(kg/m)	0.04	0.06	0.10	0.17	0.30	0.6	0.87	

表 18-2　普通 V 带的基准长度系列及长度系数

基准长度 L_d/mm	K_L					基准长度 L_d/mm	K_L			
	Y	Z	A	B	C		Z	A	B	C
200	0.81					2000	1.08	1.03	0.98	0.88
224	0.82					2240	1.10	1.06	1.00	0.91
250	0.84					2500	1.30	1.09	1.03	0.93
280	0.87					2800		1.11	1.05	0.95
315	0.89					3150		1.13	1.07	0.97
355	0.92					3550		1.17	1.09	0.99
400	0.96	0.79				4000		1.19	1.13	1.02
450	1.00	0.80				4500			1.15	1.04
500	1.02	0.81				5000			1.18	1.07
560		0.82				5600				1.09
630		0.84	0.81			6300				1.12
710		0.86	0.83			7100				1.15
800		0.90	0.85			8000				1.18
900		0.92	0.87	0.82		9000				1.21
1000		0.94	0.89	0.84		10000				1.23
1120		0.95	0.91	0.86		11200				
1250		0.98	0.93	0.88		12500				
1400		1.01	0.96	0.90		14000				
1600		1.04	0.99	0.92	0.83	16000				
1800		1.06	1.01	0.95	0.86					

表 18-3　单根普通 V 带的基本额定功率 P_0(包角$\alpha=\pi$，特定基准长度，载荷平稳时)

型号	小带轮基准直径 $d_{d\min}$/mm	小带轮转速 n_1/ (r/min)																
		100	200	400	800	950	1200	1450	1600	1800	2000	2400	2800	3200	3600	4000	5000	6000
Z	50		0.04	0.06	0.10	0.12	0.14	0.16	0.17	0.19	0.20	0.22	0.26	0.28	0.30	0.32	0.34	0.31
	56		0.04	0.06	0.12	0.14	0.17	0.19	0.20	0.23	0.25	0.30	0.33	0.35	0.37	0.39	0.41	0.40
	63		0.05	0.08	0.15	0.18	0.22	0.25	0.27	0.30	0.32	0.37	0.41	0.45	0.47	0.49	0.50	0.48
	71		0.06	0.09	0.20	0.23	0.27	0.30	0.33	0.36	0.39	0.46	0.50	0.54	0.58	0.61	0.62	0.56
	80		0.10	0.14	0.22	0.26	0.30	0.35	0.39	0.42	0.44	0.50	0.56	0.61	0.64	0.67	0.66	0.61
	90		0.10	0.21	0.24	0.28	0.33	0.36	0.40	0.44	0.48	0.54	0.60	0.64	0.68	0.72	0.73	0.56
A	75		0.15	0.26	0.45	0.51	0.60	0.68	0.73	0.79	0.84	0.92	1.00	1.04	1.08	1.09	1.02	0.80
	90		0.22	0.39	0.68	0.77	0.93	1.07	1.15	1.25	1.34	1.5	1.64	1.75	1.83	1.87	1.82	1.50
	100		0.26	0.47	0.83	0.95	1.21	1.32	1.42	1.58	1.66	1.87	2.05	2.19	2.28	2.34	2.25	1.80
	112		0.31	0.56	1.00	1.15	1.39	1.61	1.74	1.89	2.04	2.30	2.51	2.68	2.78	2.83	2.64	1.96
	125		0.37	0.67	1.19	1.37	1.66	1.92	2.07	2.26	2.44	2.74	2.98	3.15	3.26	3.28	2.91	1.87
	140		0.43	0.78	1.41	1.62	1.96	2.28	2.45	2.66	2.87	3.22	3.48	3.65	3.72	3.67	2.99	1.37
	160		0.51	0.94	1.69	1.95	2.36	2.73	2.54	2.98	3.42	3.80	4.06	4.19	4.17	3.98	2.67	
	180		0.59	1.09	1.97	2.27	2.74	3.16	3.40	3.67	3.93	4.32	4.54	4.58	4.40	4.00	1.81	

(续)

型号	小带轮基准直径 $d_{d\min}$/mm	小带轮转速 n_1/ (r/min)																
		100	200	400	800	950	1200	1450	1600	1800	2000	2400	2800	3200	3600	4000	5000	6000
B	125		0.48	0.84	1.44	1.64	1.93	2.19	2.33	2.50	2.64	2.85	2.96	2.94	2.80	2.51	1.09	
	140		0.59	1.05	1.82	2.08	2.47	2.82	3.00	3.23	3.42	3.70	3.85	3.83	3.63	3.24	1.29	
	160		0.74	1.32	2.32	2.66	3.17	3.62	3.86	4.15	4.40	4.75	4.89	4.80	4.46	3.82	0.81	
	180		0.88	1.59	2.81	3.22	3.85	4.39	4.68	5.02	5.30	5.67	5.76	5.52	4.92	3.92		
	200		1.02	1.85	3.30	3.77	4.50	5.13	5.46	5.83	6.13	6.47	6.43	5.95	4.98	3.47		
	224		1.19	2.17	3.86	4.42	5.26	5.97	6.33	6.73	7.02	7.25	6.95	6.05	4.47	2.21		
	250		1.37	2.50	4.46	5.10	6.04	6.82	7.20	7.63	7.87	7.89	7.14	5.60	5.12			
	280		1.58	2.89	5.13	5.85	6.90	7.76	8.13	8.46	8.60	8.22	6.80	4.26				
C	200		1.39	2.41	4.07	4.58	5.29	5.84	6.07	6.28	6.34	6.02	5.01	3.23				
	224		1.70	2.99	5.12	5.78	6.71	7.45	7.75	8.00	8.06	7.57	6.08	3.57				
	250		2.03	3.62	6.23	7.04	8.14	9.08	9.38	9.63	9.62	8.75	6.56	2.93				
	280		2.42	4.32	7.52	8.49	9.81	10.72	11.06	11.22	11.04	9.50	6.13					
	315		2.84	5.21	8.92	10.05	11.53	12.46	12.72	12.67	12.14	9.43	4.16					
	355		3.36	6.05	10.46	11.73	13.31	14.12	14.19	13.73	12.59	7.98						
	400		3.91	7.06	12.10	13.48	15.04	15.53	15.24	14.08	11.95	4.34						
	450		4.51	8.20	13.80	15.23	16.59	16.47	15.57	13.29	9.64							
注：在GB/T 13575.1—1992中，V带带轮的计算直径称为基准直径 d_d。V带带轮计算直径(单位为mm)的系列为：20、22.4、25、28、31.5、35.5、40、45、50、56、63、71、75、80、85、90、95、100、106、112、118、125、132、140、150、160、170、180、200、212、224、236、250、265、280、300、315、355、375、400、425、450、475、500、530、560、670、710、750、800、900、1000																		

18.3.2 V带传动设计

1. 设计原始参数及内容

设计V带传动所需的原始参数为：传递功率 P、转速 n_1、n_2(或传动比 i_{12})、传动位置要求和工作条件等。

设计内容包括：确定带的型号、长度、根数、传动中心距、带轮直径及结构尺寸等。

2. 设计方法及步骤

1) 确定计算功率 P_C

计算功率是根据传递功率 P，并考虑到载荷性质和每天运转时间长短等因素的影响而确定的。即

$$P_C=K_AP(\text{kW}) \tag{18-13}$$

式中：P 为传递的额定功率；K_A 为工作情况系数，见表18-4。

表18-4 工作情况系数

载荷性质	工作机	原动机					
		电动机(交流启动、直流并励、三角启动)，四缸以上内燃机			电动机(联机交流启动、直流复励或串励)，四缸以下的内燃机		
		每天工作小时数/h					
		<10	10～16	>16	<10	10～16	>16
载荷变动很小	液体搅拌机、鼓风机、通风机(≤7.5kW)、离心式水泵和压缩机、轻负荷输送机	1.0	1.1	1.2	1.1	1.2	1.3

(续)

载荷性质	工 作 机	原 动 机					
		电动机(交流启动、直流并励、三角启动)，四缸以上内燃机			电动机(联机交流启动、直流复励或串励)，四缸以下的内燃机		
		每天工作小时数/h					
		<10	10～16	>16	<10	10～16	>16
载荷变动小	带式运输机、通风机(<7.5kW)、旋转式水泵和压缩机(非离心式)、发电机等	1.1	1.2	1.3	1.2	1.3	1.4
载荷变动较大	斗式提升机、压缩机、往复式水泵、起重机、冲剪机床、重载运输机、纺织机、振动筛	1.2	1.3	1.4	1.4	1.5	1.6
载荷变动很大	破碎机(旋转式、颚式等)、磨碎机(球磨、棒磨、管磨)	1.3	1.4	1.5	1.5	1.6	1.8

2) 选择带的型号

根据计算功率 P_C、小带轮转速 n_1，由图 18-8 选定带的型号。

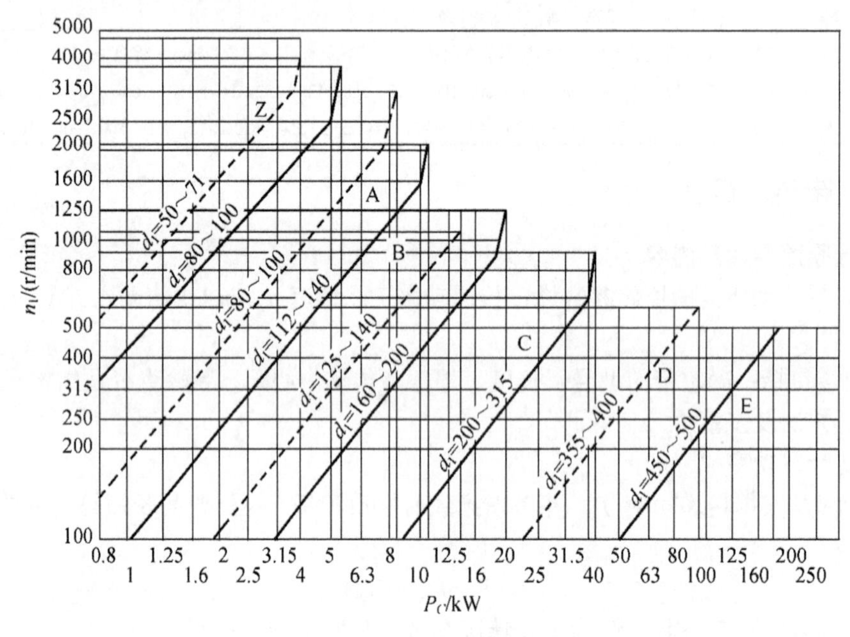

图 18-8　V 带型号选择图

3) 确定带轮的基准直径 d_{d1} 和 d_{d2}

初选小带轮 d_{d1}。根据 V 带型号，参考表 18-3 选取 $d_{d1}>d_{d\min}$。为了提高带的寿命，在传动比不大时，宜选取较大的直径。

验算带的速度：

$$v=\pi d_{d1}n_1/(60\times1000) \quad (\text{m/s})$$

一般应满足下式：

$$5\leqslant v\leqslant 25\sim30 \quad (\text{m/s})$$

计算从动轮基准直径 $d_{d2}=i_{12}\,d_{d1}(1-\varepsilon)$，并按 V 带轮的基准直径系列表 18-3 加以适当调整。

4) 确定中心距 a 和带的基准长度 L_d

如果中心距未限定，可根据传动的结构需要确定中心距 a_0，一般取

$$0.7\ (d_{d1}+\ d_{d2})\ <\ a_0\ <\ 2\ (d_{d1}+\ d_{d2}) \tag{18-14}$$

选取 a_0 后，根据式(18-1)初步计算所需带的基准长度 L'_d，根据 L'_d 在表 18-2 中选取和 L'_d 相近的 V 带的基准长度 L_d。再根据 L_d 确定带的实际中心距 a。

由于 V 带传动中心距一般是可以调整的，故可采用下列公式作近似计算，即

$$a = a_0+(L_d - L'_d)/2 \tag{18-15}$$

考虑安装调整和补偿张紧力(如带伸长、松弛后的张紧)的需要，中心距的变动范围为

$$a_{\min} = a+0.015L_d$$

$$a_{\max} = a+0.03L_d$$

5) 验算小带轮上的包角 α_1

根据式(18-1)及包角要求，应保证

$$\alpha \approx 180° - \frac{D_2 - D_1}{a} \times 57.3° \geqslant 120° \quad (\text{至少 } 80°)$$

6) 确定带的根数 z

$$z = \frac{P_C}{(P_0 + \Delta P_0)K_\alpha K_L} \tag{18-16}$$

式中：P_0 为单根 V 带允许传递的功率(又称单根 V 带的基本额定功率)，P_0 值的大小是在包角=180°、特定带长、平稳工作条件下通过试验和计算得到的，见表 18-3；ΔP_0 为考虑到传动比不为 1 时，带在大带轮上的弯曲应力较小，在同等寿命下，P_0 值应有所提高，ΔP_0 即为单根 V 带允许传递功率的增量，大带轮愈大(即传动比 i_{12} 愈大)，传递功率的增量提高愈多，其值见表 18-5；K_L 为考虑带的长度不同时的影响系数，简称长度系数，见表 18-2；K_α为考虑包角不同时的影响系数，简称包角系数，见表 18-6。

表 18-5　单根普通 V 带额定功率的增量ΔP_0

型号	小带轮转速 n_1/(r/min)	传动比 i									
		1.00～1.01	1.02～1.04	1.05～1.08	1.09～1.12	1.13～1.18	1.19～1.24	1.25～1.34	1.35～1.51	1.52～1.99	≥2.0
Z	400	0.00	0.00	0.00	0.00	0.00	0.00	0.00	0.00	0.01	0.01
	730	0.00	0.00	0.00	0.00	0.00	0.00	0.01	0.01	0.01	0.02
	800	0.00	0.00	0.00	0.00	0.01	0.01	0.01	0.01	0.02	0.02
	980	0.00	0.00	0.00	0.01	0.01	0.01	0.01	0.02	0.02	0.02
	1200	0.00	0.00	0.01	0.01	0.01	0.01	0.02	0.02	0.02	0.03
	1460	0.00	0.00	0.01	0.01	0.01	0.02	0.02	0.02	0.02	0.03
	2800	0.00	0.01	0.02	0.02	0.03	0.03	0.03	0.04	0.04	0.04
A	400	0.00	0.01	0.01	0.02	0.02	0.03	0.03	0.04	0.04	0.05
	730	0.00	0.01	0.02	0.03	0.04	0.05	0.06	0.07	0.08	0.09
	800	0.00	0.01	0.02	0.03	0.04	0.05	0.06	0.08	0.09	0.10
	980	0.00	0.01	0.03	0.04	0.05	0.06	0.07	0.08	0.10	0.11
	1200	0.00	0.02	0.03	0.05	0.07	0.08	0.10	0.11	0.13	0.15
	1460	0.00	0.02	0.04	0.06	0.08	0.09	0.11	0.13	0.15	0.17
	2800	0.00	0.04	0.08	0.11	0.15	0.19	0.23	0.26	0.30	0.34

(续)

型号	小带轮转速 n_1/(r/min)	传动比 i									
		1.00～1.01	1.02～1.04	1.05～1.08	1.09～1.12	1.13～1.18	1.19～1.24	1.25～1.34	1.35～1.51	1.52～1.99	≥2.0
B	400	0.00	0.01	0.03	0.04	0.06	0.07	0.08	0.10	0.11	0.13
	730	0.00	0.02	0.05	0.07	0.10	0.12	0.15	0.17	0.20	0.22
	800	0.00	0.03	0.06	0.08	0.11	0.14	0.17	0.20	0.23	0.25
	980	0.00	0.03	0.07	0.10	0.13	0.17	0.20	0.23	0.26	0.30
	1200	0.00	0.04	0.08	0.13	0.17	0.21	0.25	0.30	0.34	0.38
	1460	0.00	0.05	0.10	0.15	0.20	0.25	0.31	0.36	0.40	0.46
	2800	0.00	0.10	0.20	0.29	0.39	0.49	0.59	0.69	0.79	0.89
C	400	0.00	0.04	0.08	0.12	0.16	0.20	0.23	0.27	0.31	0.35
	730	0.00	0.07	0.14	0.14	0.27	0.34	0.41	0.48	0.55	0.62
	800	0.00	0.08	0.16	0.23	0.31	0.39	0.47	0.55	0.63	0.71
	980	0.00	0.09	0.19	0.27	0.37	0.47	0.56	0.65	0.74	0.83
	1200	0.00	0.12	0.24	0.35	0.47	0.59	0.70	0.82	0.94	1.06
	1460	0.00	0.21	0.28	0.42	0.58	0.71	0.85	0.99	1.21	1.27
	2800	0.00	0.27	0.55	0.82	1.10	1.37	1.64	1.92	2.19	2.47

表 18-6　小带轮包角修正系数

包角α/(°)	180	175	170	165	160	155	150	145	140	135	130	125	120
包角修正系数 k_α	1.0	0.99	0.98	0.96	0.95	0.93	0.92	0.91	0.89	0.88	0.86	0.84	0.82

7) 确定张紧力 $\boldsymbol{F}_0$ 和作用轴上的载荷 Q

保持适当的张紧力是带传动工作的首要条件，张紧力过小，摩擦力小，容易发生打滑；张紧力过大，则带寿命降低，轴和轴承受力增大。

单根普通 V 带最合适的张紧力可按下式计算：

$$F_0 = \frac{500P_C}{zv}\left(\frac{2.5}{K_\alpha}-1\right)+qv^2\,(\mathrm{N}) \tag{18-17}$$

式中：z 为带的根数；v 为带的线速度(m/s)；K_α为包角系数；q 为每单位长带的质量(kg/m)。

带轮所在轴受到的载荷为

$$Q=2zF_0\sin(\alpha/2) \tag{18-18}$$

式中：z 为带的根数；F_0 为单根带的初拉力(N)；α为带轮的包角。

8) V 带轮的设计

带轮的设计，主要是选择带轮材料，根据带轮基准直径的大小选择结构形式，根据带的类型确定轮缘尺寸(表 18-1)。其他结构尺寸的确定可参见图 18-9 所列的经验公式计算。

带轮的材料主要采用铸铁，常用材料的牌号为 HT150 或 HT200；转速较高时宜采用铸钢；小功率时可用铸铝和塑料。

带轮的结构形式主要由带轮的基准直径确定：当带轮的基准直径 d_d=(2.5～3)d(d 为轴的直径)时，可采用实心式；当 d_d≤400mm 时，可采用腹板式；当 d_d>400mm 时，可采用椭圆轮辐式。根据带的型号在表 18-1 中可确定轮缘尺寸，其他结构尺寸如图 18-9 所示。

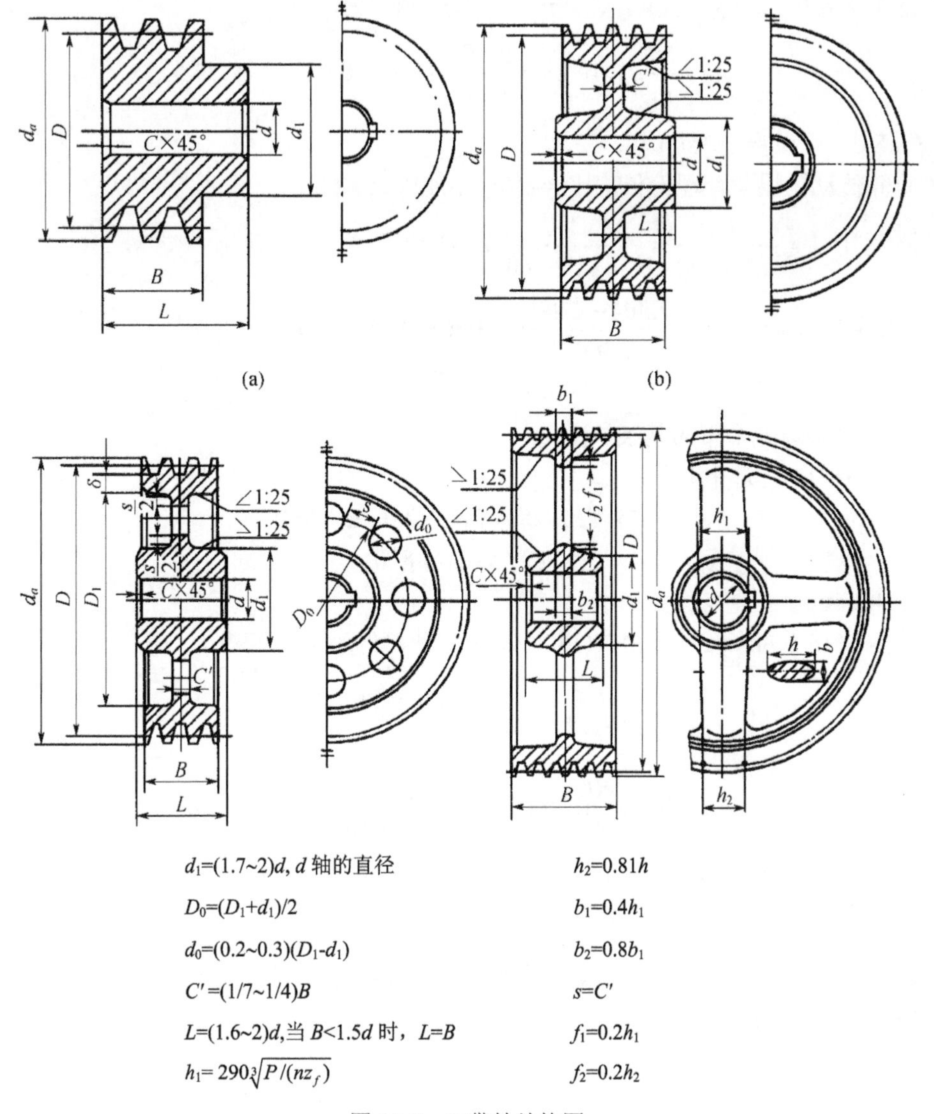

图 18-9　V 带轮结构图

例 18-1　试设计带式运输机与 Y132S-4 型电动机之间的 V 带传动。已知电动机的额定功率为 5.5kW，转速 n_1=1440r/mm，n_2=625r/mm，每天工作 16h。

解：

(1) 确定计算功率。查取工作情况系数 K_A=1.2，有

$$P_C=K_AP=1.2\times5.5=6.6\text{kW}$$

(2) 选择 V 带型号。根据 P_C=6.6kW 和 n_1=1440r/min，查图 18-8，选用 A 型带。

(3) 确定带轮直径。

① 由表 18-3 选取 A 型带带轮基准直径 d_{d1}=125mm。

② 验算带速：

$$v=\frac{\pi d_{d1}n_1}{60\times1000}=\frac{\pi\times125\times1440}{60\times1000}=9.43\,(\text{m/s})$$

在 5m/s~25m/s 范围内，故合适。

③ 确定大带轮基准直径 d_{d2}。取ε=0.02，由式(18-12)，有

$$d_{d2}=\frac{n_1}{n_2}d_{d1}(1-\varepsilon)=\frac{1440}{625}\times125(1-0.02)=282.24$$

由表 18-3，取 d_{d2}=280mm。

④ 验算传动比误差。理论传动比 $i=n_1/n_2$=1440/625=2.304

实际传动比$i'=\dfrac{d_{d2}}{d_{d1}(1-\varepsilon)}=\dfrac{280}{125\times(1-0.02)}=2.29$

传动比误差$\Delta i=\left|\dfrac{i-i'}{i}\right|=\left|\dfrac{2.304-2.29}{2.304}\right|=0.006=0.6\%<5\%$

合适。

(4) 确定中心距 a 及带的基准长度 L。

① 由式(18-14)初选中心距：

$$0.7\times(125+280)\leqslant a_0\leqslant 2\times(125+280)$$

$$283.5\leqslant a_0\leqslant 810$$

取 a_0=400mm。

② 确定 V 带基准长度 L。由式(18-1)得 V 带计算的基准长度为

$$L'_d=2a_0+\frac{\pi}{2}(d_{d1}+d_{d2})+\frac{(d_{d2}-d_{d1})^2}{4a_0}$$

$$=2\times400+\frac{\pi}{2}(125+280)+\frac{(280-125)^2}{4\times400}=1451.2\text{mm}$$

由表 18-2 选带的基准长度 L=1500mm。

③ 由式(18-15)计算实际中心距 a：

$$a\approx a_0+(L-L')/2=400+(2100-1451.2)/2=374.4\text{ mm}$$

(5) 验算小带轮包角α。

由式(18-1)，有

$$\alpha=180^\circ-\frac{d_{d2}-d_{d1}}{a}\times57.3^\circ=180^\circ-\frac{280-125}{374.4}\times57.3^\circ=156.28^\circ>120^\circ$$

(6) 确定 V 带根数。

① 单根 V 带传递的额定功率 P_o。由表 18-3 知单根 V 带传递的额定功率 P_1=1.91kW。

② 由表 18-5 知单根 V 带传递的额定功率增量ΔP_o=0.17kW。

③ 由表 18-6 知包角系数 K_α=0.935。

④ 由表 18-2 知长度系数 K_L=0.96。

⑤ 计算 V 带根数。由式(18-16)有

$$z=\frac{P_C}{(P_o+\Delta P_o)K_\alpha K_L}=\frac{6.6}{(1.91+0.17)\times0.935\times0.96}=3.55$$

取 z=4。

(7) 计算初拉力 F_0。

由式(18-17)有

$$F_0 = \frac{500P_C}{zv}\left(\frac{2.5}{K_\alpha}-1\right)+qv^2 = \frac{500\times6.6}{4\times9.43}\left(\frac{2.5}{0.935}-1\right)+0.1\times9.43^2 = 155\text{N}$$

由式(18-18)有

$$Q=2zF_0\sin(\alpha_1/2)=2\times14\times155\times\sin(156.28°/2)=1214\text{N}$$

(8) 带轮工作图(略)。

18.4 链 传 动

18.4.1 链传动概述

链传动是两个或多个链轮之间用链作为挠性拉曳元件的一种啮合传动。链传动通常由主、从动链轮和链条组成(图 18-10)。链轮上制有特殊齿形的齿，依靠链轮轮齿与链节的啮合来传递运动和动力。

1. 传动特点

链传动具有准确的平均传动比，结构比较紧凑，作用于轴上的径向压力较小，承载能力较大和传动效率较高，在恶劣的工作条件如高温、潮湿的条件下仍能很好地工作等优点。但链传动存在链节易磨损而使链条伸长，从而使链造成跳齿，甚至脱链，不能保持恒定的瞬时传动比，工作时有噪声，不宜在载荷变化大和急速反向的传动中应用等缺点。

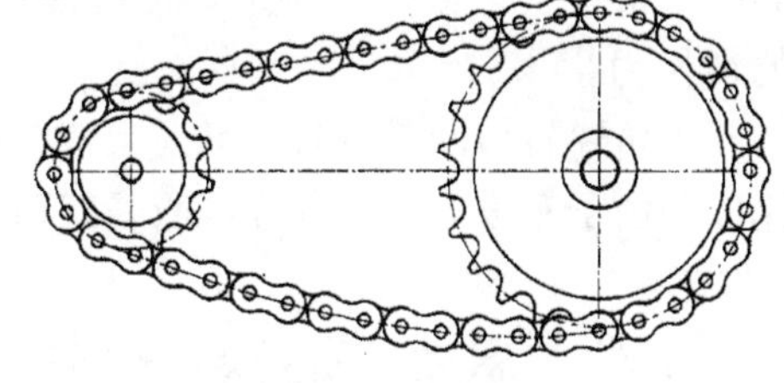

图 18-10 链传动

链传动主要用在要求工作可靠，且两轴相距较远，以及一些不宜采用齿轮传动的场合。链传动传递的功率一般在 100kW 以下，链速一般不超过 15m/s，推荐使用的最大传动比 i_{max}=8。

2. 运动特性

链传动的运动情况与绕在多边形轮子上的带传动相似。设 z_1、z_2 为两链轮的齿数，p 为两链轮的节距(mm)，n_1、n_2 为两链轮的转速(r/min)，则链条线速度(简称链速)为

$$v = \frac{z_1 p n_1}{60\times1000} = \frac{z_2 p n_2}{60\times1000} \quad (\text{m/s}) \tag{18-19}$$

传动比为

$$i = \frac{n_1}{n_2} = \frac{z_2}{z_1} \tag{18-20}$$

以上两式求得的链速和传动比都是平均值。实际上，由于多边形效应，瞬时链速和瞬时传动比都是变化的。如图 18-11 所示，当主动轮以角速度 ω_1 回转时，链轮分度圆的圆周速度为 $d_1\omega_1/2$(图中的铰链 M)。它在沿链节中心线方向的的分速度，即为链条的线速度：

$$v = \frac{d_1\omega_1}{2}\cos\theta$$

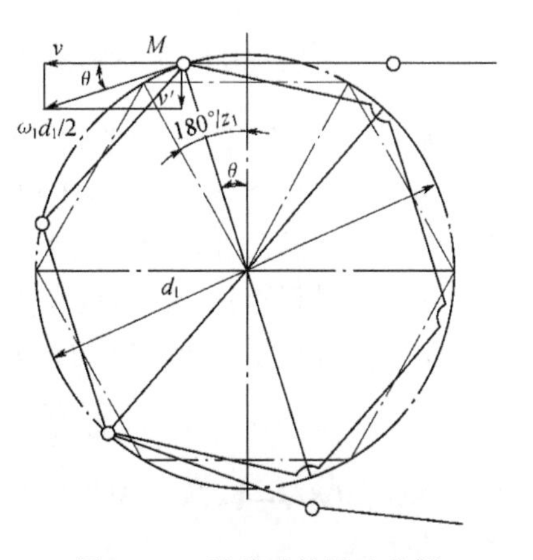

图 18-11 链传动的运动分析

式中：θ 为啮入过程中链节铰链在主动轮上的相位角，θ

的变化范围是[-180°/z，0°]。

当θ=0°时，链速最大，$v_{max}=d_1\omega_1/2$；当θ=180°/z_1时，链速最小，$v_{min}=\frac{d_1\omega_1}{2}\cos\frac{180°}{z_1}$。

即链轮每转过一齿，链速就变化一个周期。当ω_1为常数时，瞬时链速和瞬时传动比都作周期性变化。同理，链条垂直于链节中心线方向的分速度$v'=\frac{d_1\omega_1}{2}\sin\theta$，也作周期性的变化，使链条上下颤动。由于链速是变化的，工作时不可避免地要产生振动和动载荷。

18.4.2 滚子链结构特点

滚子链结构如图18-12所示，它由滚子5、套筒4、销轴3、内链板1和外链板2组成。内链板与套筒之间、外链板与销轴之间分别用过盈配合固联。滚子与套筒之间、套筒与销轴之间均为间隙配合，可相对自由转动。工作时，滚子沿链轮齿廓滚动，这样可减轻齿廓磨损。链板一般制成8字形，使截面的抗拉强度接近相等，同时也减小了链的质量和运动的惯性力。

当传递较大的载荷时，可采用双排链或多排链(图18-13)。多排链的承载能力与排数成正比。但由于精度影响，各排链所受载荷不易均匀，所以排数不宜过多。

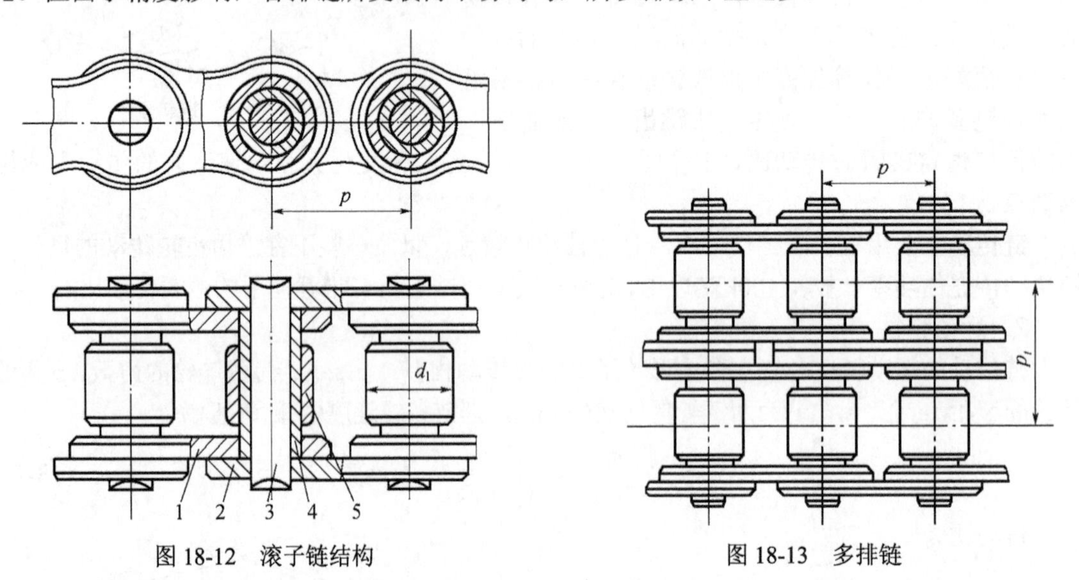

图18-12　滚子链结构　　　　图18-13　多排链

如图18-12所示，滚子链和链轮啮合的基本参数是节距p、滚子外径d_1和内链节内宽b_1(对于多排链还有排距p_t，如图18-13所示)，其中节距p是滚子链的主要参数，节距增大时，链条中的各零件的尺寸也相应增大，可传递的功率也随之增大。

滚子链是标准件，其结构和基本参数已在国标中作了规定(表18-7)，设计时可根据载荷大小及工作条件选用。滚子链的标记为

链号 — 排数 × 整数链节数 标准编号

例如：08A—1×78 GB/T 1243.1—1983，表示A系列、8号链、节距12.7mm、单排、78节的滚子链。

表 18-7 A 系列部分滚子链主要参数(摘自 GB/T 1243.1—1983)

链号	节距 /mm	排距 /mm	滚子外径 /mm	销轴直径 /mm	内链节内宽 /mm	极限拉伸载荷 /kN	单排每米质量 /(kg/m)
08A	12.70	14.38	7.95	3.96	7.85	13.8	0.60
10A	15.875	18.11	10.16	5.08	9.40	14.8	1.00
12A	19.05	22.78	11.91	5.94	12.75	31.1	1.50
16A	25.40	29.29	15.88	7.92	15.75	55.6	2.60
20A	31.75	35.76	19.05	9.53	18.90	86.7	3.80

18.4.3 链轮的结构和材料

链轮是链传动的主要零件，链轮齿形已标准化。链轮设计主要是确定其结构及尺寸、选择材料和热处理方法。

链轮的基本参数是配用链条的节距 p、滚子的外径 d_1、排距 p_t 以及链轮的轮齿数 z。其齿形设计因滚子链与链轮齿的啮合属非共轭啮合，故具有较大的灵活性，国标中只规定了最大和最小齿槽形状及其极限参数(详见 GB/T 1244—1985)。在这两种极限齿槽形状之间的各种各样齿槽形状都可采用。在该标准附录中推荐了一种三圆弧一直线齿形，它由圆弧 aa、ab、cd 和线段 bc 组成，其中 $abcd$ 为齿廓工作段，如图 18-14 所示。

链轮的主要尺寸(图 18-15)如下：

分度圆直径：$d=p/\sin(180/z)$

齿顶圆直径：$d_a=[0.54+\cot(180/z)]$

分度圆弦齿高：$h_a=0.27p$

齿根圆直径：$d_f=d-d_r$

式中：d_r 为链条滚子外径(mm)。其他尺寸可查有关手册。

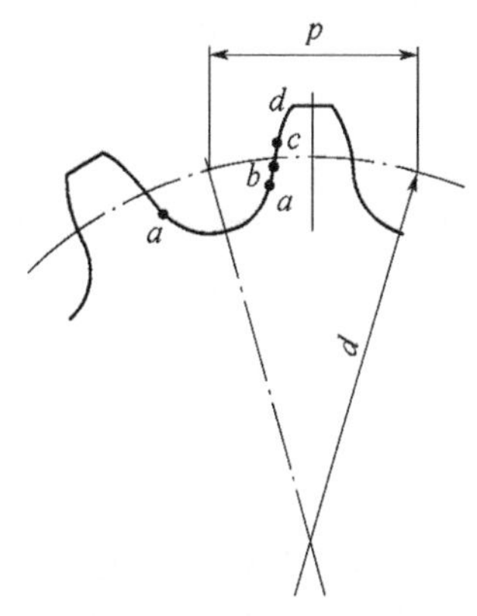

图 18-14 滚子链链轮端面齿形

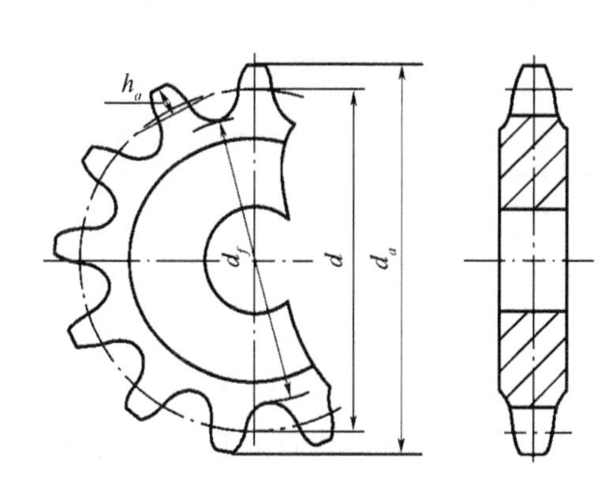

图 18-15 滚子链链轮

链轮的材料应能保证轮齿具有足够的耐磨性和强度，由于小链轮的啮合次数比大链轮轮齿的啮合次数多，所受的冲击较严重，故小链轮应选用较好的材料制造。链轮的常用材料和应用范围见表 18-8。

表 18-8 常用链轮材料及齿面硬度

链轮材料	热处理	齿面硬度	应用范围
15、20	渗碳、淬火、回火	50HRC～60HRC	$z \leqslant 25$ 有冲击载荷的链轮
35	正火	160HBS～200HBS	$z > 25$ 的链轮
45、50、ZG310～570	淬火、回火	40HRC～45HRC	无剧烈冲击的链轮
15Cr、20Cr	渗碳、淬火、回火	50HRC～60HRC	传递大功率的重要链轮($z<25$)
40Cr、35SiMn、35CrMn	淬火、回火	40HRC～50HRC	重要的、使用优质链条的链轮
Q235	焊接后退火	210HBS	中速、中等功率、较大的链轮
不低于 HT150 的灰铸铁	淬火、回火	260HBS～280HBS	$z<50$ 的链轮
酚醛层压布板	—	—	$P<6$kW、速度较高、要求传动平稳和噪声小的链轮

18.4.4 滚子链传动的设计计算

1．滚子链传动的主要失效形式

(1) 正常润滑的链传动，铰链元件由于疲劳强度不足而破坏；

(2) 因铰链销轴磨损使链节节距过度伸长造成脱链现象；

(3) 润滑不好或转速过高时，销轴和套筒的摩擦表面易发生胶合破坏；

(4) 经常启动、反转、制动的链传动，由于过载造成冲击破坏。

2．链传动的设计计算

滚子链传动的设计计算内容有：确定两链轮齿数 z_1 和 z_2，计算链轮的主要几何尺寸，选择链号，确定链节距 p，计算链节数 L_p，计算实际中心距 a，选定润滑方式，计算链条工作拉力 $\boldsymbol{F}$ 及作用轴上的径向压力 $\boldsymbol{F}_Q$。

链传动的设计步骤如下。

(1) 选择链轮齿数 z_1 和 z_2。小链轮齿数 z_1 对链传动平稳性和使用寿命有较大的影响，齿数过少会使链传递的圆周力增大，多边形效应显著，传动的不均匀性和动载荷增加，铰链磨损加剧，所以规定小链轮的最少齿数 $z_{1\min} \geqslant 17$，一般情况下，z_1 可根据链速的大小由表 18-9 中选取。

表 18-9 链速与小链轮齿数 z_1 的关系

链速 v/ (m/s)	0.6～3	3～8	>8	>25
齿数 z_1	≥17	21	≥25	≥35

大链轮的齿数为 $z_2=i_{12}z_1$。考虑到链的使用寿命，z_2 不宜过多，否则磨损后易造成脱链，一般推荐 $z_2<120$。通常链节数取偶数，两链轮齿数最好互质。

链轮齿数太多将缩短链的使用寿命。在链节磨损后，套筒和滚子都被磨薄而且向中心偏移，这时，链与轮齿实际啮合的节距将由 p 增至 $p+\Delta p$，链节将沿着轮齿齿廓向外移，因而分度圆直径将由 d 增至 $d+\Delta d$，如图 18-16 所示。若 Δp 不变，则链轮齿数愈多，分度圆直径的增量 Δd 就愈大，链的使用寿命也就愈短。

(2) 确定计算功率。计算功率 P_C 是根据传递功率 P，并考虑载荷性质和原动机的种类而确定的，即

$$P_C=K_AP(\text{kW}) \tag{18-21}$$

式中：P 为链传递的功率(kW)；K_A 为工作情况系数，见表 18-10。

表 18-10 工作情况系数

载荷种类	原动机	
	电动机	内燃机
平稳载荷	1.0	1.2
中等冲击载荷	1.3	1.4
较大冲击载荷	1.5	1.7

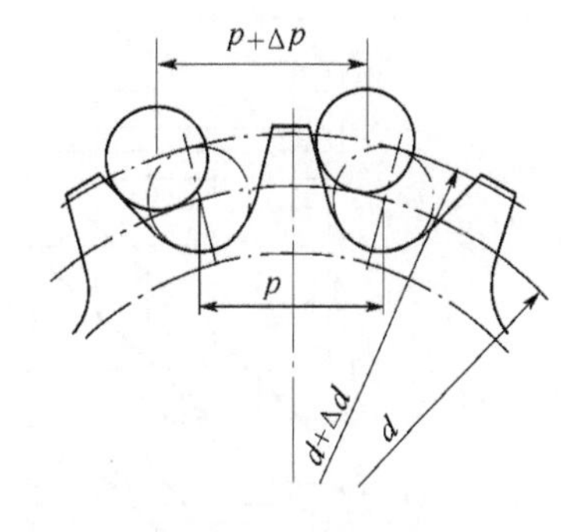

图 18-16 链节伸长对啮合的影响

(3) 选择链型号(确定链节距)。链节距 p 大小可确定链条和链轮各部分的主要尺寸的大小。可根据额定功率 P_0 和小链轮转速 n_1 由图 18-17 以及表 18-7(或机械设计手册)中滚子链规格选取。图 18-17 所示 A 系列滚子链的额定功率曲线是在标准试验条件下(即两链轮共面，轴线水平安装，z_1=19，链长 L_p=100 节，载荷平稳，能连续 15000h 满负荷运转，按推荐方式润滑，链条因磨损引起的相对伸长量不超过 3%)得到的。考虑到链传动的实际工作条件与试验条件不完全一致，因此，必须对 P_0 进行修正，并使 $P_0K_ZK_LK_p \geqslant P_C$，即

$$P_0 \geqslant \frac{P_C}{K_ZK_LK_p} \tag{18-22}$$

式中：P_0 为在特定条件下，单排链所能传递的额定功率(kW)；P_C 为链传动的计算功率(kW)；K_Z 为小链轮的齿数系数，见表 18-11；K_L 为链长系数，见表 18-11；K_p 为多排链系数，见表 18-12。

表 18-11 小链轮的齿数系数

链工作点在图 14-15 中的位置	位于曲线顶点左侧(链板疲劳)	位于曲线顶点右侧
小链轮齿数系数 K_Z	$(z_1/19)^{1.04}$	$(z_1/19)^{1.5}$
链长系数 K_L	$(L_p/100)^{0.25}$	$(L_p/100)^{0.5}$

表 18-12 多排链系数

排数	1	2	3	4	5
K_p	1.0	1.7	2.5	3.3	4.0

根据式(18-19)求出链所能传递额定功率后，便可根据 P_0 和 n_1 从图 18-17 中选取合适的链号，再结合表 18-7 或机械设计手册可查得合适的链节距和排数。

(4) 计算链传动实际中心距和链节数。链条长度用链节数 L_p(节距的倍数)来表示。在计算 L_p 之前，应先根据结构要求初步确定，或按推荐值 a_0=(30 – 50)p($a_{0\max}$=80p)初选链传动中心距 a_0。再由初选的 a_0 和已知节距 p 来计算链节数 L_p。与带传动相似，链节数 L_p 与中心距之间的关系式为

$$L_p=\frac{2a_0}{p}+\frac{z_1+z_2}{2}+\left(\frac{z_1-z_2}{2}\right)^2\frac{p}{a_0} \tag{18-23}$$

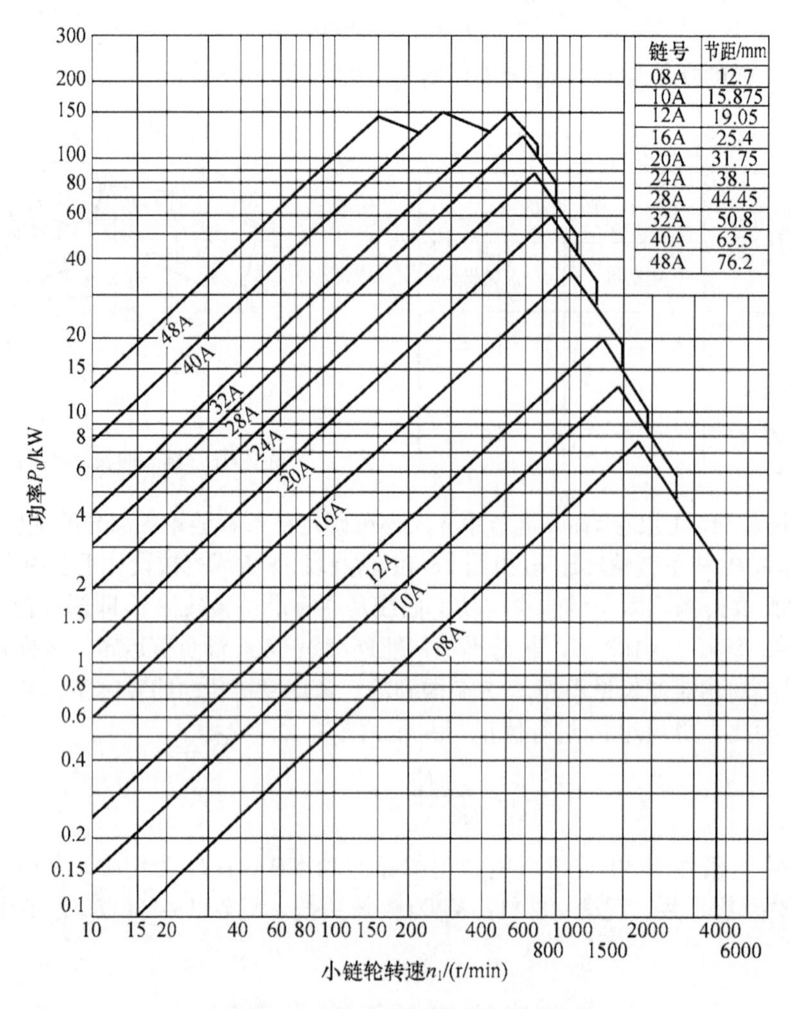

图 18-17 A 系列滚子链的额定功率曲线

计算出的 L_p 应圆整为整数，最好取偶数，这样链不需过渡链节，可方便构成封闭环节。根据圆整后的链节数计算理论中心距为

$$a=\frac{p}{4}\left[\left(L_p-\frac{z_1+z_2}{2}\right)+\sqrt{\left(L_p-\frac{z_1+z_2}{2}\right)-8\left(\frac{z_2-z_1}{2\pi}\right)^2}\right] \tag{18-24}$$

为保证链条松边有一个合适的垂度 f=(0.01~0.02)a，实际中心距 a 应较理论中心距小一些，即

$$a'=a-\Delta a$$

理论中心距 a 的减小量 Δa=(0.002~0.004)a。

(5) 验算链速

$$v=\frac{n_1 z_1 p}{60\times1000}\leqslant 15\text{m/s}$$

(6) 选择润滑方式。链传动的润滑方式可根据已确定的链节距和链速按图 18-18 中所推荐的方式润滑。当实际情况不能保证图 18-18 中的推荐的润滑方式时，链传动的工作能力和使用寿命将会下降，甚至根本不能工作。

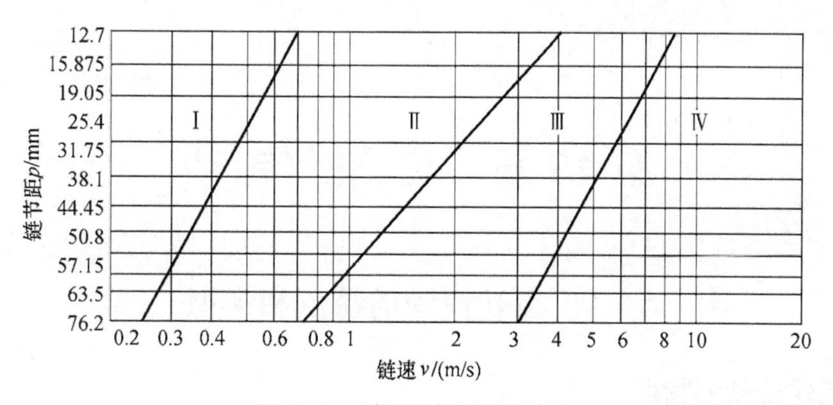

图 18-18　滚子链推荐润滑方式

I—人工定期润滑；II—滴油润滑；III—浸油或飞溅润滑；IV—压力喷油润滑。

(7) 计算链传动作用在轴上的径向压力(简称压轴力)$\boldsymbol{F_Q}$。链传动的压轴力可近似取为

$$F_Q \approx K_Q F \tag{18-25}$$

式中：K_Q为压轴力系数，对于水平传动K_Q=1.15，对于垂直传动K_Q=1.05；F为链传动的工作拉力(N)。

习题与思考题

18-1　带传动中的弹性滑动与打滑有什么区别？对传动有何影响？影响打滑的因素有哪些？如何避免打滑？

18-2　带传动的失效形式有哪些？其计算准则如何？计算的主要内容是什么？

18-3　链传动有哪些主要参数，如何选择？

18-4　设计一由电动机驱动的普通 V 带传动。已知电动机功率 P=7.5kW，转速 n_1=1440r/min，传动比 i_{12}=3，其允许偏差为±5%，双班工作，载荷平稳。

第19章　齿 轮 传 动

19.1　齿轮传动的特点和类型

19.1.1　齿轮传动的特点

齿轮传动用于传递空间任意两轴之间的运动和动力，是机械中应用最广泛的传动形式之一。其主要优点是：传动比准确、效率高、寿命长、工作可靠、结构紧凑、适用的速度和功率范围广等；主要缺点是：要求加工精度和安装精度较高，制造时需要专用工具和设备，因此成本比较高，不宜在两轴中心距很大的场合使用等。

19.1.2　齿轮传动的分类

如图 19-1 所示，齿轮传动的类型很多，如果按照两齿轮轴线的相对位置来分，可将齿轮

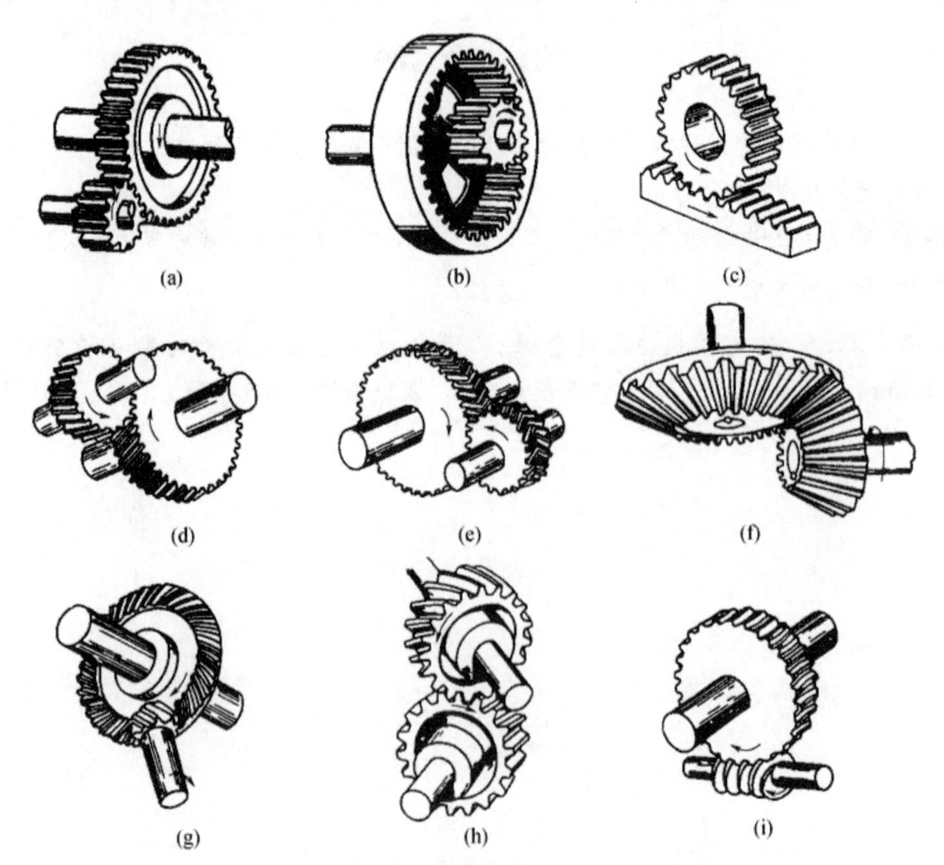

图 19-1　齿轮传动的类型

(a) 外啮合直齿轮传动；(b) 内啮合直齿轮传动；(c) 直齿轮齿条传动；(d) 外啮合斜齿轮传动；(e) 人字形齿轮传动；(f) 直齿锥齿传动；(g) 曲齿锥齿传动；(h) 交错轴斜齿轮传动；(i) 交错轴蜗杆传动。

传动分为平行轴齿轮传动(图 19-1(a)～图 19-1(e))、相交轴齿轮传动(图 19-1(f)和图 19-1(g))和交错轴齿轮传动(图 19-1(h)和图 19-1(i))三大类。

此外按工作条件可分为闭式齿轮传动和开式齿轮传动。按齿面硬度可分为软齿面齿轮传动(齿面硬度≤350HBS)和硬齿面齿轮传动(齿面硬度＞350HBS)。

19.2　齿廓实现定角速比的条件

齿轮传动的运动是依靠主动轮的轮齿齿廓依次推动从动轮的轮齿齿廓来实现的。所以当主动轮按一定的角速度转动时，从动轮转动的角速度将与两轮齿廓的形状有关。在一对齿轮传动中，其角速度之比称为传动比，即 $i=\omega_1/\omega_2$。

图 19-2 所示为一对互相啮合的轮齿，设主动轮 1 以角速度 ω_1 绕轴 O_1 顺时针方向转动，从动轮 2 受轮 1 的推动以角速度 ω_2 绕轴 O_2 按逆时针方向转动。两轮的齿廓在 K 点接触，它们在 K 点的线速度分别为

$$v_{K1}=\omega_1 \cdot O_1K$$

$$v_{K2}=\omega_2 \cdot O_2K$$

过 K 点做两齿廓公法线 N_1—N_2 于两齿轮转动中心的连心线交于 C 点，C 点为两齿轮相对瞬心，则

$$v_{C1}=\omega_1 \cdot O_1C=v_{C2}=\omega_2 \cdot O_2C$$

$$i=\omega_1/\omega_2 =O_2C/O_1C \tag{19-1}$$

其中：C 点为过啮合点 K 所作的齿廓的公法线 N_1N_2 与两齿轮转动中心的连心线 O_1O_2 的交点。式(19-1)表明两齿轮的角速度 ω_1、ω_2 与 C 点所分割的两线段长度 O_1C、O_2C 成反比关系。

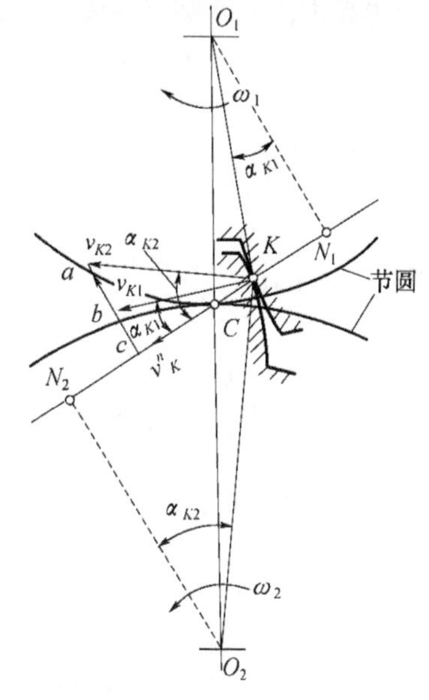

图 19-2　齿廓实现定角速比的条件

由此可见，欲使两齿轮的角速度比恒定不变，则应使 O_2C/O_1C 恒为常数。但是因两齿轮的轴心 O_1 及 O_2 为定点，其距离 O_1O_2 为定长，所以要满足上述要求，必须使 C 点成为连心线 O_1O_2 上的一个固定点，此固定点 C 称为节点，以 CO_1、CO_2 为半径分别作的圆称为节圆。所以，使齿廓实现定角速比的条件是：两齿轮齿廓不论在哪点位置接触，过接触点所作齿廓的公法线必须通过连心线上一个固定点(节点)。这就是齿轮实现定角速比传动的齿廓啮合基本定律。

凡能满足啮合基本定律的一对齿廓称为共轭齿廓。共轭齿廓曲线很多，常用的有渐开线齿廓、摆线齿廓等，其中渐开线齿廓应用最广泛。

19.3　渐开线齿廓

19.3.1　渐开线的形成及性质

如图 19-3 所示，当一条动直线 BK 沿半径为 r_b 的圆作纯滚动时，其动直线上任意一点 K 的轨迹 AK 称为该圆的渐开线。该圆称为渐开线的基圆；而动直线称为渐开线的发生线。

由渐开线的形成特点可知渐开线具有下列性质。

(1) 发生线沿基圆滚过的线段长度等于基圆上被滚过的相应圆弧长度，即

$$\overline{BK}=\widehat{AB}$$

(2) 发生线上 K 点的瞬时速度方向，就是渐开线上 K 点切线 $t—t$ 的方向，而发生线又恒切于基圆，所以发生线 $\overline{BK}$ 既是渐开线任一 K 点的法线，又是基圆的切线。

(3) 发生线与基圆的切点 B 是渐开线上 K 点的曲率中心，而线段是渐开线在 K 点的曲率半径。

(4) 渐开线上任一点的法线与该点速度 v_K 方向之间所夹的锐角 α_K，称为该点压力角。由图可知，压力角 α_k 等于 $\angle KOB$，于是

$$\cos\alpha_K=OB/OK=r_b/r_K \tag{19-2}$$

式(19-2)表明，随着向径 r_K 的改变，渐开线上不同点的压力角不等，愈接近基圆部分压力角愈小，在基圆上的压力角等于零。

(5) 渐开线的形状取决于基圆的大小，如图 19-4 所示。基圆半径越大，其渐开线的曲率半径也越大；当基圆半径为无穷大时，其渐开线就变成一条近似直线。

(6) 基圆内无渐开线。

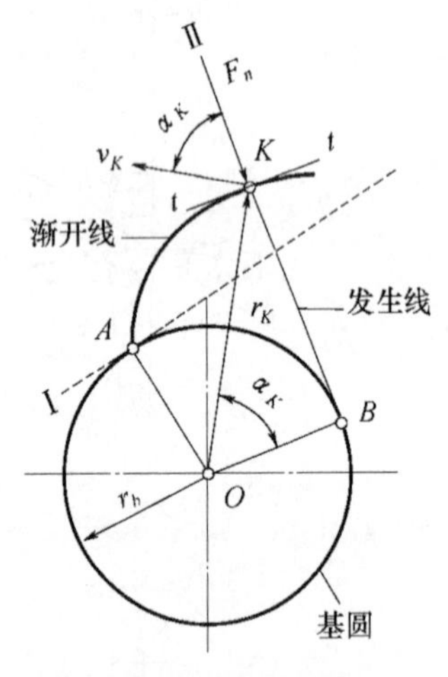

图 19-3　渐开线的形成

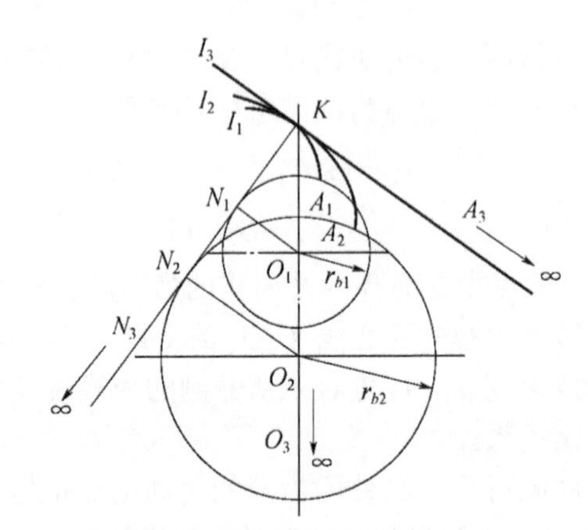

图 19-4　渐开线的基圆与齿廓

19.3.2　渐开线齿廓满足定角速比要求

由前所述，欲使齿轮传动保持瞬时传动比恒定不变，要求两齿廓在任何位置接触时，在接触点处齿廓公法线与连心线必须交于一固定点。

如图 19-5 所示，渐开线齿廓 G_1 和 G_2 在任意位置 K 点接触时，过 K 点作两齿廓的公法线 $n—n$，由渐开线性质可知其公法线总是两基圆的内公切线。而两轮基圆的大小和安装位置均固定不变，同一方向的内公切线只有一条，所以两齿廓 G_1 和 G_2 在任意点(如点 K 及 K')接触啮合的公法线均重合为同一条内公切线 $n—n$，因此公法线与连心线的交点 C 是固定的，这说明两渐开线齿廓啮合能保证两轮瞬传动比为一常数，即

$$i=\omega_1/\omega_2=O_2C/O_1C=\text{常数}$$

19.3.3　渐开线齿廓传动的特点

1. 渐开线齿轮具有可分性

如前所述，因$\triangle O_1CN_1\backsim\triangle O_2CN_2$，故一对齿轮的传动比可写为

$$i=\omega_1/\omega_2=O_2C/O_1C=r'_2/r'_1=r_{b2}/r_{b1}$$

式中：r'_1、r'_2分别为两轮节圆半径；r_{b2}、r_{b1}分别为两轮的基圆半径。由上式可以看出，渐开线齿轮的传动比不仅等于两轮节圆半径的反比，同时也等于两轮基圆半径的反比。由此可见，一对相互啮合的渐开线齿轮即使两轮的中心距由于制造和安装误差或者轴承的磨损等原因而导致中心距发生微小的改变，但因其基圆大小不变，所以传动比仍保持不变。这一特性称为渐开线齿轮传动的可分性。

可分性是渐开线齿轮传动的一个重要优点，在生产实践中，不仅为齿轮的制造和装配带来方便，而且利用渐开线齿轮的可分性可以设计变位齿轮传动。

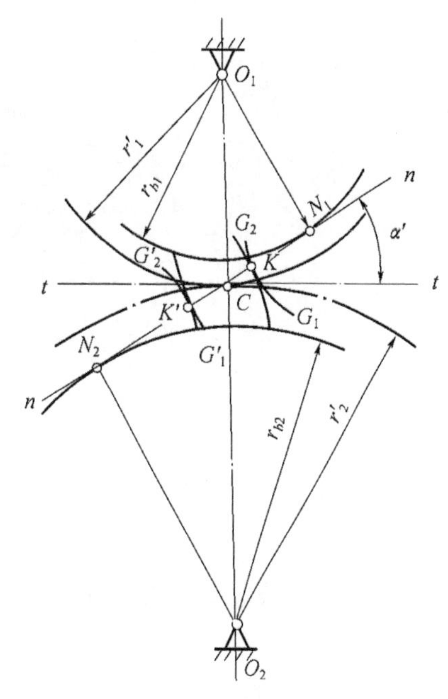

图 19-5 渐开线齿廓传动的特点

2. 啮合线与啮合角

渐开线齿廓在任何位置啮合时，接触点的公法线都是同一条直线$\overline{N_1N_2}$，所以一对渐开线齿廓从开始啮合到脱离接触，所有啮合点都在$\overline{N_1N_2}$线上，故称$\overline{N_1N_2}$线为渐开线齿轮传动的啮合线。啮合线$\overline{N_1N_2}$与两轮节圆公切线 t—t 之间所夹锐角称啮合角，以α'表示。由图 19-5 可见，渐开线齿轮传动的啮合角为常数，恒等于节圆上的压力角α'。

3. 齿廓间正压力

如上所述，齿轮在啮合过程中，其接触点的公法线是一条不变的直线，啮合角为常数，当不考虑摩擦时，法线方向就是受力方向，所以，渐开线齿轮在传动过程中，齿廓间正压力的方向始终不变。若齿轮传递的力矩恒定，则轮齿间的压力大小和方向均不变，这对齿轮传动的平稳性是十分有利的。

19.4 齿轮各部分名称及渐开线标准齿轮的基本尺寸

19.4.1 直齿圆柱齿轮各部分的名称和基本参数

1. 齿宽、齿厚、齿槽宽和齿距

图 19-6 为一标准直齿圆柱齿轮。齿轮的轴向尺寸称为齿宽，用 b 表示；在齿轮的任意圆周上，一个轮齿两侧齿廓间的弧长称为该圆上的齿厚，用 s_K 表示；一个齿槽两侧齿廓间的弧长称为该圆上的齿槽宽，用 e_K 表示；相邻两齿同侧齿廓间的弧长称为该圆上的齿距，用 p_K 表示。则

$$p_K=s_K+e_K \tag{19-3}$$

2. 分度圆、模数和压力角

为了便于齿轮的设计制造、检验和互换使用，在齿根圆和齿顶圆之间选择一个圆作为计算的基准圆，该圆上 p/π 为标准值(整数或有理数)，且压力角也为标准值，这个圆称为分度圆，其直径、半径、齿厚、齿槽宽和齿距分别用 d、r、s、e、p 来表示，且

$$p=s+e$$

若齿轮的齿数用 z 表示，则在分度圆上，$d\pi=zp$，于是得分度圆直径为

$$d=zp/\pi$$

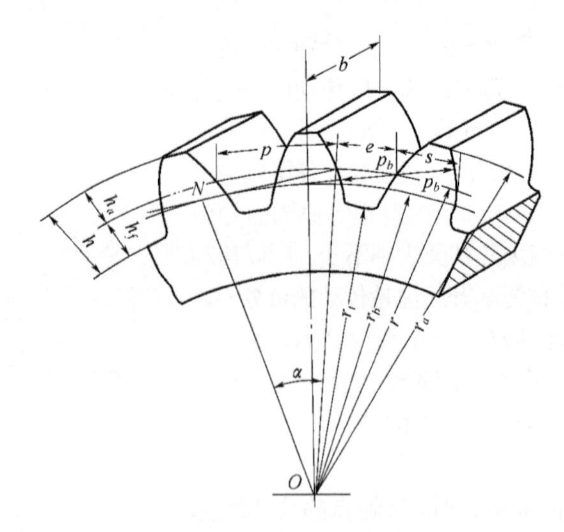

图 19-6 齿轮各部分的名称

工程上将分度圆直径中的比值 p/π 规定为一些简单的数值，并使之标准化。这个比值称为模数，用 m 表示，即

$$m=p/\pi \tag{19-4}$$

模数 m 的单位为 mm，标准模数系列见表 19-1。于是分度圆直径为

$$d=zm \tag{19-5}$$

表 19-1 标准模数系列表(摘自 GB/T 1357—1987) (mm)

第一系列	… 1.5 2 2.5 3 4 5 6 8 10 12 16 20 25 32 40 50
第二系列	… 1.75 2.25 2.75 (3.25) 3.5(3.75) 4.5 5.5 (6.5) 7 9 (11) 14 18 22 28 36 45
注：选用模数时应优先选用第一系列，其次是第二系列，括号内的模数尽可能不用	

模数是决定齿轮尺寸的一个基本参数，齿数相同的齿轮，模数大则齿轮尺寸也大。齿轮齿廓在不同圆周上的压力角各不相同，分度圆上的压力角用 α 表示。国家标准中规定分度圆上的压力角为标准值 $\alpha=20°$。通常所说的齿轮的压力角是指其分度圆上的压力角。

3. 齿顶圆、齿根圆、齿顶高、齿根高和全齿高

过齿轮的齿顶所作的圆称为齿顶圆，其直径和半径分别用 d_a 和 r_a 表示；过齿轮各齿槽底部所作的圆称为齿根圆，其直径和半径分别用 d_f 和 r_f 表示。

齿轮的齿顶圆与分度圆之间的径向距离称为齿顶高，用 h_a 表示；分度圆与齿根圆之间的径向距离称为齿根高，用 h_f 表示；齿顶圆与齿根圆之间的径向距离称为全齿高，用 h 表示。以上各部分尺寸的计算公式如下:

$$h_a=h^*_a m \tag{19-6}$$

$$h_f=(h^*_a+c^*)m \tag{19-7}$$

$$h=h_a+h_f=(2h^*_a+c^*)m \tag{19-8}$$

$$d_a=d+2h_a=(z+2h^*_a)m \tag{19-9}$$

$$d_f=d-2h_f=(z-2h^*_a-2c^*)m \tag{19-10}$$

式中：h^*_a 称为齿顶高系数；c^* 称为顶隙系数。以此来计算和留出齿顶与齿根的啮合间隙，一方面防止发生干涉，另一方面有利于齿间储油。这两个系数也已经标准化了，对正常齿制，其数值为：$h^*_a=1$，$c^*=0.25$；对短齿制，其数值为 $h^*_a=0.8$，$c^*=0.3$。

4．基圆、基圆齿距和法向齿距

基圆是形成渐开线齿廓的圆，基圆直径和半径分别用 d_b 和 r_b 表示。基圆与分度圆的关系为

$$d_b=d\cos\alpha=zm\cos\alpha \tag{19-11}$$

基圆上相邻两齿同侧齿廓之间的弧长称为基圆齿距，用 p_b 表示，则

$$p_b=\pi d_b/z=\pi m\cos\alpha \tag{19-12}$$

齿轮相邻两齿同侧齿廓间沿公法线方向所量得的距离称为齿轮的法向齿距，根据渐开线特性可知，法向齿距与基圆齿距相等，所以均用 p_b 表示。

19.4.2 渐开线标准直齿圆柱齿轮的几何尺寸计算

图 19-7 中齿轮 1 和齿轮 2 为一对 m、α、h^*_a、c^*均为标准值，而且分度圆齿厚、齿槽宽相等的渐开线标准直齿圆柱齿轮。即

$$s_1=e_1=p_1/2=\pi m/2=p_2/2=s_2=e_2 \tag{19-13}$$

因此安装时可使两轮的分度圆相切作纯滚动，此时分度圆与节圆相重合，即

$$r_1=r'_1\ ,\ r_2=r'_2$$

使两标准齿轮的节圆与分度圆相重合的安装称为标准安装。这时的中心距称为标准中心距，其值为

$$a=r'_1\pm r'_2=r_1\pm r_2=m/2(z_1\pm z_2) \tag{19-14}$$

式中：“+”用于外啮合圆柱齿轮传动；“−”用于内啮合圆柱齿轮传动。

为了便于设计计算，现将渐开线标准直齿圆柱齿轮的几何尺寸计算公式列于表 19-2，其中 z、m、α、h^*_a、c^*是五个基本参数。只要确定了这五个参数，渐开线标准直齿圆柱齿轮的全部几何尺寸及齿廓曲线的形状也就完全确定了。

表 19-2 渐开线标准直齿圆柱齿轮的几何尺寸计算公式 (mm)

名 称	符号	计 算 公 式
模　　数	m	见表 6-1
齿 顶 高	h_a	$h_a=h^*_a m=m$　($h^*_a=1$)
齿 根 高	h_f	$h_f=(h^*_a+c^*)m=1.25m$ ($c^*=0.25$)
全 齿 高	h	$h=h_a+h_f=(2h^*_a+c^*)m=2.25m$
分度圆直径	d	$d=zm$
齿顶圆直径	d_a	$d_a=d+2h_a=d+2m$
齿根圆直径	d_f	$d_f=d-2h_f=d-2.5m$
基 圆 直 径	d_b	$d_b=d\cos\alpha$
齿　　距	p	$p=\pi m$
齿　　厚	s	$s=p/2=\pi m/2$
齿 槽 宽	e	$e=p/2=\pi m/2$
中 心 距	a	$a=m(Z_1\pm Z_2)/2$

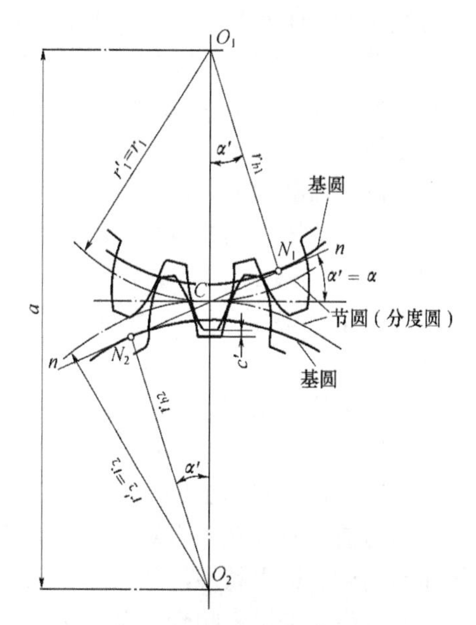

图 19-7　直齿圆柱齿轮的几何尺寸

19.5 渐开线直齿圆柱齿轮的啮合传动

一对渐开线齿廓在传动中虽能保证瞬时传动比不变，但是齿轮传动是由若干对齿轮依次啮合来实现的。所以，还必须讨论一对齿轮啮合时，能使各对轮齿依次、连续啮合传动的充分、必要条件。

19.5.1 渐开线直齿圆柱齿轮的正确啮合条件

在设计齿轮时，应保证：当前对轮齿啮合以后，后续的各对齿轮也能依次啮合，而不是相互顶住或分离。如前所述，一对渐开线齿轮在传动时，它们的齿廓啮合点都应在啮合线 N_1N_2 上。因此如图 19-8 所示，要使处于啮合线上的各对轮齿都能正确地进入啮合状态，显然必须保证齿轮 1、2 处在啮合线上的相邻两轮齿同侧齿廓之间的法向距离相等。即 $K_1K'_1=K_2K'_2$，由渐开线特性可知：齿廓之间的法向距离应等于基圆齿距 p_b，即

$K_1K'_1= p_{b_1} =\pi m_1\cos\alpha_1$，$K_2K'_2= p_{b_2} =\pi m_2\cos\alpha_2$，则应使 $p_{b1}= p_{b2}$，于是有

$$m_1\cos\alpha_1=m_2\cos\alpha_2 \tag{19-15}$$

式中：m_1、m_2 为两齿轮的模数；α_1、α_2 为两齿轮的压力角。

由于分度圆、模数和压力角均已标准化，所以要满足式(19-15)，则应使

$$m_1= m_2=m$$

$$\alpha_1=\alpha_2=\alpha \tag{19-16}$$

上式表明：渐开线直齿齿轮的正确啮合条件是两轮的模数和压力角必须分别相等。

19.5.2 渐开线直齿圆柱齿轮连续传动的条件

图 19-9 中齿轮 1 为主动轮，齿轮 2 为从动轮，它们的转动方向如图所示。一对齿廓开始啮合时，应是主动轮的齿根部与从动轮的齿顶接触，所以起始啮合点是从动轮的齿顶圆与啮合线 N_1N_2 的交点 A。当两轮继续转动时，啮合点位置沿啮合线 N_1N_2 向下移动，轮 2 齿廓上的接触点由齿顶向齿根移动，而轮 1 齿廓上的接触点则由齿根向齿顶移动。终止啮合点是主动轮的齿顶圆与啮合线 N_1N_2 的交点 E。线段 AE 为啮合点的实际轨迹，故称为实际啮合线段。

当两轮齿顶圆加大时，点 A 和 E 趋近于点 N_1 和 N_2，但由于基圆内无渐开线，故线段 N_1N_2 为理论上可能的最大啮合线段，称为理论啮合线段。

如前所述，满足正确啮合条件的一对齿轮有可能在啮合线上两点同时啮合。但这只是实现连续传动的必要条件，而不是充分条件。为了保证连续传动，还必须研究齿轮传动的重合度。

一对齿廓从开始啮合到终止啮合，分度圆上任一点所经过的弧线距离称为啮合弧，图 19-9 中圆弧 FG 就是啮合弧。如图所示，如果啮合弧 FG 大于齿距 P，当前一对齿正要在终止啮合点 E 分离时，后一对齿已经在啮合线上 K 点啮合，故能保证连续正确传动。如果啮合弧等于齿距，则当前一对齿在啮合线上正要分离时，后一对齿在啮合线上正要进入啮合，处于传动连续和不连续的边界状态。如果啮合弧小于齿距，则当前一对齿在啮合线上的 E 点终止啮合时，后一对齿还未进入啮合，若轮 1 继续回转，则轮 1 前一个齿的齿顶尖角将沿轮 2 渐开线齿廓滑过，这时接触点已不在啮合线上，所以，不能保证定角速比。

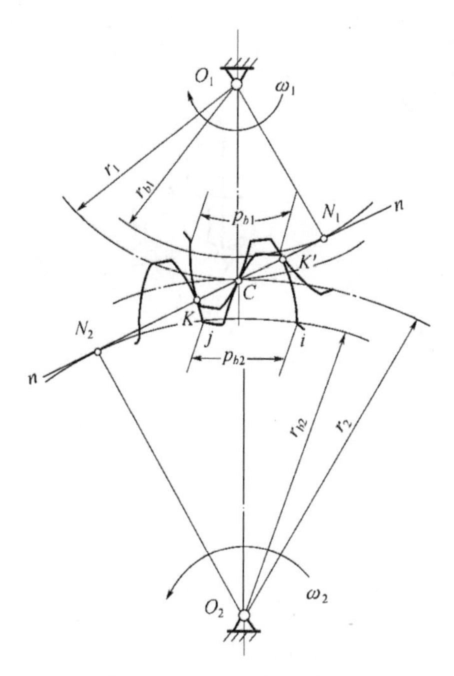

图 19-8　正确啮合条件

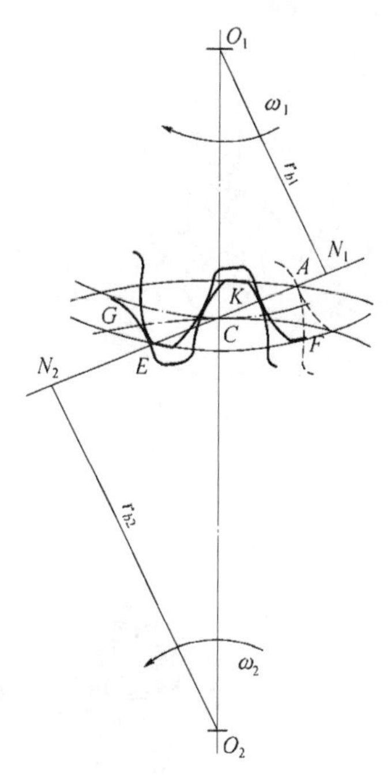

图 19-9　齿轮连续传动的条件

由此可知，当考虑制造误差影响时，为了保证渐开线齿轮连续以定角速比传动，啮合弧必须大于齿距。啮合弧与齿距之比称为重合度，用 ε 表示。齿轮连续传动的条件为

$$\varepsilon=\text{啮合弧}/\text{齿距}=\widehat{FG}/p>1$$

重合度越大，表示同时啮合的轮齿对数越多。

19.6　渐开线齿轮的切齿原理及根切与变位

19.6.1　齿轮加工的基本原理

渐开线齿轮的切齿方法很多，但按其原理可分为成形法和范成法两类。

1．成形法

成形法是用渐开线齿形的成形铣刀直接切出齿形。常用的刀具有盘形铣刀(图 19-10(a)、(b))和指状铣刀(图 19-10(c))两种。加工时，铣刀绕本身轴线旋转，同时轮坯沿齿轮轴线方向直线移动。铣出齿槽以后，将轮坯转过 $2\pi/z$ 再铣第二个齿槽。其余依此类推。

这种切齿方法简单，不需要专用机床，但生产率低，精度差，故仅适用于单件生产及精度要求不高的齿轮加工。

2．范成法

范成法是利用一对齿轮(或齿轮与齿条)互相啮合时其共轭齿廓互为包络线的原理来切齿的。如果把其中一个齿轮(或齿条)做成刀具，就可以切出与它共轭的渐开线齿廓。用范成法切齿的常用刀具如下。

(1) 齿轮插刀。齿轮插刀的形状如图 19-11(a)所示，刀具顶部比正常齿高出 c^*m，以便切出顶隙部分。插齿时，插刀沿轮坯轴线方向作往复切削运动，同时强迫插刀与轮坯模仿一对齿轮传动那样以一定的角速比转动(图 19-11(b))，直至全部齿槽切削完毕。因插齿刀的齿廓是

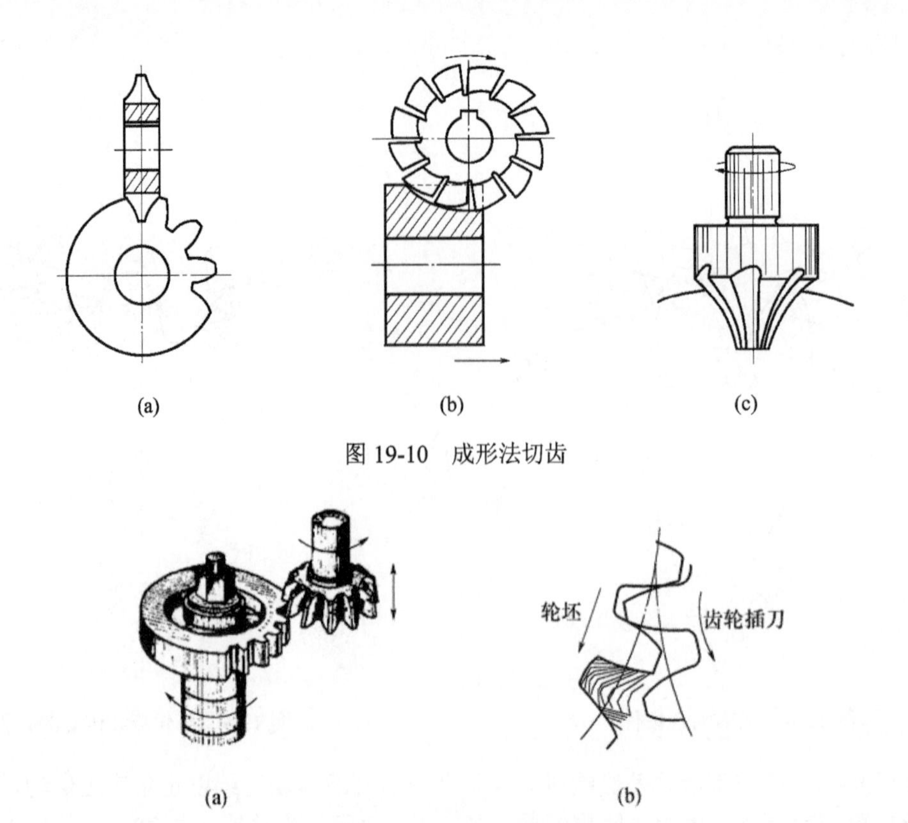

图 19-10　成形法切齿

图 19-11　齿轮插刀切齿

渐开线，所以插制的齿轮齿廓也是渐开线。根据正确啮合条件，被切齿轮的模数和压力角必定与插刀的模数和压力角相等，故用同一把插刀切出的同类齿轮都能正确啮合。

(2) 齿条插刀。用齿条插刀切齿是模仿齿轮与齿条的啮合过程，把刀具做成齿条状，如图 19-12 所示。图 19-13 表示齿条插刀齿廓在水平面上的投影，其顶部比传动用的齿条高出 c^*m(圆角部分)，以便切出传动时的顶隙部分。

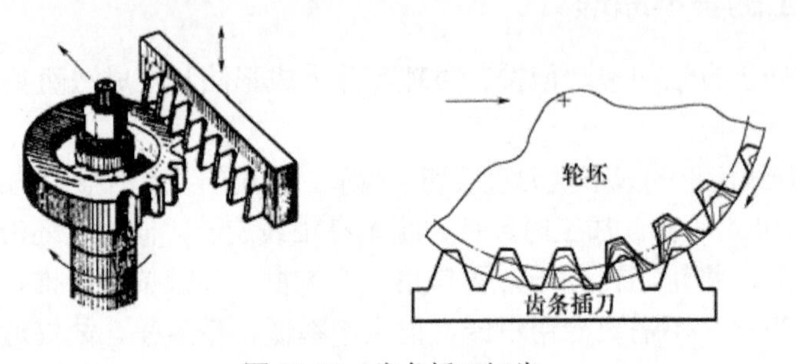

图 19-12　齿条插刀切齿

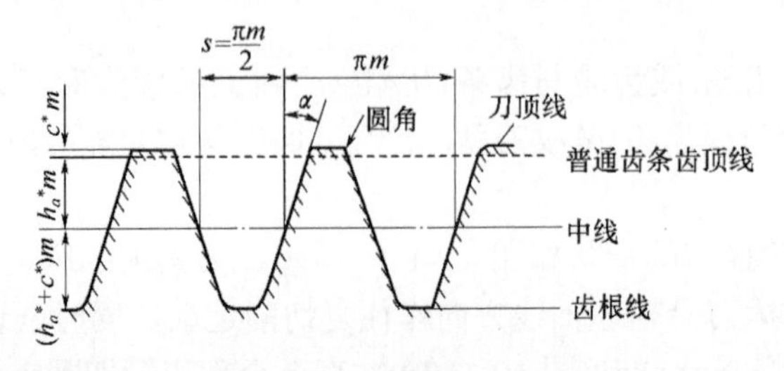

图 19-13　齿条插刀的齿廓

齿条的齿廓为一直线，由图可见，不论在中线(齿厚与齿槽宽相等的直线)上，还是在与中线平行的其他任一直线上，它们都具有相同的齿距 $p(\pi m)$、模数 m 和相同的压力角 $\alpha(20^{\circ})$。对于齿条刀具，α 也称为齿形角或刀具角。

在切削标准齿轮时，应使轮坯径向进给至刀具中线与轮坯分度圆相切，并保持纯滚动。这样切成的齿轮，分度圆齿厚与分度圆齿槽宽相等，即

$$s=e=\pi m/2$$

且模数和压力角与刀具的模数和压力角分别相等。

(3) 齿轮滚刀。以上两种刀具都只能间断地切削，生产率较低。目前广泛采用的齿轮滚刀，能连续切削，生产率较高。图 19-14 表示滚刀及其加工齿轮的情况。滚刀形状很像螺旋，在其上均匀地开有若干条纵向槽，以便制出切削刃，而且其轴向剖面内的齿形与齿条插刀齿形相同。滚齿时，它的齿廓在水平工作台面上的投影为一齿条。滚刀转动时，该投影齿条就沿其中线方向移动。滚刀除旋转外，还沿轮坯的轴向逐渐移动，以便切出整个齿宽。滚切直齿轮时，为了使刀齿螺旋线方向与被切齿轮方向一致，在安装滚刀时需使其轴线与轮坯端面成一滚刀升角 λ。

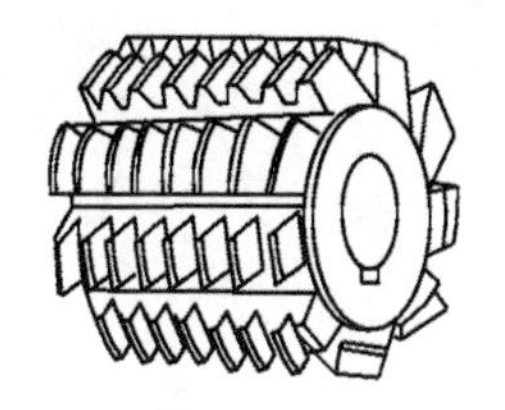

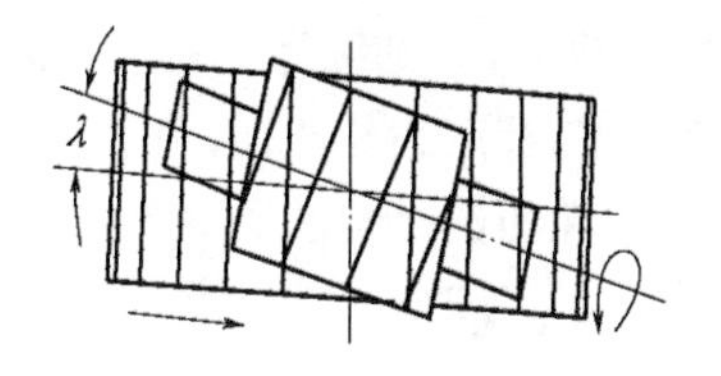

图 19-14 滚刀切齿

19.6.2 轮齿的根切现象

如图 19-15 所示，用齿条型刀具(或齿轮型刀具)加工齿轮时，若被加工齿轮的齿数过少，刀具的齿顶线就会超过轮坯的啮合极限点 N_1，这时将会出现刀刃把轮齿根部的渐开线齿廓切去一部分的现象，这种现象称为轮齿的根切。过分的根切使得轮齿根部被削弱，轮齿的抗弯能力降低，重合度减小，故应当避免出现严重的根切。

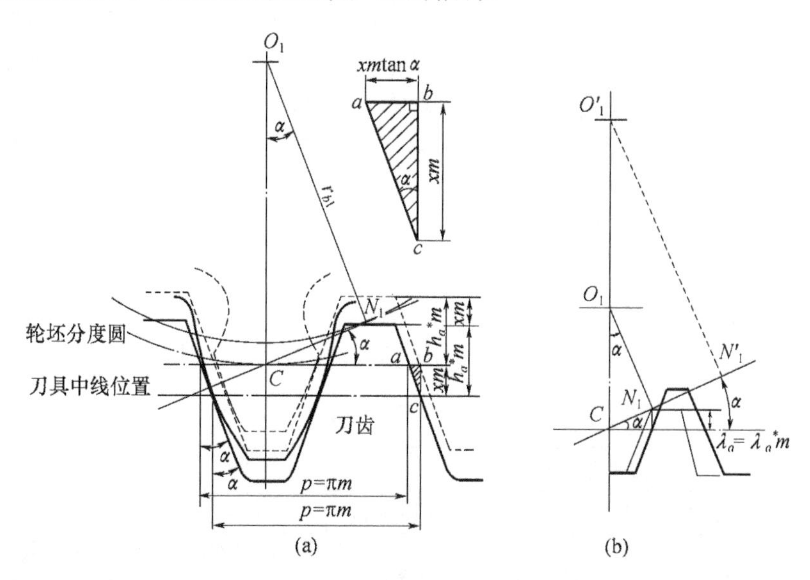

图 19-15 轮齿的根切现象

用齿条型刀具加工渐开线标准齿轮时，当 $h^*_a=1$，$\alpha=20°$，可以证明轮齿不发生根切的最少齿数 $z_{min}=17$。在工程实际中，有时为了结构紧凑，允许轻微的根切，可取 $z_{min}=14$。

19.6.3 变位齿轮的概念

如图 19-16(a)所示，在用齿条型刀具加工齿轮时，若刀具的分度线(又称中线)与轮坯的分度圆相切时加工出来的齿轮称为标准齿轮。若在加工齿轮时，将刀具相对于轮坯中心向外移出或向内移近一段距离(图 19-16(b)、(c))，则刀具的中线将不再与轮坯的分度圆相切。刀具移动的距离 xm 称为变位量，其中 m 为模数，x 为变位系数。这种用改变刀具与轮坯相对位置的方法来加工的齿轮称为变位齿轮。从图 19-16(d)中可以看出，变位齿轮与标准齿轮相比，具有相同的模数、齿数和压力角，并且分度圆及基圆尺寸仍相同。

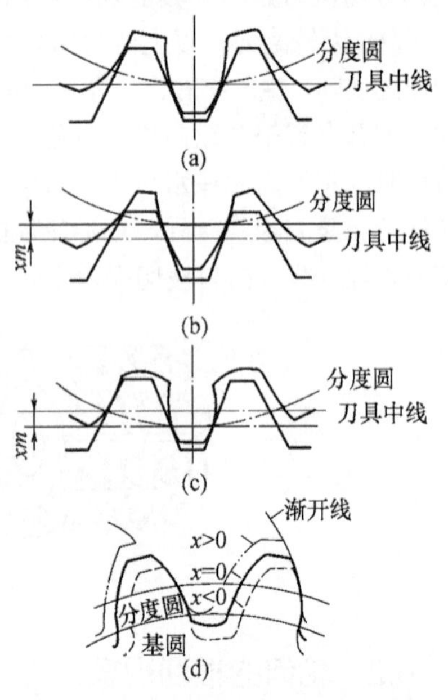

图 19-16 变位齿轮与标准齿轮的比较

1．正变位齿轮

在加工齿轮时，若刀具相对轮坯中心向外移出(图 19-16(b)、(d))，变位系数 $x>0$，则称为正变位，加工出来的齿轮称为正变位齿轮。与标准齿轮相比，正变位齿轮的齿根厚度及齿顶高增大，轮齿的抗弯能力提高，但其齿顶厚度减小，因此，变位量不宜过大，以免造成齿顶变尖。

2．负变位齿轮

在加工齿轮时，若刀具是向轮坯中心移近(图 19-16(c))，变位系数 $x<0$，则称为负变位，加工出来的齿轮称为负变位齿轮。与标准齿轮相比，负变位齿轮的齿根厚度及齿顶高减小，轮齿的抗弯能力降低。因此，通常只有在特殊需要的场合才采用负变位齿轮，如配凑中心距等。

3．变位齿轮的优点

(1) 可以加工出齿数 $z<z_{min}$ 而不发生根切的齿轮。

(2) 在齿轮传动中，小齿轮的齿根厚度比大齿轮的齿根厚度小，因此，小齿轮轮齿的抗弯能力较弱，同时，小齿轮的啮合频率又比大齿轮高，对其强度不利。这时，可以通过正变位来提高小齿轮的抗弯能力，从而提高一对齿轮传动的总体强度。

(3) 当实际中心距 a' 不等于标准中心距 a 或不能满足所要求的中心距时，可以采用变位齿轮，选择适当的变位量，来满足中心距的要求。

19.6.4 齿轮传动的精度简介

国家标准 GB 10095—1988 和 GB 11365—1989 对渐开线圆柱齿轮和锥齿轮精度标准规定了 12 个精度等级，其中 1 级精度最高，常用的是 6～9 级精度，见表 19-3。

表 19-3 齿轮传动精度等级的选择及应用

精度等级	圆周速率 v/(m/s)			应　用
	直齿圆柱齿轮	斜齿圆柱齿轮	直齿圆锥齿轮	
6 级	≤15	≤25	≤9	高速重载的齿轮传动，如飞机，汽车和机床制造中的重要齿轮；分度机构的齿轮传动

(续)

精度等级	圆周速率 v/(m/s)			应　用
	直齿圆柱齿轮	斜齿圆柱齿轮	直齿圆锥齿轮	
7 级	≤10	≤17	≤6	高速中载或中速重载的齿轮传动，如标准系列变速箱的齿轮、汽车和机床制造中的齿轮
8 级	≤5	≤10	≤3	机械制造中对精度无特殊要求的齿轮
9 级	≤3	≤3.5	≤2.5	低速及对精度要求低的传动

齿轮精度等级可根据齿轮的不同类型、传动的用途、圆周速度等从表 19-3 中选取。

19.7　齿轮的失效形式和齿轮材料

19.7.1　齿轮的失效形式

齿轮的失效主要是指轮齿的失效，常见的失效形式有轮齿折断、齿面点蚀、齿面胶合、齿面磨损和齿面塑性变形。

1. 轮齿折断

轮齿折断一般发生在齿根部分，因为轮齿受力时，齿根弯曲应力最大，而且有应力集中。轮齿根部受到脉动循环(单侧工作时)或对称循环(双侧工作时)的弯曲变应力作用而产生疲劳裂纹，随着应力循环次数的增加，疲劳裂纹逐步扩展，最后导致轮齿的疲劳折断。偶然的严重过载或大的冲击载荷，也会引起轮齿的突然脆性折断(图 19-17(a))。轮齿折断是齿轮传动中最严重的失效形式，必须避免。

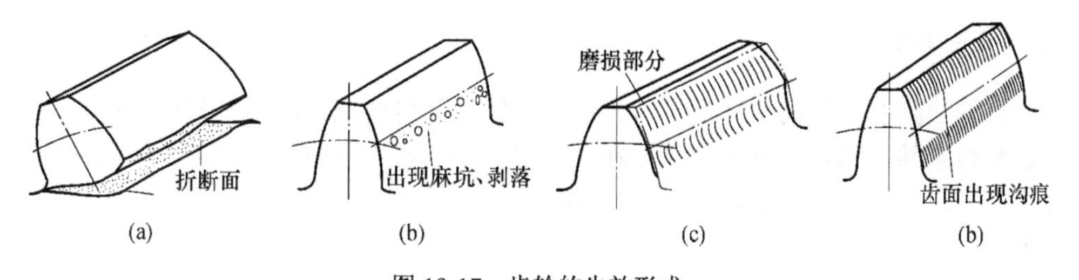

图 19-17　齿轮的失效形式

(a) 轮齿折断；(b) 齿面点蚀；(c) 齿面磨损；(d) 齿面胶合。

2. 齿面点蚀

轮齿在工作时，齿面受到脉动循环的接触应力作用，使得轮齿的表层材料起初出现微小的疲劳裂纹，然后裂纹扩展，最后致使齿面表层的金属微粒剥落，形成齿面麻点(图 19-17(b))，这种现象称为齿面点蚀。随着点蚀的发展，这些小的点蚀坑会连成一片，形成明显的齿面损伤。点蚀通常发生在轮齿靠近节线的齿根面上。发生点蚀后，齿廓形状被破坏，齿轮在啮合过程中会产生强烈振动，以至于齿轮不能正常工作而使传动失效。

齿面抗点蚀能力与齿面硬度有关，齿面越硬抗点蚀能力越强。对于开式齿轮传动，因其齿面磨损的速度较快，当齿面还没有形成疲劳裂纹时，表层材料已被磨掉，故通常见不到点蚀现象。因此，齿面点蚀一般发生在软齿面闭式齿轮传动中。

3. 齿面磨损

在齿轮传动中，当轮齿的工作齿面间落入砂粒、铁屑等磨料性杂质时，齿面将产生磨粒磨损。齿面磨损严重时，使轮齿失去了正确的齿廓形状，从而引起冲击、振动和噪声，甚至因轮齿变薄而发生断齿(图 19-17(c))。齿面磨损是开式齿轮传动的主要失效形式。

4. 齿面胶合

在高速、重载的齿轮传动中，因为压力大、齿面相对滑动速度大及瞬时温度高，而使相啮合的齿面间的油膜发生破坏，产生粘焊现象；而随着两齿面的相对滑动，黏住的地方又被撕开，以致在齿面上留下犁沟状伤痕，这种现象称为齿面胶合(图 19-17(d))；在低速、重载的齿轮传动中，因润滑效果差、压力大而使相啮合的齿面间的油膜发生破坏，也会产生胶合现象。

齿面胶合通常出现在齿面相对滑动速度较大的齿顶和齿根部位。齿面发生胶合后，也会使轮齿失去正确的齿廓形状，从而引起冲击、振动和噪声并导致失效。

5. 轮齿塑性变形

由于轮齿面间过大的压应力以及相对滑动和摩擦造成两齿面的相互碾压，以致齿面材料因屈服而产生沿摩擦力方向的塑性流动，甚至齿体也发生塑性变形。这种现象称为轮齿塑性变形(图 19-18)。轮齿塑性变形常发生在重载或频繁启动的软齿面齿轮上。

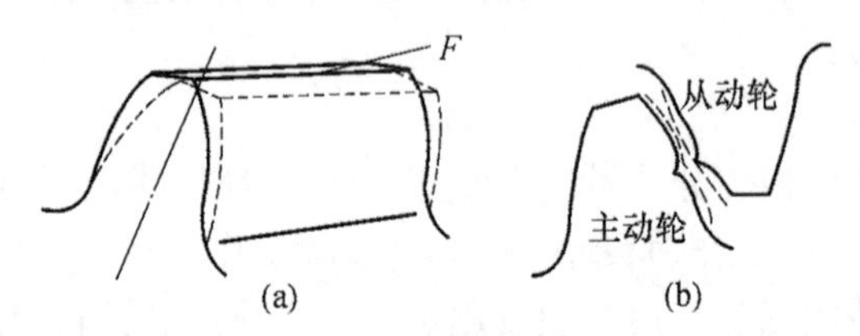

图 19-18 轮齿塑性变形

轮齿的塑性变形破坏了轮齿的正确啮合位置和齿廓形状，使之失效。

19.7.2 齿轮材料

齿轮材料应具有足够的抗折断、抗点蚀、抗胶合及耐磨损等能力。常用的齿轮材料有优质碳素钢和合金结构钢，其次是铸铁。在受力较小的场合中，也有采用非金属材料的。这里主要介绍用于齿轮材料的锻钢、铸钢以及铸铁。

1. 锻钢

锻钢具有强度高、韧性好、便于制造等特点，还可通过各种热处理的方法来改善其力学性能，故大多数齿轮都用锻钢制造。锻钢按其齿面硬度的不同，可分为两类。

1) 软齿面齿轮(齿面硬度≤350HBS)

常用的材料为 45 钢、40Cr、35SiMn、38SiMnMo 等中碳钢或中碳合金钢。齿轮毛坯经调质或正火处理后进行切齿加工，齿面硬度一般在 160HBS～290HBS 范围内，制造工艺简便、经济，常用于对强度、速度及精度要求不高的齿轮传动。在一对软齿面齿轮传动中，由于小齿轮比大齿轮的啮合次数多，齿根厚度较小，抗弯能力较低，因此，在选择材料及热处理方法时，应使小齿轮的齿面硬度比大齿轮的齿面硬度高 30HBS～50HBS，以期达到大小齿轮等强度。

2) 硬齿面齿轮(齿面硬度>350HBS)

常用的材料有两类：一类是 20Cr、20CrMnTi 等低碳合金钢，采用表面渗碳淬火处理后，齿面硬度可达 56HRC～62HRC；另一类为 45 钢、40Cr 等中碳钢或中碳合金钢，采用表面淬火处理，齿面硬度可达 40HRC～55HRC。这类齿轮在切齿加工后进行热处理，由于热处理会使轮齿变形，所以通常还进行磨齿等精加工。硬齿面齿轮制造工艺复杂，成本高，常用于高速、重载及精度要求高的齿轮传动中。

2. 铸钢

当齿轮的尺寸较大(d_a≥400mm～600mm)或结构复杂，且受力较大时，可考虑采用铸钢。铸钢的耐磨性及强度均较好，但由于铸造时内应力较大，故应经正火或退火处理，必要时也进行调质处理。常用的铸钢有 ZG310-570、ZG340-640 等。

3. 铸铁

铸铁齿轮一般常用于低速轻载、冲击小等不重要的齿轮传动中。常用的铸铁材料有 HT300、QT600-3 等。普通灰铸铁的抗弯强度、抗冲击和耐磨损性能均较差，但铸铁工艺性好，成本较低。球墨铸铁的力学性能和抗冲击能力比灰铸铁高，高强度球墨铸铁可以代替铸钢铸造大直径的轮坯。

齿轮常用材料及其力学性能见表 19-4。

表 19-4　齿轮常用材料及其力学性能

材 料	热处理方法	强度极限 σ_b/MPa	屈服极限 σ_s/MPa	齿面硬度 /HBS	许用接触应力 $[\sigma]_H$/MPa	许用弯曲应力 $[\sigma]_F$/MPa
HT300		300		187～255	290～347	80～105
QT600-3	正火	600		190～270	436～535	262～322
ZG310-570		580	320	163～197	270～301	171～189
ZG340-640		650	350	179～207	288～306	182～196
45		580	290	162～217	468～513	280～301
ZG340-640	调质	700	380	241～269	468～490	248～259
45		650	360	217～255	513～545	301～322
35SiMn		750	450	217～269	585～648	388～420
40Cr		700	500	241～286	612～675	399～427
45	调质后表面淬火			45HRC～50HRC	972～1053	427～504
40Cr				48HRC～55HRC	1053～1098	483～518
20Cr	渗碳后淬火	650	400	56HRC～62HRC	1350	645
20CrMnTi		1100	580	56HRC～62HRC	1350	645

19.8　直齿圆柱齿轮的强度计算

19.8.1　受力分析和计算载荷

直齿圆柱齿轮传动的强度计算方法是其他各类齿轮传动强度计算的基础。其他类型齿轮传动(如斜齿圆柱齿轮传动、圆锥齿轮传动等)的强度计算，都可以通过转变成当量直齿圆柱齿轮传动的方法来进行。

1. 受力分析

为了计算齿轮以及计算轴和轴承的强度，需要知道齿轮上的作用力。对于直齿圆柱齿轮传动，若略去齿面间的摩擦力，则轮齿间的相互作用力为法向力 $\boldsymbol{F}_n$。为了便于分析计算，可

以节点 C 处进行受力分析，并将法向力 $\boldsymbol{F}_n$ 分解为相互垂直的两个分力，即圆周力 $\boldsymbol{F}_t$ 和径向力 $\boldsymbol{F}_r$(图 19-19)。各力的计算公式为

$$\begin{cases} F_{t1} = F_{t2} = 2T_1 / d_1 \\ F_{r1} = F_{r2} = F_{t1} \tan\alpha \\ F_{n1} = F_{n2} = F_{t2} / \cos\alpha \end{cases} \tag{19-17}$$

式中：T_1 为小齿轮上的转矩(N·mm)；d_1 为小齿轮分度圆直径(mm)；α 为压力角。

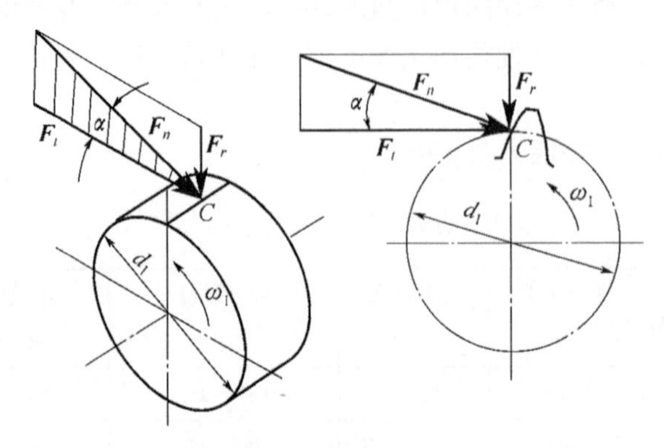

图 19-19 受力分析

齿轮上的圆周力 F_{t1} 对于主动轮 1 为阻抗力，因此，主动轮上圆周力的方向与受力点的圆周速度方向相反；圆周力 F_{t2} 对于从动轮 2 为驱动力，因此，从动轮上的圆周力的方向与受力点的圆周速度方向相同。径向力的方向对于外啮合两轮都是由受力点指向各自轮心。如果小齿轮传递的功率为 P_1(kW)，转速为 n_1(r/min)，则小齿轮上的转矩为

$$T=9.55\times10^6 P_1/n_1 \quad (\text{N}\cdot\text{mm}) \tag{19-18}$$

2．计算载荷

在实际传动中，由于原动机及工作机运转的工作特性不同，齿轮的制造误差、齿轮相对轴伸的布置方式不同，以及支承刚度等的影响，使得齿轮上所受的实际载荷一般都大于名义载荷$\boldsymbol{F}$。所以在进行齿轮强度计算时，为了计及这些影响，应当按计算载荷$\boldsymbol{F}_c$进行计算。即

$$F_c=KF \quad (\text{N}) \tag{19-19}$$

式中：K 为载荷系数，其值查表 19-5。

表 19-5 载荷系数 K

原 动 机	工 作 机 的 载 荷 特 性		
	均 匀	中 等 冲 击	大的冲击
电 动 机	1～1.2	1.2～1.6	1.6～1.8
多缸内燃机	1.2～1.6	1.6～1.8	1.9～2.1
单缸内燃机	1.6～1.8	1.8～2.0	2.2～2.4
注：斜齿、圆周速度低、精度高、齿宽系数较小时，取较小值；直齿、圆周速度高、精度低、齿宽系数较大时，取较大值。轴承相对于齿轮作对称布置，轴的刚性较大，齿轮精度较高时，取较小值；反之取较大值			

19.8.2 齿面接触强度计算

齿面点蚀与齿面的接触应力有关，齿轮传动在节点处多为一对轮齿啮合，接触应力较大，一般点蚀都先发生在节线附近。因此，可选择齿轮传动的节点作为接触应力的计算点。齿面的接触应力可按赫兹公式计算，即

$$\sigma_H = \sqrt{\frac{F_n}{\pi b} \frac{\frac{1}{\rho_1} \pm \frac{1}{\rho_2}}{\frac{1-\mu_1^2}{E_1} + \frac{1-\mu_2^2}{E_2}}} \quad \text{(MPa)}$$

式中：ρ_1、ρ_2分别为两齿廓在节点C处的曲率半径，$\rho_1=\frac{d_1}{2}\sin\alpha$，$\rho_2=\frac{d_2}{2}\sin\alpha$；$b$为两齿廓接触长度$b=\psi_d d_1$；$F_n$为作用于齿廓上的法向载荷，$F_n=F_c=\frac{2KT_1}{d_1\cos\alpha}$；$E_1$、$E_2$分别为两齿轮材料的弹性系数；$\mu_1$、$\mu_2$分别为两齿轮材料的泊桑比；

“+”、“－”分别用于外接触、内接触。

图 19-20 所示为一对轮齿在节点C处啮合的情况。将曲率半径ρ_1、ρ_2、齿宽b、材料的弹性系数E、泊桑比μ及计算载荷$\boldsymbol{F}_c$分别代入赫兹公式中，引入齿数比u，经整理可得出齿面接触疲劳强度的设计公式为

$$d_1 \geqslant 76.6\sqrt[3]{\frac{KT_1(u\pm1)}{\psi_d[\sigma]_H^2 u}} \tag{19-20}$$

校核公式：

$$\sigma_H = 670.4\sqrt{\frac{KT_1(u+1)}{\psi_d d^3 u}} \leqslant [\sigma]_H \tag{19-21}$$

式中：d_1为小齿轮的分度圆直径(mm)；u为齿数比，$u=z_2/z_1$；ψ_d为齿宽系数，$\psi_d=b/d_1$；$[\sigma]_H$为许用接触应力。

式(19-20)仅适用于钢对钢的齿轮材料。当用其他齿轮材料时，应将计算结果乘以下列数值:钢对铸铁时乘以 0.90；铸铁对铸铁时乘以 0.83。

值得注意的是，一对齿轮啮合时，两齿面上的接触应力是相等的，但两轮的材料不同时，其许用接触应力$[\sigma]_H$也不同，在强度计算时应以$[\sigma]_{H1}$与$[\sigma]_{H2}$中的较小值代入式(19-21)中予以校核。

19.8.3 齿根弯曲强度计算

轮齿的折断与齿根弯曲应力有关，在进行齿根弯曲应力计算时，把轮齿视为悬臂梁，假定全部载荷由一对轮齿来承担，且载荷作用在齿顶(图 19-21)，其危险截面可用 30°切线法确定，即作与轮齿对称中心线成 30°夹角并与齿根圆角相切的斜线，两切点连线就是危险截面。图中s_F为齿根危险截面的厚度，h_F为悬臂梁的臂长。由法向力$\boldsymbol{F}_n$和悬臂长h_F确定齿根处的弯矩M，由齿宽b、齿厚s_F确定齿根处的抗弯截面系数W，并由弯曲应力公式

$$\sigma_F=\frac{M}{W}=\frac{KF_n h_F\cos\alpha_F}{bs_F^2/6}=\frac{KF_t}{bm}\frac{6(h_F/m)\cos\alpha_F}{(s_F/m)^2\cos\alpha}$$

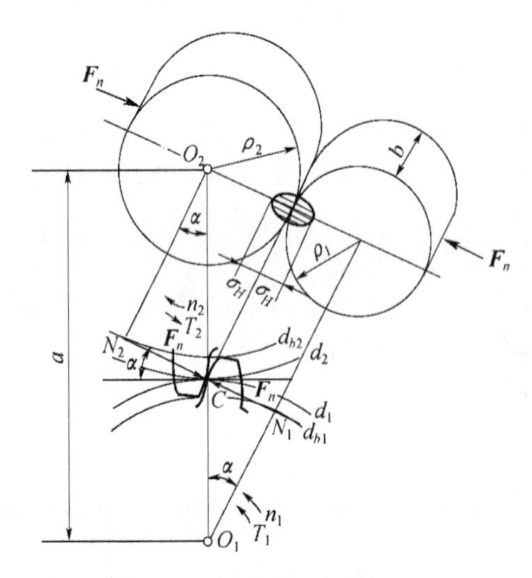

图 19-20 齿面的接触应力

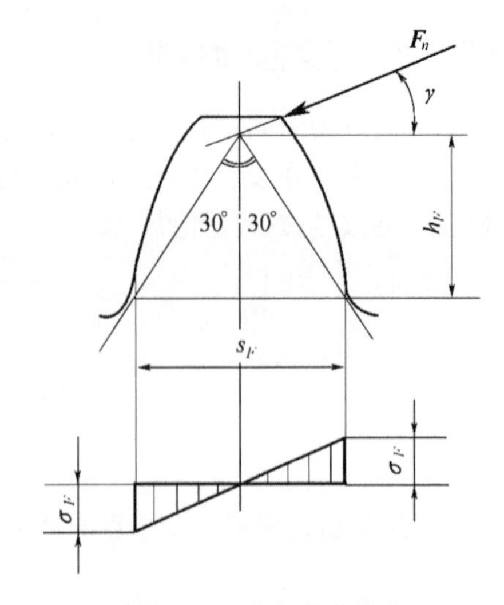

图 19-21 齿根弯曲应力

推得齿根弯曲疲劳强度的校核公式为

$$\sigma_F=\frac{2KT_1Y_F}{\psi_d z_1^2 m^3}\leqslant[\sigma]_F \tag{19-22}$$

齿根弯曲疲劳强度的设计公式为

$$m\geqslant 1.26\sqrt[3]{\frac{KT_1Y_F}{\psi_d z_1^2[\sigma]_F}} \tag{19-23}$$

式中：z_1为小齿轮齿数；m为齿轮的模数(mm)；$[\sigma]_F$为许用弯曲应力；Y_F为齿形系数，反映轮齿几何形状对σ_F的影响，对标准直齿轮，它仅与齿数有关，z愈小，Y_F愈大，而与模数无关，$Y_F=\dfrac{6(h_F/m)\cos\alpha_F}{(s_F/m)\cos\alpha}$，$Y_F$值可由表 19-6 查取。

表 19-6 齿形系数 Y_F

$z(z_v)$	17	18	19	20	21	22	23	24	25	26	27	28	29
Y_F	4.51	4.45	4.41	4.36	4.33	4.30	4.27	4.24	4.21	4.19	4.17	4.15	4.13
$z(z_v)$	30	35	40	45	50	60	70	80	90	100			
Y_F	4.12	4.06	4.04	4.02	4.01	4.00	3.99	3.98	3.97	3.96			

应当注意，大小齿轮的齿形系数Y_{F1}和Y_{F2}是不相等的。当两齿轮的材料不同时，其许用弯曲应力$[\sigma]_{F1}$与$[\sigma]_{F2}$也不相等，计算时应将$Y_{F1}/[\sigma]_{F1}$和$Y_{F2}/[\sigma]_{F2}$中的较大值代入上式中计算。由上式求得模数后，应按表 19-1 将其圆整为标准模数。

表 19-4 中齿轮材料的许用弯曲应力，是在轮齿单向受载的试验条件下得到的，若轮齿的工作条件是双向受载，则应将表中的数据乘以 0.7。

19.8.4 参数的选择

1. 齿数 z_1 和模数 m

闭式齿轮传动一般转速较高，为了提高传动的平稳性，小齿轮的齿数宜选多一些，可取

z_1=20～40；开式齿轮传动一般转速较低，齿面磨损会使轮齿的抗弯能力降低。为使轮齿不致过小，小齿轮不宜选用过多的齿数，一般可取 z_1=17～20。

按齿面接触强度设计时，求得 d_1 后，可按经验公式 $m=(0.005\sim0.01)d_1(1+\mu)$确定模数 m，或按 z_1 计算模数 m，并圆整为标准值，应在保证齿根弯曲强度的条件下选取尽量小的 m，但对传递动力的齿轮，m 不小于 1.5mm～2mm，以免短期过载时发生轮齿折断。对开式传动应将计算出的模数 m 增大 10%～15%，以考虑磨损的影响。

2. 齿宽系数 *b*

增大轮齿宽度 b，可使齿轮直径 d 和中心距 a 减少；但齿宽过大，将使载荷沿齿宽分布不均匀。所以应参考表 19-7，合理选择齿宽系数 ψ_d。由 $b=\psi_d d_1$ 得到的齿宽应加以圆整。考虑到两齿轮装配时的轴向错位会导致实际啮合齿宽减小，故通常使小齿轮比大齿轮稍宽一些。一般小齿轮齿宽 $b_1=b_2+(5\sim10)$mm。

表 19-7　齿宽系数 ψ_d

齿轮相对于轴承的位置	齿面硬度	
	软齿面(硬度≤350HBS)	硬齿面(硬度>350HBS)
对称布置	0.8～1.4	0.4～0.9
非对称布置	0.6～1.2	0.3～0.6
悬臂布置	0.3～0.4	0.2～0.25

3. 齿数比 *u*

一对齿轮的齿数比不宜选得过大，否则不仅大齿轮直径太大，而且整个齿轮传动的外廓尺寸也会增大。一般对于直齿圆柱齿轮传动，$u\leqslant5$；斜齿圆柱齿轮传动，u 可取 6～7；对于开式齿轮传动或手动齿轮传动，u 可取到 8～12。

例 19-1　设计一用于带式输送机的单级减速机中的直齿圆柱齿轮传动。已知减速机的输入功率 P_1=8kW，输入转速 n_1=800r/min，传动比 i=3，输送机单向运转。

解：

(1) 材料选择。带式输送机的工作载荷比较平稳，对减速器的外廓尺寸没有限制，因此为了便于加工，采用软齿面齿轮传动。小齿轮选用 45 钢，调质处理，齿面平均硬度为 240HBS；大齿轮选用 45 钢，正火处理，齿面平均硬度为 190HBS。

(2) 参数选择。

① 齿数 z_1、z_2。由于采用软齿面闭式传动，故取 z_1=24，$z_2=iz_1$，$z_2=3\times24=72$。

② 齿宽系数 ψ_d。由于是单级齿轮传动，两支承相对齿轮为对称布置，且两轮均为软齿面，查表 19-7，取 ψ_d=1.0。

③ 载荷系数 K。因为载荷比较平稳，齿轮为软齿面，支承对称布置，故取 K=1.4。

④ 齿数比 u。对于单级减速传动，齿数比 $u=i_{12}=3$。

(3) 确定许用应力。小齿轮的齿面平均硬度为 240HBS。许用应力可根据表 19-4 通过线性插值来计算，即

$$[\sigma]_{H1}=513+(240-217)/(255-217)\times(545-513)=532\text{MPa}$$

$$[\sigma]_{F1}=301+(240-217)/(255-217)\times(322-301)=309\text{MPa}$$

大齿轮的齿面平均硬度为 190HBS，由表 19-4 用线性插值求得许用应力分别为

$$[\sigma]_{H2}=491\text{MPa}$$

$$[\sigma]_{F2}=291\text{MPa}$$

(4) 计算小齿轮的转矩：

$$T=9.55\times10^6P_1/n_1=9.55\times10^6\times8/800=9.55\times10^4\ (\text{N}\cdot\text{mm})$$

(5) 按齿面接触疲劳强度计算。取较小的许用接触应力$[\sigma]_{H2}$代入式(19-20)中，得小齿轮的分度圆直径为

$$d_1\geq76.6\sqrt[3]{\frac{KT_1(u+1)}{\psi_d[\sigma]_{H2}^2u}}=76.6\sqrt[3]{1.4\times9.55\times10^4\times4/1.0\times491^2\times3}=69.3(\text{mm})$$

齿轮的模数为

$$m=d_1/z_1=69.3/24=2.89(\text{mm})$$

(6) 按齿根弯曲疲劳强度计算。由齿数 $z_1=24$，$z_2=72$,查表 19-6 得齿形系数 $Y_{F1}=4.24$, $Y_{F2}=3.99$。齿形系数与许用弯曲应力的比值为

$$Y_{F1}/[\sigma]_{F1}=4.24/309=0.01372 \qquad Y_{F2}/[\sigma]_{F2}=3.99/291=0.01371$$

因为 $Y_{F1}/[\sigma]_{F1}$ 较大,故以此值代入式(19-23)中,得齿轮模数为

$$m\geqslant1.26\sqrt[3]{\frac{KT_1Y_{F1}}{\psi_dz_1^2[\sigma]_{F1}}}=1.26\sqrt[3]{1.4\times9.55\times10^4\times4.24/1.0\times24^2\times309}=1.85(\text{mm})$$

(7) 确定模数。由上述计算结果可见，该齿轮传动的接触疲劳强度较薄弱，故应以 $m\geqslant2.89$ 为准。根据表 19-1，取标准模数 $m=3$。

(8) 计算齿轮的主要几何尺寸(略)。

19.9 斜齿圆柱齿轮传动

19.9.1 斜齿圆柱齿轮的啮合特点

如图 19-22 所示，斜齿圆柱齿轮的轮齿和齿轮轴线不平行，轮齿啮合时齿面间的接触线是倾斜的，接触线的长度是由短变长，再由长变短。即轮齿是逐渐进入啮合，再逐渐退出啮合的，故传动平稳，冲击和噪声小，适合于高速传动。

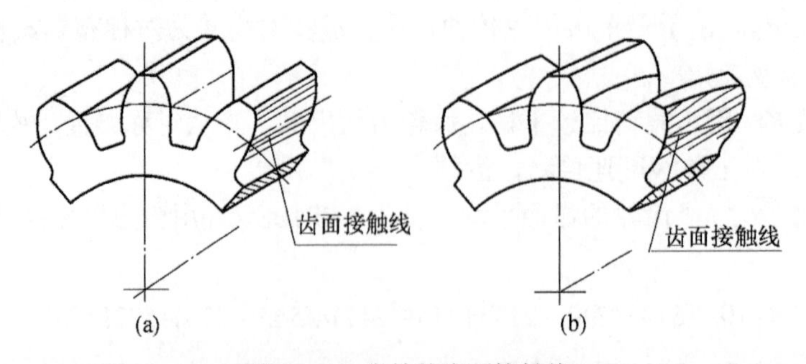

图 19-22 齿轮的齿面接触线

(a) 直齿轮的齿面接触线；(b) 斜齿轮的齿面接触线。

19.9.2 斜齿圆柱齿轮的几何关系和几何尺寸计算

1. 螺旋角

斜齿轮的齿面与分度圆柱面的交线为螺旋线。螺旋线的切线与齿轮轴线之间所夹的锐角，称为螺旋角，用 β 表示。螺旋线有左旋和右旋之分，如图 19-23 所示。

2. 模数和压力角

图 19-24 所示为沿斜齿轮分度圆柱的展开面，图中有阴影的部分代表轮齿。对于斜齿轮，垂直于齿轮轴线的平面称为端面，设端面上的齿距、模数和压力角分别为 p_t、m_t、α_t。

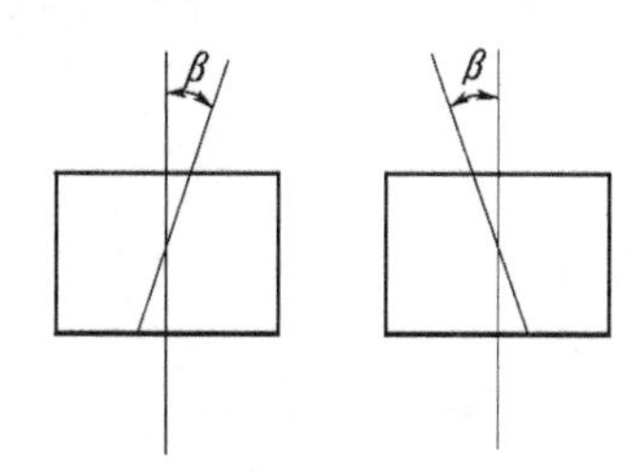

图 19-23　斜齿轮的旋向

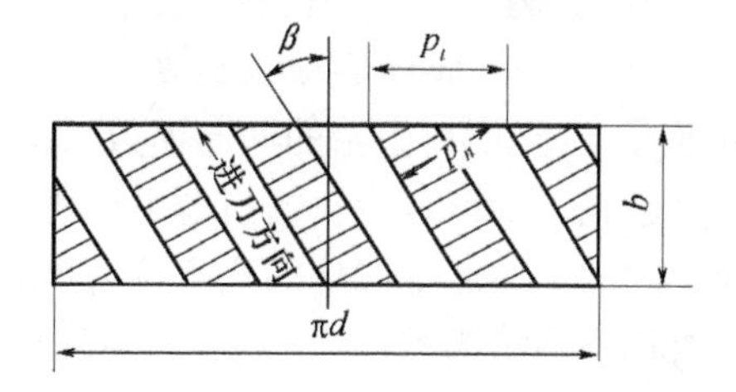

图 19-24　斜齿轮的法向面参数和端面参数

垂直于轮齿螺旋线的平面称为法面，其上的齿距、模数和压力角分别为 p_n、m_n、α_n。则

$$p_t=p_n/\cos\beta \text{ 因 } p_n=\pi m_n，p_t=\pi m_t \quad \text{故}$$

$$m_t=m_n/\cos\beta \tag{19-24}$$

斜齿轮的法向模数为标准模数，按表 19-1 选取，法向压力角、齿顶高系数、顶隙系数的标准值分别为：$\alpha_n=20°$，$h^*_{an}=1$，$c^*_n=0.25$。

3. 几何尺寸计算

斜齿轮的几何尺寸应按端面来计算，计算公式见表 19-8。

表 19-8　标准斜齿轮的几何尺寸计算公式　(mm)

名　称	代 号	计　算　公　式
齿　顶　高	h_a	$h_a=h^*_a m_n=m_n$　　$(h^*_{an}=1)$
齿　根　高	h_f	$h_f=(h^*_{an}+c^*_n)m_n=1.25m_n$　　$(c^*_n=0.25)$
全　齿　高	h	$h=h_a+h_f=(2h^*_a+c^*)m_n=2.25m_n$
分度圆直径	d	$d_1=z_1m_t=z_1m_n/\cos\beta$
齿顶圆直径	d_a	$d_{a1}=d_1+2h_a=d_1+2m_n$
齿根圆直径	D_f	$d_{f1}=d_1-2h_f=d_1-2.5m_n$
顶　　隙	c	$c=c^*_n m_n=0.25m_n$
中　心　距	a	$a=(d_1+d_2)/2=m_n(z_1+z_2)/2\cos\beta$

19.9.3 斜齿轮传动正确啮合的条件

对斜齿轮啮合传动，除了如直齿轮啮合传动一样，要求两个齿轮的模数及压力角分别相等外，还要求外啮合的两斜齿轮螺旋角必须大小相等、旋向相反(内啮合旋向相同)。因此，斜齿轮传动的正确啮合条件为

$$\begin{cases} m_{n1} = m_{n2} = m_n \\ \alpha_{n1} = \alpha_{n2} = \alpha_n \\ \beta_1 = \pm\beta_2 \end{cases} \tag{19-25}$$

19.9.4 当量齿轮和当量齿数

在斜齿轮的分度圆柱面上，过轮齿螺旋线上的 C 点，作螺旋线的法向截面(图 19-25)，此截面与分度圆柱面的交线为一椭圆，椭圆的长半轴 $a=d/\cos\beta$，短半轴 $b=d/2$，故椭圆在 C 点的曲率半径为：

$$\rho=a^2/b=d/2\cos^2\beta$$

以 ρ 为分度圆半径，用斜齿轮的法向模数 m_n，法向压力角 α_n，作一假想直齿轮，则该直齿轮的齿形可认为与斜齿轮的法面齿形相同。因此，称这个假想的直齿轮为该斜齿轮的当量齿轮，其齿数称为当量齿数，用 z_v 表示。其值为

$$z_v=2\rho/m_n=d/m_n\cos^2\beta=m_tz/m_n\cos^2\beta=z/\cos^3\beta \tag{19-26}$$

由上式可得出标准斜齿轮不发生根切的最少齿数为

$$z_{\min}=z_{v\min}\cos^3\beta \tag{19-27}$$

由上式可知，标准斜齿轮不发生根切的最少齿数比标准直齿轮少，故采用斜齿轮传动可以得到更为紧凑的结构。

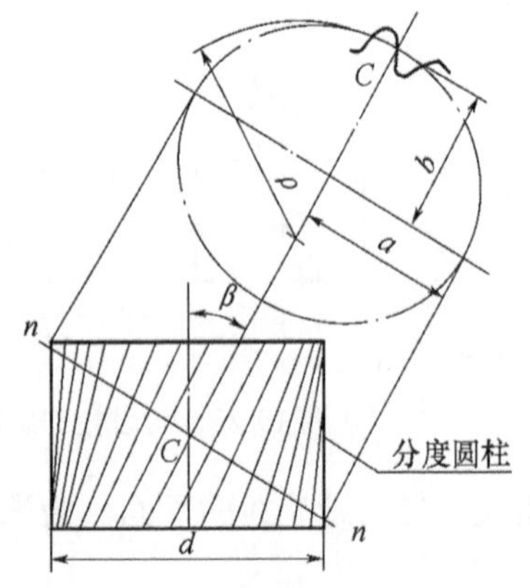

图 19-25 斜齿轮的当量齿轮

19.9.5 斜齿圆柱齿轮的强度计算

1. 受力分析

两斜齿轮轮齿间的相互作用力为法向力 $\boldsymbol{F}_n$，同直齿圆柱齿轮的分析方法一样，为便于分析计算，按在节点 C 处啮合进行受力分析(图 19-26)，将法向力 $\boldsymbol{F}_n$ 分解为相互垂直的三个分力，即圆周力 $\boldsymbol{F}_t$、径向力 $\boldsymbol{F}_r$ 和轴向力 $\boldsymbol{F}_a$。各力的计算公式为

$$\begin{cases} F_{t1} = F_{t2} = 2T_1/d_1 \\ F_{r1} = F_{r2} = F_{t1}\tan\alpha/\cos\beta \\ F_{a1} = F_{a2} = F_{t1}\tan\beta \\ F_{n1} = F_{n2} = F_{t1}/\cos\alpha\cos\beta \end{cases} \tag{19-28}$$

圆周力 $\boldsymbol{F}_t$ 和径向力 $\boldsymbol{F}_r$ 方向的确定与直齿轮传动相同。主动轮轴向力的方向 $\boldsymbol{F}_{a1}$ 可用左、右手定则判定，左旋齿轮用左手，右旋齿轮用右手，判定时四指方向与齿轮的转向相同，拇指的指向即为齿轮所受轴向力 $\boldsymbol{F}_{a1}$ 的方向，而从动轮轴向力的方向与主动轮的相反。斜齿轮传动中的轴向力随着螺旋角的增大而增大，故 β 角不宜过大；但 β 角过小，又失去了斜齿轮传动的优越性。所以，在设计中一般取 β=8°～20°。

2. 强度计算

斜齿轮啮合传动，载荷作用在法面上，而法面齿形近似于当量齿轮的齿形，因此，斜齿轮传动的强度计算可转换为当量齿轮的强度计算。由于斜齿轮传动的接触线是倾斜的，且重合度较大，因此，斜齿轮传动的承载能力比相同尺寸的直齿轮传动略有提高。斜齿轮传动的齿面接触疲劳强度和齿根弯曲疲劳强度计算公式分别如下。

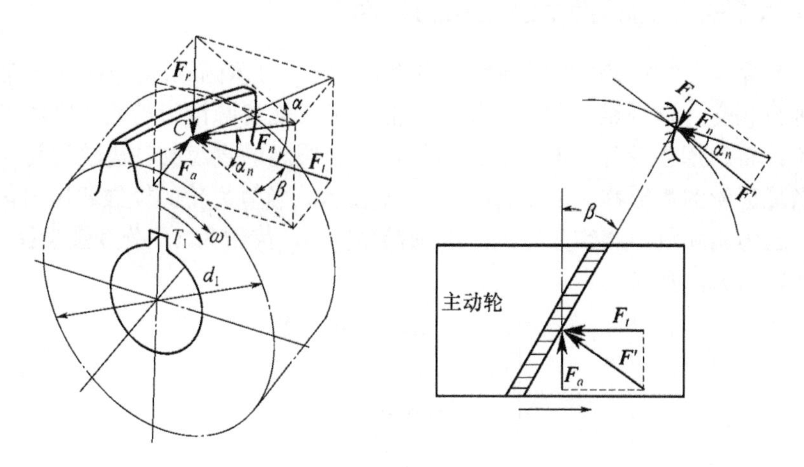

图 19-26　斜齿轮传动的受力分析

1) 接触强度公式的应用

设计公式：

$$d_1 \geqslant 75.6\sqrt[3]{\frac{KT_1(u+1)}{\psi_d[\sigma]_{H2}^2 u}} \tag{19-29}$$

校核公式：

$$\sigma_H = 657.3\sqrt{\frac{KT_1(u+1)}{\psi_d d^3 u}} \leqslant [\sigma]_H \tag{19-30}$$

2) 弯曲强度公式的应用

设计公式：

$$m \geqslant 1.24\sqrt[3]{\frac{KT_1 \mathrm{Y}_{F1}}{\psi_d z_1^2[\sigma]_{F1}}} \tag{19-31}$$

校核公式：

$$\sigma_F = \frac{1.91KT_1Y_F}{\psi_d z_1^2 m^3} \leqslant [\sigma]_F \tag{19-32}$$

由于斜齿轮传动平稳，因此，选取载荷系数时，应考虑到这点。齿形系数应按当量齿数 z_v 在表 19-6 中查取。

19.10　圆锥齿轮传动

圆锥齿轮用于相交轴之间的传动。两轴之间轴的交角 $\delta_1+\delta_2$ 可根据传动的需要来确定，在一般机械中，多采用 $\delta_1+\delta_2=90°$的传动。圆锥齿轮的轮齿有直齿、斜齿和曲齿等形式，由于直齿圆锥齿轮的设计、制造和安装均较简便，故应用最为广泛。为了便于计算和测量，通常取圆锥齿轮大端的参数为标准值。即大端模数为标准值，可参照表 19-1 选取。大端压力角也为标准值 $\alpha=20°$。

19.10.1 直齿圆锥齿轮的当量齿轮和当量齿数

如图 19-27 所示，在圆锥齿轮大端作一圆锥面，它与分度圆锥面(分锥)同一轴线。其母线与分锥母线垂直相交，该圆锥面称为圆锥齿轮的背锥。现将圆锥齿轮的背锥面展开成平面，得一扇形齿轮，将扇形齿轮补全成为圆柱齿轮，这个假想的直齿圆柱齿轮称为该圆锥齿轮的当量齿轮。当量齿轮的齿数称为当量齿数，用 z_v 表示。当量齿轮的模数和压力角与圆锥齿轮大端的模数和压力角相等。圆锥齿轮的分度圆锥角为 δ，齿数为 z，分度圆半径为 r，当量齿轮的分度圆半径为 r_v。则有

$$\begin{cases} r_v = r/\cos\delta = mz_v/2 \\ r = mz/2 \\ z_v = z/\cos\delta \end{cases} \tag{19-33}$$

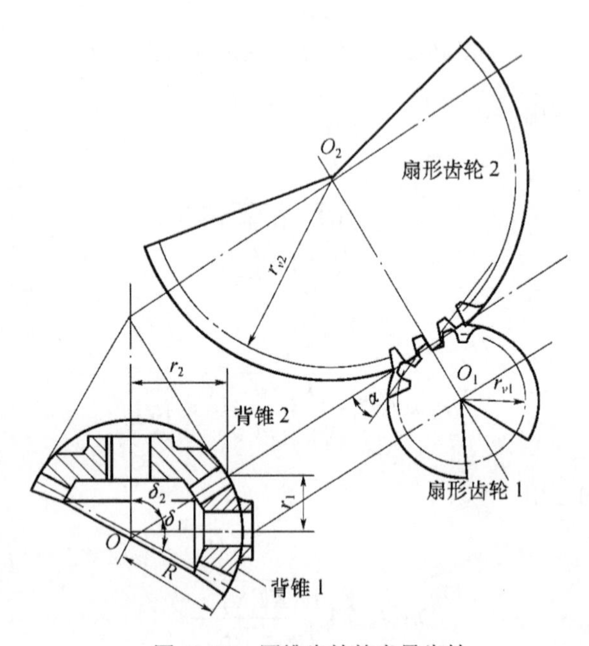

图 19-27 圆锥齿轮的当量齿轮

一对圆锥齿轮的啮合传动相当于一对当量齿轮的啮合传动，因此，圆柱齿轮传动的一些结论，可以直接应用于圆锥齿轮传动。例如，由圆柱齿轮传动的正确啮合条件可知，圆锥齿轮的正确啮合条件为两圆锥齿轮大端的模数和压力角分别相等；若圆锥齿轮的当量齿轮不发生根切，则该圆锥齿轮也不会发生根切。因此，圆锥齿轮不发生根切的最少齿数为

$$z_{min}= z_{vmin}\cos\delta \tag{19-34}$$

19.10.2 直齿圆锥齿轮的几何关系和几何尺寸计算

圆锥齿轮的几何尺寸计算是以大端为基准的，其齿顶高系数 h^*_a=1，顶隙系数 c^*=0.2。图 19-28 所示为一对圆锥齿轮传动，轴交角 $\delta_1+\delta_2=90°$，R 为分度圆锥的锥顶到大端的距离，称为锥距。齿宽 b 与锥距 R 的比值称为圆锥齿轮的齿宽系数，用 ψ_R 表示，一般取 ψ_R=0.25～0.3，由 $b=\psi_R R$ 计算出的齿宽应圆整，并取大小齿轮的齿宽 $b_1=b_2=b$。圆锥齿轮传动的主要几何尺寸计算公式列于表 19-9 中。

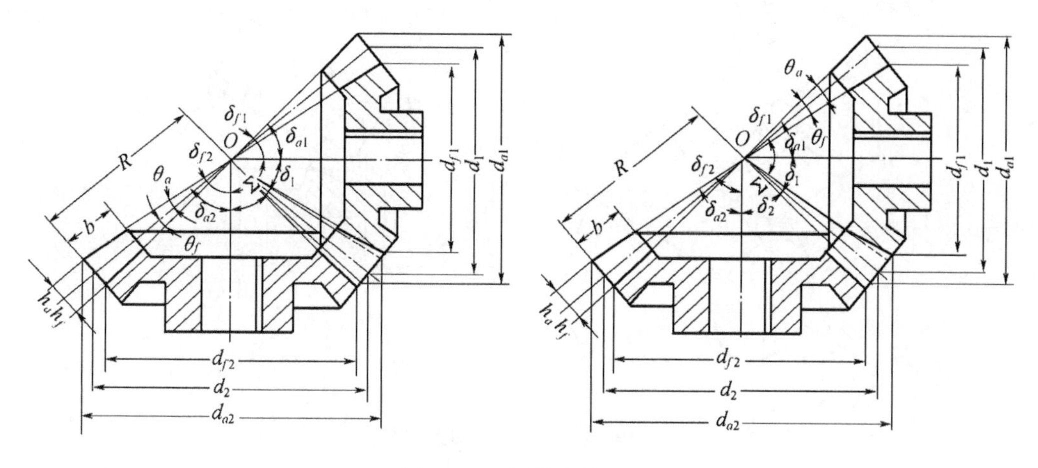

图 19-28　圆锥齿轮传动

表 19-9　标准直齿圆锥齿轮的几何尺寸计算公式($\delta_1+\delta_2=90°$)

名　称	代　号	计　算　公　式
齿　顶　高	h_a	$h_a=h^*_a m=m$　　$(h^*_a=1)$
齿　根　高	h_f	$h_f=(h^*_a+c^*)m=1.2m$　　$(c^*=0.2)$
全　齿　高	h	$h=h_a+h_f=(2h^*_a+c^*)m=2.2m$
顶　　　隙	c	$c=c^*m=0.2m$
分度圆锥角	δ	$\delta_1=\arctan(z_1/z_2)$，$\delta_2=\arctan(z_2/z_1)$
分度圆直径	d	$d=zm$
齿顶圆直径	d_a	$d_{a1}=d_1+2h_a\cos\delta_1$，$d_{a2}=d_2+2h_a\cos\delta_2$
齿根圆直径	d_f	$d_{f1}=d-2h_{f1}\cos\delta_1$，$d_{f2}=d_2-2h_{f2}\cos\delta_2$
锥　　　距	R	$R=\sqrt{d_1^2+d_2^2}$
齿　根　角	θ_f	$\theta_f=\arctan(h_f/R)$
顶　锥　角	δ_a	$\delta_{a1}=\delta_1+\theta_f$，$\delta_{a2}=\delta_2+\theta_f$
根　锥　角	δ_f	$\delta_{f1}=\delta_1-\theta_f$，$\delta_{f2}=\delta_2-\theta_f$

19.10.3　直齿圆锥齿轮的强度计算

1. 受力分析

一对圆锥齿轮啮合传动时，轮齿间的相互作用力为法向力 $\boldsymbol{F}_n$。为便于分析计算，一般将法向力 $\boldsymbol{F}_n$ 视为作用在分度圆锥的齿宽中点(节点)C 处 (图 19-29)。并将法向力 $\boldsymbol{F}_n$ 分解为相互垂直的三个分力，即圆周力 $\boldsymbol{F}_t$、径向力 $\boldsymbol{F}_r$ 和轴向力 $\boldsymbol{F}_a$，各力的计算公式为

$$\begin{cases} F_{t1}=F_{t2}=2T_1/d_{m1} \\ F_{r1}=F_{a2}=F_{t1}\tan\alpha\cos\delta_1 \\ F_{a1}=F_{r2}=F_{t1}\tan\alpha\sin\delta_1 \\ F_{n1}=F_{n2}=F_{t1}\cos\alpha \end{cases} \tag{19-35}$$

式中：d_{m1} 为小圆锥齿轮齿宽中点处的分度圆直径(mm)，$d_{m1}=(1-0.5\psi_R)d_1$。

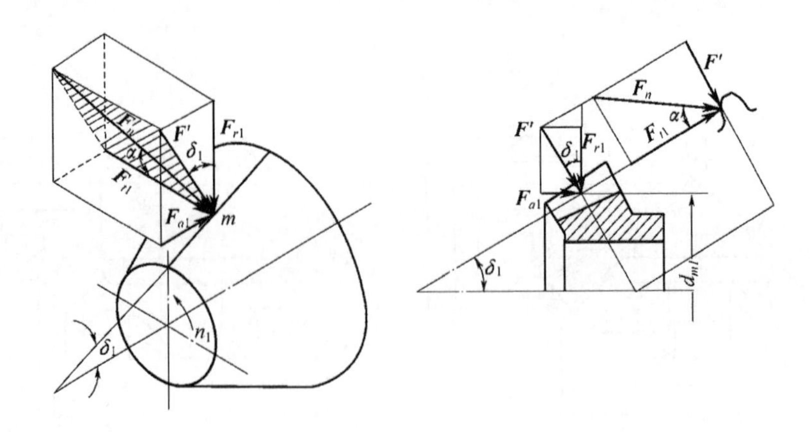

图 19-29　圆锥齿轮传动受力分析

圆锥齿轮的圆周力 $\boldsymbol{F}_t$ 和径向力 $\boldsymbol{F}_r$ 方向的确定与直齿轮传动相同，轴向力 $\boldsymbol{F}_a$ 的方向由各圆锥齿轮的小端指向大端。

2．强度计算

圆锥齿轮传动的强度计算可以近似地按平均分度圆处的当量齿轮传动进行计算，齿面接触疲劳强度和齿根弯曲疲劳强度的计算公式分别如下。

(1) 接触强度公式的设计公式：

$$d_1 \geqslant 96.6\sqrt[3]{\frac{KT_1}{\psi_R(1-0.5\psi_R)^2 u[\sigma]_H^2}} \quad \text{(mm)} \tag{19-36}$$

接触强度公式的校核公式：

$$\sigma_H = 949.4\sqrt{\frac{KT_1}{\psi_R(1-0.5\psi_R)^2 u d_1^3}} \leqslant [\sigma]_H \quad \text{(MPa)} \tag{19-37}$$

(2) 弯曲强度的设计公式：

$$m \geqslant 1.59\sqrt[3]{\frac{KT_1 Y_F}{\psi_R(1-0.5\psi_R) z_1^2 \sqrt{u^2+1}[\sigma]_F}} \quad \text{(mm)} \tag{19-38}$$

弯曲强度的校核公式：

$$\sigma_F = \frac{4.02KT_1 Y_F}{\psi_R(1-0.5\psi_R) z_1 m^3 \sqrt{u^2+1}} \leqslant [\sigma]_F \quad \text{(MPa)} \tag{19-39}$$

式中：Y_F 按圆锥齿轮的当量齿数 z_v 在表 19-6 中查取。

19.11　齿轮的结构设计

为了制造生产各类符合工作要求的齿轮，需考虑确定齿轮的整体结构形式和各部分的结构尺寸。齿轮整体结构形式取决于齿轮直径大小、毛坯种类、材料、制造工艺要求和经济性等因素。轮体各部分结构尺寸，通常按经验公式或经验数据确定。

19.11.1 锻造齿轮

齿顶圆直径 d_a≤500mm 时，一般采用锻造毛坯。根据齿轮直径大小不同，常采用以下几种结构形式。

(1) 对齿根圆直径与轴径相差不大的齿轮，可制成与轴一体的齿轮轴，如图 19-30 所示。齿轮轴刚度大，但轴的材料必须与齿轮相同，某些情况下可能会造成材料浪费或不便于加工。

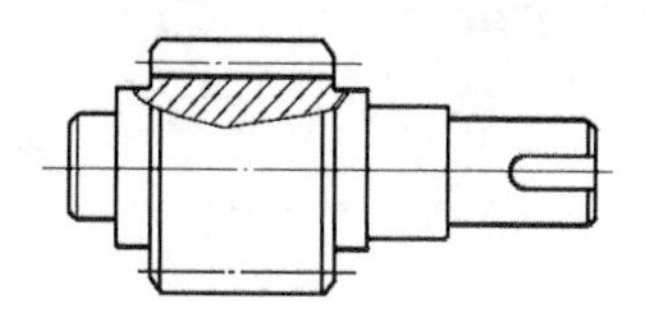
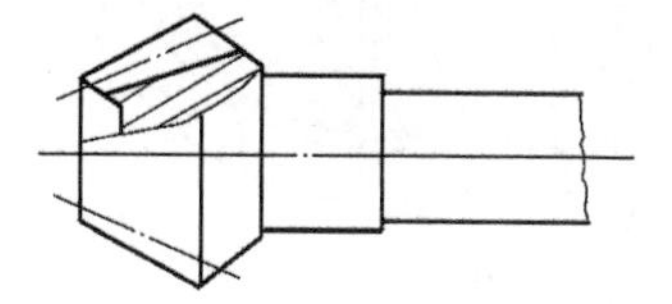

图 19-30　齿轮轴

(2) 对齿顶圆直径 d_a≤160mm～200mm 的齿轮，可采用实体式齿轮，如图 19-31 所示。

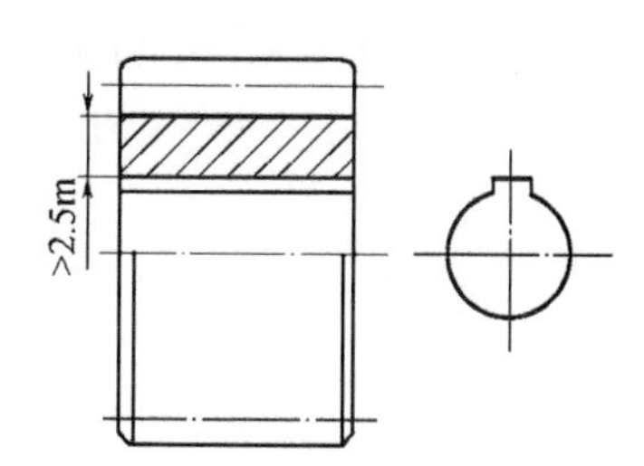

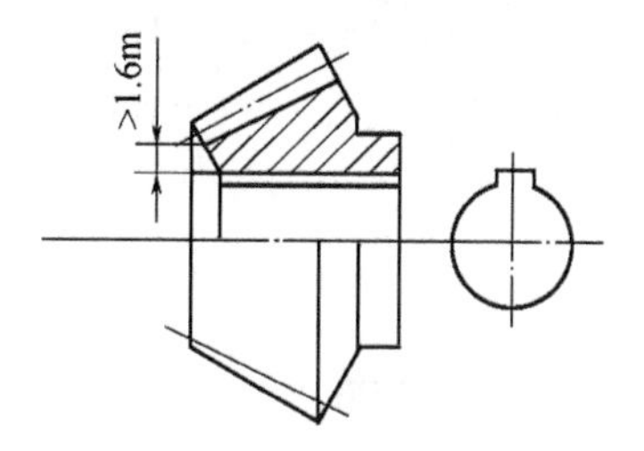

图 19-31　实体式齿轮

(3) 对齿顶圆直径 d_a＞160mm～200mm，但 d_a≤500mm 的齿轮，常采用辐板式齿轮，如图 19-32 所示。

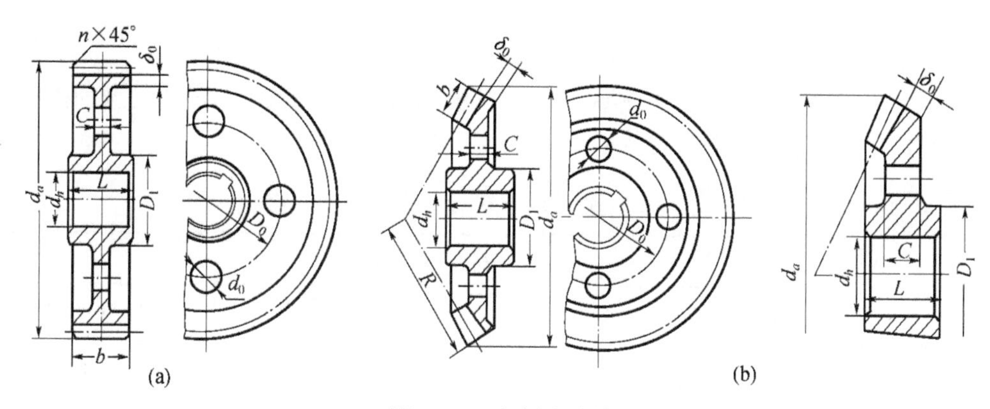

图 19-32　辐板式齿轮

(a) 圆柱齿轮：$D_1=1.6d_h$；$D_2=d_a-10m_n$；$D_0=0.5(D_1+D_2)$；d_0=22mm～25mm；$C=(0.2～0.3)d_h$，$\delta_0=(2.5～4)m_n$，但不小于 10mm；当 $b=(1～1.5)d_s$ 时，取 $L=b$，否则取 $L=(1.2～1.5)d_h$；

(b) 锥齿轮：$D_1=1.6d_h$；$L=(1～1.2)d_h$；δ_0=(3～4)m，但不小于 10mm；$C=(0.1～0.17)R$，D_0、d_0 按结构而定。

19.11.2 铸造齿轮

齿顶圆直径 d_a＞500mm 的齿轮，或 d_a≤500mm 但形状复杂、不便于锻造的齿轮，常采用铸造毛坯(铸铁或铸钢)。d_a＞500mm 时，通常采用轮辐式齿轮，如图 19-33 所示。

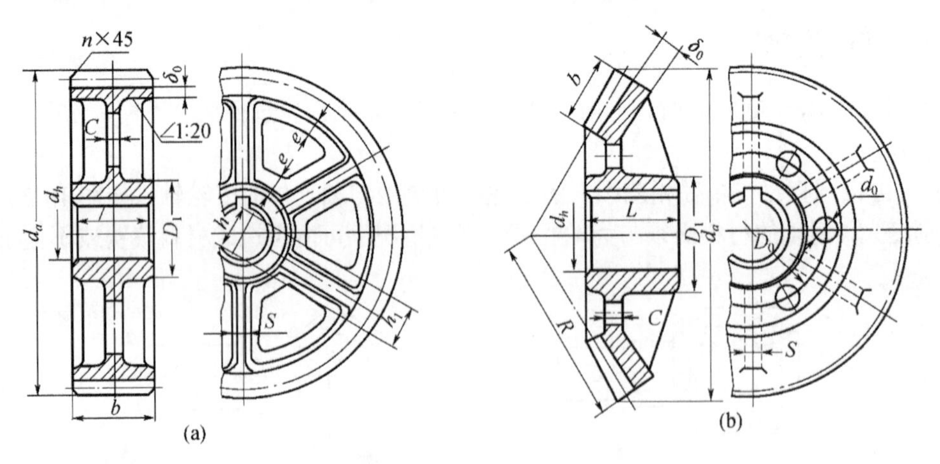

图 19-33 轮辐式齿轮

(a) 圆柱齿轮：$D_1=1.6d_h$(铸钢)；$D_1=1.8d_h$(铸铁)；$L=(1.2\sim1.5)\,d_h(L\geqslant d)$；$h=0.8d_h$；$h_1=0.8h$，$C=h/5$；$S=h/6$，但不小于 10mm；$\delta=(2.5\sim4)m_n$，但不小于 8mm；$e=0.8\delta_0$；$n=0.5m_n$；

(b) 锥齿轮：$D_1=1.6d_h$(铸钢)；$D_1=1.8d_h$(铸铁)；$L=(1.2\sim1.5)d_h$；$\delta_0=(3\sim4)m_n$，但不小于 10mm；$C=(0.1\sim0.17)R$，但不小于 10mm；$S=0.8C$，但不小于 10mm；D_0、d_0按结构而定。

19.12 齿轮传动的润滑

19.12.1 齿轮传动的效率

齿轮传动的功率损失主要包括：①啮合中的摩擦损失；②润滑油被搅动的油阻损失；③轴承中的摩擦损失。

闭式齿轮传动的效率：

$$\eta=\eta_1\eta_2\eta_3 \tag{19-40}$$

式中：η_1为考虑齿轮啮合损失时的效率；η_2为考虑油阻损失时的效率；η_3为轴承的效率。

满载时，采用滚动轴承的齿轮传动，平均效率列于表 19-10。

表 19-10 采用滚动轴承时齿轮传动的平均效率

传 动 类 型	精度等级和结构形式		
	6 级或 7 级精度的闭式传动	8 级精度的闭式传动	脂润滑的开式传动
圆柱齿轮传动	0.98	0.97	0.95
锥齿轮传动	0.97	0.96	0.94

19.12.2 齿轮传动的润滑

齿轮传动的润滑方式主要取决于齿轮的圆周速度。当 $v\leqslant12$m/s 时多采用油池沟润滑。当 $v>12$m/s 时，最好采用喷油润滑，用油泵将润滑油直接喷到啮合区。一般可根据齿轮的圆周速度选择润滑油的黏度。表 19-11 列出了润滑油的荐用值，根据查得的黏度选定润滑油的牌号。

表 19-11　齿轮传动荐用的润滑油运动黏度 υ　　(mm²/s)

齿轮材料	圆周速度 v/(m/s)						
	<0.5	0.5～1	1～2.5	2.5～5	5～12.5	12.5～25	>25
铸铁、青铜	320	220	150	100	80	60	—
钢 σ_b=450MPa	500	320	220	150	100	80	60
1000 MPa～1250 MPa	500	500	320	220	150	100	80
1250 MPa～1600 MPa	1000	500	500	320	220	150	100
渗碳或表面淬火钢	1000	500	500	320	220	150	100
注：多级减速器的润滑油黏度应按各级黏度的平均值进取							

习题与思考题

19–1　如何才能保证一对齿轮的瞬时传动比恒定不变？

19–2　什么叫标准齿轮？什么叫标准安装？

19–3　分度圆与节圆、啮合角与压力角各有什么区别？

19–4　齿廓工作段的理论啮合线和实际啮合线有何区别？

19–5　标准渐开线圆柱齿轮的根圆是否都大于基圆？

19–6　当两渐开线标准直齿圆柱齿轮传动的安装中心距大于标准中心距时，传动比、啮合角、节圆半径、分度圆半径、基圆半径、顶隙和侧隙等是否发生变化？

19–7　齿轮传动和重合度 ε=1.4 时的物理意义是什么？

19–8　常见的齿轮失效形式有哪些?失效的原因是什么?

19–9　有哪些因素影响齿轮实际承受载荷的大小?

19–10　为什么把 Y_F 叫做齿形系数?有哪些参数影响它的数值？为什么？

19–11　与直齿轮传动强度计算相比，斜齿轮传动的强度计算有何不同之处?

19–12　如何确定斜齿轮传动的许用接触应力?其道理何在?

19–13　齿轮传动有哪些润滑方式?它们的使用范围如何?

19–14　对标准直齿圆柱齿轮的齿数比 u=3/2，模数 m=2.5mm，中心距 a=120mm，分别求出齿数和分度圆直径、齿顶高、齿根高。

19–15　对标准斜齿圆柱齿轮的传动比 i=4.3，中心距 a=170mm，小齿轮齿数 z_1=21，试确定齿轮的主要参数：m_n、β、d_1、d_2。

19–16　一台两级标准斜齿圆柱齿轮传动的减速器，已知齿轮 2 的模数 m_n=3mm，齿数 z_2=51，β=22°，左旋；齿轮 3 的模数 m_n=5mm，z_3=17，试问：

(1) 为使中间轴 II 上两齿轮的轴向力方向相反，斜齿轮 3 的旋向应如何选择?

(2) 若 I 轴转向如图所示，标明齿轮 2 和齿轮 3 切向力 $\boldsymbol{F}_t$、径向力 $\boldsymbol{F}_r$ 和轴向力 $\boldsymbol{F}_a$ 的方向。

(3) 斜齿轮 3 的螺旋角 β 应取多大值才能使 II 轴的轴向力相互抵消?

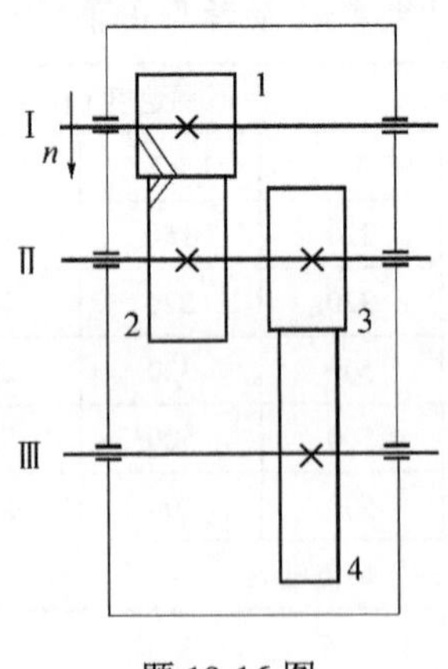

题 19-16 图

19–17 已知：一级齿轮减速机用电机驱动，中心距 a=230mm，m_n=3mm，β=11°58′7″，z_1=25，z_2=125，b=115mm；小齿轮材料为 40Cr 调质，面齿硬度为 260HB～280HB，大齿轮材料为 45 钢正火，面齿硬度为 230HB～250HB；小齿轮转速为 n_1=975r/min，大齿轮转速为 n_2=195r/min，三班制，工作平稳，工作十年，试求该减速机许用功率。

第 20 章　蜗 杆 传 动

20.1　蜗杆传动的特点和类型

20.1.1　蜗杆传动的特点

蜗杆传动由蜗杆和蜗轮组成(图 20-1)，用于空间交错 90°的两轴之间的运动和动力的传递，如减速机、分度机构、起重机械等。一般蜗杆为主动件。通过蜗杆轴线并垂直于蜗轮轴线的平面称为中间平面。在中间平面上，蜗杆蜗轮的传动相当于齿条和齿轮的传动，当蜗杆绕轴 O_1 旋转时，蜗杆相当于螺旋杆作轴向移动而驱动蜗轮轮齿，使蜗轮绕轴 O_2 旋转。可见蜗杆传动与螺旋传动、齿轮传动均有许多内在联系。蜗杆传动具有以下特点：

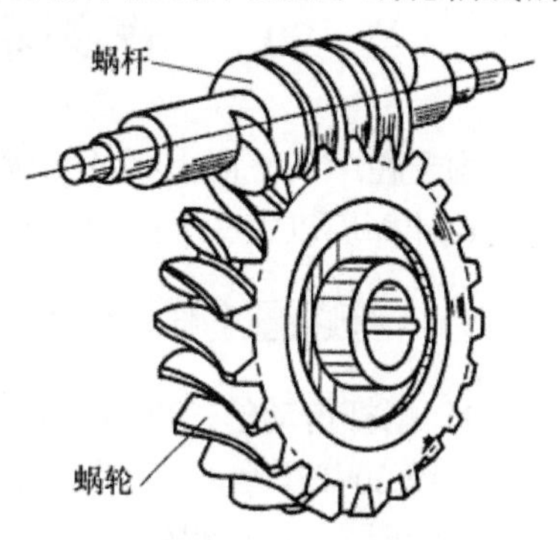

图 20-1　蜗杆传动

(1) 单级传动比大，结构紧凑。蜗杆和螺旋一样，也有单线、双线和多线之分，螺纹的线数就是蜗杆的头数 z_1，通常 z_1 较小(z_1=1～4)，在动力传动中，一般取传动比为 10～80；当功率很小并且主要用来传递运动(如分度机构)时，传动比甚至可达 1000。

(2) 传动平稳，噪声小。与螺旋传动相似，由于蜗杆与蜗轮传动连续，因此其传动比齿轮平稳，而噪声也小。

(3) 可以实现自锁。与螺旋传动相同，当蜗杆导程角 γ 小于其齿面间的当量摩擦角 ρ 时，将形成自锁，即只能是蜗杆驱动蜗轮，而蜗轮不能驱动蜗杆。这对某些要求反行程自锁的机械设备(如起重机械)很有意义。

(4) 传动效率低。由于蜗杆蜗轮的齿面间存在较大的相对滑动，所以摩擦大，热损耗大，传动效率低。η 通常为 0.7～0.8，自锁时啮合效率 η 低于 0.5。因而需要良好的润滑和散热条件，不适用于大功率传动(一般不超过 50kW)。

(5) 为了减摩耐磨，蜗轮齿圈通常需用青铜制造，成本较高。

20.1.2　蜗杆传动的类型

普通圆柱蜗杆传动是目前应用较广泛的蜗杆传动。这种传动蜗杆的加工通常和车制螺杆相似(图 20-2)，在车床上将刃形为标准齿条形的车刀水平放置在蜗杆轴线所在的平面内，刀尖夹角 2α=40°。这样车出的蜗杆的轴向剖面 I - I 上的齿形相当于齿条齿形，在垂直于蜗杆轴线剖面上的齿廓是阿基米德螺旋线，这种蜗杆又称为阿基米德蜗杆。与之相啮合的蜗轮一般是在滚齿机上用蜗轮滚刀展成切制的。滚刀形状和尺寸必须与所切制蜗轮相啮合的蜗杆相当，只是滚刀外径要比实际蜗杆大两倍顶隙，以使蜗杆与蜗轮啮合时有齿顶间隙，这样加工出来的蜗轮在中间平面上的齿形是渐开线齿形。

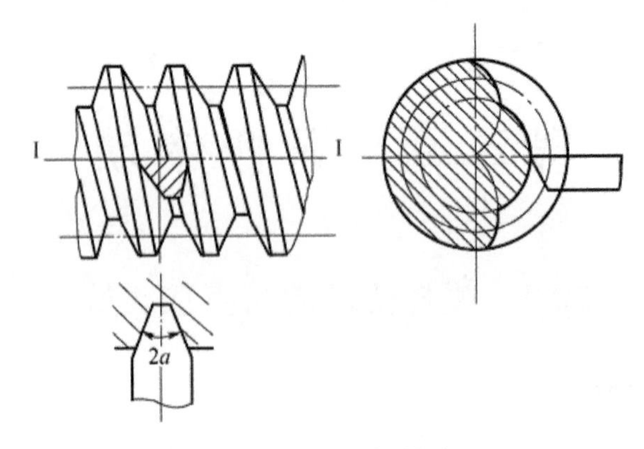

图 20-2　阿基米德蜗杆

20.2　普通圆柱蜗杆传动的主要参数和几何尺寸

由于在中间平面上蜗杆与蜗轮的啮合关系相当于齿条与渐开线齿轮的啮合关系，因此，其设计计算均以主平面的参数和几何关系为准，并用齿轮传动的计算方法进行设计计算。

20.2.1　普通圆柱蜗杆传动的主要参数

1．蜗杆传动的正确啮合条件及模数 m 和压力角 α

如图 20-3 所示，在中间平面内蜗轮与蜗杆的啮合相当于渐开线齿轮与齿条的啮合。蜗杆的轴面齿距 p_{a1} 等于蜗轮的端面齿距 p_{a2}，亦即蜗杆的轴面模数 m_{a1} 等于蜗轮的端面模数 m_{t2}；蜗杆的轴面齿形角等于蜗轮的端面齿形角，蜗杆导程角 γ 等于蜗轮的螺旋角 β。因此，蜗杆传动的正确啮合条件是：

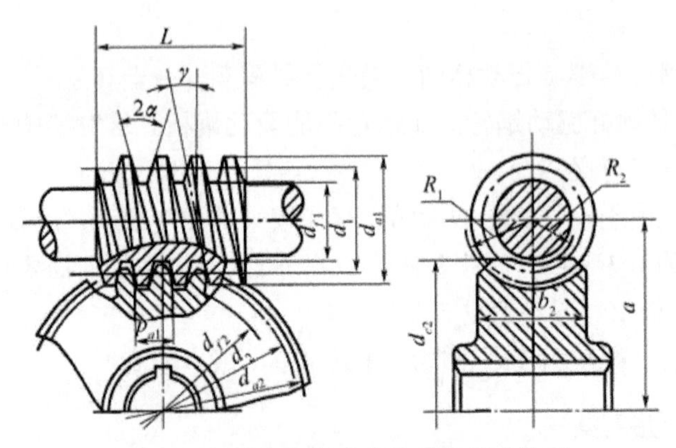

图 20-3 蜗轮与蜗杆的基本几何尺寸关系

即

$$
\begin{aligned}
p_{a1} &= p_{t2} = p \\
m_{a1} &= m_{t2} = m \\
\alpha_{a1} &= \alpha_{t2} = \alpha \\
\gamma &= \beta
\end{aligned}
\qquad (20\text{-}1)
$$

为便于制造，我国将 m 和 α 规定为标准值，见表 20-1，压力角 α 规定为 20°。

表 20-1　模数 m、蜗杆分度圆直径 d_1 及 $m^2 d_1$ 值　(mm)

m	1	1.25	1.6	2
d_1	18	20　22.4	20　28	(18)　22.4　(28)　35.5
m^2d_1/mm^3	18	31.5　35	51.2　71.68	72　89.6　112　142
m	25		3.15	4
d_1	(22.4)　28 (35.5)　45		(28)　35.5　(45)　56	(31.5)　40　(50)　71
m^2d_1/mm^3	140　175　221.9　281		277.8　352.2　446.5　555.6	504　640　800　1136
m	5		6.3	8
d_1	(40)　50　(63)　90		(50)　63　(80)　112	(62)　80　(100)　140
m^2d_1/mm^3	1000　1250　1575　2250		1985　2500　3175　4445	4032　5376　6400　8960
m	10		12.5	16
d_1	(71)　90　(112)　160		(90)　12　(140)　200	(112)　140　(180)　250
m^2d_1/mm^3	7100　9000　11200　16000		14062　17500　21875　31250	28672　35840　46080　6400

2．蜗杆分度圆直径 d_1 和分度圆柱上的导程角 γ

与齿条相对应，我们定义蜗杆上理论齿厚与理论齿槽宽相等的圆柱称为蜗杆的分度圆柱。由于切制蜗轮的滚刀必须与其相啮合蜗杆的直径和齿形参数相当，为了减少滚刀数量并便于标准化，对每一个模数规定有限个蜗杆的分度圆直径 d_1 值(见表 20-1)。

将蜗杆分度圆柱展开，如图 20-4 所示，蜗杆分度圆柱上的螺旋升角为 λ，由图得：

$$\tan\gamma = \frac{z_1 p_{a1}}{\pi d_1} = \frac{z_1 m}{d_1} \tag{20-2}$$

z_1、m 值确定后，蜗杆的导程 γ 即可求出。

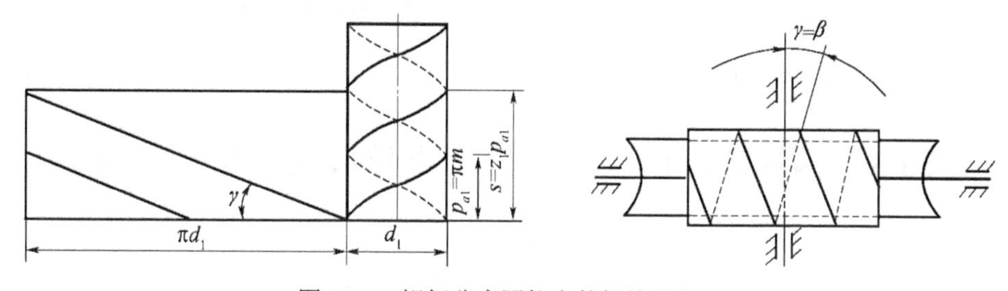

图 20-4　蜗杆分度圆柱上的螺旋升角 λ

3．蜗杆头数 z_1 和蜗轮齿数 z_2

螺杆头数 z_1 的选择与传动比、效率、制造等有关。若要得到大传动比，可取 z_1=1，但传动效率较低。当传动功率较大时，为提高传动效率可采用多头蜗杆，取 z_1=2 或 4。头数过多，加工精度不易保证。

蜗轮齿数 $z_2=i\,z_1$。为了避免蜗轮轮齿发生根切，z_2 不应少于 26；动力蜗杆传动，一般 z_2=27～80。若 z_2 过多，会使结构尺寸过大，蜗杆长度也随之增加，导致蜗杆刚度降低，影响啮合精度。z_1 和 z_2 的推荐值见表 20-2。

表 20-2　z_1、z_2 的荐用值

传动比 $i=z_2/z_1$	7～8	9～13	14～24	28～40	>40
蜗杆头数 z_1	4	4	2	1，2	1
蜗杆齿数 z_2	28～32	36～52	28～48	28～80	>40

20.2.2　普通圆柱蜗杆传动的几何计算

标准普通圆柱蜗杆传动的基本几何尺寸关系和计算公式见图 20-3 和表 20-3。

表 20-3　蜗杆传动几何尺寸的计算

名称	符号	蜗杆	蜗轮
分度圆直径	d	$d_1=mz_1/\tan\lambda$	$d_2=mz_2$
中心距	a	$a=(d_1+d_2)/2$	
齿顶圆直径	d_a	$d_{a1}=d_1+2m$	$d_{a2}=d_2+2m$
齿根圆直径	d_f	$d_{f1}=d_1-2.4m$	$d_{f2}=d_2-2.4m$
蜗轮最大外圆直径	d_{e2}		$d_{e2}=d_{a2}+m$
蜗轮齿顶圆弧半径	R_{a2}		$R_{a2}=d_{f1}+0.2m$
蜗轮齿根圆弧半径	R_{f2}		$R_{f2}=d_{a1}+0.2m$
蜗轮轮缘宽度	b		$z_1\leqslant3$ 时，$b\leqslant0.75d_{a1}$ $z_1=4$ 时，$b\leqslant0.67d_{a1}$
蜗杆分度圆柱上导程角	γ	$\gamma=\arctan z_1m/d_1$	
	p	$p=\pi m$	
蜗杆螺旋部分长度	L	$z_1=1$、2 时，$L\geqslant(11+0.06z_2)m$; $z_2=4$ 时，$L\geqslant(12.5+0.09\ z_2)m$; 磨削蜗杆加长量： 当 $m<10$(mm)时，加长 25(mm) 当 $m=10$～16(mm)时，加长 35～40(mm)	

20.3　蜗杆传动的失效形式、设计准则和材料选择

20.3.1　失效形式

蜗杆传动的主要失效形式为轮齿折断、齿面点蚀、胶合和磨损等，但是由于蜗杆传动在齿面间有较大的相对滑动，与齿轮相比，其磨损、点蚀和胶合的现象更易发生，而且失效通常发生在蜗轮轮齿上。

20.3.2　设计准则

在闭式蜗杆传动中，蜗轮齿多因齿面胶合或点蚀而失效，因此，通常按齿面接触疲劳强度进行设计，而按齿根弯曲疲劳强度进行校核。此外，由于闭式蜗杆传动散热较为困难，还应做热平衡计算。

在开式蜗杆传动中，多发生齿面磨损和轮齿折断，因此，应以保证齿根弯曲疲劳强度作

为开式蜗杆传动的主要设计准则。

20.3.3 蜗杆和蜗轮的材料选择

基于蜗杆传动的特点，蜗杆副的材料组合首先要求具有良好的减摩、耐磨、易于跑合的性能和抗胶合能力。此外，也要求有足够的强度。

1. 蜗杆的材料

蜗杆绝大多数采用碳钢或合金钢制造，其螺旋面硬度愈高，光洁度愈高，耐磨性就愈好。对于高速重载的蜗杆常用 20Cr、20CrMnTi 等合金钢渗碳淬火，表面硬度可达 56～62HRC；或用 45、40Cr 等钢表面淬火，硬度可达 45～55HRC；淬硬蜗杆表面应磨削或抛光。一般蜗杆可采用 40、45 等碳钢调质处理，硬度 217～255HBS。在低速或手摇传动中，蜗杆也可不经热处理。

2. 蜗轮的材料

在高速、重要的传动中，蜗轮常用铸造锡青铜 ZcuSn10Pl 制造,它的抗胶合和耐磨性能好，允许的滑动速度 v_s 可达 25m/s，易于切削加工，但价格贵。在滑动速度 v_s<12m/s 的蜗杆传动中，可采用含锡量低的铸造锡锌铅青铜 ZCuSn5Pb5Zn5。无锡青铜，例如铸造铝铁青铜 ZcuAl10Fe3 强度较高、价廉，但切削性能差、抗胶合能力较差，宜用于配对经淬火的蜗杆、滑动速度 v_s<10m/s 的传动。在滑动速度 v_s<2m/s 的传动中，蜗轮也可用球墨铸铁、灰铸铁。但蜗轮材料的选取并不完全取决于滑动速度 v_s 的大小，对重要的蜗杆传动，即使 v_s 值不高，也常采用锡青铜制作蜗轮。

20.4 普通圆柱蜗杆的强度计算

20.4.1 蜗杆传动的运动分析和受力分析

1. 运动分析

蜗杆传动的运动分析目的是确定传动件的转向及滑动速度。蜗杆传动中，一般蜗杆为主动，蜗轮的转向取决于蜗杆的转向与螺旋线方向以及蜗杆与蜗轮的相对位置，如图 20-5(a)所示，蜗杆为右旋、下置，当蜗杆按图示方向 n_1 回转时，则蜗杆的螺旋齿把与其啮合的蜗轮轮齿沿 v_2 方向向左推移，故蜗轮沿顺时针方向 n_2 回转。上述转向判别亦可用螺旋定则来进行:当蜗杆为右(左)旋时，用右(左)手四指弯曲的方向代表蜗杆的旋转方向，蜗轮的节点速度 v_2 的方向与大拇指指向相反，从而确定蜗轮的转向。图 20-5(b)表明 v_1 与 v_2 相互垂直，轮齿间有很大的相对滑动。v_1、v_2 的相对速度 v_s 称为滑动速度，它对蜗杆传动发热和啮合处的润滑情况以及损坏有相当大的影响。由图 20-5 知

$$v_s=\frac{v_1}{\cos\gamma}=\frac{\pi d_1 n_1}{60\times1000\cos\gamma}\quad(\text{m/s})\tag{20-3}$$

式中：d_1 为蜗杆分度圆直径(mm)；v_1 为蜗杆节点圆周速度(m/s)；n_1 为蜗杆转速(r/min)；γ 为蜗杆分度圆柱上导程角。

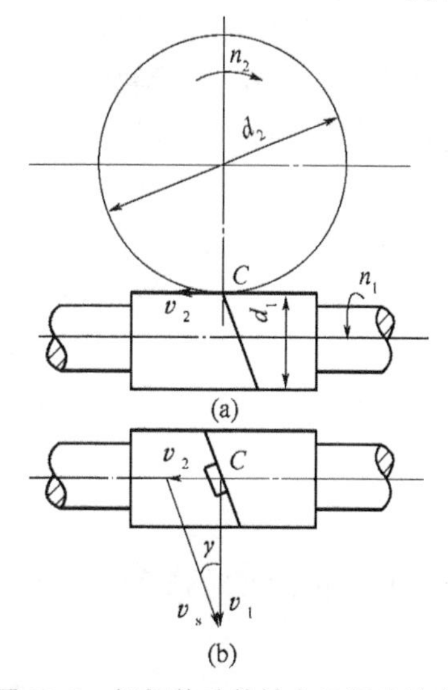

图 20-5 蜗杆传动的转向及滑动速度

2. 受力分析

蜗杆传动的受力分析和斜齿圆柱齿轮传动相似，如图 20-6 所示，将啮合结点 C 处齿间法向力 $\boldsymbol{F}_n$ 分解为三个互相垂直的分力：圆周力 $\boldsymbol{F}_t$、轴向力 $\boldsymbol{F}_a$ 和径向力 $\boldsymbol{F}_r$。蜗杆为主动件，作用在蜗杆上的圆周力 $\boldsymbol{F}_{t1}$ 与蜗杆在该点的圆周速度方向相反；蜗轮是从动件，作用在蜗轮上的圆周力 $\boldsymbol{F}_{t2}$ 与蜗轮在该点的圆周速度方向相同，当蜗杆轴与蜗轮轴交错角$\sum=90°$时，作用于蜗杆上的圆周力 $\boldsymbol{F}_{t1}$ 等于蜗轮上的轴向力 $\boldsymbol{F}_{a2}$，但方向相反；作用于蜗轮上的圆周力 $\boldsymbol{F}_{t2}$ 等于蜗杆上的轴向力 $\boldsymbol{F}_{a1}$，方向亦相反；蜗杆、蜗轮上的径向力 $\boldsymbol{F}_{r1}$、$\boldsymbol{F}_{r2}$ 都分别由啮合结点 C 沿半径方向指向各自的中心，且大小相等、方向相反。如果 T_1 和 T_2 分别表示作用于蜗杆和蜗轮上的转矩，并略去摩擦力不计，则各力的大小按下式确定：

$$F_{t1}=F_{a2}=2T_1/d_1 \tag{20-4}$$

$$F_{a1}=F_{t2}=2T_2/d_2 \tag{20-5}$$

$$F_{r1}=F_{r2}=F_{t2}\cdot\tan\alpha \tag{20-6}$$

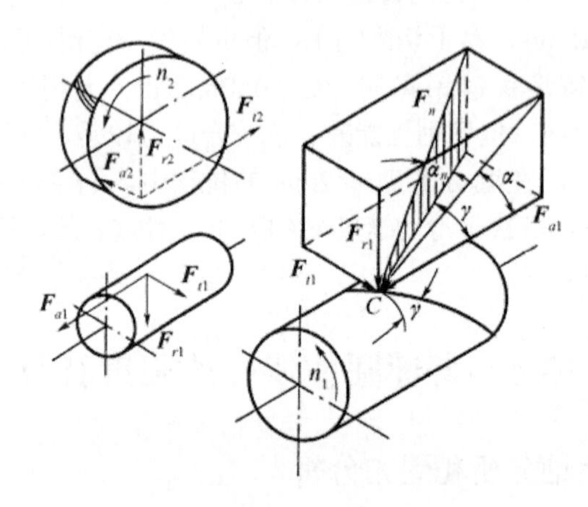

图 20-6　蜗杆传动的受力分析

20.4.2　蜗杆传动的齿面接触强度计算

胶合与磨损在蜗杆传动中虽属常见的失效形式，但目前尚无成熟的计算方法；不过它们均随齿面接触应力的增加而加剧，因此可统一作为齿面接触强度进行条件性计算，并在选取与齿数相应的许用接触应力$[\sigma]_H$ 值时考虑胶合和磨损失效的影响。这样，蜗杆齿面的接触强度计算便成为蜗杆传动最基本的轮齿强度计算。

蜗杆传动的齿面接触强度计算与斜齿轮类似，也是以赫兹公式为计算基础。将蜗杆作为齿条，蜗轮作为斜齿轮以其结点处啮合的相应参数代入赫兹公式，对于钢制蜗杆和青铜或铸铁制的蜗轮可得：

蜗轮齿面接触强度的校核公式

$$\sigma_H=\frac{480}{mz_2}\sqrt{\frac{KT_2}{d_1}}\leqslant[\sigma]_H \quad (\text{MPa}) \tag{20-7}$$

蜗轮齿面接触强度的设计公式

$$m^2d_1\geqslant\left(\frac{480}{[\sigma]_H\,z_2}\right)^2KT_2 \quad (\text{mm}^3) \tag{20-8}$$

式中：T_2为作用在蜗轮上的转矩(N/mm^2)；K为载荷系数，用来考虑载荷集中和动载荷的影响，K=1～1.3，当载荷平稳，滑动速度低以及制造和安装精度较高时，取低值；$[\sigma]_H$为蜗轮的许用接触应力(N/mm^2)，查表 20-4；d_1为蜗杆分度圆直径(mm)。

根据式(20-8)求得m^2d_1后，按表 20-1 确定m及d_1的标准值。蜗轮轮齿弯曲强度所限定的承载能力，大都超过齿面点蚀和热平衡计算(见 20.5 节)所限定的承载能力。蜗轮轮齿折断的情况很少发生，只有在受强烈冲击的传动等少数情况下，并且蜗轮采用脆性材料，计算其弯曲强度才有实际意义。需要计算时可参阅有关文献。

表 20-4　常用的蜗轮材料及其许用接触应力　(MPa)

蜗轮材料牌号	铸造方法	适用的滑动速度(m/s)	许用接触应力$[\sigma]_H$						
			滑动速度(m/s)						
			0.5	1	2	3	4	6	8
ZcuSn10P1	砂　模	≤25	134						
	金属模		200						
ZcuSn5Pb5Zn5	砂　模	≤12	128						
	金属模		134						
	离心浇铸		174						
ZcuAl10Fe3	砂　模	≤10	250	230	210	180	160	120	90
	金属模								
	离心浇铸								
ZcuZn38Mn2Pb2	砂　模	≤10	215	200	180	150	135	95	75
	金属模								
HT150	砂　模	≤2	130	115	90	—	—	—	—
HT200									

注：1. 表中$[\sigma]_H$值是用于蜗杆螺旋表面硬度>350HBS 时,若≤350HBS 时,需降低 15%～20%。

2. 当传动为短时工作的，锡青铜的$[\sigma]_H$值可提高 40%～50%

20.5　蜗杆传动的效率、润滑和热平衡计算

20.5.1　蜗杆传动的效率计算

闭式蜗杆传动的效率为

$$\eta=\eta_1\eta_2\eta_3 \tag{20-9}$$

式中：η_1为啮合效率；η_2为搅油效率，一般η_2=0.94～0.99；η_3为轴承效率，每对滚动轴承η_3=0.99～0.995，滑动轴承η_3=0.97～0.99。

上述三项效率中，啮合效率η_1是三项效率中的最低值，因而在计算总效率η时，它是主要的，η_1可按螺旋副的效率公式计算。

当蜗杆主动时，有

$$\eta_1=\frac{\tan\gamma}{\tan(\gamma+\rho_v)} \tag{20-10}$$

式中的 ρ_v 为蜗杆与蜗轮齿面间的当量摩擦角。

当量摩擦角 ρ_v 与蜗杆蜗轮的材料、表面情况、相对滑动速度及润滑条件有关。啮合中齿面间的滑动，有利于油膜的形成，所以滑动速度愈大，当量摩擦角愈小。

分析式(20-10)可知，当蜗杆导程角 γ 接近于 45°时啮合效率 η_1 达最大值。在此之前，η_1 随 γ 的增大而增大，故动力传动中常用多头蜗杆以增大 γ。但大导程角的蜗杆制造困难，所以在实际应用中 γ 很少超过 27°。

在初步设计时，蜗杆传动的总效率 η 可近似地取为:

(1) 闭式传动

$$z_1=1\text{ 时}，\eta=0.70\sim0.75；$$
$$z_1=2\text{ 时}，\eta=0.75\sim0.82；$$
$$z_1=4\text{ 时}，\eta=0.87\sim0.92；$$

(2) 开式传动

$$z_1=1，2\text{ 时}，\eta=0.60\sim0.70$$

20.5.2 蜗杆传动的润滑

为了提高蜗杆传动的效率、降低工作温度，避免胶合和减少磨损，必须进行良好的润滑。蜗杆传动所用润滑油的黏度及润滑方法见表 20-5。

表 20-5 蜗杆传动润滑油的黏度和润滑方法

滑动速度 v_s (m/s)	≤1	<1～2.5	≤2.5～5	>5～10	>10～15	>15～25	>25
工作条件	重载	重载	中载	—	—	—	—
运动黏度 $Q_{40℃}$ /(mm²/s)	1000	680	320	220	150	100	68
润滑方法	浸油润滑			浸油或喷油润滑	压力喷油润滑		

20.5.3 蜗杆传动热平衡计算

所谓热平衡，就是要求蜗杆传动正常连续工作时，由摩擦产生的热量应小于或等于箱体表面散发的热量，以保证温升不超过许用值。蜗杆传动的发热量较大，对于闭式传动，如果散热不充分，温升过高，就会使润滑油黏度降低，减小润滑作用，导致齿面磨损加剧，甚至引起齿面胶合。所以，对于连续工作的闭式蜗杆传动，应进行热平衡计算。转化为热量的摩擦耗损功率为

$$P_s=1000P(1-\eta)\quad(\text{W})\tag{20-11}$$

经箱体表面散发热量的相当功率为

$$P_c=kA(t_1-t_2)\quad(\text{W})\tag{20-12}$$

达到热平衡时 $P_s=P_c$，则蜗杆传动的热平衡条件是

$$t_1=\frac{1000P(1-\eta)}{kA}+t_2\leqslant[t]\quad(℃)\tag{20-13}$$

式中：P 为传动输入的功率(kW)；k 为散热系数(W/m² ·℃)，通风良好时，k=(14～17.5)W/m² ·℃；通风不良时，k=(8.5～10.5)W/m² · ℃；A 为有效散热面积，指内部有油浸溅且外部与流通空气接触的箱体表面积(m²)；η 为传动总效率；t_1、t_2 为润滑油的工作温度和环境温度(℃)；[t]

为允许的润滑油工作温度，一般$[t]$=70～75℃。

在设计中，如果$t_1>[t]$，可采用下列措施以增加传动的散热能力：

(1) 在蜗轮箱体外表面上铸出或焊上散热片，以增加散热面积，散热片本身面积作50%计算。

(2) 在蜗杆轴上装风扇，以增加散热系数，这时可取k=21～28W/(m^2 · ℃)(图 20-7(a))。

(3) 用上述方法，散热能力仍不够时，可在箱体油内装蛇形水管，用循环水冷却(图 20-7(b))。

(4) 对温控要求较高的蜗杆传动采用压力喷油循环润滑(图 20-7(c))。

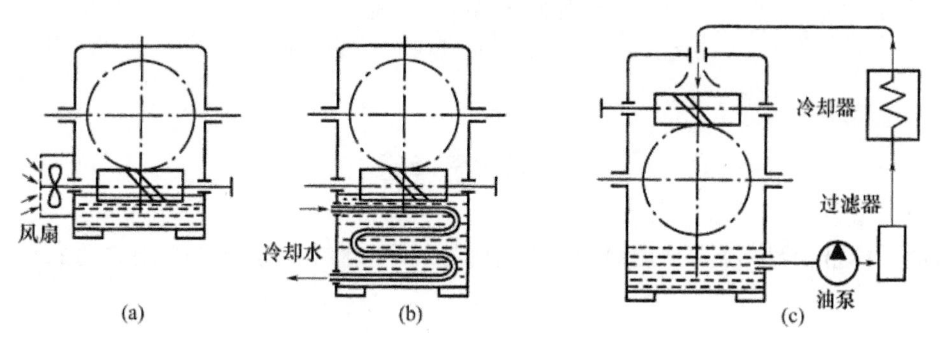

图 20-7　蜗杆传动的冷却方法

20.6　蜗杆和蜗轮的结构

20.6.1　蜗杆的结构

蜗杆通常和轴制成一体，称为蜗杆轴。对于铣削的蜗杆，轴径d可大于d_{f1}，以增加蜗杆刚度(图 20-8(a))；对于车制的蜗杆(图 20-8(b))，轴径d应比蜗杆根圆直径d_{f1}小 2～4mm。只有在蜗杆直径很大($d_{f1}/d\geqslant1.7$)时，才可将蜗杆齿圈和轴分别制造，然后再套装在一起。

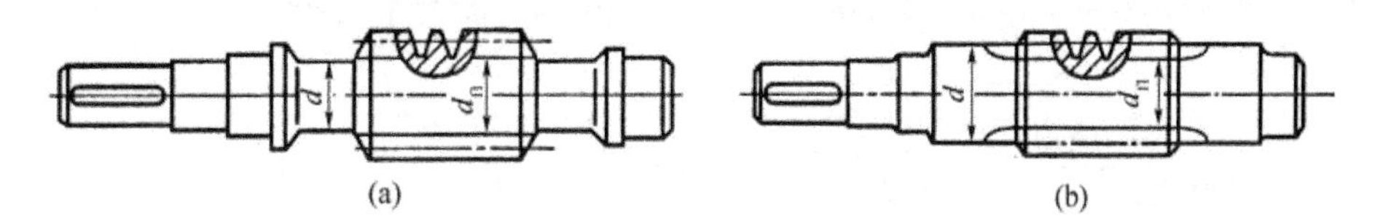

图 20-8　蜗杆的结构

(a) 铣削的蜗杆；(b) 车制的蜗杆。

20.6.2　蜗轮的结构

铸铁蜗轮和直径小于 100mm 的青铜蜗轮适宜制成整体式(图 20-9(a))。为了节省贵重的铜合金，对直径较大的蜗轮通常采用组合结构，即齿圈用青铜制造，而轮芯用钢或铸铁制成。采用组合结构时，齿圈和轮芯间可以用 H_7/s_5 或 H_7/s_6 过盈配合连接。为了工作可靠，沿着结合面圆周装上 4～8 个螺钉(图 20-9(b))，螺钉孔的中心线均向材料较硬的一边偏移 2～3mm，以便于钻孔。当蜗轮直径大于 600mm 或磨损后需要更换齿圈的场合，轮圈与轮芯也可用铰制孔螺栓连接(图 20-9(c))。对于大批量生产的蜗轮，常将青铜齿圈直接浇铸在铸铁轮芯上(图 20-9(d))，为了防止滑动应在轮芯上预制出槽。

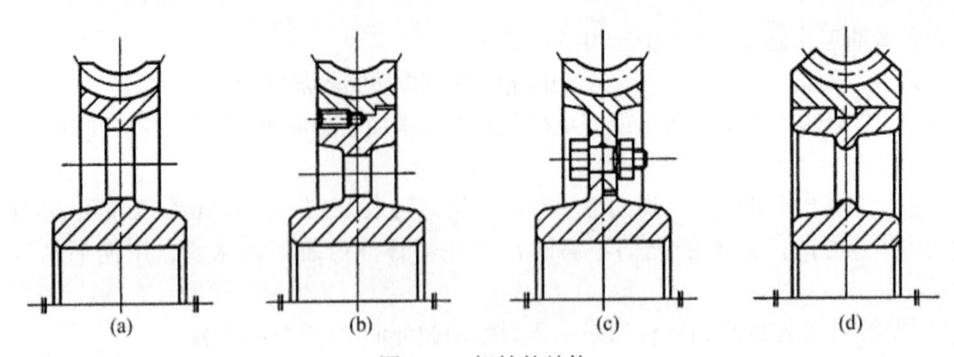

图 20-9　蜗轮的结构

(a) 整体式；(b) 组合式；(c) 铰制孔式；(d) 浇铸式。

习题与思考题

20–1　标出各图中未注明的蜗杆或蜗轮的螺旋线方向和转动方向(蜗杆均为主动)以及三个分力的方向。

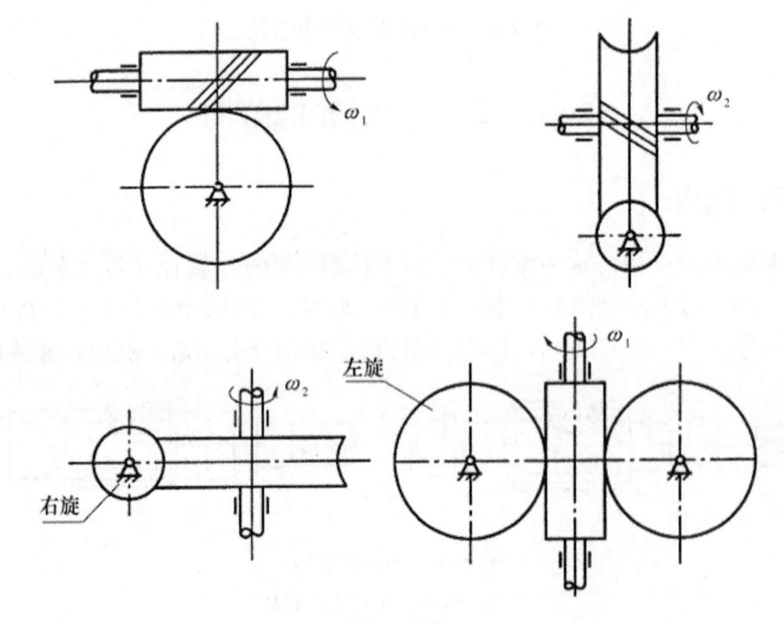

题 20-1 图

20–2　一单级蜗杆减速器输入功率 P_1=3kW，z_1=2,箱体散热面积约为 1m^2,通风条件较好，室温 20℃,试验算油温是否满足要求。

20–3　一闭式蜗杆传动,已知:蜗杆输入功率 P=3kW,转速 n_1=1450r/min,蜗杆头数 z_1=2,蜗轮齿数 z_2=40，模数 m=4mm，蜗杆分度圆 d_1=40，蜗杆和蜗轮间的当量摩擦系数 f'=0.1。

试求:

(1) 啮合效率 η_1 和总效率 η;

(2) 作用在蜗杆轴上的转矩 T_1 和蜗轮轴上的转矩 T_2;

(3) 作用在蜗杆和蜗轮上的各分力的大小和方向。

20–4 一手动绞车采用圆柱蜗杆传动。已知 m=8mm，z_1=1，d_1=80mm，z_2=40，卷筒直径 D=200mm。

试计算：

(1) 升重物 1m 时，蜗杆应转多少转？

(2) 蜗杆与蜗轮尖的当量摩擦系数 f'=0.18，该机构能否自锁？

(3) 若重物 W=5kN，手摇时施加的力 F=100N，手柄转臂的长度 L 应是多少？

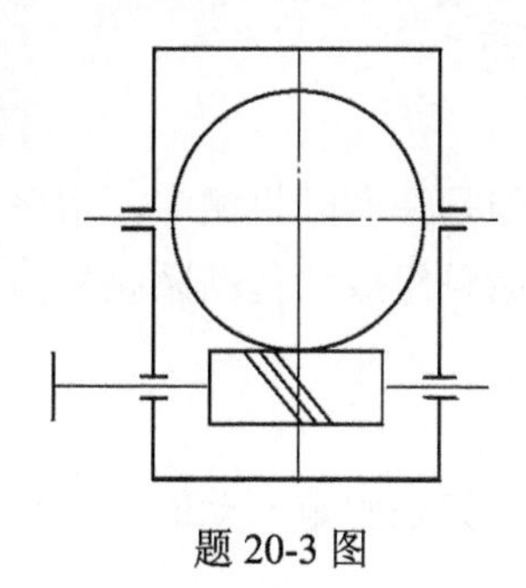

题 20-3 图

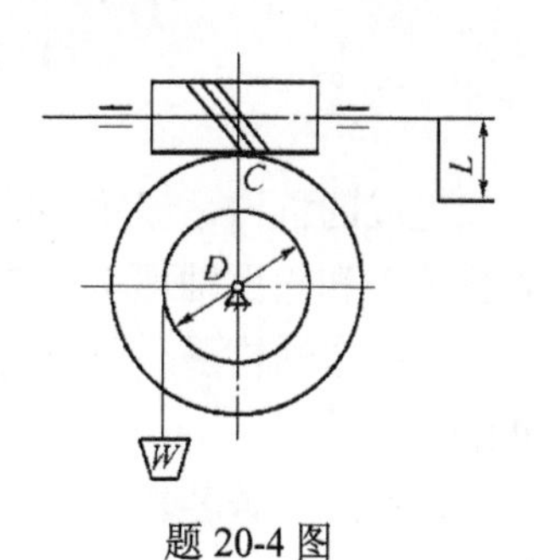

题 20-4 图

第21章 轮 系

21.1 轮系的分类

由一对齿轮组成的机构是齿轮传动的最简单形式。但是在实际机械中，常采用一系列互相啮合的齿轮将输入和输出轴连接起来。这种由一系列齿轮组成的传动系统称为轮系。轮系可以分为三种类型：定轴轮系、周转轮系和混合轮系。

1. 定轴轮系

在轮系运转过程中，若各轮几何轴线的位置相对于机架是固定不动的，这种轮系称为定轴轮系，如图21-1所示。

2. 周转轮系

轮系在运转过程中，若其中至少有一个齿轮的几何轴线位置相对于机架不固定，而是绕着其他齿轮的固定几何轴线回转的，称这样的轮系为周转轮系。如图21-2中，齿轮2的几何轴线 O_2O_2 不固定，而是绕着固定轴线 OO 转动的。

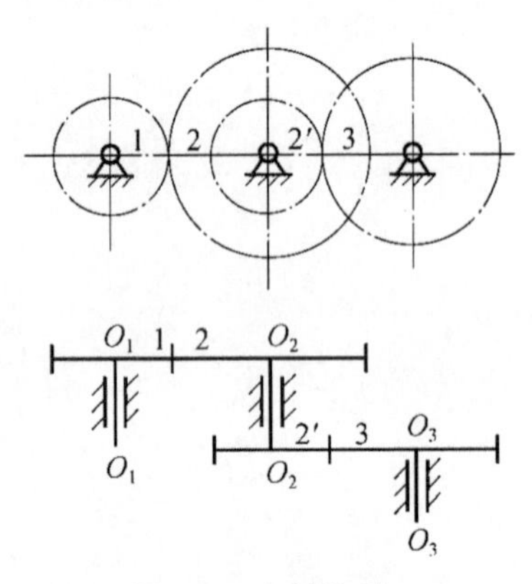

图21-1 定轴轮系

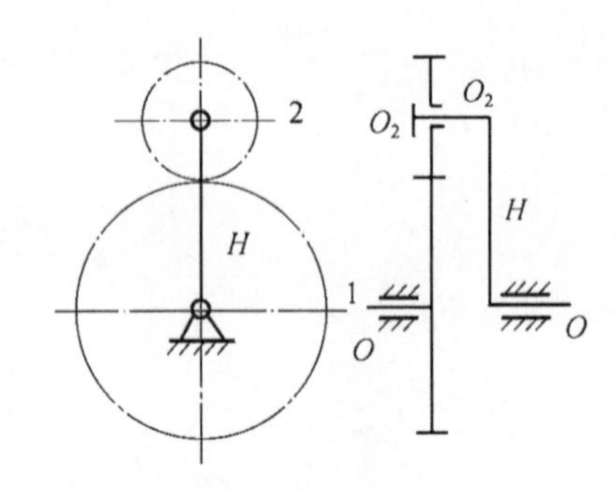

图21-2 周转轮系

周转轮系又分为差动轮系和行星轮系两种。图21-3(a)所示轮系，太阳轮1和内齿圈3均转动，该机构的活动构件数 n=4，低副数 P_L=4，高副数 P_H=2，机构自由度 $F=3n-2P_L-P_H=3\times4-2\times4-2=2$。这种自由度 F=2的周转轮系称为差动轮系。图21-3(b)所示轮系，内齿圈3固定。该机构的活动构件数 n=3，P_L=3，P_H=2，机构自由度 $F=3n-2P_L-P_H=3\times3-2\times3-2=1$。这种自由度 F=1的周转轮系称为行星轮系。

3. 混合轮系

在各种实际机械中所用的轮系，往往既包含定轴轮系部分，又包含周转轮系部分(图21-4(a))；或者是由几部分周转轮系组成的(图21-4(b))，这种复杂的轮系称为混合轮系，又称为复合轮系。

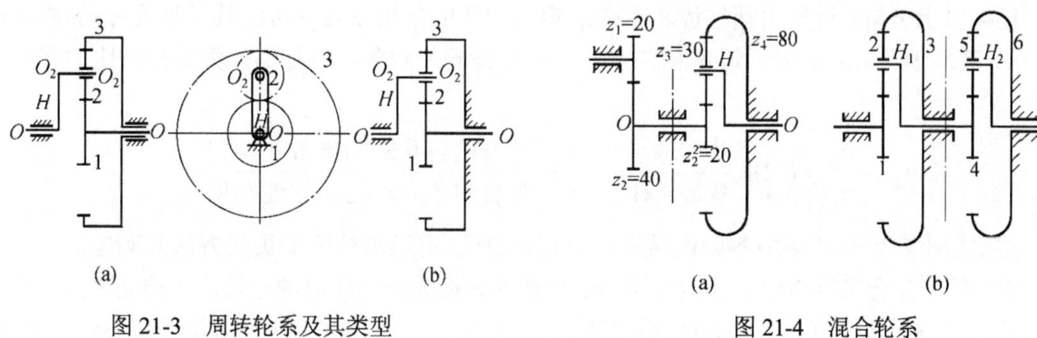

图 21-3　周转轮系及其类型

(a) 差动轮系；(b) 行星轮系。

图 21-4　混合轮系

21.2　定轴轮系传动比

轮系中主动轴与从动轴的转速(或角速度)之比，称为轮系的传动比，用 i_{12} 表示。下标 1、2 为主动轴和从动轴的代号，即 $i_{12}=n_1/n_2$(或 ω_1/ω_2)。

一对圆柱齿轮传动，其传动比为

$$i_{12}=\frac{n_1}{n_2}=\frac{\omega_1}{\omega_2}=\mp\frac{z_2}{z_1}$$

式中：负号和正号相应表示两轮转向相反的外啮合(图 21-5(a))与两轮转向相同的内啮合(图 21-5(b))。

如图 21-6 所示，由圆柱齿轮组成的定轴轮系，若已知各齿轮的齿数，则可求得各对齿轮的传动比为

$$i_{12}=\frac{n_1}{n_2}=-\frac{z_2}{z_1}\;;\quad i_{2'3}=\frac{n_{2'}}{n_3}=-\frac{z_3}{z_{2'}}\;;\quad i_{34}=\frac{n_3}{n_4}=\frac{z_4}{z_3}$$

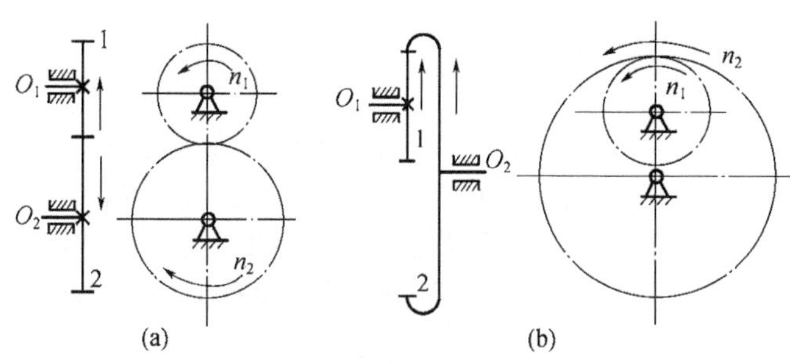

图 21-5　齿轮啮合传动比

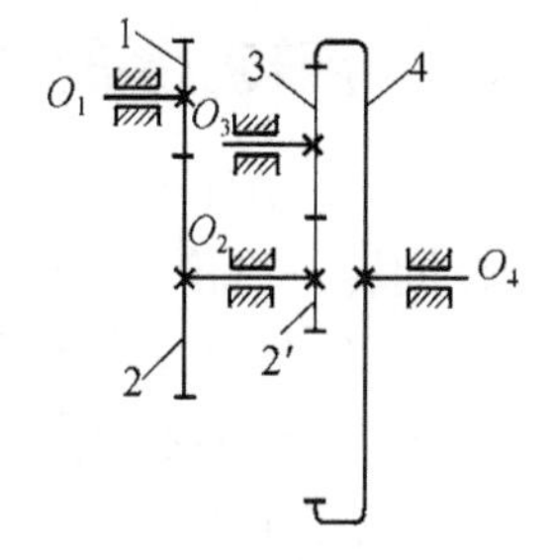

图 21-6　定轴轮系传动比

将上列各式顺序连乘，且考虑到由于齿轮 2 与 2′ 固定在同一根轴上，即 $n_2=n_{2'}$，故得

$$i_{14}=\frac{n_1}{n_4}=\frac{n_1}{n_2}\bullet\frac{n_{2'}}{n_3}\bullet\frac{n_3}{n_4}=i_{12}\bullet i_{2'3}\bullet i_{34}=(-1)^2\frac{z_2z_3z_4}{z_1z_{2'}z_3}$$

即该定轴轮系的传动比，等于组成该轮系的各对啮合齿轮的传动比的连乘积，也等于各对齿轮传动中的从动轮齿数的乘积与主动轮齿数的乘积之比；而传动比的正负(首末两轮转向相同或相反)则取决于外啮合齿轮的对数。

图中齿轮 3 既为主动又为从动，由上式可见，其齿数 z_3 对传动比的大小不发生影响，仅起改变转向或调节中心距的作用，这种齿轮称为惰轮或过桥齿轮。

根据以上分析，设一由圆柱齿轮组成的定轴轮系的首轮以 G 表示，其转速为 n_G 的末轮以 J 表示，其转速为 n_J；m 表示该定轴轮系中外啮合齿轮的对数，则得到计算其传动比的普遍公式为

$$i_{GJ}=\frac{n_G}{n_J}=(-1)^m\frac{\text{从齿轮}G\text{至}J\text{之间啮合的各从动轮齿数连乘积}}{\text{从齿轮}G\text{至}J\text{之间啮合的各主动轮齿数连乘积}} \tag{21-1}$$

需要指出，定轴轮系中各轮的转向也可用图 21-5 所示以标注箭头的方法来确定。

如果轮系是含有锥齿轮、螺旋齿轮和蜗杆传动等组成的空间定轴轮系，其传动比的大小仍可用式(21-1)来计算，但式中的$(-1)^m$不再适用，只能在图中以标注箭头的方法确定各轮的转向。

例 21-1 图 21-7 所示的轮系中，设蜗杆 1 为右旋，转向如图所示，$z_1=2$，$z_2=40$，$z_{2'}=18$，$z_3=36$，$z_{3'}=20$，$z_4=40$，$z_{4'}=18$，$z_5=45$。若蜗杆转速 $n_1=100\text{r/min}$，求内齿轮 5 的转速 n_5 和转向。

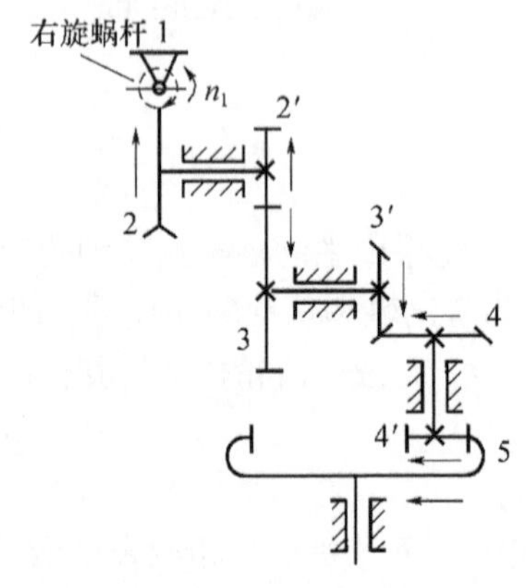

图 21-7 例 21-1 图

解：本题为空间定轴轮系，只应用式(21-1)计算轮系传动比的大小：

$$i_{15}=\frac{n_1}{n_5}=\frac{z_2z_3z_4z_5}{z_1z_{2'}z_{3'}z_{4'}}=\frac{40\times36\times40\times45}{2\times18\times20\times18}=200$$

所以

$$n_5=\frac{n_1}{i_{15}}=\frac{1000}{200}=5\text{r/min}$$

蜗杆轴的转向 n_1 是给定的，按传动系统路线依次用箭头标出各级传动的转向，最后获得 n_5 的转向如图 21-7 所示。

21.3 周转轮系传动比

21.3.1 周转轮系的组成

图 21-8(a)所示为一最常见的周转轮系。齿轮 1 和 3 以及构件 H 均各绕固定的几何轴线 $O-O$ 回转。齿轮 2 空套在构件 H 上，一方面绕其自身的几何轴线 O_2-O_2 回转(自转)，同时又随着构件 H 绕固定的几何轴线 $O-O$ 回转(公转)。在周转轮系中，轴线位置固定的齿轮称为中心轮或太阳轮(如齿轮 1 和 3，常用 K 表示)；而轴线位置变动的齿轮称为行星轮(如齿轮 2)；支持行星轮自转的构件称为转臂(又称为系杆或行星架，常用 H 表示)。周转轮系是由行星轮、中心轮和转臂组成的，每个单一的周转轮系具有一个转臂，中心轮的数目不超过两个，且转臂与中心轮的几何轴线必须重合，否则便不能转动。当周转轮系的转臂固定不动时，即成为定轴轮系。

21.3.2 周转轮系的传动比

周转轮系中有回转的转臂使行星轮的运动不是绕固定轴线的简单运动，所以其传动比不能直接用求解定轴轮系传动比的方法来计算。如图 21-8(a)所示的周转轮系，设齿轮 1、2、3 及转臂 H 的绝对转速分别为 n_1、n_2、n_3 及 n_H。若给整个周转轮系各构件都加上一个与转臂 H 的转速大小相等、转动方向相反、且绕固定轴线 $O-O$ 回转的公共转速 $-n_H$，根据相对运动

原理知其各构件之间的相对运动关系将仍然保持不变。但这时转臂 H 的转速为 $n_H-n_H=0$，即转臂可以看成固定不动，于是，该周转轮系转化为定轴轮系。则称该定轴轮系为原周转轮系的“转化轮系”，如图 21-8(b)所示。若以 n_1^H、n_2^H、n_3^H 和 n_H^H 表示转化轮系中构件 1、2、3 和转臂 H 的转速，则转化前后各构件转速见表 21-1。

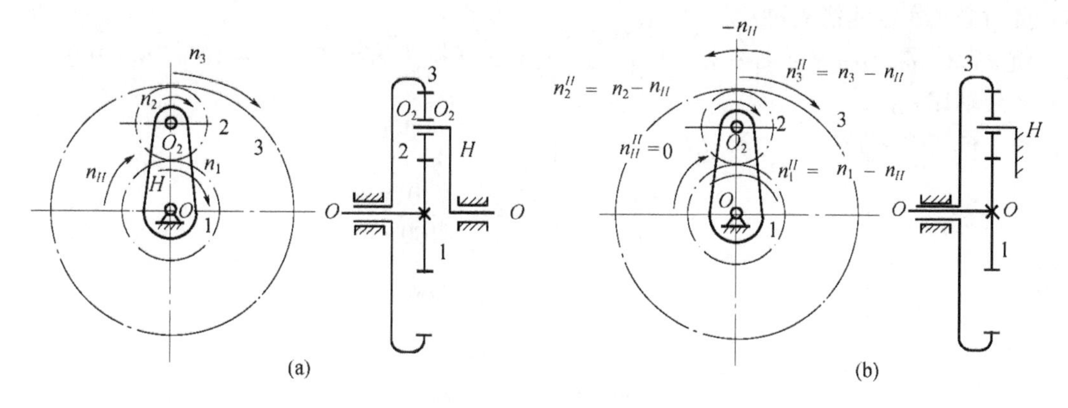

图 21-8　周转轮系的组成

表 21-1　轮系转化前后各构件转速

构　件	原来的转速	转化轮系的转速(即加上 $-n_H$ 后的转速)
1	n_1	$n_1^H=n_1-n_H$
2	n_2	$n_2^H=n_2-n_H$
3	n_3	$n_3^H=n_3-n_H$
H	n_H	$n_H^H=n_H-n_H=0$

转化轮系中各构件的转速的右上方都带有角标 H，表示这些转速是各构件对转臂 H 的相对转速。

既然周转轮系的转化轮系是一定轴轮系，就可应用求解定轴轮系传动比的方法，求出转化轮系中任意两个齿轮的传动比来。如图 21-8(b)的转化轮系中，齿轮 1 与 3 的传动比为

$$i_{13}^H=\frac{n_1^H}{n_3^H}=\frac{n_1-n_H}{n_3-n_H}=(-1)^1\frac{z_2z_3}{z_1z_2}=-\frac{z_3}{z_1}$$

需要指出的是：$i_{13}=n_1/n_3$ 和 $i_{13}^H=n_1^H/n_3^H$ 的概念是不一样的，前面是两轮真实的传动比；而后者是假想的转化轮系中两轮的传动比，同时上式右边的“－”号表示轮 1 与轮 3 在转化轮系中的转速反向，而并非指实际的转速 n_1 和 n_3 反向。

将以上分析推广到一般情形。设在转化轮系中，G、J 分别为起始主动轮和最末从动轮，n_G 和 n_J 分别为齿轮 G 和 J 的转速，则它们与转臂 H 的转速 n_H 之间的关系为

$$i_{GJ}^H=\frac{n_G-n_H}{n_J-n_H}=(-1)^m\frac{\text{假设}H\text{不动时从齿轮}G\text{至}J\text{间啮合的各从动轮齿数连乘积}}{\text{假设}H\text{不动时从齿轮}G\text{至}J\text{间啮合的各主动轮齿数连乘积}} \tag{21-2}$$

式中：m 为齿轮 G 至 J 间外啮合齿轮的对数。

式(21-2)中，如果已知各轮的齿数及 n_G、n_J 和 n_H 三个转速中的任意两个，即可求出另一个转速。在应用式(21-2)求周转轮系的传动比时，还必须注意以下几点。

(1) 此式只适用于单一周转轮系中齿轮 G、J 和转臂 H 轴线平行的场合。

(2) 代入上式时，n_G、n_J、n_H 值都应带有自己的正负符号，设定某一转向为正，则与其相反的方向为负。

(3) 上式如用于由锥齿轮组成的单一周转轮系，转化轮系的传动比的正负号$(-1)^m$不再适用，此时必须用标注箭头的方法确定。

例 21-2 图 21-9 所示行星轮系中，已知各轮的齿数为 $z_1=100$，$z_2=101$，$z_{2'}=100$，$z_3=99$，求传动比 i_{H1}。

解：由式(21-2)得

$$i_{13}^H=\frac{n_1-n_H}{n_3-n_H}=(-1)^2\frac{z_2 z_3}{z_1 z_{2'}}=\frac{101\times 99}{100\times 100}$$

解得

$$i_{1H}=n_1/n_H=1/10000$$

因此

$$i_{H1}=n_H/n_1=10000$$

本例说明行星轮系可以用少数齿轮得到很大的减速比，结构非常紧凑、轻便，但减速比越大，其机械效率越低，不宜用于传动大功率。如将其用于增速传动，可能发生自锁。

例 21-3 图 21-10 所示锥齿轮组成的行星轮系中，各轮的齿数为 $z_1=18$，$z_2=27$，$z_{2'}=40$，$z_3=80$，已知 $n_1=100\text{r/min}$，求转臂 H 的转速 n_H 和转向。

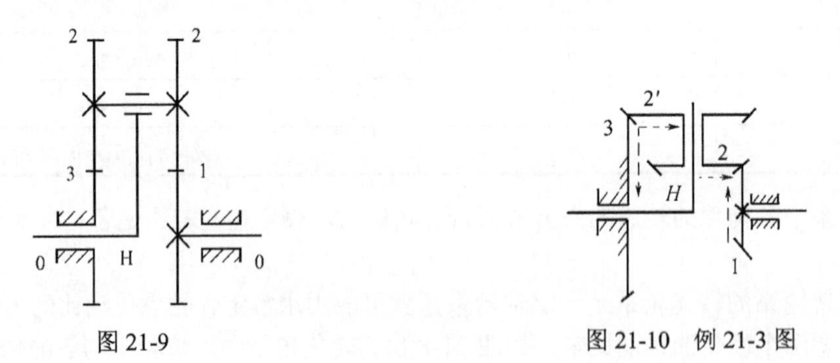

图 21-9　　图 21-10　例 21-3 图

解：因在该轮系中，齿轮 1、3 和转臂 H 的轴线相重合，所以可用式(21-2)进行计算：

$$i_{13}^H=\frac{n_1-n_H}{n_3-n_H}=-\frac{z_2 z_3}{z_1 z_{2'}}$$

上式等号右边的负号，是由于在转化轮系中标注转向箭头(如图中虚线箭头)后 1、3 两轮的箭头方向相反。其实，在原周转轮系中，轮 3 是固定不动的。

设 n_1 的转向为正，则

$$\frac{100-n_H}{0-n_H}=-\frac{27\times 80}{18\times 40}$$

解得

$$n_H=25(\text{r/min})$$

正号表示 n_H 的转向与 n_1 的转向相同。

本例中行星齿轮 $2-2'$ 的轴线和齿轮 1(或齿轮 3)及转臂 H 的轴线不平行，所以不能利用式(21-2)来计算 n_2。

21.4 混合轮系传动比

在机械设备中，除了采用定轴轮系和单一周转轮系外，还大量应用既有定轴轮系又有单一周转轮系的混合轮系。求解混合轮系的传动比，首先必须正确地把混合轮系划分为定轴轮系与各个单一的周转轮系，并分别列出它们的传动比计算公式，找出其相互联系，然后联立求解。

正确地找出各个单一周转轮系是求解混合轮系传动比的关键。其方法是：先找出具有动轴线的行星轮，再找出支持行星轮的转臂，最后找出轴线与转臂的回转轴线重合、同时又与行星轮直接啮合的一个或两个中心轮。混合轮系在划出各个单一周转轮系后，如有剩下的就是一个或多个定轴轮系。

例 21-4 图 21-11 所示为电动卷扬机的传动装置，已知各轮齿数，求 i_{15}。

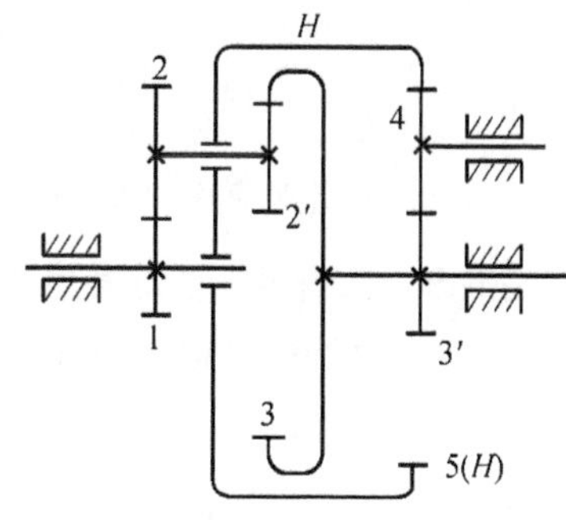

图 21-11 例 21-4 图

解：在该轮系中，双联齿轮 $2-2'$ 的几何轴线是绕着齿轮 1、3 固定轴线回转的，所以是行星轮；支持它运动的构件(卷筒 H)就是转臂；和行星轮相啮合的齿轮 1、3 是两个中心轮。这样齿轮 $2-2'$、转臂 H 和齿轮 1、3 组成一个单一的周转轮系，剩下的齿轮 5、4、$3'$ 则是一个定轴轮系。

齿轮 1、2、$2'$、3 和 H 组成的单一周转轮系的转化轮系传动比为

$$i_{13}^{H}=\frac{n_1-n_H}{n_3-n_H}=-\frac{z_3z_2}{z_{2'}z_1}$$

齿轮 5、4 和$3'$组成的定轴轮系的传动比为

$$i_{3'5}=\frac{n_{3'}}{n_5}=-\frac{z_5}{z_{3'}}$$

以上划分的两个轮系间的联系是：齿轮 3 和$3'$为同一构件，转臂 H 和齿轮 5 为同一构件，故 $n_3=n_{3'}$，$n_5=n_H$，可得

$$i_{15}=\frac{n_1}{n_5}=\left(1+\frac{z_3z_2}{z_{2'}z_1}+\frac{z_5z_3z_2}{z_3z_{2'}z_1}\right)$$

习题与思考题

21-1 在什么情况下要考虑采用轮系？轮系有哪些功用？试举例说明。

21-2 定轴轮系和周转轮系有何区别？行星轮系和差动轮系的区别何在？

21-3 定轴轮系的传动比如何计算？首末两轮的转向关系如何确定？

21-4 何谓转化轮系？引入转化轮系的目的何在？

21-5 在图示轮系中，已知：蜗杆为单头且右旋，转速 $n_1=1440\,\mathrm{r/min}$，转动方向如图所示，其余各轮齿数为：z_2=40，$z_{2'}$=20，z_3=30，$z_{3'}$=18，z_4=54，试：(1)说明轮系属于何种类型；(2)计算齿轮 4 的转速 n_4；(3)在图中标出齿轮 4 的转动方向。

21–6 在图示轮系中，所有齿轮均为标准齿轮，又知齿数 z_1=30，z_4=68。试问：(1) z_2、z_3 的大小；(2)该轮系属于何种轮系？

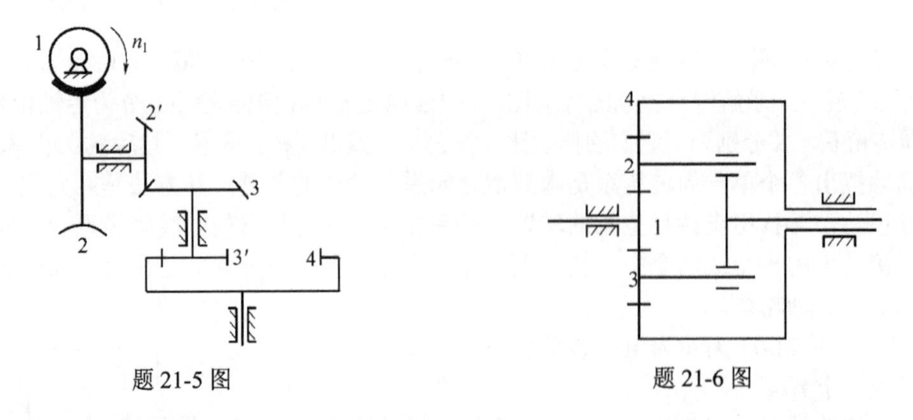

题 21-5 图　　　　题 21-6 图

21–7 在图示轮系中，根据齿轮 1 的转动方向，在图上标出蜗轮 4 的转动方向。

21–8 在图示万能刀具磨床工作台横向微动进给装置中，运动经手柄输入，由丝杆传给工作台。已知丝杆螺距 P=50mm，且单头。$z_1 = z_2$=19，z_3 =18，z_4=20，试计算手柄转一周时工作台的进给量。

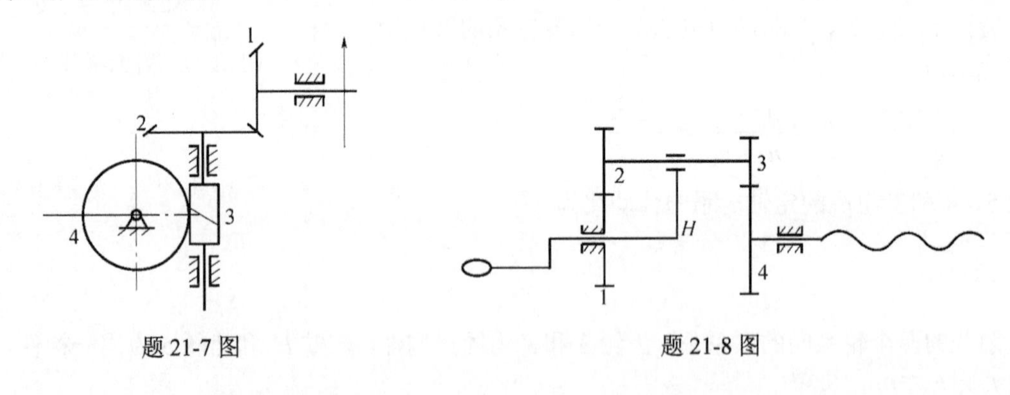

题 21-7 图　　　　题 21-8 图

21–9 图示为里程表中的齿轮传动，已知各轮的齿数为 z_1=17，z_2 =68，z_3=23，z_4 =19，$z_{4'}$=20，z_5=24。试求传动比 i_{15}。

21–10 已知图示轮系中各轮的齿数 z_1 =20，z_2 =40，z_3=15，z_4 =60，轮 1 的转速为 n_1=120r/min，转向如图所示。试求轮 3 的转速 n_3 的大小和转向。

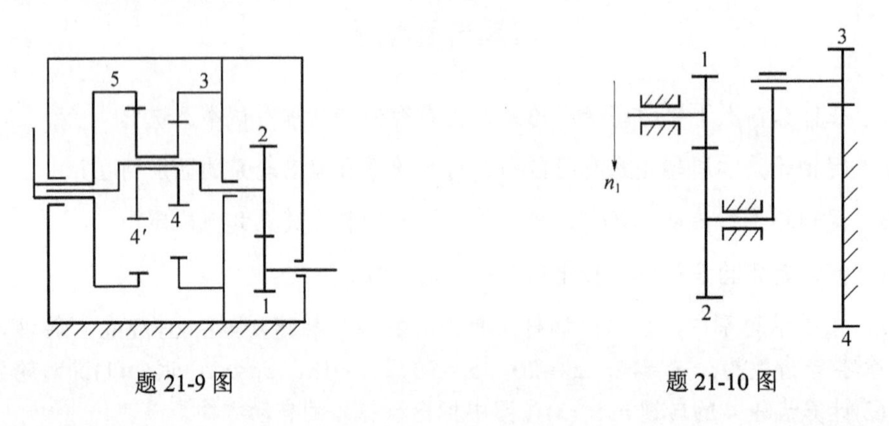

题 21-9 图　　　　题 21-10 图

第 22 章　螺纹连接与螺旋传动

机械是由零件组成的，为了便于机器的制造、安装、运输、维修以及提高劳动生产率，在机械设备中广泛采用连接。

连接分为动连接和静连接。在机械运动中，被连接零件的工作表面间可以有相对运动的连接称为动连接，如各种运动副。被连接零件的工作表面间不允许有相对运动的连接称为静连接，如螺纹连接、键连接、销连接等，其中螺纹连接是本章研究的主要内容。

连接也可分为可拆连接和不可拆连接。允许多次装拆而不影响使用性能的连接称为可拆连接，如螺纹连接、键连接、销连接等。只有损坏组成零件才能拆开的连接则称为不可拆连接，如焊接、粘接和铆接等。

螺旋传动是利用具有螺纹的零件实现回转运动与直线运动间的相互转换，在受力和几何关系上与螺纹连接有共性，所以也在本章讲述。

22.1　螺　纹

22.1.1　螺纹的形成

将一底边长为 πd_1、底角为 λ 的直角三角形，绕在直径为 d_1 的圆柱体上，则其斜边在圆柱体的表面上便形成了螺旋线，如图 22-1(a)所示。

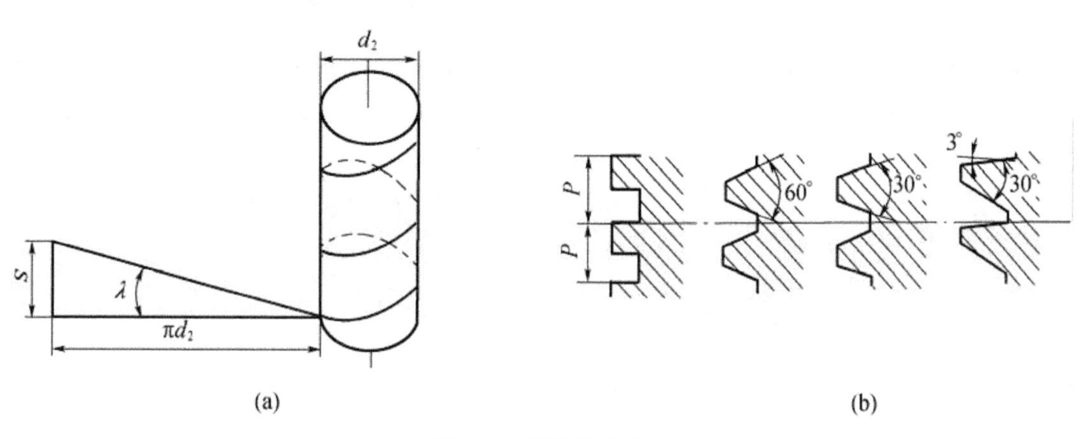

图 22-1　螺纹的形成

将图 22-1(b)所示的平面图形沿着螺旋线运动，并使其通过螺旋线的轴线，则该平面图形所走的轨迹就形成了螺纹。按照平面图形的形状，螺纹分三角形螺纹、矩形螺纹、梯形螺纹、锯齿形螺纹等。螺纹有内螺纹和外螺纹之分，两者旋合组成螺旋副或称螺纹副。用于连接的螺纹称为连接螺纹；用于传动的螺纹称为传动螺纹，相应的传动称为螺旋传动。

22.1.2 螺纹的主要参数

现以普通螺纹为例来说明螺纹的主要参数(图 22-2)。

(1) 大径 $d(D)$：螺纹的最大直径，即与外螺纹牙顶(或内螺纹牙底)相重合的假想圆柱面直径，是螺纹的公称直径。

(2) 小径 $d_1(D_1)$：螺纹的最小直径，即与外螺纹牙底(或内螺纹牙顶)相重合的假想圆柱面直径，用于强度计算。

(3) 中径 $d_2(D_2)$：一个假想圆柱面直径，该圆柱的母线上螺纹的牙厚和牙间相等，常用于几何尺寸计算。

(4) 螺距 P：螺纹上相邻两牙对应点间的轴向距离。

(5) 线数(头数)n：螺纹的螺旋线数。在圆柱体上若只有一条螺纹称单线螺纹。若有两条、三条或多条螺纹均匀分布在圆柱上，则称为双线、三线或多线螺纹。头数少，自锁性好；头数多，传动效率高。但从加工制造的角度考虑，通常取 $n \leqslant 4$ (图 22-3)。

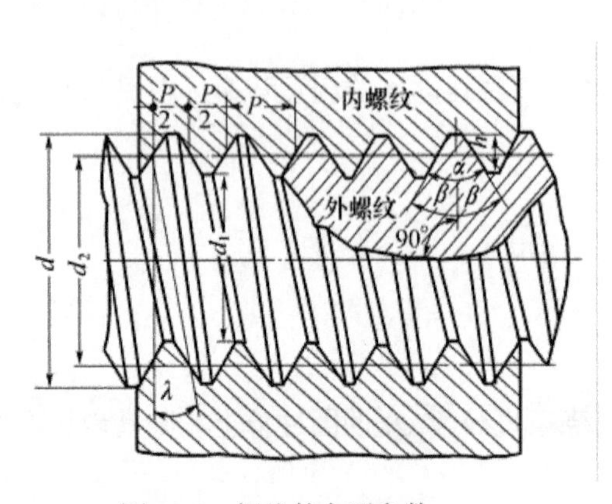

图 22-2　螺纹的主要参数

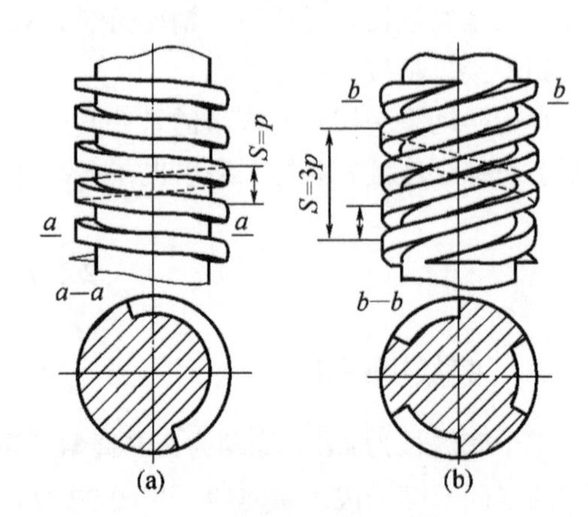

图 22-3　螺纹的头数和旋向

(6) 导程 S：同一条螺旋线上的相邻两牙在中径上对应两点间的轴向距离，$S=nP$(图 22-3)。

(7) 螺纹升角 λ：在中径圆柱上螺旋线的切线与垂直于螺纹轴线的平面间的夹角(图 22-1(a))。

(8) 旋向：螺旋线绕行的方向，有右旋和左旋，一般用右旋(图 22-3(b))，特殊情况才用左旋(图 22-3(a))。

(9) 牙型角 α 和牙型斜角 β：轴向剖面内螺纹牙型两侧边的夹角为牙型角 α，螺纹牙型侧边与螺纹轴线的垂线的夹角为牙型斜角 β(图 22-2)。

22.1.3 螺纹副的受力分析、效率和自锁

1．矩形螺纹

在如图 22-4 所示的矩形螺纹副中，螺杆不动，螺母上作用有轴向载荷 $\boldsymbol{Q}$。当对螺母作用一转矩 T_1 使螺母等速旋转并沿力 $\boldsymbol{Q}$ 的反方向移动时，可以把螺母看成如图所示重 $\boldsymbol{Q}$ 的滑块，在与中径圆周相切的水平力 $\boldsymbol{F}_t$ 推动下沿螺旋面等速上移；如将螺纹沿中径展开，则相当于重 $\boldsymbol{Q}$ 的滑块沿斜角为 λ 的斜面等速上移，分析螺旋副中力的关系完全可用分析该滑块与斜面之间力的关系来代替。

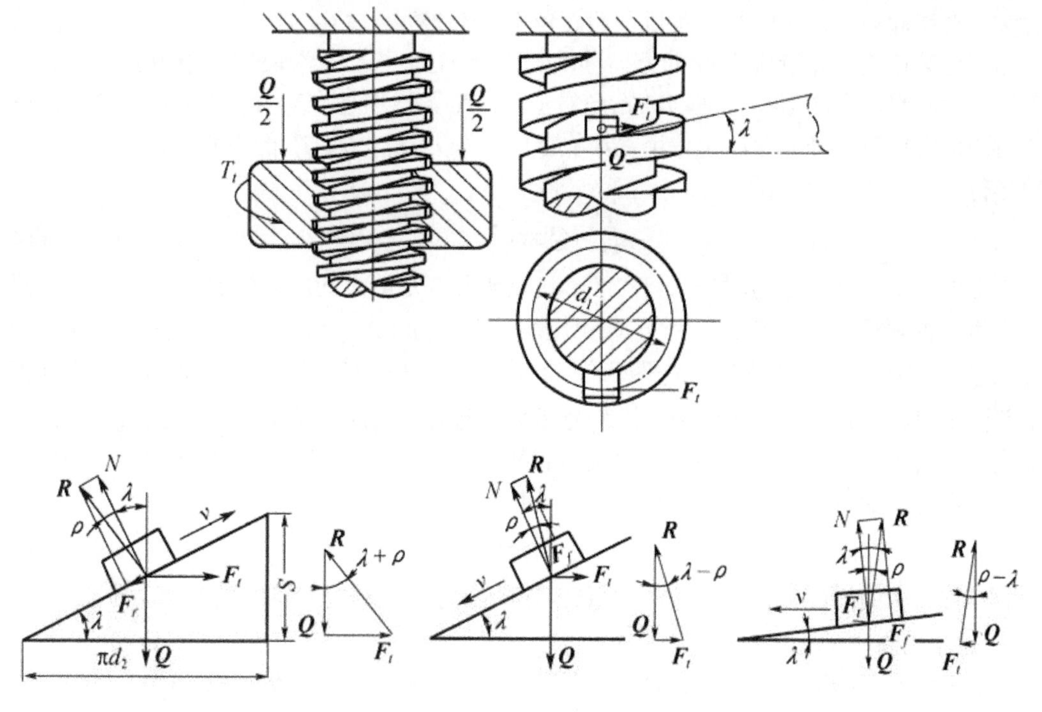

图 22-4　矩形螺纹

当滑块沿斜面等速上滑时，其上除受 $\boldsymbol{Q}$ 力和水平推力 $\boldsymbol{F}_t$ 外，还有斜面对滑块的法向反力 $\boldsymbol{N}$ 和向左下方的摩擦力 $F_f=fN$，f 为接触面间的滑动摩擦系数。将 $\boldsymbol{N}$ 和 $\boldsymbol{F}_f$ 的合力 $\boldsymbol{R}$ 称为斜面对滑块的总反力，$\boldsymbol{R}$ 和 $\boldsymbol{N}$ 之间的夹角为 ρ，由图可知 $\tan\rho=\dfrac{F_f}{N}=\dfrac{fN}{N}=f$，得 $\rho=\arctan f$，ρ 称为摩擦角。由于滑块等速运动，根据作用在其上的三个力 $\boldsymbol{F}_t$、$\boldsymbol{Q}$、$\boldsymbol{R}$ 的平衡条件，作出封闭力三角形得

$$F_t=Q\tan(\lambda+\rho) \tag{22-1}$$

则拧紧螺母克服螺纹副中阻力所需的转矩为

$$T_1=F_t\frac{d_2}{2}=\frac{d_2}{2}Q\tan(\lambda+\rho) \tag{22-2}$$

这样，拧紧螺母时旋转一圈，驱动力 $W_1=F_t\pi d_2$，克服载荷所作的有用功 $W_2=QS$，故螺纹副效率为

$$\eta=\frac{W_2}{W_1}=\frac{QS}{F_t\pi d_2}=\frac{Q\pi d_2\tan\lambda}{Q\tan(\lambda+\rho)\pi d_2}=\frac{\tan\lambda}{\tan(\lambda+\rho)} \tag{22-3}$$

从上式可知，效率 η 与升角 λ 及摩擦角 ρ 有关，如图 22-5 所示。

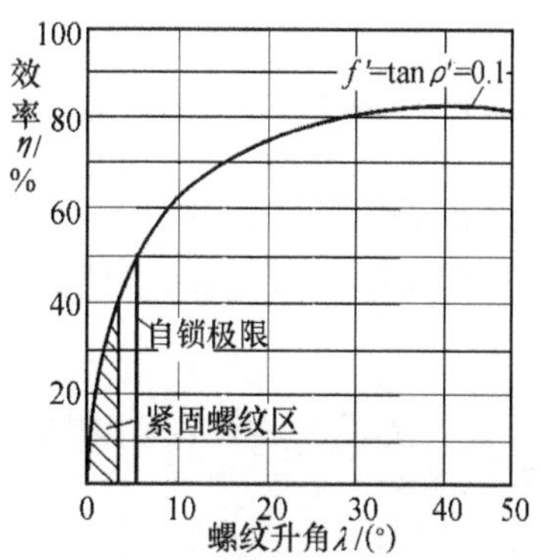

图 22-5　效率与升角及摩擦角的关系

一般情况下，螺旋线头数多，升角大，则效率高；相反，升角越小，则效率越低。当 ρ 一定时，若将上式中取 $\dfrac{d\eta}{d\lambda}=0$，即可解出 $\lambda=45^\circ-\dfrac{\rho}{2}$ 时效率最高。但实际上，当 $\lambda>25^\circ$ 以后，效率增加很缓慢；另外，螺纹升角

λ过大时会引起螺纹加工困难，所以一般λ角不大于25°。

当螺母等速旋转并沿载荷 $\boldsymbol{Q}$ 的方向移动(即松退)时，相当于滑块在力 $\boldsymbol{Q}$ 作用下沿斜面等速下滑，此时滑块上的摩擦力 $F_f=fN$ 指向右上方；$\boldsymbol{F}_t$ 力已不是推动滑块上升所需的力，而是支持滑块使之等速下降的力；由作用在滑块上的三个力 $\boldsymbol{F}_t$、$\boldsymbol{Q}$、$\boldsymbol{R}$ 的平衡条件，作出封闭力三角形得

$$F_t = Q\tan(\lambda - \rho) \tag{22-4}$$

由上式可知，如果$\lambda > \rho$时，则$F_t > 0$，这表明要有足够大的向右的支持力 $\boldsymbol{F}_t$ 才能使滑块处于平衡，否则滑块会在 $\boldsymbol{Q}$ 力作用下加速下滑；当$\lambda = \rho$时，则$\boldsymbol{F}_t = 0$，表明去掉支持力 $\boldsymbol{F}_t$，单纯在 $\boldsymbol{Q}$ 力作用下，滑块仍能保持平衡的临界状态；当$\lambda < \rho$时，则$\boldsymbol{F}_t < 0$，这意味着要使滑块沿斜面下滑，必须给滑块一个与图中 $\boldsymbol{F}_t$ 力相反方向的力将滑块拉下，否则无论 $\boldsymbol{Q}$ 力有多大，滑块也不会自动下滑。这种相当于不论轴向载荷 $\boldsymbol{Q}$ 有多大，螺母不会在其作用下自动松退的现象称为螺旋副的自锁。所以螺旋副的自锁条件为

$$\lambda \leqslant \rho \tag{22-5}$$

对于有自锁要求的螺纹，由于$\lambda < \rho$，由式(22-3)可知，拧紧螺母时螺旋副的效率总是小于50%。

2. 非矩形螺纹

非矩形螺纹是指牙型斜角$\beta \neq 0°$的三角形螺纹、梯形螺纹和锯齿型螺纹(图22-6)。

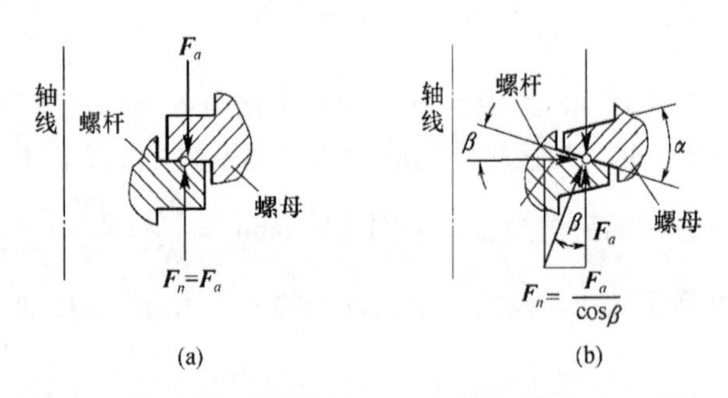

图22-6 矩形螺纹副与非矩形螺纹副

对比图22-6(a)和图22-6(b)可知，若略去螺纹升角的影响，在轴向载荷 $\boldsymbol{Q}$ 作用下，非矩形螺纹的法向力比矩形螺纹的大。若把法向力的增加看作摩擦系数的增加，则非矩形螺纹的摩擦阻力可写为

$$\frac{Q}{\cos\beta}f = \frac{f}{\cos\beta}Q = f'Q \tag{22-6}$$

式中：f'为当量摩擦系数，即$f' = \dfrac{f}{\cos\beta} = \tan\rho'$，$\rho'$为当量摩擦角；$\beta$为牙型斜角。因此将图22-4的$f$改为$f'$、$\rho$改为$\rho'$，就可像矩形螺纹副那样对非矩形螺纹副进行力的分析。

当滑块沿非矩形螺纹等速上升时，有

$$F_t = Q\tan(\lambda + \rho') \tag{22-7}$$

则拧紧螺母克服螺纹副中阻力所需的转矩为

$$T_1 = F_t\frac{d_2}{2} = \frac{d_2}{2}Q\tan(\lambda + \rho') \tag{22-8}$$

滑块沿非矩形螺纹等速下滑时

$$F_t = Q\tan(\lambda - \rho') \tag{22-9}$$

非矩形螺纹副的自锁条件为

$$\lambda \leqslant \rho' \tag{22-10}$$

22.1.4 机械制造常用螺纹

机械制造常用螺纹见表 22-1。

表 22-1 机械制造常用螺纹

种类	牙型图	特点	应用
普通螺纹	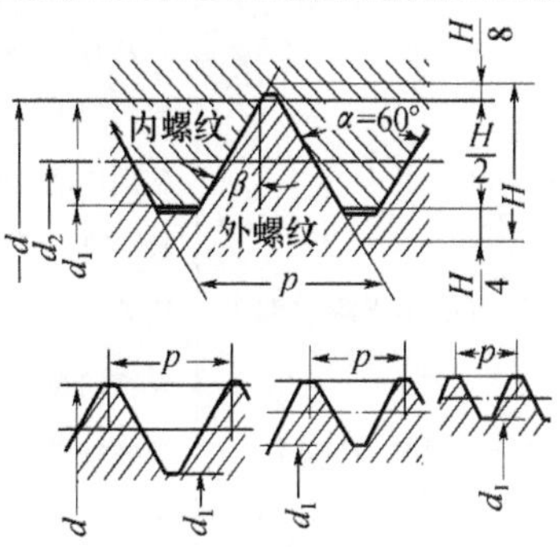	螺纹的牙型角 $\alpha = 2\beta = 60^\circ$。因牙型斜角 β 大，所以当量摩擦系数大，自锁性好。这种螺纹分粗牙和细牙，一般用粗牙。在公称直径 d 相同时，细牙螺纹的螺距小，小径 d_1 和中径 d_2 较大，升角 λ 较小，而螺杆强度较高，自锁性能更好。其缺点是牙小、相同载荷下磨损快，易脱扣	用于连接，常用于承受冲击、振动及变载荷，或空心、薄壁零件上及微调装置中
矩形螺纹	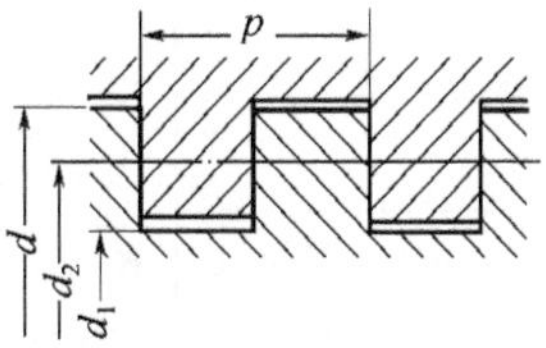	牙型为矩形，牙型角 $\alpha = 0^\circ$，效率高；精确制造困难，螺旋副磨损后，间隙难以补偿；对中精度低，牙根强度弱，没有标准化，常被梯形螺纹所代替	常用于传力和传导螺旋
梯形螺纹	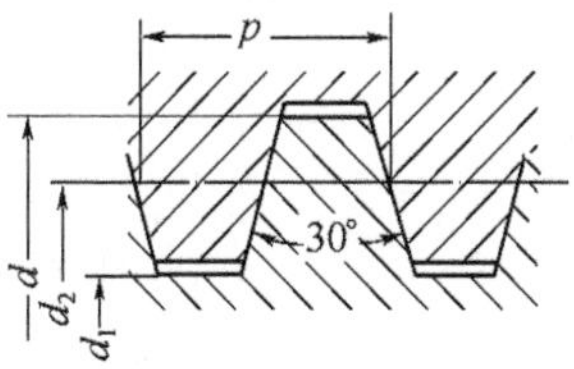	牙型角 $\alpha = 2\beta = 30^\circ$，牙根强度高，螺纹的工艺性好；对中性好，不易松动；用剖分式螺母，可以调整和消除间隙；效率低于矩形螺纹。因此，在螺旋传动中应用最普遍	
锯齿型螺纹	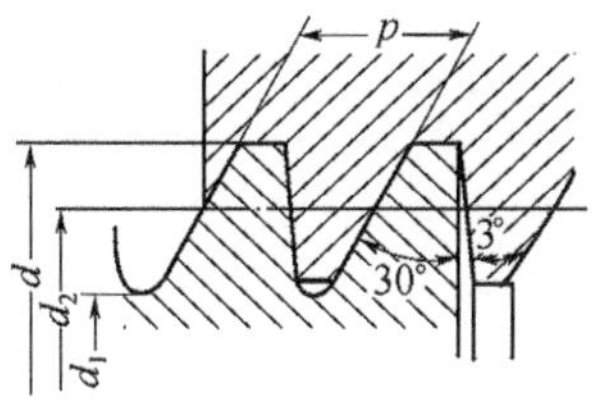	牙型角 $\alpha = 33^\circ$（承载面的斜角为 3°，非承载面的斜角为 30°），综合了矩形螺纹效率高和梯形螺纹牙根强度高的特点。外螺纹的牙底为较大的圆弧，减小了应力集中。螺旋副的大径处无间隙，便于对中	用于单向受力的传力螺旋
圆柱管螺纹	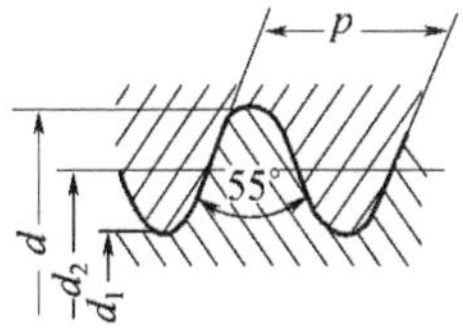	牙型角 $\alpha = 55^\circ$，以管子内径为公称直径，螺纹面间没有间隙，密封性也好	用于压强在 1.6MPa 以下的管件连接
圆锥螺纹	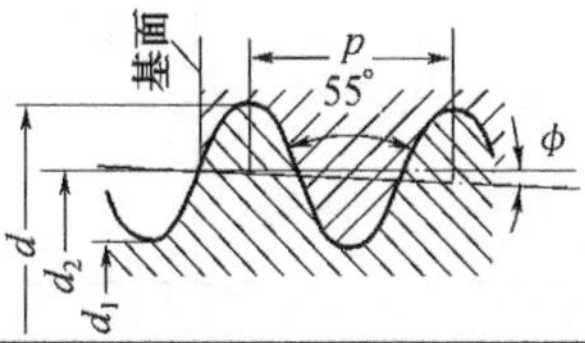	常用的有牙型角 $\alpha = 55^\circ$，$\alpha = 60^\circ$，螺纹均匀分布在 1∶16 的圆锥管壁上。内、外螺纹面间没有间隙，使用时不用填料而靠牙的变形来保证螺纹连接的紧密型	用于高温高压系统的管件连接

22.2 螺纹连接的基本类型和标准连接件

22.2.1 螺纹连接的基本类型

螺纹连接的主要类型有：螺栓连接、双头螺柱连接、螺钉连接和紧定螺钉连接(表 22-2)。

表 22-2 螺纹连接的基本类型、特点和应用

<table>
<tr><th>类 型</th><th>结 构 图</th><th>尺 寸 关 系</th><th>特点及其应用</th></tr>
<tr><td rowspan="2">螺栓连接</td><td> 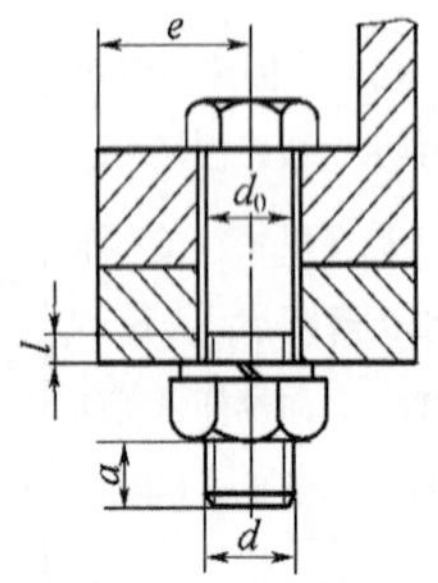</td><td rowspan="2">螺栓余量长度 l_1 为：
静载荷 $l_1 \geqslant (0.3 \sim 0.5)d$
变载荷 $l_1 \geqslant 0.75d$ ；
铰制孔用螺栓的 l_1 应尽可能小于螺纹伸出长度 $a=(0.2 \sim 0.3)d$；
螺纹轴线到边缘的距离 $e=d+(3 \sim 6)$mm；
螺栓孔直径 d_0：
普通螺栓 $d_0=1.1d$；
铰制孔用螺栓的 d 与 d_0 的对应关系见下表：
<table><tr><td>d</td><td>M6～M27</td><td>M30～M48</td></tr><tr><td>d_0</td><td>d+1mm</td><td>d+2mm</td></tr></table></td><td>被连接件无须切制螺纹，结构简单、装拆方便，应用广泛。通常用于被连接件不太厚和便于加工通孔的场合。工作时螺栓受轴向拉力，故亦称受拉螺栓连接</td></tr>
<tr><td> 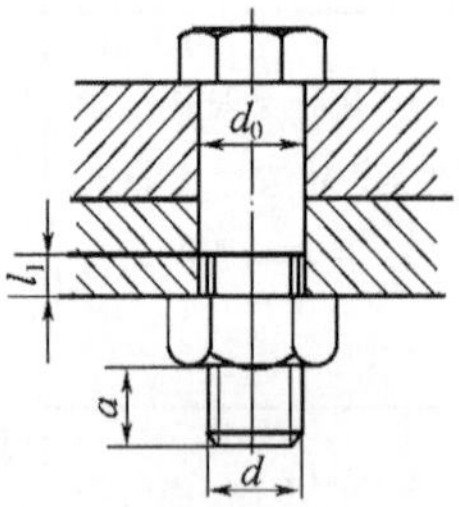</td><td>孔与螺杆之间没有间隙。用螺栓杆承受横向载荷或固定被连接件的位置。工作时，螺栓一般受剪切力，故亦称受剪螺栓连接</td></tr>
<tr><td>双头螺柱连接</td><td> 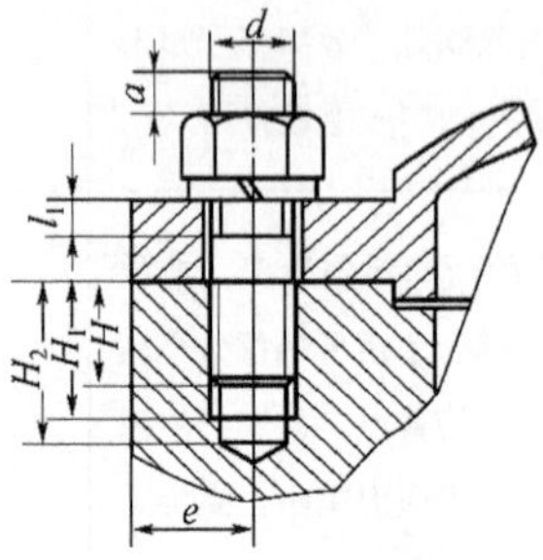</td><td>螺纹拧紧深度 H 为
钢或青铜：$H \approx d$
铸铁：$H=(1.25 \sim 1.5)d$
铝合金：$H=(1.5 \sim 2.5)d$
螺纹孔深度 $H_1=H+(2 \sim 2.5)P$
钻孔深度 $H_2=H_1+(0.5 \sim 1)P$
l_1、a、e 值同普通螺栓的情况</td><td>螺栓的一端旋紧在一被连接件的螺纹孔中，另一端则穿过另一被连接件孔。通常用于被连接件之一太厚、机构要求紧凑或经常拆卸的场合</td></tr>
<tr><td>螺钉连接</td><td> 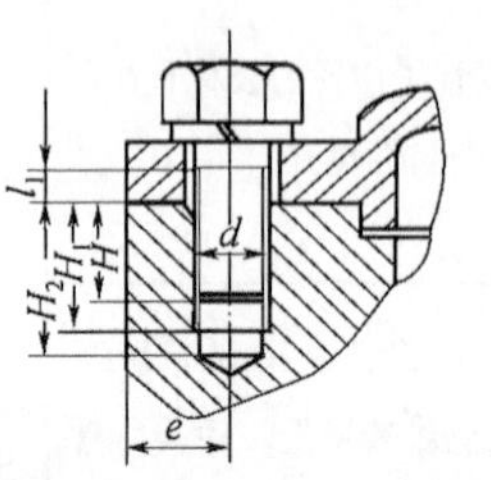</td><td>螺纹拧紧深度 H 为
钢或青铜：$H \approx d$
铸铁：$H=(1.25 \sim 1.5)d$
铝合金：$H=(1.5 \sim 2.5)d$
螺纹孔深度 $H_1=H+(2 \sim 2.5)P$
钻孔深度 $H_2=H_1+(0.5 \sim 1)P$
l_1、a、e 值同普通螺栓的情况</td><td>适用于被连接件之一太厚且不要求经常拆卸的场合</td></tr>
</table>

(续)

类 型	结 构 图	尺 寸 关 系	特点及其应用
紧定螺钉连接		d=(0.2～0.3)d_h 当力和转矩大时取较大值	螺钉的末端顶住零件的表面或顶入该零件的凹坑中，将零件固定，它可以传递不大的载荷

22.2.2 标准螺纹连接件

螺纹连接件的类型很多，机械制造中常用的螺纹连接件有螺栓、双头螺柱、螺钉、螺母和垫片等，这些零件的结构形式和尺寸都已标准化，设计时，要根据具体的工作条件及它们的结构特点和受力加以选用。

(1) 螺栓。结构形式很多，图 22-7(a)为最常用的一般受拉螺栓；图 22-7(b)为细杆螺栓，常用于受冲击、振动或变载荷处；图 22-7(c)为铰制孔用螺栓。

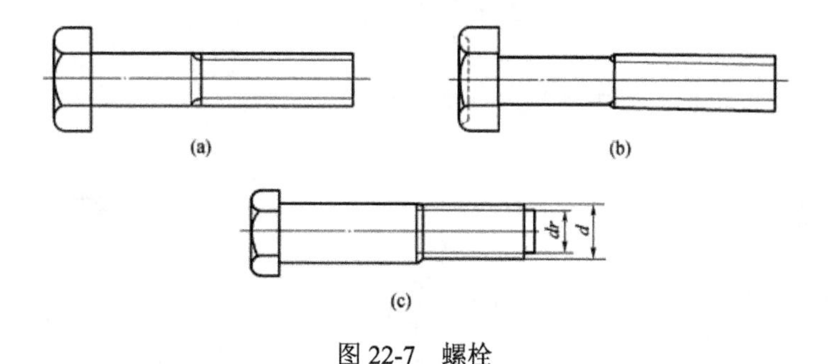

图 22-7 螺栓

(2) 螺钉。结构和螺栓大体相同，但头部形状多种多样，如图 22-8 所示，以适应不同的装配空间、拧紧程度、连接外观等方面的需要。

(3) 双头螺柱。有旋入端和螺母端，旋入端长度有 d、1.25d、1.5d、2d 等，以适应于不同材料的零件。其结构见表 22-2 中双头螺柱图。

(4) 紧定螺钉。紧定螺钉的头部和末端形状很多，如图 22-9 所示。末端有较高的硬度(140HV～450HV)，平端用于被顶表面硬度较高或常需调整相对位置的连接。圆柱端顶入被连接零件的坑中，可传递一定的力或转矩。锥端用于被顶表面硬度较低或不常调整的场合。

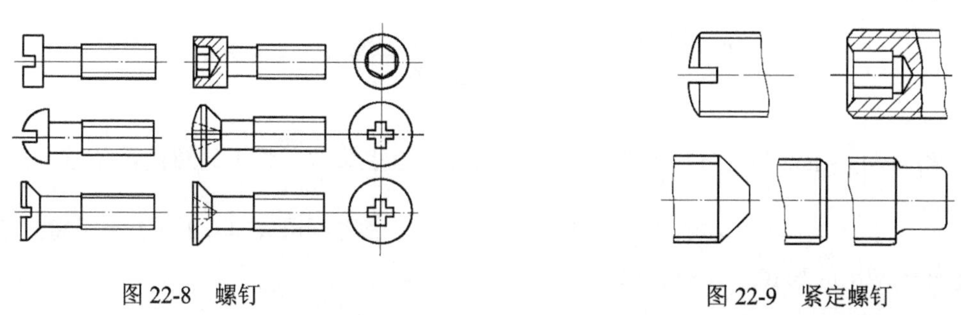
图 22-8 螺钉

图 22-9 紧定螺钉

(5) 螺母。螺母的结构形式很多，六角螺母应用最普遍，其厚度有标准的和薄的两种。

(6) 垫圈。主要用于保护被连接件的支承表面。有大、小垫圈及用于工字钢、槽钢的方斜垫圈等。

22.3 螺纹连接的预紧和防松

22.3.1 螺纹连接的预紧

在实际使用中，绝大多数的螺纹连接都必须在装配时将螺母拧紧，称为紧连接。预紧可以使螺栓在承受工作载荷之前就受到预紧力 $\boldsymbol{F}'$ 的作用，以防止连接受载后被连接件之间出现间隙或横向滑移，也可以防松。所需预紧力的大小与工作载荷有关。

预紧力 $\boldsymbol{F}'$ 过大，会使连接超载；预紧力不足，则又可能导致连接失效，因此重要的连接，在装配时对预紧力应进行控制，可通过控制拧紧力矩等方法来实现。

拧紧螺母时，要克服螺纹副的摩擦力矩 T_1 和螺母与支持面间的摩擦力矩 T_2 (图 22-10 和图 22-11)，因此拧紧力矩 $T=T_1+T_2$，并有

$$T_1 = F'\tan(\lambda+\rho')\frac{d_2}{2} \tag{22-11}$$

$$T_2 = \frac{1}{3}fF'\frac{D_1^3-d_0^3}{D_1^2-d_0^2} \tag{22-12}$$

式中：f 为螺母与被连接件支承表面间的摩擦系数。

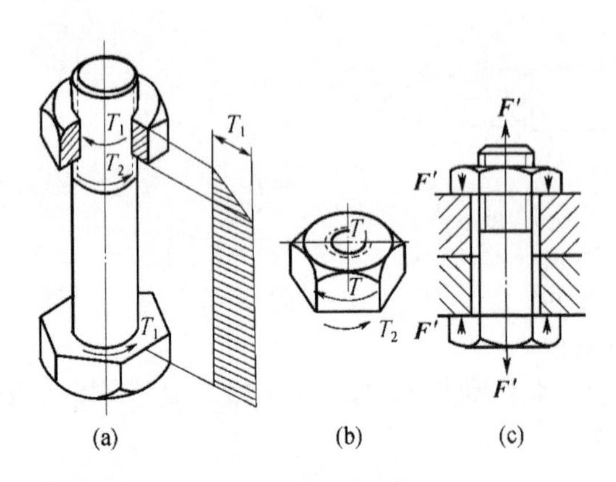

图 22-10 拧紧螺母时的力矩和预紧力

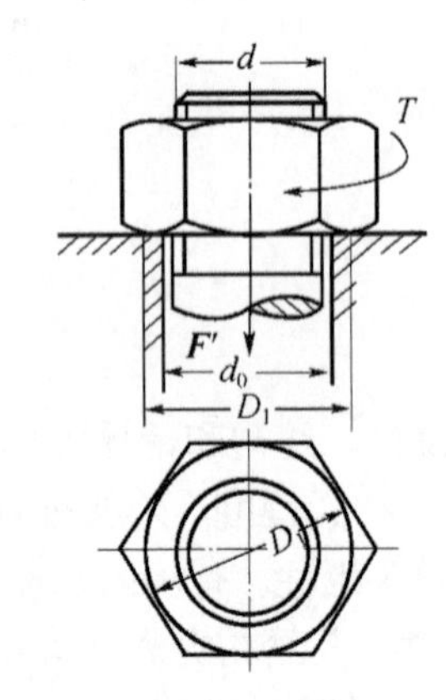

图 22-11 计算螺母支承面力矩

因此

$$T = \frac{1}{2}\left[\frac{d_2}{d}\tan(\lambda+\rho') + \frac{2f}{3d}\frac{D_1^3-d_0^3}{D_1^2-d_0^2}\right]F'd = K_tF'd \tag{22-13}$$

式中：$K_t = \frac{1}{2}\left[\frac{d_2}{d}\tan(\lambda+\rho') + \frac{2f}{3d}\frac{D_1^3-d_0^3}{D_1^2-d_0^2}\right]$ 称为拧紧力矩系数。将不同螺栓直径 d、d_2、d_0、D_1、λ 值代入 K_t 计算式，并取 $f\approx 0.15$、$\rho'=8.5^\circ$，平均可得 $K_t\approx 0.2$。于是可将式(22-13)写成更便于应用的形式：$T=0.2F'd$。

F' 值是由螺纹连接的要求来决定的，为了充分发挥螺栓的工作能力和保证预紧可靠，螺栓的预紧应力一般可达材料屈服极限的 50%～70%。

小直径的螺栓装配时应施加小的拧紧力矩，否则就容易将螺栓杆拉断。对重要的有强度要求的螺栓连接，如无控制预紧力的措施，不宜采用小于 M12 的螺栓。

螺栓拧紧的程度通常是凭操作工人的经验来决定的。为了保证装配质量，重要的螺栓连接应按计算值控制拧紧力矩。小批量生产时可使用带指针的测力矩扳手(图 22-12)。大量生产多使用风扳机，当输出力矩达到所调节的额定值时，离合器便会打滑而自动脱开，并发出声响。

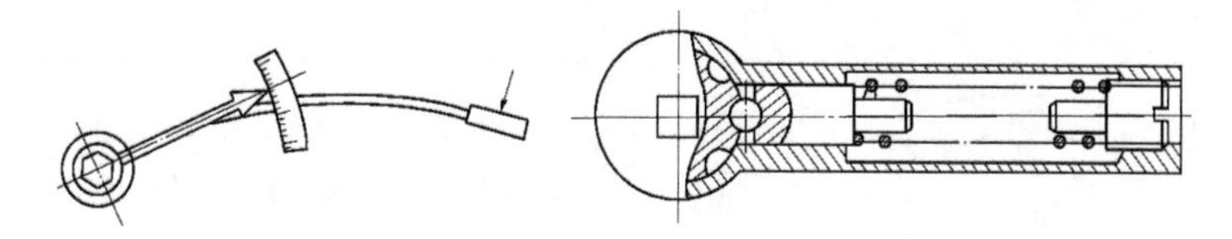

图 22-12　测力矩扳手和定力矩扳手

22.3.2　螺纹连接的防松

连接螺栓都具有自锁性，在静载荷和工作温度变化不大时不会自动松脱，但在冲击、振动和变载荷的作用下，预紧力可能在某一瞬间消失，连接仍有可能松脱。高温的螺纹连接，由于温度变形差异等原因，也有可能发生松脱现象，因此设计时必须考虑防松。

螺纹连接防松的实质是防止螺纹副的相对转动。防松的方法很多，常用的见表 22-3。

表 22-3　常用的防松方法

防松方法		结构形式	特点和应用
摩擦防松	双螺母	(a) (b) (c) (d)	上螺母拧紧后，两螺母接触面上产生对顶力时，螺纹旋合部分的螺杆受拉、螺母受压，在两个螺母和螺栓之间形成封闭力系，它不受外载荷的影响，使螺纹副能有稳定的轴向压紧而产生足够的摩擦力，起到防松的作用。双螺母防松结构简单、使用方便，但结构尺寸大、可靠性不高。它适用于平稳、低速和重载的连接，其他场合目前用的不多
	弹簧垫圈		弹簧垫圈材料为弹簧钢，装配后垫圈被压平，其反弹力能使螺纹间保持压紧力和摩擦力而防松。此外，垫圈切口尖端逆着旋松的方向，也有阻止螺母反转的作用
摩擦防松	锁紧螺母	(a) (b)	锁紧螺母的类型很多：(a)是利用嵌在螺母内的弹性环或螺母椭圆口的弹性变形，箍紧螺杆以防松；或将尼龙圈挤入旋合螺纹中，增大摩擦力以防松。(b)螺母上部为非圆形收口或开槽收口，螺栓拧入后张开，利用弹性使螺纹副横向压紧，防松可靠，可多次装拆重复使用

(续)

防松方法		结构形式	特点和应用
机械防松	开口销与六角开槽螺母		把开口销插入螺母槽与螺栓尾部孔中，并将销尾部掰开，阻止螺母与螺杆相对转动
机械防松	串联钢丝	正确 错误	钢丝穿入一组螺钉头部的小孔并拉紧。当螺钉有松动趋势时，将使钢丝被拉得更紧。适用于螺钉组，在使用时应注意钢丝穿入螺钉的方向
机械防松	止动垫圈	(a) (b)	(a)为与圆螺母配用的止动垫圈，内舌插入杆上预制的槽中，拧紧螺母后将其外翘之一弯入与圆螺母对应的槽中，使螺杆与螺母不能相对转动。(b)为与一般六角螺母相配用的止动垫圈，垫圈约束螺母，而自身又被约束在被连接件上，使螺母不能转动。同时要保证螺栓不转动
永久性防松	冲点铆住	冲点 (a) (b)	强迫螺栓、螺母螺纹副局部塑性变形，阻止其松动，防松可靠，拆卸后螺栓、螺母不能重新使用
永久性防松	粘接	涂黏合剂	在旋和表面涂黏合剂，固化后即可防松

22.4 螺纹连接的强度计算

螺栓连接都是成组使用的，单个螺栓连接的工作载荷须按螺栓组受力分析求得。

单个螺栓需要考虑强度的部位有：螺纹根部剪切、弯曲，螺杆截面拉伸、扭转等。由于螺栓已标准化，螺纹部分保持与螺杆等强度，因此，计算时只需考虑螺杆断面的强度。

本章以螺栓连接为例，讲述强度计算方法，它同时适用螺钉和双头螺柱连接。

在少数场合下，连接在承受工作载荷之前，不需要拧紧螺母，称为松连接。

22.4.1 松螺栓连接

图 22-13 所示为起重吊钩螺栓连接。装配时不需将螺母拧紧，因此，螺栓在工作时才承受轴向载荷 $\boldsymbol{F}$(忽略自重)，其强度条件为

$$\sigma=\frac{4F}{\pi d_1^2}\leqslant[\sigma]\quad(\text{MPa})\tag{22-14}$$

或

$$d_1\geqslant\sqrt{\frac{4F}{\pi[\sigma]}}\quad(\text{mm})\tag{22-15}$$

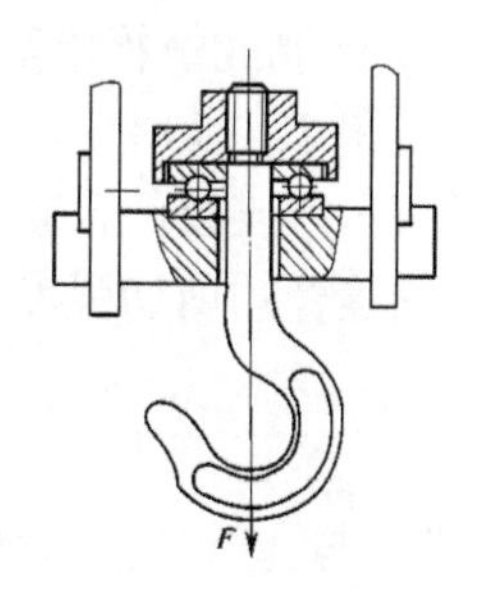

图 22-13　起重吊钩螺栓连接

式中：σ_s 为螺栓材料的屈服极限 (MPa)。

$[\sigma]$为许用拉应力(MPa),对钢制螺栓$[\sigma]=\dfrac{\sigma_s}{1.2\sim1.7}$；

22.4.2　紧螺栓连接

紧连接的特点是承受工作载荷之前，螺母必须拧紧到一定程度，使被连接件之间产生足够的预紧力 $\boldsymbol{F'}$，以便在承受横向载荷时，被连接件间不会因摩擦力不足而发生滑动；或在承受轴向工作载荷时被连接件之间不会出现间隙。

螺栓在承受轴向工作载荷时的失效形式，多为螺纹部分的塑性变形或断裂，如果连接经常拆卸也可能导致滑扣；在承受横向载荷时螺栓在接合面处受剪，并与被连接孔相互挤压，其失效形式为螺杆被剪断、螺杆或孔壁被压溃等。

1. 受横向载荷的紧螺栓连接

1) 普通螺栓承受横向载荷

如图 22-14 所示，被连接件承受垂直与螺栓轴线的横向工作载荷 $\boldsymbol{F_s}$。工作时，若接合面内的摩擦力足够大，则被连接件之间不会发生相对滑动。因此螺栓所需的预紧力为

$$mfF'\geqslant CF_s\tag{22-16}$$

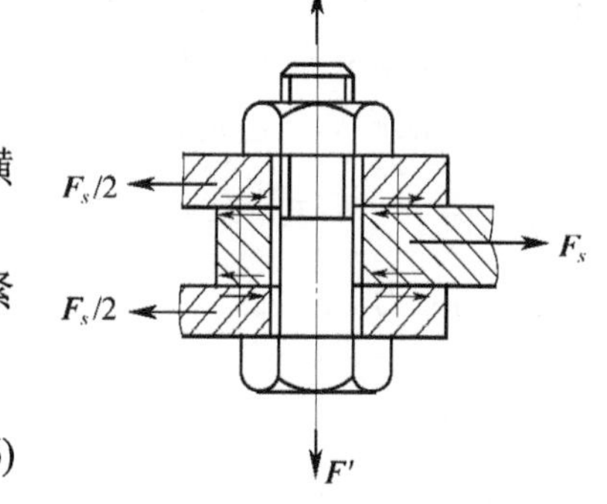

图 22-14　受横向载荷的紧螺栓连接

式中：F' 为预紧力(N)；C 为可靠性系数，通常取 C=1.1～1.3；m 为接合面的数目；f 为接合面的摩擦系数，对于被连接件为钢或铸铁可取 f=0.1～0.15。求出 F' 后，按式(22-22)计算螺栓强度。

从式(22-16)中可知，当 f=0.15、C=1.2、m=1 时，$\boldsymbol{F'}\geqslant 8F$ 。即预紧力应为横向载荷的 8 倍，所以螺栓连接靠摩擦力来承担横向载荷时，其尺寸是比较大的。

为了避免上述缺点，可以采用套、键、销、等各种抗剪件来承受横向载荷，如图 22-15 所示，此时螺栓仅起连接作用，所需预紧力小，螺栓直径也小。此外，另一个方法就是采用铰制孔螺栓连接。

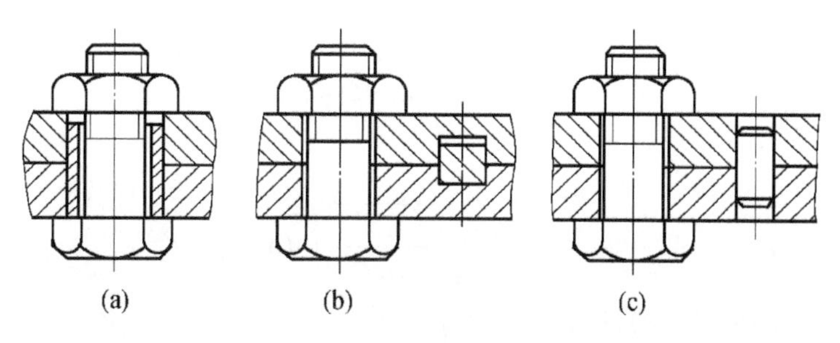

图 22-15　采用各种抗剪件承受横向载荷

2) 铰制孔螺栓承受横向载荷

如图 22-16 所示，在 $\boldsymbol{F}_s$ 的作用下，螺栓在接合面处的横截面受剪切、螺栓与孔壁接触表面受挤压。连接的预紧力和摩擦力较小可忽略不计。

螺栓杆的剪切强度条件为

$$\tau = \frac{4F_s}{\pi d_s^2 m} \leqslant [\tau] \quad \text{(MPa)} \tag{22-17}$$

螺栓与孔壁的挤压强度条件为

$$\sigma_p = \frac{F_s}{d_s h_{\min}} \leqslant [\sigma]_p \quad \text{(MPa)} \tag{22-18}$$

式中：d_s 为螺栓抗剪面直径(mm)；m 为螺栓抗剪面数目；$h_{\min}$ 为螺栓杆与孔壁挤压面的最小高度(mm)，设计时应使 $h_{\min} \geqslant 1.25d_s$；$[\tau]$ 为螺栓的许用切应力(MPa)；$[\sigma]_p$ 为螺栓或孔壁材料的许剪挤压应力(MPa)。

2. 受轴向载荷的紧螺栓连接

1) 仅承受预紧力的紧螺栓联接

螺栓联接后当螺母拧紧时，在拧紧力矩作用下，螺栓除受预紧力 Q_P 的拉伸而产生拉伸应力外，还受螺纹摩擦力矩 T_1 的扭转而产生扭转切应力，因此螺栓处于拉伸与扭转的复合应力状态下。连接靠预紧力 $\boldsymbol{F}'$ 在接合面上所产生的摩擦力平衡外载荷。装配时拧至所需预紧力 $\boldsymbol{F}'$。拧紧螺母后，当连接承受工作载荷 $\boldsymbol{F}_s$ 时，螺栓所受拉力保持不变，仍为 $\boldsymbol{F}'$。此外，在拧紧螺母时，螺栓还受到摩擦力矩 $T = F'\tan(\lambda+\rho')\dfrac{d_2}{2}$ 的作用。因此，螺杆截面上的拉应力和扭转切应力分别为

$$\sigma = \frac{4F'}{\pi d_1^2} \tag{22-19}$$

$$\tau = \frac{T}{W_t} = \frac{F'\tan(\lambda+\rho')\dfrac{d_2}{2}}{\dfrac{\pi d_1^3}{16}} = \frac{4F'}{\pi d_1^2}\tan(\lambda+\rho')\frac{2d_2}{d_1} \tag{22-20}$$

对于常用的 M10～M68 钢制普通螺栓，$d_2 \approx 1.1d_1$、$\lambda \approx 2°30'$，取 $\rho' = \arctan 0.15$，代入上式得 $\tau \approx 0.5\sigma$。螺栓一般由塑性材料制成，在拉、扭复合应力作用下，可由第四强度理论求得螺栓的当量应力为

$$\sigma_e = \sqrt{\sigma^2 + 3\tau^2} = \sqrt{\sigma^2 + 3(0.5\sigma)^2} \approx 1.3\sigma \tag{22-21}$$

所以螺栓的强度条件为

$$\sigma_e = \frac{4\times 1.3F'}{\pi d_1^2} \leqslant [\sigma] \quad \text{(MPa)} \tag{22-22}$$

或

$$d_1 \geqslant \sqrt{\frac{4\times 1.3F'}{\pi[\sigma]}} \quad \text{(mm)} \tag{22-23}$$

式中：$[\sigma]$ 为紧连接螺栓材料的许用应力(MPa)。

式(22-22)、式(22-23)也适用于受轴向载荷的情况，此时用总的轴向力 $\boldsymbol{F}_0$ 代替预紧力 $\boldsymbol{F}'$。

此强度条件表明把螺栓的拉应力增大30%，相当于考虑了扭转切应力。

必须指出，式(22-22)、式(22-23)中的系数 1.3 只适用于单头三角螺纹。对于矩形螺纹应为1.2；梯形螺纹为1.25。

2) 承受预紧力和轴向工作载荷的紧螺栓连接

这种受力形式的紧螺栓连接应用十分广泛，图 22-17 所示的汽缸盖的螺栓连接是一个典型的例子。

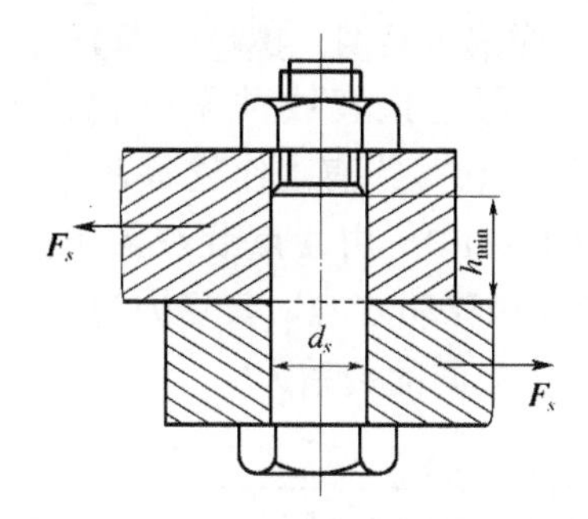

图 22-16　铰制孔螺栓承受横向载荷

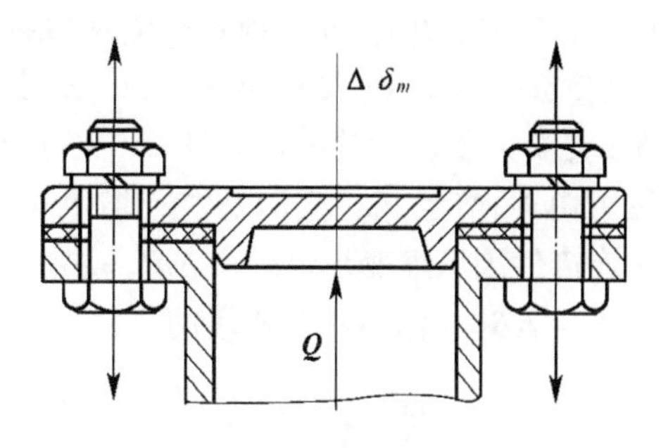

图 22-17　汽缸盖螺栓连接

工作之前(缸内无压力)螺栓必须拧紧，螺栓承受预紧拉力 $\boldsymbol{F'}$，被连接件承受预紧压力 $\boldsymbol{F'}$。工作时，连接受到工作载荷 $\boldsymbol{F}$ 的作用，由于螺栓和被连接件的弹性变形，螺栓受到的总拉力 $\boldsymbol{F_0}$ 不等于预紧力 $\boldsymbol{F'}$ 和工作拉力 $\boldsymbol{F}$ 之和，而与 $\boldsymbol{F'}$、$\boldsymbol{F}$ 以及螺栓刚度 C_b 和被连接件刚度 C_m 有关。当连接中各零件受力均在弹性极限以内时，$\boldsymbol{F_0}$ 可根据静力平衡和变形协调条件计算。

如图 22-18(a)所示，当螺母尚未拧紧时，各零件均不受力，也无变形。拧紧后(图 22-18(b))，被连接件受到拉力 $\boldsymbol{F'}$，产生压缩变形 δ_m，而螺栓受到被连接件所给的拉力 $\boldsymbol{F'}$，拉伸变形 δ_b。当受工作载荷 $\boldsymbol{F}$ 后(图 22-18(c))，螺栓所受拉力增至 $\boldsymbol{F_0}$，其拉伸变形增加。此时被连接件由于螺栓的伸长而随之被放松，压缩变形量减少 $\Delta\delta_m$，其减少量正是螺栓的增长量，即 $\Delta\delta_b = \Delta\delta_m'$，于是被连接件所受的压力由原来的 $\boldsymbol{F'}$ 减小到 $\boldsymbol{F''}$，称 $\boldsymbol{F''}$ 为剩余预紧力。

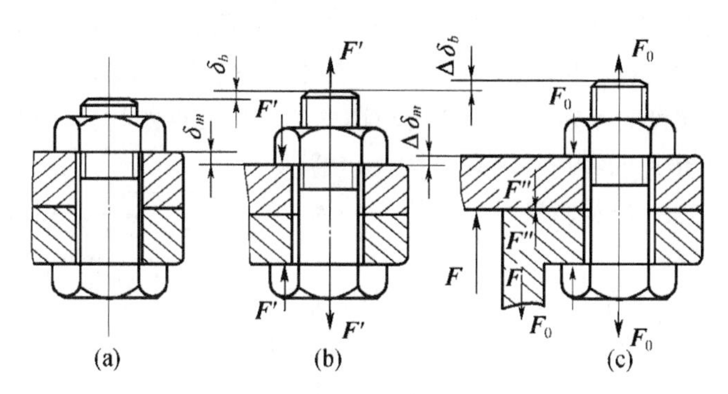

图 22-18　受力分析

由螺栓的静力平衡条件，可得

$$F_0 = F + F'' \tag{22-24}$$

根据变形协调条件 $\Delta\delta_b = \Delta\delta_m$，其中 $\Delta\delta_b = \dfrac{F_0 - F'}{C_b} = \dfrac{F + F'' - F'}{C_b}$，$\Delta\delta_m = \dfrac{F' - F''}{C_m}$，整理后得

$$F''=F'-\frac{C_m}{C_b+C_m}F \tag{22-25}$$

由式(22-25)可得 $\boldsymbol{F}_0$ 的另一表达式为

$$F_0=F'+\frac{C_b}{C_b+C_m}F \tag{22-26}$$

连接中各力之间的上述关系，可用力与变形图清楚地予以表示。

图 22-19(a)、(b)分别为预紧后螺栓与被连接件的受力—变形关系图，螺栓的受力与变形按直线关系变化，刚度 $C_b=\tan\gamma_b$；被连接件的受力与变形也按直线关系变化，刚度 $C_m=\tan\gamma_m$。为了便于分析，将图 22-19(a)、(b)合并，得图 22-19(c)。当有工作载荷 $\boldsymbol{F}$ 作用时，螺栓受力由 $\boldsymbol{F}'$ 增至 $\boldsymbol{F}_0$，变形量由 δ_b 增至 $\delta_b+\Delta\delta_b$，在图 22-19(d)中，由 A 点沿 O_1A 线移动 B 点；被连接件因压缩变形量减少 $\Delta\delta_m=\Delta\delta_b$，而由 A 点沿 O_2A 线移动 C 点，其受力为 $\boldsymbol{F}''$、变形量为 $\delta_m-\Delta\delta_m$。由图中各线段的几何关系即可得连接中各力之间的关系为

$$F_0=F+F''=F'+\frac{C_b}{C_b+C_m}F \text{ 和 } F'=F''+\Delta F_m=F''+\frac{C_m}{C_b+C_m}F$$

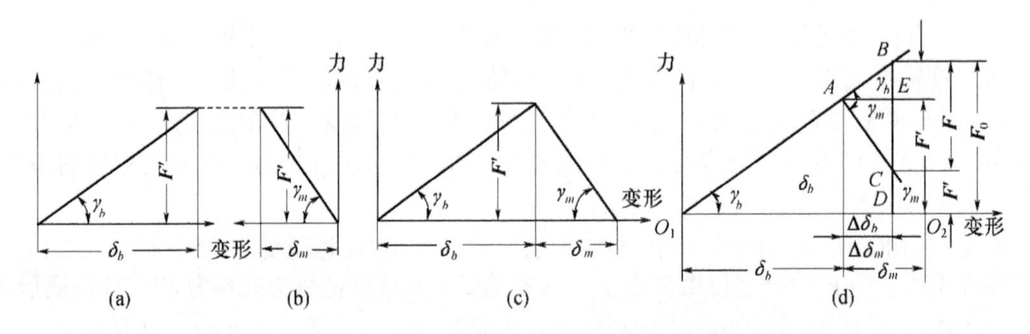

图 22-19　螺栓和被连接件的受力和变形的关系

式(22-25)、式(22-26)说明螺栓所受总拉力 $\boldsymbol{F}_0$ 为预紧力与工作拉力的一部分 ΔF_b 之和，$\boldsymbol{F}$ 的另一部分 $\Delta\boldsymbol{F}_m$ 使被连接件的压力由 $\boldsymbol{F}'$ 减小到 $\boldsymbol{F}''$。这两部分的分配关系，与螺栓和被连接件的刚度成正比。当 $C_b\gg C_m$ 时，$F_0\approx F'+F$；当 $C_b\ll C_m$ 时，$F_0\approx F'$。

$C_m/(C_b+C_m)$称为螺栓的相对刚度，其值与螺栓和被连接件的材料、尺寸、结构、工作载荷作用位置及连接中垫片的材料等因素有关，可通过计算或实验求出，在一般计算中，若被连接件为钢铁，可按表 22-4 选取。

表 22-4　螺栓的相对刚度 $C_m/(C_b+C_m)$

被连接钢板间所用垫片	$C_m/(C_b+C_m)$
金属垫片(或无垫片)	0.2~0.3
皮革垫片	0.7
铜皮石棉垫片	0.8
橡胶垫片	0.9

当工作载荷 $\boldsymbol{F}$ 过大或预紧力 $\boldsymbol{F}'$ 过小时，接合面会出现缝隙导致连接失去紧密性，并在载荷变化时发生冲击。为此必须保证 $\boldsymbol{F}''>0$。设计时根据对连接紧密性的要求，$\boldsymbol{F}''$ 可按下列参考值选取。

对紧固件：静载时 $\boldsymbol{F}''=(0.2\sim0.6)F$

变载时 $\boldsymbol{F}''=(0.6\sim1.0)F$

对气密性连接：　$\boldsymbol{F}''=(1.5\sim1.8)F$

为了保证得到预期的剩余预紧力 $\boldsymbol{F}''$，在拧紧螺母时的预紧力 $\boldsymbol{F}'$ 必须满足式(22-25)。

22.4.3 螺栓连接件的材料及其许用应力

螺栓的常用材料为 Q215、Q235、10、35 和 45 钢，重要的和特殊用途的螺纹连接件可采用 15Cr、40Cr、30CrMnSi、15MnVB 等力学性能较高的合金钢。常用材料的力学性能见表 22-5。

表 22-5 螺栓、螺钉、螺柱性能等级(摘自 GB 3098.1—1982)

性能等级	3.6	4.6	4.8	5.6	5.8	6.8	8.8	9.8	10.9	12.9
抗拉强度极限 $\sigma_{b\min}$ / MPa	330	400	420	500	520	600	800	900	1040	1220
屈服点 $\sigma_{s\min}$ / MPa	190	240	340	300	420	480	640	720	940	1100
最小硬度/HBS	90	114	124	147	152	181	240	276	304	366
推荐材料	低碳钢	低碳钢或中碳钢					低碳合金钢或中碳钢淬火并回火		低中碳钢合金钢或中碳钢淬火并回火	合金钢

注：1. 性能等级的标记代号含义："·"前的数字为公称抗拉强度极限 σ_b 的 1/100，"·"后的数字为屈强比的 10 倍，即 $(\sigma_s/\sigma_b)\times 10$。

2. 规定性能等级的螺栓，螺母在图样上只注性能等级，不应标出材料牌号

螺纹紧固件按机械性能分级。常用标准螺纹连接件，每个品种都规定了具体性能等级，例如 C 级六角头螺栓性能等级为 4.6 级或 4.8 级；A、B 级六角头螺栓性能等级为 8.8 级，选定性能等级后查表 22-6、表 22-7 得到$[\sigma]$。

受拉螺栓的许用应力见表 22-6。

表 22-6 受拉螺栓的许用应力

载荷性质	许用应力	不控制预紧力时的安全系数[S]				控制预紧力时的安全系数[S]
			M6～M16	M16～M30	M30～M60	—
静载荷	$[\sigma]=\dfrac{\sigma_s}{[S]}$	8.8 级以下	5～4	4～2.5	2.5～2	1.2～1.5
		8.8 级及以上	5.7～5	5～3.4	3.4～3	
变载荷		8.8 级以下	12.6～8.5	8.5	8.5～12.5	1.2～1.5
		8.8 级及以上	10～6.8	6.8	6.8～10	

受剪螺栓的许用切应力见表 22-7。

表 22-7 受剪螺栓的许用切应力及许用挤压应力

螺栓许用切应力$[\tau]$	静载荷	$[\tau]=\sigma_s/2.5$
	变载荷	$[\tau]=\sigma_s/(3.5\sim5)$
螺栓或被连接件的许用挤压应力$[\sigma_p]$	静载荷	钢 $[\sigma_p]=\sigma_s/1.25$ 铸铁 $[\sigma_p]=\sigma_b/(2\sim2.5)$
	变载荷	按静载荷 $[\sigma_p]$ 降低 20%～30%

例 22-1 如图 22-20 所示一钢制液压油缸，油压 p=1.6MPa，D=160mm,试计算其上盖的

螺栓连接。

解：(1)确定螺栓工作载荷 $\boldsymbol{F}$，暂取螺栓数 z=8，则每个螺栓承受的平均轴向工作载荷 $\boldsymbol{F}$ 为

$$F=\frac{p\pi D^2/4}{z}=1.6\times\frac{\pi\times160^2}{4\times8}=4.02\ (\text{kN})$$

(2) 确定螺栓总拉伸载荷 $\boldsymbol{F_0}$。由前面讲述的内容，气密性连接 F''=(1.5～1.8)F，取 F''=1.8F，则由式(22-24)得

$$F_0=F+1.8F=2.8F=2.8\times4.02=11.3\ (\text{kN})$$

(3) 求螺栓直径。假定螺栓公称直径小于等于 M16，按 8.8 级查表 22-6 得 $\sigma_s=640\ \text{MPa}$。查表 22-7，不控制预紧力时[S]=4.5，则

$$[\sigma]=\frac{\sigma_s}{S}=\frac{640}{4.5}=142.22\ (\text{MPa})$$

由式(22-20)得螺栓小径：

$$d_1\geqslant\sqrt{\frac{4\times1.3F_0}{\pi[\sigma]}}=\sqrt{\frac{4\times1.3\times11.3\times10^3}{\pi\times142.22}}=11.47\ (\text{mm})$$

取 M16(d_1=13.835mm)，由此可知上述假定是正确的。

例 22-2 如图 22-21 所示为凸缘联轴器，上半图表示用 6 只不严格控制预紧力的普通螺栓连接，下半图表示用 3 只铰制孔用螺栓连接。已知轴径 d=60mm，传递功率 P=2.5kW，静载荷，轴的转速 n=60r/min，螺栓中心圆直径 D_1=115mm，δ=14mm，螺栓机械性能分别为 8.8 级和 4.6 级，联轴器材料为 HT200，试确定上述两种连接的螺栓直径。

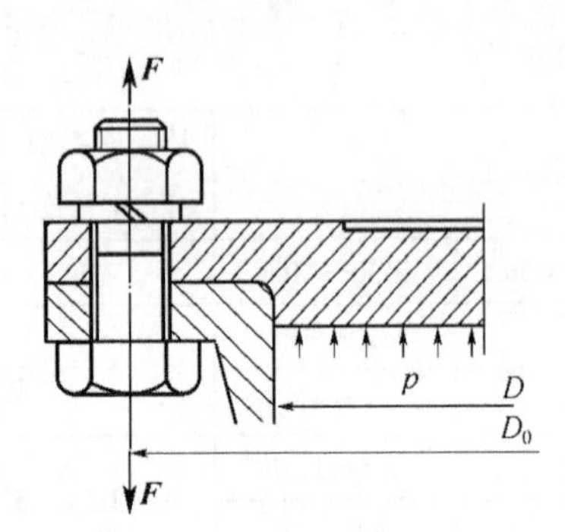

图 22-20 钢制液压油缸

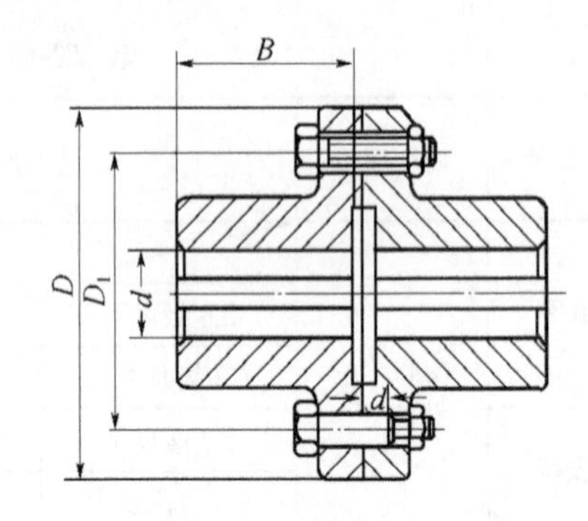

图 22-21 凸缘联轴器

解：传递的转矩为

$$T=9550\ \frac{P}{n}=9550\times\frac{2.5}{60}=397.92\ \text{N•m}=397920\ (\text{N•mm})$$

作用在螺栓中心圆直径 D_1 上的圆周力为

$$F=\frac{2T}{D_1}=\frac{2\times397920}{115}=6920\ (\text{N})$$

(1) 普通螺栓。

设 $\boldsymbol{F'}$ 为每个螺栓的预紧力，取接合面摩擦系数 f=0.2，现摩擦接合面数 m=1，螺栓数 z=6，

取可靠性系数 K_f=1。

假定接合面摩擦圆直径约等于 D_1，由式(22-21)得

$$F' \geqslant \frac{K_f F}{zfm} = \frac{1.2 \times 6920}{6 \times 0.2 \times 1} = 6920\ \text{N}$$

假定螺栓公称直径 d=10mm，由表 22-6，8.8 级得 $\sigma_s = 640\text{MPa}$；不严格控制预紧力，由表 22-7 取[S]=5.4,则 $[\sigma] = \frac{\sigma_s}{S} = \frac{640}{5.4} = 118.518\text{MPa}$，按式(22-20)计算螺栓小径，即

$$d_1 \geqslant \sqrt{\frac{4 \times 1.3F'}{\pi[\sigma]}} = \sqrt{\frac{4 \times 1.3 \times 6920}{\pi \times 180.48}} = 7.966\text{mm}$$

粗牙普通螺纹公称直径 d=10mm，小径 d_1=8.376mm，与计算出的 d_1=7.966mm 接近且略大一些，故假定合适，取 M10 的 8.8 级六角头普通螺栓。

(2) 铰制孔用螺栓。

由表 22-5，4.6 级得 $\sigma_s = 240\text{MPa}$，由表 22-7 得 $[\tau] = \frac{\sigma_s}{4} = \frac{240}{4} = 60\text{MPa}$，HT200 灰铸铁的抗拉强度极限 $\sigma_b = 200\text{MPa}$，由表 22-7 得 $[\sigma_p] = \frac{\sigma_b}{2.2} \times 20\% = \frac{200}{2.2} \times 80\% = 72.727\text{MPa}$。现摩擦接合面数 m=1，螺栓数 z=3，由式(22-17)得，$d_s \geqslant \sqrt{\frac{4F}{zm\pi[\tau]}} = \sqrt{\frac{4 \times 6920}{3 \times 1 \times \pi \times 60}} = 6.996\text{mm}$。

表 22-8　螺旋副的许用压强

配 对 材 料		钢对铸铁	钢对青铜	淬火钢对青铜
许用压强	速度 v<12m/min	4～7	7～10	10～13
	低速、如人力驱动等	10～18	15～25	—

由式(22-18)得，$d_s \geqslant \frac{F}{zh_{\min}[\sigma_p]} = \frac{6920}{3 \times 14 \times 72.727} = 2.625\text{mm}$

从强度考虑，选 M6 的铰制孔用螺栓，d_s=6+1=7mm>6.996mm 即可。

22.5　螺栓组连接的结构设计

大多数机器的螺纹连接件都是成组使用的，其中以螺栓组连接最典型，下面讨论它的设计和计算问题。

设计螺栓组连接时，首先要选定螺栓的数目及布置形式；然后确定螺栓连接的结构尺寸。在确定螺栓尺寸时，对不重要的螺栓连接，可参考现有机器设备，用类比法确定，不再进行强度校核。对于重要的连接，应根据工作载荷分析各螺栓的受力状况，找出受力最大的螺栓及其工作载荷，然后按单个螺栓的强度计算方法对其进行强度计算。下面讨论螺栓组连接的结构设计和受力分析。

螺栓组连接结构设计的目的在于合理地确定连接结合面的几何形状和螺栓的布置形式，力求各螺栓和结合面间受力均匀，便于加工和装配。为此，设计时应综合考虑一下几

方面的问题。

(1) 连接接合面的几何形状常设计成轴对称的简单几何形状(图 22-22)。这样便于加工和便于对称布置螺栓，使螺栓组的对称中心和结合面的形心重合，以保证连接结合面受力比较均匀。

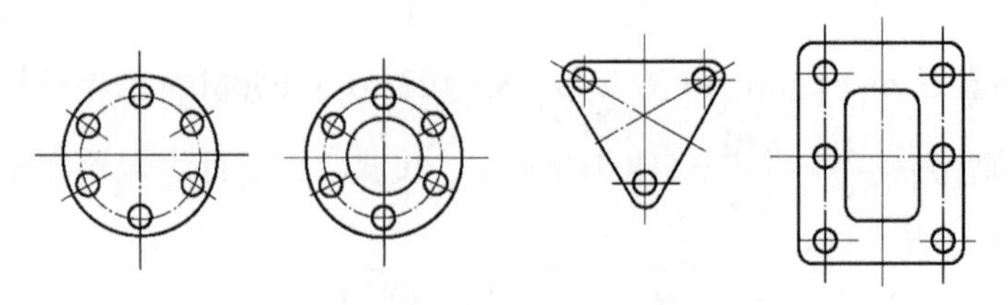

图 22-22 接合面的几何形状

(2) 螺栓的布置应使各螺栓的受力合理(图 22-23)。对于受剪的铰制孔用螺栓连接，不要在平行于工作载荷的方向上成排地布置八个以上的螺栓，以免载荷分布过于不均。当螺栓连接承受弯矩和扭矩时，应使螺栓的位置靠近连接接合面的边缘，以减少螺栓的受力。如果同时承受轴向载荷和较大的横向载荷时，应采用销、套筒、键等抗剪零件来承受横向载荷(图 22-24)，以减少螺栓的预紧力及尺寸。

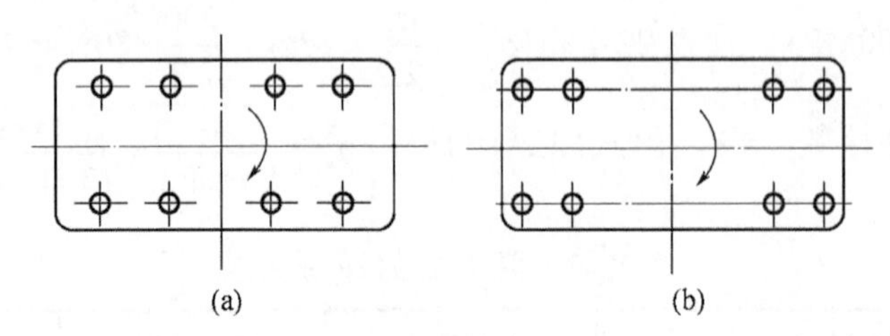

图 22-23 螺栓的布置

(a) 不合理；(b) 合理。

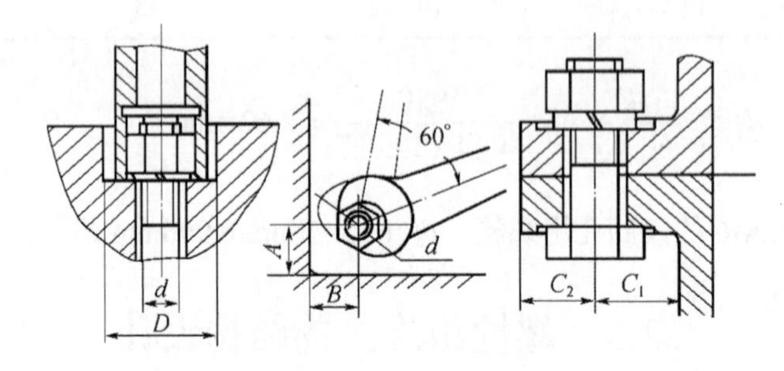

图 22-24 采用抗剪零件

(3) 螺栓的排列应有合理的间距和边距。布置螺栓时，各螺栓轴线间及螺栓轴线和机体壁间的最小距离，应按扳手所需的活动空间的大小来决定。扳手空间的尺寸可查阅有关的标准。

(4) 分布在同一圆周上的螺栓数目，应取 4、6、8 等偶数，以便钻孔时在圆周上分度和画线。同一螺栓组中螺栓的材料、直径和长度均应相同。

(5) 避免螺栓承受偏心载荷。导致螺栓承受偏心载荷的原因如图 22-25 所示。

除了要在结构上设法保证载荷不偏心外，还应在工艺上保证被连接面上螺母和螺栓支承面平整，并与螺栓轴线相垂直。对于在铸、锻件等粗糙表面上安装螺栓时，应制成凸台和沉头座(图 22-26)；当支承面为倾斜表面时，应采用斜垫圈等(图 22-27)。

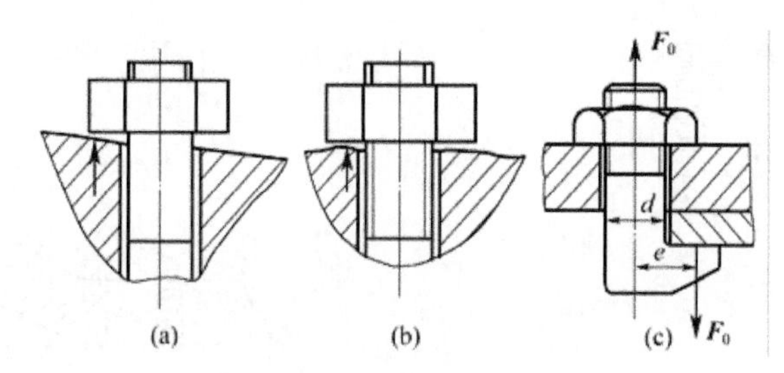

图 22-25　承受偏心载荷的原因

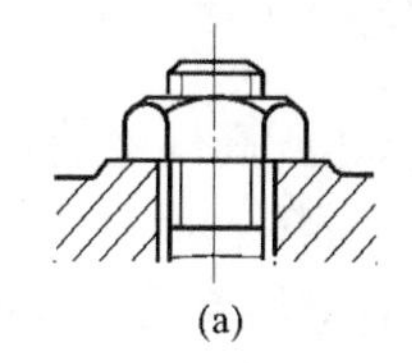

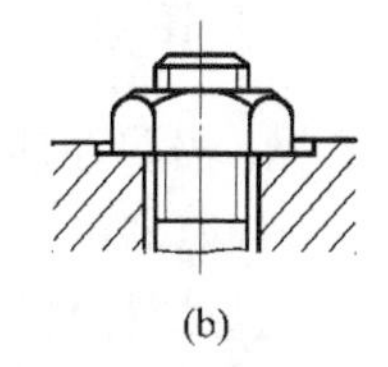

图 22-26　凸台和沉头座

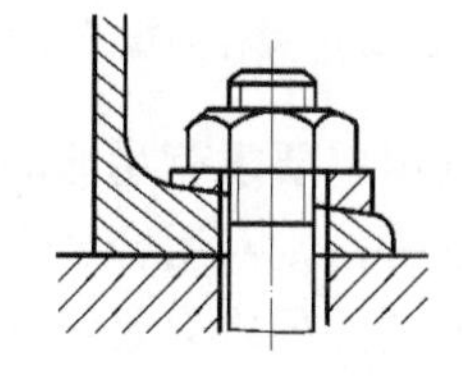

图 22-27　斜垫圈

除以上各点外，还应根据工作条件合理选择防松装置。

螺栓组连接的计算参见有关书籍。

22.6　螺旋传动

22.6.1　螺旋传动的类型和应用

螺旋传动常用于机床、起重机械、锻压设备、测量仪器及其他机械设备中，其作用多是变回转运动为直线运动。

螺旋传动按其用途可分为调整螺旋、起重螺旋和传导螺旋。

调整螺旋用以固定零件的位置，如机床进给机构中的微调螺旋。一般不在工作载荷作用下作旋转运动。

传导螺旋用以传递动力及运动，如机床丝杠。传导螺旋多在较长时间连续工作，有时速度也较高，因此要求有较高的效率和精度，一般不要求自锁。

起重螺旋用以举起重物或克服很大的轴向载荷，如螺旋千斤顶。起重螺旋一般为间歇性工作，每次工作时间较短、速度也不高，但轴向力很大，通常需要自锁，因工作时间短，不追求高效率。

螺旋传动按其螺纹间摩擦性质的不同，可分为滑动螺旋、滚动螺旋和静压螺旋。滑动螺旋结构简单、加工方便、应用最广。本章主要介绍滑动螺旋的设计方法。

滑动螺旋多用梯形螺纹，重载起重螺旋也用锯齿形螺纹，对效率要求高的传动螺旋也可用矩形螺纹。滑动螺旋工作时，螺杆承受轴向载荷和转矩；螺杆和螺母的螺纹牙承受挤压、弯曲和剪切，如图 22-28、图 22-29 所示。

滑动螺旋的失效形式有螺纹磨损、螺杆断裂、螺纹牙根剪断和弯断，螺杆很长时还可能失稳。一般常根据抗磨损条件或螺杆断面强度条件设计螺杆尺寸，对其他失效形式进行校核计算。此外对有自锁要求的螺旋副，要校核其自锁条件，对传动精度要求高的螺旋副，需校核由螺杆变形造成的螺距变化量是否超过许用值。

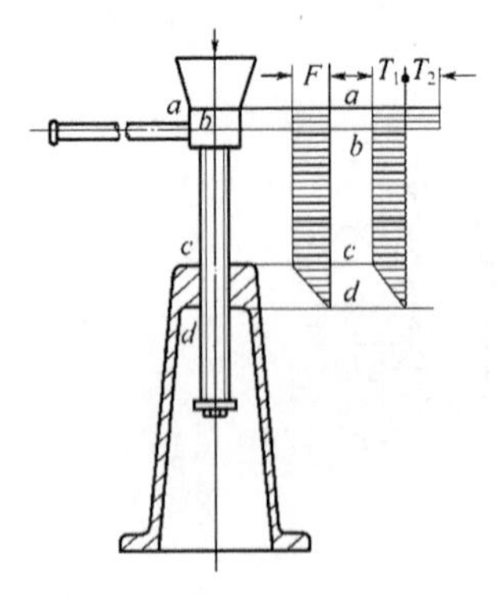

图 22-28　螺杆的螺纹牙受力分析

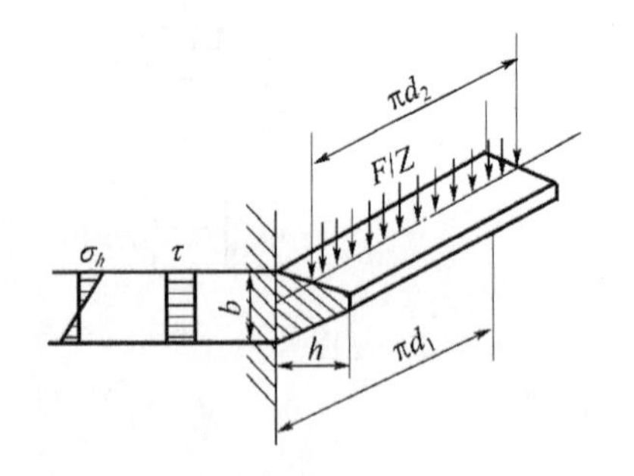

图 22-29　螺母的螺纹牙受力分析

螺杆的材料要求有足够的强度，常用 35、45 钢；需要经热处理以达到高硬度的重要螺杆，如机床丝杠等，则常用合金钢，如 65Mn、40Cr、T12、20CrMnTi 等材料。

螺母材料除要求有足够的强度以外，还要求在与螺杆材料配合时摩擦系数小和耐磨。常用的材料有铸造青铜，如 ZCuSn10Pb1、ZCuSn5Pb5Zn5，重在低速时用强度较高的铸造青铜 ZCuAl10Fe3 或铸造黄铜 ZCuZn25Al6Fe3Mn3；低速不重载的螺旋传动也可用耐磨铸铁。

22.6.2　滑动螺旋的设计计算

1. 耐磨性计算

螺纹磨损多发生在螺母上。磨损与螺纹工作表面的压强、滑动速度、工作表面的粗糙度及润滑状况等因素有关，其中最主要的是压强。压强越大，螺纹工作表面越容易磨损。所以，耐磨性计算主要是限制螺纹工作表面的压强，以防止过渡磨损。

假想螺纹牙可展开成一长条，如图 22-29 所示。设螺旋的轴向载荷为 $\boldsymbol{F}$，螺母旋合高度为 H、螺距为 p，螺纹旋合圈数为 $Z=H/p$、螺纹工作高度为 h、承压面积(垂直于轴线方向上的投影面积)为 A，螺纹工作面上的压强为 p_s；则螺纹的耐磨性条件为

$$p_s=\frac{F}{A}=\frac{F}{\pi d_2 hZ}=\frac{Fp}{\pi d_2 hH}\leqslant[p]\quad \text{(MPa)} \tag{22-27}$$

若需按耐磨性条件设计螺纹中径 d_2 时，可引用系数 $\psi=H/d_2$ 以消去 H，得

$$d_2\geqslant\sqrt{\frac{Fp}{\pi\psi h[p]}}\quad \text{(mm)} \tag{22-28}$$

对于矩形和梯形螺纹，$h=0.5p$,则

$$d_2\geqslant 0.8\sqrt{\frac{F}{\psi[p]}} \tag{22-29}$$

对于锯齿形螺纹，$h=0.75p$，则

$$d_2\geqslant 0.65\sqrt{\frac{F}{\psi[p]}}\quad \text{(mm)} \tag{22-30}$$

式中：$[p]$为许用压强(MPa)(表 22-8)。

系数 ψ 的值，可根据螺母结构选定。对于整体式螺母，磨损后间隙不能调整，取 ψ=1.2～

2.5；对于剖分式螺母，间隙可调整；或需螺母兼作支承而受力较大时，可取ψ=2.5～3.5；对于传动精度较高，要求寿命较长时，允许取ψ=4。

由于旋合各圈受力不均，应使$Z \leqslant 10$。

计算出d_2后，应选为标准值，螺纹的其他参数根据d_2按标准确定。

2．螺杆强度计算

螺杆断面承受轴向力$\boldsymbol{F}$和转矩T的作用，例如千斤顶的受力。根据第四强度理论，螺杆危险截面的强度条件为

$$\sigma = \sqrt{\left(\frac{4F}{\pi d_1^2}\right)^2 + 3\left(\frac{16T}{\pi d_1^3}\right)^2} \leqslant [\sigma] \quad \text{(MPa)} \tag{22-31}$$

对于起重螺旋，因所受轴向力大，速度低，常需根据螺杆强度确定尺寸，则可将上式简化为类似式(22-22)的形式，以设计螺杆螺纹小径，即

对于矩形和锯齿形螺纹：

$$d_1 \geqslant \sqrt{\frac{4 \times 1.2F}{\pi[\sigma]}} \quad \text{(mm)} \tag{22-32}$$

对于梯形螺纹：

$$d_1 \geqslant \sqrt{\frac{4 \times 1.25F}{\pi[\sigma]}} \quad \text{(mm)} \tag{22-33}$$

式中：d_1为螺杆螺纹小径(mm)；$[\sigma]$为螺杆材料许用应力；F为螺杆所受轴向力(N)；T为螺杆所受转矩(N·mm)，$T=F\tan(\lambda+\rho')d_2/2$。

3．螺纹牙强度计算

因螺母材料强度低于螺杆，所以螺纹牙的剪切和弯曲破坏多发生在螺母上。可将展开后的螺母螺纹牙看作一悬臂梁，螺纹牙根部的剪切强度校核计算式为

$$\tau = \frac{F}{\pi d'bZ} \tag{22-34}$$

螺纹牙根部的弯曲强度校核计算式为

$$\sigma_b = \frac{(F/Z)\cdot(h/2)}{(\pi d'b^2)/6} = \frac{3Fh}{\pi d'Zb^2} \leqslant [\sigma]_b \tag{22-35}$$

式中：d'为螺母螺纹大径(mm)；h为螺纹牙的工作高度(mm)；b为螺纹牙根部厚(mm)，梯形螺纹的b=0.65p，锯齿形螺纹的b=0.74p，矩形螺纹的b=0.5p；$[\tau]$、$[\sigma]_b$为螺母材料的许用剪切应力和许用弯曲应力(MPa)。

如果螺杆和螺母材料相同，因螺杆螺纹小径d_1小于螺母螺纹大径d'，应校核螺杆螺纹牙强度，只要将上二式中的d'改为d_1即可。

4．螺纹副自锁条件校核

对有自锁要求的螺旋，要校核其自锁性，其条件为

$$\lambda \leqslant \rho' \qquad \rho' = \arctan f'$$

5．螺杆的稳定性计算

对于细长的受压螺杆，当轴向压力$\boldsymbol{F}$大于某一临界值时，螺杆会发生横向弯曲而失去稳定。

受压螺杆的稳定性条件式为

$$\frac{F_c}{F} \geqslant 2.5 \sim 4 \tag{22-36}$$

式中：$\boldsymbol{F}_c$为螺杆稳定的临界载荷。

临界载荷$\boldsymbol{F}_c$与螺杆材料及长径比(柔度)$\lambda = \dfrac{4\mu l}{d_1}$有关。

对于淬火钢螺杆：

当$\lambda \geqslant 85$时：
$$F_c = \frac{\pi^2 EI}{(\mu l)^2}$$

当$\lambda < 85$时：
$$F_c = \frac{490}{1 + 0.0002\lambda^2} \frac{\pi d_1^2}{4}$$

对于不淬火螺杆：

当$\lambda > 90$时：
$$F_c = \frac{\pi^2 EI}{(\mu l)^2} \quad \text{(N)}$$

当$\lambda < 90$时：
$$F_c = \frac{340}{1 + 0.00013\lambda^2} \frac{\pi d_1^2}{4} \quad \text{(N)}$$

对于$\lambda < 40$的螺杆，一般不会失稳，不需进行稳定性校核。

习题与思考题

22-1 螺纹牙型分哪几种？各用在什么场合？

22-2 试计算M20、M20×1.5螺纹的升角，并指出哪种螺纹的自锁性好。

22-3 螺纹连接有几种形式？各用在什么场合？

22-4 为什么大多数螺栓在承受工作载荷之前都要拧紧？扳动螺母拧紧螺栓时，拧紧力矩要克服哪些地方的阻力矩？这时螺栓和被连接件各受什么力？

22-5 为什么说螺栓的受力与连接的载荷既有联系又有区别？连接受横向载荷时，螺栓就一定受工作剪力吗？

22-6 螺母的螺纹圈数为什么不宜大于10？

22-7 螺纹连接为什么会松脱？试举出五种防松装置，并用图表示出其防松原理。

22-8 为什么要防止螺栓受偏心载荷？在结构设计时如何防止螺栓受偏心载荷？

22-9 如图为一刚性凸缘联轴器，凸缘间用铰制孔螺栓连接，螺栓数目z=6，螺杆无螺纹部分直径d_s=17mm，材料为35钢，两个半联轴器材料为铸铁，试计算联轴器能传递的转矩。若预传递同样的转矩，而采用普通螺栓连接时，试确定螺栓直径。

22-10 一汽缸和汽缸盖的连接结构如图。已知汽缸内压力在0～1MPa之间变化，螺栓间距离不得小于150mm，试确定螺栓数目及直径。

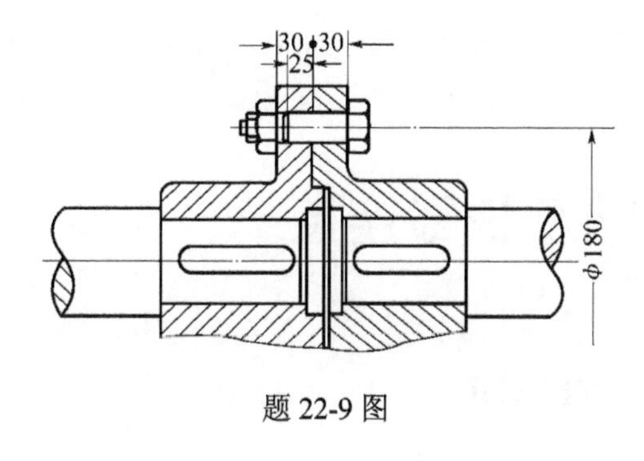

题 22-9 图

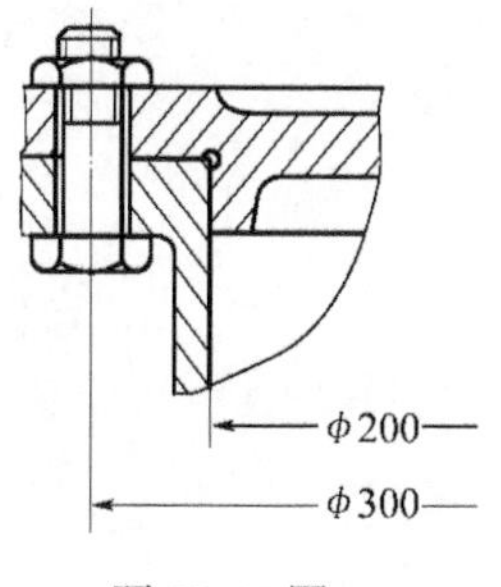

题 22-10 图

22–11 如图为一托架，20kN 的载荷作用在托架宽度方向的对称线上，用四个螺栓将托架连接在一钢制横梁上，试确定应采用哪种连接类型，并计算出螺栓直径。

22–12 如图为一焊接托架，承受载荷 F=6kN，托架用四个普通螺栓固定在立柱上，各部分尺寸如图所示，试计算此螺栓组连接。

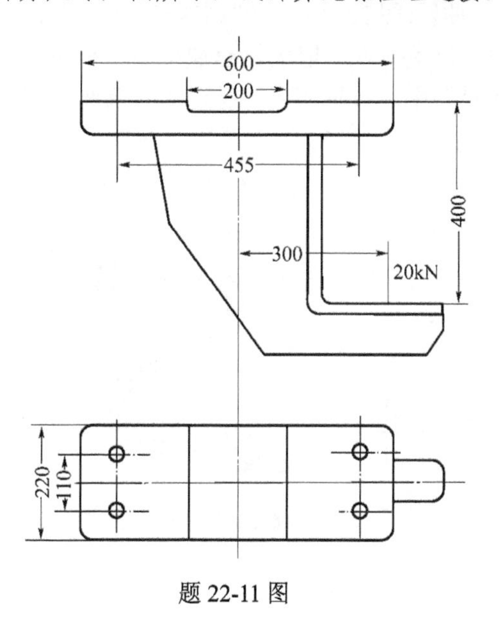

题 22-11 图

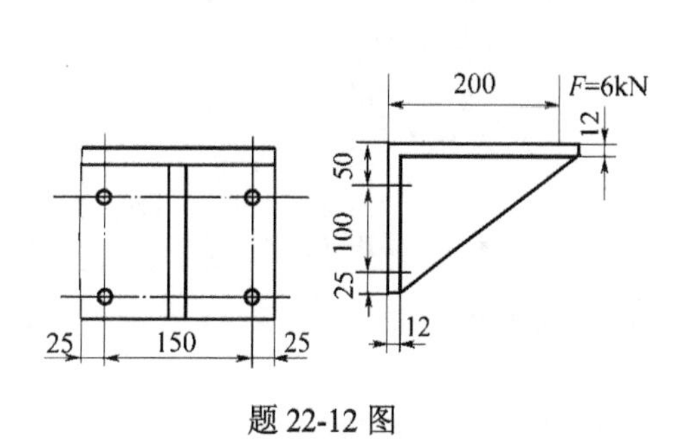

题 22-12 图

第23章　轴及轴毂连接

23.1　概　述

轴是机械中普遍使用的重要零件之一，用以支承轴上零件(齿轮、带轮等)，使其具有确定的工作位置，并传递运动和动力。

23.1.1　轴的分类

根据轴线形状的不同，轴可分为直轴(图23-1)、曲轴(图23-2)和挠性钢丝轴(图23-3)。曲轴主要用于作往复运动的机械中。挠性钢丝轴是由几层紧贴在一起的钢丝层构成，可以把转矩和旋转运动灵活传到任何位置，常用于振捣器等设备中。直轴应用广泛，可分为光轴和阶梯轴，本章只介绍直轴。

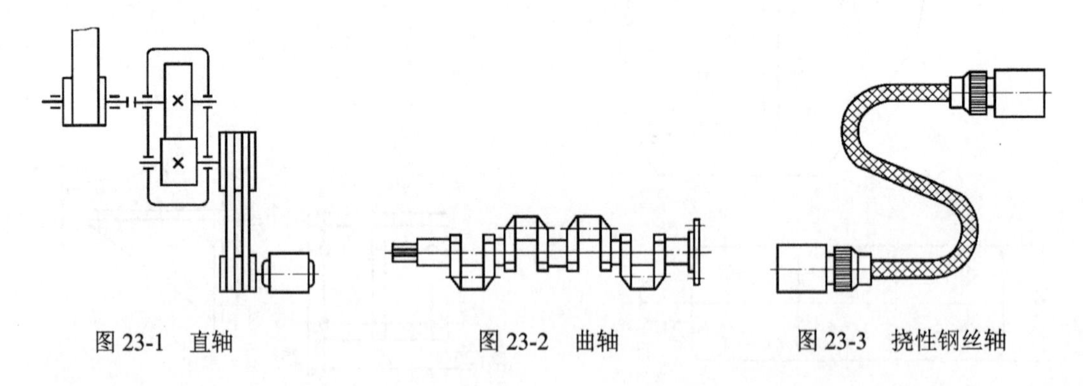

图23-1　直轴　　图23-2　曲轴　　图23-3　挠性钢丝轴

直轴根据轴的承载情况不同可分为转轴、心轴和传动轴三类。转轴既传递转矩又承受弯矩，如图23-1所示单级齿轮减速器中的轴；传动轴只传递转矩而不承受弯矩或承受弯矩很小，如汽车变速箱与后桥间的轴；心轴则承受弯矩而不传递转矩，如火车车辆的轴、自行车的前轴。这三种类型轴的承载情况及特点见表23-1。

表23-1　转轴传动轴和心轴的承载情况及特点

种类	举例	受力简图	特点
转轴		T　n　T	既承受弯矩又承受转矩；是机器中最常用的一种轴；剖面上受弯曲应力和扭剪应力的复合作用

(续)

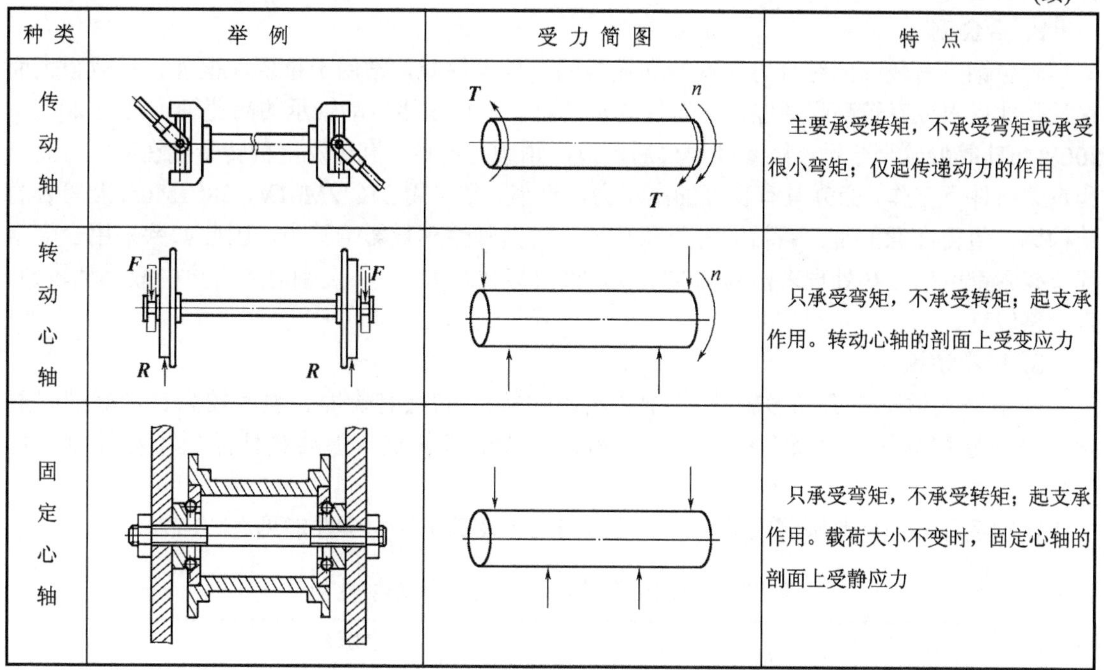

种类	举例	受力简图	特点
传动轴			主要承受转矩，不承受弯矩或承受很小弯矩；仅起传递动力的作用
转动心轴			只承受弯矩，不承受转矩；起支承作用。转动心轴的剖面上受变应力
固定心轴			只承受弯矩，不承受转矩；起支承作用。载荷大小不变时，固定心轴的剖面上受静应力

轴一般都制成实心的，但为减小质量(如大型水轮机轴、航空发动机轴)或满足工作要求(如需在轴中心穿过其他零件或润滑油)，则可用空心轴。

23.1.2 轴的设计要求和设计步骤

合理的结构和足够的强度是轴的设计必须满足的基本要求。如果轴的结构设计不合理，则会影响轴的加工和装配工艺，增加制造成本，甚至影响轴的强度和刚度。足够的强度是轴的承载能力的的基本保证。如果轴的强度不足，则会发生塑性变形或断裂失效，使其不能正常工作。不同的机器对轴的设计要求不同：如机床主轴、电机轴要求有足够的刚度；对一些高速机械轴，如高速磨床主轴、汽轮机主轴等要考虑振动稳定性问题。

通常轴的设计步骤是：

(1) 按工作要求选择轴的材料。

(2) 估算轴的基本直径。

(3) 轴的结构设计。

(4) 轴的强度校核计算。

(5) 必要时作刚度或振动稳定性等的校核计算。

在轴的设计计算过程中，应注意轴的设计计算与其他有关零件的设计计算往往相互联系、影响，因此必须结合进行。

23.1.3 轴的材料

轴的常用材料是碳素钢、合金钢及球墨铸铁。

1. 碳素钢

优质中碳钢 30 钢～50 钢因具有较高的综合力学性能，常用于比较重要或承载较大的轴，其中 45 钢应用最广。对于这类材料，可通过调质或正火等热处理方法改善和提高其力学性能。

普通碳素钢 Q235、Q275 等可用于不重要或承载较小的轴。

2. 合金钢

合金钢具有较高的综合力学性能和较好的热处理性能，常用于重要性很强、承载很大而重量尺寸受限或有较高耐磨性、防腐性要求的轴。例如采用滑动轴承的高速轴，常用 20Cr、20CrMnTi 等低碳合金钢，经渗碳淬火后可提高轴颈耐磨性；汽轮发电机转子轴在高温、高速和重载条件下工作，必须具有良好的高温力学性能，常采用 27Cr2Mo1V、38CrMoAlA 等合金结构钢。值得注意的是：钢材的种类和热处理对其弹性模量影响甚小，因此如欲采用合金钢代替碳素钢或通过热处理来提高轴的刚度，收效甚微。此外，合金钢对应力集中敏感性较强，且价格较高。

3. 球墨铸铁

球墨铸铁适于制造成形轴(如曲轴、凸轮轴等)，它具有价廉、强度较高、良好的耐磨性、吸振性和易切性以及对应力集中的敏感性较低等优点。但铸铁件品质不易控制，可靠性差。

钢轴毛坯多是轧制圆钢或锻件。轴的常用材料及其主要力学性能见表 23-2。

表 23-2　轴的常用材料及其主要力学性能

材料及热处理	毛坯直径/mm	硬度/HB	强度极限σ_b	屈服极限σ_s	弯曲疲劳极限σ_{-1}	备　注
			/MPa			
QT400-10	—	156～197	400	300	145	
QT600-2	—	197～269	600	420	215	
Q235	≤40	—	440	225	200	用于不重要的轴
35 正火	≤100	149～187	520	270	250	有好的塑性和适当的强度，用于一般轴
45 正火	≤100	170～217	600	300	275	用于较重要的轴，应用最为广泛
45 调质	≤200	217～255	650	360	300	
40Cr 调质	≤100	241～286	750	550	350	用于载荷较大而无很大冲击的重要轴
	≤200	241～266	700	550	340	
40MnB 调质	25	—	1000	800	485	性能接近于 40Cr，用于重要的轴
	≤200	241～286	750	500	335	
35CrMo 调质	≤100	207～269	750	550	390	用于重要的轴
20Cr 渗碳淬火回火	15	表面 56HRC～62HRC	850	550	375	用于要求强度、韧性及耐磨性均较高的轴
	≤60		650	400	280	

23.2　轴的结构设计

轴的结构设计就是要确定轴的合理外形和包括各轴段长度、直径及其他细小尺寸在内的全部结构尺寸。

轴的结构受多方面因素的影响，不存在一个固定形式，而是随着工作条件与要求的不同而不同。轴的结构设计一般应考虑以下三方面主要问题。

23.2.1 满足使用的要求

为实现轴的功能，必须保证轴上零件有准确的工作位置，要求轴上零件沿周向和轴向固定。

1. 周向固定

零件的周向固定可采用键、花键、成形、销、弹性环、过盈等连接，如图 23-4 所示。

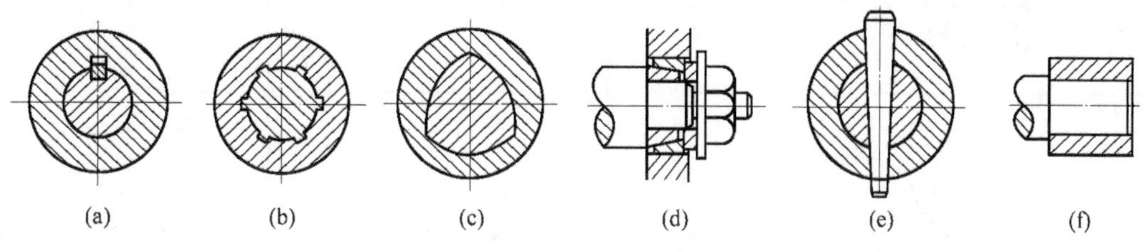

图 23-4 轴上零件的周向固定方法

(a) 键连接；(b) 花键连接；(c)成形连接；(d) 弹性环连接；(e) 销连接；(f) 过盈连接。

2. 轴向固定

常见的轴向固定方法及特点与应用见表 23-3。其中轴肩、轴环、套筒、轴端挡圈及圆螺母应用更为广泛。为保证轴上零件沿轴向固定，可将表 23-3 中各种方法联合使用。

表 23-3 轴上零件的轴向固定方法及应用

轴向固定方法及结构简图		特点和应用	设计注意要点
轴肩与轴环	轴肩　轴环	简单可靠，不需附加零件，能承受较大轴向力。广泛应用于各种轴上零件的固定。 该方法会使轴颈增大，阶梯处形成应力集中，且阶梯过多将不利于加工	为保证零件与定位面靠紧，轴上过渡圆角半径 r 应小于零件圆角半径 R 或倒角 C， 即 $r<C<a$、$r<R<a$；一般取定位高度 $a=(0.07\sim0.1)d$，轴环宽度 $b=1.4a$
套筒		简单可靠，简化了轴的结构且不削弱轴的强度。 常用于轴上两个近距零件间的相对固定。 不宜用于高速轴	套筒内径的配合较松，套筒结构、尺寸可视需要灵活设计。为确保固定可靠，与轴上零件相配合的轴端长度应比轮毂略短，如表 11-3 中的套筒结构简图所示，$l=B-(1\sim3)$mm

(续)

轴向固定方法及结构简图		特点和应用	设计注意要点
轴端挡圈	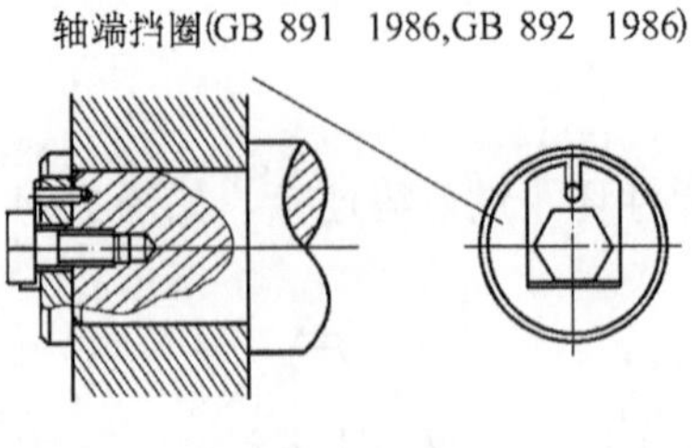 轴端挡圈(GB 891 1986,GB 892 1986)	工作可靠，结构简单，能承受较大轴向力，应用广泛	只用于轴端。 应采用止动垫片等防松措施
锥面	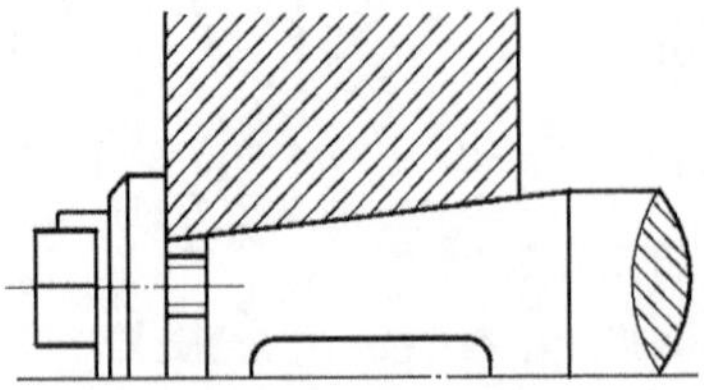	装拆方便，可兼作周向固定。 宜用于高速、冲击及对中性要求高的场合	只用于轴端。 常与轴端挡圈联合使用，实现零件的双向固定
圆螺母	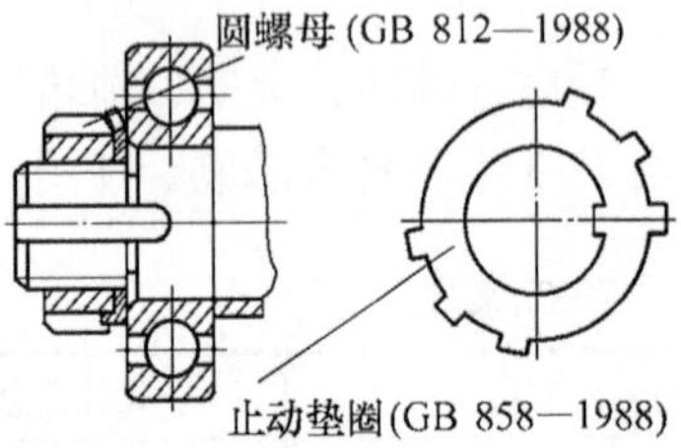 圆螺母 (GB 812—1988) 止动垫圈(GB 858—1988)	固定可靠，可承受较大轴向力，能实现轴上零件的间隙调整。 常用于轴上两零件间距较大处及轴端	为减小对轴端强度的削弱，常用细牙螺纹。 为防松，必须加止动垫圈或使用双螺母
弹性挡圈	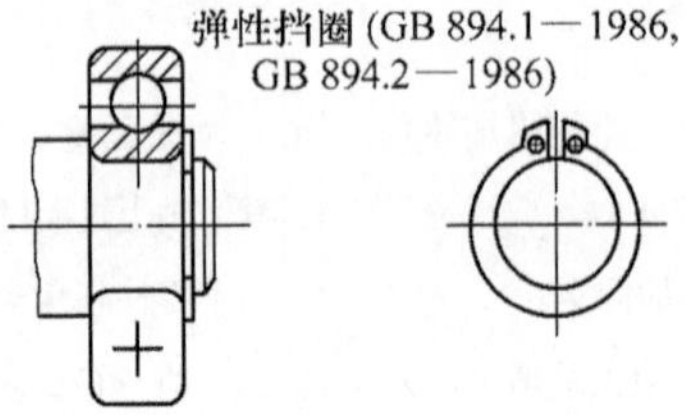 弹性挡圈 (GB 894.1—1986, GB 894.2—1986)	结构紧凑、简单，装拆方便，但受力较小，且轴上切槽将引起应力集中。 常用于轴承的固定	轴上切槽尺寸见 GB 894.1—1986
紧定螺钉与锁紧挡圈	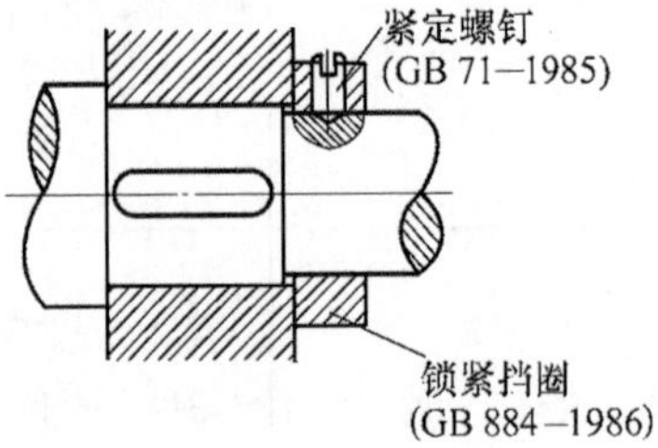 紧定螺钉 (GB 71—1985) 锁紧挡圈 (GB 884–1986)	结构简单，但受力较小，且不适于高速场合	

23.2.2 良好的结构工艺性

在进行轴的结构设计时，应尽可能使轴的形状简单，并且具有良好的加工工艺性能和装配工艺性能。

1. 加工工艺性

轴的直径变化应尽可能少，应尽量限制轴的最大直径与各轴段的直径差，这样既能节省材料，又可减少切削量。

轴上有磨削与切螺纹处，要留砂轮越程槽和螺纹退刀槽(图 23-5)，以保证加工的完整和方便。

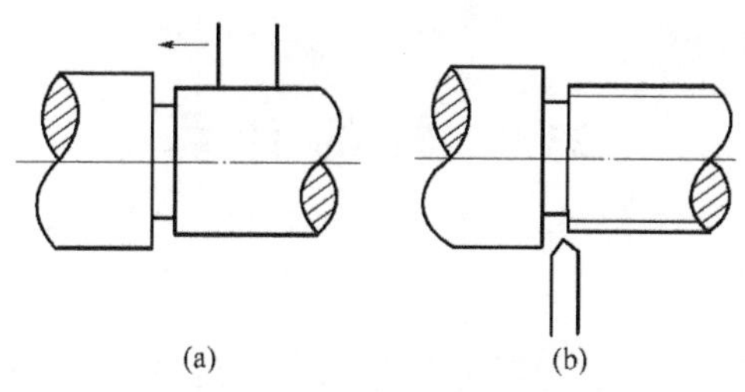

图 23-5　砂轮越程槽与螺纹退刀槽图

(a) 砂轮越程槽；(b) 螺纹退刀槽。

轴上有多个键槽时，应将它们布置在同一直线上，以免加工键槽时多次装夹，从而提高生产效率。

如有可能，应使轴上各过渡圆角、倒角、键槽、越程槽、退刀槽及中心孔等尺寸分别相同，并符合标准和规定，以利于加工和检验。

轴上配合轴段直径应取标准值(见 GB 2822—1981)；与滚动轴承配合的轴颈应按滚动轴承内径尺寸选取；轴上的螺纹部分直径应符合螺纹标准等。

2. 装配工艺性

为了便于轴上零件的装配，常采用直径从两端向中间逐渐增大的阶梯轴，使轴上零件经过轴的轴段直径小于轴上零件的孔径。轴上的各阶梯，除轴上零件轴向固定的可按表 23-3 确定轴肩高度外，其余仅为便于安装而设置的轴肩，轴肩高度可取 0.5mm～3mm。

轴端应倒角，以去掉毛刺并便于装配。

固定滚动轴承的轴肩高度应符合轴承的安装尺寸要求，以便于轴承的拆卸。

23.2.3　提高轴的疲劳强度

轴通常在变应力下工作，多数因疲劳而失效，因此设计轴时，应设法提高其疲劳强度。常采取的措施有：

1. 改进轴的的结构形状

尽量使轴径变化处过渡平缓，并采用较大的过渡圆角。如相配合零件内孔倒角或圆角很小时，可采用凹切圆角(图 23-6(a))或过渡肩环(图 23-6(b))。键槽端部与阶梯处距离不宜过小，以

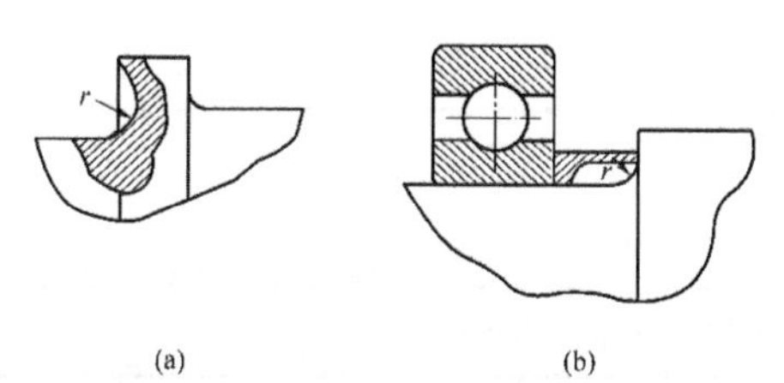

图 23-6　减小圆角应力集中的结构

(a) 凹切圆角；(b) 过渡肩环。

避免损伤过渡圆角及减少多种应力集中源重合的机会。键槽根部圆角半径越小，应力集中越严重，因此在重要轴的零件图上应注明其大小。避免在轴上打印及留下一些不必要的痕迹，因为它们可能成为初始疲劳裂纹源。

2. 改善轴的表面状态

实践证明，采用滚压、喷丸或渗碳、氰化、氮化、高频淬火等表面强化处理方法，可以大大提高轴的承载能力。

23.3 轴的计算

23.3.1 轴的强度计算

轴的强度计算主要有三种方法：按许用切应力计算；按许用弯曲应力计算；安全系数校核计算。按许用切应力计算只需知道转矩的大小，方法简便，常用于传动轴的强度计算和转轴基本直径的估算。按许用弯曲应力计算必须先知道作用力的大小和作用点的位置、轴承跨距、各段轴径等参数，主要用于计算一般重要的、弯扭复合作用的轴。安全系数校核计算要在结构设计后进行，不仅要先已知轴的各段轴径，而且要已知过渡圆角、过盈配合、表面粗糙度等细节，主要用于重要的轴的强度计算。

1. 按许用切应力计算

传动轴只受转矩的作用，可直接按许用切应力设计其轴径。转轴受弯扭复合作用，在设计开始时，因为各轴段长度未定，轴的跨距和轴上弯矩大小是未知的，所以不能按轴所受弯矩来计算轴径。通常是按轴所传递的转矩估算出轴上受扭转轴段的最小直径，并以其作为基本参考尺寸进行轴的结构设计。

由材料力学可知，实心圆轴的扭转强度条件为

$$\tau_T = \frac{T}{W_T} \approx \frac{9.55\times 10^6 \times P/n}{0.2^3 d} \leqslant [\tau]_T \tag{23-1}$$

由此得到轴的基本直径为

$$d \geqslant \sqrt[3]{\frac{9.55\times 10^6 P}{0.2[\tau]_T\, n}} = C\sqrt[3]{\frac{P}{n}} \tag{23-2}$$

式中：d 为轴的直径(mm)；τ_T 为轴的扭剪应力(MPa)；T 为轴传递的转矩(N·mm)；P 为轴传递的功率(kW)；n 为轴的转速(r/min)；W_T 为轴的抗扭剖面系数(mm^3)，其中 $W_T = \pi d^3/16 \approx 0.2d^3$；$[\tau]_T$ 为许用扭剪应力(MPa)；C 为计算常数，取决于轴的材料及受载情况，见表 23-4。

表 23-4　轴常用材料的 C 值

轴的材料	Q235、20		35		45		40Cr、35SiMn		
C	160	148	135	125	118	112	107	102	98
注：当轴所受弯矩较小或只受转矩时，C 取小值；否则取较大值									

另外，若当按式(23-2)求得直径的轴段上开有键槽时，应适当增大轴径：单键槽增大 3%，双键槽增大 7%。然后将轴径圆整(见 GB 2822—1981)。

2. 按许用弯曲应力计算

在设计转轴时，首先由式(23-2)估算轴的基本直径，并依此完成轴的结构设计，当轴上零件的位置确定后，轴上的载荷的大小、位置以及支点跨距等便均能确定，此时就可按许用弯曲应力校核轴的强度。

现以图 23-7 所示的单级斜齿圆柱齿轮减速器的低速轴为例来介绍按许用弯曲应力校核轴强度的方法。如该轴的的结构(图 23-9(a))已初步确定，则校核的一般顺序如下：

(1) 画出轴的空间受力简图(图 23-9(b))。为简化计算，将齿轮、链轮等传动零件对轴的载荷视为作用于轮毂宽度中点的集中载荷；应将支反力作用点取在轴承的载荷作用中心(图 23-8)；不计零件自重。

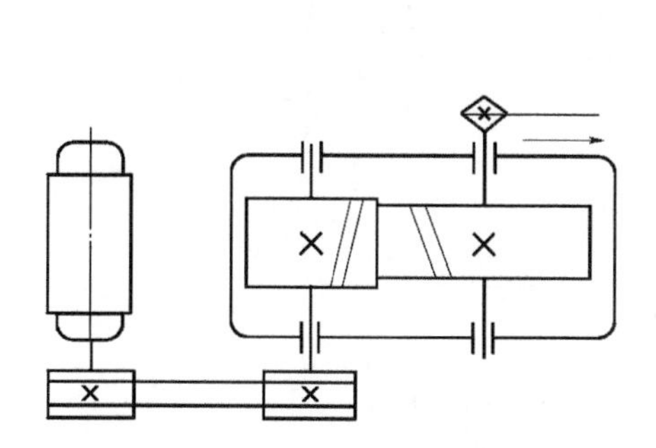

图 23-7 单级平行轴斜齿轮减速器

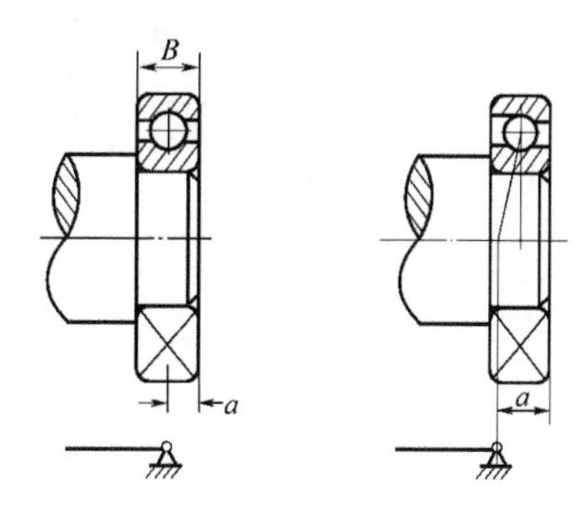

图 23-8 轴支反力点位置的简化

将齿轮等轴上零件对轴的载荷分解到水平面和垂直面内。

(2) 作水平面受力图及弯矩 M_H 图(图 23-9(c))。

(3) 作垂直面受力图及弯矩 M_V 图(图 23-9(d))。

(4) 作合成弯矩 $M=\sqrt{M_H{}^2+M_V{}^2}$ 图(图 23-9(e))。

(5) 作转矩 T 图(图 23-9(f))。

(6) 作当量弯矩图(图 23-9(g))。

求危险截面上的当量弯矩：

$M_e=\sqrt{M^2+(\alpha T^2)}$ (由第三强度理论推出)

式中：α是考虑转矩与弯矩性质不同而设的应力校正系数。对于不变的转矩，取$\alpha=0.3$；对于脉动循环的转矩，取$\alpha=0.6$；对于对称循环的转矩，取$\alpha=1$。如转矩变化规律不清楚，一般按脉动循环处理。

(7) 强度计算。

① 确定危险剖面。根据弯矩、转矩最大或弯矩、转矩较大而相对尺寸较小的原则选一个或几个危险截面。

② 强度校核。实心圆轴上危险截面应满足以下强度条件：

$$\sigma_e=\frac{M_e}{W}=\frac{M_e}{0.1d^3}\leqslant[\sigma_{-1}]_W \tag{23-3}$$

式中：W 为危险截面的抗弯截面系数(mm^3)，$W=\pi d^3/32\approx 0.1d^3$；$d$ 为危险截面直径(mm)；$[\sigma_{-1}]_W$ 为材料在对称循环状态下的许用弯曲应力(MPa)，见表 23-5。

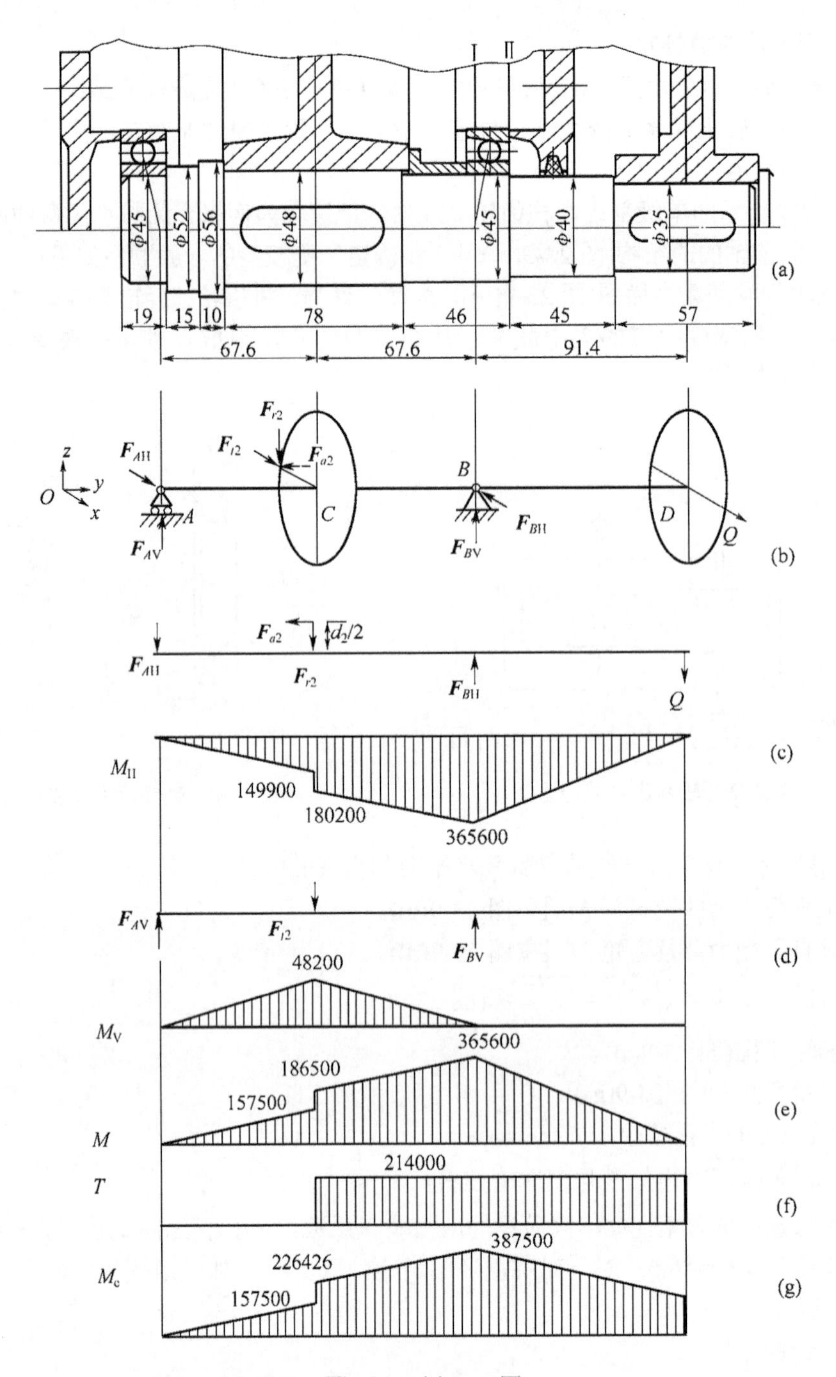

图 23-9 例 23-1 图

表 23-5 轴的许用弯曲应力 (MPa)

材料	σ_b	$[\sigma_{+1}]_W$	$[\sigma_0]_W$	$[\sigma_{-1}]_W$	材料	σ_b	$[\sigma_{+1}]_W$	$[\sigma_0]_W$	$[\sigma_{-1}]_W$
碳素钢	400	130	70	40	合金钢	800	270	130	75
	500	170	75	45		1000	330	150	90
	600	200	95	55	铸钢	400	100	50	30
	700	230	110	65		500	120	70	40

3. 按许用安全系数校核轴的疲劳强度

按许用安全系数校核轴的疲劳强度，是考虑了轴上变应力的循环特性、应力集中、表面质量及尺寸因素等对轴疲劳强度影响的精确校核方法，其具体计算方法可参见有关手册。

应当指出，如危险截面强度不足，需对轴的结构作局部修改并重新计算，直到合格为止；如强度足够，因考虑轴的刚度和工艺性等因素，除非裕量太大，一般不再改变轴径。

例 23-1 试设计图 23-7 所示单级平行轴斜齿轮减速器的低速轴，已知该轴传递功率 $P=2.33$kW，转速 $n=104$ r/min；大齿轮分度圆直径 $d_2=300$mm，齿宽 $b_2=80$mm，螺旋角$\beta=8°03'20''$，左旋；链轮轮毂宽度 $b_3=60$mm，链轮对轴的压轴力 $Q=4000$N，水平方向；减速器长期工作，载荷平稳。

解： (1) 估算轴的基本直径。选用 45 钢，正火处理，估计直径 $d<100$mm，由表 23-2 查得$\sigma_b=600$MPa。查表 23-4，取 $C=118$，由式(23-2)得

$$d \geqslant C\sqrt[3]{\frac{P}{n}} = 118 \times \sqrt[3]{\frac{2.33}{104}} = 33.27\ \text{mm}$$

所求 d 应为受扭部分的最细处，即装链轮处的轴径。但因该处有一个键槽，故轴径应增大 3%，即 $d=1.03\times33.27=34.27$mm，取 $d=35$mm。

(2) 轴的结构设计。

① 初定各轴段直径。

位　置	轴径/mm	说　明
链轮处	35	按传递转矩估算的基本直径
油封处	40	为满足链轮的轴向固定要求而设一轴肩，由表 23-3，轴肩高度 $a=(0.07\sim0.1)d=(0.07\sim0.1)\times35\text{mm}=2.45\sim3.5\text{mm}$，取 $a=2.5$mm。该段轴径应满足油封标准
轴承处	45	因轴承要承受径向力和轴向力，故选用角接触球轴承，为便于轴承从右端装拆，轴承内径应稍大于油封处轴径，并符合滚动轴承标准内径，故取轴径为 45mm，初定轴承型号为 7209C，两端相同
齿轮处	48	考虑齿轮从右端装入，故齿轮孔径应大于轴承处轴径，并为标准直径
轴环处	56	齿轮左端用轴环定位，按齿轮处轴径 d=48mm，由表 23-3 轴环高度 $a=(0.07\sim0.1)d=(0.07\sim1)\times48\text{mm}=3.36\sim4.8\text{mm}$，取 $a=4$mm
左端轴承轴肩处	52	为便于轴承拆卸，轴肩高度不能过高，按 7209C 型轴承安装尺寸 (见轴承手册)，取轴肩高度为 3.5mm

② 确定各轴段长度(由右至左)。

位　置	轴段长度/mm	说　明
链轮处	58	已知链轮轮毂宽度为 60mm，为保证轴端挡圈能压紧链轮，此轴段长度应略小于链轮轮毂宽度，故取 58mm
油封处	45	此端长度包括两部分：为便于轴承端盖的拆装及对轴承加润滑脂，本例取轴承盖外端面与链轮左端面的间距为 25mm；由减速器及轴承盖的结构设计，取轴承右端面与轴承盖外端面的间距(即轴承盖的总宽度)为 20mm。故该轴段长度为 25mm + 20mm = 45mm
齿轮处	78	已知齿轮轮毂宽度为 80mm，为保证套筒能压紧齿轮，此轴段长度应略小于齿轮轮毂宽度，故取 78mm

(续)

位　置	轴段长度/mm	说　明
右端轴承处(含套筒)	46	此轴段包括四部分：轴承内圈宽度为 19mm；考虑到箱体的铸造误差，装配时留有余地，轴承左端面与箱体内壁的间距取 5mm；箱体内壁与齿轮右端面的间距取 20mm，齿轮对称布置，齿轮左右两侧上述两值取同值；齿轮轮毂宽度与齿轮处轴段长度之差为 2mm。故该轴段长度为 19 + 5 + 20 + 2 = 46 mm
轴环处	10	轴环宽度 $b = 1.4a = 1.4\times4 = 5.6$mm，取 $b = 10$mm
左端轴承轴肩处	15	轴承右端面至齿轮左端面的距离与轴环宽度之差，即(20+5)−10=15mm
左端轴承处	19	等于 7209C 型轴承内圈宽度 19mm
全轴长	271	58 + 45 + 78 + 46 + 10 + 15 + 19 = 271 mm

③ 传动零件的周向固定。齿轮及链轮处均采用 A 型普通平键，其中齿轮处为：键 14×70GB 1096—1990；链轮处为：键 10×50 GB 1096—1990。

④ 其他尺寸。为加工方便，并参照 7209C 型轴承的安装尺寸，轴上过渡圆角半径全部取 $r=1$mm；轴端倒角为 2×45°。

(3) 轴的受力分析。

① 求轴传递的转矩：

$$T=9.55\times10^6\frac{P}{n}=9.55\times10^6\times\frac{2.33}{104}=214\times10^3(\mathrm{N\cdot mm})$$

② 求轴上传动件作用力。

齿轮上的圆周力：$F_{t2}=\dfrac{2T}{d_2}=\dfrac{2\times214\times10^3}{300}=1427\ (\mathrm{N})$

齿轮上的径向力：$F_{r2}=\dfrac{F_{t2}\tan\alpha_n}{\cos\beta}=\dfrac{1427\times\tan20}{\cos8^\circ\ 3'20''}=524.6\ (\mathrm{N})$

齿轮上的轴向力：$F_{a2}=F_{t2}\tan\beta=1427\times\tan8^\circ\ 3'20''=202\ (\mathrm{N})$

③ 确定轴的跨距。

由《机械设计手册》查得 7209C 型轴承的 a 值为 16.4mm，故左、右轴承的支反力作用点至齿轮力作用点的间距皆为

$$0.5\times80+20+5+19-16.4=67.6\quad(\mathrm{mm})$$

链轮力作用点与右端轴承支反力作用点的间距为

$$16.4+20+25+0.5\times60=91.4\quad(\mathrm{mm})$$

(4) 按当量弯矩校核轴的强度。

① 作轴的空间受力简图(图 23-9(b))

② 作水平面受力图及弯矩 M_{H} 图(图 23-9(c))：

$$F_{A\mathrm{H}}=\frac{Q\times91.4-F_{r2}\times67.6-F_{a2}\times\dfrac{d_2}{2}}{135.2}=\frac{4000\times91.4-524.6\times67.6-202\times\dfrac{300}{2}}{135.2}=2217.7\ (\mathrm{N})$$

$$F_{B\mathrm{H}}=\frac{Q\times226.6+F_{r2}\times67.6-F_{a2}\times\dfrac{d_2}{2}}{135.2}=\frac{4000\times226.6+524.6\times67.6-202\times\dfrac{300}{2}}{135.2}=6742.3\ (\mathrm{N})$$

$$M_{\mathrm{CHL}} = F_{A\mathrm{H}} \times 67.6 = 2217 \times 67.6 = 149.9 \times 10^3 \ (\mathrm{N \cdot mm})$$

$$M_{\mathrm{CHR}} = M_{\mathrm{CHL}} + F_a \times \frac{d_2}{2} = 149.9 \times 10^3 + 202 \times \frac{300}{2} = 180.2 \times 10^3 \ (\mathrm{N \cdot mm})$$

$$M_{B\mathrm{H}} = \mathrm{Q} \times 91.4 = 4000 \times 91.4 = 365.6 \times 10^3 \ (\mathrm{N \cdot mm})$$

③ 作垂直面受力图及弯矩 M_{V} 图(图 23-9(d)):

$$F_{A\mathrm{V}} = F_{B\mathrm{V}} = \frac{F_{t2}}{2} = \frac{1427}{2} \mathrm{N} = 713.5 \ (\mathrm{N})$$

$$M_{C\mathrm{V}} = F_{A\mathrm{V}} \times 67.6 = 713.5 \times 67.6 = 48.2 \times 10^3 \ (\mathrm{N \cdot mm})$$

④ 作合成弯矩 M 图(图 23-9(e)):

$$M_{\mathrm{CL}} = \sqrt{M_{\mathrm{CHL}}^2 + M_{C\mathrm{V}}^2} = \sqrt{\left(149.9 \times 10^3\right)^2 + \left(48.2 \times 10^3\right)^2} = 157.5 \times 10^3 \ (\mathrm{N \cdot mm})$$

$$M_{\mathrm{CR}} = \sqrt{M_{\mathrm{CHR}}^2 + M_{C\mathrm{V}}^2} = \sqrt{\left(180.2 \times 10^3\right)^2 + \left(48.2 \times 10^3\right)^2} = 186.5 \times 10^3 \ (\mathrm{N \cdot mm})$$

$$M_B = \sqrt{M_{B\mathrm{H}}^2 + M_{B\mathrm{V}}^2} = \sqrt{\left(365.6 \times 10^3\right)^2 + 0^2} = 365.6 \times 10^3 \ (\mathrm{N \cdot mm})$$

⑤ 作转矩 T 图(图 23-9(f)):

$$T = 214 \times 10^3 \quad (\mathrm{N \cdot mm})$$

⑥ 作当量弯矩图 M_e(图 23-9(g))。

⑦ 按当量弯矩校核轴的强度。

由图 23-9(a)、(g)可见，截面 I 处当量弯矩最大，故应对此校核。截面 I 处的当量弯矩为

$$M_I = M_{B\mathrm{e}} = \sqrt{M_B^2 + (\alpha T)^2} = \sqrt{\left(365.6 \times 10^3\right)^2 + \left(0.6 \times 214 \times 10^3\right)^2} = 387.5 \times 10^3 \ (\mathrm{N \cdot mm})$$

由表 23-5 查得，对于 45 钢，σ_b=600MPa，$[\sigma_{-1}]_W$=55MPa，故按式(23-3)得

$$\sigma_{B\mathrm{e}} = \frac{M_{B\mathrm{e}}}{0.1 d^3} = \frac{387.5 \times 10^3}{0.1 \times 45^3} = 42.5\mathrm{MPa} < [\sigma_{-1}]_W$$

轴的强度足够。

II 截面相对尺寸较 I 截面小，且当量弯矩也较大，故也需要校核，读者可自行完成。

23.3.2 轴的刚度计算

轴受载荷后要产生弯曲和扭转变形。变形过大，会影响轴上零件甚至整机的正常工作。例如，在电机中如果由于弯矩使轴所产生的挠度 y 过大，就会改变电机转子和定子之间的间隙而影响电机的性能。又如，内燃机凸轮轴受扭矩所产生的扭转角φ如果过大就会影响气门启闭时间。对于一般的轴径，如果弯矩所产生的转角θ过大，就会引起轴承上的载荷集中，造成不均匀磨损和过度发热。轴上装齿轮的地方如有过大的转角，会使齿轮啮合发生偏载。因此，在机械设计中常常需要满足刚度要求。

轴的变形通常包括弯曲和扭转，弯曲变形用挠度 y 和转角θ表示；而扭转变形用扭转角φ表示。对有刚度要求的轴，应进行弯曲和扭转刚度计算，通常按材料力学中的公式和方法计算轴的挠度 y、转角θ和扭转角φ，并使结果满足如下刚度条件：

$$y \leqslant [y], \quad \theta \leqslant [\theta], \quad \varphi \leqslant [\varphi]$$

23.4 轴毂连接

主要用来实现轴、毂之间的周向固定以传递转矩的连接称为轴毂连接。安装在轴上的零件，如凸轮、飞轮、带轮、齿轮等一般都是以轴毂连接的形式实现运动和力矩的传递。轴毂连接的种类繁多，本节主要介绍键连接、销连接和成形连接。

键可分为平键、半圆键及楔键等，且大都是标准件。

23.4.1 平键连接

平键的两侧面是工作面，上下表面为非工作面，上表面与轮毂上的键槽底部之间留有空隙(图 23-10)，工作时靠键与键槽侧面的挤压来传递转矩，故定心较好。平键可分为普通平键、导向平键和滑键等。

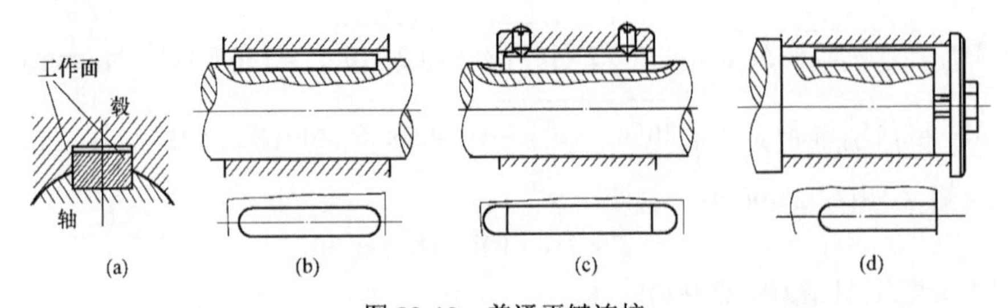

图 23-10 普通平键连接

(a) 键剖面图；(b) A 型平键；(c) B 型平键；(d) C 型平键。

1. 普通平键

其结构如图 23-10 所示，按键端形状分为圆头(A 型)、方头(B 型)和单圆头(C 型)三种。轴上键槽可用指状铣刀或盘铣刀加工，轮毂上的键槽可用插削或拉削。A 型平键牢固地卧于指状铣刀铣出的键槽中；B 型平键卧于盘状铣刀铣出的键槽中，常用螺钉紧固；C 型平键常用在轴伸处。普通平键连接属于静连接，应用极为广泛。

2. 导向平键

其结构如图 23-11 所示，当轮毂需沿轴向移动时，可应用导向平键。导向平键较长，通常用螺钉固定于键槽内，且在键的中部加工一个起键螺孔，以便于键的拆卸。导向平键属于静连接，轮毂与键槽的配合较松。

23.4.2 半圆键连接

如图 23-12 所示，键是半圆形，用圆钢切制或冲压后磨制而成，键槽是用半径与键相同的盘铣刀铣出。半圆键属于静连接，其侧面为工作面，能在槽中绕其几何中心摆动以适应毂上键槽的斜度，但因键槽较深，对轴的削弱较大，适于轻载、锥形轴端的连接上。

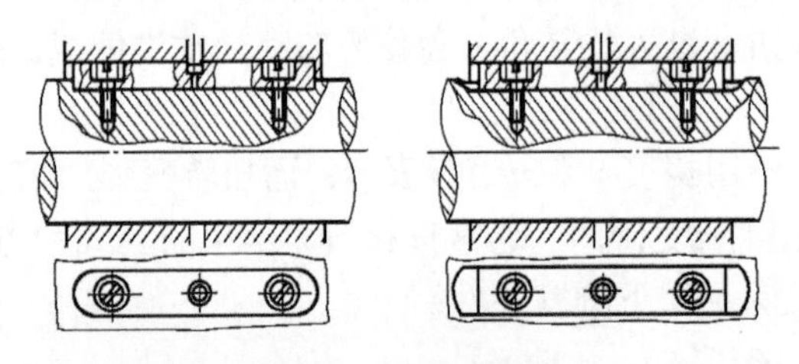

图 23-11 导键连接

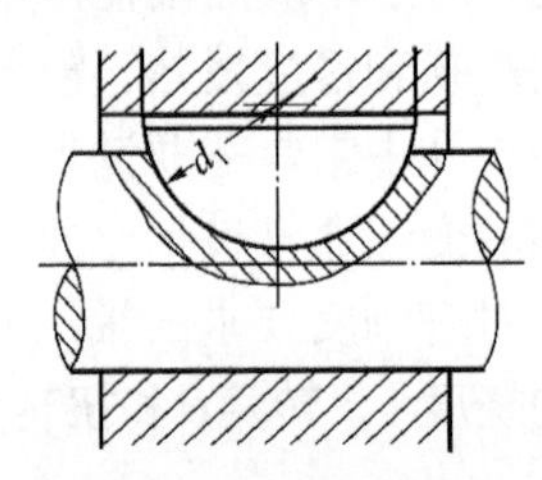

图 23-12 半圆键连接

23.4.3 楔键连接

结构如图 23-13 所示，楔键的上下表面为工作面，两侧面为非工作面。楔键的上表面与轮毂上的键槽各有 1:100 的斜度，装配时将键打入，使键的上下两工作面分别与轮毂和轴的键槽工作面压紧，通过挤压和摩擦力传递转矩，并可实现轴向固定，承受单方向的轴向力。由于楔紧而产生的装配偏心，使其定心精度降低，故只适于转速不高及旋转精度要求低的连接中。

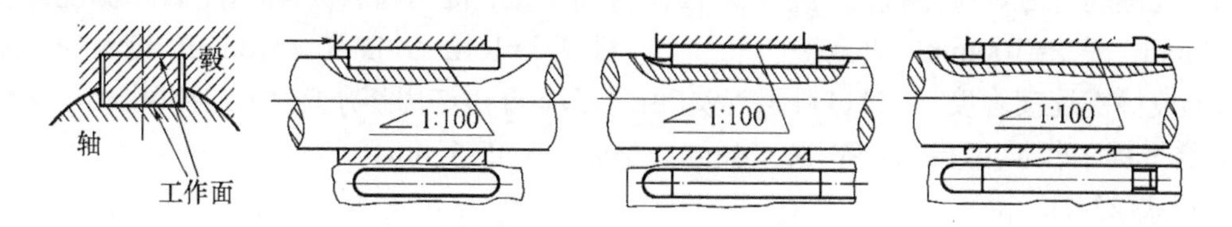

图 23-13 楔键连接

23.4.4 平键连接的尺寸选择和强度校核

1. 键的材料及尺寸选择

平键是标准件，按标准规定，键材料采用抗拉强度不低于 600MPa 的钢，通常为 45 钢；若轮毂系轻金属或非金属材料，键可用 20、Q235 钢等。

平键的尺寸主要是键的截面尺寸 $b \times h$ 及键长 L。截面尺寸根据轴径 d 由标准中查出(见机械设计手册)。键的长度可按轮毂的长度确定，一般应略短于轮毂长，并符合标准中规定的尺寸系列(见机械设计手册)。

2. 平键连接的失效形式和强度计算

平键连接的主要失效形式是工作面的压溃和键的剪断。对于通常采用的材料组合和标准尺寸的平键连接，一般只需要进行连接的挤压强度计算。平键连接受力情况如图 23-14 所示。假设键的侧面的作用力沿键的工作长度和高度均匀分布，则挤压强度条件为

$$\sigma_p = \frac{F}{kl} = \frac{2T}{dkl} \leqslant [\sigma_p] \quad \text{(MPa)} \qquad (23\text{-}4)$$

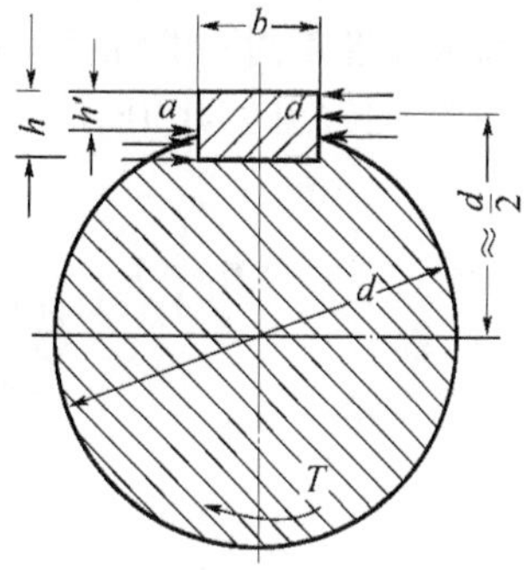

图 23-14 平键连接受力情况

式中：F 为圆周力(N)；T 为轴传递的转矩(N·mm)；d 为轴的直径(mm)；k 为键与轮毂槽的接触高度(mm)，$k \approx h/2$；l 为键的工作长度(mm)，当用 A 型键时，$l=L-b$；$[\sigma_p]$为键连接的许用挤压应力(MPa)，查表 23-6，并按连接中材料的力学性能较弱的零件选取。

表 23-6 键连接的许用挤压应力$[\sigma_p]$ (MPa)

连接方式	键或毂、轴的材料	载荷性质		
		静载(单向，变化小)	轻微冲击(经常起停)	冲击(双向载荷)
静连接	钢	125～150	100～120	60～90
	铸铁	70～80	50～60	30～45
动连接	钢	50	40	30

注：1. 动连接有相对滑动的导向平键，因限制工作面磨损，故许用值较低。

2. 如与键有相对滑动的键槽经表面硬化处理，表中值可提高 2 倍～3 倍

当强度不足时，可适当增加键长或采用两个键(按 180°布置)。两个键使载荷分布不均匀，在强度计算中可按 1.5 个键计算。

例 23-2 一蜗轮与轴用平键连接，蜗轮轮毂材料为 HT250，轮毂宽度 B=100mm，轮毂孔直径 d=58mm，轴的材料为 45 钢。该连接传递转矩为 T=500N·m，工作中有轻微冲击。试确定此键连接的型号及尺寸。

解：

(1) 选键的型号和确定键的尺寸。选 A 型普通平键，键的材料为 45 钢。查机械设计手册，由 d=58mm，及 B=100mm，确定键的尺寸为：键宽 b=16mm，键高 h=10mm，键长 L=90mm。

(2) 校核键连接强度。轮毂材料为铸铁，由表 23-6 查得许用挤压应力$[\sigma_p]$=50MPa～60MPa；A 型普通平键工作长度 $l=L-b$=90-16=74mm，$k\approx h/2$=10/2=5 mm。

根据式(23-4)，得

$$\sigma_p = \frac{2T}{dkl} = \frac{2\times 500\times 10^3}{58\times 5\times 74} = 46.6 \text{ MPa} < [\sigma_p]$$

可知键的挤压强度足够。

故选键型号标记为：键 16×90 GB/T 1096—1979。

23.4.5 花键连接

花键连接是通过轴和毂沿周向分布的多个键齿的互相啮合传递转矩，可用于静连接或动连接。齿的侧面是工作面。由于是多齿传递转矩，所以花键连接比平键连接具有承载能力高、对轴削弱程度小(齿浅、应力集中小)、定心好和导向性好等优点。它适合用于定心精度要求高、载荷大或经常滑移的连接。花键连接按其齿形不同，可分为矩形花键连接(图 23-15(a))和渐开线花键连接(图 23-15(b))。

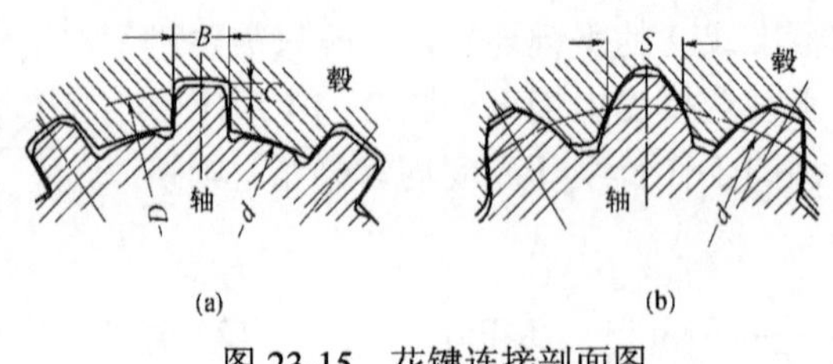

图 23-15 花键连接剖面图

(a) 矩形花键；(b) 渐开线花键。

花键连接的设计和键连接的设计相似，首先选连接类型，查出标准尺寸，然后再作强度计算。连接可能的失效形式有：齿面的压溃或磨损，齿根的剪断或弯断等。对于实际采用的材料组合和标准尺寸来说，齿面的压溃或磨损是主要失效形式，因此，一般只作连接的挤压强度或耐磨性计算。

矩形花键的强度计算公式为

静连接 $$T = Kzhl'[\sigma_p]$$

动连接 $$T = Kzhl'[p]$$

式中：如图 23-15 所示，D 为大径，d 为小径，B 为键宽，z 为键齿数，载荷不均匀系数 K=0.7～0.8，设各齿压力的合力作用在平均半径 $r_m=(D+d)/4$ 处，T 为最大许用转矩，齿的接触长度为

l'，齿的接触高度 $h=(D-d)/2-2C$， C 为齿顶的倒圆半径。

花键连接的零件多用强度不低于 600MPa 的钢料制成，多数需热处理，特别是动连接的花键齿，应通过热处理获得足够的硬度以抗磨损。花键连接的许用挤压应力和许用压强可由表 23-7 查取。

表 23-7　花键连接的许用应力[σ_p]和许用压强[P]

连接工作方式	工作条件	[σ_p]或[P]	
		齿面未经热处理	齿面经过热处理
静连接[σ_p]	Ⅰ	35～50	40～70
	Ⅱ	60～100	100～140
	Ⅲ	80～120	120～200
动连接[P] (不在载荷下移动)	Ⅰ	15～20	20～35
	Ⅱ	20～30	30～60
	Ⅲ	25～40	40～70
动连接[P] (在载荷下移动)	Ⅰ	—	3～10
	Ⅱ	—	5～15
	Ⅲ	—	10～20
注：Ⅰ—很差，Ⅱ—中等，Ⅲ—良好			

23.4.6　销连接

销连接可用于固定零件之间的相互位置、传递较小的转矩，也可作为加工装配时的辅助零件或安全装置。

销的类型很多，基本类型为圆柱销和圆锥销(图 23-16)。圆柱销经过多次拆装，其定位精度会降低。圆锥销有 1∶50 的锥度，可自锁，安装比圆柱销方便，多次拆装对定位精度的影响小。

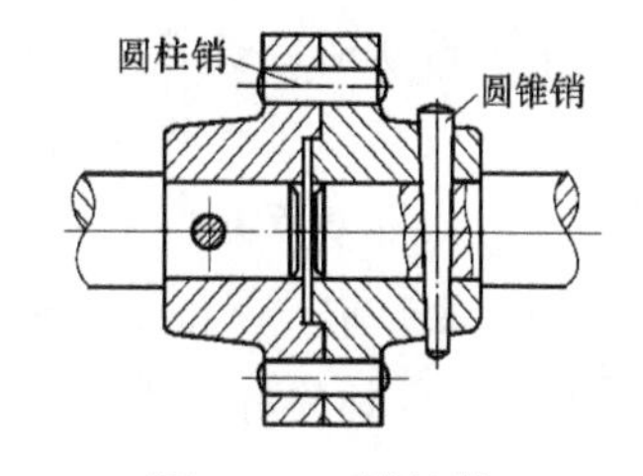

图 23-16　销连接

销的常用材料为 35 钢、45 钢，一般强度极限不低于 500MPa～600MPa。

用做连接的销工作时通常受到挤压和剪切，有的还受弯曲。设计时可先根据连接的结构和工作要求来选择销的类型、材料和尺寸，再作适当的强度计算。

定位销通常不受或受很小的载荷，尺寸由经验决定。同一面的定位销至少要有两个。

23.4.7　成形连接

成形连接是利用非圆截面与相应的毂孔构成的连接(图 23-17)。轴和毂孔可做成柱形或锥形，前者只能传递转矩，但可用作不在载荷下移动的动连接，后者还能传递轴向力。

这种连接没有应力源，定心性好，承载能力强，装拆方便；但由于工艺上的困难，应用并不普遍。非圆截面先经车削，然后磨制；毂孔先经钻镗或拉削，然后磨制。截面形状要能适应磨削。

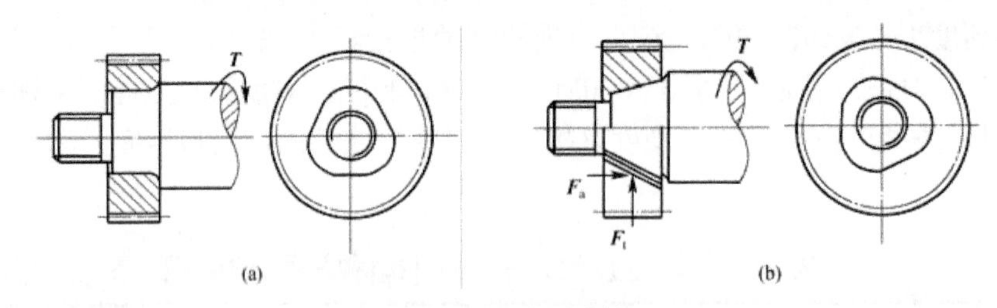

图 23-17　成形连接

(a) 柱形面；(b) 锥形面。

习题与思考题

23–1　轴的作用是什么？心轴、转轴和传动轴的区别是什么？

23–2　轴的常用材料有哪些？同一工作条件，若不改变轴的结构尺寸，仅将轴的材料由碳钢改为合金钢，为什么只提高了轴强度而不能提高轴的刚度？

23–3　轴上零件的轴向固定有哪些方法？各有何特点？轴上零件的周向固定有哪些方法？各有何特点？

23–4　齿轮减速器中，为什么低速轴的直径要比高速轴的直径粗得多？

23–5　轴的强度计算公式 $M_e=\sqrt{M^2+(\alpha T)^2}$ 中，α 的含义是什么？其大小如何确定？

23–6　轴承受载荷后，如果产生过大的弯曲变形或扭转变形，对轴的正常工作有何影响？举例说明。

23–7　已知一传动轴的传递功率为 37kW，转速为 $n=900$ r/min，如果轴上的扭切应力不允许超过 40MPa，求该轴的直径。要求：

(1) 按实心轴计算；

(2) 按空心轴计算，内外径之比取 0.4、0.6、0.8 三种方案；

(3) 比较各方案轴重量之比 (取实心轴重量为 1)。

23–8　有一台离心风机，由电动机直接驱动，电动机功率 $P=7.5$kW，轴的转速 $n=1440$r/min，轴的材料为 45 钢。试估算轴的基本直径。

23–9　指出图示轴结构中的错误，并画出正确的结构图。

23–10　已知一单级直齿圆柱齿轮减速器，电动机直接拖动，电动机功率 P=22kW，转速 $n_1=1470$ r/min，齿轮模数 $m=4$mm，齿数 $z_1=18$，$z_2=82$，若支承间跨距 $l=180$mm(齿轮位于跨距中央)，轴的材料用 45 钢调质，试计算输出轴危险截面处的直径 d。

23–11　计算图示二级斜齿轮减速器中间轴 II。已知中间轴 II 的输入功率 $P=40$kW，转速 $n_2=20$ r / min，齿轮 2 的分度圆直径 $d_2=688$mm、螺旋角 $\beta=12°50'$，齿轮 3 的分度圆直径 $d_2=170$mm、螺旋角 $\beta=10°29'$。

23–12　试用当量轴径法计算图中齿轮 2 中点的挠度。

23–13　一钢制等直径直轴，只传递转矩，许用切应力$[\tau]=50$MPa，长度为 1800mm，要求轴每米长的扭转角 φ 不超过 0.5°，试求该轴的直径。

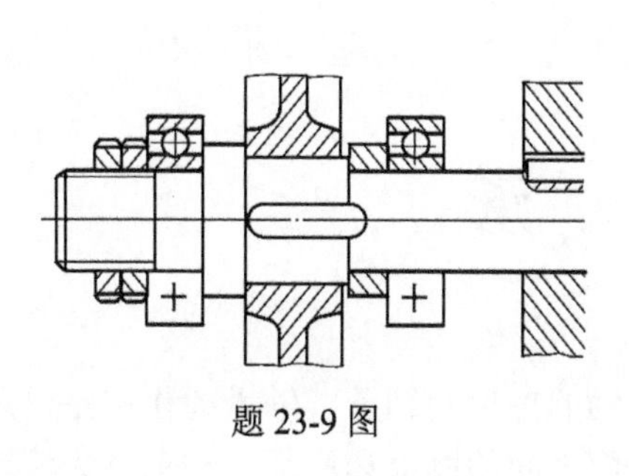

题 23-9 图

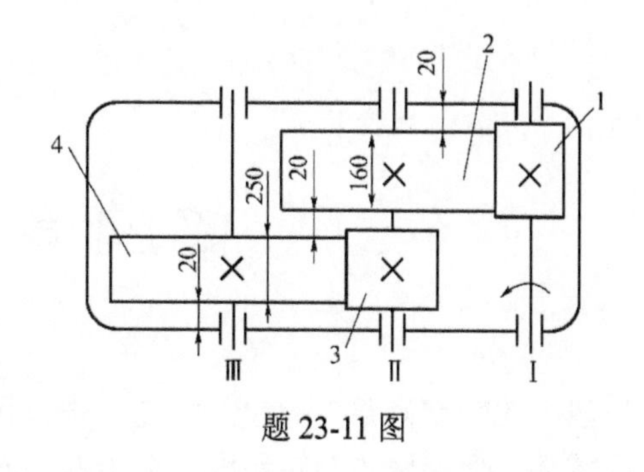

题 23-11 图

23–14 某齿轮与轴拟采用平键连接。已知：传递转矩 T=2000N·m，轴径 d=100mm，轮毂宽度 B=150mm，轴的材料为 45 钢，轮毂材料为铸铁，试选定平键尺寸，并进行强度计算。若强度不足，有何措施？

第24章　轴　　承

机器中的轴都需要支撑起来才能工作，用来支承轴的部件叫轴承。轴承的作用是支承轴及轴上零件，保持轴的旋转精度，并能减少轴与支承面之间的摩擦和磨损。轴承分为滚动轴承和滑动轴承两大类。

24.1　滚动轴承的结构、类型和代号

滚动轴承是专业化工厂大批量生产的标准件。它通过主要元件间的滚动接触来支承转动零件，具有摩擦阻力小、效率高、容易起动、润滑简便、易于互换等优点，因而在各种机械中得到广泛应用。

24.1.1　滚动轴承的结构

滚动轴承的基本结构如图 24-1 所示，它是由内圈 1、外圈 2、滚动体 3 和保持架 4 等四部分组成的，其中滚动体是滚动轴承中不可缺少的重要元件。内圈与轴颈装配，外圈与轴承座装配。通常是内圈随轴颈回转，外圈固定，但也可用于外圈回转而内圈不动，或是内、外圈同时回转的场合。当内、外圈相对转动时，滚动体即在内、外圈的滚道间滚动。常用的滚动体，如图 24-2 所示。轴承内、外圈上的滚道，有限制滚动体侧向位移的作用。保持架的作用是均匀分布滚动体，避免相邻的滚动体直接接触而引起磨损。

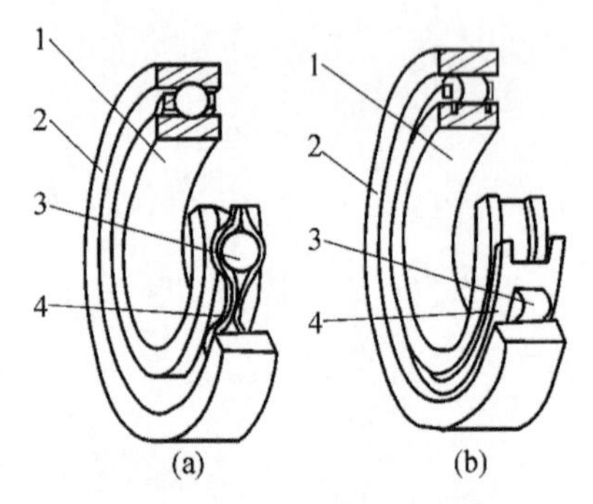

图 24-1　滚动轴承的基本结构

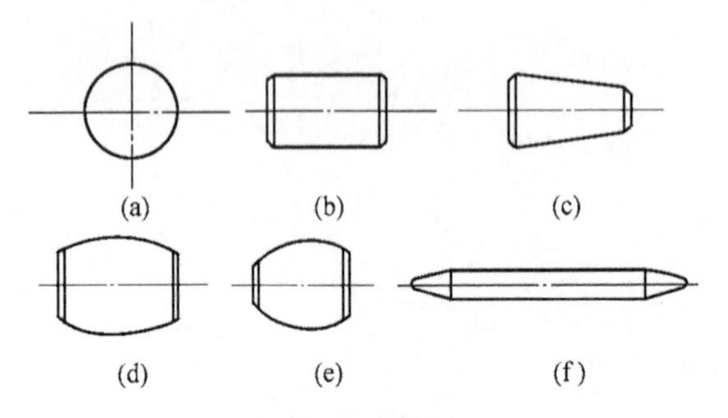

图 24-2　常用的滚动体

(a) 球；(b) 圆柱滚子；(c) 圆锥滚子；(d) 球面滚子；(e) 非对称球面滚子；(f) 滚针。

当滚动体是短圆柱滚子、长圆柱滚子或滚针时，在某些情况下，可以没有内圈、外圈或保持架，这时的轴颈或轴承座就要起到内圈或外圈的作用，因而工作表面应具备相应的硬度和粗糙度。此外，还有一些轴承，除了以上四种基本零件外，还增加有其他特殊零件，如在外圈上加止动环或防尘盖等，如图 24-3 所示。

24.1.2 滚动轴承的类型

按照滚动体的形状，滚动轴承可分为球轴承和滚子轴承。滚子又分为圆柱滚子、圆锥滚子、球面滚子和滚针等。

接触角是滚动轴承的一个主要参数，轴承的受力分析和承载能力等都与接触角有关。滚动体与外圈接触处的法线和轴承径向平面(垂直于轴承轴心线的平面)之间的夹角 α 称为公称接触角，如图 24-4 所示。公称接触角越大，轴承承受轴向载荷的能力也越大。

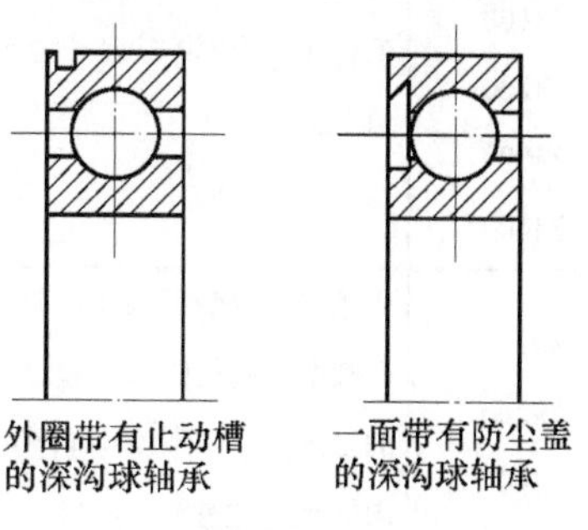

图 24-3　外圈上加止动环或防尘盖

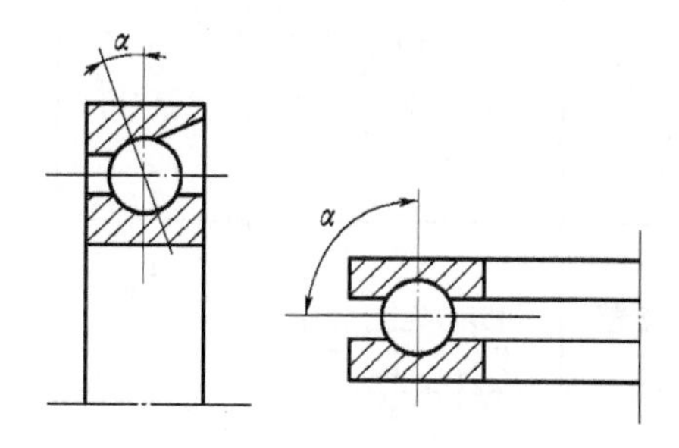

图 24-4　公称接触角

滚动轴承按照接触角或承受载荷的方向不同，可分为：

(1) 向心轴承：公称接触角 α =0°，主要承受径向载荷，有些可承受较小的轴向载荷，这类轴承主要有圆柱滚子轴承、滚针轴承和深沟球轴轴承等。

(2) 推力轴承：公称接触角 α =90°，只能承受轴向载荷，这类轴承主要有推力球轴承、双向推力球轴承和推力圆柱滚子轴承等。

(3) 角接触轴承：公称接触角 α =0°～90°，可同时承受径向载荷和轴向载荷，这类轴承主要有角接触球轴承、圆锥滚子轴承、调心球轴承、调心滚子轴承和推力调心滚子轴承等。

此外，滚动轴承按照工作时能否调心，还可分为刚性轴承和调心轴承。

我国常用滚动轴承的分类、名称及类型代号见表 24-1。

表 24-1　常用滚动轴承类型、尺寸系列代号及基本代号和特点

轴承类型及标准号	结构简图	类型代号	尺寸系列代号	基本代号	性能和特点
双列角接触球轴承		(0) (0)	32 33	3200 3300	轴承受较大的以径向载荷为主的径向、轴向双向联合载荷和力矩载荷
调心球轴承		1 (1) 1 (1)	(0)2 22 (0)3 23	1200 2200 1300 2300	主要承受径向载荷，同时亦可承受较小的轴向载荷。

(续)

轴承类型及标准号	结构简图	类型代号	尺寸系列代号	基本代号	性能和特点
调心滚子轴承		2 2 2 2 2 2 2 2	13 22 23 30 31 32 40 41	21300 22200 22300 23000 23100 23200 24000 24100	轴(外壳)的轴向位移限制在轴承的轴向游隙的限度内允许内圈(轴)对外圈(外壳)相对倾斜不大于3º的条件下工作(调心滚子轴承允许倾角2.5º)
推力调心滚子轴承		2 2 2	92 93 94	29200 29300 29400	承受轴向载荷为主的轴、径向联合载荷，但径向载荷超过轴向载荷的55%，并可限制轴(外壳)一个方向的轴向位移
圆锥滚子轴承		3 3 3 3 3 3 3 3 3 3	02 03 13 20 22 23 29 30 31 32	30200 30300 31300 32000 32200 32300 32900 33000 33100 33200	可同时承受以径向载荷为主的径向与轴向载荷。 不宜用来承受纯轴向载荷。当成对使用时，可承受纯径向载荷，可调整径向、轴向游隙
双列深沟球轴承		4 4	2(2) (2)3	4200 4300	比深沟球轴承承载能力大
推力球轴承		5 5 5 5	11 12 13 14	51100 51200 51300 51400	只能承受一个方向的轴向载荷，可限制轴(外壳)一个方向的轴向位移
双向推力球轴承		5 5 5	22 23 24	52200 52300 52400	能承受两个方向的轴向载荷，可限制轴(外壳)两个方向的轴向位移

(续)

轴承类型及标准号	结构简图	类型代号	尺寸系列代号	基本代号	性能和特点
深沟球轴承		6 6 6 6 16 6 6 6 6	17 37 18 19 (0)0 (1)0 (0)2 (0)3 (0)4	61700 63700 61800 61900 16000 6000 6200 6300 6400	主要用以承受径向载荷，也可承受一定的轴向载荷，当轴承的径向游隙加大时，具有角接触球轴承的性能。 允许内圈(轴)对(外圈)相对倾斜8′～15′
角接触球轴承		7 7 7 7 7	19 (1)0 (0)2 (0)3 (0)4	71900 7000 7200 7300 7400	可同时承受径向载荷和单向的轴向载荷，也可承受纯轴向载荷。接触角 α 越大，承受轴向载荷的能力越大，极限转速较高。一般应成对使用
推力圆柱滚子轴承		8 8	11 12	81100 81200	承受单向轴向载荷的能力大，要求轴刚性大，极限转速低
外圈无挡边圆柱滚子轴承		N N N N N N	10 (0)2 22 (0)3 23 (0)4	N1000 N200 N2200 N300 N2300 N400	只承受径向载荷，内、外圈沿轴向可分离
内圈无挡边圆柱滚子轴承		NU NU NU NU NU NU	10 (0)2 22 (0)3 23 (0)4	NU1000 NU200 NU2200 NU300 NU2300 NU400	

(续)

轴承类型及标准号	结构简图	类型代号	尺寸系列代号	基本代号	性能和特点
内圈单挡边圆柱滚子轴承		NJ NJ NJ NJ NJ	(0)2 22 (0)3 23 (0)4	NJ200 NJ2200 NJ300 NJ2300 NJ400	主要承受径向载荷，也可承受较小单方向的轴向载荷
内圈单挡边圆柱滚子轴承		NF NF NF	(0)2 (0)3 23	NF200 NF300 NF2300	
滚针轴承		NA NA NA	48 49 69	NA4800 NA4900 NA6900	在内径相同的条件下，与其他类型轴承相比，其外径最小，内圈或外圈可分离，也可单独用滚动体。径向承载能力较大

24.1.3 滚动轴承的类型选择

选用轴承时，首先是选择轴承类型。正确选择轴承类型时应考虑的主要因素有以下几个方面。

(1) 轴承所受载荷的大小、方向和性质。轴承所受载荷的大小、方向和性质，是选择轴承类型的主要依据。载荷较小而平稳时，宜用球轴承；载荷大、有冲击时宜用滚子轴承。对于纯轴向载荷，一般选用推力轴承。对于纯径向载荷，一般选用向心轴承。当轴承同时承受径向载荷和轴向载荷时选用角接触轴承，或者选用向心轴承和推力轴承组合在一起的结构，分别承担径向载荷和轴向载荷。

(2) 轴承的转速。每一种型号的滚动轴承都有一定的极限转速，通常球轴承比滚子轴承有较高的极限转速，所以在高速时宜采用球轴承。

(3) 轴承的调心性能。当轴的中心线与轴承座中心线不重合而有角度误差时，或因轴受力而弯曲或倾斜时，会造成轴承的内外圈轴线发生偏斜。这时，应采用有一定调心性能的调心球轴承或调心滚子轴承。各类滚子轴承对轴承的偏斜最为敏感，在轴的刚度和轴承座孔的支承刚度较低的情况下应尽可能避免使用。

(4) 轴承的经济性。普通结构比特殊结构轴承便宜，球轴承比滚子轴承便宜，低精度轴承比高精度轴承便宜，而且高精度轴承对轴和轴承座的精度要求也高，所以选用高精度轴承必须慎重。

此外，轴承类型的选择还应该考虑轴承的装拆、调整等是否方便等一系列的因素。

24.1.4 滚动轴承的代号

滚动轴承的类型很多，每一类型的轴承中，在结构、尺寸、精度和技术要求等方面又各不相同，为了便于组织生产和合理选用，国标 GB/T 272—1993 规定，滚动轴承的代号用字母和数字表示，并由前置代号、基本代号和后置代号构成，详见表 24-2。

表 24-2 滚动轴承代号的构成

前置代号	基本代号					后置代号							
轴承分部件代号	五	四	三	二	一	内部结构代号	密封和防尘结构代号	保持架及其材料代号	特殊轴承材料代号	公差等级代号	游隙代号	多轴承配置代号	其他代号
	类型代号	尺寸系列代号		内径系列代号									
		宽度系列代号	直径系列代号										

1. 基本代号

基本代号用来表示轴承的类型、结构和尺寸，是轴承代号的基础。基本代号由类型代号、尺寸系列代号和内径代号组成。类型代号用数字或拉丁字母表示，后两者用数字表示。

(1) 类型代号(基本代号右数第五位)。滚动轴承的常用类型代号见表 24-1。

(2) 尺寸系列代号(基本代号右数第三、四位)。尺寸系列由宽度系列和直径系列组成。宽度系列是指内外径相同的轴承有几个不同的宽度，直径系列是指内径相同的轴承有几个不同的外径，宽度系列代号、直径系列代号及组合成的尺寸系列代号都用数字表示。常用的向心轴承和推力轴承的尺寸系列代号见表 24-3。

表 24-3 尺寸系列代号

直径系列代号	向心轴承								推力轴承			
	宽度系列代号								高度系列代号			
	8	0	1	2	3	4	5	6	7	9	1	2
	特窄	窄	正常	宽	特宽				特低	低	正常	正常
	尺寸系列代号											
7 超特轻	—	—	17	—	37	—	—	—			—	
8 超轻	—	08	18	28	38	48	58	68				
9 超轻	—	09	19	29	39	49	59	69				
0 特轻	—	00	10	20	30	40	50	60	70	90	10	
1 特轻	—	01	11	21	31	41	51	61	71	91	11	
2 轻	82	02	12	22	32	42	52	62	72	92	12	22
3 中	83	03	13	23	33	—	—	—	73	93	13	23
4 重	—	04	—	24	—	—	—	—	74	94	14	24
5 特重	—	—	—	—	—	—	—	—	—	95	—	—

(3) 内径代号(基本代号右数第一、二位)。内径代号表示轴承的内径尺寸，用数字表示，表示方法见表 24-4。

表 24-4 内径代号

轴承公称内径/mm		内径代号	示例
0.6～10(非整数)		用公称内径毫米数直接表示，在其与尺寸系列代号之间用“/”分开	深沟球轴承 618/2.5 d=2.5mm
1～9(整数)			深沟球轴承 619/5 d=5mm
10～17	10	00	深沟球轴承 6200 d=10mm
	12	01	
	15	02	
	17	03	
20～480 (22、28、32 除外)		公称内径除以 5 的商数，商数为个位数，需在商数左边加“0”，如 06	调心滚子轴承 23106 d=30mm
≥500 以及 22、28、32		用公称内径毫米数直接表示，但在与尺寸系列之间用“/”分开	调心滚子轴承 231/500 d=500mm 深沟球轴承 62/28 d=28mm

2. 前置代号和后置代号

前置代号和后置代号是轴承在结构形状、尺寸、公差、技术要求等有改变时，在其基本代号的前、后增加的补充代号，其排列顺序见表 24-2。

1) 前置代号

前置代号用字母表示，代号及含义见表 24-5。

表 24-5 前置代号及其含义

代号	含义	示例	代号	含义	示例
L	可分离轴承的可分离内圈或外圈	LNU207 LN207	K	滚子和保持架组件	K81107
			WS	推力圆柱滚子轴承轴圈	WS81107
R	不带可分离内圈或外圈的轴承 (滚针轴承仅适用于 NA 型)	RNU207 RNA6904	GS	推力圆柱滚子轴承座圈	GS81107

2) 后置代号

用字母(或字母加数字)表示，共有 8 组(见表 24-2)，其中：

(1) 内部结构代号：见表 24-6。

表 24-6 内部结构代号

代号	含义	示例	代号	含义	示例
A	公称接触角 α=30°	3206A 双列角接触球轴承 α=30°	D	部分式轴承	K50×55×20D
B	公称接触角 α=40°	7208B 角接触球轴承 α=40°	E	结构改进加强型	NU207E
C	公称接触角 α=15°	7208C 角接触球轴承 α=15°	ZW	滚针保持架组件、双列	K20×25×40ZW
AC	公称接触角 α=25°	7208AC 角接触球轴承 α=25°			

(2) 公差等级代号：有/P0、/P6、/P6X、/P5、/P4、/P2 等 6 个代号，分别表示标准规定的

0、6、6x、5、4、2 等级的公差等级。 0 级精度最低，2 级精度最高。0 级可以省略不写，例如 6203(公差等级为 0 级)、6203/P6(公差等级为 6 级)。

(3) 游隙代号：有 / C1、 / C2、—、/C3、 / C4、 / C5 等 6 个代号，分别符合标准规定的游隙 1、2、0、3、4、5 组(游隙量自小而大)，0 组不注，例如 6210(径向游隙为 0 组，代号省略)、6210 / C4(径向游隙为 4 组)。公差等级和游隙代号同时表示时可简化，如 6210/P63(公差等级为 6 级，径向游隙为 3 组)。

(4) 配置代号：配置代号表示成对使用的角接触轴承的配置形式。/ DB 表示背对背安装；/DF 表示面对面安装；/DT 表示串联安装，例如 32208 / DF、7210C / DB。

例 24-1 解释轴承代号 7210 AC、NU 2208/P6 的含义。

解：(1)7210 AC

7：角接触球轴承

2：尺寸系列(0)(宽度系列(0)省略，直径系列 2)

10：轴承内径 d=10×5=50mm

AC：公称接触角 α=25°

公差等级为普通级，省略，径向游隙为 0 组，不注

(2) NU 2208/P6

NU：内圈无挡边圆柱滚子轴承

22：尺寸系列 22(宽度系列 2 省略，直径系列 2)

08：轴承内径 d=8×5=40mm

P6：公差等级为 P6

径向游隙为 0 组，不注

24.2 滚动轴承的失效形式及其选择计算

如果想要了解滚动轴承的失效形式及其计算，就必须了解滚动轴承工作时元件上的载荷分布和变化情况。

24.2.1 滚动轴承的受力

滚动轴承工作时，可以是外圈固定、内圈转动，也可以是内圈固定、外圈转动。对于固定套圈，处在承载区内的各接触点，按其所在位置的不同，将受到不同的载荷。处于载荷作用线上的点将受到最大的接触载荷，如图 24-5 所示。对于每一个具体的点，每当一个滚动体滚过时，便承受一次载荷，其大小是不变的，也就是承受稳定的脉动循环载荷的作用。载荷变动的频率大小取决于滚动体中心的圆周速度。

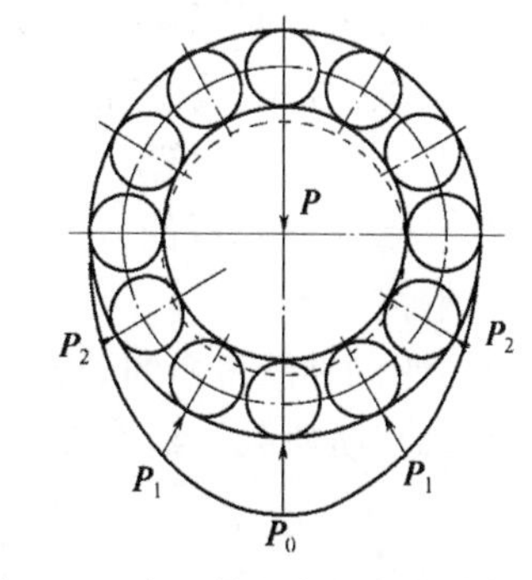

图 24-5 向心轴承中径向载荷的分布

转动套圈上各点受载情况，类似于滚动体的受载情况。它的任一点在开始进入承载区后，当该点与某一滚动体接触时，载荷由零变到某一数值，继而变到零。当该点下次与另一滚动体接触时，载荷就由零变到另一数值，故同一点上的载荷及应力是周期性不稳定变化的。

24.2.2 滚动轴承的失效形式及计算准则

1．失效形式

根据工作情况，滚动轴承失效形式主要有以下几种。

(1) 疲劳点蚀。滚动轴承工作过程中，滚动体和内、外圈滚道由于周期性变化的载荷的反复作用，首先在表面下一定深度处产生疲劳裂纹，继而扩展到接触表面，形成疲劳点蚀，使轴承不能正常工作。通常，疲劳点蚀是滚动轴承的主要失效形式。

(2) 塑性变形。当轴承转速很低或间歇摆动时，一般不会产生疲劳破坏。但在很大的静载荷或冲击载荷作用下，会使轴承滚道和滚动体接触处产生塑性变形凹坑，而使轴承在运转中产生剧烈振动和噪声，以致轴承不能正常工作。

此外，由于使用、维护不当或密封、润滑不良等原因，还可能引起轴承的过度磨损、胶合，甚至使滚动体回火及内外圈和保持架破坏等不正常失效现象。

2．设计准则

对于一般工作条件的回转滚动轴承，疲劳点蚀经常发生，主要进行寿命计算并作静强度校核；对于不转动、摆动或转速低的轴承，要求控制塑性变形，主要进行静强度计算并作寿命校核。对于高速轴承除寿命计算外还应校验极限转速。

24.2.3 轴承寿命的计算

1．滚动轴承的寿命和基本额定寿命

滚动轴承的寿命是指轴承中任何一个滚动体或内、外圈滚道上出现疲劳点蚀前所经过的总转数或在一定转速下总的工作小时数。

滚动轴承的基本额定寿命是指一批相同的轴承，在相同的条件下运转，其中 10%的轴承发生点蚀破坏，而 90%的轴承不发生点蚀破坏前的总转数(以 10^6r 为单位)或工作小时数，以 L_{10}(或 L_{10h})表示。

由于制造精度、材料的均质程度的差异，即使是同样材料、同样尺寸以及同一批生产出来的轴承，即使在完全相同的条件下工作，各个轴承的寿命也是不相同的。为了保证轴承工作的可靠性，在国家标准中规定以基本额定寿命作为计算的依据。

2．滚动轴承的基本额定动载荷

轴承的基本额定寿命与所受载荷的大小有关，载荷越大，轴承的基本额定寿命越短。所以，用基本额定动载荷表示轴承的承载能力。轴承的基本额定动载荷，是指轴承的基本额定寿命为 10^6r 时，轴承所能承受的载荷值，用字母 C 表示。这个基本额定动载荷，对于向心和角接触轴承，指的是径向载荷，称为径向基本额定动载荷，以 C_r 表示；对推力轴承，指的是轴向载荷，称为轴向基本额定动载荷，以 C_a 表示。不同型号的轴承有不同的基本额定动载荷值，C 值越大，承载能力越大。轴承样本中对每个型号的轴承都给出了它的基本额定动载荷值 C，单位为 N。

3．滚动轴承寿命的计算公式

根据实验研究，轴承的基本额定寿命 L_{10} 与基本额定动载荷 C、当量动载荷 P(N)关系为：

$$L_{10}=\left(\frac{C}{P}\right)^{\varepsilon}\cdot 10^{6}\quad (\mathrm{r}) \tag{24-1}$$

用小时数表示的轴承寿命为

$$L_{10h}=\frac{10^6}{60n}\left(\frac{C}{P}\right)^{\varepsilon}\quad(\mathrm{h})\tag{24-2}$$

式中：ε 为寿命指数。对于球轴承 $\varepsilon=3$；对于滚子轴承 $\varepsilon=10/3$；n 为轴承转速(r/min)。

由于在轴承样本中列出的额定动载荷值 C 仅适用于一般工作温度，如果轴承在温度高于 120℃的环境下工作时，轴承的额定动载荷值有所降低，故引用温度系数 f_T 予以修正，f_T 可查表 24-7。

表 24-7　温度系数 f_T

工作温度/℃	≤120	125	150	200	250	300	350
温度系数 f_T	1	0.95	0.9	0.8	0.7	0.6	0.5

进行上述修正后，寿命计算公式为

$$L_{10h}=\frac{10^6}{60n}\left(\frac{f_T C}{P}\right)^{\varepsilon}$$

如果载荷 P 和转速 n 已知，预期轴承寿命 L_h' 已取定，则所选轴承应能承受的额定动载荷 C' 可按下式计算：

$$C'=\frac{P}{f_T}\left(\frac{60nL_h'}{10^6}\right)^{1/\varepsilon}$$

以上两式是设计计算时经常用到的计算公式，由此可确定轴承的寿命或尺寸型号。

4．滚动轴承的当量动载荷

如果轴承作用有轴向载荷和径向载荷的复合外载荷，为了能和基本额定动载荷进行比较，则将复合外载荷折算成与基本额定动载荷方向相同的一假想载荷，在该假想载荷作用下轴承的寿命与在实际的复合外载荷作用下轴承的寿命相同，则称该假想载荷为当量动载荷，用 P 表示。其计算公式为

$$P=XF_r+YF_a\tag{24-3}$$

式中：F_r、F_a 为作用在轴承上的实际径向载荷及轴向载荷(N)；X、Y 为径向载荷系数、轴向载荷系数，可分别按 $F_a/F_r>e$ 或 $F_a/F_r\leqslant e$ 两种情况，由表 24-8 查取。参数 e 反映了轴向载荷对轴承承载能力的影响，其值与轴承类型和 F_a/C_{0r} 有关。

表 24-8　径向载荷系数 X 和轴向载荷系数 Y

轴承类型	相对轴向载荷 F_a/C_{0r}	e	$F_a/F_r>e$		$F_a/F_r\leqslant e$	
			X	Y	X	Y
深沟球轴承	0.014	0.19	0.56	2.30	1	0
	0.028	0.22		1.99		
	0.056	0.26		1.71		
	0.084	0.28		1.55		
	0.11	0.30		1.45		
	0.17	0.34		1.31		
	0.28	0.38		1.15		
	0.42	0.42		1.04		
	0.56	0.44		1.00		

（续）

轴承类型		相对轴向载荷 F_a/C_{0r}	e	$F_a/F_r>e$		$F_a/F_r\leqslant e$	
				X	Y	X	Y
角接触球轴承	α=15°	0.015 0.029 0.058 0.087 0.12 0.17 0.29 0.44 0.58	0.38 0.40 0.43 0.46 0.47 0.50 0.55 0.56 0.56	0.44	1.47 1.40 1.30 1.23 1.19 1.12 1.02 1.00 1.00	1	0
	α=25°	—	0.68	0.41	0.87	1	0
	α=40°	—	1.14	0.35	0.57	1	0
圆锥滚子轴承		—	轴承手册	0.4	轴承手册	1	0
调心球轴承		—	轴承手册	0.65	轴承手册	1	轴承手册

但是，式(24-3)求得的当量动载荷只是一个理论值。实际上，由于机器的惯性、零件的不精确性及其他因素的影响，F_r 和 F_a 与实际值往往有差别，而此种差别很难从理论上精确求出。为了计及这些影响，应对当量动载荷乘上一个根据经验而定的载荷系数 f_p，其值见表 24-9，故实际计算时，轴承的当量动载荷应为

$$P=f_p(XF_r+YF_a) \tag{24-4}$$

表 24-9　载荷系数 f_p

载荷系数	f_p	举例
无冲击或轻微冲击	1.0～1.2	电机、汽轮机、通风机等
中等冲击	1.2～1.8	车辆、动力机械、起重机、造纸机、冶金机械、选矿机、水力机械、卷扬机、木材加工机械、传动装置、机床等
强大冲击	1.8～3.0	破碎机、轧钢机、钻探机、振动筛

5．角接触轴承的轴向载荷计算

角接触球轴承和圆锥滚子轴承承受径向载荷时，因其结构特点在滚动体和座圈滚道接触处存在接触角 α，要产生派生的内部轴向力 $\boldsymbol{S}$，其大小可按表 24-10 中所列公式计算，方向由轴承外圈宽边指向窄边，为了使内部轴向力得到平衡，以免轴产生串动，角接触轴承通常是成对使用的。如图 24-6 所示，图中表示了两种不同的安装方式。

表 24-10　角接触轴承内部轴向力 S

轴承类型	角接触球轴承 70000 型			圆锥滚子轴承 30000 型
	α=15°	α=25°	α=40°	
S	$0.4F_r$	$0.7F_r$	F_r	$F_r/2Y$（Y 是 $F_a/F_r>e$ 时的轴向系数）

角接触轴承的所受的轴向载荷不仅与作用在轴上的外加轴向载荷 F_a 有关，还与轴承的内

部轴向力 **S** 有关。

以图 24-6 为例，以轴和与其相配合的轴承内圈为分离体，按其轴向力平衡为条件，确定轴承的轴向载荷。

(1) 若 $F_a + S_2 = S_1$，则轴承 1、2 所受的轴向载荷分别为 $F_{a1} = S_1$、$F_{a2} = S_2$。

(2) 当 $F_a + S_2 > S_1$ 时，则轴有向左窜动的趋势，但实际上轴必须处于平衡位置(即轴承座要通过轴承元件施加一个附加的轴向力来阻止轴的窜动)，所以轴承 1 所受的总轴向载荷 F_{a1} 必须与 $F_a + S_2$ 相平衡，即 $F_{a1} = F_a + S_2$；而轴承 2 只受其本身的内部轴向力 $\boldsymbol{S}_2$，即 $F_{a2} = S_2$。

(3) 当 $F_a + S_2 < S_1$ 时，同前理，轴承 1 只受其本身的内部轴向力 $\boldsymbol{S}_1$，即 $F_{a1} = S_1$；而轴承 2 所受的轴向载荷为 $F_{a2} = S_1 - F_a$。

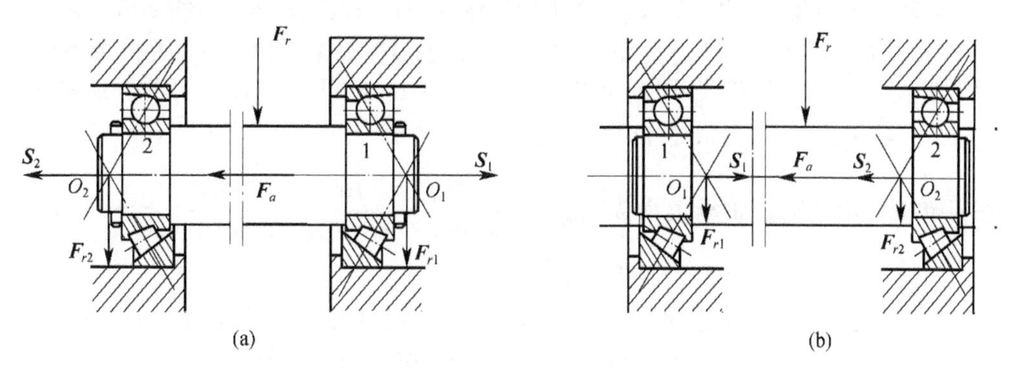

图 24-6　角接触球轴承(圆锥滚子轴承)轴向载荷的分析

(a) 反装(背靠背)；(b) 正装(面对面)。

24.2.4　滚动轴承的静强度计算

静强度计算的目的是为了防止滚动轴承塑性变形失效。对于那些在工作载荷下基本上不旋转的轴承(例如起重机吊钩上用的推力轴承)，或者缓慢地摆动以及转速极低的轴承，当承载最大的滚动体与较弱的套圈滚道上产生的永久变形量之和，等于滚动体直径的万分之一时的载荷称为滚动轴承的基本额定静载荷，用 C_{0r} 表示。其方向与基本额定动载荷方向的规定相同。其值可查轴承手册。

当向心轴承和角接触轴承上作用有径向载荷和轴向载荷时，应折合成一个当量静载荷 P_0，其作用方向与基本额定静载荷相同，在其作用下，轴承受载最大的滚动体和较弱套圈滚道的塑性变形量之和与实际载荷作用下的塑性变形量之和相同。其计算公式为

$$P_{0r} = X_0 F_r + Y_0 F_a$$

式中：X_0、Y_0 分别为当量静载荷的径向载荷系数和轴向载荷系数。

按上式求出的值如果小于 F_r，则取 $P_{0r} = F_r$。

按额定静载荷选择和验算轴承的计算公式为

$$C_{0r} \geqslant S_0 P_{0r}$$

式中：S_0 为静强度安全系数，一般可取 $S_0 = 0.8 \sim 1.2$。

24.2.5　极限转速

滚动轴承转速过高会使摩擦面间产生高温，影响润滑剂性质，破坏油膜，从而导致滚动体回火或元件胶合失效。

滚动轴承的极限转速是指轴承在一定工作条件下，达到所能承受最高热平衡温度时的转

速值。轴承工作转速应低于其极限转速。

如果轴承的许用转速不能满足使用要求，可采取某些改进措施，如改变润滑方式，改善冷却条件，提高轴承精度，适当增加轴承间隙，改用特殊轴承材料和特殊结构保持架等，都能有效地提高轴承的极限转速。

例24-2 某减速器输入轴的两个轴承中受载较大的轴承所受的径向载荷F_{r1}=2180N，轴向载荷F_{a1}=1100N，轴的转速n=970r/min，轴的直径d=55mm，载荷稍有波动，工作温度低于120℃，要求轴承的预期计算寿命为15000h，试选择轴承型号。

解：(1) 初选轴承型号：根据已知条件，试选择深沟球轴承，因其直径为 55mm，则其型号初选为 6211，查得 C_r=33500N，C_{0r}=25000N。

(2) 计算当量动载荷：因 F_{a1}/C_{0r}=1100/25000=0.044，故由表 24-9 查得 e≈0.25。

由于 F_{a1}/F_{r1}=1100/2180=0.51＞e≈0.25，故由表24-9查得 X=0.56，Y=1.73。考虑轴承不承受力矩负荷，工作中载荷稍有波动，由表24-10查得 f_p=1.1，则当量动负荷为 $P_{r1}=f_p(XF_{r1}+YF_{a1})$=1.1×(0.56×2180+1.73×1100)=3436 N。

(3) 校核轴承寿命：轴承寿命为 $L_{10h}=\frac{10^6}{60n}\left(\frac{C}{P}\right)^{\varepsilon}=\frac{10^6}{60\times970}\times\left(\frac{33500}{3436}\right)^3=15924\,\text{h}$。$L_{10h}$＞15000h，满足要求，故选用 6211 型号轴承。

例 24-3 某圆锥齿轮减速器的主动轴，选用一对相同的圆锥滚子轴承支承，如图 24-7 所示。两个轴承承受的径向力分别为 F_{r1}=3551N，F_{r2}=1168N。作用于轴上的轴向载荷 F_a=292N，轴的转速 n=620r/min，轴的直径 d=30mm，工作中有轻微冲击，工作温度低于 120℃，要求轴承寿命不低于 35000h，试选择轴承型号。

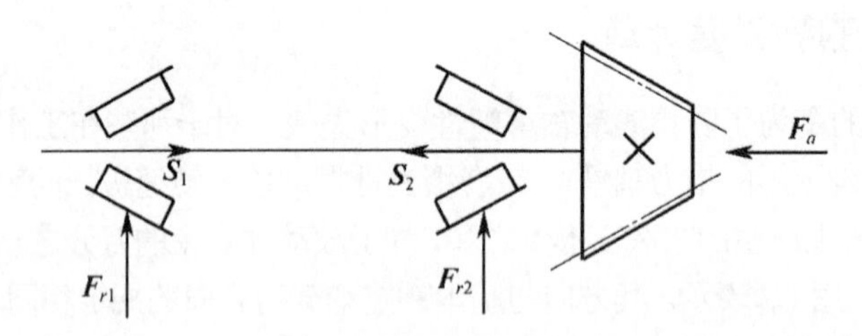

图 24-7　例 24-3 图

解：(1) 初选轴承型号：根据工作条件和轴径，初选 30306 型轴承。由手册查得 C_r=55800N，e≈0.31，Y=1.9。

(2) 计算轴承轴向载荷：

计算轴承内部轴向力：

$$S_1=\frac{F_{r1}}{2Y}=\frac{3551}{2\times1.9}=935\text{N}\text{；}\quad S_2=\frac{F_{r2}}{2Y}=\frac{1168}{2\times1.9}=307\text{N}$$

因为 $S_2+F_A=307+292=599\text{N}<S_1=935\text{N}$，所以

$$F_{a1}=S_1=935\text{N}\text{；}\quad F_{a2}=S_1-F_A=935-292=643\text{N}$$

(3) 计算轴承的当量动载荷：对于轴承 1，$F_{a1}/F_{r1}=935/3551=0.26<e=0.31$，由表 24-8 查得 X=1，Y=0。考虑轴承工作中有轻微冲击，由表 24-9 取 f_p=1.2，所以当量动载荷 P_{r1} 为

$$P_{r1}=f_p(XF_{r1}+YF_{a1})=1.2\times(1\times3551+0\times935)=4261\text{N}$$

对于轴承 2，$F_{a2}/F_{r2}=643/1168=0.55>e=0.31$，由表 24-8 和手册查得 X=0.4，Y=1.9。考虑轴承 2 工作中有轻微冲击，由表 24-9 取 f_p=1.2，则当量动载荷 P_{r2} 为

$$P_{r2}=f_p(XF_{r2}+YF_{a2})=1.2\times(0.4\times1168+1.9\times643)=2026.68\text{N}$$

(4) 计算轴承寿命：由于 $P_{r1}>P_{r2}$，故按 P_{r1} 计算。因为工作温度低于 120℃，由表 24-7 取 f_T=1。所以

$$L_{10\text{h}}=\frac{10^6}{60n}\left(\frac{f_T C}{P}\right)^{10/3}=\frac{10^6}{60\times620}\times\left(\frac{55800}{4621}\right)^{10/3}=108588\text{h}$$

$L_{10\text{h}}=108588\text{h}>35000\text{h}$，故选用 30306 型号轴承能满足工作要求。

24.3 滚动轴承部件的组合设计

为了保证轴能正常工作，除了要正确选择轴承的类型和尺寸外，还应正确进行轴承部件的组合设计。下面介绍轴承部件组合设计中的几个主要问题。

24.3.1 滚动轴承部件的支承方式

表 24-11 为常见的滚动轴承部件组合结构方式。进行滚动轴承部件的组合设计，首先要保证轴和轴上零件在机器中具有正确可靠的工作位置，同时又要保证滚动轴承不致因轴受热膨胀而被卡死。轴承部件的典型支承方式可以分为三类。

表 24-11 滚动轴承部件典型组合方式

序号	结构形式	特点和应用
1(a) 1(b)	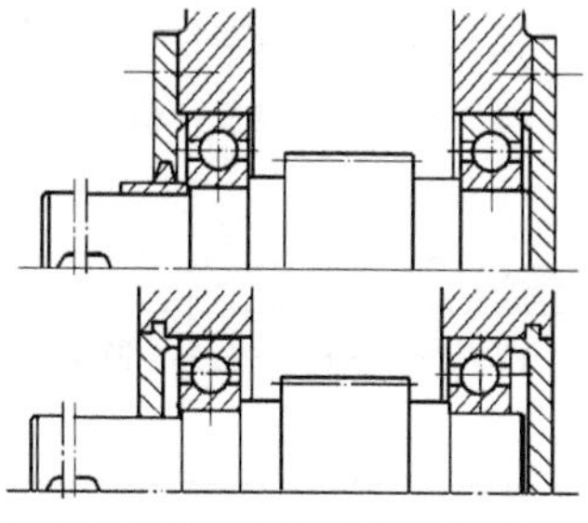	两端均用深沟球轴承。轴承外圈靠端盖轴向定位。用改变垫片或垫圈的厚度来调整轴的轴向间隙。常用于支点跨距较小，温度变化不大，以径向力为主的场合。其结构简单，加工及安装均较方便
2(a) 2(b) 2(c)	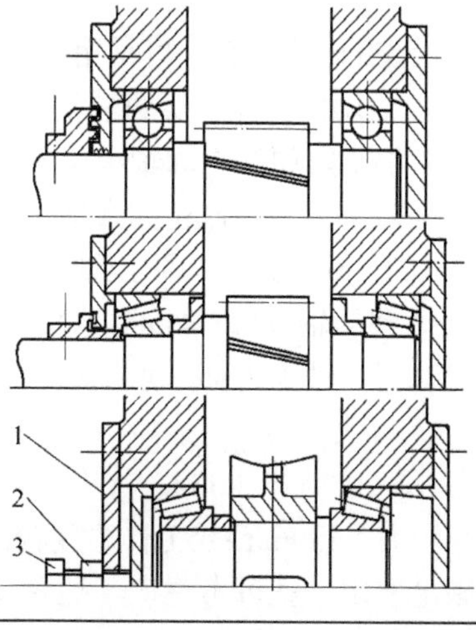	依靠调整垫片来调整轴承间隙，可同时承受径向力和较大的双向轴向力。图(a)采用角接触球轴承，适用于高速轻载；图(b)采用圆锥滚子轴承，适用于中速中载，这种结构适用于支点跨距较小的场合；图(c)用压盖 1、螺钉 3、锁紧螺母 2 来调整轴承间隙

(续)

序号	结构形式	特点和应用
3	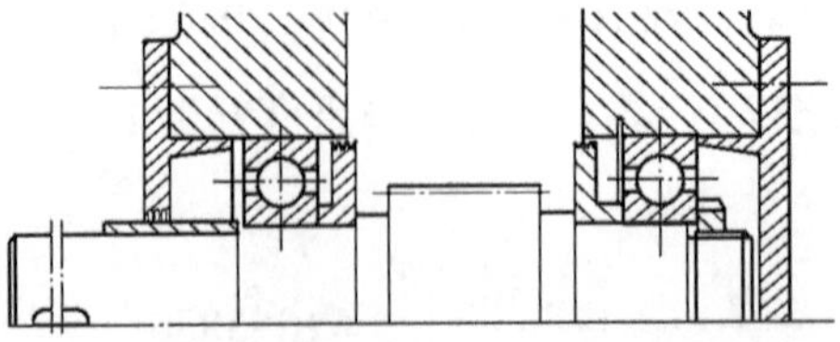	右端轴承轴向双向固定，左端轴承可作较大的轴向游动，适用于支点跨距及温度变化较大的长轴
4	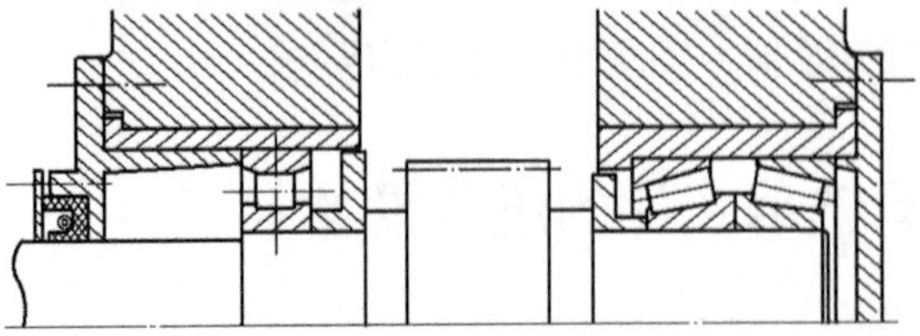	右端用两个正装的圆锥滚子轴承(也可用角接触球轴承)作为轴的双向固定；左端采用圆柱滚子轴承，其滚动体可在外圈上游动，可用于支点跨距较大的长轴
5	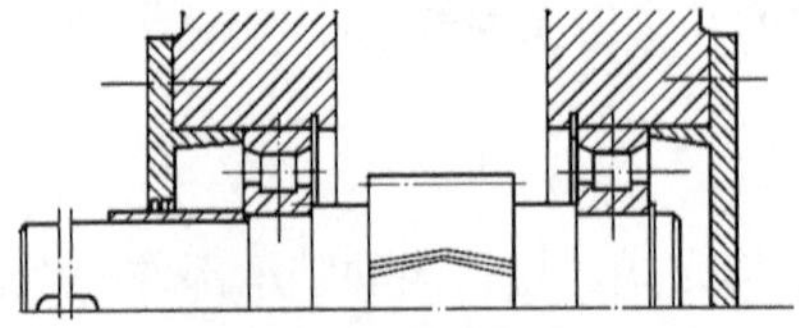	在人字齿轮传动中，为避免人字齿轮两半齿圈受力不匀或卡住，常将小齿轮做成可以双向轴向游动，图中左、右两端的轴承均不限制轴的轴向游动
6(a) 6(b)	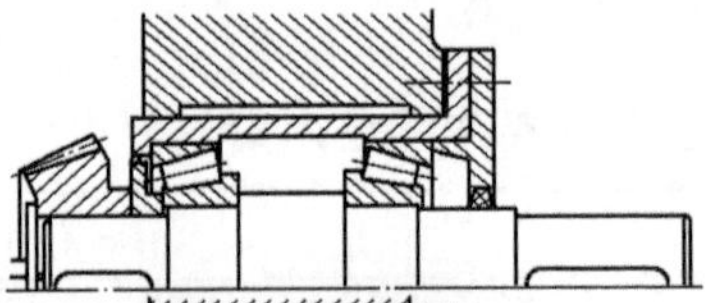 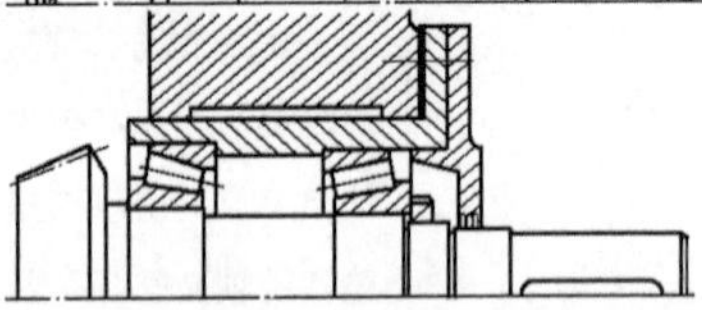	为小锥齿轮常用的两种支承方案。图(a)轴承为正装，结构简单，拆装、调整方便，但支承结构刚度较差；图(b)轴承为反装，结构较复杂，但支承刚度较好
注：两圆锥滚子轴承或角接触球轴承，外圈薄边相对安装称为正装(或称面对面安装)，厚边相对安装称为反装(或称背对背安装)		

1. 双支点单侧固定

对于两支点距离<300mm 的短轴或在工作中温升较小的轴，可采用这种固定。如表 24-11 中 1、2 所列，轴两端的轴承各自只能确定轴单向的轴向位置，要两端轴承联合作用，才能完全确定轴双向的轴向位置。对于内部间隙不可调的轴承(如深沟球轴承)，靠轴肩使轴承内圈固定，靠两端轴承端盖使两个轴承外圈固定。为给轴留出受热伸长的余地，在轴承与端盖间或在轴承中留有轴向间隙，对深沟球轴承一般为 0.25～0.4mm。为防止轴出现过大的轴向窜动，所留的轴向间隙不能太大。对于内部间隙可以调整的轴承(如角接触球轴承、圆锥滚子轴承)不必在外部留间隙，而在装配时将温升补偿间隙留在轴承内部。角接触轴承的轴向游隙见轴承手册。

2. 单支点双侧固定，另一支点游动

如表 24-11 中 3、4 所列，当轴的支点跨距较大(>350mm)或工作温度较高时，因这时轴的热伸长量较大，采用上一种支承方式已不能满足要求，就可考虑应用这种支承方式。其右端的轴承已使轴双向轴向定位，而左端的轴承则可让轴自由游动。当轴向力不大时，固定端可用一个深沟球轴承限制轴的左右移动，另一端支承可做成游动的，如表 24-11 中 3 所列，该图采用深沟球轴承作游动端，其外圈与机座孔之间是间隙配合；当轴向力较大时，固定端可用一对角接触球轴承或一对圆锥滚子轴承限制轴的左右移动，另一端支承用内圈无挡边的圆柱滚子轴承使其游动，如表 24-11 中 4 所列。

3. 双支点游动

如表 24-11 中 5 所列，其左、右两端都采用圆柱滚子轴承，轴承的内外圈都要求固定，以保证在轴承外圈的内表面与滚动体之间能够产生左右轴向游动。此种支承方式一般只用在人字齿轮传动这种特定的情况下，而且另一轴必须轴向位置固定。

24.3.2 滚动轴承的配合

滚动轴承是标准件，因此滚动轴承国家标准 GB/T 275—1993 中规定滚动轴承是配合的基准件，轴承与轴配合采用基孔制，轴承与轴承座孔的配合采用基轴制。转动的套圈(内圈或外圈)一般采用过盈配合，固定的套圈一般采用间隙或过盈不大的配合，具体选择配合时可参看表 24-12。

表 24-12 安装滚动轴承的轴和轴承座孔公差带

<table>
<tr><td rowspan="2"></td><td colspan="2">轴承座圈工作条件</td><td rowspan="2">应用举例</td><td>深沟球轴承和角接触球轴承</td><td>圆锥滚子轴承和圆柱滚子轴承</td><td>调心滚子轴承</td><td rowspan="2">公差带</td></tr>
<tr><td>旋转状态</td><td>载荷</td><td colspan="3">轴承公称内径 d/mm</td></tr>
<tr><td rowspan="5">轴</td><td rowspan="5">内圈相对于载荷方向旋转或载荷方向摆动</td><td rowspan="2">轻载荷</td><td rowspan="2">电气仪表、机床主轴、精密机械、泵、通风机、传送带等</td><td>$18 < d \leqslant 100$</td><td>$d \leqslant 40$</td><td>$d \leqslant 40$</td><td>j6</td></tr>
<tr><td></td><td>$40 < d \leqslant 100$</td><td>$40 < d \leqslant 100$</td><td>k6</td></tr>
<tr><td rowspan="3">正常载荷</td><td rowspan="3">一般通用机械、电动机、泵、内燃机、变速箱、木工机械等</td><td>$18 < d \leqslant 100$</td><td>$d \leqslant 40$</td><td>$d \leqslant 40$</td><td>k5</td></tr>
<tr><td></td><td>$40 < d \leqslant 100$</td><td>$40 < d \leqslant 65$</td><td>m5</td></tr>
<tr><td></td><td></td><td>$65 < d \leqslant 100$</td><td>m6</td></tr>
<tr><td rowspan="2">轴承孔座</td><td rowspan="2">外圈相对于载荷方向静止</td><td rowspan="2">轻载荷和正常载荷</td><td>烘干筒、有调心滚子轴承的大电动机等</td><td colspan="3" rowspan="2">所有尺寸的向心轴承和角接触轴承</td><td>G7</td></tr>
<tr><td>一般机械、铁路车辆轴箱等</td><td>H7</td></tr>
<tr><td colspan="8">注：轻载荷：球轴承 $P \leqslant 0.07C$，圆锥滚子轴承 $P \leqslant 0.13C$，其他滚子轴承 $P \leqslant 0.08C$；
正常载荷：球轴承 $0.07C < P \leqslant 0.15C$，圆锥滚子轴承 $0.13C < P \leqslant 0.26C$，其他滚子轴承 $0.08C < P \leqslant 0.18C$；
P 为当量动载荷，C 为轴承的基本额定动载荷</td></tr>
</table>

24.3.3 滚动轴承的润滑

润滑对于滚动轴承具有重要意义，轴承中的润滑剂不仅可以降低摩擦阻力，还可以起着散热、减小接触应力、吸收振动、防止锈蚀等作用。

轴承常用的润滑剂有油润滑及脂润滑两类。此外，也有使用固体润滑剂的。选用哪一类润滑剂与润滑方式，这与轴承的速度有关，一般用滚动轴承的 dn 值(d 为滚动轴承内径 (mm)；n 为轴承转速($\mathrm{r/min}$))表示轴承的速度大小。适用于脂润滑和油润滑的 dn 值列于表 24-13 中，可作为选择润滑剂与润滑方式时的参考。

表 24-13　滚动轴承润滑剂与润滑方式的选择

轴承类型	dn /(mm·r/min)				
	脂润滑	浸油、飞溅润滑	滴油润滑	喷油润滑	油雾润滑
深沟球轴承 角接触球轴承 圆柱滚子轴承	$\leqslant(2\sim3)\times10^5$	$\leqslant2.5\times10^5$	$\leqslant4\times10^5$	$\leqslant6\times10^5$	$>6\times10^5$
圆锥滚子轴承		$\leqslant1.6\times10^5$	$\leqslant2.3\times10^5$	$\leqslant3\times10^5$	—
推力球轴承		$\leqslant0.6\times10^5$	$\leqslant1.2\times10^5$	$\leqslant1.5\times10^5$	—

24.3.4　滚动轴承的密封

轴承的密封是为了防止外部尘埃、水分及其他杂物进入轴承，并防止轴承内润滑剂流失。轴承的密封方法很多，通常可归纳为接触式、非接触式及组合式三大类。

(1) 接触式密封。常用的有：①毡圈密封(表 24-11 中 1(a)左端轴承)，用于 v<5m/s 的脂润滑和低速油润滑，工作温度<60℃，轴颈工作表面需抛光，密封作用小。②橡胶油封(表 24-11 中 4 左端轴承)，用于 v<10m/s 的油或脂润滑，工作温度为−40℃～100℃，工作可靠。

(2) 非接触式密封。常用的有：①油沟密封(表 24-11 中 6(b))，除在轴承盖孔中开有数条油沟外，还留有 0.1mm～0.3mm 的半径间隙，使用时应在油沟中填满润滑脂，用于脂润滑或低速油润滑。②迷宫式密封(表 24-11 中 2(a))，缝隙一般为 0.2mm～0.5mm，缝隙中填入润滑脂，密封性好，可用于 v<30m/s 的油或脂润滑。

(3) 组合式密封。为上述两种密封形式的组合(表 24-11 中 2(a)、6(a))，密封效果好。除上述各点外，在作滚动轴承的组合设计时，还应注意保证安装轴承部位机架的刚度和两端轴承孔的同轴度。

24.4　滑动轴承

24.4.1　滑动轴承的类型、特点及应用

滑动轴承按所受载荷的方向分为径向滑动轴承和推力滑动轴承。按其工作表面的摩擦状态不同，滑动轴承又可分为非液体摩擦滑动轴承和液体摩擦滑动轴承。其中非液体摩擦滑动轴承的摩擦表面不能被润滑油完全隔开，摩擦表面容易磨损。液体摩擦滑动轴承的摩擦表面完全被润滑油隔开，轴承与轴颈的表面不直接接触，因此避免了磨损。

在机械中，虽然广泛采用滚动轴承，但在许多情况下又必须采用滑动轴承，这是因为滑动轴承具有一些滚动轴承不能替代的特点。其主要优点是：结构简单，制造、装拆方便；具有良好的耐冲击性和吸振性能，运转平稳，旋转精度高；寿命长。其主要缺点是：维护复杂；对润滑条件要求高；非液体滑动轴承，摩擦损耗较大。

滑动轴承主要应用在高速、高精度、重载、结构上要求剖分等场合下，其性能优异，如在航空发动机附件、仪表、金属切削机床、内燃机、车辆、轧钢机、雷达、卫星通信地面站及天文望远镜中多采用滑动轴承。此外，工作在低速、有冲击和恶劣环境的机器中，如水泥搅拌机、滚筒清沙机、破碎机等也常采用滑动轴承。

24.4.2 滑动轴承的结构形式

1．径向滑动轴承

径向滑动轴承被用来承受径向载荷。径向滑动轴承的结构形式主要有整体式和对开式两大类。

(1) 整体式径向滑动轴承。图 24-8 所示为整体式径向滑动轴承的典型结构，由轴承座 1 和轴承套(轴瓦)2 组成。轴承套(轴瓦)压装在轴承座中。轴承座应用螺栓与机座连接，顶部设有安装注油油杯的螺纹孔。这种轴承结构简单、成本低、但磨损后间隙过大时无法调整，且轴颈只能从端部装入。对粗重的轴和具有中颈轴的轴，如内燃机的曲轴，就不便安装或无法安装。因此，整体式轴承常用于低速、轻载及间歇工作的轴承中，如手动机械、农业机械等。

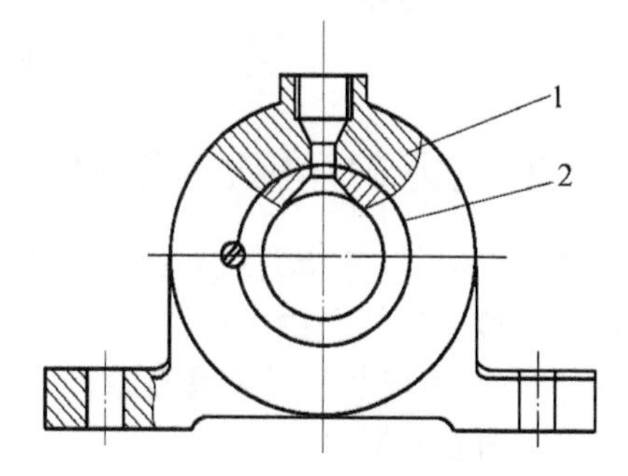

图 24-8　整体径向滑动轴承

(2) 对开式径向滑动轴承。如图 24-9 所示，对开式轴承由轴承座 1、轴承盖 2、剖分轴瓦 3 和双头螺柱 4 等组成。根据所受载荷的方向，剖分面应尽量取在垂直于载荷的直径平面内，通常为 180°剖分。当剖分面为水平面时，轴承称为对开式正滑动轴承(图 24-9(a))，当剖分面与水平面成一定角度时，轴承称为对开式斜滑动轴承(图 24-9(b))。为防止轴承盖和轴承座横向错位并便于装配时对中，轴承盖和轴承座的剖分面均制成阶梯状。对开式滑动轴承在拆装轴时，轴颈不需要轴向移动，拆装方便。适当增减轴瓦剖分面间的调整垫片，可调节轴颈与轴承间的间隙。间隙调整后修刮轴瓦。图中给出的 35° 为允许载荷方向偏转的范围。

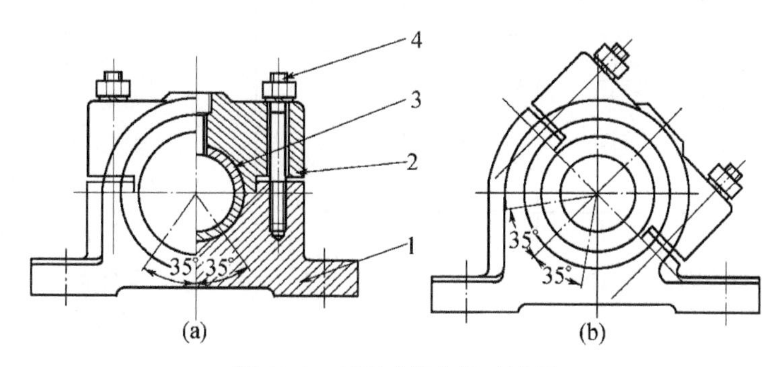

图 24-9　对开式径向滑动轴承

2．推力滑动轴承

推力滑动轴承又称止推轴承，用来承受轴向载荷，能防止轴的轴向移动。最简单的结构形式，如图 24-10(a)所示。轴颈端面与止推轴瓦组成摩擦副。由于工作面上相对滑动速度不等，越靠近中心处相对滑动速度越小，摩擦越轻；越靠近边缘处相对滑动速度越大，摩擦越重，会造成工作面上压强分布不均。有时设计成如图 24-10(b)所示的空心轴颈。为避免工作面上压强严重不均，通常采用环状端面(图 24-10(c))。当载荷较大时，可采用多环轴颈，如图 24-10(d)所示，这种结构的轴承能承受双向载荷。推力环数目不宜过多，一般为 2 个～5 个，否则载荷分布不均现象更为严重。

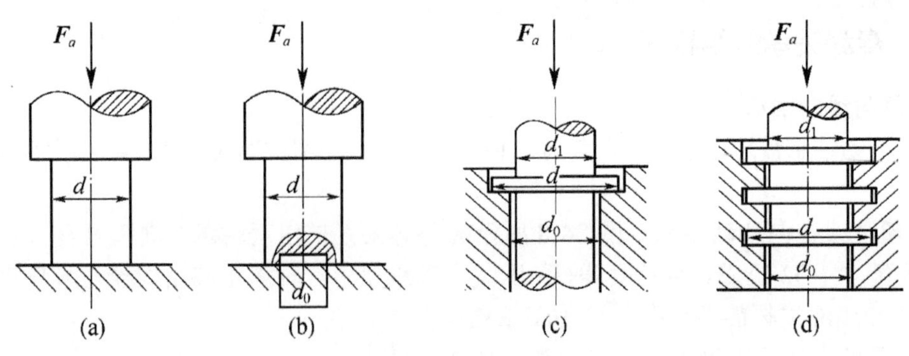

图 24-10　推力滑动轴承

24.4.3　轴承材料和轴瓦结构

所谓轴承材料指的是轴瓦和轴承衬材料。滑动轴承最常见的失效形式是轴瓦磨损、胶合(烧瓦)、疲劳破坏和由于制造工艺原因而引起的轴承衬脱落，其中主要是磨损和胶合，所以对轴瓦的材料和结构有些特殊要求。

1．轴瓦材料

作为轴瓦与轴衬的材料，主要要求是：具有良好的减摩、抗摩性，具有一定的强度和良好的导热性，易于加工。常用的轴瓦与轴衬材料有青铜、轴承合金、粉末冶金(制成含油轴衬)、尼龙、橡胶等。

常用轴瓦材料的性能及比较见表 24-14。

表 24-14　常用轴瓦材料的性能及许用值[p]、[v]、[pv]

材 料	牌 号	[p]/ MPa	[v]/(m/s)	[pv]/(MPa·m/s)	轴颈硬度/HBS	特性及用途举例
铸锡基轴承合金	ZSnSb11Cu6 ZSnSb12Pb10-Cu4	25(平稳)	80	20	27	用作轴承衬，用于重载、高速、温度低于 110℃的重要轴承，如汽轮机、大于 750kW 的电动机、内燃机、高转速的机床主轴的轴承等
		20(冲击)	60	15		
铸铅基轴承合金	ZPbSb16Sn16Cu2	15	12	10	30	用于不剧变的重载、高速的轴承，如车床、发电机、压缩机、轧钢机等的轴承，工作温度低于 120℃
铸铅基轴承合金	ZPbSb15Sn10	20	15	15	20	用于冲击负荷 pv<10 MPa·m/s 或稳定负荷 p≤20MPa 下工作的轴承，如汽轮机、中等功率的电动机、拖拉机、发动机、空压机的轴承
铸造青铜	CuPb5Sn5Zn5	8	3	10	50～100	锡锌铅青铜，用于中载、中速工作的轴承，如减速器、起重机的轴承及机床的一般主轴承
	CuAl10Fe5Ni5	30	8	12	120～140	铝铁青铜，用于受冲击负荷处，轴承温度可至 300℃，轴颈经淬火。不低于 300HBS

(续)

材 料	牌 号	[p]/ MPa	[v]/(m/s)	[pv]/(MPa·m/s)	轴颈硬度/HBS	特性及用途举例
铸造青铜	CuPb30	25(平稳) 15(冲击)	12 8	30	25	铅青铜，浇注在钢轴瓦上做轴衬，可受很大的冲击载荷，也适用于精密机床主轴轴承
铸造黄铜	CuZn38Mn2Pb2	10	1	10	68～78	锰铅黄铜的轴瓦，用于冲击及平稳负荷的轴承，如起重机、机车、掘土机、破碎机的轴承
铸锌铝合金	ZAlZn11Si7	20	9	16	80～90	用于75kW以下的减速器，各种轧钢机轧辊轴承，工作温度低于80℃
灰铸铁	HT150	4	0.5		163～241	用于不受冲击的轻负荷轴承
	HT200	2	1			
	HT250	1	2			
球墨铸铁	QT500-7	0.5～12	5～1.0	2.5～12	170～230	用于经热处理的轴相配合的轴承
	QT450-10				160～210	用于不经淬火的轴相配合的轴承
铁质陶瓷(含油轴承)		56	缓慢、间歇或摇动	定期给油0.5，较少而足够的润滑1.8,润滑充足4	50～85	常用于载荷平稳、低速及加油不方便处，轴颈最好淬火，径向间隙为轴颈的0.15%～0.2%
		21	0.125			
		4.9～4.8	0.25～0.75			
		2.1	0.75～1			
尼龙6 尼龙66 尼龙1010			5	0.09无润滑		尼龙轴承自润性、耐腐性、耐磨性、减震性等都较好，而导热性不好，吸水性大，线膨胀系数大，尺寸稳定性不好，适用于速度不高或散热条件好的地方
				1.6(油连续工作) 2.5(滴油间歇工作)		
橡胶		0.35	10	0.4		常用于给排水、泥浆等工业设备中，能隔振、消声、补偿误差，但导热性差，需加强冷却

2. 轴瓦结构

常用轴瓦的结构有整体式和对开式两种。

整体式轴承采用整体式轴瓦，如图24-11所示，(a)为无油沟的轴瓦，(b)为有油沟的轴瓦。轴瓦和轴承座一般采用过盈配合。为连接可靠，可在配合表面的端部用紧定螺钉固定，如图24-11(c)所示。轴瓦外径与内径之比一般取值为1.15～1.2。

对开式轴承采用对开式轴瓦，如图24-12所示。轴瓦两端的凸缘用来实现轴向定位，周向定位采用定位销(图24-12(c))。也可以根据轴瓦厚度采用其他定位方法。在剖分面上开有轴向油沟，图24-12(a)、(b)所示。如果轴瓦厚度为b，轴颈直径为d，一般取$b/d>0.05$。

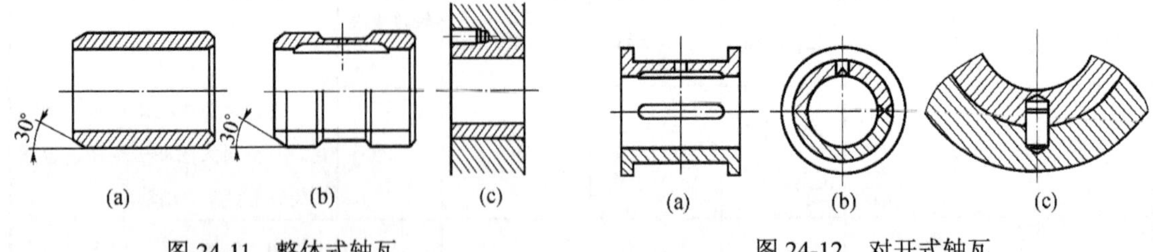

图 24-11 整体式轴瓦　　　　图 24-12 对开式轴瓦

如果在轴瓦表面浇注一层或两层合金为轴承衬，为使轴承衬与轴瓦结合牢固，可采用如图 24-13 所示的结合形式。

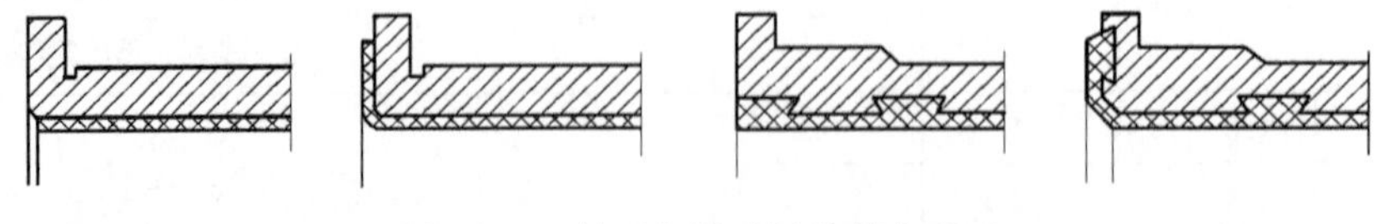

图 24-13 轴瓦与轴承衬的结合形式

为了向摩擦表面间加注润滑剂，在轴承上方开设注油孔，压力供油时油孔也可以开在两侧。为了向摩擦表面输送和分布润滑剂，在轴瓦内表面开有油沟。图 24-14 和图 24-15 分别表示整体轴瓦和对开式轴瓦内表面上的油沟。从图中可以看出，油沟有轴向的、周向的和斜向的，也可以设计成其他形式的油沟。设计油沟时，轴向油沟长度一般为轴承长度的 80%，以免润滑剂流失过多；液体摩擦轴承的油沟应开在非承载区，周向油沟应开在轴承的两端，以免影响轴承的承载能力(图 24-16)。

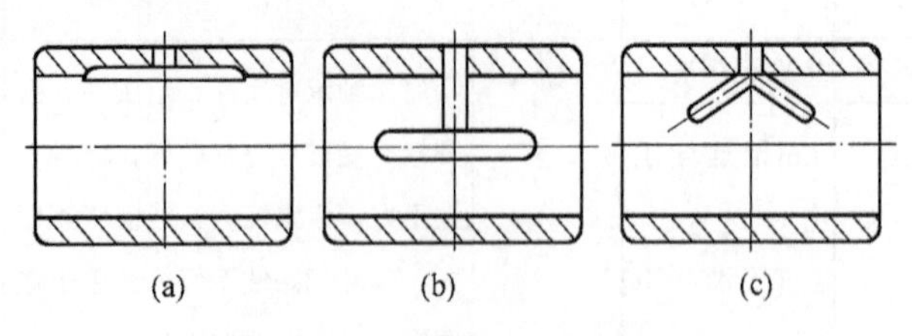

图 24-14 整体轴瓦上的油沟

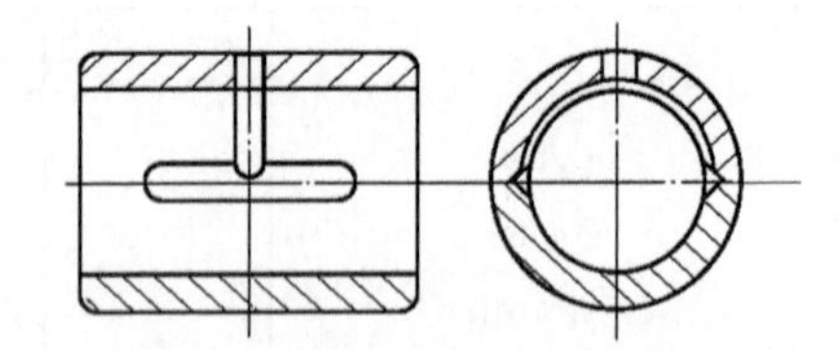

图 24-15 对开式轴瓦上的油沟

对某些载荷较大的轴承，为使润滑剂沿轴向能较均匀的分布，在轴瓦内开有油室。油室的形式有多种，图 24-17 为两种形式的油室。图 24-17(a)为开在整个非承载区的油室；图 24-17(b)为开在两侧的油室，适于载荷方向变化或轴经常正、反向旋转的轴承。

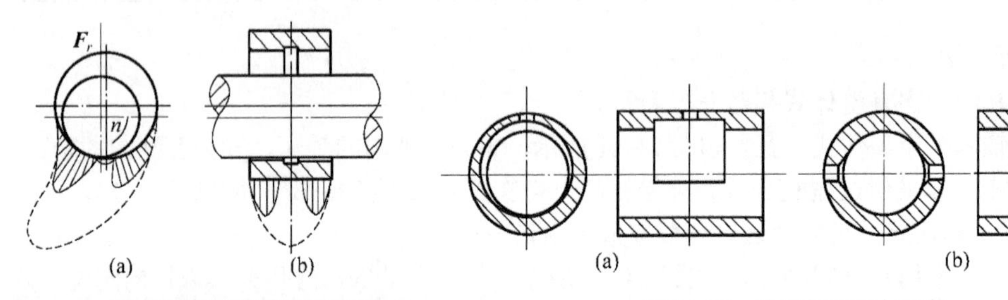

图 24-16 油沟位置对承载能力的影响
(a) 轴向油沟；(b) 径向油沟。

图 24-17 油室的位置与形状

24.4.4 非液体摩擦滑动轴承的设计计算

非液体摩擦滑动轴承的主要失效形式是轴瓦的磨损和胶合。为了防止轴承失效，应保证轴颈和轴瓦的接触面间形成润滑油膜，所以保证润滑油膜不破裂是非液体摩擦滑动轴承的设计准则。影响润滑油膜存在的因素十分复杂，目前常用磨损的条件性计算作为设计依据。

进行滑动轴承计算时，已知条件通常是轴径承受的径向载荷 F_r、轴的转速 n、轴颈的直径 d(由轴的强度计算和结构设计确定的)和轴承的工作条件。所谓轴承计算实际是确定轴承的长径比 L/d，选择轴承材料，然后校核平均压力 p、pv 和线速度 v。一般取 L/d=0.5～1.5。

(1) 验算单位压力 p 值。单位压力 p 值过大不仅可能使轴瓦产生塑性变形破坏边界膜，而且一旦出现干摩擦状态则加速磨损。所以应保证单位压力不超过允许值[p]，即

$$p=\frac{F_r}{L\bullet d}\leqslant[p]\quad(\text{MPa})\tag{24-5}$$

式中：F_r 为作用在轴颈上的径向载荷(N)；D 为轴颈的直径(mm)；L 为轴承长度(mm)；[p] 为许用比压(MPa)，由表 24-14 查取。

如果式(24-5)不能满足，则应另选材料改变[p]或增大 L，或增大 d，重新计算。

(2) 验算 pv 值。pv 值大表明摩擦功大，温升大，边界膜易破坏，其限制条件为

$$pv=\frac{F_r\bullet\pi\bullet d\bullet n}{L\cdot d\cdot 60\times1000}=\frac{\pi\bullet n\bullet F_r}{60\times1000L}\leqslant[pv]\quad(\text{MPa}\cdot\text{m/s})\tag{24-6}$$

式中：n 为轴颈转速(r/min)；[pv]为 pv 的许用值，由表 24-14 查取；其他符号同前。

对于速度很低的轴，可以不验算 pv，只验算 p。同样，如果 pv 值不满足式(24-6)，也应重选材料或改变 L，必要时改变 d。

(3) 验算速度 v。对于跨距较大的轴，由于装配误差或轴的挠曲变形，会造成轴及轴瓦在边缘接触，局部比压很大，若速度很大则局部摩擦功也很大。这时只验算 p 和 pv 并不能保证安全可靠，因为 p 和 pv 都是平均值。因此要验算 v 值，使 $v\leqslant[v]$。

$$v=\frac{\pi\bullet d\bullet n}{60\times1000}\leqslant[v]\quad(\text{m/s})\tag{24-7}$$

式中：[v]为轴颈速度的许用值(m/s)，由表 24-14 查取；其他符号同前。

如 v 值不满足式(24-7)，也要修改参数 L 或 d，或另选材料增加[v]。

习题与思考题

24–1 说明下列滚动轴承代号的意义：N208/P5；7312C；6101；38310；5207。

24–2 如果圆锥齿轮轴用两个圆锥滚子轴承 30208 支承(如图所示，可采用两种轴承布置方案(面对面；背对背)，你认为哪种方案比较好(只从刚度和强度角度出发讨论)，并作简要说明。

24–3 根据工作条件，某机器传动装置中，轴的两端各采用一个深沟球轴承，轴径为 $d=35\text{mm}$，轴的转速 $n=2000\text{r/min}$，每个轴承径向载荷 $F_r=2000\text{N}$，一般温度下工作，载荷平稳，预期寿命 $L_h=8000\text{h}$，试选用轴承。

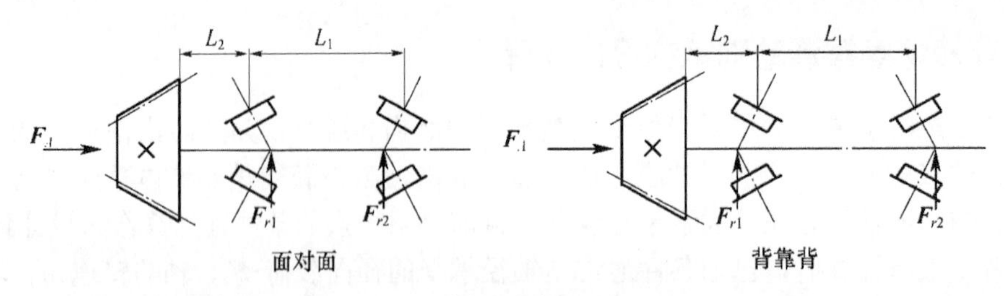

题 24-2 图

24-4 一齿轮轴为主动轴，由一对 30206 轴承支承，如图所示，支点间的跨距为 200mm，齿轮位于两支点中央。已知齿轮模数 $m_n = 2.5\text{mm}$，齿数 $z_1 = 17$（主动轮），螺旋角 $\beta = 16.5°$，传递功率 $P = 2.6\text{kW}$，齿轮轴转速 $n = 384\text{r/min}$，转向如图所示，取 f_p=1.5，f_T=1，试求该轴承的基本额定寿命。

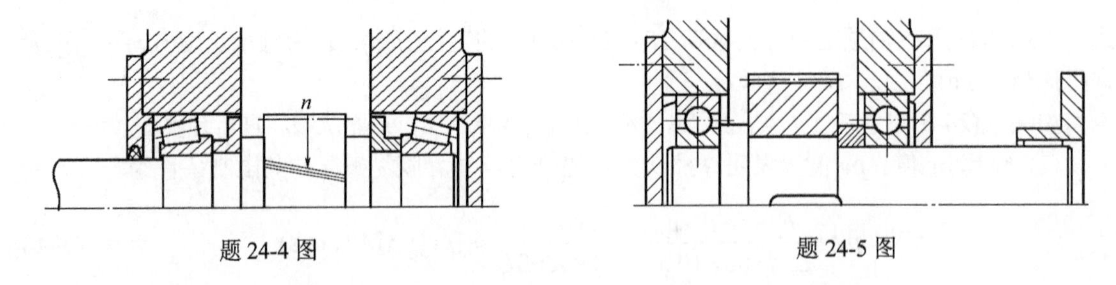

题 24-4 图　　　　题 24-5 图

24-5 试指出图示轴系部件中的结构错误。

24-6 按承载方向不同滑动轴承有哪些主要类型？其结构特点是什么？

24-7 非液体摩擦向心滑动轴承，轴颈直径 d=100mm，轴承宽度 B=120 mm，轴承承受径向载荷 Fr=150000N，轴的转速 n=200r/min，轴颈材料为淬火钢，设选用轴瓦材料为 ZCuSn10Pb1，试进行轴承的校核设计计算，校核轴瓦选用是否合适？

第 25 章　联轴器、离合器和制动器

联轴器和离合器主要用作轴与轴之间的连接，以传递运动和转矩。联轴器必须在机器停车后，经过拆装才能使两轴分离或结合。离合器在机器工作中可随时使两轴接合或分离。制动器是用来迫使机器迅速停止运转或减低机器运转速度的机械装置。联轴器、离合器和制动器种类很多，本章仅介绍几种有代表性的结构。

25.1　联 轴 器

由于制造及安装误差、承载后的变形以及温度变化的影响等原因，被联轴器连接的两轴间会出现轴向位移 x(图 25-1(a))、径向位移 y(图 25-1(b))、角位移 α (图 25-1(c))和这些位移组合的综合位移(图 25-1(d))。所以，联轴器要采取各种结构措施，使之具有适应上述相对位移的性能。

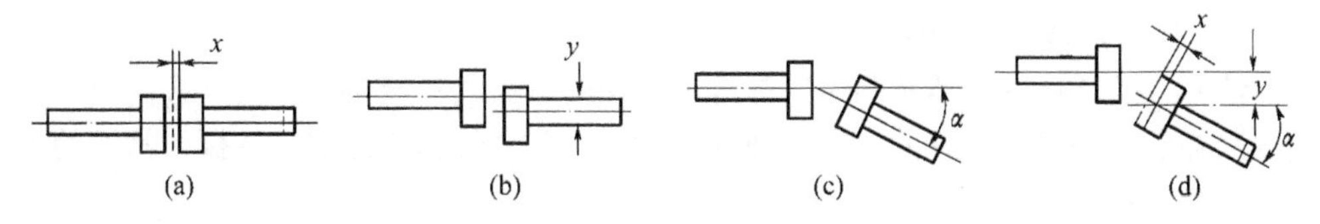

图 25-1　轴线的相对位移

根据对相对位移有无补偿能力，联轴器分为刚性联轴器和挠性联轴器，挠性联轴器根据有无弹性元件又分为无弹性元件、有弹性元件两种类型。下面分别加以讨论。

25.1.1　刚性联轴器

刚性联轴器由刚性零件组成，无缓冲减振能力，适用于无冲击、被连接的两轴中心线对中要求较高的场合。常用刚性联轴器见表 25-1。

表 25-1　常用刚性联轴器

名称	简　图	特 点 及 应 用
套筒 联轴器	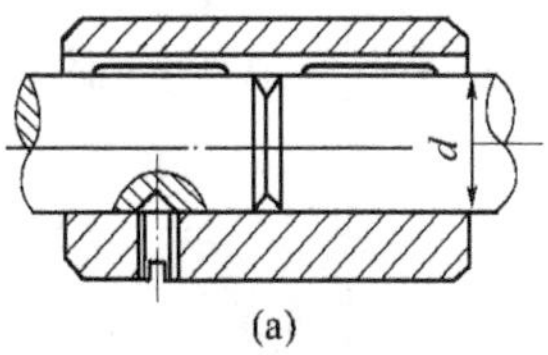 d　d (a) 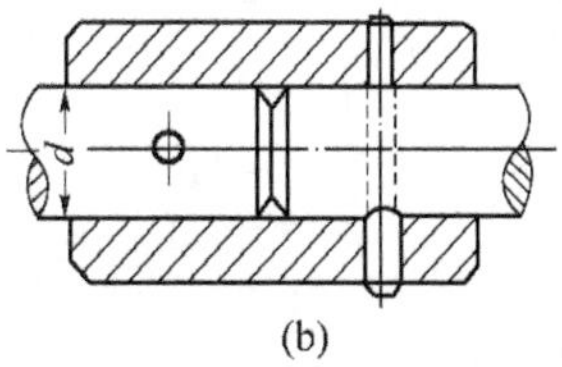　(b)	结构简单，制造容易，径向尺寸最小，但要求两轴安装精度高，装拆时需作轴向移动。用于低速、轻载、经常正反转，且要求两轴对中好、工作平稳无冲击载荷

(续)

名称	简　图	特点及应用
夹壳联轴器	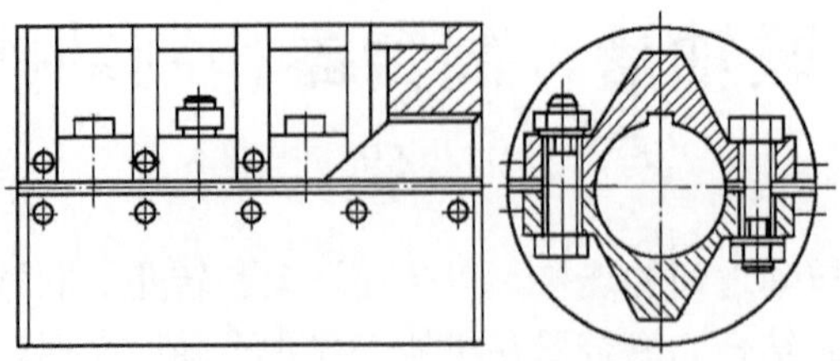	装拆方便，无补偿性能。适用于低速传动、水平轴或垂直轴的连接
凸缘联轴器	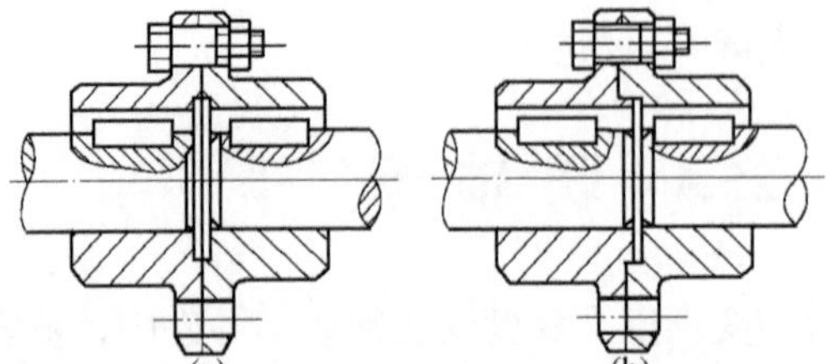 (a)　(b)	结构简单，成本低，无补偿性能，不能缓冲减振，对两轴安装精度要求较高。 用于振动很小的工况条件，连接中、高速和刚性不大的且要求对中性较高的两轴

25.1.2　挠性联轴器

1. 无弹性元件的挠性联轴器

无弹性元件的挠性联轴器是利用它的组成元件间构成的动连接具有某一方向或几个方向的活动度来补偿两轴相对位移的。因无弹性元件，这类联轴器不能缓冲减振。常用的无弹性元件的挠性联轴器见表 25-2。

表 25-2　常用无弹性元件的挠性联轴器

名　称	简　图	特点及应用
十字滑块联轴器	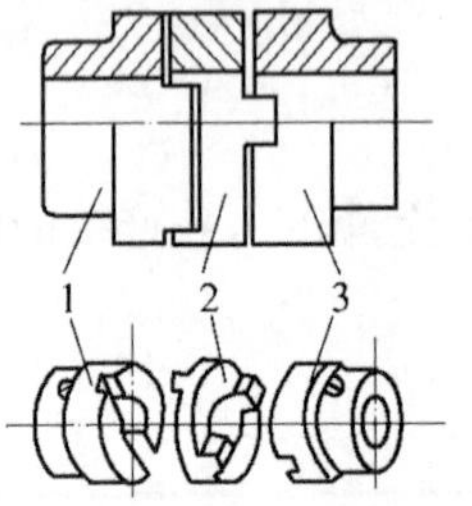 1　2　3 1、3—两个端面开有凹槽的半联轴器； 2—两端有榫的中间圆盘。	结构简单，径向尺寸小。可补偿较大的径向位移，但中间圆盘工作时，作用有离心力，而且榫与槽间有磨损。主要用于轴间径向位移较大的低速传动
齿式联轴器	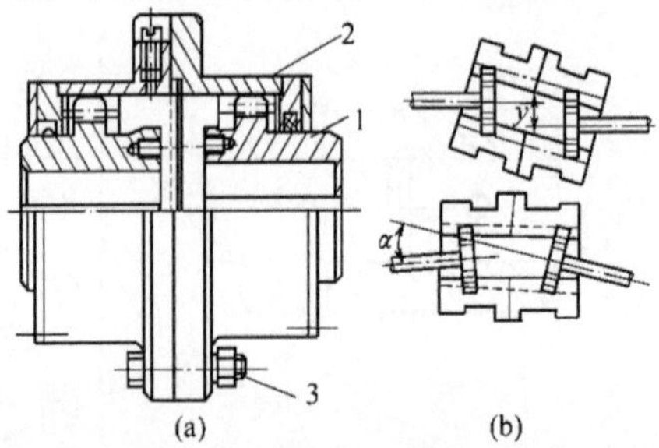 2　1　3　y　α (a)　(b)	承载能力大，工作可靠，补偿综合位移的能力强，安装精度要求低，但重量大，成本高。适用于中高速、重载、正反转频繁的传动

(续)

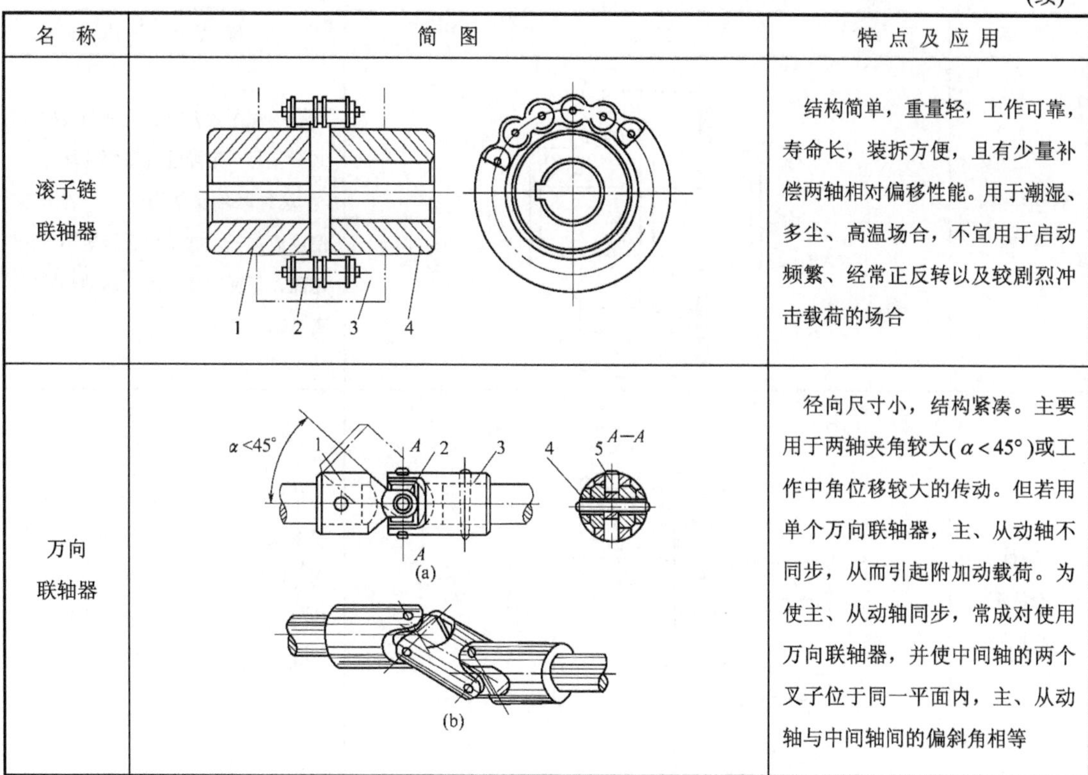

名称	简图	特点及应用
滚子链联轴器	1 2 3 4	结构简单，重量轻，工作可靠，寿命长，装拆方便，且有少量补偿两轴相对偏移性能。用于潮湿、多尘、高温场合，不宜用于启动频繁、经常正反转以及较剧烈冲击载荷的场合
万向联轴器	(a) (b)	径向尺寸小，结构紧凑。主要用于两轴夹角较大($\alpha<45°$)或工作中角位移较大的传动。但若用单个万向联轴器，主、从动轴不同步，从而引起附加动载荷。为使主、从动轴同步，常成对使用万向联轴器，并使中间轴的两个叉子位于同一平面内，主、从动轴与中间轴间的偏斜角相等

2. 有弹性元件的挠性联轴器

有弹性元件的挠性联轴器，靠弹性元件的弹性变形来补偿两轴轴线的相对偏移，而且可以缓冲减振。常用有弹性元件的挠性联轴器见表 25-3。

表 25-3　常用有弹性元件的挠性联轴器

名称	简图	特点及应用
梅花形弹性联轴器	A A A—A	结构简单，弹性好，价廉，并具有良好的减振和补偿位移的能力。使用越来越广泛
轮胎联轴器	1 2 3 4 5	结构简单，使用可靠，弹性大，寿命长，不需润滑，但径向尺寸大。这种联轴器可用于潮湿多尘、启动频繁之处

(续)

名 称	简 图	特 点 及 应 用
弹性柱销联轴器	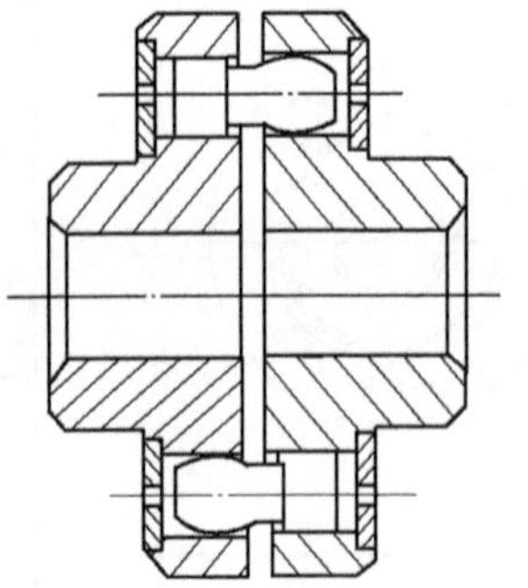	柱销使用尼龙材料、夹布胶木等制造，有一定弹性且耐磨性能好。 这种联轴器结构简单，制造方便，成本低。它适用于转矩小、转速高、正反向变化多、启动频繁的高速轴
弹性套柱销联轴器	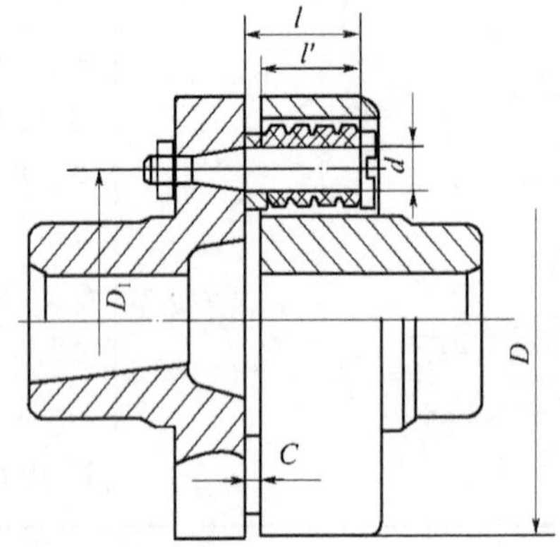	结构简单，制造容易，装拆方便，成本较低。它适用于转矩小、转速高、频繁正反转、需要缓和冲击振动的地方。弹性套柱销联轴器在高速轴上应用得十分广泛

25.1.3 联轴器的选用

联轴器已标准化，对于标准的联轴器，选择的主要任务是确定联轴器的类型和型号。

1. 联轴器类型的选择

选择联轴器的前提是：全面了解常用联轴器的性能、应用范围及使用场合。设计人员根据机械设计中对联轴器的要求和工作条件，选用适合的联轴器类型。另外也可以参考同类机械或相似机械上的应用进行选择。

一般情况下，对于低速、刚性大的轴，可选用刚性联轴器；对于低速、刚性小或长轴，可选用无弹性元件的挠性联轴器；对于大功率重载传动，应选用齿式联轴器；对于高速且有冲击或振动的轴，应选用有弹性元件的挠性联轴器；对于轴线相交的两轴，应选用万向联轴器；对有严重冲击或要求减震的传动，应选用轮胎联轴器。

2. 联轴器型号的选择

当联轴器的类型确定后，应根据轴端的直径 d、转矩 T、转速 n 和空间尺寸等要求在标准中选择适当的联轴器型号。必要时对少数关键零件连接螺栓、柱销等作校核计算。

(1) 计算转矩 T_c

$$T_c = KT \qquad (\mathrm{N \cdot mm}) \tag{25-1}$$

式中：T 为轴的名义转矩($\mathrm{N \cdot mm}$)；K 为载荷系数，见表 25-4。

(2) 选择联轴器的型号。根据轴端直径、转速 n、计算转矩 T_c 等参数查手册，选择适当的型号，必须满足：

$$T_c \leqslant [T] \qquad n \leqslant [n]$$

式中：[T]为联轴器的许用最大转矩(N·mm)；[n]为联轴器的许用最高转速(r/min)。

表 25-4　载荷系数(电动机驱动时)

<table>
<tr><th colspan="2">机器名称</th><th>K</th><th>机器名称</th><th>K</th></tr>
<tr><td colspan="2">机床</td><td>1.25～2.5</td><td>往复式压气机</td><td>2.25～3.5</td></tr>
<tr><td colspan="2">离心水泵</td><td>2～3</td><td>胶带或链板运输机</td><td>1.5～2</td></tr>
<tr><td colspan="2">鼓风机</td><td>1.25～2</td><td>吊车、升降机、电梯</td><td>3～5</td></tr>
<tr><td rowspan="2">往复泵</td><td>单行程</td><td>2.5～3.5</td><td>发电机</td><td>1～2</td></tr>
<tr><td>双行程</td><td>1.75</td><td></td><td></td></tr>
<tr><td colspan="5">注：1. 刚性联轴器取较大值，弹性联轴器取较小值；
2. 摩擦离合器取中间值。当原动机为活动塞式发动机时，将表内 K 值增大 20%～40%</td></tr>
</table>

25.2 离合器

离合器按其工作原理可分为啮合离合器和摩擦离合器。离合器按其离合方式，又可分为操纵式离合器和自动离合器两种。

离合器应满足下列基本要求：便于接合与分离；接合与分离迅速可靠；接合时振动小；调节维修方便；尺寸小，重量轻；耐磨性好，散热好等。

常用的离合器见表 25-5。

表 25-5　常用离合器

名称	简图	特点及应用
牙嵌离合器		主要由端面带齿的两个半离合器组成，通过齿面接触来传递转矩。半离合器固定在主动轴上。可动的半离合器装在从动轴上，操纵滑块可使它沿着导向平键移动，以实现离合器的结合与分离。 结构简单，尺寸小，工作时无滑动，因此应用广泛。但它只宜在两轴不回转或转速差很小时进行离合，否则会因撞击而断齿
摩擦离合器	单盘摩擦离合器	可以在不停车或主、从动轴转速差较大的情况下进行结合和分离，并且较为平稳，但在接合过程中，两摩擦盘间必然存在相对滑动，引起摩擦片的发热和磨损。 类型很多，有单盘式、多盘式和圆锥式。

(续)

名称	简图	特点及应用
摩擦离合器	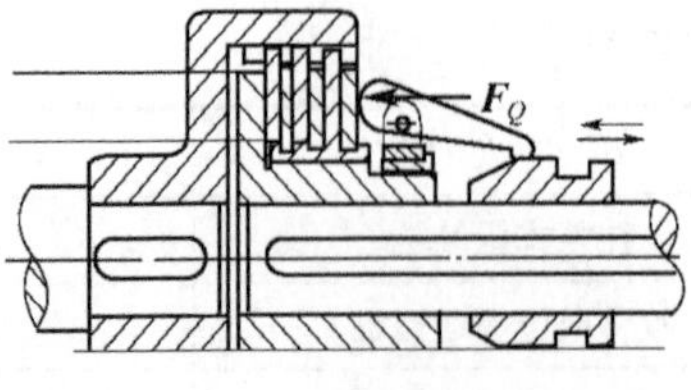 多盘摩擦离合器	单盘式散热性能好，易于离、合，结构简单，但传递转矩较小，且径向尺寸较大，适用于轻载、传动比要求不严的场合 多盘式承载能力大，径向尺寸较小，易于离、合，适用于高速传动
安全离合器	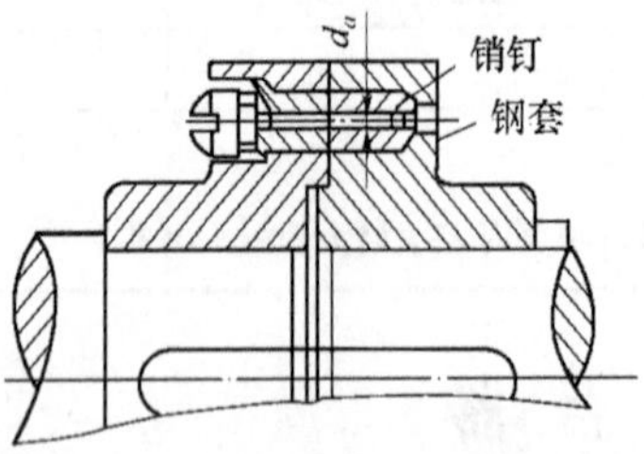 销钉式安全离合器	销钉式安全离合器，结构类似于刚性凸缘联轴器，但不用螺栓，而用钢制销钉连接。过载时，销钉被剪断。因更换销钉既费时又不方便，因此这种联轴器不宜用在经常发生过载的地方
	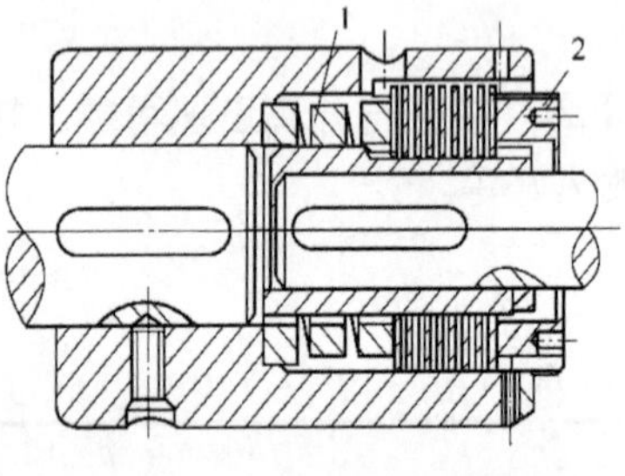 摩擦式安全离合器	摩擦式安全离合器，其结构类似多盘摩擦离合器，但不用操纵机构，而是用适当的弹簧 1 将摩擦盘压紧，弹簧施加的轴向压力 F_Q 的大小可由螺母 2 进行调节。调节完毕并将螺母固定后，弹簧的压力就保持不变。当工作转矩超过要限制的最大转矩时，摩擦盘间即发生打滑而起到安全作用；当转矩降低到某一值时，离合器又自动恢复接合状态
离心离合器	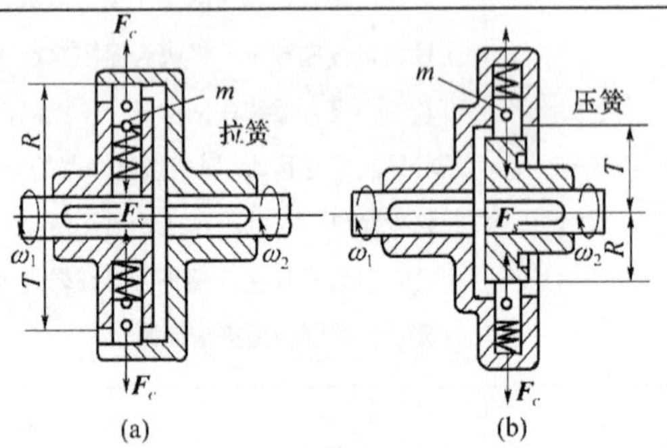 (a) (b)	特点是当主动轴的转速达到某一定值时能自行接合或分离。 开式离心离合器图(a)主要用于启动装置，如在启动频繁时，机器中采用这种离合器，可使电动机在运转稳定后才接入负载，而避免电机过热或防止传动机构受动载过大。闭式离心离合器图(b)主要用作安全装置，当机器转速过高时起安全保护作用
定向离合器	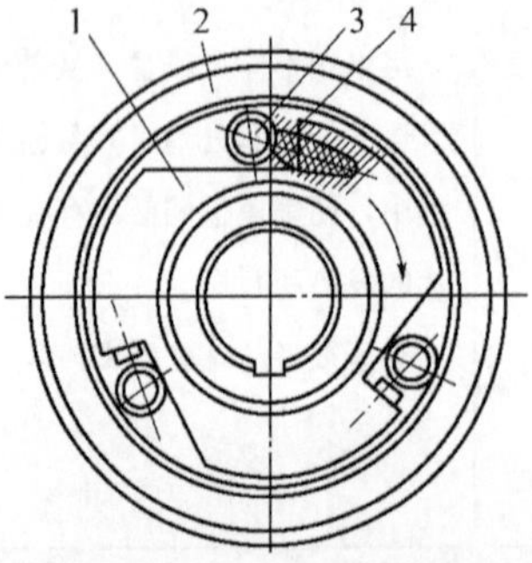	特点是只能按一个转向传递转矩，反向时自动分离。 这种离合器工作时没有噪声，宜于高速传动，但制造精度要求较高

25.3 制动器

制动器是利用摩擦力来减低运动物体的速度或迫使其停止运动的装置。多数常用制动器已经标准化、系列化。制动器的种类很多，按制动零件的结构特征分，有块式、带式、盘式制动器，前述的单圆盘摩擦离合器的从动轴固定即为典型的圆盘制动器。按工作状态分，有常闭式和常开式制动器。常闭式制动器经常处于紧闸状态，施加外力时才能解除制动(如起重机用制动器)。常开式制动器经常处于松闸状态，施加外力时才能制动(如车辆用制动器)。为了减小制动力矩，常将制动器装在高速轴上。表 25-6 介绍的是几种典型的制动器。

表 25-6 常用制动器

名称	简图	特点与应用
带式制动器	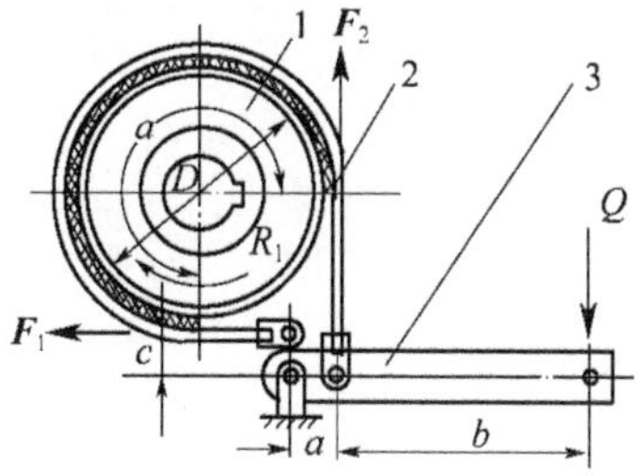 1 F_2 2 3 a D R_1 Q F_1 c a b	制动轮轴和轴承受力大，带与轮间压力不均匀，从而磨损也不均匀，且易断裂，但结构简单，尺寸紧凑，可以产生较大的制动力矩，所以目前也常应用
块式制动器	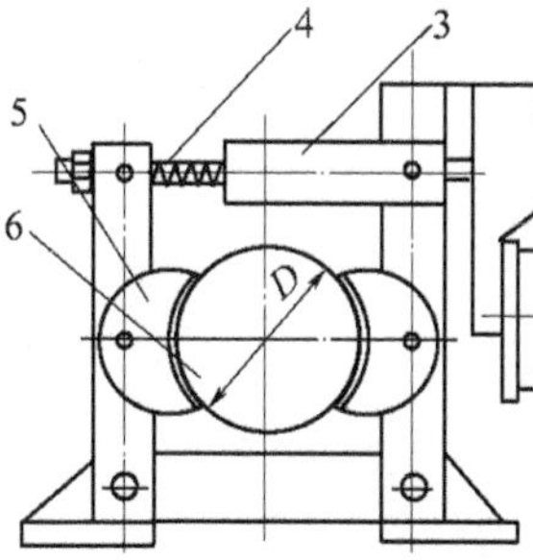 4 3 2 1 5 6 D	如图所示，靠瓦块与制动轮间的摩擦力来制动。 电磁块式制动器制动和开启迅速，尺寸小，重量轻，易于调整瓦块间隙，更换瓦块、电磁铁也方便，但制动时冲击大，电能消耗也大，不宜用于制动力矩大和需要频繁制动的场合
内涨式制动器	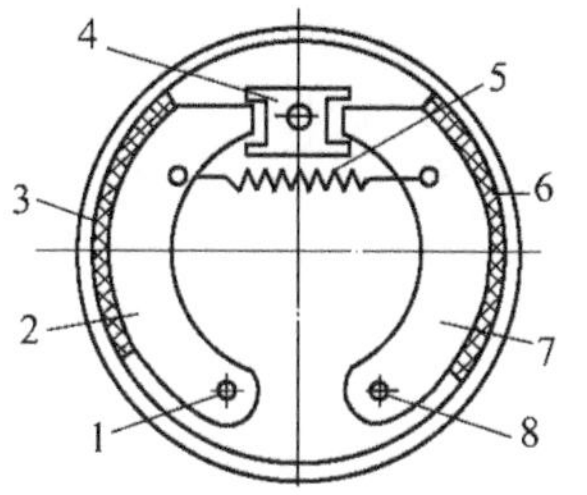 4 5 3 6 2 7 1 8	结构紧凑,广泛应用于各种车辆以及结构尺寸受到限制的机械中

习题与思考题

25–1 联轴器有哪些种类？说明其特点及应用。

25–2 联轴器如何选用？

25-3 离合器有哪些种类？说明其工作原理及应用。

25-4 在带式运输机的驱动装置中，电动机与减速器之间、齿轮减速器与带式运输机之间分别用联轴器连接，有两种方案：(1)高速级选用弹性联轴器，低速级选用刚性联轴器；(2)高速级选用刚性联轴器，低速级选用弹性联轴器；试问上述两种方案哪个好，为什么？

25-5 带式运输机中减速器的高速轴与电动机采用弹性套柱销联轴器。已知电动机功率 P=11kW，转速 n=970r/min，电动机轴直径为 42mm，减速器的高速轴的直径为 35mm，试选择电动机与减速器之间的联轴器。

附录Ⅰ 常用截面的 I_Z、W_Z、I_P、W_T

截面形状	截面极惯性矩 I_Z(弯曲变形)	抗弯截面模量 W_Z(W)	截面极惯性矩 I_P(扭转变形)	抗扭截面模量 W_t
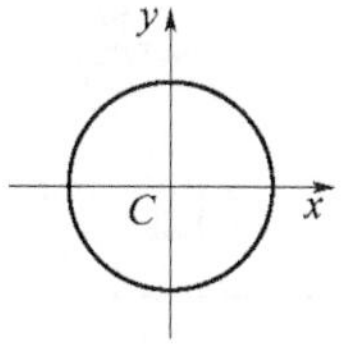	$I_Z=\frac{\pi D^4}{64}$	$W_Z=\frac{\pi D^3}{32}$	$I_P=\frac{\pi D^4}{32}$	$W_t=\frac{\pi D^3}{16}$
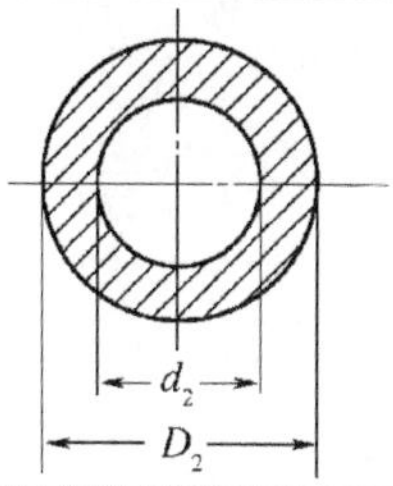	$I_Z=\frac{\pi(D^4-d^4)}{64}$	$W_Z=\frac{\pi(D^3-d^3)}{32}$	$I_P=\frac{\pi(D^4-d^4)}{32}$	$W_t=\frac{\pi(D^3-d^3)}{16}$
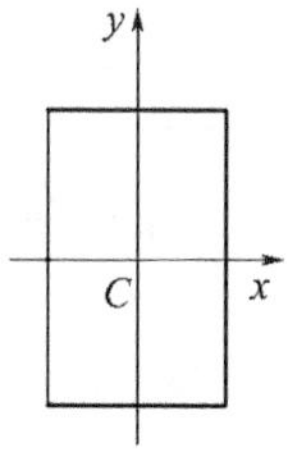	$I_Z=\frac{bh^3}{12}$	$W_Z=\frac{bh^2}{6}$		

平移定理

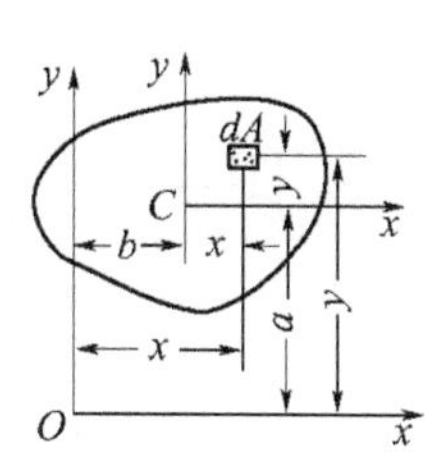

$$
\begin{cases}
I_x = I_{xc} + a^2 A \\
I_y = I_{yc} + b^2 A \\
I_{xy} = I_{xcyc} + abA
\end{cases}
$$

附录II 简单载荷下梁的弯矩、剪力、挠度和转角

梁的形式及其载荷	最大弯矩 $M_{\max}$ (绝对值)	最大剪力 $Q_{\max}$ (绝对值)	挠曲线方程	最大挠度和梁端转角 (绝对值)
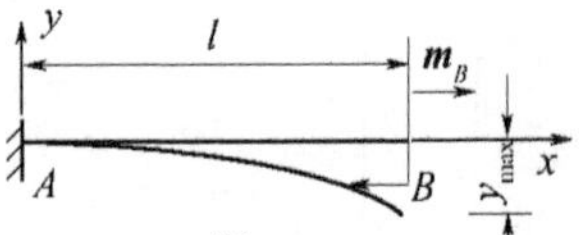 (1)	m_B	0	$y=-\dfrac{m_B x^2}{2EI}$	$\theta_B=\dfrac{m_B l}{EI}$ $y_{\max}=\dfrac{m_B l^2}{2EI}$
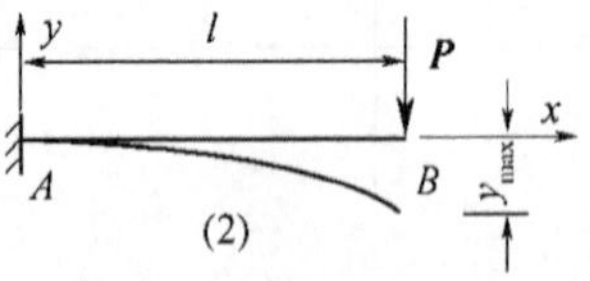 (2)	Pl	P	$y=-\dfrac{Px^2}{6EI}(3L-x)$	$\theta_B=\dfrac{pl^2}{2EI}$ $y_{\max}=\dfrac{pl^3}{3EI}$
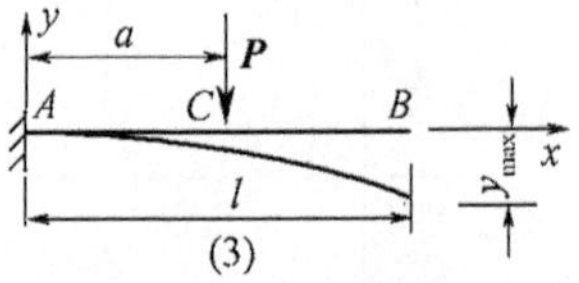 (3)	Pa	p	$y=-\dfrac{Px^2}{6EI}(3a-x)(0\leqslant x\leqslant a)$ $y=-\dfrac{Pa^2}{6EI}(3x-a)(a\leqslant x\leqslant l)$	$\theta_B=\dfrac{pa^2}{2EI}$ $y_{\max}=\dfrac{pa^2}{6EI}(3l-a)$
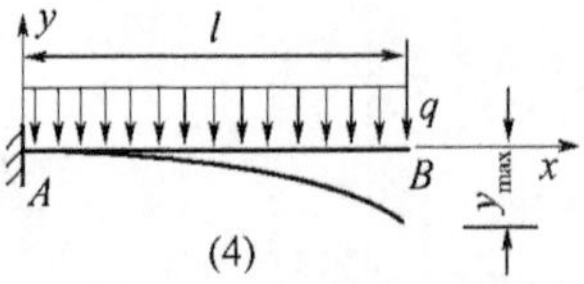 (4)	$\dfrac{1}{2}ql^2$	ql	$y=-\dfrac{qx^2}{24EI}(x^2+6l^2-4lx)$	$\theta_{\max}=\dfrac{ql^3}{6EI}$ $y_{\max}=\dfrac{ql^4}{8EI}$
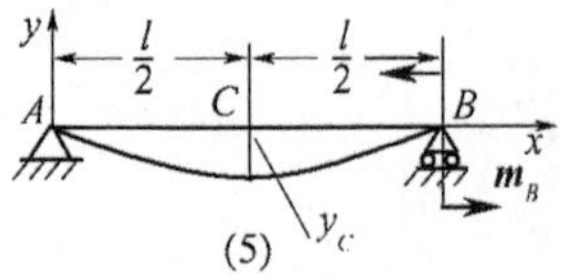 (5)	m_B	$\dfrac{m_B}{l}$	$y=\dfrac{m_B lx}{6EI}\left(1-\dfrac{x^2}{l^2}\right)$	$\theta_A=\dfrac{m_B l}{6EI}$ $\theta_B=\dfrac{m_B l}{3EI}$ $y_C=\dfrac{m_B l^2}{16EI}$ $y_{\max}=\dfrac{m_B l^2}{9\sqrt{3}EI}$, 在$x=\dfrac{l}{\sqrt{3}}$处
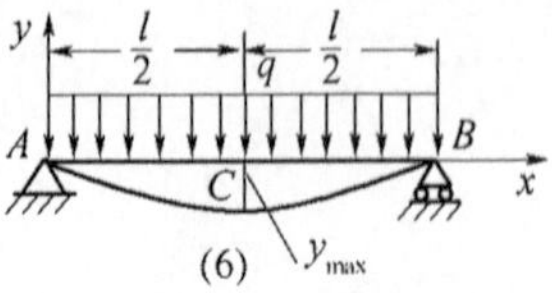 (6)	$\dfrac{ql^2}{8}$	$\dfrac{ql}{2}$	$y=-\dfrac{qx}{24EI}(l^3-2lx^2+x^3)$	$\theta_A=\dfrac{ql^3}{24EI}$ $\theta_B=\dfrac{ql^3}{24EI}$ $y_{\max}=\dfrac{5ql^4}{384EI}$
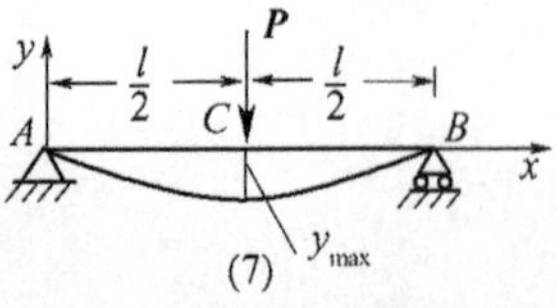 (7)	$\dfrac{pl}{4}$	$\dfrac{p}{2}$	$y=-\dfrac{Px}{12EI}\left(\dfrac{3}{4}l^2-x^2\right)$ $(0\leqslant x\leqslant l)$	$\theta_A=\dfrac{pl^2}{16EI}$ $\theta_B=\dfrac{pl^2}{16EI}$ $y_{\max}=\dfrac{pl^3}{48EI}$

(续)

梁的形式及其载荷	最大弯矩 $M_{\max}$ (绝对值)	最大剪力 $Q_{\max}$ (绝对值)	挠曲线方程	最大挠度和梁端转角 (绝对值)
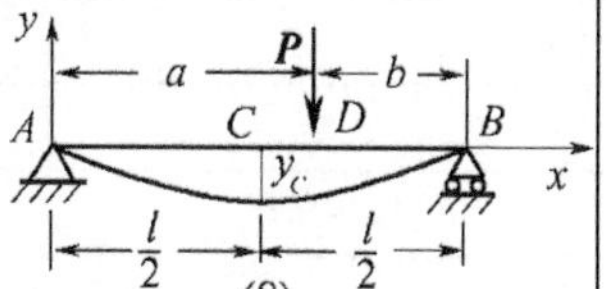 (8)	$\frac{pab}{l}$	$\frac{pa}{l}$ $(a>b)$	$y=-\frac{Pbx}{6EIl}(l^2-x^2-b^2)$ $(0\leqslant x\leqslant a)$ $y=-\frac{Pb}{6EIl}\left[\frac{l}{b}(x-a)^3+(l^2-b^2)x-x^3\right]$ $(a\leqslant x\leqslant l)$	$\theta_A=\frac{pab(l+b)}{6EIl}$ $\theta_B=\frac{pab(l+a)}{6EIl}$ $y_C=\frac{Pb}{48EI}(3l^2-4b^2)$ $(a>b)$ $y_{\max}=\frac{Pb\sqrt{(l^2-b^2)^3}}{9\sqrt{3}EIl}$ 在 $x=\sqrt{\frac{l^2-b^2}{3}}$ $y_D=\frac{Pa^2b^2}{3EIl}$
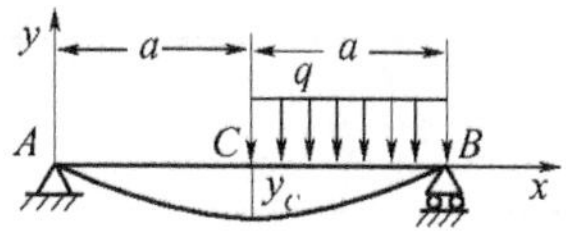 (9)	$\frac{9}{32}qa^2$	$\frac{3}{4}qa$	$y=-\frac{qa}{24EI}\left(\frac{7}{2}a^2x-x^3\right)$ $(0\leqslant x\leqslant a)$ $y=-\frac{q}{24EI}\left[\frac{7}{2}a^3x+(x-a)^4-ax^3\right]$ $(a\leqslant x\leqslant 2a)$	$\theta_A=\frac{7qa^3}{48EI}$ $\theta_B=\frac{3qa^3}{16EI}$ $y_{\max}\approx y_C=\frac{5qa^4}{48EI}$
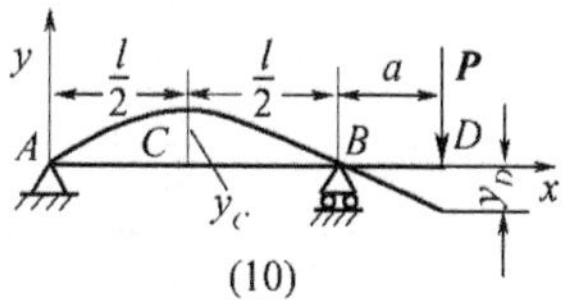 (10)	Pa	$P(l>a)$	$y=-\frac{P}{EI}\cdot\frac{l^2a}{6}\left(\frac{x^3}{l^3}-\frac{x}{l}\right)$ $(0\leqslant x\leqslant l)$ $y=-\frac{P}{6EI}(x-l)[2al+3a(x-l)-(x-l)^2]$ $(l\leqslant x\leqslant l+a)$	$\theta_A=\frac{Pla}{6EI}$ $\theta_B=\frac{Pla}{3EI}$ $\theta_D=\frac{Pa}{6EI}(2l+3a)$ $y_C=\frac{Pl^2a}{16EI}$ $y_D=\frac{Pa^2}{3EI}(l+a)$
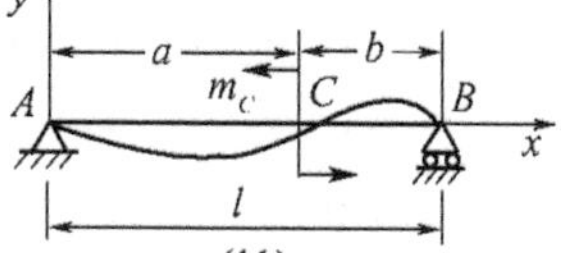 (11)	$\frac{mca}{l}$ $(a>b)$	$\frac{mc}{l}$	$y=\frac{m_C}{6EIl}[x^3-x(l^2-3b^2)]$ $(0\leqslant x\leqslant a)$ $y=\frac{m_C}{6EIl}[x^3-3(x-a)^2l-x(l^2-3b^2)]$ $(a\leqslant x\leqslant l)$	$\theta_A=\frac{m_C}{2EIl}\left(\frac{l^2}{3}-b^2\right)$ $\theta_B=\frac{m_C}{2EIl}\left(\frac{l^2}{3}-a^2\right)$ $\theta_C=\frac{m_C}{2EIl}(l^2-2la+3a^2)$ 如果$\theta_C>0$,则为反时针 $y_C=\frac{m_C}{2EIl}\frac{a}{l}(l-a)(l-2a)$
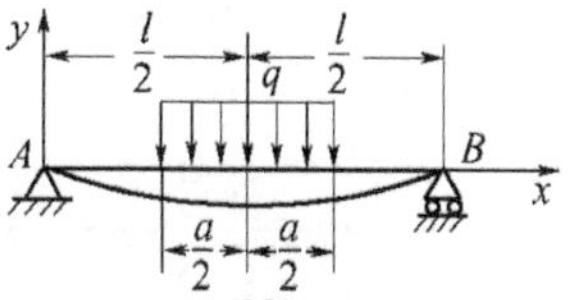 (12)	$\frac{qa}{4}(l-\frac{a}{2})$	$\frac{qa}{2}$	$y=\frac{qa}{48EI}[4x^3-(3l^2-a^2)x]$ $\left(0\leqslant x\leqslant\frac{l-a}{2}\right)$ $y=\frac{q}{48EI}\left[4ax^3-2\left(x-\frac{l-a}{2}\right)^4-ax(3l^2-a^2)\right]$ $\left(\frac{l-a}{2}\leqslant x\leqslant\frac{l+a}{2}\right)$	$\theta_A=\frac{qa}{48EI}(3l^2-a^2)$ $\theta_B=\frac{qa}{48EI}(3l^2-a^2)$ $y_{\max}=\frac{qa}{48EI}\left(l^3-\frac{a^2l}{2}+\frac{a^3}{8}\right)$在梁中央

附录Ⅲ　主要材料的力学性能表

表 1　在常温、静载荷及一般工作条件下几种常用材料的基本许用应力约值

材料	许用应力 $[\sigma]$ /MPa	
	拉伸	压缩
灰铸铁	31.4~78.4	118~147
Q215A 钢	137	
Q235A 钢	157	
16Mn 钢	235	
45 钢	186	
钢	29.4~118	
强铝	78.4~147	
木材(顺纹)	6.86~11.8	9.8~11.8
混凝土	0.098~0.686	0.98~8.82

表 2　材料的拉压弹性模量 E、剪变弹性模量 G 及泊松比 μ

材料	E/GPa	G/GPa	μ
碳钢	196~206	78.4~79.4	0.24~0.28
合金钢	186~216	79.4	0.24~0.33
铸铁	113~157	44.1	0.23~0.27
球墨铸铁	157	60.8~62.7	0.25~0.29
铜及合金	73~157	39.2~45.1	0.31~0.42
铝及合金	71	25.5~26.5	0.33
木材：顺纹	9.8~11.8	0.539	—
木材：横纹	0.49	—	—
混凝土	14~35	—	0.16~0.18
橡胶	0.078	—	0.47

表 3　几种常用材料在常温、静载荷下拉伸和压缩时的力学性能

材料名称	牌号	σ_s / MPa	σ_b / MPa	δ_5 / %
普通碳素钢	Q215A	165~215	335~410	26~31
	Q235A	185~235	375~460	21~26
	Q275	225~275	490~610	15~20
优质碳素钢	20	245	410	25
	40	335	570	19
	45	355	600	16

(续)

材料名称	牌号	σ_s / MPa	σ_b / MPa	δ_5 / %
低合金结构钢	12Mn	235~295	390~590	20~22
	16Mn	275~345	470~660	20~22
	15MnV	335~410	490~1700	18~19
合金结构钢	20Cr	540	835	10
	40Cr	785	980	9
	50Mn2	785	930	9
碳素铸钢	ZG200~400	200	400	25
	ZG270~500	270	500	18
球墨铸铁	QT400~18	250	400	18
	QT500~7	320	500	7
	QT600~3	370	600	3
灰铸铁	HT150		150(拉)	
	HT300		300(拉)	
注：表中 δ_5 是指 $L=5d$ 的标准试件的延伸率				

参考文献

[1] 哈尔滨工业大学理论力学教研室．理论力学．6版．北京：高等教育出版社，2002.

[2] 刘鸿文.材料力学．4版．北京：高等教育出版社，2004.

[3] 范钦珊， 唐静静.工程力学.北京：高等教育出版社，2010.

[4] 上海化工学院，无锡轻工业学院.工程力学.北京：高等教育出版社，1979.

[5] 张秉荣. 工程力学．4版．北京: 机械工业出版社，2011.

[6] 王华坤，范元勋.机械设计基础. 北京：兵器工业出版社，2001.

[7] 郑文伟，吴克紧.机械原理．7版．北京：高等教育出版社，2010.

[8] 申永胜.机械原理教程. 北京：清华大学出版社，2005.

[9] 濮良贵，纪名刚. 机械设计．8版．北京：高等教育出版社，2006.

[10] 华大年.机械原理．2版．北京：高等教育出版社，1994.

[11] 邱宣怀.机械设计．4版．北京：高等教育出版社，1998.

[12] 徐灏. 机械设计手册.北京：机械工业出版社，2000.

[13] 卢玉明.机械设计基础.北京：高等教育出版社，2004.

[14] 杨柯桢，程光蕴，李仲生. 机械设计基础．5版．北京：高等教育出版社，2006.

[15] 邱宣怀.机械设计．7版．北京：高等教育出版社，2001

[16] 曾德江, 黄均平.机械基础. 北京：机械工业出版社，2010.

[17] Dieter Muhs, Herbert Wittel. 机械设计．北京：机械工业出版社，2012.

[18] 陈立德. 机械设计基础．4版. 北京：高等教育出版社，2013.